国家卫生健康委员会"十四五"规划教材

 全国高等学校**制药工程专业第二轮**规划教材

供制药工程专业用

制药设备与车间设计 第**2**版

主　编　赖先荣

副主编　杨俊杰　曾　锐

编　者（以姓氏笔画为序）

王　翔（凯里学院大健康学院）　　　孟繁钦（牡丹江医学院）

王　楠（辽宁何氏医学院）　　　　　赵　鹏（陕西中医药大学）

礼　彤（沈阳药科大学）　　　　　　贲永光（广东药科大学）

朱小勇（广西中医药大学）　　　　　胡元发（太极集团有限公司）

刘　扬（辽宁中医药大学）　　　　　曾　锐（西南民族大学药学院）

杨俊杰（信阳农林学院药学院）　　　赖先荣（成都中医药大学）

陈　阳（中国医科大学）　　　　　　慈志敏（成都中医药大学）

周　瑞（北京中医药大学）

人民卫生出版社

·北　京·

图书在版编目（CIP）数据

制药设备与车间设计 / 赖先荣主编 . —2 版 . —北京：人民卫生出版社，2024.8
ISBN 978-7-117-36267-2

Ⅰ.①制… Ⅱ.①赖… Ⅲ.①制药工业 – 化工设备 – 医学院校 – 教材②制药厂 – 车间 – 设计 – 医学院校 – 教材 Ⅳ.①TQ460

中国国家版本馆 CIP 数据核字（2024）第 087688 号

人卫智网	www.ipmph.com	医学教育、学术、考试、健康，购书智慧智能综合服务平台
人卫官网	www.pmph.com	人卫官方资讯发布平台

制药设备与车间设计
Zhiyao Shebei yu Chejian Sheji
第 2 版

主　　编：赖先荣
出版发行：人民卫生出版社（中继线 010-59780011）
地　　址：北京市朝阳区潘家园南里 19 号
邮　　编：100021
E - mail：pmph @ pmph.com
购书热线：010-59787592　010-59787584　010-65264830
印　　刷：北京瑞禾彩色印刷有限公司
经　　销：新华书店
开　　本：850 × 1168　1/16　　印张：26
字　　数：616 千字
版　　次：2014 年 6 月第 1 版　　2024 年 8 月第 2 版
印　　次：2024 年 8 月第 1 次印刷
标准书号：ISBN 978-7-117-36267-2
定　　价：92.00 元

打击盗版举报电话：010-59787491　E-mail：WQ @ pmph.com
质量问题联系电话：010-59787234　E-mail：zhiliang @ pmph.com
数字融合服务电话：4001118166　E-mail：zengzhi @ pmph.com

出版说明

随着社会经济水平的增长和我国医药产业结构的升级,制药工程专业发展迅速,融合了生物、化学、医学等多学科的知识与技术,更呈现出了相互交叉、综合发展的趋势,这对新时期制药工程人才的知识结构、能力、素养方面提出了新的要求。党的二十大报告指出,要"加强基础学科、新兴学科、交叉学科建设,加快建设中国特色、世界一流的大学和优势学科。"教育部印发的《高等学校课程思政建设指导纲要》指出,"落实立德树人根本任务,必须将价值塑造、知识传授和能力培养三者融为一体、不可割裂。"通过课程思政实现"培养有灵魂的卓越工程师",引导学生坚定政治信仰,具有强烈的社会责任感与敬业精神,具备发现和分析问题的能力、技术创新和工程创造的能力、解决复杂工程问题的能力,最终使学生真正成长为有思想、有灵魂的卓越工程师。这同时对教材建设也提出了更高的要求。

全国高等学校制药工程专业规划教材首版于 2014 年,共计 17 种,涵盖了制药工程专业的基础课程和专业课程,特别是与药学专业教学要求差别较大的核心课程,为制药工程专业人才培养发挥了积极作用。为适应新形势下制药工程专业教育教学、学科建设和人才培养的需要,助力高等学校制药工程专业教育高质量发展,推动"新医科"和"新工科"深度融合,人民卫生出版社经广泛、深入的调研和论证,全面启动了全国高等学校制药工程专业第二轮规划教材的修订编写工作。

此次修订出版的全国高等学校制药工程专业第二轮规划教材共 21 种,在上一轮教材的基础上,充分征求院校意见,修订 8 种,更名 1 种,为方便教学将原《制药工艺学》拆分为《化学制药工艺学》《生物制药工艺学》《中药制药工艺学》,并新编教材 9 种,其中包含一本综合实训,更贴近制药工程专业的教学需求。全套教材均为国家卫生健康委员会"十四五"规划教材。

本轮教材具有如下特点:

1. 专业特色鲜明,教材体系合理 本套教材定位于普通高等学校制药工程专业教学使用,注重体现具有药物特色的工程技术性要求,秉承"精化基础理论、优化专业知识、强化实践能力、深化素质教育、突出专业特色"的原则来合理构建教材体系,具有鲜明的专业特色,以实现服务新工科建设,融合体现新医科的目标。

2. 立足培养目标,满足教学需求 本套教材编写紧紧围绕制药工程专业培养目标,内容构建既有别于药学和化工相关专业的教材,又充分考虑到社会对本专业人才知识、能力和素质的要求,确保学生掌握基本理论、基本知识和基本技能,能够满足本科教学的基本要求,进而培养出能适应规范化、规模化、现代化的制药工业所需的高级专业人才。

3. 深化思政教育，坚定理想信念 以习近平新时代中国特色社会主义思想为指导，将"立德树人"放在突出地位，使教材体现的教育思想和理念、人才培养的目标和内容，服务于中国特色社会主义事业。各门教材根据自身特点，融入思想政治教育，激发学生的爱国主义情怀以及敢于创新、勇攀高峰的科学精神。

4. 理论联系实际，注重理工结合 本套教材遵循"三基、五性、三特定"的教材建设总体要求，理论知识深入浅出，难度适宜，强调理论与实践的结合，使学生在获取知识的过程中能与未来的职业实践相结合。注重理工结合，引导学生的思维方式从以科学、严谨、抽象、演绎为主的"理"与以综合、归纳、合理简化为主的"工"结合，树立用理论指导工程技术的思维观念。

5. 优化编写形式，强化案例引入 本套教材以"实用"作为编写教材的出发点和落脚点，强化"案例教学"的编写方式，将理论知识与岗位实践有机结合，帮助学生了解所学知识与行业、产业之间的关系，达到学以致用的目的。并多配图表，让知识更加形象直观，便于教师讲授与学生理解。

6. 顺应"互联网＋教育"，推进纸数融合 在修订编写纸质教材内容的同时，同步建设以纸质教材内容为核心的多样化的数字化教学资源，通过在纸质教材中添加二维码的方式，"无缝隙"地链接视频、动画、图片、PPT、音频、文档等富媒体资源，将"线上""线下"教学有机融合，以满足学生个性化、自主性的学习要求。

本套教材在编写过程中，众多学术水平一流和教学经验丰富的专家教授以高度负责、严谨认真的态度为教材的编写付出了诸多心血，各参编院校对编写工作的顺利开展给予了大力支持，在此对相关单位和各位专家表示诚挚的感谢！教材出版后，各位教师、学生在使用过程中，如发现问题请反馈给我们（发消息给"人卫药学"公众号），以便及时更正和修订完善。

人民卫生出版社

2023 年 3 月

前　言

制药设备与车间设计是一门以制药设备和制药工程学理论为基础,以制药实践为依托的实践性极强的综合性课程。本门课程在多年的教学实践与科研活动中得以迅速发展,尤其是在国家制药设备加快发展的趋势下,该课程作为制药工程专业的核心课程之一,也得到了快速发展。

《制药设备与车间设计》(第2版)是以制药设备与车间设计互为内容与形式展开叙述的教材,制药设备以制药过程的单元操作为切入点,着重叙述各单元操作的制药设备的原理、结构与应用,随着制药工艺进程的不断深入,随之将所涉及的设备原理、结构设计、使用方法、应用场景等一系列技术参数和实践操作逐一加以描述;作为承载制药设备的厂房、车间的设计和施工建造,是要严格按照药品生产的规范和要求的,大到国家的法律、法规、标准,小到操作者的劳动保护要求、环境保护要求及公共设施要求等,力求在车间设计的相关章节中逐一得以体现。

《制药设备与车间设计》(第2版)依据国家现行的药品政策法规,密切联系生产实际,力求系统、简洁、实用、新颖,以培养能适应标准化、系统化、规范化、规模化、现代化、国际化的制药工程专业所需要的高级专业技术人才为宗旨。为此,我们特聘请了教学、科研、生产等多方面的专家,在进行了充分研讨和论证的基础上,编写了《制药设备与车间设计》(第2版),主要是修订第1版中不适应现行《药品生产质量管理规范》的内容,增加了代表性药物制剂的生产设备内容,增加了洁净空调与净化车间设计、制药用水设计、公共设施设计等内容,在许多章节包括文、图、表及附录在内都有一定调整和充实,调整了与其他教材重复性内容。主要是供全国高等学校本科制药工程专业教学使用,除此之外,药物制剂专业、药学专业、中药学专业(含民族药学)、生物制药专业的本科学生,以及制药企业的工程技术人员也可以参考使用。

《制药设备与车间设计》(第2版)的编写分工如下:第一章由赖先荣编写,第二章由曾锐编写,第三章由朱小勇编写,第四章由孟繁钦编写,第五章由赵鹏编写,第六章由曾锐编写,第七章由王翔编写,第八章由慈志敏编写,第九章由礼彤编写,第十章由王楠编写,第十一章由陈阳编写,第十二章由贾永光编写,第十三章由杨俊杰编写,第十四章由孟繁钦编写,第十五章由周瑞编写,第十六章由刘扬编写,第十七章由胡元发、赖先荣编写。

本教材在编写的过程中得到了各参编院校的大力支持,在此,我们深表感谢。为了进一步提高本书的质量,诚恳地希望各位读者、专家提出宝贵意见,以供再版时修改。

编　者

2024年4月

目 录

第一章 绪论

ER1-1 第一章
绪论（课件）

制药设备与车间设计是一门以制药设备和制药工程学理论为基础，以制药工业实践为依托的综合性课程，主要研究制药过程中涉及的制药设备、制药车间、制药工艺的关系，主要介绍制药设备的基本构造、工作原理，制药车间的工程设计原则和方法，以及与制剂生产工艺相配套的公用工程的构成和工作原理，作为制药工程专业的主干专业课程之一，在全国医药高等院校中开设。随着我国制药企业从管理到生产越来越多地与国际相应规范接轨，同时我国现行版《药品生产质量管理规范》(good manufacturing practices for pharmaceutical products, GMP)的出台也支持了上述观点，GMP 是药品生产管理和质量控制的基本要求，最大限度地降低药品生产过程中人为混淆与差错、污染和交叉污染的风险，确保持续稳定地生产出适用于预定用途和注册要求的药品，诸如在 GMP 中除了对药品生产环境和条件作出硬性规定外，还对直接参与药品生产的制药设备给出了符合性指导原则的规定，如设备的设计、选型、安装、运行等均应符合生产要求，易于清洗、消毒和灭菌，便于生产操作和维修、保养，并能防止人为混淆与差错、减少污染和交叉污染等。

知识链接

《药品生产质量管理规范》

最初，我国引进药品 GMP 的概念是在 20 世纪 80 年代。1988 年，根据《药品管理法》，国家卫生部颁布了我国第一部 GMP，即《药品生产质量管理规范》(1988 年版)，作为正式法规执行。1992 年，卫生部又对《药品生产质量管理规范》(1988 年版)进行修订，颁布《药品生产质量管理规范》(1992 年修订)。1998 年，国家药品监督管理局对 1992 年修订的 GMP 进行修订，于 1999 年颁布了《药品生产质量管理规范》(1998 年修订)。历经 5 年修订、两次公开征求意见的《药品生产质量管理规范》(2010 年修订)于 2010 年 10 月 19 日经卫生部部务会议审议通过，予以发布，于 2011 年 3 月 1 日起施行。

一、制药设备在制药工业中的地位

药品是用于预防、治疗、诊断人的疾病，有目的地调节人的生理功能并规定有适应证、用法和用量的物质，包括中药材、中药饮片、中成药、化学药、抗生素、生化药品、放射性药品、血清疫苗、血液制品和诊断药品等。制药工业隶属于制造业，所生产的产品理应是规模化、批量化的产物，这样大规模的产品生产，一定离不开制药设备的参与。制药设备是直接与药品接触的装备，直接影响到药品质量，是药品GMP验证过程中主要受检的硬件，制药产品从其原料到产出成品的过程，无一环节不是有制药设备的帮助。例如，药物的合成或药材的提取、分离，从原料到制剂的生产、半成品及产品的包装等具体过程，离不开反应设备、提取设备、蒸发设备、干燥设备、制剂成型设备、包装设备等，只有认真学习和把握好制药的每一个过程并且熟悉制药设备的使用方法与应用场景，才能确保所产出的药品符合质量标准、安全有效、持续稳定，从而达到治病救人的目的。所以制药设备在整个制药产业工业化生产中起着举足轻重的作用。

二、制药企业生产车间设置原则

制药车间是制药设备安排与布置的场地，生产环境与制药过程相适应。作为药品生产的场所，应当综合考虑降低人为混淆与差错，减少污染和交叉污染的风险，做到符合所生产药品的特性、工艺流程及相应洁净度级别的设计要求。例如，高致敏性药品（如青霉素类）或生物制品（如卡介苗或其他用活性微生物制备而成的药品）必须采用专用和独立的厂房、生产设施和设备。青霉素类药品及产尘量大的操作区域应当保持相对负压，排至室外的废气应当经过净化处理并符合相关要求，排风口应当远离其他空气净化系统的进风口；生产β-内酰胺结构类药品、性激素类避孕药品必须使用专用设施和设备（如独立的新风空气净化系统），并与其他药品生产区严格分开；生产某些激素类、细胞毒性类、高活性化学药品应当使用专用设施和设备（如独立的新风空气净化系统）；特殊情况下，如采取特别防护措施并经过必要的验证，上述药品制剂则可通过阶段性生产方式共用同一生产设施和设备；在GMP中还明确指出，生产区和贮存区应当有足够的空间，确保有序地存放设备、物料、中间产品、待包装产品和成品，避免生产或质量控制操作不同产品或物料的人为混淆与差错，减少污染和交叉污染的风险；应当根据药品品种、生产操作要求及外部环境状况等配置适宜的空调净化系统，使生产区有效通风，并有温度、湿度控制和空气净化，保证药品的生产环境符合要求。洁净区与非洁净区之间、不同级别洁净区之间的压差应当不低于10Pa。必要时，相同洁净度级别的不同功能区域（操作间）之间也应当保持适当的压差梯度。如口服液体和固体制剂、腔道用药（含直肠用药）、表皮外用药品等非无菌制剂生产的暴露工序区域及其直接接触药品的包装材料最终处理的暴露工序区域，应当参照"无菌药品"附录中D级洁净区的要求设置；再如非最终灭菌的小容量注射剂的生产，其灌封区域应参照"无菌药品"附录中A级洁净区的要求设置；不同制剂的高风险区域也应参照相应制剂的洁净区的要求设置，企业可根据产品的标准和特性对该区域采取适当的微生物监控措施。

制药企业的质量控制区，即质量控制实验室，通常应当与生产区分开。生物检定、微生物和放射性同位素的质量控制实验室还应当彼此分开；质量控制区的设计应当确保其适用于预定的用途，并能够避免人为混淆与差错，减少污染和交叉污染的风险，应当有足够的区域用于样品处置、留样和稳定性考察样品的存放以及记录的保存。必要时，应当设置专门的仪器室，使灵敏度高的仪器免受静电、振动、潮湿或其他外界因素的干扰；处理生物样品或放射性样品等特殊物品的实验室应当符合国家的有关要求；实验动物房应当与其他区域严格分开，其设计、建造应当符合国家有关规定，并设有独立的空气处理设施以及动物的专用处理通道。

作为辅助区的休息室应不影响生产区、仓储区和质量控制区的正常工作。更衣室和盥洗室应当方便人员进出与使用，并与使用人数相适应；盥洗室不得与生产区和仓储区直接相通。维修间应当尽可能远离生产区。存放在洁净区内的维修用备件和工具，应当放置在专门的房间或工具柜中。

三、制药设备的分类

制药设备是实施药物制剂生产操作的关键因素，制药设备的密闭性、先进性、自动化程度的高低，直接影响药品的质量。不同剂型药品的生产操作及制药设备大多不同，同一操作单元的设备选择也往往是多类型、多规格的，所以，对制药设备进行合理的归纳分类是十分必要的。制药设备的生产制造从属性上应属于机械工业的子行业之一，为区别制药设备的生产制造和其他机械的生产制造，从行业角度将完成制药工艺的生产设备统称为制药设备，可按《制药机械　术语》（GB/T 15692—2008）标准分为八类，规定了制药设备的术语及其定义，适用于制药设备的设计、制造、流通、使用及监督检验。具体分类如下：

1. **原料药机械及设备**　利用生物、化学方法及物理方法，实现物质转化，制取医药原料的机械及工艺设备，包括 11 类机械及设备。

（1）反应设备：在一定的条件下，用生物、化学方法实现物质转化，生成新物质的设备，包括机械搅拌反应设备、气流搅拌反应设备、磁力搅拌反应设备、流化床反应器、发酵设备等。

（2）塔设备：在一定的条件下，利用填料和塔板，强化传质、实现物质转化的塔式设备。包括筛板塔、浮阀塔、泡罩塔、流化床吸附塔、乱堆填料塔、规整填料等。

（3）结晶设备：使过饱和溶液中溶质析出并形成晶体的设备，包括冷却式结晶器、蒸发结晶器、反应结晶器等。

（4）分离机械及设备：对悬浮液、乳浊液、气溶胶及固体颗粒大小进行分级、分开的机械及设备，包括过滤离心机械、沉降离心机械、离心分离机械及设备、过滤分离机械、其他分离设备、筛分机械等。

（5）萃取设备：利用不同物质在同一溶剂中溶解度的不同，以分离物料中有效组分的设备，包括液 - 液萃取设备、固 - 液萃取设备、超临界萃取设备等。

（6）换热器：利用流体间的温度差进行热量交换的设备，包括直接混合式换热器、列管（管壳）式换热器、套管式换热器、蛇管式换热器、板式换热器等。

（7）蒸发设备：加热使溶液中部分溶剂汽化被除去的设备。包括自然循环蒸发器、强制循环蒸发器、管式薄膜蒸发器、回转式薄膜蒸发器、刮板式薄膜蒸发器、转子式薄膜蒸发器、离心式薄膜蒸发器、板式蒸发器、多效蒸发器、热泵蒸发器、真空浓缩罐等。

（8）蒸馏设备：利用液体混合物中各组分挥发度的不同，分离组分的设备，包括分子蒸馏设备(短程蒸馏设备)、蒸馏釜、精馏塔等。

（9）干燥机械及设备：利用热能或低温升华，使物料中的湿分汽化，获得干燥物料的设备，包括对流干燥器、传导干燥器、辐射干燥器、介电加热干燥器、微波干燥器、热泵干燥器等。

（10）贮存设备：贮存物料的容器，包括立式贮存器、卧式贮存器、真空贮存器、保温贮存器等。

（11）灭菌设备：用灭菌源将微生物杀灭或使之下降到某一对数单位的设备，包括湿热灭菌柜、干热灭菌柜、臭氧灭菌柜、隧道式灭菌箱、辐射灭菌器、微波灭菌器、环氧乙烷灭菌器、紫外线灭菌器、电子束灭菌器等。

2. 制剂机械及设备　将药物原料制成各种剂型药品的机械及设备，按生产的剂型分为13类机械及设备。

（1）颗粒剂机械：将药物或与适宜的药用辅料经混合制成颗粒状的固体制剂机械及设备。

（2）片剂机械：将药物或与适宜的药用辅料混匀压制成各种片状的固体制剂机械及设备。

（3）硬胶囊剂机械：将药物充填于空心胶囊内制作成硬胶囊制剂的固体制剂机械及设备。

（4）粉针剂机械：将无菌粉末药物定量分装于抗生素玻璃瓶内的机械及设备。或将无菌药液定量灌入抗生素玻璃瓶再用冷冻干燥法制成粉末并盖封的机械及设备。

（5）小容量注射剂机械及设备：制成 50mL 以下装量的无菌注射液的机械及设备。

（6）大容量注射剂机械及设备：制成 50mL 及以上装量的无菌注射液的机械及设备。

（7）丸剂机械：将药物或与适宜的药用辅料以适当的方法制成滴丸、糖丸、小丸（水丸）等丸剂的机械及设备。

（8）栓剂机械：将药物与适宜的基质制成供腔道给药的栓剂的机械及设备。

（9）软膏剂机械：将药物与适宜的基质混合制成外用制剂的机械及设备。

（10）口服液体制剂机械：将药物与适宜的药用辅料制成供口服的液体制剂的机械及设备。

（11）气雾剂机械：将药物与适宜的抛射剂共同灌注于具有特制阀门的耐压容器中，制作成药物以雾状喷出的机械及设备。

（12）眼用制剂机械：将药物制成滴眼剂和眼膏剂的机械及设备。

（13）药膜剂机械：将药物和药用辅料与适宜的成膜材料制成膜状制剂的机械及设备。

3. 药用粉碎机械及设备　以机械力、气流、研磨的方式粉碎药物的机械，包括 4 类机械及设备。

（1）机械式粉碎机：以机械力粉碎药物的机械，包括齿式粉碎机、锤式粉碎机、刀式粉碎机、涡轮式粉碎机、压磨式粉碎机、铣削式粉碎机、碾压式破碎机、颚式破碎机等。

（2）气流粉碎机：利用气流的强烈冲击，使药物间产生摩擦、挤压被粉碎的机械，包括粗粉气流粉碎机、细粉气流粉碎机、超细气流粉碎机、超微气流粉碎机等。

（3）研磨机械：通过研磨介质在研磨体内的运动，使物料受挤压和剪切被粉碎成超细度混合物的机械，包括微粒研磨机、球磨机、乳钵研磨机等。

（4）低温粉碎机：将物料冷却至脆化点以下，再进行粉碎的机械。

4. 饮片机械及设备 中药材通过净制、切制、炮制、干燥等方法,改变其形态和性状制取中药饮片的机械及设备,包括4类机械及设备。

（1）净制机械:药材通过挑选、风选、水选、筛选、剪切、刮削、剔除、刷搽、碾串及泡洗等方法去除杂质和分离药材非有效部位的机械,包括挑选机械、风选机、水选机、洗药机械、筛选机械、磁选机、干法净制机械等。

（2）切制机械:采用剪切方式改变药材形态的机械,包括润药机、切药机等。

（3）炮制机械:根据中医药理论制定的法则和规定的工艺,加温改变净药材形态和性状的机械,包括蒸煮设备、炒药机、煅药机械等。

（4）药材烘干机械:利用热源除去药材中水分的机械及设备,包括转筒烘干机、厢式烘干机、远红外烘干机、微波烘干机等。

5. 制药用水、气（汽）机械及设备 采用适宜的方法,制取制药用水和制药工艺用气（汽）的机械及设备,包括4类机械及设备。

（1）制药工艺用气（汽）设备:采用适宜的方法,制取制药工艺用气（汽）的机械及设备,包括药用制氮机、纯蒸汽发生器、充气装置等。

（2）纯化水设备:采用适宜的方法,制取纯化水的设备,包括电渗析设备、电除盐电离子交换装置、反渗透设备等。

（3）注射用水设备:采用适宜的方法,制取注射用水的设备,包括列管式多效蒸馏水机、盘管式多效蒸馏水机、热压式蒸馏水机等。

（4）离子交换设备:通过离子交换剂,以其所含可交换离子与溶液中的同种电性的离子进行交换,制取纯化水的设备。

6. 药品包装机械及设备 完成药品直接包装和药品包装物外包装及药包材制造的机械及设备,包括3类机械及设备。

（1）药品直接包装机械:直接接触药品的包装机械,包括药品印字机械、瓶包装机械、袋包装机、泡罩包装机械、蜡壳包装机械、饮片包装机械等。

（2）药品包装物外包装机械:对药品包装物实行装盒（袋）、印字、贴标签、裹包、装箱等功能的机械及设备,包括装盒机械、卧式软袋包装机、药品包装物印字机械、药品包装物贴标签机械、薄膜收缩包装机、药用透明膜包装机、药用枕式包装机、大包装机械等。

（3）药包材制造机械:制造药用包装容器、包装材料的机械及设备,包括药用玻璃容器制造机械、药用塑料容器制造机械、药用金属容器制造机械、空心胶囊制造机等。

7. 药物检测的仪器与设备 检测各种药物质量的仪器与设备,包括36类仪器与设备。

（1）硬度测试仪:对片剂进行挤压直至破碎,测定片剂承受最大压力值的仪器。

（2）溶出度试验仪:测试药物从片剂、胶囊剂等固体制剂在规定溶剂中溶出的速度和程度的试验仪器。

（3）除气仪:用于溶解介质除气的仪器。

（4）崩解仪:测定片剂等固体制剂在规定条件下的崩解时限的仪器。

（5）脆碎仪:检测非包衣片的脆碎度及机械稳定性、抗磨性、耐滚轧、碰撞性等物理性能的试验仪器。

（6）片剂外观检查机：检查片剂外观质量的机械。

（7）厚度测试仪：检查片剂厚度及胶囊、丸剂直径的测试仪器。

（8）片剂综合测试仪：具有溶出度试验仪、崩解仪、脆碎仪及硬度测定仪功能的测试仪器。

（9）冻力仪：检测胶囊明胶冻力值（凝冻强度）的仪器。

（10）勃氏黏度测试仪：测试和计算明胶勃氏黏度值的仪器。

（11）明胶透明度测试仪：采用恒定光源和稳定亮度，从标准玻璃测定管内自动测试和计算明胶透明度值的仪器。

（12）胶囊重量分选机：具有分离出装量不合格胶囊功能的机械。

（13）融变时限测试仪：测定栓剂等固体制剂在规定条件下的融变时限的仪器。

（14）重金属检测仪：检测药物中重金属杂质含量的仪器。

（15）水分测试仪：采用称重法测量药物含水量的仪器。

（16）粒度分析仪：测定药物的粒子大小和粒度分布的仪器。

（17）澄明度测试仪：检查药液可见异物和不溶性微粒的仪器。

（18）微粒检测仪：利用光阻法原理检测注射液中不溶性微粒含量的仪器。

（19）热原测定仪：通过电子探头检测家兔体温变化来判断药品所含热原限度的仪器。

（20）细菌内毒素测定仪：利用鲎试剂定量或定性检测细菌内毒素的仪器。

（21）振实仪：通过振实后检测粉末、颗粒密度的仪器。

（22）渗透压测定仪：通过测量溶液的冰点下降来间接测定其渗透压的仪器。

（23）无菌检查仪：用于无菌检查中加压、过滤的仪器。

（24）膏药软化点测定仪：检测膏药软化温度的仪器。

（25）熔点测试仪：测试药物、试剂及其他有机结晶物熔点的仪器。

（26）药材硬度计：采用压入法和蠕变量相结合的方法测定药材硬度的仪器。

（27）电子眼测色仪：运用光学原理和排除镜面反射的测量方法，测量药材、饮片颜色的仪器。

（28）电子舌味觉仪：运用电子化学液体传感器和数据分析系统，能够分辨出酸、甜、苦、咸味道和组合味道的仪器。

（29）电子鼻气味仪：由一组气敏元件组成的气体传感器阵列，测量药材、饮片气味的仪器。

（30）远红外光谱分析仪：测定药物在远红外光谱区的光谱特征的仪器。并利用适宜的化学计量学的方法提取相关信息后对被测药物进行定性、定量的分析仪器。

（31）安瓿注射液异物检查设备：检查安瓿注射液内异物的设备。

（32）玻璃输液瓶大容量注射剂异物半自动检查机：利用光照投影放大原理，目测大容量注射剂内异物大小，由人工剔除废品的机械。

（33）塑料输液瓶大容量注射剂检漏器：利用高压放电原理，检测塑料输液瓶大容量注射剂密封性能的设备。

（34）非 PVC 膜软袋大容量注射剂检漏机：采用压力或真空原理，检测非 PVC 膜软袋大容量注射剂的密封性能的机械。

（35）F_0值监测仪：由精确测温传感器、温度记录仪和F_0值计算系统组成的用于测定F_0值（即标准灭菌时间）的仪器。

（36）泡罩包装检测器：泡罩包装件在真空状态下检测密封性能的设备。

8. 其他制药机械及设备　与制药生产相关的其他机械及设备，包括2类机械及设备。

（1）输送机械及装置：利用机械力或空气流，运载固体物料或输送液体的机械及装置，包括机械输送机、气流输送机、液体输送机械等。

（2）辅助机械：辅助制药生产的机械及设备，包括在位清洗、灭菌设备，玻璃输液瓶揭盖机，安瓿擦瓶机等。

四、制药设备的型号

制药机械种类繁多，为了加强制药机械及产品的规范化管理，制药机械及设备的型号分类管理主要有国家编制的《全国主要产品分类与代码第1部分：可运输产品》（GB/T 7635.1—2002）、YY医药行业标准《制药机械产品型号编制方法》（YY/T 0216—1995）、JB制药机械行业标准等，国家依据这些标准对制药机械进行规范管理。

1. 国家标准《全国主要产品分类与代码第1部分：可运输产品》（GB/T 7635.1—2002）"可运输产品"代码标准是一项大型的基础性标准，是与国际通行产品目录协调一致的国家产品分类编码标准体系，规定了全国可运输产品的分类原则与方法、代码结构、编码方法、分类与代码，采用层次分类法对工业产品进行分类，其代码采用6层8位结构，其前5层非等效采用联合国统计委员会制定的《主要产品分类》（CPC/1.0版）的代码结构体系，在第5层下延拓一层，用阿拉伯数字表示，即前五层是一层1位码，第六层是特殊区域顺序3位码，采用了非平均分配代码方法（图1-1）。例如445代表的是"粮油等食品、饮料和烟草加工及其零件；制药机械设备"大类，4454代表的是制药机械设备中类，44541代表的是原料药设备及机械小类，44541·010-·099代表的是生化反应设备细类，44541·100-·199代表的是药用筛分机械细类，44542·010-·049代表的是注射剂机械细类。

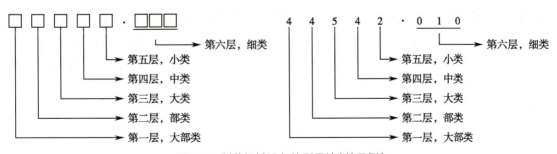

图1-1　制药机械设备的型号编制（示例）

2. YY医药行业标准《制药机械产品型号编制方法》（YY/T 0216—1995）　规定了制药机械及产品的型号编制原则、格式和编制方法，是为便于制药设备的生产管理、产品销售、设备选型、国内外技术交流而制定的一项行业标准（图1-2、图1-3）。

制药机械的产品型号由主型号和辅助型号组成。主型号依次按产品功能、型式、特征代码的顺序编制，主型号以其有代表性汉字名称的第一个拼音字母表示，当遇有重复字母时，可采用第二个拼音字母以示区别，不应采用I、O字母；辅助型号包括主要参数、改进设计顺序号。

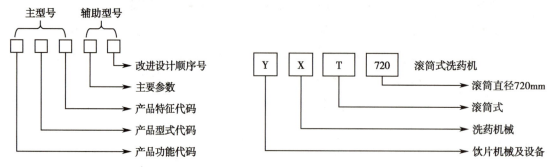

图 1-2　YY 医药行业标准下制药机械设备的型号编制

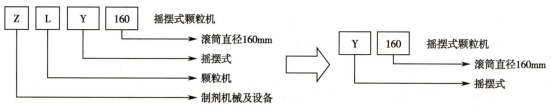

图 1-3　YY 医药行业标准下制药机械设备的型号编制（简略格式）

产品功能代码与产品型式及特征代码以其有代表性的汉字的第一个拼音字母表示，主要用于区别同一种类型产品的不同型式，由一至两个符号组成，如只有一种型式，此项也可省略，按简略格式进行表示。产品的主要参数有生产能力、面积、容积、机器规格、包装尺寸、适应规格等，一般以数字表示。当需要表示两组以上参数时，用斜线隔开。改进设计顺序号以A、B、C 等字母表示，第一次设计的产品不编顺序号。例如 GRX-14C 代表的是第三次改进设计的蒸发面积为 14m² 的热风循环干燥设备，HCD200 代表的是混合槽工作容积 200L 的单浆槽式混合机，PZ35 代表的是 35 个冲头的旋转式压片机，BY1000 代表的是滚转锅体直径为1 000mm 的荸荠式包衣机，BG150 代表的是每次生产能力为 150kg 的高效包衣机，FQ25 代表的是生产能力为 25kg/h 的气流粉碎机，RCD6 代表的是实验杯是 6 个的溶出度试验仪。

3. JB 制药机械行业标准　引用了《制药机械产品型号编制方法》（YY/T 0216—1995），规定了制药机械及产品的术语和定义、分类与标记、要求、试验方法、检验规则和标志、使用说明书、包装、贮存（图 1-4）。如《高速旋转式压片机》（JB 20021—2004）就规定了具体的型号管理规范和规格。

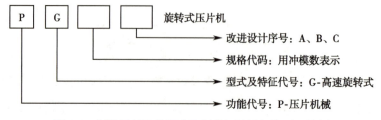

图 1-4　制药机械行业标准下制药机械设备的型号编制

在本章制药设备型号的学习过程中,参考附表1制药设备国家和行业标准分类,你还能编制出哪些设备的型号吗?

五、设备管理与验证

设备分现有设备和新设备。管理与验证内容主要包括新处方、新工艺和新拟的操作规程的适应性,在设计运行参数范围内,能否始终如一地制造出合格产品。另外,事先须进行设备清洗验证。新设备的验证工作包括审查设计、确认安装、运行测试等。

(一)设备的设计和选型

使用方对所选制药机械(设备)满足《药品生产质量管理规范》、产品标准、安装要求、用户需求标准及制造商的确认,代表着制药工程的技术水平。设备是药品加工的主体,从设备的性能、工艺参数、价格方面考查工艺操作、校正、维护保养、清洗及灭菌等是否合乎生产要求,设备类型发展很快,型号多,在设计和选型的审查时必须结合已确认的项目范围和工艺流程,借助制造商提供的设备说明书,从实际出发结合GMP要求对生产线进行综合评估。

设备的设计和选型需要考虑的因素如下:

1. 与生产的产品和工艺流程相适应,全线配套且能满足生产规模的需要。

2. **材质、外观和安全设计要求** 药品GMP规定制造设备的材料不得对药品性质、纯度、质量产生影响,其所用材料需具有安全性、辨别性及使用强度。因而在材料选用中应考虑与药物等介质接触时,在腐蚀性、接触性、气味性的环境条件下不发生反应、不释放微粒、不易附着或吸湿,具有安全性、识别性、强度,无论是金属材料还是非金属材料均应具有这些性质。

(1)金属材料:凡与药物及腐蚀性介质接触的及潮湿环境下工作的设备,均应选用低含碳量的不锈钢材料、钛及钛复合材料或铁基涂覆耐腐蚀、耐热、耐磨等涂层的材料制造。不锈钢材料中以316L为最佳,312L不锈钢因会与氯离子产生腐蚀而受到限制,304L不锈钢可用在次要场合。非上述使用的部位可选用其他金属材料。原则上用这些材料制造的零部件均应作表面处理,其次需注意的是同一部位(部件)所用材料的一致性,不应出现不锈钢件配用普通螺栓的情况。

(2)非金属材料:在制药设备中使用得最为普遍,像保温材料、密封材料、过滤材料、工程塑料及橡胶垫圈等材料,选用这类材料的原则是无毒性、不污染,即不应是松散状、掉渣、掉毛的,不得使用石棉材料。特殊用途的还应结合所用材料的耐热、耐油、不吸附、不吸湿等性质考虑,密封填料和过滤材料尤应注意卫生性能的要求。

(3)安全保护功能:药物有热敏、吸湿、挥发、反应等不同的性质,不注意这些特性就容易造成药物品质的改变,这也是设备选择时应注意的问题。因此产生了诸如防尘、防水、防过热、防爆、防渗入、防静电、防过载等保护功能,并且有些还要考虑在非正常情况下的保护,像高速运转设备的"紧急制动",高压设备的"安全阀",粉体动轴密封不得向药物方面泄漏的结构,以及无瓶止灌、自动废弃、卡阻停机、异物剔除等装置。如应用仪器、仪表、电脑技术来实现设备操作中通过预警、显示、处理等来代替人工和靠经验的操作,完善设备的自动操作、自动保护功能。

3. 结构简单,易清洗、消毒,便于生产操作和维护保养。在药物和清洗的有关结构中,结构要素是很主要的方面。制药设备几乎都与药物(药品)有直接、间接的接触,粉体、液体、颗粒、膏体等制剂类型性状多样,在药物制备中结构通常应有利于各种物料的流动、位移、反应、交换及清洗等。实践证明设备内的凸凹、槽、台、棱角是最不利于物料清除及清洗的,因此要求这些部位的结构要素应尽可能采用大的圆角、斜面、锥角等,以免挂带和阻滞物料。与药物接触部分的构件,均应具有不附着物料的高光洁度,抛光处理是有效的工艺手段。制药设备中有很多的零部件是采用抛光达到光洁度要求的,在制造中抛光不到位是经常发生的,故要求外部轮廓结构应力求简洁,尽量为连续回转体,创造易抛光到位的条件。

4. **设备零件、计量仪表的通用性和标准化程度**　仪器、仪表、衡器的适用范围和精密度应符合生产和检验要求。

5. 粉碎、过筛、制粒、压片等工序粉尘量大,设备的设计和选型应注意密封性和除尘能力。

6. 药品生产过程中用的压缩空气、惰性气体应有除油、除水、过滤等净化处理设施。尾气应有防止空气倒灌装置。

7. 压力容器、防爆装置等应符合国家有关规定。

8. 润滑是机械运动所必需的,无论在何种情况下润滑剂、清洗剂都不得与药物相接触,包括具有掉入、渗入等的可能性,所以应解决既要润滑又不能污染的矛盾,尽量考虑使用食品级润滑剂。

9. **在线监测、在线控制的要求**　在线监测与在线控制功能主要指设备具有分析、处理系统,能自动完成几个工步或工序工作的功能,这也是设备连线、联动操作和控制的前提。实践证明,在制药工艺流程中设备的协调连线与在线控制功能是最有成效的。

设备的在线控制功能取决于机、电、仪一体化技术的运用,随着工业计算机及计量、显示、分析仪器的设计应用,多机控制、随机监测、即时分析、数据显示、记忆打印、程序控制、自动报警等新功能的开发,使得在线控制技术得以推广。目前在线自动质量检测装置(automated quality assurance inspection equipment, AQAI)在一些合资企业得到了广泛的运用。

10. 设备制造商的信誉、技术水平、培训能力以及是否符合GMP的要求。

11. **制药机械设备方面的术语**

标准操作规程(standard operation procedure, SOP):对制药机械(设备)的操作程序、设备安装调整、维护保养、故障处理等事项作出说明和规定的文件。

在位清洗(clean in place, CIP):系统或设备在原安装位置不拆卸、不移动进行的清洗。

在位灭菌(sterilization in place, SIP):系统或设备在原安装位置不拆卸、不移动进行的灭菌。

在位检测:制品在原系统或设备上不需转位到其他系统或设备,直接进行的质量检测。

全自动机: 不采用人工辅助操作的机械。

半自动机: 需人工进行辅助操作的机械。

多功能机: 具有两个及以上功能的机械。

一体机: 将多种操作工序组合于一台机器上完成的机械。

联动线: 由数台单机连接而成的连续生产系统。

(二) 设备的安装

设备的安装流程如下:

1. 开箱验收设备,查看制造商提供的有关技术资料(合格证书、使用说明书),应符合设计要求。

2. 确认安装房间、安装位置和安装人员。

3. **安装设备的通道** 用于设备进出车间。有时应考虑采用装配式壁板或专门设置可拆卸的轻质门洞,以便不能通过标准通道的设备的进出。

4. **安装程序** 按工艺流程顺序排布,以便操作,防止遗漏或出差错。或按工程进度安装,从安排在主框架就位之后开始到安排在墙上的最后一道工序完成后结束,或介于两者之间。这完全取决于设备是如何与结构发生关系的和如何运进房间的。

5. **设备就位** 制剂室设备应尽可能采用无基础设备。必须设置设备基础的,可采用移动或表面光洁的水磨石基础块,不影响地面光洁,且易清洁灭菌。安装设备的支架、紧固件能起到紧固、稳定、密封作用,且易清洁灭菌。其材质与设备应一致。

6. **接通动力系统、辅助系统** 其中物料传送装置安装时应注意:①A 级、B 级洁净室使用的传动装置不得穿越较低级别区域;非无菌药品生产使用的传动装置,穿越不同洁净室时,应有防止污染措施。②传动装置的安装应加避震、消声装置。

7. **对公用工程的要求** 生产设备与厂房设施、动力与设备以及使用管理之间都存在互相影响与衔接的问题。生产设备的运行需要电力、压缩空气、纯化水、蒸汽等,它是通过与设备的接口来实现的。生产设备的接口主要是指设备与相关设备以及设备与配套工程(公用工程)方面的,这种关系对设备本身乃至一个系统都有着连带影响。设备与工程配套设施的接口问题比较复杂,设备安装能否符合 GMP 的要求,与厂房设施、工程设计很有关系。

8. **其他** 阀门安装要方便操作。监测仪器、仪表安装要方便观察和使用。

(三) 设备安装确认

设备安装后进行设备的各种系统检查及技术资料的文件化工作。安装确认是由设备制造商、安装单位及制药企业中工程、生产、质量方面派人员参加,对安装的设备进行试运行评估,以确保工艺设备、辅助设备在设计运行范围内和承受能力下能正常持续运行。保证工艺设备和辅助设备在操作条件下性能良好,能正常持续运行,并检查影响工艺操作的关键部位,用这些测得的数据制定设备的校正、维护、保养标准操作规程。

设备安装结束,一般应做以下检查工作:

1. 审查竣工图纸,能否准确地反映生产线的情况,与设计图纸是否一致。如果有改动,应附有改动的依据和批准改动的文件。

2. 设备的安装地点及整个安装过程符合设计和规范要求。

3. 设备上计量仪表、记录仪、传感器应进行校验并制订校验计划,制定校验仪器的标准操作规程。

4. 列出备件清单。

5. 制定设备维修保养规程及建立维修记录。

6. 制定清洗灭菌的标准操作规程。

(四)设备运行测试

包括运行确认(设备或与设备相关的系统达到设定要求而进行的各种运行试验及文件化工作)和性能确认(证明设备或与设备相关的系统达到设计性能的试生产试验及文件化工作)。

先单机试运行,检查记录影响生产的关键部位的性能参数。再联动试车,将所有的开关都设定好,所有的保护措施都到位,所有的设备空转能按照要求组成一系统投入运行,协调运行。试车期间尽可能地查出问题,并针对存在的问题,提供现场解决方法。将检验的全过程编成文件。参考试车的结果制定维护保养和操作规程。

生产设备的性能测试,是根据草拟并经审阅的操作规程,对设备或系统进行足够的空载试验和模拟生产负载试验,来确保该设备(系统)在设计范围内能准确运行,并达到规定的技术指标和使用要求。测试一般是先空白后药物。如果对测试的设备性能有相当把握,可以直接采用经过验证的原辅料进行批生产验证。测试过程中除检查单机加工的中间品外,还有必要根据《中华人民共和国药典》(以下简称为《中国药典》)及有关标准检测最终制剂的质量。与此同时完善操作规程、原始记录和其他与生产有关的文件,以保证被验证过的设备在监控情况下生产的制剂产品具有一致性和重现性。

不同的制剂、不同的工艺路线装配不同的设备,不同的设备,测试内容不同。口服固体制剂(片剂、硬胶囊剂、颗粒剂)主要生产设备有粉碎机、混合机、制粒机、干燥机、压片机、胶囊填充机、包衣机、颗粒填充剂。灭菌制剂(小容量注射剂、输液、粉针剂)主要设备有洗瓶机、洗塞机、配料罐、注射用水系统、灭菌设备、过滤系统、灌封机、压塞机、冻干机。外用制剂(洗剂、软膏剂、栓剂、凝胶剂)生产设备主要包括制备罐、熔化罐、储罐、灌装机、包装机。公用系统主要有空气净化系统、工艺用水系统、压缩空气系统、真空系统、排水系统等。验证中应按已制订的验证方案,详细记录验证中工艺参数及条件,并进行半成品抽样检验,对成品不仅作规格检验还需作稳定性考查。

产品验证进行时必须采用经过验证的原辅料和经过验证的生产处方。举例如下:

1. 自动包衣机

(1)测试项目:包衣锅旋转速度,进/排风量,进/排风温度,风量与温度的关系,锅内外压力差、喷雾均匀度、幅度、雾滴粒径及喷雾计量,进风过滤器的效率,振动和噪声。

(2)样品检查:包衣时按设定的时间间隔取样,包薄膜衣前1小时每15分钟取样一次,第2小时每30分钟取样一次,每次取3~6个样品,查看外观、脆碎度、重量变化及重量差异,最后还要检测溶出度(崩解时限)。

(3)综合标准:制剂成品符合质量标准。设备运行参数:

1)不超出设计上限。噪声小于85dB;过滤效率,大于5μm滤除率大于95%;轴承温度小于70℃。

2）在调整范围内可调。风温、风量、压差、喷雾计量、转速不仅可调而且能满足工艺需要，即使在设计极限下运行也能保证产品质量。

2. 小容量注射剂拉丝灌封机

（1）测试项目：灌装工位，进料压力、灌装速度、灌装有无溅洒、传动系统平稳度、缺瓶及缺瓶止灌；封口工位，火焰、安瓿转动、有无焦头和泄漏；灌封过程，容器损坏、成品率、生产能力、可见微粒和噪声。

（2）样品检查：验证过程中，定期(每隔15分钟)取系列样品建立数据库。取样数量及频率依灌封设备的速度而定，通常要求每次从每个灌封头处取3个单元以上的样品，完成下述检验。

1）测定装量1～2mL，每次取不少于5支；5～10mL，每次取不少于3支，用注射器转移至量筒测量。

2）检漏：常用真空染色法、高压消毒锅染色法检查。

3）检查微粒：通常是全检，方法包括肉眼检查和自动化检查。

（3）综合标准：制剂产品应符合质量标准。设备运行参数：运转平稳，噪声小于80dB；进瓿斗落瓶碎瓶率小于0.1%，缺瓶率小于0.5%，无瓶止灌率大于99%(人为缺瓶200只)；封口工序安瓿转动每次不小于4转；安瓿出口处倾倒率小于0.1%；封口成品合格率不小于98%；生产能力不小于设计要求。

3. 软膏自动灌装封口机

（1）测试项目：装量、灌装速度、杯盘到位率、封尾宽度和密封、批号打印、泄漏和泵体保温、噪声。

（2）样品检查：设备运行处于稳态情况下，每隔15分钟取5个样品，持续时间300分钟，按药典方法检查。

（3）合格标准：产品最低装量应符合质量标准。封尾宽度一致、平整、无泄漏，打印批号清楚；杯盘轴线与料嘴对位不小于99%；柱塞泵无泄漏，泵体温度、真空、压力可调；灌装速度，生产能力不小于设计能力的92%；运行平稳，噪声小于85dB。

设备运行试验至少3个批次，每批各试验结果均符合规定，表明确认本设备通过了验证，可报告建议生产使用。

ER1-2　第一章　目标测试

（赖先荣）

第二章 提取设备

药物要想成功应用于临床，尤其是中药，就要经过提取、分离等加工过程才能实现。中药作为中华民族的瑰宝之一，在中华民族几千年的繁衍生息中，作出了不可磨灭的贡献，随着社会的发展和进步，中药产业亦已成为国民经济的传统产业支柱之一。中药提取是指在中医药理论指导下，选择适当的溶剂和方法从中药中提取出来能够代表或部分代表原中药功能与主治的"活性混合物"的操作过程。其核心是在保证中药复方整体效应的前提下，尽量多地提取有效成分，最大限度地除去无效成分。中药提取是中药制剂生产过程中最基本和最重要的环节，它是保证制剂安全有效的关键，同时，又是减小服用剂量、提高制剂稳定性的基本前提。

第一节 药物提取的基本理论

传统的中药制剂多由中药材粉末制成，提取生产所占比例较低；而随着大量中药新剂型的开发和投入生产，尤其是在"中药注射剂""中药冻干粉针剂"等现代中药制剂的生产过程中，有效部位（成分）的提取、分离纯化是一个极其重要的组成部分，各中药生产企业大多建立了相应的提取车间。为了适应现代临床用药的要求，现代化的提取理论、技术和设备是中药提取过程研究和学习所必须探讨的问题。

一、溶剂提取的基本原理

中药材的活性成分各异，而一般中成药的提取生产大多是处理由几种、十几种，甚至几十种药材组成的复方中药，即按处方把许多药材混合在一起进行活性成分的提取。在这种情况下，我们可以把药材看成由可溶物（活性成分）和惰性载体（药渣）所组成，药物的浸提过程就是将固体药材中的可溶物从固体组织、细胞中转移到提取溶剂中来，从而得到含有活性成分的提取液。因此，药物提取的实质就是溶质由固相到液相的传质过程。

现在有关中药浸出过程的传质理论很多，有双膜理论、扩散边界层理论、溶质渗透理论、表面更新理论、相际湍动理论等。这些理论把相际表面（药材的固相与溶剂相接触的表面）假定为不同状态来说明物质通过相际表面的传递机制。被浸出的物质（溶质）传递机制与一般传递过程相似，但也有其自身的特点。

中药材在浸出过程中，一般可以分为三个阶段：第一步是溶剂浸入药材的组织和细胞内；

第二步是溶剂溶解药材组织和细胞中的可溶物质；第三步是溶质通过药材组织和细胞向外扩散。在药材组织和细胞中已被溶剂溶解的溶质，因浓度大产生了渗透压，由于渗透压的存在产生了溶质的扩散。扩散作用的实质，就是指含有溶质不同浓度的溶液，当相互接触时彼此之间将相互渗透（图2-1）。

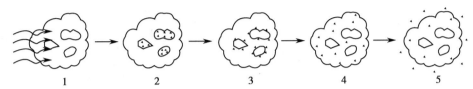

1.溶剂浸润渗透阶段；2.解吸阶段；3.溶解阶段；4.扩散阶段；5.置换阶段

图2-1　中药材溶剂浸提原理示意图

1. 浸润渗透阶段　提取溶剂在药材表面的浸润渗透效果与溶剂性质和药材的状态有关，取决于固液接触界面吸附层的特性。如果药材与溶剂之间的附着力大于溶剂分子间的内聚力，则药材易被浸润；反之，如果溶剂的内聚力大于药材与溶剂之间的附着力，则药材不易被润湿。

动植物药材大多具有细胞结构，药材的大部分活性成分就存在于细胞液中。新鲜药材经采收干燥后，细胞组织内水分蒸发，液泡腔中的活性成分沉积于细胞内，细胞壁皱缩并形成裂隙，细胞内形成空腔。药材切片粉碎使部分细胞壁破裂，比表面积增加，空腔和裂隙与溶媒接触；同时药材中有很多带极性基团的物质，如蛋白质、果胶、多糖、纤维素等，使得水和醇等极性较强的提取溶剂易于向细胞内部渗透扩散。

湿润作用对浸出有较大影响，若药材不能被浸出溶剂湿润，则浸出溶剂无法渗入细胞，无法实现提取。浸出溶剂能否湿润药材，由溶剂和药材的性质及两者间的界面情况所决定，其中表面张力占主导地位。如非极性提取剂不易从含有大量水分的药材中提取出有效成分，极性提取剂不易从富含油脂的药材中提取出有效成分。药材被润湿后，由于液体静压力和毛细作用，溶剂渗透到细胞组织内，使干皱细胞膨胀，恢复通透性，使其所含活性成分可被溶解或洗脱，进而扩散出来。如果溶剂选择不当，或药材中含有妨碍润湿的物质，溶剂就很难向细胞内渗透。例如，要从含有脂肪油较多的药材中浸出水溶性成分，药材需先进行干燥，用乙醚、石油醚、三氯甲烷等非极性溶剂脱去脂溶性成分，然后再用适当的提取剂提取。

为使提取溶剂尽快润湿药材，有时可以在溶剂中加入适量表面活性剂。也可以在加入溶剂后用加压或在密闭容器内减压，以排出组织毛细管内的空气，使溶剂向细胞组织内更好地渗透。

2. 解吸与溶解阶段　由于药材的各种成分并非独立存在，而是彼此有着一定的吸附作用，故需先解除彼此的吸附作用，才能使其溶解，此即所谓解吸。溶剂渗入细胞后即逐渐溶解可溶性成分，溶剂种类不同，溶解的成分不同。在提取有效成分时，应选用具有较好解吸作用的溶剂，如水、乙醇等，必要时可向溶剂中加入适量的酸、碱、表面活性剂以助解吸，强化活性成分的溶解。

提取溶剂通过毛细管和细胞间隙进入细胞组织后，部分细胞壁膨胀破裂，已经解吸的可溶物质逐渐溶解，胶性物质转入溶液中或膨胀产生凝胶，这就是溶解阶段。目标成分能否被溶解,取决于其结构和溶剂性质,遵循"相似相溶"规律。水能溶解结晶物和胶质,而乙醇浸出液中含胶质较少;非极性溶剂的浸出液中不含胶质。

由此,浸出液浓度逐渐升高,溶质渗透压提高,产生了溶质向外扩散的动力。另外,干燥药材的细胞膜的半透性丧失,浸出液中杂质增多。矿物类和某些酯类植物药材无细胞结构,其成分可直接溶解或分散悬浮于溶液中。

3. 扩散和置换阶段 通常,药材提取过程的扩散阶段包含两个过程,即内扩散和外扩散。内扩散就是溶质溶于进入细胞组织的溶剂中,并通过细胞壁扩散转移到固液接触面;外扩散就是边界层内的溶质进入溶剂主体中。

提取溶剂溶解有效成分后,形成的浓溶液具有较高的渗透压,其溶解的成分将不停地向周围扩散以平衡其渗透压,成为提取过程的推动力。由于细胞内外溶剂溶质浓度的差异而产生了渗透压,一方面溶质将进入周围含有溶质的低浓度的溶剂中,引起溶质浓度的上升;在另一方面溶剂本身将透入高浓度的溶液,因而引起被浸出物从高浓度的部位向低浓度部位扩散。因此,扩散作用就是物质经过界层转移到不含这种物质的分散介质的过程,也就是溶质从高浓度向低浓度方向渗透的过程。至内外浓度相等,渗透趋于平衡时,扩散进程终止。

植物性药材的浸取过程一般包括上述几个阶段,但这几个阶段并非截然分开的,而往往是交错进行的。其中浸润和溶解与使用的药材及溶剂有关,扩散和置换与选用的设备有关。在扩散过程中,由于浸出溶媒溶解活性成分后具有较高的浓度,而形成扩散点(区域),不停地向周围扩散其溶解的成分,以平衡其浓度,称之为扩散动力,可用 Ficks 第一扩散公式说明。

$$ds = -DF \times \frac{dc}{dx} \times dt \qquad\qquad 式(2\text{-}1)$$

式中,ds 为 dt 时间内的扩散量;D 为扩散系数;F 为扩散面,可用药材的粒度代表;$\frac{dc}{dx}$ 为浓度梯度;dt 为扩散时间。

扩散系数 D 可由按式(2-2)求得。

$$D = \frac{RT}{N} \times \frac{1}{6} \pi \gamma \eta \qquad\qquad 式(2\text{-}2)$$

式中,R 为气体常数;T 为绝对温度;N 为阿伏伽德罗常数;γ 为扩散物质分子半径;η 为黏度。

从以上公式可以看出,在 dt 时间内的扩散值 ds,与药材的粒度,扩散过程中的浓度梯度和扩散系数成正比。在浸出过程中,这些数值还受一定的条件限制。F 值与药材的粒度有关,但不是越细越好,应取决于在提取过程中药材是否会糊化,过滤是否能正常进行。因此,$\frac{dc}{dx}$ 是关键,保持其最大值,提取将能很好地进行。从理论上讲,循环提取和动态提取等的主要目的都是为了提高 $\frac{dc}{dx}$,但在实际选用时,还应从被提取药材的特性、所选用设备的造价、设备的利用率等多方面考虑。

总之,中药材浸提是多因素影响的复杂过程,其中包括浸湿、渗透、解吸、溶解、扩散等几个相互联系、彼此交错的阶段。扩散公式虽然从理论上对提取能起到指导作用,仍应该看到其不足,同时还受到实际条件的限制。因此,只能借助其说明影响浸出的因素。

二、提取方法分类

药材中的活性成分大多为其次生代谢产物,如生物碱、黄酮皂苷、香豆素、木脂素类、醌类、多糖类、萜类及挥发油等,含量很低,为了适应中药现代化要求,须对其进行提取分离和富集、纯化,进而利用现代制剂技术,生产临床所需的各种剂型的药品。药物有效成分的提取分离是研究药物化学成分的基础,这一过程应在生物活性或药理学指标跟踪下进行,提取分离的方法也应根据被提取分离成分的主要理化性质和考虑各种提取分离的原理和特点进行选定,使所需要的成分能充分地得到提取分离。将药材中所含某一活性成分或多种活性成分(成分群)分离的工业过程即提取过程。从药材中提取活性成分的方法有溶剂提取法、水蒸气蒸馏法、升华法和压榨法等,如图2-2所示。

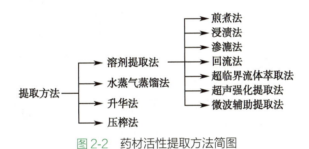

图2-2 药材活性提取方法简图

药材活性成分提取方法较多,其选择应根据药材特性、活性成分、理化性质、剂型要求和生产实际等综合考虑。目前,水蒸气蒸馏法、升华法和压榨法的应用范围十分有限,大多数情况下采用的是溶剂提取法,其相应的技术特点如表2-1所示。

表2-1 不同溶剂提取法的特点

方法	作用方式	常用溶剂	作用特点
煎煮法	加热	饮用水或纯化水	溶剂达到沸点,间歇操作,煎煮液成分复杂,需进一步精制
浸渍法	加热或不加热	乙醇或蒸馏酒	静态浸出,温浸或冷浸均未达到溶剂沸点,间歇操作,浸渍液可根据需要进一步精制
渗漉法	一般不加热	乙醇或酸碱水	连续操作,渗漉液可根据需要进一步精制
回流法	加热	乙醇	达乙醇沸点,间歇操作,回流液可根据需要进一步精制
超临界流体萃取法	萃取	超临界 CO_2	溶剂为超临界状态,连续操作,萃取液成分极性相近,可根据需要进一步精制
超声强化提取法	超声振荡	水或乙醇	溶剂未达到沸点,间歇操作,提取液成分复杂,可根据需要进一步精制
微波辅助回流法	微波辐射	水或乙醇	水分子达到沸点,间歇操作,提取液成分复杂,可根据需要进一步精制

三、常用的提取工艺过程

我们常用的提取过程大致可以分为以下几种典型的工艺：单级间歇、单级回流温浸、单级循环、多级连续逆流和提取浓缩一体化等。

1. 单级间歇 是将药材分批投入提取设备中，放入一定量的提取溶剂，常温或保温进行提取，等一批提取完成后，再进行下一批药材的提取。其优点是工艺和设备较简单，造价低，适合各种物料的提取。缺点是提取时间长，提取强度也差。

2. 单级回流温浸 与单级间歇提取工艺相似，只是在提取设备上加装了冷凝（却）器，使提取液的蒸汽通过冷凝（却）器回流至提取设备。可以使提取过程在温度比较高的过程中进行，也可以进行芳香油的提取。

3. 单级循环 增加一台提取液循环泵，在提取过程中，通过料液的循环，增加提取设备中药材和提取液的浓度梯度，使药材内部的物质向提取液转移速度加大。其优点是能提高提取强度及设备的利用率。

4. 多级连续逆流 由多台单级循环提取系统组成，主要原理是新鲜的水或溶剂加入最后一步需要提取的系统中，提取液由最先投料的系统出来，这样能保证在提取过程中，提取液能在最大的浓度梯度中进行提取，并可使提取连续进行。其优点是适合较大规模的生产，提取强度也大。缺点是设备投入较大，系统较复杂。

5. 提取浓缩机组 将提取系统与浓缩系统合为一体。其优点是占地少，能耗低，蒸发的冷凝液可作为新鲜的提取液进入提取设备，故提取可以很完全。缺点是由于一台提取设备至少需要自带一台蒸发浓缩器，设备的相互利用率较差。

第二节　常用提取设备

提取设备是药物提取生产的关键，随着机械制造、材料、化工仪表、自动化等相关领域的发展和进步，国内的提取设备无论在设计制造和生产安装上，都有了很大的进步，能满足制药工业需求。目前应用较多的提取设备主要是渗漉罐、提取罐、超临界流体萃取设备等。

一、渗漉罐

将药材适度粉碎后装入特制的渗漉罐中，从渗漉罐上方连续加入新鲜溶剂，使其在渗漉罐内药材积层间产生固-液传质作用，自罐体下部出口排出浸出液从而获得药材活性成分提取液的方法称为"渗漉法"。渗漉是一种静态的提取方式，一般用于要求提取比较彻底的贵重或粒径较小的药材，有时对提取液的澄明度要求较高时也采用此法。渗漉提取一般以有机溶媒居多，有的药材提取也可采用稀的酸、碱水溶液作为提取溶剂。渗漉提取前往往需先将药材进行浸润，以加快溶剂向药材组织细胞内的渗透，同时也可以防止在渗漉过程中料液产生短路现象而影响收率，也能缩短提取的时间。

渗漉提取的主要设备是渗漉罐,可分为圆柱形和圆锥形两种,其结构如图 2-3 所示。渗漉罐结构形式的选择与所处理的药材的膨胀性质和所用的溶剂有关。对于圆柱形渗漉罐,膨胀性较强的药材粉末在渗漉过程中易造成堵塞;而圆锥形渗漉罐因其罐壁的倾斜度能较好地适应药材粉末的膨胀变化,从而使得渗漉生产正常进行。同样,在用水作为溶剂渗漉时,易使得药材粉末膨胀,则多采用圆锥形渗漉罐,而用有机溶剂作溶剂时药材粉末的膨胀变化相对较小,故可以选用圆柱形渗漉罐。

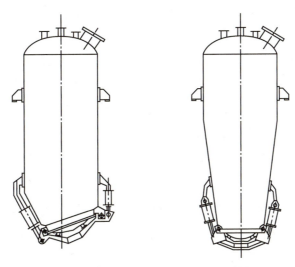

图 2-3 圆柱形渗漉罐和圆锥形渗漉罐

渗漉罐的材料主要有搪瓷、不锈钢等。渗漉罐的外形尺寸一般可根据生产的实际需要向设备厂商定制,相关的技术参数示例如表 2-2 所示。

表 2-2 渗漉罐技术参数示例

公称容积 /m³	外形尺寸(直径×高)/mm	公称容积 /m³	外形尺寸(直径×高)/mm
0.5	800×2 500	2.0	1 200×3 300
1.0	1 000×2 500	3.0	1 400×3 800
1.5	1 000×3 500		

二、提取罐

提取罐作为常用的提取设备是制药企业非常重要的设备之一,该设备通常采用蒸汽夹套加热,在较大的浸提罐中,如 10m³ 提取罐,可以考虑罐内加热装置;对于动态浸提工艺,因为通过输液泵使罐体内液体进行循环,设置罐外加热装置也比较方便。对于需要提取药物中的挥发性成分,需要用水蒸气蒸馏时还可以在罐内设置直接蒸汽通气管,以获得药物中的挥发性成分。

(一)直筒式提取罐

直筒式提取罐是比较新颖的提取罐,其最大的优点是出渣方便,缺点是对出渣门和气缸的制造加工要求较高。一般情况下,直筒式提取罐的直径限于 1 300mm 以下,对于体积要求大的，不适合选用此种形式的提取罐。其结构如图2-4所示。技术参数示例如表2-3所示。

（二）斜锥式提取罐

斜锥式提取罐是目前常用的提取罐，制造较容易，罐体直径和高度可以按要求改变。缺点是在提取完毕后出渣时，有可能产生搭桥现象，需在罐内加装出料装置，通过上下振动以帮助出料。斜锥式提取罐的结构如图2-5所示，相关的技术参数示例如表2-4所示。

（三）搅拌式提取罐

搅拌式提取罐是指在提取罐内部加装搅拌器，通过搅拌使溶媒和药物表面充分接触，能有效提高传质速率，强化提取过程，缩短提取时间，提高设备的使用率。但此种设备对某些容易搅拌粉碎和糊化的药物不适宜。搅拌式提取罐的排渣形式有两种：一种是用气缸的快开式排渣口，当提取完毕药液放空后，再开启此门，将药渣排出，这种出渣形式对药材颗粒的大小要求不是很严格；另一种是当提取完成后，药液和药渣一同排出，通过螺杆泵送入离心机进行渣液分离，这种出渣方向对药材的颗粒度大小有一定的要求，不能太大或太长，否则易造成出料口的堵塞。搅拌式提取罐的结构如图2-6所示，相关的技术参数示例如表2-5所示。

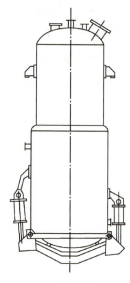

图2-4　直筒式提取罐

表2-3　直筒式提取罐技术参数示例

公称容积/m³	罐体尺寸(直径×高)/mm	设计压力/MPa		设计温度/℃		主要材料
		罐体	夹套	罐体	夹套	
0.5	900×1 200					
1.0	900×2 850					
2.0	1 100×3 250					
3.0	1 300×3 550	0.15	0.3	127	143	不锈钢
4.0	1 300×4 400					
5.0	1 300×6 150					

表2-4　斜锥式提取罐技术参数示例

公称容积/m³	罐体尺寸(直径×高)/mm	设计压力/MPa		设计温度/℃		主要材料
		罐体	夹套	罐体	夹套	
0.5	1 100×2 600					
1.0	1 100×2 900					
2.0	1 100×3 600					
3.0	1 500×3 200	0.15	0.3	127	143	不锈钢
4.0	1 500×4 000					
5.0	1 700×4 200					
6.0	1 700×4 700					

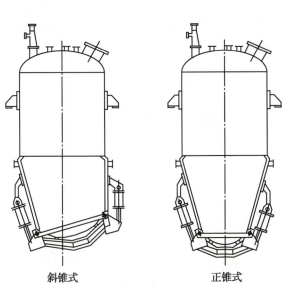

斜锥式   正锥式

图 2-5　斜锥式提取罐

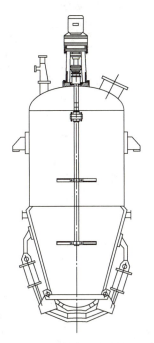

图 2-6　搅拌式提取罐结构形式

表 2-5　搅拌式提取罐技术参数示例

公称容积 /m³	外形尺寸（直径 × 高）/mm	加热面积 /m²	搅拌转速 /（r/min）	加料口直径 /mm	排渣门直径 /mm
1.0	1 000×3 000	2.8	60	300	800
2.0	1 300×3 850	4.2	60	400	800
3.0	1 400×4 650	5.5	60	400	1 000
5.0	1 600×4 500	6.2	60	400	1 200
6.0	1 800×4 500	7.0	60	400	1 200
10.0	2 000×4 500	10.0	60	500	1 200

（四）强制外循环式提取罐

强制外循环提取是指溶剂在罐内对待提取物料进行提取时，用泵使提取液在罐内外进行强制循环流动，其具体规格及基本参数如表 2-6 所示，典型的强制外循环多功能提取罐组结构示意图如图 2-7 所示。

在中药提取生产过程中，可将提取罐与循环式蒸发器组合成一个单元操作系统，由蒸发器蒸出的热冷凝液可以作为新鲜溶剂加入提取罐中，从而节约工艺用水，降低能耗。中药提取浓缩工艺流程如图 2-8 所示。

三、超临界流体萃取设备

超临界流体萃取（supercritical fluid extraction，SFE）是利用流体在临界点所具有的特殊溶解性能而进行萃取分离的一种技术。其设备的投入较大、运行成本较高，一般用于中药浸膏的精制和贵重药材及芳香油的提取。

表 2-6　强制外循环式提取罐（机组）规格及基本参数（摘自 GB/T 17115—1997）

型式			W式				X式				WJ式				
公称容积 /m³			0.5	1	2	3	1	3	4	5	6	1	2	3	6	8	10
	筒体公称直径 /mm		800		1 000		1 400			1 600		应考虑增加内加热器直径				
提取罐	工作压力 / MPa	设备内	≤0.15													
		夹套内	≤0.3													
		内加热器	—									≤0.3				
	工作温度 /℃	设备内	≤127													
		夹套内	≤143													
		内加热器	—									≤143				
	气缸	启动工作压力 /MPa	0.6～0.7													
		工作介质	经除水、除尘、捕油、调压的压缩空气													
	排渣方式		自然排渣	自然或启动提升破拱排渣								自然排渣				
				提升破拱排渣的提升杆												
提取液循环泵			用醇提或其他有机溶媒提取时，其提取液循环泵的电机需为防爆型													
提取液过滤器			筒式过滤器													
附属设备			电器控制箱、冷凝器、冷却器、油水分离器													
备注			中药行业公称容积采用 3m³ 以下													

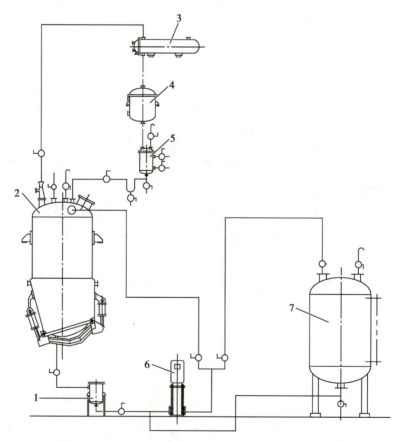

1.管道过滤器；2.多能提取罐；3.冷凝器；4.冷却器；5.油水分离器；6.提取液输送泵；7.提取液储罐

图 2-7　强制外循环多功能提取罐组结构示意图

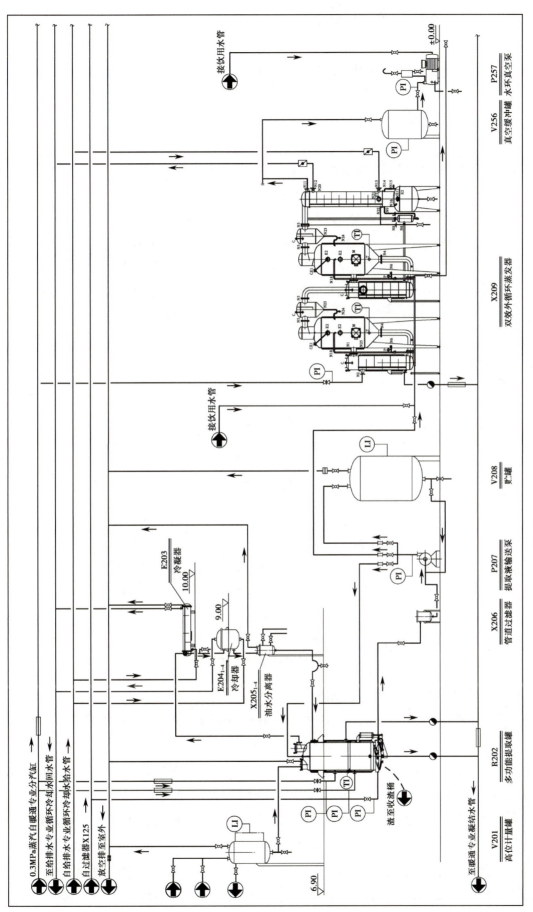

图 2-8 中药提取浓缩工艺流程图

（一）超临界流体萃取的工作原理

对于某一特定的物质而言,总存在一个临界温度(T_c)和临界压力(P_c)。在临界点以上的范围内,物质状态处于气体和液体之间,这个范围之内的流体称为超临界流体(supercritical fluid)。流体在临界状态有以下物理性质。

1. 扩散系数与气体相近,密度与液体相近。

2. 密度随压力的变化而连续变化,压力升高,密度增加。

3. 介电常数随压力的增大而增加。

这些性质使得超临界流体比气体具有更大的溶解能力,比液体具有更快的传递速率。所以,超临界流体可以作为一种特殊的溶媒用于药物的提取分离。

此外,处于临界点的流体可以实现液态到气态的连续过渡,两相界面消失,物质的汽化热为零。超过临界点的流体,压力变化时,都不会使其液化,而只是引起流体密度和流体溶解能力的变化,故压力的微小变化即可引起流体密度的巨大改变。因此,可以利用压力、温度的变化来实现超临界流体的萃取和分离过程。图 2-9 在纯物质的相图的基础上描述了常规的超临界流体萃取过程。

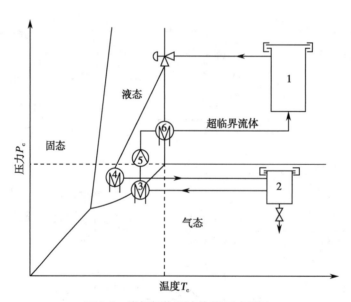

图 2-9　常规超临界流体萃取过程图

（二）超临界 CO_2 流体萃取工艺流程

超临界萃取所用的介质可以有多种,但目前在中药提取过程中最常用的是超临界 CO_2 流体,其蒸发潜热(25℃)为 25.25kJ/mol,沸点为 −78.5℃,临界温度(Tc)、临界压力(Pc)、临界密度(Dc)分别为 31.3℃、7.15MPa 和 0.448g/cm³。在超临界流体萃取生产过程中还可以根据物质的特性,而通过加入不同的夹带剂,来提高萃取效率。

利用超临界 CO_2 流体进行萃取时,一般采用等温法和等压法的混合流程,并以改变压力为主要的分离手段。在操作中,先将中药材装入萃取釜,CO_2 气体经热交换器冷凝成液体,用加压泵把压力提升到工艺过程所需的压力(应高于 CO_2 的临界压力),同时调节温度,使其达到超临界状态。CO_2 流体作为溶剂从萃取釜底部进入,与被萃取物料充分接触,选择性溶解出所需的化学成分。含溶解萃取物的高压 CO_2 流体经节流阀降压到低于其临界压力以下进入分离釜,由于二氧化碳溶解度急剧下降而析出溶质,自动分离成溶质和 CO_2 气体两部分,前者为过程产品,定期从分离釜底部放出,后者为循环 CO_2 气体,经过热交换器冷凝成 CO_2 液体再循环使用。整个分离过程是利用 CO_2 流体在超临界状态下对有机物有特异增加的溶解度,而低于临界状态下对有机物基本不溶解的特性,将 CO_2 流体不断在萃取釜和分离釜间循环,从而有效地将需要分离提取的组分从原料中分离出来。通常工业应用的萃取过程其萃取釜压力一般低于 32MPa,萃取温度受溶质溶解度大小和热稳定性限制,一般在其临界温度附近变化。

(三)超临界 CO_2 流体工业化萃取装置

超临界 CO_2 流体萃取工业化生产装备设计和制造技术发展十分迅速,其萃取釜容积从 50L 至数立方米不等,其关键部分包括萃取釜、萃取装置的密封结构和密封材料和 CO_2 加压装置。

现阶段由于高压下连续进出固体物料技术还达不到工业化的要求,为适应固体物料频繁装卸料的需要,国际上普遍使用全镗快开盖式高压釜加原料框结构以满足萃取生产的需要。目前,萃取釜的快开装置主要有单螺栓式结构、多层螺旋卡口锁结构、卡箍式结构和模块式结构等几种。

由于超临界 CO_2 流体所具有的极强的渗透和溶解能力,萃取装置的密封结构和密封材料也需要重点解决。同样,泵头密封结构和密封材料亦是柱塞式 CO_2 流体加压泵的关键技术。

超临界 CO_2 流体萃取作为一种新的提取分离技术,生产过程又需要高压技术和设备,其工艺工程设计一直为工程技术人员所关注,现在的工业化流程大都从实验室和中试生产逐步放大而来。图 2-10 是国内引进的一条工业化的超临界 CO_2 流体萃取工艺流程简图。

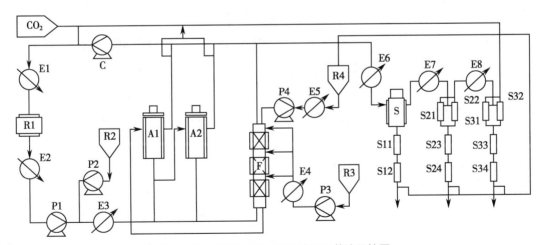

图 2-10　超临界 CO_2 流体萃取工艺流程简图

该装置的萃取釜快开盖采用楔块式结构,全不锈钢釜体;分离釜采用串联三级分离釜,可将萃取产物分成三部分,每组分离釜采用"三级减压连续排料"系统,由一系列小型旋液分离器组成,可连续地排出产品,并能有效防止 CO_2 雾沫夹带。该装置还带有液体物料精馏系统,可处理液相物料的超临界流体萃取分离。该装置附有夹带剂添加系统,可用于添加夹带剂的提取工艺。该装置的 CO_2 再压缩回收系统,可有效回收萃取釜内残存的 CO_2 气体,降低 CO_2 耗量。

四、微波辅助提取设备

微波是指波长介于 1mm～1m(频率介于 $3×10^6～3×10^9Hz$)的电磁波,微波在传输过程中遇到不同的介质,依介质的性质不同,会产生反射、吸收和穿透现象。微波辅助提取即是利用微波的作用,使用合适的溶剂从各种物质中提取各种化学成分的技术和方法。该技术现已越来越多地用于中药制药工艺中。

(一)微波辅助提取的基本原理

微波辅助提取的机制比较复杂,大致可从以下三个方面来分析。

1. 微波辐射过程中,高频电磁波穿透萃取介质到达药材内部的微管束和腺细胞系统,由于吸收了微波能,细胞内温度迅速上升,从而使细胞内部的压力超过细胞壁所能承受的能力,使其产生大量孔洞和裂纹,胞外溶剂容易进入细胞,从而溶解和提取有效成分。

2. 微波所产生的电磁场可加速被萃取组分的分子由固体内部向固液界面扩散的速率。例如,以水作溶剂时,在微波场的作用下,水分子由高速转动状态转变为激发态,这是一种高能量的不稳定状态。此时水分子或者汽化以加强萃取组分的驱动力,或者释放出自身多余的能量回到基态,所释放出的能量将传递给其他物质的分子,以加速其热运动,大大提高了活性成分由药材内部扩散至固液界面的传质速率,缩短了提取时间。

3. 由于微波的频率与分子转动的频率相关,因此微波能是一种由离子迁移和偶极子转动而引起分子运动的非离子化辐射能,在微波萃取中,吸收微波能力的差异可使基体物质的某些区域或萃取体系中的某些组分被选择性加热,从而使被萃取物质从基体或体系中分离,进入到具有较小介电常数、微波吸收能力相对较差的萃取溶剂中。

传统中药加热提取是以热传导、热辐射等方式自外向内传递热量,而微波萃取是一种“体加热”过程,即内外同时加热,因而加热均匀,热效率较高。微波萃取时没有高温热源,因而可消除温度梯度,且加热速度快,物料的受热时间短,有利于热敏性物质的萃取;此外,微波萃取不存在热惯性,因而过程易于控制;同时,微波萃取不受药材含水量的影响,无须干燥等预处理,简化了提取工艺。

(二)微波辅助提取设备的基本结构

目前,微波辅助提取已经越来越多地应用于药物提取生产中,中试和工业规模的提取工艺和设备也得到了迅速发展。微波提取设备大体上分为两大类,一类是间歇式,另一类是连续式,后者又分为管道流动式和连续渗漉微波提取式,具体参数一般由设备制造厂家根据使用厂家的要求设计。

通常,微波辅助提取设备主要由微波源、微波加热腔、提取罐体、功率调节器、温控装置、压力控制装置等组成,工业化的微波辅助提取设备要求微波发生功率足够大,工作状态稳定,安全屏蔽可靠,微波泄漏量符合要求。图 2-11 所示为微波辅助提取罐的基本原理。

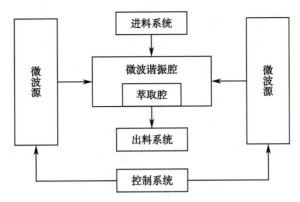

图 2-11　微波辅助提取罐的基本原理

五、超声提取设备

目前,超声提取在中药制剂提取工艺中的应用,越来越受到关注,超声提取设备也由实验室用逐步向中试和工业化发展。常见的有清洗槽式超声提取装置,分为非直接超声提取装置和直接超声提取装置。为了使萃取液出现空化效应,两种超声设备都是将超声波通过换能器导入萃取器中。非直接超声提取装置的锥形瓶底部距不锈钢槽底部的距离以及萃取液在锥形瓶中的高度都需仔细调整,因萃取液与萃取器之间声阻抗相差很大,声波反射极为严重,加以采用玻璃制作萃取瓶,萃取液又是水,故其反射率可高达 70%。

直接超声提取装置是采用变幅杆与换能器紧密相连,探头深入到萃取系统中,而探头是一种变幅杆,即一类使振幅放大的器件,并使能量集中。在探头端面声能密度很高,通常大于 $100W/cm^2$,根据需要还可以做得更大。功率一般连续可调。

超声提取法是利用超声波辐射压强产生的强烈空化效应、热效应和机械效应等,通过增大介质分子的运动频率和速度,增大介质的穿透力,从而加速目标组分进入溶剂,以提取有效成分的方法。超声波提取具有提取效率高、时间短、温度低、适应性广等优点,绝大多数中药材各类成分均可采用超声提取。

(一)超声提取的基本原理

超声提取是基于压电换能器产生的快速机械振动波(超声波)的特殊物理性质,主要包括下列三种效应。

1. 空化效应　通常情况下,介质内部或多或少地溶解了一些微气泡,这些气泡在超声波的作用下产生振动,当声压达到一定值时,气泡由于定向扩散而增大,形成共振腔,然后突然闭合,这就是超声波的"空化效应"。由"空化效应"不断产生的无数个内部压力达到几千个大气压的微气泡不断"爆破",产生微观上的强大冲击波作用在中药材上,使其植物细胞壁破裂,药材基体被不断剥蚀,而且整个过程非常迅速,有利于活性成分的浸出。

2. 机械效应　超声波在连续介质中传播时可以使介质质点在其传播的空间内产生振动而获得巨大的加速度和动能,从而强化介质的扩散、传质,这就是超声波的机械效应。由于超声波能量给予介质和悬浮体以不同的加速度,且介质分子的运动速度远大于悬浮体分子的运动速度,从而在两者之间产生摩擦,这种摩擦力可使得生物分子解聚,加速活性成分溶出。

3. 热效应　和其他物理波一样,超声波在介质中的传播过程也是一个能量的传播和扩散过程,介质将所吸收能量的全部或大部分转变成热能,从而导致介质本身和药材组织温度的升高,增大了活性成分的溶解度,但由于这种吸收声能引起的药物组织内部温度的升高是瞬间的,因此对目标活性成分的结构和生物活性几乎没有影响。

此外,超声波还可以产生许多次级效应,如乳化效应、扩散效应、击碎效应、化学效应等,这些效应的共同作用奠定了超声提取的基础。

该法与常规提取方法比较,具有提取时间短、效率高、无须加热等优点。适用于遇热不稳定成分的提取,也适用于不同极性溶剂提取。不足之处是对容器壁的厚度及放置位置要求较高。

（二）超声提取设备的基本结构

目前,超声提取在制剂质量检测中已经广泛使用,在药物提取生产中也逐步从实验室向中试和工业化发展。超声提取设备主要由超声波发生器、换能器振子、提取罐体、溶剂预热器、冷凝器、冷却器、气液分离器等组成,典型的超声提取设备如图2-12所示。

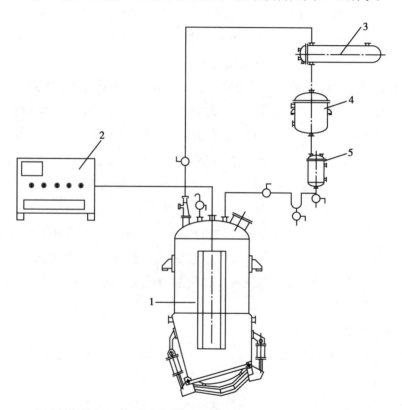

1.超声波振荡器；2.超声波发生器；3.冷凝器；4.冷却器；5.油水分离器

图2-12　超声提取设备

ER2-2　第二章　目标测试

（曾　锐）

ER3-1　第三章
粉碎设备（课件）

第三章　粉碎设备

在药物制剂生产中,常常需要将固体原辅料粉碎成一定细度的粉末,以满足药剂制备和临床使用的要求。粉碎是借助外力将大块固体物料粉碎成适宜碎块或细粉的操作过程。粉碎质量的好坏直接关系到产品的质量和应用性能,而粉碎设备的选择是保证粉碎质量的重要条件。

粉碎过程中,粉碎设备对大块固体药物作用以不同的作用力,使药物在一种或几种力的联合作用下,克服物质分子间的内聚力,碎裂成一定粒度的小颗粒或细粉。中药以天然动物、植物及矿物质为主体,其情况较为复杂,不同的中药有不同的组织结构和形状,它们所含的成分不同,比重不同,生产加工工艺对粉碎度的要求也不同。根据药物的性质、生产要求及粉碎设备的性能,可选用不同的粉碎方法,如干法或湿法粉碎、单独或混合粉碎、低温粉碎、超微粉碎等。

超微粉碎是利用机械或流体动力把原药材加工成微米甚至纳米级的微粉。药物微粉化后,可增加有效成分的溶出,利于吸收,提高生物利用度;可整体保留生物活性成分,增强药效,还可减少服用量,节约资源等。目前,药物超微粉碎已广泛应用于制药生产。

粉碎设备的种类很多,不同的粉碎设备粉碎出的产品粒度不同,适用范围也不同。在生产过程中,按被粉碎物料的特性和生产所需的粉碎度要求,选择适宜的粉碎设备。同时,注重粉碎设备的日常使用保养,能保证粉碎质量,有利后期生产的顺利进行。

第一节　概述

粉碎操作是固体制剂生产中药物原材料处理中的重要环节,粉碎技术直接影响产品的质量和临床效果。产品颗粒大小的变化,将影响药品的时效性和有效性。

一、粉碎的目的

粉碎的目的是便于提取,有利于药物中有效成分的浸出或溶出;有利于制备多种剂型,如散剂、颗粒剂、丸剂、片剂等剂型均需事先对固体物料进行粉碎;便于各组分混合均匀以及调剂和服用,以适应多种给药途径的应用;增加药物的表面积,有利于药物溶解与吸收,从而提高生物利用度,达到临床给药目的。

二、固体物料的物理特性

一般固体呈块状、粒状、结晶或无定形存在,主要的物理性质如下:

1. 硬度 硬度即物料的坚硬程度,通常以摩氏指数为标准来表示,从软到硬规定:滑石粉的硬度为 1,金刚石的硬度为 10。通常硬质物料的硬度为 7～10,中等硬质物料的硬度为 4～6,软质物料的硬度为 1～3。中药材的硬度多属软质,但也有一些骨甲类药材较硬而韧,要经过砂烫或炒制加工以利粉碎。

2. 脆性 脆性指物料受外力冲击易于碎裂成细小颗粒的性质。晶体物料具有一定的晶格,易于粉碎,一般沿晶体的结合面碎裂成小晶体,如生石膏、硼砂等多数矿物类物料均具有相当的脆性,比较容易粉碎。非极性晶体物料如樟脑、冰片等脆性较晶体物料弱,受外力产生变形而阻碍粉碎,通常加入少量液体渗入固体分子间隙以降低分子间的内聚力,使晶体易从裂隙处开裂,从而有助于粉碎。

3. 弹性 固体受力后其内部质点之间产生相对运动,即质点的相对位置发生改变,固体因此而发生变形,若外加载荷消除后,变形随之消失,则称这种特性为弹性。非晶体药物其分子呈不规则的排列,如树脂、树胶、乳香、没药等具有一定的弹性,粉碎时部分机械能消耗于弹性变形而使粉碎效率降低。可采取降低温度的方法,减小弹性变形,增加脆性,促其粉碎。

4. 水分 系指固体物料的含水量。一般认为物料的水分越小越易于粉碎,如水分控制在 3.3%～4% 时,粉碎比较容易进行,也不易于引起粉尘飞扬。水分超过 4% 时,常因黏着而堵塞设备。若植物药水分为 9%～16% 时则脆性减弱难以粉碎。

5. 温度 粉碎过程中有部分机械能转变为热能,造成某些物料的损失,如有的受热而分解,有的变软、变黏,影响粉碎的正常进行,一旦发生此类现象,可采用低温粉粹。

6. 重聚性 粉碎引起表面能的增加,形成不稳定状态。由于表面能有趋于稳定的特性,因此已粉碎的粉末有重新聚结的现象,称为重聚性。可通过混合粉碎、及时过筛使分子内聚力减小,以阻止再聚结现象发生。黏性药物粉性药物混合粉碎,也能缓解其黏性,因而有利于粉碎。故中药厂多用部分药料混合后再粉碎。但是在共同粉碎的药物中含有共熔成分时,可产生潮湿甚至液化现象,应予以注意。

三、粉碎度

物料粉碎前、后颗粒的平均直径之比称为粉碎度,又称粉碎比,即:

$$i=D/d$$

式(3-1)

式中,i 表示粉碎度或粉碎比;D 表示粉碎前物料颗粒的平均直径;d 表示粉碎后物料颗粒的平均直径。

常用粉碎度衡量物料粉碎的程度,它是检查粉碎操作效果的一个重要指标。

根据粉碎度 i 的大小,粉碎大致分成粗碎、中碎、细碎和超细碎四个等级。粗碎的粉碎度 i 为 3～7,粉碎后物料颗粒的平均直径 d 在数十毫米至数毫米之间;中碎的粉碎度 i 为 20～

60，平均直径 d 在数毫米至数百微米之间；细碎的粉碎度 i 在 100 以上，平均直径 d 在数百微米至数十微米之间；超细碎的粉碎度 i 可达 200~1 000，平均直径 d 在数十微米至数微米以下。

粉碎度和单位电耗（粉碎单位质量产品的能量消耗）是粉碎设备的基本技术经济指标。单位电耗用以判别粉碎设备的动力消耗是否经济，粉碎度用来说明粉碎过程的特征及鉴定粉碎质量，两台粉碎设备的单位电耗即使相同，但粉碎度不同，则这两台粉碎设备的工作效率还是不一样的。一般来说，粉碎度大的设备工作效率较高。因此要确定粉碎设备的工作效率，应同时考虑其单位电耗及粉碎度的大小。

在实际生产应用中，要求粉碎度往往比较大，而粉碎机的粉碎度不能达到。例如要将400mm 的大块固体物料粉碎至 0.4mm 以下的粒径，其总的粉碎度为 1 000，这一粉碎过程不是一台粉碎机或粉磨机能够完成的，而需要将此物料经过几次粉碎和磨碎来达到最终粒度。

连续使用几台粉碎机的粉碎过程称为多段粉碎，粉碎机串联的台数叫粉碎段数。这时原料尺寸与最终粉碎产品尺寸之比为总粉碎度，总粉碎度等于各段粉碎度的乘积。

四、粉碎的基本原理

固体药物的粉碎过程主要是利用外加机械力，部分地破坏物质分子间的内聚力，使药物的块粒减小，表面积增大，即机械能转变成表面能的过程。这种转变是否完全，会直接影响到粉碎的效率。为使机械能尽可能有效地用于粉碎过程，应将已达到要求细度的粉末随时分离移去，使粗粒有充分机会接受机械能，这种粉碎法称为自由粉碎。反之，若细粉始终保持在粉碎系统中，不但能在粗粒中间起缓冲作用，而且消耗大量机械能（称为缓冲粉碎），也产生了大量不需要的细粉末。故在粉碎操作中必须随时分离已达到细度的细粉末。如在粉碎机上装置筛子或利用空气将细粉吹出来等，都是为了使自由粉碎得以顺利进行。粉碎作用力包括截切、挤压、研磨、撞击（锤击、捣碎）和劈裂，以及锉削等（图 3-1）。被处理物料的性质、粉碎程度不同，所需施加的外力也不同。实际应用的粉碎机往往是几种作用力的综合效果。

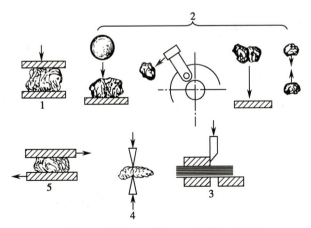

1.挤压；2.撞击；3.截切；4.劈裂；5.研磨

图 3-1　粉碎作用力示意图

五、粉碎方法

粉碎的一般原则是保持药物的组成和药理作用不变；药物只粉碎至需要的粉碎度，不作过度粉碎；较难粉碎的部分，如植物叶脉或纤维等不应随意丢弃，以免损失有效成分或使药粉的含量相对增高；粉碎毒性或刺激性较强的药物时，应严格注意劳动防护与安全防护。

制剂生产中应根据被粉碎物料的性质、产品粒度要求、物料多少等而采用不同的方法粉碎，主要有干法粉碎、湿法粉碎和低温粉碎。

（一）干法粉碎

干法粉碎是把药物经过适当干燥处理（一般温度不超过 80℃），使药物中水分含量降低至一定限度（一般应少于 5%）再粉碎的方法。由于含有一定量水分（一般为 9%～16%）的中药材具有韧性，难以粉碎，因此在粉碎前应依其特性加以适当干燥。容易吸潮的药物应避免在空气中吸潮，容易风化的药物应避免在干燥空气中失水。

1. 单独粉碎 单独粉碎系指一味药料单独进行粉碎的方法。根据药料性质或使用要求，单独粉碎一般多用于贵重细料药及刺激性药物；可减少损耗并且便于劳动保护；可防止毒性药材的中毒和交叉污染；尤其是适宜于易于引起爆炸的氧化性、还原性药物的粉碎。

2. 混合粉碎 混合粉碎系指处方中的药料经过适当处理后，将全部或部分药料掺和在一起进行粉碎的方法。此法适用于处方中药味质地相似的群药粉碎，也可掺入一定比例的黏性油性药料，以避免这些药料单独粉碎困难，如熟地黄、当归、天冬、麦冬或杏仁、桃仁、柏子仁等。两种或两种以上性质及硬度相似的药物相互掺和一起粉碎，既可降低黏性药物、热塑性药物或油性药物单独粉碎的难度，又可使混合和粉碎操作同时进行，提高生产效率。在混合粉碎中遇有特殊药物时，需进行特殊处理：①有低共熔成分时混合粉碎可能产生潮湿或液化现象，此时需根据制剂要求，或单独粉碎，或混合粉碎；②串料：处方中含糖类等黏性药物，如熟地黄、桂圆肉、麦冬等，可先将处方中其他药物粉碎成粗粉，将其陆续掺入黏性药物，再行粉碎一次；③串油：处方中含脂肪油较多的药物，如核桃仁、黑芝麻，不易粉碎和过筛，须先捣成稠糊状，再与已粉碎的其他药物细粉掺研粉碎，这样因药粉及时将油吸收，不互相吸附和黏附筛孔；④蒸罐：处方中含新鲜动物药，如鹿肉，及一些需蒸制的植物药，如地黄、何首乌等，须加黄酒及其他药汁，隔水或夹层蒸汽加热蒸煮，目的是使药料变熟，便于粉碎，蒸煮后药料再与处方中其他药物掺和干燥，进行粉碎。

（二）湿法粉碎

湿法粉碎系指在药料中加入适量较易除去的液体（如水或乙醇）共同研磨粉碎的方法，又称加液研磨法。液体的选用以药料润湿不膨胀，两者不起变化，不影响药效为原则。用量以能润湿药物成糊状为宜，此法粉碎度高，又能避免粉尘飞扬，对毒性药品及贵重药品有特殊意义。

1. 加液研磨法 将药料如樟脑、冰片、薄荷脑等放入乳钵中，加入少量的挥发性液体（乙醇或水等），用乳锤以较轻力研磨使药物被研碎。另外在生产中研麝香时常加入少量水，俗称"打潮"，尤其到剩下麝香渣时，"打潮"研磨更易研碎，也属"加液研磨法"。

2. 水飞法 有些难溶于水的药物如朱砂、珍珠、炉甘石、滑石等粉末要求细度高，常采用

"水飞法"进行粉碎。具体方法是将药料先打成碎块,除去杂质,放入乳钵或球磨机中加入适量清水研磨,使细粉混悬于水中,然后将此混悬液倾出,余下的药料再加水反复研磨、倾出,直至全部研细为止。然后将所得的混悬液合并,沉降后倾去其上清液,再将湿粉干燥、研散,即得极细的粉末。此法适用于矿物药;易燃易爆药物采用此法粉碎亦较安全。药厂多用电动乳钵或球磨机进行水飞法的生产。

(三)低温粉碎

将物料或粉碎机进行冷却的粉碎方法称为低温粉碎。物料在低温时脆性增加,韧性与延伸性降低,易于粉碎。非晶形药物如树脂、树胶等具有一定的弹性,粉碎时一部分机械能用于引起弹性变形,最后变为热能,因而降低粉碎效率。一般可用降低温度来增加非晶体药物的脆性,以利粉碎。

此法特点:①在常温下粉碎困难的物料,如熔点低、软化点低及热可塑性物料,例如树脂、树胶、干浸膏等可以较好地粉碎;②含水、含油较少的物料也能进行粉碎;③可获得更细的粉末;④能保留物料中的香气及挥发性有效成分。

低温粉碎一般有下列四种方法:①物料先行冷却,迅速通过高速撞击式粉碎机粉碎,物料在粉碎机内停留的时间短暂;②粉碎机壳通入低温冷却水,在循环冷却下进行粉碎;③将干冰或液态氮气与物料混合后粉碎;④组合应用上述冷却方法进行粉碎。

六、中药材粉碎的特点

中药材粉碎通常根据粉碎产品的粒度分为破碎(大于 3mm)、磨碎(60μm～3mm)和超细磨碎(小于 60μm)。中药散剂、丸剂用药材粉末的粒径都属于磨碎范围,而浸提用药材的粉碎粒度则属于破碎范围。

在粉碎过程中产生小于规定粒度下限的产品称为过粉碎。药材过粉碎并不一定能提高浸出速率,相反会使药材所含淀粉糊化,渣液分离困难,同时粉碎时能量损耗也大,因此应尽可能避免。各种破碎或磨碎设备的粉碎度互不相同,对于坚硬药材,破碎机的粉碎度为 3～10 之间,磨碎机的粉碎度可达 40～400 以上。

七、影响粉碎的因素

1. **粉碎方法** 研究表明,在相同条件下,采用湿法粉碎获得的产品较干法粉碎的产品粒度更细。显然,若最终产品以湿态使用时,则用湿法粉碎较好。但若最终产品以干态使用时,湿法粉碎后须经干燥处理,但这一过程中,细粒往往易再聚结,导致产品粒度增大。

2. **粉碎的最佳时间** 粉碎时间越长,产品越细,但研磨到一定时间后,产品细度几乎不再改变,故对于特定的产品及特定条件,存在一个最佳的粉碎时间。

3. **物料性质、进料速度及进料粒度** 物料性质以及进料速度、粒度对粉碎效果有明显影响。脆性物料较韧性物料易被粉碎。进料粒度太大,不易粉碎,导致生产能力下降;粒度太小,粉碎度减小,生产效率降低。进料速度过快,粉碎室内颗粒间的碰撞机会增多,使得颗粒与冲击元件之间的有效撞击作用减弱，同时物料在粉碎室内的滞留时间缩短，导致产品粒径增大。

第二节　常用粉碎设备

工业上使用的粉碎设备种类很多，通常按构造分类有颚式、偏心旋转式、滚筒式、锤式、流能式等粉碎设备；按粉碎作用力分类有以研磨、撞击、锉削、截切、挤压等作用为主的粉碎设备；按产品粒度进行分类的有粗碎设备（粒径数十毫米至数毫米）、中碎设备（粒径数毫米至数百微米）、细碎设备（粒径数百微米至数十微米）、超细碎设备（粒径数十微米至数微米以下等）。实际应用时应根据被粉碎物料的性质、产品的粒度要求以及粉碎设备的形式选择适宜的粉碎设备。下面介绍几种常用的粉碎设备。

一、乳钵

乳钵亦称研钵，粉碎少量药物时常用乳钵进行，常见的有瓷制、玻璃制及玛瑙制等，以瓷制、玻璃制为常用。瓷制乳钵内壁有一定的粗糙面，以加强研磨的效能，但易嵌入药物而不易清洗。对于毒药或贵重药物的研磨与混合采用玻璃制乳钵较为适宜。用乳钵进行粉碎时，每次所加药料的量一般不超过乳钵容量的四分之一为宜，研磨时杵棒以乳钵的中心为起点，按螺旋方式逐渐向外围旋转移动扩至四壁，然后再逐渐返回中心，如此往复能提高研磨效率。

乳钵研磨机的构造主要有研钵和研磨头，其粉碎原理是研磨头在研钵内沿着底壁作一种既有公转（100r/min）又有自转（240r/min）的有规律的研磨运动将物料粉碎。操作时将物料置于乳钵，将乳钵上升至研磨头接近钵底，调整位置后即可进行研磨操作。可用于干磨法或水磨法操作，适宜少量物料的细碎或超细碎以及各种中成药药粉的套色、混合等。

二、冲钵

冲钵为最简单的撞击粉碎工具。小型者常用金属制成，如图3-2（a）所示为一带盖的铜冲钵，作捣碎小量药物之用；大型者以石料制成。图3-2（b）为电动冲钵，供捣碎大量药物之用。在适当高度位置装一凸轮接触板，

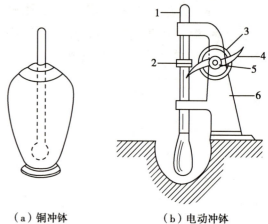

（a）铜冲钵　　　（b）电动冲钵

1.凸轮接触板；2.杵棒；3.传动轮；4.板凸轮；5.轴系；6.座子

图3-2　冲钵

用不停转动的板凸轮拨动，利用杵落下的冲击力进行捣碎。冲钵为一间歇性操作的粉碎工具。由于这种工具撞击频率低而不易生热，故用于粉碎含挥发油或芳香性药物。

三、球磨机

图 3-3 是球磨机的示意图,它是由圆柱形筒体、端盖、轴承和传动大齿圈、衬板等主要部件构成,筒体内装有直径为 25～150mm 的磨球(也称磨介或球荷),其装入量为整个筒体有效容积的 25%～45%。

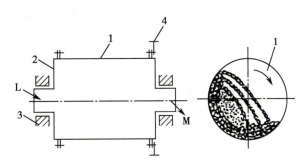

1.筒体;2.端盖;3.轴承;4.大齿圈;L.给料口;M.排料口

图 3-3　球磨机示意图

筒体两端有端盖,它们用法兰圈连接。筒体上固定着大齿轮,电动机通过联轴器和小齿轮带动大齿圈,使筒体缓慢转动。当筒体转动时,磨介随筒体上升至一定高度后呈抛物线或呈泻落下滑。物料从左方进入筒体,逐渐向右方扩散移动。在从左至右的运动过程中,物料受到钢球的冲击、研磨而逐渐粉碎,最终从右方排出机外。筒体内钢球的数量决定了钢球以及钢球同衬板之间的接触点多少,物料在接触点附近是粉碎的工作区。

筒体内装一定形状和材质的衬板(内衬),起到防止筒体遭受磨损和影响钢球运动规律的作用,形状较平滑的衬板产生较多的研磨作用,因此适用于细磨。凸起形的衬板对钢球产生推举作用强,抛射作用也强,而且对磨介和物料产生剧烈的搅动。经球磨机粉碎后不能通过筛网的粗粒必须返回重新细磨。

(一)球磨机种类

按不同的需求,可分为干法球磨机和湿法球磨机;按操作状态,可分为间歇球磨机和连续球磨机;按筒体长径比,分为短球磨机($L/D<2$)、中长球磨机($L/D=3$)和长球磨机(又称为管磨机,$L/D>4$);按磨仓内装入的研磨介质种类,分为球磨机(研磨介质为钢球)、棒磨机(具有2～4 个仓,第 1 仓研磨介质为圆柱形钢棒,其余各仓填装钢球或钢段)、石磨机(研磨介质为砾石、卵石、磁球等);按卸料方式,可分为尾端卸料式球磨机和中央式球磨机;按转动方式,可分为中央转动式球磨机和筒体大齿轮转动球磨机等。

(二)磨介的运动规律

球磨机筒体内装有许多小钢球等磨介。当筒体旋转时,在衬板与磨介之间以及磨介相互间的摩擦力、推力和由于磨介旋转而产生的离心力的作用下,磨介随着筒体内壁往上运动一段距离,然后下落。磨介根据球磨机的直径、转速、衬板类型、筒体内磨介质量等因素,可以呈泻落式、抛物式运动状态下降,也有可能呈离心式运动状态随筒体一起旋转,如图 3-4 所示。

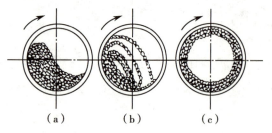

（a）泻落状态；（b）抛落状态；（c）离心状态

图3-4 磨介运动规律示意图

当衬板较光滑，钢球总质量小，筒体转速较低时，钢球随筒壁上升至较低的高度后，即沿筒体内壁向下滑动。引起在上升区各层磨介之间的相对运动称为滑落。转速和充填率越低，滑落现象越大，磨碎效果越差。

当钢球总质量较大，即钢球充填率较高（达40%～50%），且转速较高时，整体磨介随筒体升至一定高度后，磨介一层层往下滑落，这种状态称泻落。磨介朝下泻落时，对磨介间隙内的物料产生研磨作用，使物料粉碎。

当转速进一步提高，所产生的离心力使磨介停止抛射，整个磨介形成紧贴筒体内壁的圆环层，随着筒体内壁一起旋转，由于磨介与筒体内壁，磨介与磨介之间不再有相对运动，物料的粉碎作用停止，在实际生产中毫无意义，这种运动状态称"离心状态"。

为达到最佳粉碎效果，转速通常在每分钟40～60转之间，钢球充填率一般占圆筒容积30%～35%，固体物料占总容积的30%～60%，使磨介在筒体内呈抛射（落）状态。

球磨机的主要性能参数有转速、磨介配比、生产能力和电机功率等。磨介充填率是指全部磨介的的堆积体积占筒体内部有效容积的百分率，有时也称充填系数。

湿法球磨机中，磨介充填系数大致以40%为界限。当充填系数为55%时，球磨机的生产能力为最大，但此时能耗也最大，溢流型球磨机的填充系数取40%。干法磨碎时，物料受到磨介的阻碍而轴向流动性较差，故磨介的充填系数通常为28%～35%。

（三）球磨机的特点

球磨机具有适应性强，生产能力大，能满足工业大生产需要；粉碎度大，粉碎物细度可根据需要进行调整；既可干法也可湿法作业，亦可将干燥和磨粉操作同时进行，对混合物的磨粉还有均化作用；系统封闭，可达到无菌要求；结构简单，运行可靠，易于维修等优点。但同时亦存在工作效率低，单位产量能耗大；机体笨重，噪声较大；需配备昂贵的大型减速装备等缺点。球磨机适用于粉碎结晶药物、脆性药物以及非组织性中草药，如儿茶、五倍子、珍珠等。球磨机由于结构简单，不需特别管理，密封操作时粉尘可控，常用于毒性药物和贵重药物，吸湿性或刺激性强的药物，也可在无菌条件下进行药物的粉碎和混合，但存在生产能力低，能量消耗大，间歇操作时，加卸药料费时，且粉碎时间较长等缺点。

四、振动磨

振动磨是一种利用振动原理来进行固体物料粉碎的设备，能有效地进行细磨和超细磨。振动磨是由槽形或圆筒形磨体及装在磨体上的激振器（偏心重体）、支撑弹簧和驱动电机等部件组成。驱动电机通过挠性连轴器带动激振器中的偏心重块旋转，从而产生周期性的激振力，使磨机筒体在支撑弹簧上产生高频振动，机体获得了近似于圆的椭圆形运动轨迹。随着磨机筒体的振动，筒体内的振动，筒体内的研磨介质可获得三种运动：强烈的抛射运动，可将大块物料迅速破碎；高速自转运动，对物料起研磨作用；慢速的公转运动，起物料均匀作用。

磨机筒体振动时,研磨介质强烈地冲击和旋转,进入筒体的物料在研磨介质的冲击和研磨作用下被磨细,并随着料面的平衡逐渐向出料口运动,最后排出磨机筒体成为粉末产品。振动磨按其振动特点分为惯性式和偏旋式两种,见图3-5。

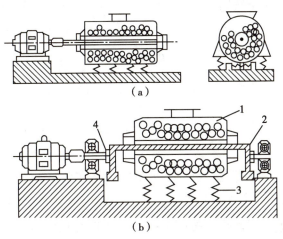

1.筒体;2.主轴;3.弹簧;4.轴承

图3-5　惯性式(a)和偏旋式(b)振动磨示意图

惯性式振动磨是在主轴上装有不平衡物,当轴旋转时,由于不平衡所产生的惯性离心力使筒体发生振动;偏旋式振动磨是将筒体安装在偏心轴上,因偏心轴旋转而产生振动。按振动磨的筒体数目,可分为单筒式、多筒式振动磨;若按操作方式,可分为间歇式和连续式振动磨。

单筒惯性式间歇操作振动磨的研磨介质装在筒体内部,主轴水平穿入筒体,两端由轴承座支撑并装有不平衡重力的偏重飞轮,通过万向节、联轴器与电机连接。筒体通过支撑板依靠弹簧坐落在机座上。电机带动主轴旋转时,由于轴上的偏重飞轮产生离心力使筒体振动,强制筒内研磨介质产生高频振动。

双筒连续式振动磨由上下串联的筒体靠支撑板连接在主轴上。物料由加料管加入上筒体进行粗磨,被磨碎物料通过连接送入下筒体,进一步研磨成合乎规格的细粉后,从出料管排出。为防止研磨介质与物料一起排出,排料管前端装有带空隔板。

研磨介质的材料有氧化铝球、钢球及钢棒等,根据原料性质及产品粒径选择其材料和形状。为提高研磨效率,尽量选用大直径的研磨介质。对于粗磨采用球形研磨介质,直径愈小,研磨成品愈细。

振动磨的特点是振动频率高,且采用直径小的研磨介质,研磨介质装填较多,研磨效率高;研磨成品粒径细,平均粒径可达2～3μm以下,粒径均匀,以得到较窄的粒度分布;可以实现研磨工序连续化,并且可以采用完全封闭式操作,改善操作环境,或充以惰性气体,可用于易燃、易爆、易氧化的固体物料的粉碎;粉碎温度易调节,磨筒外壁的夹套通入冷却水,通过调节冷却水的温度和流量控制粉碎温度,如需低温粉碎可通入冷却液;外形尺寸比球磨机小,占地面积小,操作方便,易于管理维修。但振动磨运转时产生噪声大(90～120dB),需要采取隔音和消音等措施使之降低到90dB以下。

五、流能磨

流能磨又称气流粉碎机、气流磨,与其他粉碎设备不同,其粉碎的基本原理是利用高速气流喷出时形成的强烈多相紊流场,使其中的固体颗粒在自撞中或与冲击板、器壁撞击中发生变形、破碎,而最终获得粉碎。由于粉碎由气体完成,整个机器无活动部件,粉碎效率高,可以完成粒径在 5μm 以下的粉碎,并具有粒度分布窄、颗粒表面光滑、粒形状规整、纯度高、活性大、分散性好等特点。

(一)流能磨的分类

目前应用的流能磨主要有以下几种类型:扁平式气流磨、循环管式气流磨、对喷式气流磨、流化床对射磨。

1. 扁平式气流磨 扁平式气流磨的结构如图 3-6 所示,高压气体经入口 5 进入高压气体分配室 1 中。高压气体分配室 1 与粉碎分级室 2 之间,由若干个气流喷嘴 3 相连通,气体在自身高压作用下,强行通过喷嘴时,产生高达每秒几百米甚至上千米的气流速度。这种通过喷嘴产生的高速强劲气流称为喷气流。待粉碎物料经过文丘里喷射式加料器 4,进入粉碎分级室的粉碎区时,在高速喷气流作用下发生粉碎。由于喷嘴与粉碎分级室 2 的相应半径成一锐角 α,所以气流夹带着被粉碎的颗粒作回转运动,把粉碎合格的颗粒推到粉碎分级室中心处,进入成品收集器 7,较粗的颗粒由于离心力强于流动曳力,将继续停留在粉碎区。收集器实际上是一个旋风分离器,与普通旋风分离器不同的是夹带颗粒的气流是由其上口进入。物料颗粒沿着成品收集器 7 的内壁,螺旋形地下降到成品料斗中,而废气流夹带着 5%~15% 的细颗粒,经排出管 6 排出,作进一步捕集回收。

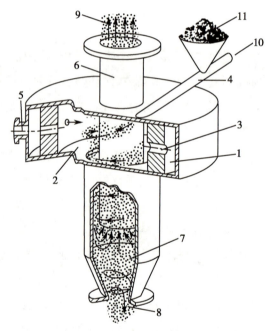

1. 高压气体分配室;2. 粉碎分级室;3. 气流喷嘴;4. 喷射式加料器;5. 高压气体入口;6. 废气流排出管;7. 成品收集器;8. 粗粒;9. 细粒;10. 压缩空气;11. 物料

图 3-6 典型的扁平式气流磨结构示意图

研究结果表明,80% 以上的颗粒是依靠颗粒之间的相互冲击碰撞而粉碎,只有不到 20% 的颗粒是与粉碎室内壁形成冲击和摩擦而粉碎的。气流粉碎的喷气流不但是粉碎的动力,也是实现分级的动力。高速旋转的主气流,形成强大的离心力场,能将已粉碎的物料颗粒,按其粒度大小进行分级,不仅保证产品具有狭窄的粒度分布,而且效率很高。

扁平式气流磨工作系统除主机外,还有加料斗、螺旋给料机、旋风集料器和袋式滤尘器。当采用压缩空气动力时,进入气流磨的压缩空气需经过净化、冷却、干燥处理,以保证粉碎产品的纯净。图 3-7 所示为扁平式气流磨工艺流程。

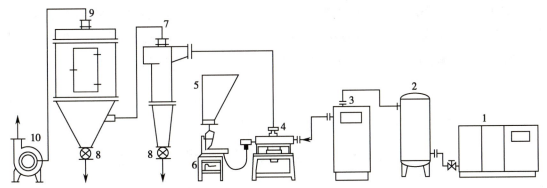

1.空压机；2.贮气罐；3.空气冷冻干燥机；4.气流磨；5.料仓；6.电磁振动加料器；7.旋风捕集器；8.星形
回转阀；9.布袋捕集器；10.引风机

图 3-7　扁平式气流磨工艺流程图

2. 循环管式气流磨　循环管式气流磨也称为跑道式气流粉碎机。该机由进料管、加料喷射器、混合室、文丘里管、粉碎喷嘴、粉碎腔、一次及二次分级腔、上升管、回料通道及出料口组成。其结构示意如图3-8所示。

　　物料由进料口被吸入混合室，并经文丘里管射入 O 形环道下端的粉碎腔，在粉碎腔的外围有一系列喷嘴，喷嘴射流的流速很高，但各层断面射流的流速不相等，颗粒随各层射流运动，因而颗粒之间的流速也不相等，从而互相产生研磨和碰撞作用而粉碎。射流可粗略分为外层、中层、内层。外层射流的路程最长，在该处颗粒产生碰撞和研磨的作用最强。由喷嘴射入的射流，也首先作用于外层颗粒，使其粉碎，粉碎的微粉随气流经上升管导入一次分级腔。粗粒子由于有较大离心力，经下降管（回料通道）返回粉碎腔循环粉碎，细粒子随气流进入二次分级腔，粉碎好的物料从分级旋流中分出，由中心出口进入捕集系统而成为产品。

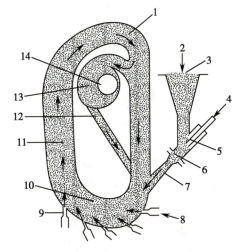

1.一次分级腔；2.原料；3.进料管；4.压缩空气进口；5.加料喷射器；6.混合室；7.文丘里管；8.压缩空气进口；9.粉碎喷嘴；10.粉碎腔；11.上升管；12.回料通道；13.二次分级腔；14.出料口

图 3-8　循环管式气流磨示意图

　　循环管式气流磨通过两次分级，产品较细，粒度分布范围较窄；采用防磨内层，提高气流磨的使用寿命，且适应较硬物料的粉碎；在同一气耗条件下，处理能力较扁平式气流磨大；压缩空气绝热膨胀产生降温效应，使粉碎在低温下进行，因此尤其适用于低熔点、热敏性物料的粉碎；生产流程在密闭的管路中进行，无粉尘飞扬；能实现连续生产和自动化操作，在粉碎过程中还起到混合和分散的效果。

　　3. 对喷式气流磨　对喷式气流磨的结构原理如图3-9所示。两束载粒气流（或蒸气流）在粉碎室中心附近正面相撞，相撞角为180°，物料随气流在相撞中实现自磨而粉碎，随后在气流带动下向上运动，并进入上部设置的旋流分级区中。细料通过分级器中心排出，进入旋风分离器中进行捕集；粗料仍受较强离心力制约，沿分级器边缘向下运动，并进入垂直管路，与喷入的气流汇合,再次在磨腔中心与给料射流相撞,从而再次得到粉碎。如此周而复始,直至达到产品要求的粒度为止。对喷式气流磨可提高颗粒的碰撞概率和碰撞速率(单位时间内的新生成面积)。试验证明,粉碎速率大约比单气流喷射磨高出20倍。

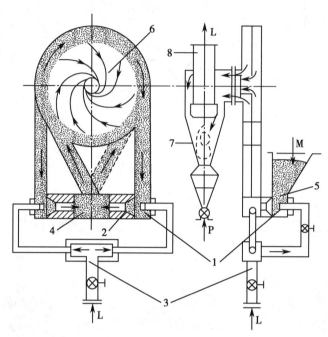

1. 喷嘴; 2. 喷射泵; 3. 压缩空气; 4. 粉碎室; 5. 料仓; 6. 旋流分级区;
7. 旋风分离器; 8. 滤尘器; L. 气流; M. 物料; P. 产品

图3-9　对喷式气流磨示意图

4. 流化床对射磨　流化床对射磨的结构如图3-10所示。料仓内的物料经由加料器进入磨腔,由喷嘴进入磨腔的三束气流使磨腔中的物料床流态化,形成三股高速的两相流体,并在磨腔中心点附近交汇,产生激烈的冲击碰撞、摩擦而粉碎,然后在对接中心上形成一种喷射状的向上运动的多相流体柱,把粉碎后的颗粒送入位于上部的分级转子,细粉从出口进入旋风分离器和布袋收集器捕集;粗粒在重力作用下又返回料床中再进行粉碎。

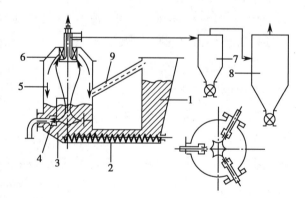

1. 料仓; 2. 螺旋加料器; 3. 物料床; 4. 喷嘴; 5. 磨腔;
6. 分级转子; 7. 旋风分离器; 8. 布袋收集器; 9. 压力平衡器

图3-10　流化床对射磨示意图

(二)流能磨的特点

与机械式粉碎相比,流能磨有如下优点:粉碎强度大,产品粒度细微,可达到数微米甚至亚微米,颗粒规整、表面光滑;颗粒在高速旋转中分级,产品粒度分布窄,单一颗粒成分多;产品纯度高,由于粉碎室内无转动部件,颗粒靠互相撞击而粉碎,物料对室壁磨损极微,室壁采用硬度极高的耐磨性衬里,可进一步防止产品污染;设备结构简单,易于清理,可获得极纯产品,还可进行无菌作业;可以粉碎坚硬物料;适用于粉碎热敏性及易燃易爆物料；可以在机内实现粉碎与干燥、粉碎与混合、粉碎与化学反应等联合作业；能量利用率高。

尽管流能磨有上述许多优点，但也存在着一些缺点：辅助设备多，一次性投资大；影响运行的因素多，操作不稳定；粉碎成本较高；噪声较大；粉碎系统堵塞时会发生倒料现象，喷出大量粉尘，使操作环境恶化。

六、胶体磨

胶体磨的主要构造为带斜槽的锥形转子和定子组成的磨碎面，转子和定子表面加工成沟槽型，转子与定子间的间隙在液体进口处较大，而在出口处较小。工作时转子和定子的狭小缝隙可根据标尺调节，当液体在狭缝通过时，受到沟槽及狭缝间隙改变的作用，流动方向发生急剧变化，物料受到很大的剪切力、摩擦力、离心力和高频振动等，如果狭缝调节越小，通过磨面后的粒子就越细微。图 3-11 是胶体磨原理的示意图。

胶体磨的转子由电动机带动，作高速转动，可达 10 000r/min。操作时原料从贮料筒流入磨碎面，经磨碎后由出口管流出，在出口管上方有一控制阀，如一次磨碎的粒子胶体化程度不够时，可将阀关闭使胶体溶液经回流管回流进入贮液筒，再反复研磨可得 1～100nm 直径的微粒。

胶体磨具有操作方便、外形新颖、造型美观、密封良好、性能稳定、装修简单、环保节能、整洁卫生、体积小、效率高等优点。在制剂生产中，常用于制备混悬液、乳浊液、胶体溶液、糖浆剂、软膏剂及注射剂等。胶体磨为高精密机械，线速度高达 20m/s，且磨盘间隙极小。检修后装回必须用百分表校正，壳体与主轴的同轴度误差≤0.05mm。

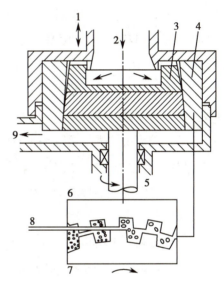

1. 定子轴向调节；2. 进口；3. 转子；4. 定子；5. 出口；6. 驱动轴；7. 定子；8. 狭缝；9. 出口

图 3-11　胶体磨原理示意图

七、锤式破碎机

锤式破碎机的主要工作部件为带有锤子（又称锤头）的转子。转子由主轴、圆盘、销轴和锤子组成。电动机带动转子在破碎腔内高速旋转。物料自上部给料口进入，受高速运动的锤子的打击、冲击、剪切、研磨作用而粉碎。在转子下部，设有筛板，粉碎物料中小于筛孔尺寸的细粒通过筛板排出，大于筛板尺寸的粗粒阻留在筛板上继续受到锤子的打击和研磨，最后通过筛板排出机外。锤式破碎机的结构以单转子锤式破碎机为例说明，图 3-12 所示为单转子锤式破碎机结构示意图，分可逆式和不可逆式两种，转子的旋转方向如箭头所示。

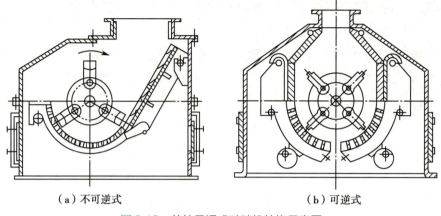

|（a）不可逆式|（b）可逆式|

图 3-12　单转子锤式破碎机结构示意图

不可逆锤式破碎机的转子只能向一个方向旋转,当锤子端部磨损到一定程度后,必须停车调换锤子的方向(转 180°)或更换新的锤子,不可逆锤式破碎机结构示意如图 3-12(a)所示。图 3-12(b)所示为可逆式,转子先按某一方向旋转,对物料进行破碎。该方向的衬板、筛板和锤子端部即受到磨损。磨损到一定程度后,使转子反方向旋转,此时破碎机利用锤子的另一端及另一方的衬板和筛板工作,从而连续工作的寿命几乎可提高一倍。

锤式破碎机的规格是以锤子外缘直径及转子工作长度表示。转子通常由多个转盘组成。锤子是破碎机的主要工作构件,又是主要磨损件,通常用高锰钢或其他合金钢等制造。

由于锤子前端磨损较快,通常设计时考虑锤头磨损后应能够上下调头或前后调头,或头部采用堆焊耐磨金属的结构。

锤式破碎机类型很多,按结构特征可分为如下:按转子数目,分为单转子锤式破碎机和双转子锤式破碎机;按转子回转方向,分为可逆式(转子可朝两个方向旋转)和不可逆式;按锤子排数,分为单排式(锤子安装在同一回转平面上)和多排式(锤子分布在几个回转平面上);按锤子在转子上的连接方式,分为固定锤子和活动锤子。固定锤子主要用于软质物料的细碎和粉碎。

锤式破碎机的特点是单位产品的能量消耗低,体积紧凑,构造简单并有很高的生产能力等,由于锤子在工作中遭到磨损,使间隙增大,必须经常对筛条或研磨板进行调节,使破碎比控制在 10～50 之间,以保证破碎产品粒度符合要求。

锤式破碎机广泛用于破碎各种中硬度以下且磨蚀性弱的物料。锤式破碎机由于具有一定的混匀和自行清理作用,能够破坏含有水分及油质的有机物。这种破碎机适用于药、染料、化妆品、糖、炭块等多种物料的粉碎。

八、万能粉碎机

万能粉碎机主要是由加料斗、钢齿、环状筛板、水平轴、抖动装置、出粉口、放气袋等构成,如图 3-13 所示。

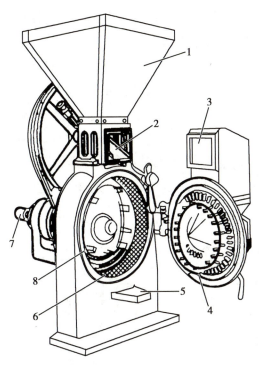

1.加料斗；2.抖动装置；3.入料口；4.垫圈；5.出粉口；6.环状筛板；7.水平轴；8.钢齿

图 3-13　万能粉碎机示意图

药物从加料斗借抖动装置以一定速度经入料口进入粉碎室。粉碎室的转子及室盖面装有相互交叉排列的钢齿，转子上的钢齿能围绕室盖上的钢齿旋转，药物自高速旋转的转子获得离心力而抛向室壁，因而产生撞击作用。在两钢齿相互交错的高速旋转下，药物被粉碎。药物在急剧运行过程中亦受钢齿间的劈裂、撕裂与研磨的作用。待药物达到钢齿外围时已具有一定的粉碎度。借转子产生气流的作用通过室壁的环状筛板分离出来。

万能粉碎机操作时应先关闭室盖，开动机器空转，待高速转动时再加药物，加入的药物应大小适宜，必要时预先切成段、块、片，以免阻塞于钢齿，增加电动机负荷。由于万能粉碎机转子的转速很高，产生强烈的粉碎作用，在粉碎过程中产生大量粉尘，故设备应装有集尘装置，以利劳动保护与收集粉尘。含有粉尘的气流自筛板流出，首先进入集粉器而得到一定

速度的缓冲，此时大部分粉末沉积于集粉器底部，已缓冲了的气流带有少量的较细粉尘进入放气袋，通过滤过的作用使气体排出，粉尘则被阻留于集粉器中。收集的粉末自出粉口放出。

万能粉碎机适宜粉碎多种干燥药物，如结晶性药物，非组织性块状脆性药物，干浸膏颗粒，中药的根、茎、叶等，可制备各种粉碎度的粉末，并且粉碎和过筛可以同时进行，故有"万能"之称。但由于高速，粉碎过程中会发热，故不宜粉碎含有大量挥发性成分的药材和黏性药材。

九、柴田式粉碎机

柴田式粉碎机主要结构是由机壳和装在动力轴上的甩盘、打板及风扇等部件组成。是由锰钢或灰口铸铁为材料制成的，如图 3-14 所示。

机壳由外壳和内套两层构成，外壳为铸铁铸成，分为两半圆筒形，厚度为 2～3cm；内套（俗称膛瓦）为锰钢或灰口铸铁铸成，分为两段。甩盘段由五块组成：一块为圆形空心盘状，内套镶于加料口内

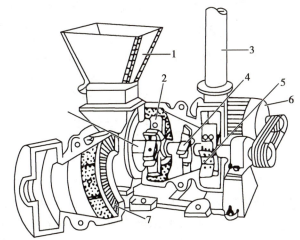

1.加料斗；2.打板；3.出粉风管；4.挡板；5.风扇；6.电动机；7.机壳内壁钢齿

图 3-14　柴田式粉碎机示意图

侧,其余四块呈 90° 圆弧,组成圆筒状,镶于甩盘段机壳内侧。此段内套里面均铸成沟槽状,增加粉碎能力。挡板段内套由两块半圆筒状镶在外壳内侧,其内面平滑。

甩盘安装在机壳动力轴上,有六块打板,主要起粉碎作用。甩盘固定位置不动,打板为中间带一圆孔的锰钢块,打板由于粉碎时受磨损,需及时更换,更换时需牢固扭紧,勿使松动。

挡板安在甩盘与风扇之间,有六块挡板呈轮状附于主动轴上,挡板盘可以左右移动来调节挡板与甩盘、风扇之间距离,主要用以控制药粉的粗细和粉碎速度,同时也有部分粉碎作用。如向风扇方向移动药粉就细,向打板方向移动药粉就粗。风扇安在靠出粉口一端,由 3～6 块风扇板制成,借转动产生风力使药物细粉自出粉口经输粉管吹入药粉沉降器。沉降器为收集药粉的装置,自下口放出药粉。

柴田式粉碎机的操作及注意事项:在开动粉碎机前应注意检查各机件部分安装是否牢固,扭紧螺丝。先开指示灯,待粉碎机转动正常后合上负荷闸,逐渐由少至多填加药料,填加前须注意清除铁钉等掺杂物。对黏性大或硬度大的药料,须特别小心,及时观察安培计的情况,防止发生事故。当更换品种时,应彻底清扫机膛和收集器及管路,以保证药粉质量。

柴田式粉碎机在各类粉碎机中粉碎能力最大,是中药厂普遍应用的粉碎机。适用于粉碎植物性、动物性以及适当硬度的矿物类药材,不宜粉碎比较坚硬的矿物药和含油多的药材。

十、羚羊角粉碎机

羚羊角粉碎机是由升降丝杆、皮带轮及齿轮锉所构成。药料自加料筒装入固定,然后再将齿轮锉安上,关好机盖,开动电动机。由于转向皮带轮及皮带轮的转动可使丝杆下降,借丝杆的逐渐推下使被粉碎的药物与齿轮锉转动时,药物逐渐被锉削而粉碎,落入接受瓶内。如图 3-15 所示。

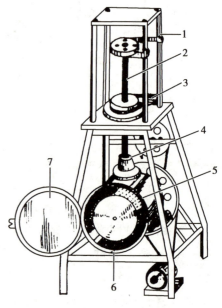

1. 滑动支架;2. 机杆;3. 滑动支架;4. 升降丝杆;5. 皮带轮;6. 加料筒;7. 齿轮锉

图 3-15　羚羊角粉碎机示意图

第三节　超微粉碎技术与设备

超微粉碎技术是近 20 年来国际上迅速发展起来的一项新技术。所谓超微粉碎是指利用机械或流体动力的方法将物料粉碎至微米甚至纳米级微粉的过程。微粉是超微粉碎的最终产品,具有一般颗粒所不具有的一些特殊的理化性质,如良好的溶解性、分散性、吸附性、化学反应灵活性等。因此超微粉碎技术已广泛应用于化工、医药、食品、农药、化妆品、染料、涂料、电子、航空航天等许多领域。

关于微粒的粒径限度至今尚无统一的标准。在中药制剂方面,《中国药典》2020 年版一部规定,极细粉为通过九号筛的粉粒,粒径为(75±4.1)μm。根据中药粉碎加工的实际应用情况,结合《中国药典》对粉末分等及药筛筛孔尺寸的规定,普遍认为将中药微粉粒径界定为小于75μm较为合理。

至于中药细胞粉碎是因为中药植物药材细胞结构差异大,加工成微粉的难易程度不同,仅从控制药材粉碎粒径不能反映不同类药材粉碎的实际情况考虑,提出了中药细胞级粉碎的概念。中药细胞级粉碎主要是以植物细胞破壁为目的,以植物细胞的破壁率作为评价指标,细度仅作为一种宏观的检测指标,其实质仍为超微粉碎。

一、超微粉碎的原理

超微粉碎原理与普通粉碎相同,只是细度要求更高,即主要利用外加机械力,部分地破坏物质分子之间的内聚力来达到粉碎的目的。固体药物的机械粉碎过程就是用机械方法来增加药物的表面积,即使机械能转变成表面能的过程,这种转变是否完全,直接影响到粉碎的效率。

物料经过粉碎,表面积增加,引起了表面能的增加,故不稳定。因表面能有趋向于最小的倾向,故微粉有重新结聚的倾向,使粉碎过程达到一种动态平衡,即粉碎与集聚同时进行。因此,要采取措施,阻止其集聚,以使粉碎顺利进行。

二、超微粉碎应用于中药材加工的目的

采用现代粉体技术,将中药材、中药提取物、有效部位、有效成分制成微粉称为超微粉碎。超微粉碎的目的主要是利用微粉的一些特征,如药物被粉碎后,表面积大,表面能大,表面活性高,极易被人体吸收,增强其功效;减少服用量,节约资源;避免污染提高产品的卫生学指标等;还可改进制剂工艺等。

(一)增强有效成分在体内的吸收

中药材分植物药、动物药和矿物药三大类。除矿物药外,动物药、植物药的主要成分通常存在于细胞内与细胞间质中,且以细胞内为主。植物药材除有效成分外,含大量的其他成分,如蛋白质、脂肪、淀粉、树脂、黏液质、果胶、鞣质及构材物质(如纤维素、栓皮、石细胞等)。对于以普通方法粉碎、以粉末形式入药的植物类中药,其有效成分绝大部分被包裹在未被击破的细胞内,药物粉粒进入胃肠道后,由于细胞内有效成分一般比无效成分的分子量小得多,因而可透过细胞壁,逐渐释放出来,再转移或溶解到消化液中,由胃肠吸收。当药物粒子较粗时,细胞往往几个或数十个聚集在一起,细胞内的有效成分要穿过众多细胞壁才能释放出来,因而药物的释放速度很慢;由于药物在体内的停留时间有限,在极低释药速度的情况下药物有效成分的吸收量也极低;同时由于粒子较粗,吸附在小肠壁上的量也较少,吸收量亦较少。另一方面,因为药物粒度大,混合的均匀度偏低,不同性状的药物成分会因细度、细胞膨胀速度、从细胞壁的迁出速度、对肠壁吸附性等的差异,造成吸收速度和程度的不同,从而影响复方药物的疗效。

植物药材经超微粉碎后，绝大多数细胞的细胞壁破碎，细胞内的有效成分不需要通过细胞壁屏障而直接和给药部位接触。一方面，由于微粉药物粒径小，比表面积大，极易吸附在小肠壁上被小肠壁吸收，大大提高了有效成分的吸收速度；另一方面，微粉与给药部位接触面积大，延长了药物在体内的滞留时间，药物的吸收量也显著增加。

此外，中药材在细胞级粉碎过程中具有"均质化"的作用，多数中药通常含有水分、油性成分及挥发油等成分，在高度撞击及剪切力的作用下，当细胞壁被打碎时，这些成分从细胞内迁移出后使微小粒子表面呈半湿润状态，并在药材中的某些具有表面活性物质的作用下，与亲水性成分亲和，产生乳化、均匀混合而达到"均质态"，此时粒子与粒子之间形成半稳定的"粒子团"（或称为"微颗粒"），而每一个"粒子团"都包含着相同比例的中药成分。油细胞中的挥发性成分在细胞被打碎的同时也"均质化"。这种经过"均质化"的中药微粉进入胃肠道后很快均匀分散，其水性、油性及挥发性成分以原有的成分比例同步吸收，与普通粉碎方式的粉末在体内的吸收速度及吸收程度相比大有改善。由于纤维具有一定的吸收膨胀性，经过微粉化的药材粉末，其纤维已达超细化状态，膨胀质点大大增多，因而具有药用辅料的作用，在肠胃中可迅速崩解，促使药物有效成分的释放、吸收。

动物类中药的有效成分大多以大分子形式存在于细胞中，提取前，动物药一般都采用组织捣碎机进行绞碎处理，其目的亦是破坏细胞膜，提高有效成分的提取率。通常情况下，细胞破碎得越细，提取效果越好。

矿物类中药无细胞结构，粉碎细度对其药效及生物利用度的影响与难溶性化学药物相同，药物的溶出速度与药物的粒径大小成反比，与表面积成正比，因此，药物粒子越小，其比表面积越大，溶解速度也越大，吸收速度越大，生物利用速度越高。

（二）保留中药材的属性和功能

中药强调配伍，复方应用是其特点。中药复方中所含的多种有效成分能够针对影响机体的多种因素，通过多环节、多层次、多靶点对机体进行整合调节作用，以适应机体病变的多样性和复杂性特点。中药有效成分以微粉形式入药，保留了处方全组分及其药效学物质基础，保持了中药的属性和功能主治，体现了中医辨证施治、整体治疗的特点，较好地处理了中药研究开发过程中现代科学技术应用与继承传统中药固有特性的关系问题。

（三）减少服用量，节约资源

药物超微粉碎后，表面积成倍增加，表面结构和晶体结构也均发生明显变化，使超微粉末活性提高，吸附性能、表面黏附力等发生显著变化。运用微粉进一步制成的各种剂型，由于微粉生物利用度有了极大提高，使得药物在使用少于原处方剂量的情况下，即可获得相同疗效，因此可减少服用量。

采用一般的机械粉碎，有些中药材难于粉碎成细粉，如纤维性强的甘草、黄芪等，粉碎得到大量的纤维"头子"，采用超微粉碎可大大提高药材利用率，节约中药资源；花粉、灵芝孢子体难于破壁，采用超微粉碎，得粒径 5～10μm 以下超细粉，一般药材细胞破壁率大于 95%，孢子类破壁迎刃而解；有些中药材采用超微粉碎技术可提高中药有效成分的提取率。总体上，超微粉碎可充分利用资源，有利于提高中药材利用率，节约中药资源，保护贵重药材，实现可持续发展的目标。

（四）避免污染，提高卫生学指标

中药材的超微粉碎一般是在封闭及净化条件下完成的，因此既不会对环境造成污染，又可以避免药材被外界污染。部分中药超微粉碎结果表明，在超微粉碎的同时可以进行杀虫、灭菌，从而提高中药微粉的卫生学指标。

三、超微粉碎的方法与要求

超微粉碎主要是利用机械或流体动力的方法，克服物料内部的内聚力，将一定粒径的物料粉碎至微米或纳米级的粉碎操作。超微粉碎的方法常用的有以下几种。

（一）机械粉碎法

通过超细粉碎机使物料粉碎，适用于大多数物料的粉碎，产品粒径在 1～500μm 范围内。超细粉碎机分为介质磨与冲击磨两大类。介质磨包括搅拌磨、振动磨、行星磨等，主要是基于介质研磨作用使物料粉碎；冲击磨包括胶体磨与高速机械冲击式磨，主要是基于定子与转子之间的冲击作用使物料粉碎。

（二）气流粉碎法

通过气流粉碎机使物料粉碎，适用于脆性物料，一般入料粒径要求在 3mm 以下，成品的粒径可达 1～10μm。气流粉碎机一般是粉碎机与分级机的组合体，是以压缩空气或过热蒸汽通过喷嘴产生的超音速高湍流气流作为颗粒的载体，颗粒与颗粒之间或颗粒与固定板之间发生冲击性挤压、摩擦和剪切等作用，从而达到粉碎的目的。与普通机械冲击式粉碎机相比，气流粉碎机可将产品粉碎得很细，粒度分布范围更窄，即粒度更均匀；又因为气体在喷嘴处膨胀可降温，粉碎过程没有伴生热量，所以粉碎温度上升幅度很小，这一特性有利于低熔点和热敏性物料的超微粉碎。

（三）低温超微粉碎法

低温超微粉碎法是采用深度冷冻技术，利用物料在不同温度下具有不同性质的特征，将物料冷冻至脆化点或玻璃态温度之下使其成为脆性状态，然后再利用机械粉碎或气流粉碎法使其超微粉化。

低温超微粉碎法的特点是利用低温时物料脆性增加，可粉碎在常温下难以粉碎的物料，如纤维类物料、热敏性以及受热易变质的物料如蛋白质、血液制品及酶等；对易燃、易爆的物料进行粉碎时可提高其安全性；对含挥发性成分的药材，可避免有效成分的损失；低温环境下细菌繁殖受到抑制，可避免药品的污染；同时低温粉碎有利于改善物料的流动性。

低温超微粉碎包括两个环节：其一是物料的预制冷，其二是低温超微粉碎。两部分有机地组合才能构成完整的低温粉碎系统——利用低温增加物料脆性，通过粉碎获取所需粒度产品。

中药材品种繁多，性质各异，不同的物料有不同的低温脆性范围，需通过试验筛选。如羚羊角最佳低温粉碎温度为 -70～-60℃，苦杏仁为 -160～-150℃，熟地黄为 -105～-95℃。

低温粉碎常用方法有三种：一是先将物料在低温下冷却，达到低温脆化状态，迅速投入常温态的粉碎机中进行粉碎；二是在粉碎原料为常温，粉碎机内部为低温的情况下进行粉碎；三是物料与粉碎机内部均呈低温状态粉碎。

低温粉碎的缺点是生产成本极高,对于低附加值的产品难以承受,因此深度冷冻技术多用于附加值较高的医药生物类产品的超细化。另外,液氮深度冷冻技术需注意液氮对制品的污染问题。

四、新型高细球磨机

新型高细球磨机结构如图 3-16 所示。块状物料经粗磨仓粗磨后进入小仓分级仓,在 8 块特殊的物料筛板的扬料过程中,半成品可以通过扬料筛板上的小箅缝进入细料仓,不能通过扬料筛板的粗料返回到粗料仓再进行粉磨。进入细料仓的物料在研磨体的冲击、研磨作用下进行细磨,合格产品通过细磨仓出口,由特殊的小箅缝箅出,而小钢球则被该箅板的料段分离装置挡住返回细磨仓。

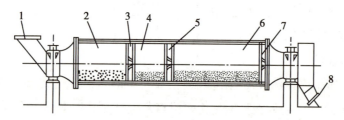

1. 块状物料入口;2. 粗磨仓;3. 小仓分级仓;4. 过渡仓;5. 双层隔仓板;
6. 细磨仓;7. 出料箅板;8. 高细药料出口

图 3-16　新型高细球磨机结构示意图

新型高细球磨机的特点是集粗磨、筛分、细磨全过程于一台球磨机内完成,可根据物料细度要求不同,设置和改换挡料圈,控制物料在球磨机内的流动速度和停留时间,从而提高粉碎效率。

第四节　粉碎设备的选择与使用

药物粉碎质量的好坏,除与药物本身的性质、粉碎的方法等有关外,设备的选型是能否达到粉碎目的的最重要原因之一。所以,粉碎设备的选择是非常重要的。同时粉碎设备日常的使用保养,对于延长设备的使用时间、保证产品质量也很重要。

一、粉碎设备分类

生产中使用的粉碎设备种类很多,通常按粉碎作用力的不同进行分类。①以截切作用力为主的粉碎设备:切药机、切片机、截切机等;②以撞击作用力为主的粉碎设备:冲钵、锤击式粉碎机、柴田式粉碎机、万能粉碎机等;③以研磨作用为主的粉碎设备:研钵、铁研船、球磨机等;④以锉削作用为主的粉碎设备:羚羊角粉碎机,主要用于羚羊角等角质类药物的粉碎。

可按粉碎设备作用件的运动方式来分,分为旋转、振动、搅拌、滚动式以及由流体引起的加速等。按操作方式不同亦可分为干磨、湿磨、间歇和连续操作。实际应用时,也常按破碎机、磨碎机和超细粉碎机三大类来分类。破碎机包括粗碎、中碎和细碎,粉碎后的粒径达数厘米至数毫米以下;磨碎机包括粗磨和细磨,粉碎后的粒径达数百微米至数十微米以下;超细粉碎机能将1mm以下的颗粒粉碎至数微米以下。

二、粉碎设备的选择

根据被粉碎原料及最终产品的粒级——粉碎度的大小确定采用何种粉碎、磨碎或微粉碎机械,或者确定是一级或多级粉碎。粉碎过程的级数是优化工艺的主要指标,一级粉碎所需的设备费用要少,但过大的粉碎度会大量增加能耗,通常对一般性药材、辅料、浸膏首先考虑一级粉碎,硬质或纤维韧性药材或大尺寸原料可考虑破碎或者磨碎,对要求制得微粉时则可能考虑多级粉碎。

(一)掌握药料性质和对粉碎的要求

应明确粉碎目的,了解粉碎机原理,根据被粉碎物料的特性选择粉碎机。包括粉碎物料的原始形状、大小、硬度、韧脆性、可磨性和磨蚀性等有关数据。同时对粉碎产品的粒度大小及分布,对粉碎机的生产速率、预期产量、能量消耗、磨损程度及占地面积等要求有全面的了解。

1. 粉碎机的选择、使用 一种是锤式破碎机,其原理是物料借撞击及锤击作用而粉碎,粉碎后的粉末较细;另一种是万能粉碎机,其原理是物料以撞击伴撕裂研磨而粉碎,更换不同规格的筛板网,能得到粗细不同的粉末,且相对均匀,但不适用于粉碎强黏性的浸膏、结晶性物料等,如蜂蜡、阿胶、冰片。然后根据应用目的和欲制备的药物剂型控制适当的粉碎度。

为了提高粉碎效率,保护粉碎设备,降低能耗,在粉碎操作前应注意对粉碎物料进行前处理,如按有关规定,进行净选加工;药材必须先经干燥至一定程度,控制水分等。并应在粉碎机的进料口设置磁选机,吸附混入药料中的铁屑和铁丝,严防金属物进入机内,以免发生事故;粉碎机启动必须无负荷,待机器全面启动,并正常运行后,再进药。停机时,应待机内物料全部出完后2~3分钟,再断电源。

粉碎前和粉碎过程中,应注意及时过筛,以免部分药物过度粉碎,并可提高工效;在粉碎过程中应注意减少细粉飞扬,并防止异物掺入。尤其在粉碎毒药或刺激性强的药物时,应注意防护,做到操作安全。植物药材必须全部粉碎应用,较难粉碎部分(叶脉、纤维等)不应随意丢掉,以免损失药物的有效成分,使药物的含量相对减少或增高。

2. 各类中药材因其本身结构和性质不同,粉碎的难易程度也不同。因此,粉碎时应采用不同的方法。

对于黏性强的中药材粉碎:如含糖类和黏液质多的药材,如天冬、麦冬、地黄、熟地黄、牛膝、玄参、龙眼肉、肉苁蓉、黄精、玉竹、白及、党参等,粉碎时易黏结在机器上;处方中有大量含黏液质、糖分或胶类、树脂等成分的"黏性"药料,如与方中其他药料一齐粉碎,亦常发生黏机和难过筛现象,故应采用"串料"的方法。另外,也可先将黏性大的药材冷却或烘干后,立即用粉碎机不加筛片打成粗粉,将此粗粉与粉碎好的其他药材的粗粉混合均匀,上适宜的筛片再粉碎一遍,其效果有可能比单纯"串料"更好。上述各种方法可在粉碎操作中,根据具体的处方组成、药料特性选用。

对于纤维性强的中药材粉碎:含纤维较多的药材,如黄柏、甘草、葛根、檀香等,如果直接用细筛网粉碎,药材中的纤维部分往往难于顺利通过筛片,保留在粉碎系统中,不但粗粉在粉碎过程中起缓冲作用,而且浪费大量的机械能,即所谓的"缓冲粉碎"。况且,这些纤维与高速旋转的粉碎机圆盘上的钢齿不断撞击而发热,时间长了容易着火。对这类药材可先用 10 目筛片粉碎一遍,分拣出粗粉中的纤维后,再用 40 目筛片粉碎,这样就避免了纤维阻滞于机器内造成的发热现象。这里要注意的是:不能因纤维部分较难粉碎而随意丢掉,应将分拣出的纤维"头子"用于煎煮,以避免药物的有效成分损失或使药粉的相对含量增高。

对于含纤维较多的叶花类药材:如菊花、金银花、红花、艾叶、大青叶、薄荷、荆芥等质地较轻,粉碎成粗粉容易,一般加5~10目筛片,有时不加筛片也可以,但粉碎成细粉相对较难,如果直接用细筛网粉碎,药材中的纤维部分往往难于顺利通过筛片。若要粉碎成细粉,可先粉碎过筛,得部分细粉,余下的纤维"头子"可再度适当干燥,降低水分使其质地变脆,就易进一步粉碎成细粉。

当然,纤维性强的药材,可先采用一般机械粉碎、过筛,得所需药粉后,余下的纤维"头子"再用振动磨超细粉碎,可以节省药材资源。其依据是利用磨机(磨筒)的高频振动对物料作冲击、摩擦、剪切等作用而粉碎,提高了粉碎效率。

对于质地坚硬中药材的粉碎:质地坚硬的矿物类、贝壳化石类药材,如磁石、赭石、龙骨、牡蛎、珍珠母、龟甲等,因药材硬度大,粉碎时破坏分子间的内聚力所需外力也大,所以药材被粉碎时对筛片的打击也大,易使筛片变形或被击穿。对这类药材可不加筛片或加筛孔更大的筛目。

3. 原料的状态对粉碎效果的影响　原料的状态是指其湿度、温度等,不同干燥程度的同一原料,其破碎效率差异很大。如干式粉碎时,若湿度超过 3% 时则处理能力急剧下降,尤其是球磨机。

(二)合理设计和选择粉碎流程和粉碎设备

粉碎流程和粉碎设备的选择及设计是完成粉碎操作的重要环节。如采用粉碎级数、开式或闭式、干法或湿法等,需根据粉碎要求对其作出正确选择。例如,处理磨蚀性很大的物料时,不宜采用高速冲击的粉碎机,以免采用昂贵的耐磨材料;而对于处理非磨蚀性物料、粉碎粒径要求又不是特别细(大于 100μm)时,就不必采用能耗较高的气流磨,而选用能耗较低的机械磨,若能配置高效分级器,则不仅可避免过粉碎,而且可提高产量。

此外,粉碎设备的处理能力应符合工艺要求。处理能力是指粉碎设备处理被粉碎物料的多少,是选用粉碎机的重要参数,不过处理能力与产品的尺寸有关,所以处理能力是指多大的原料被粉碎至多大尺寸时,单位时间内破碎吨数。制造厂家在样本上提出的破碎机的生产能力,大致是对某种代表性的原料在良好的条件下连续给料时的数据,虽可以作为依据,但在选定设备时,仍需要对实际上所处理原料的性质、状态及给料条件等加以考核,要留有必要的余地。

(三)周密的系统设计

一个完善的粉碎工序设计必须对整套工程进行系统考虑。除了粉碎机主体结构外,其他配套设施,如加料装置及计量、分级装置、粉尘及产品收集、计量包装、消声措施等都必须充分注意。需要特别指出的是,粉碎操作常常是厂区产生粉尘的污染源,整个过程需作除尘处理,有条件的话,最好在微负压下操作。

粉碎设备应符合《药品生产质量管理规范》提出的要求,在环境保护方面,既对生产环境的影响要符合环保标准;同时,产生的粉尘对操作工人的健康要达到国家劳保限度标准,对厂区的环境污染要降到最低。目前,药品生产中使用的粉碎设备大都采用不锈钢材料,在防锈、密闭、防尘等方面亦采用了相应的措施,包括环境与设备自身的清洁、消毒,设备产生的振动和噪声等对环境的影响。

三、粉碎设备的安装使用确认

粉碎设备的设计确认要符合《药品生产质量管理规范》的要求,针对本企业设定的目标,审查设计的合理性,看所选用的设备性能及设定的技术参数是否符合《药品生产质量管理规范》的要求,是否符合产品、生产工艺、维修保养、清洗、消毒等方面的要求。

四、粉碎设备的使用注意事项

各种粉碎设备的性能均不同,应依其性能,结合被粉碎药物的性质与要求的粉碎度来灵活选用。通常在使用和保养粉碎设备时应注意下述几点:

1. 开机前应检查整机各紧固螺栓是否有松动,然后开机检查机器的空载启动、运行情况是否良好。

2. 高速运转的粉碎机开动后,待其转速稳定时再行加料。否则因药物先进入粉碎室后,机器难以启动引起发热,甚至烧坏电动机。

3. 药物中不应夹杂硬物,以免卡塞,引起电动机发热或烧坏。粉碎前应对药物进行精选以除去夹杂的硬物。

4. 各种转动机构如轴承、齿轮等必须保持良好的润滑性,以保证机件的完好与正常运转。

5. 电动机及传动机构应安装防护罩,以保证安全。同时也应注意防尘、清洁与干燥。

6. 使用时不能超过电动机功率的负荷,以免启动困难、停车或烧毁电动机。

7. 电源必须符合电动机的要求,使用前应注意检查。一切电气设备都应装接地线,确保安全。

8. 各种粉碎机在每次使用后,应检查机件是否完整,清洁内外各部件,添加润滑油后罩好,必要时加以整修再行使用。

9. 粉碎刺激性和毒性药物时，必须按照《药品生产质量管理规范》的要求，特别注意劳动保护，严格按照安全操作规范进行操作。

ER3-2 第三章 目标测试

（朱小勇）

第四章　筛分与混合设备

筛分即借助于网孔性工具将粒径大小不同的物料分离为粒径较为均匀的两部分或两部分以上的操作。制药生产过程中进行筛分操作的主要目的包括：①筛出粗粉，即从原料中筛除少量粗粒或异物等；②筛出细粉，即从原料中筛除少量细粉或杂质等；③整粒，即从原料中筛除粗粒及细粉，留取粗、细筛网之间的筛份。

筛分对药物制造及提高药品质量是一个不可或缺的操作，如粒径均匀的两种物料相互混合，更易获得均匀一致的混合物；药物的粒径分布对片剂产品质量，如片剂硬度、片重差异以及裂片率等均有影响。

第一节　筛分原理

制药原料、辅料种类繁多，性质差异较大，尤其是复方制剂中常常将几种乃至几十种药料混合一起粉碎，所得药粉的粗细更难以均匀一致，要获得均匀一致的药料，就必须进行各药料间彼此的分离操作，因此，下面将对粉末等级、影响筛分效果的因素等问题进行讨论。

一、分离效率

（一）筛分程度

在筛分操作过程中，粒度不同、粗细混杂的颗粒混合物进入筛网，只有一部分物料与筛网直接接触，而接触的这部分物料粒径不全是小于筛孔的细颗粒，大部分小于筛孔的细颗粒分散在整个物料层中。当物料和筛网之间发生相对运动后，会使物料呈现松散状态，大颗粒之间的间隙被扩大，小颗粒穿过间隙迁移到下层，大颗粒在运动中位置不断升高，原来杂乱无章排列的颗粒群发生析离，到达筛网的细颗粒物料经过与筛孔大小进行比较，粒径小于筛孔者穿过筛孔，与筛上物料分离。析离和透筛两个过程相互交错同时进行。

实际筛分过程中，由于各种因素的影响总是有一小部分可筛过物料与不可筛过物料混杂在一起留在筛面上。例如，通过孔径为 d_0 的筛网将物料分成粒径大于 d_0 及小于 d_0 的 A、B 两部分，理想分离情况下两部分物料中的粒径各不相混。但由于固体粒子形态不规则，表面状态、密度等又各不相同，致使在实际操作中粒径较大的物料中会残留有小粒子，粒径较小的物料中混入有大粒子，如图 4-1 所示。

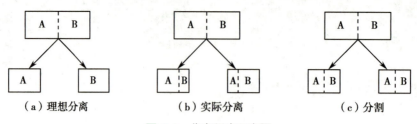

| （a）理想分离 | （b）实际分离 | （c）分割 |

图4-1 分离程度示意图

某物料过筛前的单峰型粒度分布曲线经过筛分后,可得细粒度分布曲线 A 和粗粒度分布曲线 B,如图 4-2 所示。图中横轴为粒径,纵轴为质量。在粒径 d 及 $d+\Delta d$ 范围内,物料 A 及物料 B 两部分质量之和应等于分级前该粒径范围的质量。

（二）分离效率的计算

固体物料经过筛分操作,按照粒度大小进行分离,分离的效果需要进行验证,以满足对药品质量以及制剂生产的要求。

筛分中的物料衡算 制药生产中的某一筛分过程,进料为 F,经筛选后得成品 P(粗粉)及筛余料 R(细粉),设:加料量为 m_F kg;成品量为 m_P kg;筛余料量 m_R kg;加料中有用成分质量分率 x_F %;成品中有用成分质量分率 x_P %;筛余料中有用成分质量分率 x_R %。筛分的物料平衡情况,如图 4-3 所示。

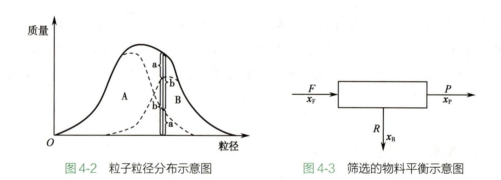

图4-2 粒子粒径分布示意图　　　图4-3 筛选的物料平衡示意图

二、药筛与粉末等级

（一）药筛

制药生产中所使用的符合药典规定的标准筛叫作药筛。药筛孔径大小用筛号表示,用 1cm 长度上安排筛孔的数目表示筛号,《中国药典》2020 年版按筛孔内径规定了 9 种筛号,一号筛孔内径最大,九号筛孔内径最小,如表 4-1 所示。其筛制按筛孔的内径为根据划分筛号,不受编织物丝径的影响。

药筛按制作方法可分为冲眼筛(又称模压筛)和编织筛两种。

（1）冲眼筛:系在金属板上冲制出一定形状的筛孔而成。其优点是坚固耐用,使用寿命大大高于编织筛,筛孔制成后不能改变,但筛孔一般不宜做得太小,通常不小于 1mm,筛孔间距离较大,多用于高速运转粉碎机的筛板及药丸机的筛板。

表 4-1 《中国药典》标准筛规格表

筛号	筛孔内径 /μm	筛目 /（孔 /2.54cm）	筛号	筛孔内径 /μm	筛目 /（孔 /2.54cm）
一号筛	2 000 ± 70	10	六号筛	150 ± 6.6	100
二号筛	850 ± 29	24	七号筛	125 ± 5.8	120
三号筛	355 ± 13	50	八号筛	90 ± 4.6	150
四号筛	250 ± 9.9	65	九号筛	75 ± 4.1	200
五号筛	180 ± 7.6	80			

（2）编织筛：系用有一定机械强度的金属丝（如不锈钢丝、铜丝、镀锌铁丝等）或其他非金属丝（如尼龙丝、人造丝、绢丝、马尾丝等）编织而成。由于编织筛使用过程中筛线易发生移位致使筛孔变形，故常将金属筛线交叉处压扁固定。尼龙丝对一般药物较稳定，在制药生产中应用较多，但筛孔易变形。

在实际制药生产中，也常使用工业用筛，工业用筛的选用应与药筛标准相近，并且不影响药物质量。我国的工业筛筛制与目前世界上广泛使用的美国泰勒标准筛制相近。美国泰勒标准筛制是以按每英寸（1 英寸 =25.4mm）筛网长度上的筛孔数目进行编号，通称为"目"。例如 120 目筛，即每英寸长度上有 120 个筛孔，能通过 120 目筛的粉末称为 120 目粉。但若筛网所用筛线材质不同或直径不同，目数虽相同，但实际筛孔大小是不一样的，因此必须注明孔径的具体大小。工业用筛规格，如表 4-2 所示。

表 4-2　工业筛规格表

目数	筛孔内径 /mm			
	锦纶纳纶	镀锌铁丝	铜丝	钢丝
10	1.6	1.98		
12	1.3	1.66	1.66	
14	1.17	1.43	1.375	
16	1.06	1.211	1.27	
18	0.92	1.096	1.096	
20	0.52	0.654	0.995	0.96
30	0.38	0.613	0.614	0.575
40	0.27	0.441	0.462	
60	0.21		0.271	0.30
80	0.15			0.21
100			0.172	0.17
120			0.14	0.14
140			0.11	

（二）粉末等级

由于药物使用的要求不同，各种制剂常需有不同的粉碎度，所以要控制粉末粗细的标准。粉末的等级是按通过相应规格的药筛而定的。《中国药典》2020 年版规定了 6 种粉末的规格，如表 4-3 所示。粉末的分等是基于粉体粒度分布筛选的区段。例如通过一号筛的粉末，不完全是近于 2mm 粒径的粉末，包括所有能通过二至九号筛甚至更细的粉粒在内。又如含纤维素多的粉末，有的微粒呈棒状，短径小于筛孔，而长径则超过筛孔，过筛时也能直立通过筛网。对于细粉是指能全部通过五号筛，并含能通过六号筛不少于 95% 的粉末，这在丸剂、片剂等不经提取加工的原生物粉末为剂型组分时，《中国药典》2020 年版均要求用细粉，因此这类半成品的规格必须符合细粉的规定标准。

表 4-3　粉末的分等标准

等级	分等标准
最粗粉	指能全部通过一号筛，但混有能通过三号筛不超过 20% 的粉末
粗粉	指能全部通过二号筛，但混有能通过四号筛不超过 40% 的粉末
中粉	指能全部通过四号筛，但混有能通过五号筛不超过 60% 的粉末
细粉	指能全部通过五号筛，但混有能通过六号筛不少于 95% 的粉末
最细粉	指能全部通过六号筛，但混有能通过七号筛不少于 95% 的粉末
极细粉	指能全部通过八号筛，但混有能通过九号筛不少于 95% 的粉末

三、筛分效果的影响因素

筛分效果通常是以分离效率和处理能力为评价指标。分离效率反映筛分的完全程度，是筛分工作的质量指标；处理能力即筛孔大小一定的筛子每平方米筛面面积每小时所处理的物料质量，是筛分工作的数量指标。影响筛分效果的因素可分为三类：一是物料性质的影响，如颗粒形状、堆积密度、粒度、含水量等；二是筛分设备的影响，如筛网面积、筛孔大小、形状等；三是操作条件的影响，如加料量、运动方式等。

（一）物料性质的影响

1. 颗粒形状　球形颗粒容易通过方孔和圆孔筛；条状、片状以及不规则形状的物料难于通过方孔和圆孔筛，但较易通过长方形孔筛。

2. 堆积密度　在物料堆积密度比较大（约在 $0.5t/m^3$ 以上）的情况下，筛分处理能力与颗粒密度成正比的关系；但在堆积密度较小的情况下，由于微粒子的飘扬，尤其是轻质的物料，则上述的正比关系不成立。

3. 粒度分布　粒度分布是一个十分关键的因素，往往可以影响处理能力的变化幅度达300%。通常筛分设备所用筛网规格应按物料粒径选取。设 D 为粒径，L 为方形筛孔尺寸（边长）。一般，$D/L<0.75$ 的粒子容易通过筛网，称为易筛粒；$0.75<D/L<1$ 的粒子难以通过筛网，称为难筛粒；$1<D/L<1.5$ 的粒子很难通过筛网并易堵网。物料中易筛粒越多，分离效率越高，处理能力也越大。

4. 含水量　按结合力形式的不同，物料的水分包括结合水分和非结合水分。结合水分在物料内部，对筛分没有影响；而非结合水分为物料表面的水分，能使细粒互相黏结，使物料运动的阻力增加，黏附在大块上，还可能堵塞筛孔。实验证明，物料含水量达到某一范围，筛分效率急剧降低，这个范围取决于物料性质和筛孔尺寸，物料含水量超过这个范围后，颗粒的活动性重新提高,物料的黏滞性反而消失,此时,水分有促进物料通过筛孔的作用,并逐渐达到湿法筛分的条件。实际进行筛分操作时,应合理控制物料含水量,含水量较高的物料应充分干燥,易吸潮的药粉要及时在干燥环境中过筛。

（二）筛分设备的影响

1. **孔隙率**　筛面孔隙率愈小,则筛分处理能力和筛分效率愈低,但筛面的使用寿命相对延长。

2. **筛孔形状**　常见的筛孔形状有圆形、正方形和长方形三种,圆形筛孔孔隙率小,筛分效率最低,粉末状物料多采用;正方形筛孔的孔隙率与筛分效率居中,块状物料多采用;长方形筛孔孔隙率最大,筛分效率最高,板块物料多采用长方形筛网,筛孔不易堵塞,但是筛分精确度较差。

3. **筛孔大小**　在一定的范围内,筛孔大小与处理能力成正比关系,即筛孔越大,单位筛面面积的处理能力就越大,筛分效率也越高。筛孔的大小主要取决于筛分的目的和要求。对于粒度较大的常规筛分,一般是筛孔尺寸等于筛分粒度;但是当要求的筛分粒度较小时,筛孔应该比筛分粒度稍大;对于近似筛分,筛孔要比筛分粒度大很多。

（三）操作条件的影响

1. **加料量**　物料在筛网上的量少,筛面料层薄,物料有足够的空间移动,有利于接触界面的更新,可提高筛分效率,但生产能力降低;加料量过多,料层过厚,容易堵塞筛孔,增加筛子负荷,不仅降低筛分效率,而且筛下料总量也并不增加。合适的料层厚度应通过试验确定。筛分过程中,应保持连续和均匀地向筛面给料,其中均匀性既包括在任意瞬时的筛子负荷都应相等,也包括物料是在整个筛面面积上给入,这样既充分利用了筛面,又利于细粒透过筛孔,从而保证获得较高的处理能力和筛分效率。

2. **运动方式**　物料在分离过程中,由于表面能趋于降低,易形成粉块,堵塞筛孔,因此物料与筛面之间必须存在一定的相对运动,筛分过程才能进行。产生相对运动的方式可以是筛面作水平往复直线运动、垂直往复直线运动或两者的组合。在筛面上颗粒的运动有滑动和跳动两种方式,其中跳动的颗粒与筛网成直角关系,使筛孔暴露在跳动的颗粒运动方向之下而顺利通过筛孔;滑动使颗粒的运动方向与筛面平行,增大了过筛概率。颗粒的滑动和跳动均可提高筛分效率,但所起的作用并不完全相同,其中跳动更加重要。粉末在筛网上的运动速度不宜太快,也不宜太慢,否则也影响分离效率。过筛也能使多组分的药粉起混合作用。

第二节　筛分设备

制药生产过程中,借助筛分设备完成的主要任务包括:①在清理工序中,为了使药材和杂质分开。②在粉碎工序中,由于药材中各部分硬度不一,粉碎的难易不同,出粉有先有后,通过筛网后可使粗细不均匀的药粉得以混匀,粗渣得到分离,以利于再次粉碎,但应注意,由于较硬部分最后出筛,较易粉碎部分先行粉碎而率先出筛,所以过筛后的粉末应适当加以搅拌,才能保证药粉的均匀度,以保证用药的效果。同时粉碎好的颗粒或粉末经筛分按粒度大小加以分等,以供制备各种剂型的需要。③在制剂筛选中使用,是将半成品或成品(如颗粒剂)按外形尺寸的大小进行分类,以便于进一步加工或得到均一大小尺寸的产品。筛分设备种类较多,本节将主要介绍摆动筛、旋转筛、振动筛、微细分级机。

一、摆动筛

摆动筛主要由筛网、摇杆、连杆、偏心轮等组成,其结构如图4-4所示。筛网通常为长方形,以水平或稍有倾斜的角度放置。筛框支承于摇杆或以绳索悬吊于框架上。工作时,利用偏心轮及连杆使其发生往复运动。物料加于筛网较高的一端,借的往复运动使物料向较低的一端运动,细颗粒穿过筛网落于网下,粗颗粒则在筛网的另一端排出。摆动筛的摆动次数为50～400次/min,属于慢速筛分机。摆动筛具有结构简单、所需功率较小、可连续生产等优点,但维护费用较高,生产能力低,一般适用于小规模生产。

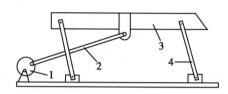

1.偏心轮;2.摇杆;3.筛;4.连杆

图4-4 摆动筛

二、旋转筛

旋转筛主要由筛箱、圆形筛筒、主轴、刷板、打板等组成,其结构如图4-5所示。筛网覆盖于金属架所制成的圆形筛筒表面,被安装于筛箱内,筛筒内装有固定在主轴上的打板和刷板。打板与主轴成一定的角度,并与筛网有25～50mm的间距。打板的作用是分散和推进物料,刷板的作用是清理筛网和促进筛分。设备工作时,将需要筛分的物料由推进器送入滚动的筛筒内,筛筒在主轴的带动下以400r/min的速度旋转,在打板和刷板的共同作用下,使物料中的细粉通过筛网,并汇集至下部出料口排出,而粗粉则停留在筒内并逐渐汇集于粗粉出料口后排出,筛网目数20～200目。旋转筛具有操作方便、适应性广、筛网容易更换、筛分效果好等优点,常用于中药材细粉的筛分。

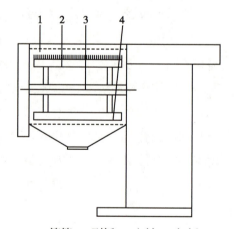

1.筛筒;2.刷板;3.主轴;4.打板

图4-5 旋转筛结构

三、振动筛

振动筛主要由筛箱、激振装置、传动装置、支承或吊挂装置构成,激振装置是振动筛振动的动力来源,按照激振装置的不同可分为机械激振和电磁激振两种,按照运行轨迹不同可分为直线运动(如振动平筛等)、圆周运动(如旋转式振荡筛等)、往复运动(往复筛等),按照偏心块质量和半径的乘积(质径积)大小分类可分为等质径积惯性振动筛和不等质径积惯性振动筛。以下主要介绍常见的振动平筛、旋转式振荡筛、悬挂式偏重筛等。

（一）振动平筛

振动平筛是利用偏心轮对连杆所产生的往复运动而筛选粉末的机械装置,其基本结构如图4-6所示。分散板使物料分散均匀,并可控制物料在筛网上的停留时间。振动平筛工作时,除有往复振动外,还具上下振动,提高了筛分效率。而且粗粉最终到达分散板右侧,并从粗粉口排出,以便继续粉碎后过筛或对粉末进行分级。振动平筛由于粉末在平筛上滑动,所以适合于筛选无黏性的植物或化学药物。由于振动平筛其机械系统密封好,故对剧毒药、贵重药、刺激性药物或易风化潮解的药物较为适宜。

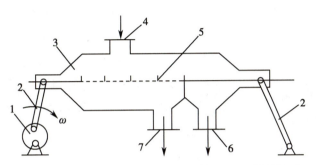

1. 偏心轮; 2. 摇杆; 3. 平筛箱壳; 4. 进料口; 5. 分散板筛网;
6. 粗粉出料口; 7. 细粉出料口

图 4-6　振动平筛工作示意图

（二）旋转式振荡筛

旋转式振荡筛在电动机的上轴及下轴均装有不平衡重锤,上轴穿过筛网并与其相连,筛框以弹簧支承于底座上,如图4-7所示。筛分过程中,上部重锤使筛网发生水平圆周运动,下部重锤使筛网发生垂直方向运动,故筛网的振动方向具有三维性质。当物料加在筛网中心部位后,将沿曲线轨迹向器壁运动,细颗粒将穿过筛网由下部出料口排出,而筛网上的粗颗粒由上部排出口排出。

旋转式振荡筛具有分离效果好,单位筛面处理能力大,占地面积小,重量轻,且可连续操作等优点。

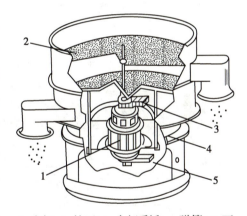

1. 电机; 2. 筛网; 3. 上部重锤; 4. 弹簧; 5. 下部重锤

图 4-7　旋转式振荡筛结构

（三）悬挂式偏重筛

悬挂式偏重筛由电动机、偏重轮、筛网与接收器等构成,如图4-8所示。工作时,电动机带动主轴,偏重轮即产生高速的旋转,由于偏重轮一侧有偏心配重,使两侧重量不平衡而产生振动,从而使物料通过筛网落入接收器中。为防止筛孔堵塞,筛内装有毛刷,随时刷过筛网。偏重轮外有防护罩保护。为防止粉末飞扬,除加料口外,可将设备全部用布罩盖。当不能穿过筛网的物料达到一定量时,需停机取料后,再开动机重新工作,因此是间歇性的操作。此种筛结构简单,造价低,体积小,效率较高,但生产能力较低。适用于矿物药、化学药品和无显著黏性的药粉的筛分。

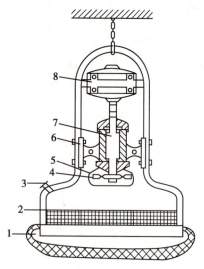

1. 接收器; 2. 筛子; 3. 加粉口; 4. 偏重轮;
5. 保护罩; 6. 轴座; 7. 主轴; 8. 电动机

图 4-8　悬挂式偏重筛结构

（四）电磁簸动筛

电磁簸动筛是由电磁铁、筛网架、弹簧、接触器等部件或元件组成，如图 4-9 所示。利用较高的频率（200 次/s 以上）与较小的幅度（振动幅度 3mm 以内）造成簸动。由于振动幅小，频率高，药粉在筛网上跳动，故能使粉粒散离，易于通过筛网，加强其过筛效率。此筛的原理是在筛网的一边装有电磁铁，另一边装有弹簧，当弹簧将筛拉紧时，接触器相互接触而通电，使电磁铁产生磁性而吸引衔铁，筛网向磁铁方向移动；此时接触器被拉脱而断了电流，电磁铁失去磁性，筛网又重新被弹簧拉回，接触器重新接触而引起第二次电磁吸引，如此连续不停而发生簸动作用。簸动筛具有较强的振荡性能，过筛效率比振动筛高，能适应黏性较强的药粉如含油或树脂的药粉。

（五）电磁振动筛

电磁振动筛是筛框上立起的门型架支撑着电磁振动装置，磁芯下端与筛网相连，其结构如图 4-10 所示。该设备是利用电磁体通电、断电的磁性和失磁性原理，使筛网往复振动。操作时，由于磁芯的运动，故使筛网垂直方向运动。通常振动频率为 3 000～3 600 次/min，振幅 0.5～1.0mm。由于筛网系垂直方向运动，故筛网不易堵塞。

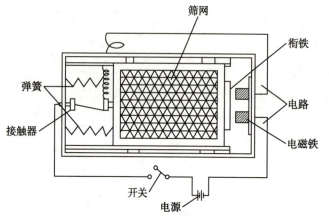

图 4-9　电磁簸动筛结构

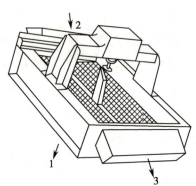

1. 细料出口; 2. 加料口; 3. 粗料出口

图 4-10　电磁振动筛结构

四、微细分级机

微细分级机为离心机械式气流分离筛分机械，其结构如图 4-11 所示。它依靠高速旋转的分级叶轮，使气流中夹带的粗、细微粒因所产生的离心力大小不同而分开。

工作时，待处理的物料随气流经给料管和可调节的管子进入设备内，向上经过锥形体进入分级区，由轴带动作高速旋转的旋转叶轮进行分级，细颗粒随气流经过叶片之间的间隙，

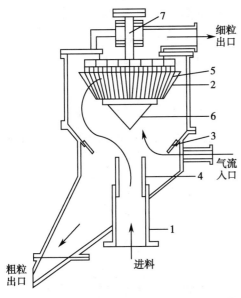

1.给料管；2.旋转管；3.环形体；4.可调节的管子；5.叶片；6.锥形体；7.轴

图 4-11　微细分级机结构

向上经排出口排出，叶片将阻挡粗颗粒，使其沿中部机体的内壁向下滑动，经环形体自机体下部的排出口排出。冲洗气流（又称二次风）经气流入口送入设备内，流过沿环形体下落的粗颗粒物料，并将其中夹杂的细颗粒分出，向上排送，以提高分级效率。

微细分级机的特点：①分级范围广，纤维状、薄片状、近似球形、块状、管状等各种形状的物料均可分级。成品粒度可在 5～150μm 之间任意选择。②分级精度高。通过分级可提高成品质量和纯度。③结构简单，维修、操作、调节容易。④可以与各种粉碎机配套使用。

微细分级机的分级粒径的调节：①调节叶轮转速。转速愈高，所得分级成品愈细，其产量愈低。一般可以调整主轴上的传动速比，或采用无级变速器来调节叶轮转速。②调节气流速度。气流速度愈大，所得成品粒径愈大，产量愈高。一般来说，为了提高生产能力，应尽可能采用高气流速度来分级。然而，当其他参数不变时，有时为了获得某一粒径的细粉，必须降低气流速度。③调节二次风。二次风进入蜗壳旋转上升到机体内有助于细粉分散，防止细粉聚结成团，延长粉粒在分级室内的停留时间，使小于临界粒径的细粉粒充分分级，提高分级效率。通常一次风量与二次风量之比控制在 3：2。对于黏性的或易附聚成团的物料，可增大二次风量。④调节叶轮叶片数。叶轮叶片数增多，可以增加分级成品粉粒的精度。反之减少叶轮叶片数，成品精度下降，粗粉量增多。但在增减叶轮叶片时，一定要注意保持叶轮动平衡，否则高速旋转时容易造成主轴弯曲。⑤调节物料上升管出口位置高低。在分级机上升管的顶端设置可调套管来调节物料出口位置高低。套管出口位置愈高（距叶轮锥底愈近），粉料愈不易分开，将被气流从叶轮下部（由于叶轮为倒锥形，下部半径小，因此离心力小）带入叶轮内，经出口管排出混入成品中，因此，粉粒含粗粉粒多。降低套管物料出口位置，可提高成品精度。⑥调节空气环形体。在机体下部设置倒锥形的环形体，可对二次风产生搅动或冲击作用，对物料分散起一定作用。如果返料（粗粉粒）中含过多的细粉粒，可采用小直径的环形体，增加二次风量。如果在分级室内留有较多的物料，应减少二次风量，并采用大直径的环形体。⑦控制加料速度。加料速度波动对分级粉粒粒径影响不大，但如果加料量显著超过分级能力，则在返料（粗粉粒）中含细粉量增多，从而降低分级效率。

微细分级机适用于各种物料分级，可单独使用，也可在干燥与粉碎的工艺流程中，安装在主机的顶部配套使用，当安装在粉碎机顶部时，流程中的引风机或鼓风机将气流及其夹带的细粉引入分级机分级后，细粉自排出口放出，后经捕集器捕集为成品，而粗粒物料沿排出口回到粉碎机内重新粉碎。

筛分设备的种类繁多，在制药生产中设备选型的依据包括：①按筛分不同的目的，选择不同的设备,如净选工序对中药材进行前处理时多用摆动筛,而制剂工序中多用振动筛;②根据物料的性质,如粒度分布、含水量、形状、密度等,按物料粒径选取筛网规格,含水量大或物料黏度大时要选择振动型和倾斜度大的筛网,筛网要耐磨损、抗腐蚀、可靠性要好;③根据处理量选择具体的筛分设备型号,根据安装空间等确定安装形式、设备布置等;④使用的筛分设备必须达到制药行业的 GMP 生产标准,在材质上必须是不锈钢 304 材质甚至 316 材质,接触物料部分不允许有杂质污染,所以橡胶配件等也必须要达到食品级卫生标准,设备必须内外抛光,无黑点,无毛刺。

第三节　混合原理

混合广义上是指采用机械设备使两种或两种以上物质相互混合而达到均匀状态的操作,其前提是参与混合的物料相互间不能发生化学反应,并保持各自原有的化学性质。根据物料种类和性质的不同,可分为固体 - 液体、液体 - 液体及固体 - 固体等的混合,通常将大量固体与少量液体的混合称为捏合;将大量液体与少量不溶性固体或液体的混合称为匀化;将两种或两种以上固体粒子的混合简称为混合。

本节主要介绍的是固体间的混合,其过程需借助外加的机械作用进行。对固体物料而言,要实现完全混合必须对物料中每一个粒子提供完全相同的混合作用。但在实际生产中,由于物料各组分间粒子的形状、尺寸、密度等诸多的差异,混合结果不可能实现粒子的均匀排列,即不能达到局部均匀,而只能达到总体均匀。

一、混合运动形式

固体粒子物料在混合设备内经随机的相对运动完成混合的过程中,会发生三种形式的运动。根据混合机制的不同,可归纳为对流混合、剪切混合及扩散混合。

（一）对流混合

固体粒子群在混合设备的作用下发生较大位移而产生的总体混合称为对流混合。即待混物料在混合设备自身运动或设备内搅拌器转动的作用下,进行着粒子群的较大位置移动,使粒子从一处转移到另一处,经过多次转移,物料在对流作用下而达到混合。对流混合的效果取决于所用混合机的种类。

（二）剪切混合

粒子群在内部剪切力的作用下,产生滑动平面的断层,破坏团聚状态所形成的局部混合称为剪切混合。即由于粒子群内粒子间运动速度的差异而产生相互滑动和撞击,以及搅拌叶片端部与器壁之间的粒子团块遭受压缩和拉伸而产生的伴随粉碎的混合。

（三）扩散混合

待混物料中的粒子群在紊乱运动中导致相邻粒子间相互交换位置,产生的局部混合称为扩散混合。粒子的形状、充填状态或流动速度不同时,即可发生扩散混合。

上述三种混合方式在实际混合操作中并不是独立进行的,对于任意一次混合操作,三种混合方式可能同时发生,但所表现的程度随混合设备的类型、微粒的性质及操作条件等而异。通常情况下,在混合起始阶段以对流混合与剪切混合为主导作用,随后扩散混合作用增强;在回转类型的混合设备内以对流混合为主,而在搅拌类型的混合设备内以强制对流混合和剪切混合为主。同时必须注意,不同粒径、密度的微粒在混合过程中,会因伴随分离而影响混合程度。

二、混合程度

混合程度是衡量物料中粒子混合均一程度的指标,简称混合度。从统计学观点出发,当物料在混合设备内的位置达到随机分布时,称此时的混合达到完全均匀混合。经粉碎和筛分后的粒子由于受其形状、粒径及密度等不均匀的影响,各组分粒子在混合的同时伴随着分离,以至不能达到完全均匀的混合,只能达到宏观的均匀性。因此考察混合程度常用统计学的方法,统计得出混合限度作为混合状态,并以此作为基准表示实际的混合程度。

固体粒子混合程度的测定,通常在物料混合均匀后,在混合设备内随机取样分析,计算统计参数和混合程度。亦可在混合过程中随时检测混合程度,找出混合程度随时间变化的关系,从而了解和研究各种混合操作的控制机制及混合速度等。

三、影响混合效果的主要因素

在实际混合操作过程中,影响混合速度及混合程度的因素众多,诸如设备的转速、填料的方式、充填量的多少、被混合物料的粒径、物料的黏度等。总体可归纳为物料因素、设备因素和操作因素。

(一)物料因素的影响

1. **粒径的影响** 在混合过程中,粒径相同与粒径不相同的粒子其混合程度与转速的关系,如图4-12所示。由图可知,粒径相同的两种粒子混合时混合程度随混合设备的转速增大到一定程度后,趋于定值。粒径不相同的物料混合时,混合程度达到某一最大值后随转速的增加反而降低。这是因为粒子间产生了分离作用,即小粒子从由大粒子构成的空隙下降。从图中两条曲线的位置可观察得出,在相同转速情况下,粒径不同粒子的混合程度明显低于粒径相同粒子的混合程度,这正是物料混合前应粉碎过筛的原因。

2. **粒子形状的影响** 物料中存在多种不同形状的粒子,如粒状、球形及圆柱形等。当粒子形状相

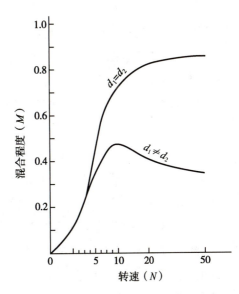

图4-12 粒径对混合程度的影响

同、粒径相同的待混物料混合时所达到的最终混合程度大致相同,最后达到同一混合状态,如图 4-13(a)所示。当形状不同,粒径也不相同的粒子混合时,于混合过程中不同粒径的粒子分离程度不同,不同形状粒子的最终混合水平有所不同,如图 4-13(b)所示。由图可知,圆柱状粒子所达到的最大混合程度为最高,而球形粒子和粒状粒子的混合程度均较低。造成这种结果的原因是小球形粒子容易在大球形粒子的间隙通过(如球形粒子在过筛时最容易通过筛网,粒状粒子次之,最后才是圆柱形粒子),所以在混合时球形粒子的分离程度最高,混合程度则最低;而小圆柱形粒子不易由大圆柱形粒子的间隙通过,因而阻碍分离作用,混合程度最高。

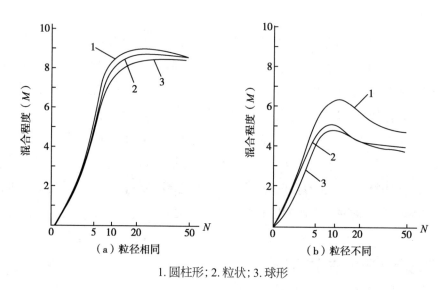

1.圆柱形; 2.粒状; 3.球形

图 4-13　粒径对混合程度的影响

3. 粒子密度的影响　形状与粒径相同,密度不同的粒子混合时,由于流动速度的差异造成混合时的分离作用,使混合效果下降。但当粒径小于 30μm 时,粒子的密度大小将不会成为导致分离的原因。

若粒径不同、密度也不同的粒子相混合时,情况变得更复杂一些。因为粒径间的差异会造成类似筛分机制的分离,密度间的差异会造成粒子间以流动速度为主的分离。这两种因素互相制约。在混合操作过程中,如果物料各组分间密度差及粒径差较大,最好的混合办法是先装密度小或粒径大的物料,再装密度大或粒径小的物料,且混合时间应适当。

4. 表面粗糙度的影响　当粒子的形状和密度相同但粒径不同而且大粒径的粒子多于小粒径的粒子时,如大粒径粒子的表面粗糙度小于小粒径粒子的表面粗糙度,可使混合物的孔隙率减小,改善充填性,使小粒子的运动空间变小,从而达到控制分离作用的目的。

5. 各组分的黏附性与带电性的影响　有的药物粉末对混合设备具有黏附性,不但影响混合效果也造成药物损失,一般应将量大或不易吸附的药粉或辅料垫底,将量少或易吸附者后加入。混合时摩擦起电的粉末不易混匀,通常加少量的表面活性剂或润滑剂加以克服,如硬脂酸镁、十二烷基硫酸钠等具有抗静电作用。

6. 易吸湿组分的影响　当待混物料中含有易吸湿成分时,应针对吸湿原因加以处理。如某组分的吸湿性很强,则可在低于其临界相对湿度条件下,迅速混合并密封防潮;若混合引起吸湿性增强,则不应混合;有些药物按一定比例混合时,可形成低共熔混合物而在室温条件出现湿润或液化现象,如药剂调配中可发生低共熔现象的常见药物有水合氯醛、樟脑、麝香草酚等,此时尽量避免形成低共熔物的混合比。

(二)设备因素的影响

固体物料的混合设备大致分为两大类,即容器旋转型和容器固定型。混合设备的形状及尺寸,对物料起搅拌作用的内部插入物(挡板以及强制搅拌等),材质及表面情况等对混合均有影响,应根据物料的性质选择适宜的混合设备。如对物性相差较大的物料进行混合操作时,选用容器固定型混合设备混合效果优于容器旋转型混合设备。

(三)操作因素的影响

1. 设备的转速的影响 通常情况下,混合设备的转速不同,混合机制有所不同。当旋转型混合设备的转速过低时,物料在筒壁表面向下滑动,当各组分粒子的性状差别较大时易产生分离现象;而转速过高时,物料受离心力的作用将随转筒一起旋转,基本不产生混合作用。

圆筒型混合设备不同转速条件下,筒内粒子的运动状态如图 4-14 所示。当混合设备处在回转速度很低时,粒子在粒子层的表面向下滑动,因粒子物理性质不同,引起粒子滑动速度有差异,将造成明显的分离现象,如图 4-14(a)所示;如提高转速到最适宜转速,粒子随转筒升得更高,然后循抛物线的轨迹下落,相互碰撞、粉碎、混合,此种情况混合效果最好,图 4-14(b)所示;转速过大,粒子受离心力作用的影响一起随转筒旋转,设备失去混合作用,图 4-14(c)所示。

(a)转速过小　　(b)转速适中　　(c)转速过大
转速(a)<(b)<(c)

图 4-14　圆筒型混合设备内粒子的运动状态

图 4-15 表示在两种不同体积的 V 形混合机中混合无水碳酸钠和聚氯乙烯时,无水碳酸钠的标准差与转速的关系曲线。由图中可知,回转速度较低时,标准差 σ 随转速增加而减小,有一最小值,过了最小值之后随着转速增加而加大。很显然物料混合时有最适宜转速。另外还可知,体积较大的混合设备最适宜转速较低,而且与此最适宜转速所对应的标准差 σ 值小,即混合程度大。

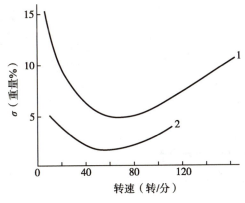

1. 0.25L混合机; 2. 2L混合机

图 4-15　在 V 形混合机中混合时的转速与标准差的关系

2. 装料方式的影响　混合设备的装料方式通常有三种：第一种是分层加料，两种粒子上下对流混合；第二种是左右加料，两种粒子横向扩散混合；第三种是物料部分上下、部分左右错开加料，两种粒子开始以对流混合为主，然后转变为以扩散混合为主，如图4-16所示。图中曲线是表示在7.5L的V形混合机中三种不同装料方式的方差与混合设备转速的关系。由图可见，分层加料方式混合速度最快，优于其他的加料方式。

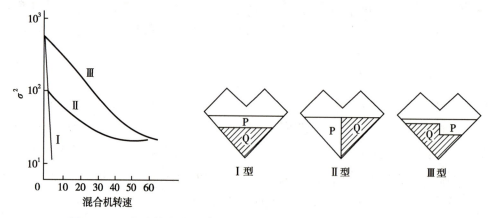

图4-16　不同充填方式的V形混合机混合时方差与混合机转速的关系

3. 充填量的影响　单位体积混合设备内充填的物料质量称为充填量。物料在不同体积V形混合机内的标准差σ与充填量的关系，如图4-17所示。充填量在10%左右，即相当于体积百分数为30%，标准差σ最小。同时也表示相同充填量下，体积较大的混合机的标准差σ较小。

在实际生产中，考虑圆筒型混合机的充填量时，为保证物料在设备内充分运动，应至少留出堆体积相同的空间；搅拌式混合设备的充填量一般大于旋转圆筒型混合机，按容积比（粉粒体的堆体积/混合机的体积）计算大约大10%；容器旋转型混合设备的充填量一般较容器固定型的充填量要小。

4. 混合比的影响　两种以上成分粒子混合物的混合比改变会影响粒子的充填状态。混合比与混合程度的关系，如图4-18所示。由图中可见，粒径相同的两种粒子混合时，混合比

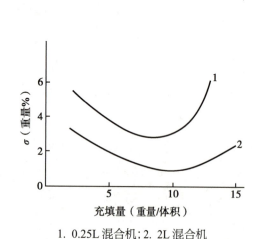

1. 0.25L混合机；2. 2L混合机

图4-17　在V形混合机中混合时充填量与标准差的关系

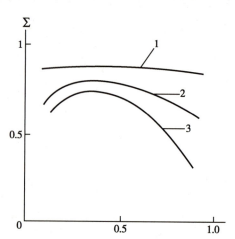

粒径比：曲线1（1：1）；曲线2（1：0.85）；曲线3（1：0.67）

图4-18　混合比与混合程度的关系

与混合程度几乎无关。曲线 2、3 说明粒径相差愈大，混合比对混合程度的影响愈显著。

大粒子的混合比为 30% 时，各曲线的混合程度 M 处于极大值。这是因为 30% 左右，粒子间空隙率最小，充填状态最为密实，粒子不易移动，从而抑制了分离作用，故混合程度最佳。

第四节　混合设备

混合设备通常由容器和提供能量的装置两个基本部件构成。由于混合物料的性状的差异以及对混合要求的不同，提供能量的装置形式多样。按混合容器转动与否大体可分成不能转动的固定型混合机和可以转动的回转型混合机两类。

一、固定型混合机

固定型混合机是待混物料在容器内依靠叶片、螺带或气流的搅拌作用进行混合，有槽形、锥形、气流搅拌式等类型。此类设备的优点：①对凝结性、附着性强的混合物料有良好的适应性；②当混合物料之间差异大时，混合均匀度也较好；③能进行添加液体的混合和潮湿易结团物料的混合；④装载系数大，能耗相对小。缺点：①混合容器一般难以彻底清洗，无法满足换批清洗要求；②卧式混合机型出料一般不干净；③装有高速转子的机型，对脆性物料有再粉碎倾向，易使物料升温。

（一）槽形混合机

槽形混合机主要由槽形容器、螺旋形搅拌桨（有单桨、双桨之分）、机架和驱动装置等组成，其结构如图 4-19 所示。螺旋形搅拌桨水平安装于槽形容器内，其轴与驱动装置相连。当螺旋形搅拌桨以一定速度转动时，推动与其接触的物料沿螺旋方向移动，从而使搅拌桨推力面一侧的物料产生螺旋状的轴向运动，四周的物料则向中心运动，以填补因物料轴向运动而留下的"空缺"，结果使物料不停地以上下、左右、内外各个方向翻滚，以达到均匀混合。副电机可使槽形容器倾斜 105°，以便自槽内卸出药料。混合时间一般均可自动控制，槽内装料量

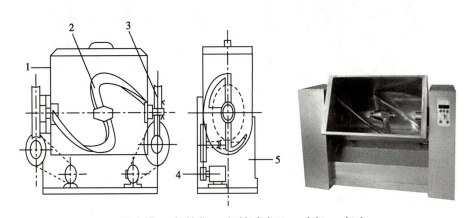

1.混合槽；2.搅拌桨；3.蜗轮减速器；4.电机；5.机座

图 4-19　槽形混合机结构示意图和外观图

约占槽容积的 60% 左右。

槽形混合机搅拌效率较低,混合时间较长。另外,搅拌轴两端的密封件容易漏粉,影响产品质量和成品率。搅拌时粉尘外溢,既污染了环境又对人体健康不利。但由于它价格低廉,操作简便,易于维修,对一般产品均匀度要求不高的药物,仍得到广泛应用。

(二)锥形混合机

锥形混合机主要由锥形筒体和传动部分组成,锥形筒体内装有一个或两个与锥壁平行的螺旋式推进器,螺旋推进器的轴线与容器锥体的母线平行。传动部分包括电动机、变速装置及横臂传动件等。筒盖支撑着整个传动部分,筒盖上设有加料口;底部设有出料口,出料口上装有底阀,混合时底阀关闭,混合完毕打开底阀出料。设备无粉尘,易于清理。

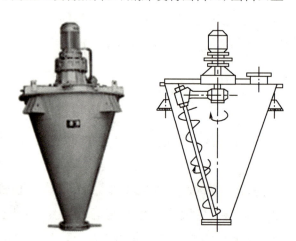

（1）单螺旋锥形混合机:其结构如图 4-20 所示,螺旋推进器由旋转横臂驱动在容器内既有自转又有公转,自转的速度约为 60r/min,公转的速度约为 2r/min,容器的圆锥角约 35°,充填量约 30%。被混合的固体粒子在螺旋推进器的自转作用下,自底部错位上升,又在公转的作用下,在全容器内产生旋涡和上下循环运动,短时间内即可混合均匀,一般 2～8 分钟可以达到最大混合程度。

图 4-20 单螺旋锥形混合机示意图和外观图

（2）双螺旋锥形混合机:如图 4-21 所示,混合机工作由顶端的电动机带动减速装置,输出公转和自转两种速度,主轴以 5r/min 的速度带动转臂进行公转,两根螺旋杆以 108r/min 的速度自转。双螺旋的快速自转将物料自下而上提升形成两股螺柱物料流;同时转臂带动螺杆

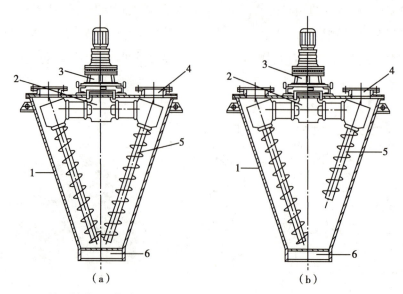

（a） （b）

1.锥形筒体;2.传动部分;3.减速器;4.加料口;5.螺旋杆;6.出料口

图 4-21 双螺旋锥形混合机示意图

的公转运动使螺旋外的物料不同程度地混入螺柱形的物料流内,造成锥形筒体内的物料不断混掺错位,从而达到全圆周方位物料的不断扩散;被提升到上部的物料再向中心汇合,成为一股后向下流动。

为防止双螺旋锥形混合机混合某些物料时产生分离作用,还可以采用非对称双螺旋锥形混合机,如图 4-21(b)所示。

此种混合设备混合速度快,混合程度高,混合量比较大时也能达到均匀混合,而且动力消耗较其他混合机小。对密度相差悬殊、混配比较大的物料混合尤为适宜。

(三)回转圆盘形混合机

回转圆盘形混合机的结构如图 4-22 所示。被混合的物料由加料口 1 和 2 分别加到高速旋转的环形圆盘 4 和下部圆盘 6 上,由于惯性离心作用,粒子被散开。在散开的过程中粒子间相互混合,混合后的物料受出料挡板 8 阻挡,由出料口 7 排出。回转盘的转速为 1 500~5 400r/min,处理量随圆盘的大小而定。此种混合设备处理量较大,可连续

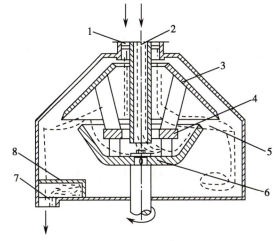

1. 加料口;2. 加料口;3. 上锥形板;4. 环形圆盘;5. 混合区;6. 下部圆盘;7. 出料口;8. 出料挡板

图 4-22 回转圆盘形混合机示意图

操作,混合时间短,混合程度与加料是否均匀有关。物料的混合比可通过加料器进行调节。

(四)无重力混合机

无重力混合机在混合筒内安装有旋转方向相反的双轴桨叶,桨叶呈重叠状并形成一定角度,如图 4-23 所示。混合操作时,物料被旋转的桨叶抛向空间流动层,产生瞬间失重,相互落入对方区域内,物料来回掺混,中央区域形成一个流态化的失重区和旋转涡流,物料沿轴向和径向运动,从而形成全方位复合循环,快速达到均匀混合。

无重力混合机适用范围广,可使密度、粒径差异的较大的物料在混合过程中不产生分层离析现象;混合速度快,一般颗粒与颗粒的混合仅需 2~3 分钟,能耗较低。

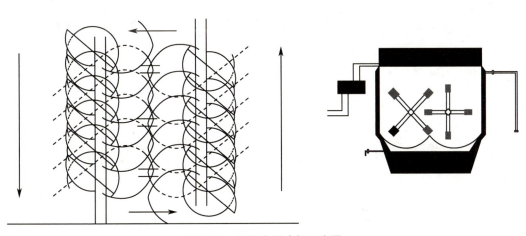

图 4-23 无重力混合机示意图

（五）气流式混合机

气流式混合机如图4-24所示。其利用压缩空气减压后体积迅速膨胀的原理，将净化后压缩空气通过底部的混合头喷嘴喷入料仓，仓内物料被迅速推动、托起，形成流态化混合状态。经历若干次脉冲循环喷吹，即可实现全容积内物料的快速均匀混合。废气经过滤器过滤后排出，混合产品通过锥形卸料阀排出。混合设备内无机械转动部件，没有摩擦生热，也不存在润滑剂污染产品的情况，可以无损混合。气流式混合机批处理能力大，混合速度快，混合均匀度高，结构简单，维护工作量少，单位能耗低，封闭混合，无扬尘产生，特别适合大批量物料的短时间均匀混合操作及微粉的混合。但是，作为整套装置还应包括空气压缩机、压力调节器、集尘器等，所以附属设备多，整体规模大。

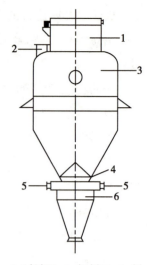

1.过滤器；2.加料口；3.料仓；4.混合头；5.压缩空气；6.锥形卸料阀

图4-24　气流式混合机示意图

二、回转型混合机

回转型混合机是靠容器本身的旋转作用带动物料上下运动，使物料混合均匀。传统回转型混合机的容器有圆筒形、双锥形或V形等形状，如图4-25所示。这些混合机的混合容器一般随定轴定向转动，还有一些新型混合机的容器是在空间作多维运动，从而使粉体得到更为充分的混合，如二维运动混合机和三维运动混合机。回转型混合机的优点：①对具有摩擦性物料进行混合，混合效果好；②当混合流动性好、物性相近似的物料时，可以得到较好的混合效果；③对易产生黏结和附着的物料混合时，需在混合设备内安装强制搅拌叶片或扩散板等装置。缺点：①大容量混合机占地面积相对大，需要有坚固的基础；②由于物料与容器同时转动进行整体混合，回转型比固定型所需能耗大；③需要制作特殊装置进行定位或停车；④当混合物料物性差距较大时，一般不能得到理想的混合物；⑤与固定型相比，回转型的噪声相对

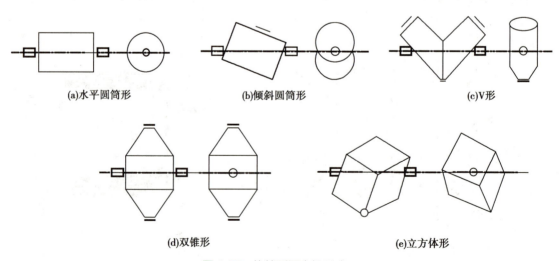

(a)水平圆筒形　　(b)倾斜圆筒形　　(c)V形

(d)双锥形　　(e)立方体形

图4-25　旋转型混合机形式

较大。

（一）水平圆筒形混合机

水平圆筒形混合机是物料受筒体轴向旋转时离心力作用向上运动，之后在重力作用下向下滑落，如此反复运动而进行混合。总体混合以对流、剪切混合为主，而轴向混合以扩散混合为主。这种混合机的混合程度较低。操作中最适宜的转速为临界转速的70%～90%。最适宜充填量或容积比（物料容积／混合机容积）约为30%，大于50%或小于10%其混合程度均较低。

为提升水平圆筒形混合机的性能，圆筒形容器可采用倾斜的方式安装。倾斜形式有两种：①圆筒的轴心与旋转轴的轴重合，但轴心与水平面成14°左右的倾斜，粒子的运动状态呈螺旋状移动；②旋转轴呈水平放置，但圆筒的轴心倾斜安装，粒子在其中呈复杂的环状移动。

（二）V形混合机

V形混合机结构如图4-26所示。混合筒通常由两个圆筒V形交叉结合而成，两个圆筒一长一短，端口经盖封闭。圆筒的直径与长度之比般为0.8左右，两圆筒的交角为80°左右，减小交角可提高混合程度。设备旋转时，物料能交替地集中在V形筒的底部，当V形筒倒置时，物料又被分成两部分，即反复分离与汇合，从而达到混合的目的。其最适宜转速为临界转速的30%～40%，最适宜容量比为30%。本设备具有结构简单、操作方便、运行和维修费用低等优点，是一种较为经济的混合机械。但生产能力较小，且加料和出料时会产生粉尘。

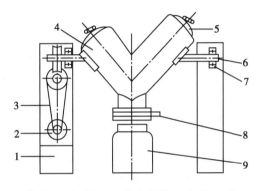

1. 机座；2. 电动机；3. 传动皮带；4. 容器；5. 盖；
6. 旋转轴；7. 轴承；8. 出料；9. 盛料器

图4-26　V形混合机示意图

（三）双锥混合机

双锥混合机是在短圆筒两端各连接一个圆锥形筒，转动轴与容器的中心线垂直，结构如图4-27所示。其工作原理与V形混合机相似，但因物料只有单向运动，物料流动性差，混合不彻底。

（四）料斗混合机

料斗混合机由机座、带方锥形料斗的回转体、传动机构、制动机构及提升机构等组成，结构如图4-28所示。工作时，将方锥形料斗推入回转体内，提升机构将带料斗的回转体提升到工作位，并自动夹紧，传动机构带动带料斗的回转体作上下翻动回转。由于回转体与回转轴线成一定夹角，混合料斗中的物料随回转体上下翻动的同时沿斗壁作切向运动，产生强烈的翻转和高速的切向运动，从而达到最佳的混合效果。

料斗混合机有自动提升料斗混合机、单臂提升料斗混合机以及柱式提升料斗混合机三种形式，其料斗均能拆装，但料斗夹持形式不同。料斗混合机的装料系数为50%～80%，混合均匀度≥99%，混合时间≤20分钟。

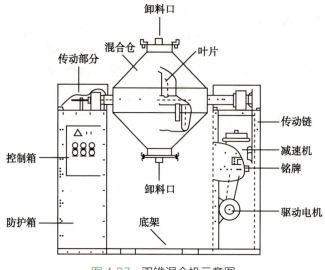

图 4-27　双锥混合机示意图

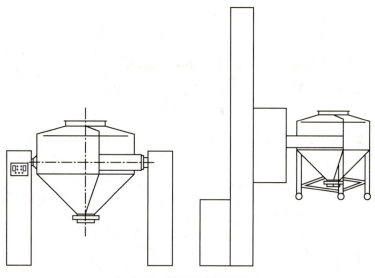

图 4-28　料斗混合机示意图

（五）二维运动混合机

二维运动混合机是在短圆筒两端各与一个锥形圆筒结合,结构如图 4-29 所示。二维运动混合机的料筒可在自转的同时随摆动架进行摆动,使混合物料在料筒内发生翻转及左右来回的掺混运动,使筒中物料得以充分混合。二维运动混合机适合所有粉、粒状物料的混合,具有混合迅速、混合量大、出料便捷等特点,混合的装料系数达 50%～60%,混合均匀度最高可达 98%。该机属于间歇式混合操作设备。

（六）三维运动混合机

三维运动混合机是由机座、传动系统、电器控制系统、多向运行机构、混合筒等部件组成,结构如图 4-30 所示。其混合容器为两端锥形的圆筒,筒身被两个带有万向节的轴连接,其中一个为主动轴,另一个为从动轴。当主动轴转动时,由于两个万向节的夹持,混合容器在空间既有公转还有自转与翻转,作复杂的空间运动。

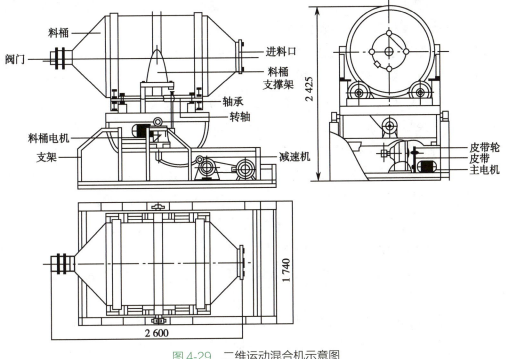

图 4-29　二维运动混合机示意图

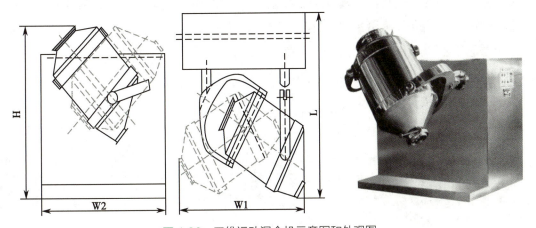

图 4-30　三维运动混合机示意图和外观图

　　该设备利用三维摆动、平移转动和摇滚原理,产生强力的交替脉动,并且混合时产生的涡流具有变化的能量梯度,使物料在混合过程中加速流动和扩散,同时避免了传统混合机因离心力作用所产生的物料偏析和积聚现象,可以对不同密度和不同粒度的几种物料进行同时混合。三维运动混合机的均匀度可达 99.99% 以上,最佳填充率在 60% 左右,最大填充率可达80%,高于一般混合机,混合时间短,混合时无升温现象。该机亦属于间歇式混合操作设备。

三、混合设备的选型

　　混合设备的种类繁多,在制药生产中混合设备选型的一般原则为:①确定混合目的,包括混合程度、生产能力、操作特点(间歇还是连续)、无菌生产还是非无菌生产;②了解物料特性,包括粒径大小、粒子形状及其分布、密度和表观密度、流动性、附着性和凝聚性、含水量等;③对照表4-4初步确定适合的混合机型;④核算设备费、操作费、维护费等,综合操作合理性和设备的经济性因素最终确定混合机型。

基于混合操作的复杂性,特别是物料的性质对混合效果影响很大,根据一般原则进行混合机的选型实际有一定困难,可以采取一些一般方法,包括类比法、小试法和中试法。

（1）类比法:根据物料特性,参照同行企业选用的机型,可以快速选定自己所需的混合机型。此方法的优点是方便简捷,选型的投资较少、失误也较少。但首要条件是要了解同行企业选型时不完善的情况,避免走弯路。

（2）小试法:根据物料特性,参照混合机生产企业技术资料和表4-4,初步选定小试机型进行试验,在小试中要测定混合机的性能、混合均匀度、最佳混合状态等。在小试中,可选定几种混合机进行对比试验,然后按照下列原则最终选定混合机:①混合均匀度和混合所需的时间;②设备、能耗、维修和操作等费用的综合比较;③安装条件和生产条件等。根据试验分析结论,确定机型,如对选定产品还有不满意的地方,可向厂方提出修正要求,使之更适合生产要求。

（3）中试法:对大型混合设备选型来说,有时单靠小试结果还不全面,最好还要进行中试。中试的目的是验证小试的结果,同时为选型提供进一步的依据,但应注意:①中试设备规模越接近所选用的设备规格,其试验结果越可靠。②由于粉体混合设备放大系数数据信息甚少,因此中试需与设备厂家紧密配合,还应把注意力放在混合均匀度、功率变化、混合时间及混合启动等问题上。只有中试结果与小试结果相一致后,进一步选型才能有可靠依据。③中试时,应尽可能采用给定过程的物料,与小试物料相一致。

表4-4　各种混合机型性能参数

混合机型		操作方式		主要混合机制	粒径范围/mm				含水率		物料差异		磨损性大	出料难易程度	清洗难易程度	无菌生产
		间歇	连续		1.0以上	0.1~1.0	0.01~0.1	μm以下	干燥	湿润	大	小				
容器固定	槽式	○		对流	○	○	○		○	△		○		易	较易	
	行星锥形	○		对流	○	○	○	○	○			○		易	难	△
	圆盘形	○	○	对流	○	○						○		易	难	
	气流式	○	○	对流	○		○		○			○		易	易	
容器回转	V形	○		扩散	○	○	△		○			○		易	易	△
	二维运动	○		扩散对流	○	○	○		○	△	△	○		易	易	△
	三维运动	○		扩散对流	○	○	△		○		△	○		易	易	△
	方锥料斗	○		扩散	○	○	○		○		△	○		易	易	○

注:○为适合,△为可以使用,空白为不适用。

ER4-2　第四章　目标测试

（孟繁钦）

第五章　分离过程与设备

　　药品生产的产品品种繁多，生产方法各异，但都要经过原料的预处理、化学反应、加工精制等过程。由于存在于自然界中的原材料几乎都是混合物，在参与化学反应前就需要进行原料的预处理，将原料中与反应无关或者对反应有害的组分分离出去，使反应顺利地进行；同样反应过程中的中间产物和反应的粗产品也需要进行分离，以保证产品的纯度。从原料到产品的生产过程中都必须有分离纯化技术作保证，天然活性成分、药物等的分离、提取、精制是制药工业的重要组成部分。

第一节　分离过程

　　分离是利用混合物中各组分的物理性质、化学性质或生物学性质的某一项或几项差异，通过适当的装置或分离设备，通过进行物质迁移，使各组分分配至不同的空间区域或在不同的时间依次分配至同一空间区域，从而将某混合物系分离纯化成两个或多个组成彼此不同的产物的过程。分离科学是研究分离、富集和纯化物质的一门学科。从本质上讲，它是研究被分离组分在空间移动和再分布的宏观和微观变化规律的一门学科。

一、分离过程的概念

　　物质的混合是一个自发过程，自然界的绝大部分原料都是混合物，有的混合物可以直接利用，但大部分的混合物需要分离提纯后才能被人们所利用。要将混合物分开，必须采用适当的分离技术并消耗一定的能量，分离过程一般是熵减小的过程，需要外界对体系做功。这些过程涉及添加物质和引进能量。

　　分离纯化系统是由原料（混合物）、产物、分离剂及分离装置等组成。

　　原料（混合物）：即为待分离的混合物，可以是单相或多相体系，至少含有两个组分。

　　产物：分离纯化后的产物可以是一种或多种，彼此不同。

　　分离剂：加入到分离器中的使分离得以实现的能量或物质，也可以是两者并用，如蒸汽、冷却水、吸收剂、萃取剂、机械功、电能等。如蒸发过程，原料是液体，分离剂是热能。

　　分离设备（装置）：使分离过程得以实施的必要的物质设备（装置），可以是某个特定的装置，也可以指原料到产物的整个流程的设备。

　　在分离纯化时，常根据原料的物理、化学和生物学性质对其进行分离纯化，见表5-1。

表 5-1　原料可用于分离的性质

性质		参数
物理性质	力学性质	表面张力、密度、摩擦力、尺寸、质量
	热力学性质	熔点、沸点、临界点、分配系数、吸附平衡、转变点、溶解度、蒸气压
	电磁性质	电荷、介电常数、电导率、迁移率、磁化率
	输送性质	扩散系数、分子飞行速度
化学性质	热力学性质	反应平衡常数、化学吸附平衡常数、解离常数、电力电位
	反应速度性质	反应速度常数
生物学性质		生物学亲和力、生物学吸附平衡、生物学反应速率常数

二、分离方法的分类

分离方法主要是根据原料(混合物)性质、分离过程原理、分离过程采用装置、分离过程中传质等不同进行分类。

(一)按照分离过程原理分类

按照分离过程的原理分类,分为机械分离和传质分离两大类。

1. **机械分离**　分离过程中利用机械力,在分离装置中将混合物互相分离的过程称为机械分离,分离对象为两相混合物,分离时各相间无物质传递。如制药生产中的过滤、沉降、离心分离、旋风分离、中药材的风选、清洗除尘等操作。表 5-2 为常见的几种机械分离过程。

表 5-2　机械分离示例

名称	原料	分离剂	产物	分离原理	实例
过滤	液+固	压力	液+固	粒径>过滤介质孔径	浆状颗粒回收,如中药材提取后过滤除渣
筛分	固+固	重力	固	粒径>过滤介质孔径	中药材的筛分
沉降	液+固	重力	液+固	密度差	混浊液澄清;不溶性产品回收
离心分离	液+固	离心力	液+固	密度差	结晶物分离;从发酵液中分离大肠埃希菌
旋风分离	气+固(液)	惯性力	气+固(液)	密度差	喷雾干燥产品气-固分离
电除尘	气+固	电场力	气+固	微粒的带电性	合成氨原料气除尘

2. **传质分离**　传质分离的原料可以是均相体系或非均相体系,多数情况下为均相,第二相是由于分离剂的加入而产生的。其特点是在相间发生质量传递现象,如在萃取过程中,第二相即是加入的萃取剂。传质分离又可分为两大类,即平衡分离过程和速率分离过程。

(1)平衡分离过程:是一种借助外加能量(如热能)或分离剂(如溶剂或吸附剂),使均相混合物系统变成两相系统,利用互不相容的两相界面上的平衡关系使均相混合物得以分离的方法。工业上常用的传质分离过程见表 5-3。

表 5-3　平衡分离过程示例

名称	原料	分离剂	产物	分离原理	实例
蒸发	液	热能	液+气	蒸气压	稀溶液浓缩;中药提取液浓缩成浸膏
闪蒸	液	热能或减压	液+气	挥发性	物料干燥;海水脱盐
蒸馏	液	热能	液+气	蒸气压	液体药物成分分离
吸收	气	非挥发性液体	液+气	溶解度	从天然气中除去 CO_2 和 H_2S
萃取	液	不互溶液体	液+液	溶解度	芳烃抽提;发酵液中萃取抗生素
结晶	液	冷或热	液+固	溶解度	盐结晶的析出
吸附	气或液	固体吸附剂	固+液或气	吸附平衡	从中药提取液中吸附分离有效成分
离子交换	液	固体树脂	液+固体树脂	吸附平衡	从发酵液中分离氨基酸;纯净水的制备
干燥/冻干	含湿固体	热能	固+蒸汽	蒸气压	冻干粉针剂的制备
浸取	固	液	固+液	溶解度	从植物中提取有效成分
凝胶	液	固体凝胶	液+固体凝胶	分子大小	不同分子量多糖分子的分离;蛋白质分离

（2）速率分离过程:在某种推动力(浓度差、压力差、温度差、电位差等)的作用下,依据各组分扩散速率的差异实现组分的分离,表 5-4 列出了几种速率分离过程。

表 5-4　速率分离过程示例

名称	原料	分离剂	产物	分离原理	实例
电渗析	液	电场,离子交换膜	气	电位差,膜孔差异	纯净水制备
电泳	液	电场	液	电位差	蛋白质分离
反渗析	液	压力和膜	液	渗透压	海水脱盐
色谱分离	气或液	固相载体	气或液	吸附浓度差	难分离体系分离
超滤	液(含高分子物质)	压力和膜	液	压力差,分子大小	药液除菌,除热原

（二）按照分离方法的性质分类

按分离方法的性质,可以分为物理分离法和化学分离法。

1. 物理分离法　物理分离法是根据被分离组分在物理性质上的差异,采用物理手段进行分离的方法。常用的有离心分离法、气体扩散法、电磁分离法等。

2. 化学分离法　化学分离法是根据被分离组分在化学性质上的差异,通过化学过程使组分得到分离的方法。常用的有沉淀法、溶剂萃取法、色谱法、离子交换法等。

3. 其他分离方法　其他分离方法是基于被分离组分的物理化学性质,如熔点、沸点、电荷和迁移率等,包括蒸馏与挥发、电泳和膜分离法等。通常将这些分离方法也归属于化学分离法。

（三）按照分离过程相的类型分类

几乎所有的分离技术都是以组分在两相之间的分布为基础的,因此状态(相)的变化常常用来表达分离的目的。例如,沉淀分离就是利用被分离组分从液相进入固相而进行分离的方法;溶剂萃取是利用组分在两个不相混溶的液相之间的转移来达到分离的目的。所以绝大多数分离方法都涉及第二相,而第二相可以是在分离过程中形成的,也可以是外加的。如沉淀、结晶、蒸发、包合物等,是在分离过程中欲被分离组分自身形成的第二相;而另外一些分离方法,如溶剂萃取、电泳、色谱法、电渗析等,第二相则是在分离过程中人为加入的。因此可按分离过程中初始相与第二相的状态进行分类,如表5-5所示。

表5-5　按分离过程相的类型分类

| 初始相 | 第二相 | | |
	气态	液态	固态
气态	热扩散	气-液色谱	气-固色谱
液态	蒸馏 挥发	溶剂萃取 液-液色谱 渗析 超滤	液-固色谱 沉淀 电解沉淀 结晶 包结化合物
固态	升华	选择性溶解	

第二节　过滤设备

过滤是非均相混合物常用的分离方法,在推动力作用下,使物料通过多孔过滤介质,而固体颗粒则被截留在介质上,实现液-固分离的过程。过滤的应用十分广泛,从日常生活,资源、能源的开发利用,到环境保护、防止公害等方面都要用到过滤分离技术。

一、过滤的基本原理

过滤是混合物通过过滤介质而达到液-固分离,由于分离物料的多样性,存在着多种多样的过滤方法和设备。

(一)过滤过程

过滤过程的物理实质是流体通过多孔介质和颗粒床层的流动过程。具有微细孔道的过滤介质是过滤过程所用的基本构件。

将要分离的含有固体颗粒的混合物置于过滤介质一侧,在推动力(如重力、压力差或离心力等)作用下,流体通过过滤介质的孔道流到介质的另一侧,而流体中的颗粒被介质截留,从而实现流体与颗粒的分离。

工业上过滤应用非常广泛,既可用于连续相为液体非均相混合物的分离,也可用于连续相为气体非均相混合物的分离;既可用于较粗颗粒的分离,也可用于较细颗粒的分离,甚至用于细菌、病毒和高分子的分离;既可用于除去流体中的颗粒,也可对不同大小的颗粒进行分离分级,甚至可以对不同分子量的高分子物质进行分离。

一般情况下,对于悬浮液的分离,过滤应用得较多,如分离液体非均相混合物,过滤悬浮液的基本理论同样适用于气体非均相混合物质的过滤。

一般把多孔性材料称为过滤介质或滤材,被过滤的混悬液称滤浆或料浆,通过滤材后得到的清液称滤液,被滤材截留在过滤介质上的颗粒层物质称滤饼或滤渣,洗涤滤饼后得到的液体称洗涤液,如图5-1所示。促使流体流动的推动力可以是重力、压力差或离心力。流体所受的重力较小,一般只能用于过滤阻力较小的场合,而压力差可根据需要设置,因此应用非常广泛。

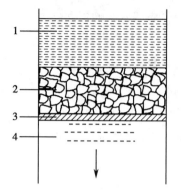

1. 滤浆;2. 滤饼;3. 过滤介质;4. 滤液

图5-1　过滤操作示意图

(二)过滤介质

过滤介质是滤饼的支撑物,因此其流体阻力要小,这样投入较小的能量就可以完成过滤分离。其次,过滤介质的细孔不易被分离颗粒堵塞或者堵塞了也应易于清除。且过滤介质上的滤饼要求能够易于剥落、更换。

1. 过滤介质的条件　一般情况下,用于过滤的过滤介质应具备下列条件。

(1)多孔性:提供的合适孔道,既对流体的阻力小,能使液体顺利通过,又能截住要分离的颗粒。

(2)具有化学稳定性:如耐热性、耐腐蚀性较好等。

(3)足够的机械强度及使用寿命长:因为过滤要承受一定的压力,且在操作中拆装、移动频繁。

2. 常用的过滤介质　工业上常用的过滤介质有以下几类。

(1)织物介质(滤布):包括由棉、毛、丝、麻等织成的天然纤维滤布和合成纤维滤布,由玻璃丝、金属丝等织成的网。这类介质能截留的颗粒粒径范围为5~65μm。织物介质在工业上应用最为广泛。

(2)粒状介质:硅藻土、珍珠岩石、细砂、活性炭等细小坚硬的颗粒状物质或非编织纤维等堆积而成,层较厚,多用于深层过滤中。

(3)多孔固体介质:是具有很多微细孔道的固体材料,如多孔玻璃、多孔陶瓷、多孔塑料或多孔金属制成的管或板,此类介质较厚,孔道细,阻力较大,耐腐蚀,适用于处理只含有少量细小颗粒的腐蚀性悬浮液及其他特殊场合,一般截留的粒径范围为1~3μm。

(4)多孔膜:由高分子材料制成,孔很细,膜很薄,一般可以分离到0.005μm的颗粒,应用多孔膜的过滤有微滤和超滤。

过滤介质是所有过滤系统的柱石,过滤器是否能够满意地工作,很大程度上取决于过滤介质,良好的过滤介质应满足以下要求:①过滤阻力小,滤饼容易剥离,不易发生堵塞;②耐腐蚀、耐高温,强度高,容易加工,易于再生,廉价易得;③过滤速度稳定,符合过滤机制,适应过滤机的型式和操作条件。表5-6是各类介质能截留的最小颗粒。

表 5-6　各类介质能截留的最小颗粒（单位 μm）

介质的类型	举例	截留的最小颗粒
滤布	天然及人造纤维编织滤布	10
滤网	金属丝编织滤网	>5
非织造纤维介质	纤维为材料的纸	5
	玻璃纤维为材料的纸	2
	毛毡	10
多孔塑料	薄膜	0.005
刚性多孔介质	陶瓷	1
	金属陶瓷	3
松散固体介质	硅藻土	<1
	膨胀珍珠岩	<1

（三）过滤的分类

过滤方法和设备是多种多样的，可以按照过程机制、流体流动、操作方式等对过滤过程进行分类。

1. 按过程机制分类　根据过滤过程的机制可分为滤饼过滤与深层过滤。

（1）滤饼过滤：滤饼过滤其基本原理是在外力（重力、压力、离心力）作用下，使悬浮液中的液体通过多孔性介质，而固体颗粒被截留，从而使液、固两相得以分离。

滤饼过滤的过滤介质常用多孔织物、多孔固体或孔膜等，过滤时流体可通过介质的小孔，而颗粒尺寸大，不能进入小孔，被过滤介质截留形成滤饼，因此颗粒的截留也主要依靠筛分作用。

在实际过滤过程中，滤饼过滤所用过滤介质的孔径不一定都小于颗粒的直径。在过滤操作开始阶段，会有部分颗粒进入过滤介质网孔中，也有少量颗粒可能会穿过介质混入滤液中使滤液混浊。随着过滤的进行，许多颗粒一齐拥向孔口，在孔中或孔口上形成架桥现象，如图5-2（b）所示，当固体颗粒浓度较高时，架桥是很容易生成的。此时介质的实际孔径减小，细小颗粒也不能通过而被截留，形成滤饼。不断增厚的滤饼在随后的过滤中起到真正有效的过滤介质的作用，由于滤饼的空隙小，很细小的颗粒亦被截留，使穿过滤饼的液体变为澄清的滤液，过滤才能真正有效地进行，如图 5-2（a）所示。

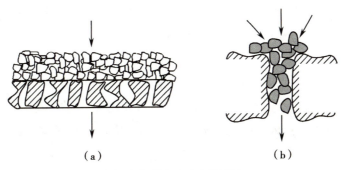

（a）滤饼过滤；（b）架桥现象

图 5-2　滤饼过滤

因滤饼过滤是在介质的表面进行的,所以亦称表面过滤,滤饼过滤常用于处理固体体积浓度高于1%的悬浮液,也可借助人为的方法提高进料浓度,如采用加助滤剂的方法。助滤剂具有很多小孔,增强了滤饼的渗透性,从而使低浓度的和一般难以过滤的浆液能够进行滤饼过滤。

（2）深层过滤:深层过滤与滤饼过滤不同,应用砂子等堆积介质作为过滤介质,介质层一般较厚,在介质内部构成长而曲折的通道,通道的尺寸大于颗粒粒径,当颗粒随流体进入介质的孔道时,在重力、惯性和扩散等作用下,颗粒趋于孔道壁面,在表面在静电作用下附着在壁面上,与流体分开。如图5-3所示。

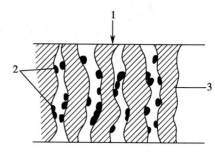

1.悬浮液;2.固体颗粒;3.过滤介质

图5-3　深层过滤

这种过滤方式的特点是过滤介质表面无固体颗粒层形成,即无滤饼形成,过滤在过滤介质内部进行的,由于过滤介质孔道细小,过滤阻力较大,而颗粒尺寸比介质孔道小,颗粒进入弯曲细长孔道后容易被截留。同时由于流体流过时所引起的挤压和冲撞作用,颗粒紧附在孔道的壁面上。常用的滤材有砂滤棒、垂熔玻璃滤器、板框压滤器等。一般只用于生产能力大而流体中颗粒小且体积浓度在0.1%以下的场合,例如水的净化、烟气除尘等。

在实际过滤操作中这两种过滤方式有可能会同时或先后发生,以滤饼过滤应用得更为广泛一些。

2. 按流体流动分类　按促使流体流动的推动力不同分为重力过滤、压差过滤和离心过滤。

（1）重力过滤:悬浮液的过滤依靠液体的位差使液体穿过过滤介质,如不加压的砂滤净水装置。由于过滤的推动力较小,因此应用不多。

（2）压差过滤:这种过滤液体和气体非均相混合物都可以用,应用较为普遍。

（3）离心过滤:滤浆旋转所产生的惯性离心力使滤液流过过滤介质,实现与颗粒的分离。离心过滤能建立的推动力很大,所以能得到较高的过滤速率。而且所得的滤饼中含液量较少,它的应用也很广泛。

3. 按操作方式分类　按操作方式不同可分为间歇式过滤和连续式过滤。

间歇式过滤时固定位置上的操作情况随时间而变化,而连续过滤时在固定位置上的操作情况不随时间而变,过滤过程的各步操作分别在不同位置上进行。间歇式过滤与连续式过滤的这一差别决定了它们的设计计算方法的不同。

（四）助滤剂

悬浮液中颗粒情况不同,若流体中所含的固体颗粒很细,悬浮液的黏度较大,这些细小颗粒可能会堵塞过滤介质的空隙,从而形成较大的阻力,同时较细的颗粒形成的滤饼阻力大,使过滤过程难以继续进行。此外,有些颗粒在压力作用下会产生变形,孔隙率减小,导致其过滤阻力随着操作压力的增大而急剧增大。为了防止过滤介质孔道的堵塞或降低可压缩滤饼的过滤阻力,常采用加入助滤剂的方法。

助滤剂是一种坚硬而呈纤维状或粉状的小颗粒,加入后可形成疏松结构,而且几乎是不可压缩的滤饼。用作助滤剂的物质应能较好地在滤浆中悬浮，颗粒大小合适，能在过滤介质上形成一个薄层。助滤剂加入待滤的溶液中，能吸附凝聚微细的固体颗粒，不仅使滤速加快，而且容易滤清。常用作助滤剂的物质有硅藻土、白陶土、珍珠岩粉、石棉粉、石炭粉、纸浆粉等，一般用量在1%～1.5%。

助滤剂的使用方法主要有以下两种。

（1）将助滤剂配成悬浮液，在正式过滤前先用它进行过滤，使过滤介质上形成一层由助滤剂组成的滤饼，可避免细颗粒堵塞介质的孔道，并可在一开始就能得到澄清的滤液。如果滤饼有黏性，此法还有助于滤饼的脱落。

（2）将助滤剂混在滤浆中后再一起过滤，这种方法得到的滤饼其可压缩性减小，孔隙率增大，有效地降低了过滤阻力。

使用助滤剂进行过滤是以获得澄清的液体为目的的，因此助滤剂中不能含有可溶于液体的物质。另外，若过滤的目的是回收固体物质，又不允许有其他物质混入，则不能使用助滤剂。

（五）过滤过程的主要参数

1. **处理量** 以待过滤处理的悬浮液流量或预分离得到纯净的滤液量 $V(\mathrm{m^3/s})$ 表示。

2. **过滤的推动力** 指过滤所需的重力、压差或离心力等。

3. **过滤面积** 过滤面积 $A(\mathrm{m^2})$ 是表示过滤机大小的主要参数，是过滤设备设计计算的主要项目。

4. **过滤速度与过滤速率** 过滤速度是指单位时间通过单位过滤面积的滤液量，单位 m/s，可用式（5-1）表示，即

$$\mu = \frac{\mathrm{d}V}{A\mathrm{d}t} \qquad\qquad 式（5-1）$$

式中，μ 为过滤速度，m/s；$\mathrm{d}t$ 为过滤时间，s；$\mathrm{d}V$ 为过滤时间内通过过滤面积的滤液体积，$\mathrm{m^3}$；A 为过滤面积，$\mathrm{m^2}$。

过滤速率是单位时间内得到的滤液量，即 $\mathrm{d}V/\mathrm{d}t$，是过滤过程的关键参数，只要求得过滤速度与推动力和其他相关因素的关系，就可以进行过滤过程的各种计算。

过滤效果主要取决于过滤速度，把待过滤、含有固体颗粒的悬浮液，倒进滤器的滤材上进行过滤，不久在滤材上形成固体厚层即滤渣层。液体过滤速度的阻力随着滤渣层的加厚而缓慢增加。

二、常用过滤设备

工业生产中需要分离的悬浮液的性质有很大差异，原料处理和过滤目的也各不相同，为适应不同的要求，过滤设备从传统的板框式过滤机到旋转式真空过滤设备，种类很多，过滤设备的形式也多种多样。按过滤推动力，分为常压过滤机，如平底筛过滤机，比较少见；加压过滤机，如板框压滤机、板式压滤机、自动板框压滤机等；真空过滤机，如转鼓式真空过滤机。

（一）板框压滤机

板框压滤机是间歇式过滤机中应用最广泛的一种，主要用于固体和液体的分离。它利用滤板来支撑过滤介质，待过滤的料液通过输料泵在一定的压力下，因受压而强制从后顶板的进料孔进入到各个滤室，通过滤布（滤膜），固体物质被截留在滤室中，并逐步堆积形成滤饼，液体则通过板框上的出水孔排出机外，成为不含固体的清液。板框压滤机广泛应用于工业生产中各种悬浮液的固液分离。

1. 板框压滤机的结构 板框压滤机主要由止推板（固定滤板）、压紧板（活动滤板）、滤板和滤框、横梁（扁铁架）、过滤介质（滤布或滤纸等）、集液槽等组成，见图5-4、图5-5。

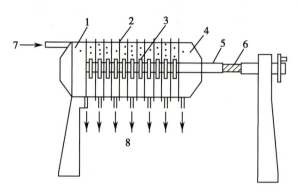

1.止推板；2.滤布；3.板框支座；4.压紧板；5.横梁；
6.螺旋；7.滤浆；8.滤液

图5-4 板框压滤机结构示意图

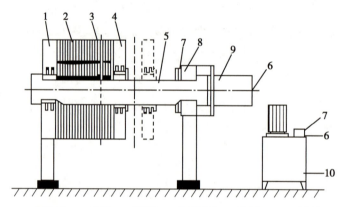

1.止推板；2.滤板；3.滤框；4.压紧板；5.横梁；6. A 油管；
7. B 油管；8.油缸座；9.油缸；10.液压站

图5-5 板框压滤机内部结构

（1）机架：机架是压滤机的基础部件，两端是止推板和压紧头，两侧的大梁将者两连接起来，大梁用以支撑滤板、滤框和压紧板。其中止推板与支座连接将压滤机的一端坐落在地基上，厢式压滤机的止推板中间是进料孔，四个角还有四个孔，上两角的孔是洗涤液或压榨气体进口，下两角为出口（暗流结构还是滤液出口）。压紧板用以压紧滤板和滤框，两侧的滚轮用于支撑压紧板在大梁的轨道上滚动。

（2）压紧机构：板框压滤机有手动压紧、机械压紧和液压压紧三种形式。手动压紧是以螺旋式机械千斤顶推动压紧板将滤板压紧；机械压紧的压紧机构由电动机减速器、齿轮、丝杆和固定螺母组成，压紧时，电动机正转，带动减速器、齿轮，使丝杆在固定螺母中转动，推动压紧板将滤板、滤框压紧；液压压紧由液压站、油缸、活塞、活塞杆以及活塞杆与压紧板连接组成，压紧时，通过液压站经机架上的液压缸部件推动压紧板压紧。

两横梁把止推板和压紧装置连在一起构成机架，机架上压紧板与压紧装置铰接，在止推板和压紧板之间依次交替排列着滤板和滤框,滤板和滤框之间夹着过滤介质;压紧装置推动压紧板,将所有滤板和滤框压紧在机架中,达到额定压紧力后,即可进行过滤。

（3）过滤机构:过滤机构由许多块滤板和滤框交替排列而成,板和框的结构如图5-6所示,滤板和滤框多用木材、铸铁、铸钢、不锈钢、聚丙烯和橡胶等材料制造,多为正方形,滤板的作用是支撑滤布并提供滤液流出的通道,板面制成各种凸凹纹路,四角各有一孔,其中一孔有凹槽与中部联通供滤出液流出;滤框中间空,四角也各有一孔,其中有一个孔通向中间供滤液进入。

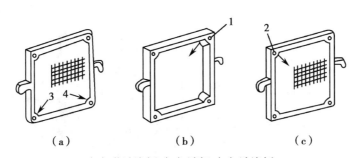

（a）非洗涤板;（b）滤框;（c）洗涤板
1.滤浆通道;2.洗涤液入口通道;3.滤液通道;4.洗涤液出口通道

图5-6 滤板和滤框

滤板有洗涤板、非洗涤板和盲板三种结构:洗涤板设有洗水进口;非洗涤板无洗水进口;盲板则不开设任何液流。

过滤机组装时,按滤板—滤框—洗涤板—滤框—滤板……的形式交替排列,用过滤布隔开,且板和框均通过支耳架在一对横梁上,用手动螺旋、电动螺旋和液压等方式压紧。框的两侧覆以滤布,空框与滤布围成容纳滤浆及滤饼的空间。

2. 板框压滤机的工作原理 板框压滤机的操作是间歇的,待过滤的料液通过输料泵在一定的压力下,从后顶板的进料孔进入到各个滤室,通过滤布,固体颗粒被过滤介质截留在滤室中,并逐步形成滤饼;液体则通过板框上的出水孔排出机外。每个操作循环由装合、过滤、洗涤、卸渣、整理五个阶段组成。

板框压滤机由交替排列的滤板和滤框构成一组滤室。滤板的表面有沟槽,其凸出部位用以支撑滤布。滤框和滤板的边角上有通孔,组装后构成完整的通道,能通入悬浮液、洗涤水和引出滤液。板、框两侧各有把手支托在横梁上,由压紧装置压紧板、框。板、框之间的滤布起密封垫片的作用。由供料泵将悬浮液压入滤室,在滤布上形成滤渣,直至充满滤室。滤液穿过滤布并沿滤板沟槽流至板框边角通道,集中排出。过滤完毕,可通入洗涤水洗涤滤渣。洗涤后,有时还通入压缩空气,以除去剩余的洗涤液。随后打开压滤机卸除滤渣,清洗滤布,重新压紧板、框,开始下一工作循环。

板框压滤机的滤液流出方式明流和暗流两种,即明流过滤和暗流过滤。

明流过滤指滤液从每块滤板的出液孔直接排出机外,好处在于可以观测每一块滤板的情况。明流过滤便于监视每块滤板的过滤出液情况,通过排出滤液的透明度直接发现问题,若发现某滤板滤液不纯,即可关闭该板出液口。

暗流过滤指每个滤板的下方设有出液通道孔，若干块滤板的出液孔连成一个出液通道，由止推板下方的出液孔相连接的管道排出。适用于不宜暴露于空气中的滤液、易挥发的滤液或滤液对人体有害的悬浮液的过滤。

　　随着过滤过程的进行，滤饼过滤开始，泥饼厚度逐渐增加，过滤阻力加大。过滤时间越长，分离效率越高。特殊设计的滤布可截留粒径小于 $1\mu m$ 的粒子。压滤机除了优良的分离效果和泥饼高含固率外，还可提供进一步的分离过程：在过滤的过程中可同时结合对过滤泥饼进行有效的洗涤，从而有价值的物质可得到回收，并且可获得高纯度的过滤泥饼。

　　板框压滤机操作过程主要分为过滤和洗涤两个阶段。见图5-7。

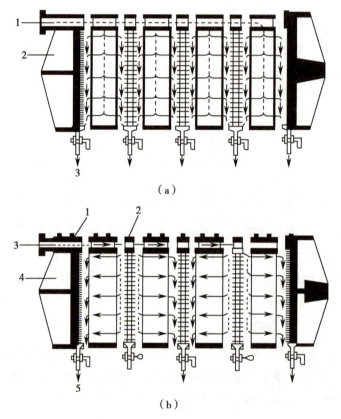

（a）过滤阶段；（b）洗涤阶段
1.滤浆入口；2.机头；3.滤液
1.非洗涤板；2.洗涤板；3.洗水入口；4.机头；5.洗水

图5-7　板框压滤机操作过程

　　过滤：滤浆由滤浆通路经滤框上方进入滤框空间，固体颗粒被滤布截留，在框内形成滤饼，滤液穿过滤饼和滤布流向两侧的滤板，再经滤板的沟槽流至下方通孔排出，此时洗涤板起过滤板作用。

　　洗涤：洗涤板下端出口关闭，洗涤液穿过滤布和滤框的全部向过滤板流动，从过滤板下部排出。结束后除去滤饼，进行清理，重新组装。

　　3. 板框压滤机的应用　压滤机根据是否需要对滤渣进行洗涤，又可分为可洗和不可洗两种形式，可以洗涤的称可洗式，否则称为不可洗式。可洗式压滤机的滤板有两种形式，板上开有洗涤液进液孔的称为有孔滤板（也称洗涤板），未开洗涤液进液孔的称无孔滤板（也称非洗涤板）。可洗式压滤机又有单向洗涤和双向洗涤之分，单向洗涤是由有孔滤板和无孔滤板交替组合放置；双向洗涤滤板都为有孔滤板，但相邻两块滤板的洗涤错开放置，不能同时通过洗涤液。

板框压滤机的优点：体积小，过滤面积大，单位过滤面积占地少；对物料的适应性强；过滤面积的选择范围宽；耐受压力高，滤饼的含湿量较低；动力消耗小；结构简单，操作容易，故障少，保养方便，机器寿命长；滤布的检查、洗涤、更换较方便；造价低、投资小；因为是滤饼过滤，所以可得到澄清的滤液，固相回收率高；过滤操作稳定。

缺点：间歇操作，装卸板框劳动强度大，每隔一定时间需要人工卸除滤饼；辅助操作时间长；滤布磨损严重。

（二）真空过滤机

真空过滤设备一般以真空度作为过滤推动力，过滤介质的上游为常压，下游为真空，由上下游两侧的压力差形成过滤推动力而进行固、液分离的设备。常用真空度为 0.05～0.08MPa，但也有超过 0.09MPa 的。真空过滤机有间歇式和连续式两种型式，其中连续式的应用更广泛。

常用的真空过滤机有：转鼓式真空过滤机、水平回转圆盘真空过滤机、垂直回转圆盘真空过滤机和水平带式真空过滤机等。

转鼓式真空过滤机是一种连续式真空过滤设备，生物工业中用的最多的是转鼓式真空过滤机。转鼓式真空过滤机将过滤、洗饼、吹干、卸饼分别在转鼓的一周转动中完成。连续且滤饼阻力小，为恒压恒速过滤过程。

转鼓式真空过滤机的基本结构、工作原理见图 5-8、图 5-9、图 5-10。转鼓式真空过滤机的主体是一水平放置的回转圆筒（转鼓），鼓壁开孔，为多孔筛板，鼓面上铺以支承板和滤布，构成过滤面。圆筒内部被分隔成若干个隔开的扇形小室即滤室，小室内有单独孔道与空心轴内的孔道相通；空心轴内的孔道则沿轴向通往转鼓轴颈端面的转动盘（随轴旋转）上。固定盘与转动盘端面紧密配合成一多位旋转阀，称为分配头。

转鼓为圆筒形，安装在敞开口料池的上方，并在料池中有一定的浸没度。转鼓主轴两端设有支承，可在驱动装置的带动下旋转。分配头的固定盘被径向隔板分成若干个弧形空隙，

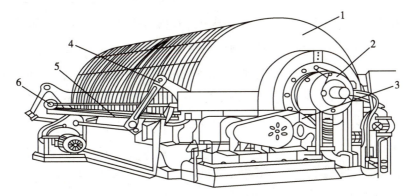

1. 过滤转鼓；2. 分配头；3. 传动系统；4. 搅拌装置；5. 料浆储罐；6. 铁丝缠绕装置

图 5-8　真空过滤机结构示意图

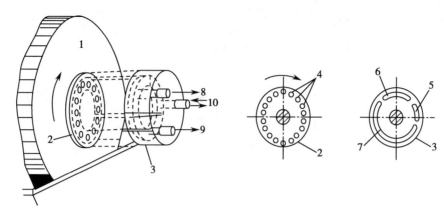

1. 转筒；2. 转动盘；3. 固定盘；4. 转动盘上的孔；5. 通入压缩空气的凹槽；6. 吸走洗水的真空凹槽；7. 吸走滤液的真空凹槽；8. 洗水；9. 滤液；10. 空气

图 5-9　转筒与分配头的结构

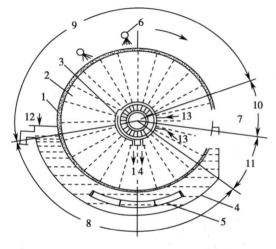

1. 转鼓；2. 过滤室；3. 分配阀；4. 料液槽；5. 搅拌器；6. 洗涤液喷嘴；7. 刮刀；8. 过滤区；9. 洗涤吸干区；10. 卸渣区；11. 再生区；12. 料液；13. 压缩空气；14. 滤出液

图 5-10　转鼓式真空过滤机工作原理示意图

分别与真空管、滤液管、洗液贮槽及压缩空气管路相通，分配头的作用是使转筒内各个扇形格同真空系统和压缩空气系统顺次接通。当转鼓旋转时，借分配头的作用，扇型小室内部获得真空和加压，可控制过滤、洗涤等。过滤、一次脱水、洗涤、卸料、滤布再生等操作工序同时在转鼓的不同部位进行。转鼓每旋转一周，各滤室通过分配阀轮流接通真空系统和压缩空气系统，按顺序完成过滤、洗渣、吸干、卸渣和过滤介质（滤布）再生等操作，转鼓每转一周，完成一个操作循环。

转鼓式真空过滤机的工作过程：转鼓下部沉浸在悬浮液中，浸没角度 90°～130°，由机械传动装置带动其缓慢旋转，借分配头的

作用，每个过滤室相继与分配头的几个室相接通，使过滤面形成以下几个工作区。

过滤区 I：浸在悬浮液内的各扇形格同真空管路接通，格内为真空。滤液透过滤布，被压入扇形格内，经分配头被吸出。而料液中的固体颗粒被吸附在滤布的表面上，形成一层逐渐增厚的滤渣。滤液被吸入鼓内经导管和分配头排至滤液储罐中。为了避免料液中固体物的沉降，常在料槽中装置搅拌机。

洗涤吸干区 II：当扇形格离开悬浮液进入此区时，格内仍与真空管路相通。洗涤液喷嘴将洗涤水喷向滤渣层进行洗涤，在真空情况下残余水分被抽入鼓内，引入到洗涤液储罐，滤饼在此格内将被洗涤并吸干，以进一步降低滤饼中溶质的含量。

卸渣区 III：这个区于分配头通入压缩空气，压缩空气由筒内向外穿过滤布，经过洗涤和脱水的滤渣层在压缩空气或蒸汽的作用下将滤饼吹松，随后由刮刀将滤饼清除。

再生区Ⅳ：滤渣被刮落后，为了除去堵塞在滤布孔隙中的细微颗粒，压缩空气通过分配头进入再生区的滤室，吹落这些颗粒使滤布复原，重新开始下一循环的操作。

转鼓式真空过滤机结构简单，运转和维护保养容易，成本低，处理量大，可吸滤、洗涤、卸饼、再生连续化操作，劳动强度小。压缩空气反吹不仅有利于卸除滤饼，也可以防止滤布堵塞。但由于空气反吹管与滤液管为同一根管，所以反吹时会将滞留在管中的残液回吹到滤饼上，因而增加了滤饼的含湿率。缺点：设备体积大，占地面积大，辅助设备较多，耗电量大，投资大。

转鼓式真空过滤机生产能力大，适用于过滤各种物料，尤其固体含量较大的悬浮液的分离，但对较细、较黏稠的物料不太适用。也适用于温度较高的悬浮液，但温度不能过高，以免滤液的蒸气压过大而使真空失效。通常真空管路的真空度为 33～86kPa。

预涂层转鼓式真空过滤机一般用于含黏性杂质物料的连续过滤，其优点是杂质分离彻底，过滤速度快，劳动强度低和工作区环境好，其缺点是需消耗硅藻土助滤剂。

转鼓式真空过滤机的生产能力可以用式(5-2)计算，即生产能力

$$V = 262.60A \sqrt{\frac{\alpha \cdot \Delta P \cdot n}{\mu Z}} \qquad \text{式（5-2）}$$

式中，V 为每小时所得滤液的量，m^3/h；A 为过滤总面积，m^2；α 为转鼓浸没角，弧度；ΔP 为推动力，Pa；n 为转鼓的转速，r/min；μ 为黏度，pa·s；Z 为无压力下过滤比阻，m^{-1}。

由式(5-2)可知，转鼓式真空过滤机的转速 n 越大，生产能力越大。但在实际生产中，若转速过大，过滤面浸入滤浆的过滤时间很短，滤饼太薄难于卸除，也不利于吸干和洗涤，而且功率消耗增大，因此一般需经过试验确定合适的转速。

第三节　离心设备

离心分离是基于分离体系中固-液和液-液两相之间密度存在差异，在离心场中使不同密度的两相分离的过程。通过离心机的高速运转，使离心加速度超过重力加速度的成百上千倍，而使沉降速度增加，以加速药液中杂质沉淀并除去。比较适合于分离含难于沉降过滤的细微粒或絮状物的悬浮液。

一、概述

离心机是一种利用物料被转鼓带动旋转后产生的离心力来强化分离过程的分离装备。它是工业上主要的分离设备之一，主要用于澄清、增浓、脱水、洗涤或分级。

离心机的构造很多，高速旋转的转鼓是其基本结构的主要部件。转鼓可以垂直安装，也可以水平安装。转鼓壁有两种：有孔或无孔。有孔的为离心式过滤机，转鼓壁内覆以滤布或其他过滤介质；无孔的为沉降式离心机。当转鼓在高速旋转时，转鼓内物料在离心力的作用

下,透过滤孔被排出,而固体颗粒被截留在滤布上,从而完成固体与液体的分离。若转鼓壁上无孔,混合物料因受离心力作用,按密度或粒度大小分层,密度或粒度大的富集于转鼓壁,密度或粒度小的则富集在中央。这种转鼓内利用离心沉降原理使物料按不同密度或粒度相分离的过程称为离心分离。

因离心机通过获得较大的离心力来加速混合物内颗粒的沉降,其甚至可以克服颗粒布朗运动的影响,所以离心机可实现重力场中不能有效进行的分离操作,如含微细颗粒($2\sim5\mu m$)的悬浮液,或在重力场下十分稳定的乳浊液的分离。

设质量为 m 的颗粒在半径为 r 处以角速度 ω 产生转动,则该颗粒在径向受到离心力 $mr\omega^2$ 作用,而在垂直方向受到重力 mg 作用。离心力与重力之比以 α' 表示,即

$$\alpha' = \frac{r\omega^2}{g} = \frac{r}{g}\left(\frac{n\pi}{30}\right)^2 \qquad \text{式}(5\text{-}3)$$

式中, α' 是离心机中以 r 为半径处的分离能力的衡量尺度,其值随着径向位置的变化而变化。若以转鼓的半径 R 代替式(5-3)的 r,得

$$\alpha = \frac{R\omega^2}{g} = \frac{R}{g}\left(\frac{n\pi}{30}\right)^2 \qquad \text{式}(5\text{-}4)$$

式中, α 称为离心机的分离因数,作为衡量离心机分离能力大小的尺度。

离心机转鼓转速一般很高,每分钟可达上千转到几万转,相应的分离因数可达几千以上,即离心机的分离能力是重力沉降的几千倍以上。离心机内,由于离心力远远大于重力,所以重力的作用可以忽略不计。

由式(5-4)可知,增大转鼓半径或转速,均可提高离心机的分离因数。尤其是增加转速比增大转鼓的半径更为有效,但因设备振动、强度、摩擦等,两者的增加都是有一定限度的。

在工业上,设计或选择离心机的根本问题是提高分离效率和解决排渣问题。提高分离效率的主要途径为增大离心力或减小沉降距离。提高转速或增大转鼓直径均可增大离心力;减小液层厚度可减小沉降距离。排渣问题则可通过设置转鼓开口的方位或卸料装置来解决。

二、常用离心设备

离心机的类型可按分离因数、操作原理、操作方式、卸料方式、转鼓形状、转鼓的数目等加以分类。

(一)离心机的分类

1. 按分离因数分类 按分离因数 α 值分,离心机可分为常速离心机、高速离心机及超速离心机。

(1)常速离心机: $\alpha \leqslant 3\,500$(一般为 $600\sim1\,200$),这种离心机的转速较低,直径较大,主要用于分离颗粒较大的悬浮液或物料的脱水。

(2)高速离心机: $\alpha = 3\,500\sim50\,000$,这种离心机的转速较高,一般转鼓直径较小,而长度

较长,主要用于分离乳浊液,或含细颗粒的悬浮液。

（3）超速离心机:$\alpha > 50\,000$,由于转速很高（50 000r/min 以上）,所以转鼓做成细长管式,主要用于分离极不容易分离的超微细颗粒悬浮液和高分子胶体悬浮液。

2.按操作原理分类 按操作原理的不同,离心机可分为过滤式离心机和沉降式离心机（表5-7）。

表5-7 离心机的分类

过滤式	间歇式	三足式		上卸料	沉降式	间歇式	撇液管式		
				下卸料			多鼓（径向排列）		并联式
		上悬式		重力卸料					串联式
				机械卸料			管式		澄清型
	连续式	卧式刮刀卸料							分离型
		卧式	单鼓	单级					人工排渣
				多级		连续式	碟片式		活塞排渣
			多鼓（轴向排列）	单级					喷嘴排渣
				多级					圆柱形
		离心卸料					螺旋卸料		柱-锥形
		振动卸料							圆锥形
		进动卸料			螺旋卸料沉降-过滤组合式				
		螺旋卸料							

（1）过滤式离心机:转鼓壁上有孔,鼓内壁附以滤布,借离心力实现过滤分离操作。典型的过滤式离心机有三足式离心机、上悬式离心机、卧式刮刀卸料离心机和活塞推料式离心机等。由于转速一般在 1 000～1 500r/min 范围内,分离因数较小,适用于易过滤的晶体悬浮液和较大颗粒悬浮液的分离,以及物料的脱水,如用于结晶类食品的精制、脱水蔬菜制造的预脱水过程、淀粉的脱水,也用于水果蔬菜的榨汁、回收植物蛋白以及冷冻浓缩的冰晶分离等。

（2）沉降式离心机:转鼓壁上无孔,借离心力实现沉降分离,如管式离心机、碟片式离心机、螺旋卸料式离心机等,用于不易过滤的悬浮液。

3.按操作方式分类 按操作方式的不同,离心机可分为间歇式离心机和连续式离心机。

（1）间歇式离心机:其加料、分离、洗涤和卸渣等过程都是间歇操作,并采用人工、重力或机械方法卸渣,如三足式离心机和上悬式离心机。

（2）连续式离心机:整个操作其进料、分离、洗涤和卸渣等过程均连续化,如螺旋卸料沉降式离心机、活塞推料式离心机、奶油分离机等。

操作方式与物料的流动性有关,如用液-液分离的离心机都为连续式。

4.按卸料(渣)方式分类 按卸料(渣)方式,离心机有人工卸料和自动卸料两类。

自动卸料形式多样,有刮刀卸料离心机、活塞卸料离心机、螺旋卸料离心机、离心力卸料离心机、螺旋卸料离心机、振动卸料离心机等。

5.按转鼓形状分类 按转鼓形状分类,有圆柱形转鼓、圆锥形转鼓和柱-锥形转鼓三类。

6. 按转鼓数目分类 按转鼓的数目,离心机可分为单鼓式和多鼓式离心机两类。

7. 按工艺用途分类 按工艺用途,可将离心机分为过滤式离心机、沉降式离心机、离心分离机。

8. 按安装的方式分类 按安装方式,可将离心机分为立式、卧式、倾斜式、上悬式和三足式等。

(二)过滤式离心机

实现离心过滤操作过程的设备称为过滤离心机。离心机转鼓壁上有许多孔,供排出滤液用,转鼓内壁上铺有过滤介质,过滤介质由金属丝底网和滤布组成。加入转鼓的悬浮液随转鼓一同旋转,悬浮液中的固体颗粒在离心力的作用下,沿径向移动被截留在过滤介质表面,形成滤渣层;与此同时,液体在离心力作用下透过滤渣、过滤介质和转鼓壁上的孔被甩出,从而实现固体颗粒与液体的分离。过滤离心机一般用于固体颗粒尺寸大于 10μm、固体含量较高的悬浮液的过滤。

过滤式离心机常见的有三足式离心机,是最早出现的液 - 固分离设备,是一种常用的人工卸料的间歇式离心机,主要部件是一篮式转鼓,壁面钻有许多小孔,内壁衬有金属丝及滤布。整个机座和外罩借三根弹簧悬挂于三足支柱上,以减轻运转时的振动。

三足式离心机的结构示意图见图 5-11。底盘及装在底盘上的主轴、转鼓、机壳、电动机及传动装置等组成离心机的机体,整个机体靠三根摆杆悬挂在三个柱脚上,摆杆上、下端分别以球形垫圈与柱脚和底盘铰接,摆杆上套有缓冲弹簧,这种悬挂支承方式是三足式离心机的主要结构特征,允许机体在水平方向作较大幅度摆动,使系统自振频率远低于转鼓回转频率,从而减少不均匀负荷对主轴和轴承的冲击,并使振动不至传到基础上。

操作时,料液从机器顶部加入,经布料器在转鼓内均匀分布,滤液受转鼓高速旋转所产生的离心力作用穿过过滤介质,从鼓壁外收集,而固体颗粒则截留在过滤介质上,逐渐形成一定

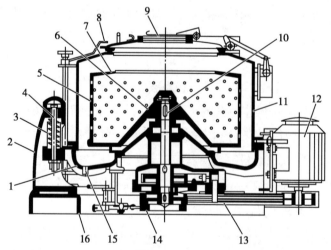

1. 底盘;2. 立柱;3. 缓冲弹簧;4. 吊杆;5. 转鼓体;6. 转鼓底;7. 拦液板;8. 制动器把手;9. 机盖;10. 主轴;11. 外壳;12. 电动机;13. 传动皮带;14. 制动轮;15. 滤液出口;16. 机座

图 5-11 三足式离心机的结构示意图

厚度的滤饼层,使悬浮液或其他脱水物料中的固相与液相分离开来。

三足式离心机具有以下优点:①对物料的适应性强,被分离物料的过滤性能有较大变化时,也可通过调整分离操作时间来适应,可用于多种物料和工艺过程;②离心机结构简单,制造安装、维修方便,成本低,操作方便;③弹性悬挂支承结构,能减少由于不均匀负载引起的振动,使机器运转平稳;④整个高速回转机构集中在一个封闭的壳体中,易于实现密封防爆。

但三足式离心机是间歇操作,进料阶段需启动、增速,卸料阶段需减速或停机,生产能力低;人工上部卸料三足式离心机劳动强度大,操作条件差;敞开式操作,易染菌;轴承等传动机构在转鼓的下方,检修不方便,且液体有可能漏入而使其腐蚀等。常见的三足式离心机有人工上部卸料、人工下部卸料和机械下部卸料等。

(三)碟片式离心机

碟片式离心机是工业上应用最广的一种离心机。碟片式离心机是立式离心机的一种,利用混合液(混浊液)中具有不同密度且互不相溶的轻、重液和固相,在高速旋转的转鼓内离心力的作用下成圆环状,获得不同的沉降速度,密度最大的固体颗粒向外运动积聚在转鼓的周壁,轻相液体在最内层,达到分离分层或使液体中固体颗粒沉降的目的。

转鼓装在转鼓轴的顶端,通过传动装置由电动机驱动而高速旋转。转鼓内有一组由数十个至上百个形状和尺寸相同、锥角为60°~120°的互相套叠在一起的碟形零件——碟片,碟片之间的间隙用碟片背面的狭条来控制,一般碟片间的间隙0.5~2.5mm。每只碟片在离开轴线一定距离的圆周上开有几个对称分布的圆孔,许多这样的碟片叠置起来时,对应的圆孔就形成垂直的通道。在转鼓中加入重叠的碟片,缩短了颗粒的沉降距离,提供了分离效率。

两种不同相对密度的液体的混合液进入离心机后,通过碟片上圆孔形成的垂直通道进入碟片间的隙道,并被带着高速旋转,由于两种不同相对密度的液体的离心沉降速度不同,当转鼓连同碟片以高速旋转(4 000~8 000r/min)时,碟片间的悬浮液中固体颗粒因有较大的质量,离心沉降速度大,离开轴线向外运动,优先沉降于碟片的内腹面,并连续向鼓壁方面沉降,澄清液体的离心沉降速度小,则被迫反方向移动而在转鼓颈部,向轴线流动,进入排液管排出。这样,两种不同相对密度的液体就在碟片间的隙道流动的过程中被分开。

碟片式离心机工作原理见图 5-12,主要可以完成两种操作:液 - 固分离(即低浓度悬浮液的分离),称澄清操作;液 - 液分离(或液 - 液 - 固)分离(即乳浊液的分离),称分离操作。料液从转鼓上部轴心进入,流入底部,转动时由于离心力的作用,悬浮液从碟片组的外缘进入相邻碟片间隙通道。轻液沿碟片间隙下碟面向上运动;重液离心力较大,沿间隙上碟面向下运动。固体离心力大,沿边沿运动。

碟片式离心机在化工、制药中主要用于添加剂、中药、医药中间体等澄清或净化处理等。目前常见有人工排渣碟片式离心机、喷嘴排渣

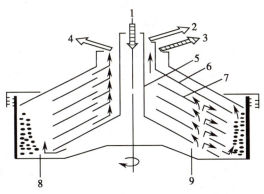

1. 料液;2. 轻液;3. 重液;4. 清液;5. 进料管;6. 轻重液分隔板;7. 碟片;8. 左侧:液 - 固分离;9. 右侧:液 - 液 - 固分离

图 5-12 碟片式离心机工作原理

碟片式离心机、自动排渣碟片式离心机等。

1. 人工排渣碟片式离心机 在众多离心机当中有一种叫作人工排渣碟片式离心机,其结构见图 5-13,转鼓由圆柱形筒体、锥形顶盖及锁紧环组成。转鼓中间有底部为喇叭口的中

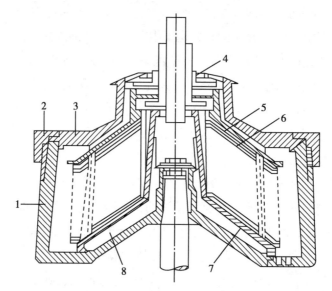

1. 转鼓底;2. 锁紧环;3. 转鼓盖;4. 向心泵;5. 分隔碟片;6. 碟片;7. 中心管及喇叭口;8. 筋条

图 5-13 人工排渣碟片式离心机

心管料液分配器,中心管及喇叭口常有纵向筋条,使液体与转鼓有相同的角速度。中心管料液分配器圆柱部分套有锥形碟片,在碟片束上有分隔碟片,其颈部有向心泵。

该机器结构简单、牢固,能达到较高的分离因数($\alpha \geq 10\,000$),所以能有效地进行液 - 液或液 - 液 - 固的分离,得到的沉渣密实。广泛用于乳浊液及含有少量固体的悬浮液的分离。

人工排渣碟片式离心机的缺点是:转鼓与碟片之间留有较大的沉渣容积,不能充分发挥机器的高效分离性能。此外,人工间歇排渣,生产效率低,劳动强度高。为了改善排渣效果,可在转鼓内设置移动式固体收集盘,停机后,可方便地将固体取出。

2. 喷嘴排渣碟片式离心机 转鼓由圆筒形改为双锥形,既有大的沉渣储存容积,也使被喷射的沉渣有好的流动轮廓。转鼓壁上开设 8~24 个喷嘴,孔径 0.75~2mm,喷嘴始终开启,排出的残渣有较多的水分而成浆状。这种离心机结构简单,生产连续,产量大。但喷嘴易磨损、易堵塞,需要经常更换。这种离心机的分离因数为 6 000~10 000,能适应的最小颗粒约为 0.5μm,进料液中的固体含量为 6%~25%。结构见图 5-14。

3. 自动排渣碟片式离心机 离心机的转鼓由上下两部分组成,上转鼓不作上下运动,下转鼓通过液压的作用能上下运动。操作时,转鼓内液体的压力进入上部水室,通过活塞和密封环使下转鼓向上顶紧。卸渣时,从外部注入高压液体至下水室,将阀门打开,将上部水室中的液体排出;下转鼓向下移动,被打开一定缝隙而卸渣。卸渣完毕后,又恢复到原来的工作状态。

这种离心机的分离因数为 5 500~9 500,能分离的最小颗粒为 0.5μm,适合处理较高固体含量的料液。生产能力大,机动性强,根据需要可以自动或手动操作,也可以实现远距离自动操作,维修方便。

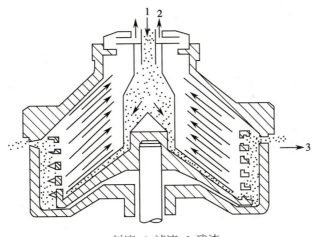

1. 料液；2. 滤液；3. 残渣

图 5-14　喷嘴排渣碟片式离心机

（四）管式离心机

管式离心机能澄清及分离流体物料，主要应用于食品、化工、生物制品、中药制品、血液制品、医药中间体等物料的分离。管式离心机是一种转鼓呈管状、分离因数极高（15 000～60 000）的离心设备。管式离心机的转鼓直径较小、长度较大，转速高，可达 8 000～50 000r/min。为尽量减小转鼓所受的应力，采用较小的鼓径，因而在一定的进料量下，悬浮液沿转鼓轴向运动的速度较大。为此，应增大转鼓的长度，以保证物料在鼓内有足够的沉降时间，于是导致转鼓成为直径小而高度相对很大的管式构形。见图 5-15。

操作时，将待处理的物料在一定的压力下，由进料管经底部中心轴进入转筒，靠圆形挡板分散于四周，筒内有垂直挡板（十字形或 120° 角），转鼓转动时，可使液体迅速随转筒高速旋转，同时自下而上流动。在此过程中，由于受离心力作用，且密度不同，在物料沿轴向向上流动的过程中，被分层成轻重两液相。轻液位于转筒的中央，呈螺旋形运转向上移动，经分离头中心部位轻相液口喷出，进入轻相液收集器从排出管排出；重液靠近筒壁，经分离头孔道喷出，进入重相液收集器，从排液管排出。固体沉积于转筒内壁上，定期排出。改变转鼓上端的环状隔盘的内径，可调节重液和轻液的分层界面。

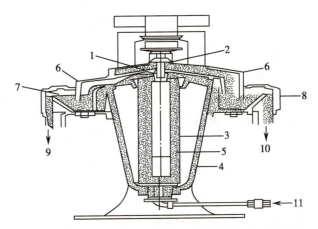

1. 环状隔盘；2. 驱动轴；3. 转鼓；4. 固定机壳；5. 十字形挡板；6. 排液罩；7. 重液室；8. 轻液室；9. 重液出口；10. 轻液出口；11. 加料入口

图 5-15　管式离心机工作示意图

管式离心机分为澄清型和分离型两种，一种是液体澄清型（GQ 型），主要用于悬浮液 - 液 - 固分离的澄清操作；一种是液体分离型（GF 型），主要用于处理乳浊液 - 液 - 液分离操作。见图 5-16。

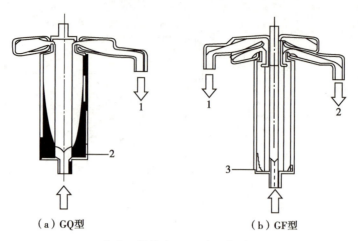

（a）GQ型　　　　　　　　　　（b）GF型

（a）1.轻液出口；2.离心机腔
（b）1.重液出口；2.轻液出口；3.离心机腔

图5-16　管式离心机的两种类型

管式离心机具有分离效果好、产量高、设备简单、占地面积小、操作稳定、分离纯度高、操作方便等优点，可用于液-液分离和微粒较小的悬浮液（0.1～100μm），固相浓度小于1%、轻相与重相的密度差大于0.01kg/L的难分离悬浮液或乳浊液中的组分分离等，也常用于生物菌体和蛋白质的分离。但管式离心机属于间歇操作方式，转鼓容积小，需要频繁地停机清除沉渣。

（五）离心机的应用

离心机广泛用于化工、制药的脱水、澄清、浓缩、分离等，与压滤相比较，它具有分离速度快、效率高、操作时卫生条件好等优点，适合于大规模的分离过程。但同时设备投资费用高，能耗也大。

第四节　膜分离设备

膜分离现象广泛存在于自然界中。膜分离过程在我国的利用可追溯到2 000多年以前，当时在酿造、烹饪、炼丹和制药等过程中就有相应的记载，由于受到人类认识能力和当时科技条件的限制，在其后漫长历史进程中对膜技术的理论研究和技术应用并没有得到实质性的突破。直到研制出第一张可实用的反渗透膜，膜分离技术才进入了大规模工业化应用时代。膜分离技术兼有分离、浓缩、纯化和精制的功能，又具有高效、环保、分子级过滤及简单易于控制等特征。目前，膜分离作为一种新型的分离技术已广泛应用于生物产品、医药、食品、生物化工等领域，是药物生产过程中制水、澄清、除菌、精制纯化以及浓缩等加工过程的重要手段，产生了巨大的经济效益和社会效益。

膜分离是借助一种特殊制造的、具有选择透过性能的薄膜，在某种推动力的作用下，利用流体中各组分对膜渗透速率的差别而实现组分分离的单元操作。膜分离特别适用于热敏性介质的分离。此外，该技术操作方便，设备结构简单，维护费用低。

一、概述

膜分离是在20世纪初出现,20世纪80年代后迅速崛起的一门分离新技术。膜是具有选择性分离功能的材料。利用膜的选择性分离实现料液不同组分的分离、纯化、浓缩的过程称作膜分离。它与传统过滤的不同在于,膜可以在分子范围内进行分离,并且这个过程是一种物理过程,不需发生相的变化和添加助剂。

（一）膜分离技术

膜分离技术是以选择性透过膜为分离介质,在膜两侧一定推动力的作用下,如压力差、浓度差、电位差等,原料侧组分选择性地透过膜,对大于膜孔径的物质分子加以截留,以实现溶质的分离、分级和浓缩的过程,从而达到分离或纯化的目的。膜是分隔两种流体的一个薄的阻挡层,通过这个阻挡层可阻止两种流体间的力学流动,借助于吸着作用及扩散作用来实现膜的传递。

膜的传递性能是膜的渗透性。气体渗透是指气体透过膜的高压侧至膜的低压侧;液体渗透是指液相进料组分从膜的一侧渗透至膜另一侧的液相或气相中。这是一种具有一定特殊性能的分离膜,可将它看成是两相之间半渗透的隔层,阻止两相的直接接触,但可按一定的方式截留分子。该隔层可以是固体、液体,甚至是气体,半渗透性质主要是为了保证分离效果,也称为半透膜。如果所有物质不按比例均可通过,那就失去了分离的意义。膜截留分子的方式有多种,如按分子大小截留,按不同渗透系数截留,按不同的溶解度截留,按电荷大小截留等。

膜过滤时,采用切向流过滤,即原料液沿着与膜平行的方向流动,在过滤的同时对膜表面进行冲洗,使膜表面保持干净以保证过滤速度。原料液中小分子物质可以透过膜进入到膜的另一侧,而大分子物质被膜截留于原料液中,则这两种物质就可以分离。膜分离原理见图5-17。

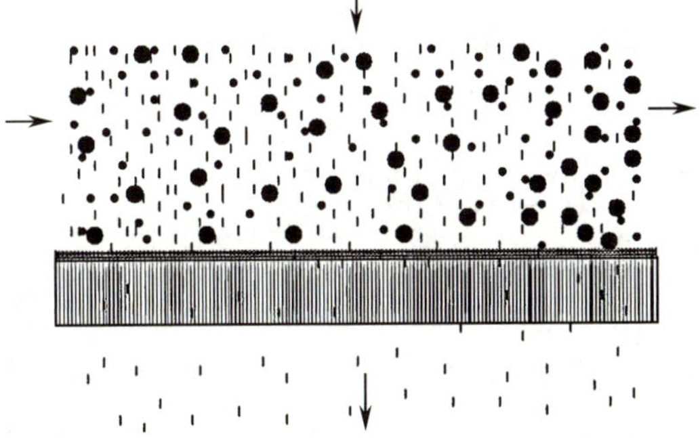

图 5-17　膜分离原理

（二）膜分离特点

膜分离过程是利用天然的或合成的,具有选择透过性的薄膜作为分离介质,在浓度差、压力差、电位差等作用下,使混合液体或气体混合物中某一组分选择性地透过膜,以达到分离、分级、提纯后浓缩等目的。因此,膜分离兼有分离、浓缩、纯化和精制的功能,与蒸馏、吸附、吸收、萃取等传统分离技术相比,具有以下特点。

1. 选择性好,分离效率较高。膜分离以具有选择透过性的膜分离两相界面,被膜分离的两相之间依靠不同组分透过膜的速率差来实现组分分离。如在按物质颗粒大小分离时,以重力为基础的分离技术最小极限是微米,而膜分离可以达到纳米级的分离;氢和氮的分离,一般需要非常低的温度,氢和氮的相对挥发度很小,而在膜分离中,用聚砜膜分离氢和氮,分离系数为80左右,聚酰亚胺膜则超过120,这是因为膜分离系数主要取决于两者的物理和化学性质,而膜分离还受高聚物材料的物性、结构和形态等因素的影响。

2. 膜分离过程能耗较低,相变化的潜热很大。大多数膜分离过程是在室温下进行的,膜分离过程不发生相变化,被分离物料加热或冷却的能耗很小。另外,膜分离无须外加物质,无对环境造成二次污染之忧。

3. 特别适用于热敏性物质。大多数膜分离过程的工作温度接近室温,特别适用于热敏性物质的分离、分级与浓缩等处理,因此在医药工业、食品加工和生物技术等领域有其独特的适用性。如在抗生素的生产中,一般用减压蒸馏法除水,难以避免抗生素在设备局部过热的区域受热,或被破坏,甚至产生有毒物质,从而可能引起抗生素针剂不良反应。若采用膜分离,可以在室温甚至更低的温度下进行脱水,确保不发生局部过热现象,大大提高了药品使用的安全性。

4. 膜分离过程的规模和处理能力可在很大范围内灵活变化,但其效率、设备单价、运送费用等变化不大。

5. 膜分离分离效率高,设备体积通常比较小,不需要对生产线进行很大的改变,可以直接应用到已有的生产工艺流程中。例如,在合成氨生产过程中,利用原反应压力,仅在尾气排放口接上氮氢膜分离器,就可将尾气中的氢气浓缩到原料浓度,通过管子直接输送,直接可作为原料使用,在不增加原料和其他设备的情况下可提高产量4%左右。

6. 膜组件结构紧凑,处理系统集成化,操作方便,易于自动化,且生产效率高。

膜分离作为一种新型的分离技术,不但可以单独使用,还可以在生产过程中,如在发酵、化工生产过程中及时将产物取出,以提高产率或提高反应速度。膜分离过程在食品加工、医药、生化技术领域有着独特的适用性,大量研究表明,经过膜分离或纯化处理后,产物仍然可以较好地保留原有的风味和营养。

二、常用膜分离设备

各种膜材料通常制成各种形状包括平板、管子、细管和中空纤维等备用,以制成各种过滤组件出售。膜分离装置主要包括膜组件与泵,膜组件是膜分离装置里的核心部分。

所谓膜组件,就是将膜以某种形式组装在一个单元设备内,它将料液在外界压力作用下实现对溶质与溶剂的分离。在工业膜分离装置中,可根据需要设置数个至数千个膜组件。

膜组件的结构要求:①流动均匀,无死角;②装填密度大;③有良好的机械、化学和热稳定性;④成本低;⑤易于清洗;⑥易于更换膜;⑦压力损失小。

目前,工业上常用的膜组件有板框式、管式、螺旋卷式、中空纤维式和毛细管式几种类型。

(一)板框式

板框式膜组件是最早将平面膜直接加以使用的一种膜组件,板框式膜组件使用的膜为平板式,结构与常用的板框压滤机类似,由导流板、膜和支撑板交替重叠组成,如图 5-18 所示。它们的区别是板框式过滤机的过滤介质是帆布等材料,板框式膜组件的过滤介质是膜。这种平板式膜一般厚度为 50～500μm,固定在支撑材料上。支承板相当于过滤板,它的两侧表面有窄缝。内有供透过液通过的通道,支承板的表面与膜相贴,对膜起支承作用。导流板相当

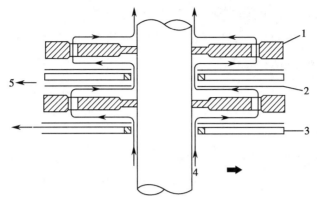

1.导流板; 2.膜; 3.支承板; 4.料液; 5.透过液

图 5-18　板框式膜分离器

于滤框,但与板框压滤机不同,操作时料液从下部进入,在导流板的导流下经过膜面,透过液透过膜,经支承板面上的多流孔流入支承板的内腔,再从支承板外侧的出口流出;料液沿导流板上的流道与孔道一层一层往上流,从膜过滤器上部的出口流出,即得浓缩液。导流板面上设有不同形状的流道,以使料液在膜面上流动时保持一定的流速与湍动,没有死角,减少浓差极化和防止微粒、胶体等的沉积。

　　许多生产厂家在板框式膜组件发展过程中对支承膜的平盘结构进行了大幅度的改良,以更大程度地提高其抗污染能力,主要通过设计平盘上各种类型的凹凸结构,来增加物料流动的湍流程度以减小浓差极化。如图 5-19 所示,导流板与支承板的作用合在一块板上,板上弧形条突出板面,起导流板的作用,每块板的两侧各放一张膜,然后一块块叠在一起。膜紧贴板面,在两张膜间形成由弧形条构成的弧形流道,料液从进料通道送入板间两膜间的通道,透过液透过膜,经过板面上的孔道,进入板的内腔,然后从板侧面的出口流出。

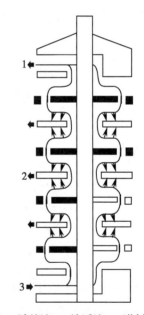

1.浓缩液; 2.渗透液; 3.进料

图 5-19　板框式膜组件

　　通过结构上的改良,板框式膜组件目前广泛运用于含固量较高的发酵、食品行业。取代了板框过滤、絮凝等传统工艺,成功解决了采用絮凝、助滤处理发酵液时带来的产品损失。

　　板框式膜组件在膜技术工业中已经广泛使用。其突出优点是每两片膜之间的渗透物都是被单独引出的,可以通过关闭个别膜组件来消除操作时发生的故障,而不必将整个膜组件停止运转;膜片无须黏合就能使用,更换单个膜片很方便,并且换膜片的成本是所有膜系统中最低廉的;组装方便,可以简单地增加膜的层数以提高处理量;膜的清洗更换比较容易;料液流通截面较大,不易堵塞。

　　板框式膜组件的缺点是需密封的边界线长,需要个别密封的数目太多;内部压力损失也相对较高(取决于物料转折流动的状况);对膜的机械强度要求较高;由于组件流程较短,其单程的回收率较低;为保证膜两侧的密封,对板框及其起密封作用的部件加工精度要求高;其组件的装填密度较低,一般为 $30\sim500\text{m}^2/\text{m}^3$;每块板上料液的流程短,通过板面一次的透过液相对量少,所以为了使料液达到一定的浓缩度,需经过板多次或料液需多次循环;组件基本都由不锈钢制作,成本昂贵。

板框式膜组件一般保留体积小,能量消耗介于管式和螺旋卷式之间,但死体积大。适合于处理悬浮液较多的料液。

板框式膜组件在使用中还受到以下条件限制:①不能用于高温场合;②不能用于强酸强碱的场合;③耐有机溶剂性能较差;④膜组件单位体积内的膜面积较小。

(二)螺旋卷式

螺旋卷式结构,简称卷式结构。也是用平板膜制成的,其结构与螺旋板式换热器类似。如图 5-20 所示。这种膜的结构是双层的,中间为多孔支撑材料,两边是膜,其中三边被密封成膜袋状,另一个开放边与一根多孔中心产品收集管密封连接,在膜袋外部的原水侧再垫一网眼型间隔材料,也就是把膜 - 多孔支撑体 - 膜 - 原水侧间隔材料依次叠合,绕中心产品水收集管紧密地卷起来形成一个膜卷,再装入圆柱型压力容器里,就成为一个螺旋卷组件。工作时,原料从端部进入组件后,在隔网中的流道沿平行于中心管方向流动,而透过物进入膜袋后旋转着沿螺旋方向流动,最后汇集在中心收集管中再排出,浓液则从组件另一端排出。

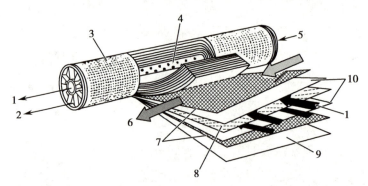

1. 渗透物;2. 浓缩液;3. 膜组件外壳;4. 中央渗透物管;5. 料液;
6. 浓缩液通道;7. 料液隔网;8. 透过液隔网;9. 外罩;10. 膜

图 5-20　螺旋卷式膜分离器

螺旋卷式膜分离器有单位体积内膜的填充密度相对较高,膜面积大;有进料分隔板,物料的交换效果良好;设备较简单紧凑,价格低廉;换新膜容易;处理能力高;占地面积小;安装操作方便;制造工艺简单等优点。

其缺点在于不能处理含有悬浮物的液体,料液需要预处理;料液流程短,压力损失大;浓液难以循环,以及密封长度大;膜必须是可焊接或可粘连的;易污染,清洗、维修不方便;易堵塞;膜有损坏,不能更换,膜元件如有一处破损,将导致整个元件失效。

螺旋卷式膜分离器主要应用于制药(维生素浓缩、抗生素树脂解析液的脱盐浓缩)、食品(果汁浓缩,低聚糖、淀粉糖分离纯化,植物提取)、氨基酸(脱色除杂、脱盐、浓缩)、染料(脱盐浓缩,取代盐析、酸析)、母液回收(味精母液除杂、葡萄糖结晶母液除杂等)、水处理(印染废水处理、中水回用、超纯水制备)、酸碱回收(制药行业洗柱酸、碱废液)。

（三）管式

管式膜组件的机构主要将膜和多孔支承体均制成管状,如图 5-21 所示,结构类似于管式换热器。管式膜组件由管式膜制成,膜粘在支承管的内壁或外壁。外管为多孔金属管,中间为多层纤维布,内层为管状超滤或反渗透膜。原液在压力作用下在管内流动,产品由管内透过管膜向外迁移,管内与管外分别走料液与渗透液,最终达到分离的目的。

管式膜组件可分为内压型和外压型两种,如图 5-22 所示。内压型管式膜组件膜被直接浇注在多孔的不锈钢管内,加压的料液从管内流过,透过膜的渗透液在管外被收集;外压型管式膜组件膜被浇注在多孔支承管外侧面,加压的料液从管外侧流过,渗透液则由管外侧渗透通过膜进入多孔支承管内。无论是内压型还是外压型,都可以根据需要设计成串联或并联装置。

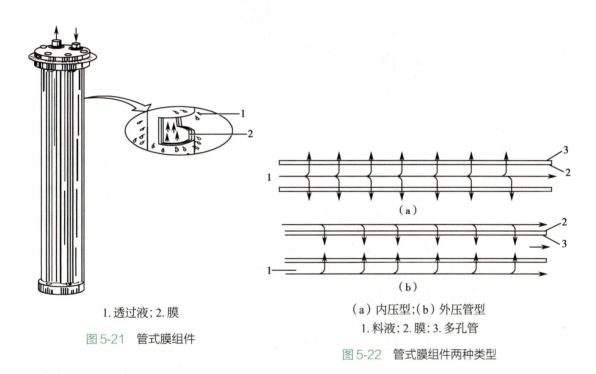

1. 透过液; 2. 膜

图 5-21　管式膜组件

（a）内压型;（b）外压管型

1. 料液; 2. 膜; 3. 多孔管

图 5-22　管式膜组件两种类型

管式膜组件易清洗、无死角,适宜于处理含固体较多的料液,单根管子可以调换,但保留体积大,单位体积中所含过滤面积较小,压力较大。

管式膜组件的优点:膜通量大,浓缩倍数高,可达到较高的含固量;流动状态好,流速易控制,合适的流动状态还可以防止浓差极化和污染;料液流道宽,允许高悬浮物含量的料液进入膜组件,预处理简单;对堵塞不敏感,安装、拆卸、换膜和维修均较简单方便,如果某根管子损坏,可方便地更换,膜芯使用寿命长;机械清除杂质也较容易。

其缺点:与平板膜相比,管膜的制备比较难控制;若采用普通的管径(1.27cm),则单位体积内有效膜面积的比率较低,不利于提高浓缩比;装填密度不高,流速高,能耗较高;管口的密封也比较困难。

因此管式膜组件一般应用于物料含固量高,回收率要求高,有机污染严重并且难以运用预处理的环境,其在果汁和染料行业运用非常成功,特别是染料行业几乎全采用管式膜。

（四）中空纤维式

中空纤维膜组件的结构与管式膜组件类似，即将管式膜由中空纤维膜代替。图 5-23 所示，中空纤维膜组件的组装是把大量（有时是几十万或更多）的中空纤维膜装入圆筒耐压容器内。中空纤维外径 50～200μm，内径 25～42μm。将数万至数十万根中空纤维制成膜束，膜束外侧覆以保护性格网，内部中间放置供分配料液用的多孔管，膜束两端用环氧树脂加固。通常纤维束的一端封住，使纤维膜呈开口状，并在这一侧放置多孔支承板，另一端固定在用环氧树脂浇铸的管板上，将整个膜束装在耐压筒内。

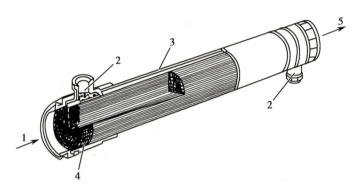

1. 料液入口；2. 透过液出口；3. 中空纤维束；4. 中空纤维固定端；
5. 浓缩液出口

图 5-23　中空纤维膜组件

使用时加压的料液由膜件的一端进入壳侧，在向另一端流动的同时，渗透组分经纤维管壁进入管内通道，经管板放出，截流物在容器的另一端排掉。

中空纤维膜组件优点：设备紧凑，死体积小，膜的填充密度高，单位设备体积内的膜面积大（高达 1 600～30 000m²/m³），不需要支承材料；单位膜面积的制造费用低；可以逆洗，操作压力较低（小于 0.25MPa），动力消耗较低。

其缺点：中空纤维内径小，阻力大，易堵塞，所以料液走管间，渗透液走管内，透过液侧流动损失大，压降可达数个大气压，膜污染难除去，因此对料液预处理要求高。不能单独更换单根管子，单根纤维损坏时，需调换整个膜组件。

在实际的使用过程中，要根据不同膜组件的特性，选择合适的膜组件，可以获得更好的分离效果，表 5-8 为主要的膜组件的定性比较。

表 5-8　不同膜组件的比较

膜组件	管式	板框式	卷式	中空纤维式
装填密度	低	→		非常高
投资	高	→		低
污染	低	→		非常高
清洗	易	→		难
膜更换	可 / 不可	可	不可	不可

第五节　气-固分离设备

一、概述

在制药、化工等工业化过程中,存在着大量需要进行气-固分离的场合,发尘量大的设备,如粉碎、过筛、混合、制粒、干燥、压片、包衣等设备,需要将固体粉末收集后再排空的气体排放过程、气体的净化处理和过滤除菌等,因此气-固分离是一个重要的化工单元操作。

气-固分离器按分离机制可分为离心式分离器、惯性分离器;按是否有冷却分为绝热式分离器、水冷(汽冷)分离器;按横截面形状分为旋风分离器、方型分离器;按进口烟气温度分为高温分离器、中温分离器、低温分离器。旋风分离器是一种常见的气-固分离器,具有构造简单、操作维护方便、造价低和效率较高等优点,广泛地应用于化工、冶金和环保等工业部门,可用于粉末、涂料、塑料粉等的分离和分级,也可用于各种工艺过程中除雾以及洗涤操作中的液体组分的分离。

二、旋风分离器

旋风分离器是利用气态非均相在作高速旋转时所产生的离心力,把固体颗粒或液滴从含尘气体中分离出来的静止机械设备,其内部无运动部件,可达到气-固或气-液分离。

旋风分离器的结构如图 5-24 所示,它一般都是由进气管、排气管、排尘管、圆筒和圆锥筒等几个部分组成。常采用立式圆筒结构,内部沿轴向分为集液区、旋风分离区、净化室区等。内装旋风子构件,按圆周方向均匀排布,亦通过上下管板固定;设备采用裙座支撑,封头采用耐高压椭圆型封头。

工作原理:当含粉料颗粒的气流一般以 12～30m/s 速度沿切线方向由进气管进入旋风分离器时,气流在筒壁的约束下由直线运动变成圆周运动,旋转气流的绝大部分沿筒壁成螺旋状向下朝锥体流动称为外旋流。而密度大的含颗粒气体在旋转过程中产生离心力,将气体中的粉料颗粒甩向筒壁,颗粒一旦与器壁接触,便失去惯性力,靠入口速度的初始动量随外螺旋气流沿圆筒壁面下落,最终进入排尘管被捕集。旋转向下的气流在到达锥体时,因圆锥体形状的收缩,根据"旋转矩"不变原理,其切向速度不断提高(不考虑壁面摩擦损失)。外旋流旋转过程中使周边气流压力升高,在圆锥中心部位形成低压区,由于低压区的吸引,当气流到达锥体下端某一位置时,便向分离器中心靠拢,即以同样的旋转方向在旋风分离器内部,由下反转向上,继续作螺旋运动,称为内旋气流。内旋气流经排气管排出分离器,一小部分未被分离出来的物料颗粒也由此逃出。气体中的粉料颗粒在气体旋转向上进入排气管排出前碰到壁面,可沿壁面滑落进入排尘口被捕集达到气-固分离的

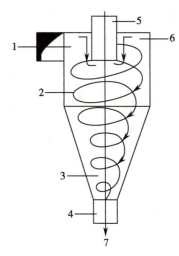

1. 进气管;2. 圆筒体;3. 圆锥体;
4. 排灰管(或灰斗);5. 排气管;
6. 顶盖;7. 中轴线

图 5-24　旋风分离器结构简图

目的。

目前已有螺旋型、涡旋型、旁路型、扩散型、旋流型和多管式等各种形式的旋风分离器。

气体入口设计常有三种形式:上部进气、中部进气和下部进气。对于湿气来说,常采用下部进气方案,因为下部进气可以利用设备下部空间,对直径大于 $300\mu m$ 或 $500\mu m$ 的液滴进行预分离,以减轻旋风部分的负荷。而对于干气常采用中部进气或上部进气。上部进气配气均匀,但设备直径和设备高度都将增大,投资较高;而中部进气可以降低设备高度和造价。

旋风分离器的主要特点是结构简单,没有运动部件;操作方便;对于捕集 $5\sim10\mu m$ 以上的非黏性、非纤维的干燥粉尘,效率较高;耐高温,操作不受温度、压力限制;管理维修方便;价格低廉。因此,广泛应用于工业生产中,特别是在粉尘颗粒较粗,含尘浓度较大,高温、高压条件下,或是在流化床反应器内作为内旋风分离器,或作为预分离器等方面,是极其良好的分离设备。但是它对细尘粒的分离效率较低;设备费用较高;气体在分离器内流动阻力大,微粒对器壁有较严重的机械磨损;对气体流量的变动敏感。旋风除尘器在净化设备中应用得最为广泛。改进型的旋风分离器在部分装置中可以取代尾气过滤设备。

旋风分离器结构简单,分离效率高,在工业上有广泛应用。旋风分离器性能的好坏直接影响到工艺的总体设计、系统布置及设备运行性能,故旋风分离器的性能尤其显得重要。旋风分离器的结构、运行条件、欲分离的固体粉尘的物理性质等都将影响旋风分离器的性能。

(一)旋风分离器的性能

评价旋风分离器的性能主要有分离效率、压降等重要指标,在工业化中需要达到一定的指标要求,才能较好地达到分离目的。

(二)影响旋风分离器性能的主要因素

影响旋风分离器性能的主要因素分为三类:结构尺寸、运行条件、固体粉尘的物理性质。

1. 结构尺寸 从结构尺寸来说,旋风分离器的直径、高度、气体进口、排气管的形状和大小以及排灰管(灰斗)是影响旋风分离器性能的主要因素。

(1)旋风分离器的直径(筒体直径):一般旋风分离器的直径越小,粉尘颗粒所受的离心力越大,旋风分离器的分离效率也就越高。筒体直径过小,旋风分离器距离排气管太近,会造成粉尘颗粒反弹至中心气流而被带走,使分离效率降低,而且,筒体太小容易引起堵塞,筒体直径一般不小于 $50\sim75mm$。

(2)旋风分离器的高度:通常有较高分离效率的旋风分离器都有较大的长度比例。使进入筒体的尘粒停留时间增长,有利于分离,还能促使尚未到达排气管的颗粒从旋流核心中分离出来,减少二次夹带,以提高分离效率。足够长的旋风分离器,还可以避免旋转气流对灰斗顶部的磨损。一般当中心管长度是入口管高度的 $0.4\sim0.5$ 倍时,分离效率最高。

(3)旋风分离器进口的型式:旋风分离器的进口主要有两种型式,即轴向进口和切向进口。其中切向进口是最为普通的一种进口型式,用的较多,制造简单,外形尺寸紧凑。进口管可制成矩形和圆形两种,圆形进口管与旋风分离器只有一点相切,矩形进口管其整个高度均与筒壁相切,一般多采用矩形进口管。

(4)排气管:常见的排气管有圆筒型和下端收缩型两种型式。常用下端收缩型,这种型式既不影响旋风分离器的分离效率,又可降低阻力损失。

（5）排灰管（灰斗）：排灰管（灰斗）是旋风分离器中最容易被忽视的部分。在分离器的锥体处，气流非常接近高湍流，粉尘由此排出，二次夹带的机会就较多。再则，旋流核心为负压，如果设计不当，造成灰斗漏气，就会使粉尘的二次飞扬加剧，严重影响分离效率。

2. **运行条件**　从运行条件上看，进入旋风分离器的进口气速、气体流量以及气体的含尘浓度等是影响旋风分离器性能的主要因素。

（1）进口气速：进口气速是个关键参数，气体旋转切向速度越大，处理气量可增大。更重要的是进口气速越高，临界粒径越小，分离效率越高。但气速过高，气流的湍动程度增加，颗粒反弹加剧，造成二次夹带严重，加剧粉尘微粒与旋风分离器壁的摩擦，使粗颗粒（大于$40\mu m$）破碎，造成细粉尘含量增加，对具有凝聚性质的粉尘也会起分散作用，造成分离效率下降，同时压力损失也会急剧上升，大大增加能量损耗，因此，一般取气流速度$10\sim25m/s$较合适。

（2）气体的流量、密度、黏度、压力：气体的密度越大，临界粒径越大，分离效率下降。但气体的密度和固体密度相比，尤其在低压下几乎可以忽略，黏度的影响也常忽略不计。

（3）气体的含尘浓度：旋风分离器的分离效率，随粉尘浓度的增加而提高。含尘浓度大，粉尘的凝聚与团聚性能提高，使较小的尘粒凝聚在一起而被捕集，同时大颗粒向器壁移动产生一个空气甩力，会使小颗粒夹带至器壁促进其被分离。但含尘浓度增加后，排气管排出的粉尘的绝对量也会大大增加。

（4）气体温度：温度越高气体黏度越大，分离效率越低。

3. **固体粉尘的物理性质**　固体粉尘的物理性质主要指颗粒大小、密度及其浓度等。

（1）颗粒大小：一般较大粒径的颗粒在旋风分离器中会产生较大的离心力，有利于分离，分离效率越高。

（2）颗粒密度：粉尘单颗粒密度对分离效率有重要影响，密度越大，分离效率也越高。

（3）颗粒浓度：颗粒的浓度存在着一个临界值，小于该临界值时，随着浓度的增加分离效率增加，压力损失下降；而大于该临界值时，随着浓度的增加分离效率反而下降。

此外，分离器内壁粗糙度、气密封性、中央排气管的插入深度、气体的湿度、物料的颗粒粒度分布情况、进气量、压力波动情况等均会影响旋风分离器的性能。

（三）常见的旋风分离器

1. **螺旋型旋风分离器**　螺旋型旋风分离器是一种采用阿基米德连续螺旋线型结构的旋风分离器，和普通旋风分离器相比，螺旋型旋风分离器具有阻力小、效率高、高径比小、体积小、造价低等优点。

螺旋型旋风分离器的示意图如图5-25所示，与一般结构型式的旋风分离器的分离原理基本一样，气体从进气口进入分离器，经过气流的旋转运动，在离心力的作用下固体颗粒或液滴从分离器中分离出来，完成气体净化。螺旋型旋风分离器将筒体顶部做成螺旋状，这种螺旋线型的

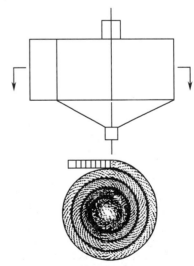

图 5-25　螺旋型旋风分离器

壁面改变了分离器的流场结构,从而使螺旋型旋风分离器能够使分离空间内充分形成切向流场,并减小径向流场的汇流作用,提高了分离器的分离效率,同时也在一定程度上避免了客观存在的气流所产生的不利影响。这种结构形式在一定程度上可以减小涡流的影响,并且气流阻力较低(阻力系数值可取 5.0~5.05)。

2. 旁室型旋风分离器　旁室型旋风分离器是在筒体外侧增设旁路分离室的一种高效旋风分离器。它能使筒内壁附近含尘较多的一部分气体通过旁路进入旋风筒下部,减少粉尘由排风口逸出的机会,降低压力损失,特别对大于 5μm 的粉尘有较高的除尘效率。主要用于清除工业废气中含有密度较大的非纤维性及黏结性的灰尘,达到净化空气的目的。

旁室型旋风分离器是基于双旋涡气流原理设计的,其结构简图如图 5-26 所示。当含尘气体切向进入分离器时,气流在获得高速旋转运动的同时,上、下分开形成双旋涡运动。粉尘在双旋涡分界处产生强烈的分离作用,粗颗粒由旁路分离室中部洞口引出,余下的粉尘随向下气流进入灰斗。细颗粒由上旋涡气流带向上部,在顶盖下形成强烈旋转的上粉尘环,与上旋涡气流一起进入旁路分离室上部出口,由回风口进入锥体内与内部气流汇合,净化后的气体由排气管排出,粉尘则落入料斗中。

3. 扩散式旋风分离器　扩散式旋风分离器是一种新型的净化设备,在很多工厂广泛使用,除尘效果良好。它是由进口管、圆筒体、倒锥体、受尘斗、反射屏、排气管等所组成,如图 5-27 所示。

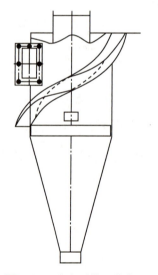

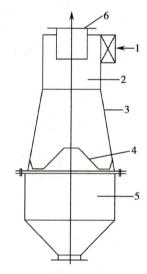

图 5-26　旁室型旋风分离器

1. 进口管;2. 圆筒体;3. 倒锥体;4. 反射屏;5. 受尘斗;6. 排气管

图 5-27　扩散式旋风分离器

含尘气体经过连接管进入分离器的圆筒体,在离心力作用下,旋转气流将粉尘抛到器壁上而与旋转气体主流继续向下扩散到倒锥体,此时由于反射屏的反射作用,使大部分旋转气体被反射,经中心排气管排出,少量旋转气流随粉尘一起进入受尘斗,在受尘斗内流动速度降低,粉尘与器壁撞击后失去前进的能力而坠落,而气流从反射屏"透气孔"上升到分离器中心排气管而排出。

扩散式旋风分离器在结构上与一般旋风分离器的区别在于增设了一个反射屏。在一般旋风分离器中,旋转气流达到锥底后又在中心部分自下而上旋转流向出口管,这时产生的旋涡具有吸引力,会把已经沉降下来的粉尘重新卷起夹带出去,影响旋风分离器的除尘效率,尤其是对微细颗粒(小于5~10μm)的影响更为显著。加了反射屏以后,使已经分离下来的粉尘沿着反射屏通道落下来,而在反射屏的顶部则无灰尘聚集,有效地防止了底部的返回气流把已经分离下来的粉尘重新卷起。此外在一般旋风分离器中,也有一部分气流随着粉尘一起进入受尘斗,当此部分气流返回时便带出一定量的粉尘而降低了除尘效率;而扩散式旋风分离器在圆筒体下部采用倒锥体,逐渐降低气流速度,然后又设置反射屏,使大部分气流反射回去,小部分气流进入受尘斗内,然后从透气孔返回中心排气管。透气孔的大小可以控制进入受尘斗中的气流量,从而使上升气流带尘量减少。

三、袋式除尘器

制药生产工业中常常对生产车间内的空气有洁净度的要求,以免对药品的卫生质量造成影响。而洁净空气是通过对自然环境中的空气净化所制得的,这就需要有分离效率要求较高的净制方法及设备。此外,在制药生产中,在粉碎、压片等工序时容易产生粉尘对环境造成污染,因此,同样需要对工艺过程中产生的粉尘进行净化处理。

用过滤法将含尘气体中尘粒滤除的净制方法称为气体的过滤净制。最常用的分离气体与粉尘的设备是袋式除尘器,它是一种压力式过滤装置,结构比较简单,它是在一个带有锥底的矩形金属外壳内,垂直安装有若干个滤袋,滤袋下端紧套在短管上,上端悬挂在一个可以振动的框架上,如图5-28所示。滤袋做成一端开口的袋状,在滤器中开口朝上安装,含尘气体从袋滤器左端进入,再向下流动,经花板从滤袋下端进入袋内,气体则穿透滤袋。气体中的固体颗粒被截留在滤袋的外表面,净制后的气体经气体出口排出,此过程称为过滤。当截留在滤袋外表面的尘粒积至一定厚度时,再从相反方向由袋外向内吹入空气,同时借助滤袋上端的自动振动机械使滤袋振动,从而将袋内截留的尘粒卸除,称为卸尘。过滤和卸尘工序的交替可通过自动控制器来控制。

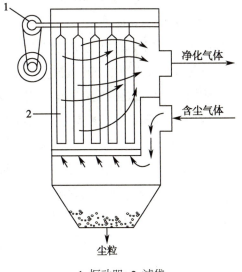

1. 振动器; 2. 滤袋

图 5-28　袋式除尘器

袋式除尘器的滤尘效率和生产能力与制作布袋的材料和总过滤面积有关,为了提高总过滤面积,布袋制成细长的管状,每个滤带长度为2~3.5m,直径为120~300mm,按一定排列形式安装在机壳内。

(一)袋式除尘器分类

1. 根据清灰的方式分类可以分为机械振打式、脉冲清灰式(如图5-29所示)以及气环反

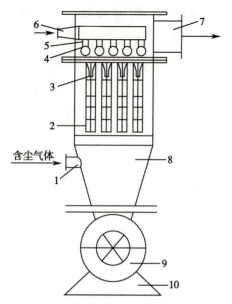

1. 进风管；2. 滤袋骨架；3. 文丘里管；4. 喷嘴；5. 电磁阀；6. 进气管；7. 净化气体出口；8. 灰斗；9. 排灰阀；10. 出灰口

图 5-29　脉冲袋式除尘器

吹式等。

2. 根据含尘气流进气方式分类可分为内滤式和外滤式。内滤式是含尘气流由滤袋内向袋外流动，尘粒被截留在滤袋内，外滤式则相反。内滤式一般适用于机械振动打灰，外滤式适用于脉冲清灰和逆气流反吹清灰。为防止滤袋被吹瘪，外滤式在滤袋内必须设置骨架。

3. 按含尘气体的流向与被分离粉尘的下落方向分类可以分为顺流式和逆流式，顺流式为含尘气体的流向与被分离粉尘下落方向相同，逆流式则相反。

4. 按过滤器内的压力分类可分为正压式和负压式。正压式的风机置于过滤器前面，结构简单，但是由于含尘气流经过风机，所以容易磨损。负压式的风机置于过滤器之后，风机不容易磨损，但结构复杂，需要密闭，不能漏气。

（二）袋式除尘器滤材的选择

滤袋即袋式除尘器的过滤介质，需选择孔隙率高、气流阻力小、纤维间隙小的滤布制作滤袋。其滤材有天然纤维、合成纤维以及混合纤维多种，其中广泛应用的是合成纤维，如尼龙、涤纶等。滤布材料可根据操作时气流温度进行选择，80℃以下可选天然纤维织物，135℃以下可选麻、聚丙烯腈、聚酯等纤维织物，150～300℃应选耐高温材料。此外，还须考虑含尘气体的湿度、酸碱性、粉尘的黏附性及滤材和粉尘两者的带电性等因素。若滤材和尘粒带相反电荷，可以提高除尘效果，但由于滤材和尘粒一般都属于不良导体，尘粒很难从滤材上脱落，可以采用振打滤材的方式。相反，如果滤材和尘粒具有相同电荷，两者之间没有静电吸附，尘粒较容易从滤材上脱落，不会因此增加过滤的阻力。

袋式除尘器的滤袋容易被磨损或堵塞，此时气体短路、效率明显下降或压降突然增加。一旦发现有此类现象应该立即采取措施。

袋式除尘器除尘效果较好，能除掉粒径在 1μm 以上的粉尘微粒，有时甚至可以除去粒径 0.1μm 左右的尘粒，分离效率可达 99.9% 以上，常设在旋风分离器后作为末级除尘设备，以提高除尘效率。缺点是占地面积大，过滤速度较低，当气体中含有水蒸气可能结露，以及处理易吸水的亲水性粉尘时容易堵塞，因此袋式除尘器不适于处理含湿量过高的气体。

四、其他气 - 固分离设备

除了上述介绍的旋风分离器、袋式除尘器等气 - 固分离设备之外，还有一些如湿法净制设备、静电除尘器及降尘室等气 - 固分离设备，也常用于制药、化工生产过程中。

（一）湿法净制设备

湿法净制是使含尘气体与水接触使其中尘粒被水黏附除去的气 - 固分离方法。湿法净制是利用在设备内产生气 - 固 - 水三相高度湍动的原理,来加大气 - 固 - 水之间的接触,使尘粒被水黏附从而将气体中的固体粉尘分离。因此湿法净制设备不能用于回收固体尘粒的场合。常见的湿法净制设备有文丘里洗涤器和湍球塔等。

1. 文丘里洗涤器　文丘里洗涤器是由收缩管、喉管、扩散管三部分组成,工作时可调整气体流速,使含尘气体以 50～100m/s 的高速通过喉管,洗涤水由喉管周边均布的小孔送入洗涤器时被高速气流喷成很细的液滴,使尘粒附聚于水滴中而提高了沉降粒子的粒径,随后在旋风分离器中与气体分离。

文丘里洗涤器结构简单,没有活动件,结实耐用,操作方便,洗涤水用量约为气体体积流量的千分之一,可除去 0.1μm 以上的尘粒,除尘效率达 95%～99%,但压降较大,一般为 2 000～5 000Pa。

2. 湍球塔　湍球塔由塔体、喷水管、支承筛板、轻质小球、挡网、除沫器等部分组成,工作时洗涤水自塔上部喷水管洒下,含尘气体自下部进风管送入塔内,当达到一定风速时,使筛板上面的小球剧烈沸腾形成水 - 气 - 小球三相湍动以增大气 - 液两相接触和碰撞的机会,使尘粒被水吸附与气体分离。为防止快速上升气流中夹带雾沫,塔上部装有除沫装置。

湍球塔气流速度快,气液分布比较均匀,生产能力大。

(二)静电除尘器

静电除尘器是利用高压直流静电场的电离作用,使通过电场的含尘气体中的尘粒带电,带电尘粒被带相反电荷的电极板吸附,将尘粒从气体中分离出来,使气体得以净制的设备。

常用的静电除尘器为管式静电除尘器,主要由管式高压直流电极板和绝缘箱构成。工作时,含有尘粒或雾滴的气体自下而上通过放电电极板间的高压直流静电场,使气体发生电离,产生的荷电离子碰撞并附着于悬浮尘粒或雾滴上使之荷电。在电场力的作用下,荷电的尘粒或雾滴被带相反电荷的收尘电极吸引而向其快速运动,在收尘电极上电性被中和而恢复电中性的尘粒或雾滴发生聚集,因重力作用落入灰斗。

静电除尘器能有效地捕集 0.1μm 甚至更小的尘粒或雾滴,分离效率可高达 99.99%。气流在通过静电除尘器时阻力较小,气体处理量可以很大。缺点是设备费和操作费均高,安装、维护、管理要求严格。

(三)降尘室

利用重力沉降作用从气流中分离出尘粒的设备称为降尘室,降尘室为长方形体,流道截面积增大,流速变小,通过重力沉降作用使颗粒沉积。当含尘气体进入降尘室后,因流道截面积增大而速度减慢,只要颗粒能够在气体通过的时间内降至室底,便可从气流中分离出来。从理论上讲,降尘室的生产能力只与沉降面积及颗粒的沉降速度有关,而与降尘室高度无关。而要提高降尘室的除尘效率,应尽可能降低降尘室高度,故降尘室应设计成扁平形,也可以在室内均匀设置多层水平隔板,构成多层降尘室。

降尘室结构简单,流体阻力小,但体积庞大,分离效率低,通常只适用于分离粒度大于 50μm 的粗颗粒,一般作为预除尘使用。多层降尘室虽能分离较细的颗粒且节省地面,但清理灰尘比较麻烦。

ER5-2　第五章　目标测试

（赵　鹏）

第六章　干燥设备

第一节　概述及分类

一、概述

　　干燥即借助热能将物料中的水分除去，或把其他溶剂蒸发，或冷冻使得物料中水分结冰后升华，从而被移除的单元操作。干燥在中药饮片、药物辅料、原料药、中间体及制剂生产中应用非常广泛，如浸膏剂、颗粒剂、胶囊剂、片剂、丸剂及生物制品等制备过程都需要干燥操作。其目的有：①便于固体物料的贮存、运输和计量；②保证固体物料的质量及化学稳定性；③方便加工、包装。

二、分类

　　干燥的方法多种多样，生产中从不同的角度考虑有不同的分类方法。

　　1. 按操作压力分类　干燥可分为常压干燥和真空干燥。没有特殊要求的物料干燥宜常压干燥，生产中多采用此类干燥；而对于热敏性或易氧化物料的干燥应选择真空干燥。

　　2. 按操作方式分类　干燥可分为连续式干燥和间歇式干燥。连续式干燥具有生产能力大、干燥质量均匀、热利用率高、劳动条件好等优点；间歇式干燥具有设备投资少、操作控制方便等优点，通常用于小批量生产、处理量少或多品种生产，但存在干燥时间长、生产能力小、劳动强度大等不足。

　　3. 按供给热能的方式分类　生产中干燥设备多是按供给热能的方式进行设计制造和分类的，可分为如下种类。

　　（1）对流干燥：对流干燥就是利用加热后的干燥介质，最常用的是热空气，将热量带入干燥器并以对流方式传递给湿物料，又将汽化的水分以对流形式带走。这里的热空气既是载热体，也是载湿体。其特点是干燥温度易于控制，物料不易于过热变质，处理量大，但热能利用程度不高（30%～70%）。此类干燥方法目前应用最广，常见的干燥设备包括气流干燥、流化干燥、喷雾干燥等。

　　（2）传导干燥：将湿物料与设备的加热表面（热载体）相接触，热能可以直接传导给湿物料，使物料中的湿分汽化，同时用空气（湿载体）将湿气带走。传导干燥的特点是热利用程度高（为70%～80%），湿分蒸发量大，干燥速度快，但温度较高时易使物料过热而变质。常见干燥设备包括转鼓干燥、真空干燥、冷冻干燥等。

（3）辐射干燥：热能以电磁波的形式由辐射器发射，并为湿物料吸收后转化为热能，使物料中的水分汽化，用空气带走。其特点是干燥速率高、产品均匀而洁净、干燥时间短，特别适用于以表面蒸发为主的膜状物质，但它的耗电量较大，热效率约为 30%。

（4）介电干燥：湿物料置于高频交变电场之中，湿物料中的水分子在高频交变电场内频繁地变换取向的位置而产生热量。因为水优先吸收微波，故对内部水分分布不均匀的物料有"调平作用"；热效率较高，约在 50% 以上。

（5）冷冻干燥：将湿物料或溶液在低温下冻结成固态，然后在高真空下供给热量将水分直接由固态升华为气态的去除水的干燥过程。

（6）组合干燥：有些物料特性较复杂，用单一的干燥方法不易达到工艺要求，可以考虑采用两种或两种以上的干燥方法串联组合，以满足生产工艺要求。如喷雾和流化床组合干燥，喷雾和辐射组合干燥等。组合干燥结合不同干燥方法的优点，扩大了干燥设备的应用范围，提高了经济效益。

第二节　干燥工艺流程与设备

一、干燥工艺流程要点

各种生产过程需经干燥处理的物料是多种多样的，对干燥的要求也各不相同，因此干燥器种类繁多，其中对流加热型干燥装置由于制造成本低、使用和维护方便，成为应用最广的一类干燥器，一般工艺流程主要包括干燥介质加热器、干燥器、细粉回收设备、干燥介质输送设备、加料器及卸料器等。

二、干燥设备的选择

干燥设备的选择受多种因素影响和制约，正确的步骤必须从被干燥物料的性质和产量，生产工艺要求和特点，设备的结构、型号及规格，环境保护等方面综合考虑，进行优化选择。根据物料中水分的结合性质，选择干燥方式；依据生产工艺要求，在实验基础上进行热量衡算，为选择预热器和干燥器的型号、规格及确定空气消耗量、干燥热效率等提供依据；计算得出物料在干燥器内的停留时间，确定干燥器的工艺尺寸。

（一）干燥器的基本要求和选用原则

1. 保证产品质量要求，如湿含量、粒度分布、外表形状及光泽等。

2. 干燥速率大，以缩短干燥时间，减小设备体积，提高设备的生产能力。

3. 干燥器热效率高，干燥是能量消耗较大的单元操作之一，在干燥操作中，热能的利用率是技术经济的一个重要指标。

4. 干燥系统的流体阻力要小，以降低流体输送机械的能耗。

5. 环境污染小，劳动条件好。

6. 操作简便、安全、可靠；对于易燃、易爆、有毒物料，要采取特殊的技术措施。

（二）干燥器选择的影响因素

1. 选择干燥器前的试验 选择干燥器前首先要了解被干燥物料的性质特点，因此必须采用与工业设备相似的试验设备来做试验，以提供物料干燥特性的关键数据，并探测物料的干燥机制，为选择干燥器提供理论依据。通过经验和预试验来了解以下内容：①工艺流程参数，如干燥物料数量、排除的总液量和湿物料的来源；②原料是否经预脱水，如过滤、机械压缩、离心分离等；③将物料供给干燥器的方法，在湿物料中颗粒尺寸的分布，湿物料和干物料的物理性质、易处理性和磨蚀性能；④原料的化学性质，如毒性、异味，物料可否用含有二氧化碳、二氧化硫、氮的氧化物和含微量部分燃烧的碳氢化合物的热燃气来干燥；⑤起火和爆炸的危险性、温度极限与相变相关的温度以及腐蚀性；⑥干产品的规格和性质，如湿含量、溶剂异味的排除、颗粒尺寸的分布、堆积密度、杂质的最高百分率，所希望的颗粒化或结晶形式、流动性、干燥物料在贮藏前必须冷却的温度。由试验型设备或实验室以及以往在大型设备中用较少物料得到的干燥性能试验所获得的干燥数据、溶剂回收的资料、产品损失以及场地条件可能作为附加条件。

2. 被干燥物料形态 根据被干燥物料的物理形态，可分为液态料、滤饼料、固态可流动料和原药材等。物料形态和部分常用干燥器的对应选择关系如表6-1所示，可供参考。

表6-1 被干燥物料与干燥器的选择关系

干燥器	固态可流动物料		滤饼物料				液态物料			原材料
	溶液	浆料	粉料	颗粒	结晶	扁料	膏状物	过滤滤饼	离心滤饼	
厢式干燥器	−	−	+	+	+	+	−	+	+	+
带式干燥器	−	−	−	+	+	+	−	−	−	+
转鼓干燥器	+	+	−	−	−	−	+	−	−	−
隧道干燥器	−	−	−	+	+	+	−	−	−	+
流化床干燥器	−	−	−	+	+	+	−	−	−	−
闪蒸干燥器	−	−	+	+	+	+	−	+	+	−
喷雾干燥器	+	+	−	−	−	−	+	−	−	−
真空干燥器	−	−	−	−	−	−	−	+	+	+
冷冻干燥器	−	−	−	−	−	+	−	+	+	+

注：+表示物料形态与干燥器匹配；−表示物料形态与干燥器不匹配。

3. 物料处理方法 在制订药品生产工艺时，被干燥物料的处理方法对干燥器的选择是一个关键的因素。有些物料需要经过预处理或预成型，使其能适合于在某种干燥器干燥。如使用喷雾干燥就必须要将物料预先液态化，使用流化床干燥则最好将物料进行制粒处理；液态或膏状物料不必处理即可使用转鼓干燥器进行干燥，没有加工的中药原药材则可以使用隧道干燥器进行干燥；对温度敏感的生物制品则应设法使其处在活性状态时进行冷冻干燥。

4. 温度与时间 药物的有效成分对温度比较敏感。高温会使有效成分发生分解、活性降低至完全失活；但低温又不利于干燥。所以，药品生产中的干燥温度和时间与干燥设备的选用关系密切。一般来说，对温度敏感的物料可以采用快速干燥、真空或真空冷冻干燥、低温慢速干燥、化学吸附干燥等。表6-2列出了一些干燥器中物料的停留时间。

表6-2　干燥器中物料的停留时间

干燥器	干燥器内的典型停留时间				
	1~6s	0~10s	10~30s	1~10min	10~60min
厢式干燥器	−	−	−	+	+
带式干燥器	−	−	−	+	+
隧道干燥器	−	−	−	−	−
流化床干燥器	−	−	+	+	−
喷雾干燥器	+	+	−	−	−
闪蒸干燥器	+	+	−	−	−
转筒干燥器	−	+	+	−	−
真空干燥器	−	−	−	−	+
冷冻干燥器	−	−	−	−	+

注：+表示物料在该干燥器内的典型停留时间；−表示物料形态与干燥器不匹配。

5. 生产方式　当干燥前后的工艺均为连续操作，或虽不连续，但处理量大时，应选择连续式的干燥器；对数量少、品种多、连续加卸料有困难的物料干燥，应选用间歇式干燥器。

6. 干燥量　包括干燥物料总量和湿分蒸发量，它们都是重要的生产指标，主要用于确定干燥设备的规格，而非干燥器的型号。但在若多种类型的干燥器都能适用时，则可根据干燥器的生产能力来选择相应的干燥器。

7. 能源价格、安全操作和环境因素　为节约能源，在满足干燥的基本条件下，应尽可能地选择热效率高的干燥器。若排出的废气中含有污染环境的粉尘或有毒物质，应对排出的废气能加以处理。此外，还必须考虑噪声问题。

干燥设备的最终确定通常是对设备价格、操作费用、产品质量、安全、环保、节能和便于控制、安装、维修等因素综合考虑后，提出一个合理化的方案，选择最佳的干燥器。在不肯定的情况下，应做一些初步的试验以查明设计和操作数据及对特殊操作的适应性。对某些干燥器，做大型试验是建立可靠设计和操作数据的唯一方法。

三、常用干燥设备

在制药工业中，由于被干燥的物料形态多样（如颗粒状、粉末状、浓缩液状、膏状流体等），物料的理化性质又各不相同（如热敏性、黏度、酸碱性等），生产规模和产品要求各异等因素，在实际生产中采用的干燥方法和干燥器的类型也各不相同。

（一）厢式干燥器

厢式干燥器是制药生产中常用的一类干燥器，它是一种间歇、对流式干燥设备，小型的称为烘箱，大型的称为烘房。根据干燥气流在干燥器内的流动方向，一般分为如下两种类型。

1. 水平气流厢式干燥器 水平气流厢式干燥器(图6-1)主要由若干长方形的烘盘、箱壳、风系统(包括风机、分风板和风管等)等组成。烘盘承载被干燥的物料,物料层不宜过厚(一般为11~100mm),干燥的热源主要为蒸汽加热管道,干燥介质为自然空气及部分循环热风。新鲜空气由风机吸入,经加热器预热后沿着挡板水平地进入各层挡板之间,与湿物料进行热交换并带走湿气;部分废气经排出管排出,余下的循环使用,以提高热利用率。废气循环量可以用吸入口及排出口的挡板进行调节。空气的速度由物料的粒度而定,应使物料不被带走为宜。该种干燥器主要缺点是热效

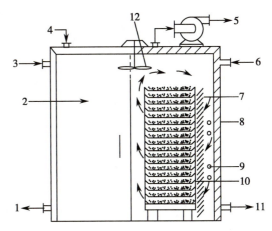

1, 11. 冷凝水;2. 干燥器门;3, 6. 加热蒸汽;4. 空气;5. 尾气;7. 气流导向板;8. 隔热器壁;9. 下部加热管;10. 干燥物料;12. 循环风扇

图6-1 水平气流厢式干燥器

率和生产效率低,热风只在物料表面流过,干燥时间长,不能连续操作,劳动强度大,物料在装卸、翻动时易扬尘,环境污染严重。

2. 穿流气流厢式干燥器 对于颗粒状物料的干燥,可将物料放在多孔的烘盘上均匀地铺上一薄层,可以使气流垂直地通过物料层,以提高干燥速率。这种结构称为穿流气流厢式干燥器(图6-2)。从图中可看出物料层与物料层之间有倾斜的挡板,从一层物料中吹出的湿空气被挡住而不致再吹入另一层。这种干燥对粉状物料适当造粒后也可应用。实验表明,穿流气流干燥速度比水平气流干燥速度快2~4倍。

(二)真空干燥器

若所干燥的物料热敏性强、易氧化及易燃烧,或排出的尾气需要回收以防污染环境,则在生产中需要使用真空干燥器(图6-3)。该类干燥器分为真空厢式干燥器、真空耙式干燥器、带式干燥器等。

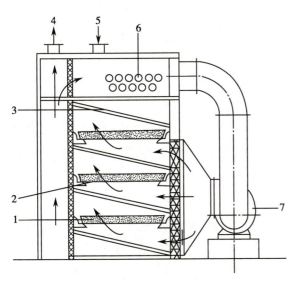

1. 物料;2. 网状料盘;3. 气流挡板;4. 尾气排放口;5. 空气进口;6. 加热器;7. 风机

图6-2 穿流气流厢式干燥器

1. 真空厢式干燥器 真空箱式干燥器的干燥箱是密封的,外壳为钢制,内部安装有多层空心隔板,工作状态时,用真空泵抽走由物料中汽化的水汽或其他蒸气,从而维持干燥器中的真空度,使物料在一定的

真空度下达到干燥。真空箱式干燥器的热源为低压蒸汽或热水,热效率高,被干燥药物不受污染;但是设备结构和生产操作都较为复杂,相应的费用也较高。

2. 真空耙式干燥器 真空耙式干燥器由蒸汽夹套和耙式搅拌器组成(图6-4)。由于搅拌器的不断搅拌,使得物料得以均匀干燥。物料由间接蒸汽加热,汽化的气体被真空抽出。真

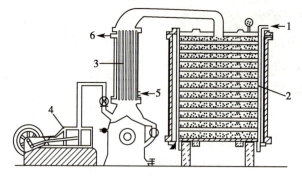

1. 加热蒸汽; 2. 真空隔板; 3. 冷凝器; 4. 真空泵; 5、6. 冷凝水

图6-3 真空厢式干燥器

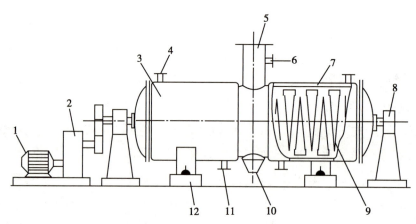

1. 电动机; 2. 变速箱; 3. 干燥筒体; 4. 蒸汽入口; 5. 加料口; 6. 抽真空; 7. 蒸汽夹套; 8. 轴承座; 9. 耙式搅拌器; 10. 卸料口; 11. 冷凝水出口; 12. 干燥器支座

图6-4 真空耙式干燥器

空耙式干燥器与箱式干燥器相比,劳动强度低,物料可以是膏状、颗粒状或粉末状,物料含水量可降至0.05%。缺点是干燥时间长,生产能力低;由于有搅拌桨的存在,卸料不易干净,对于需要经常更换品种的干燥操作不适合。

(三)带式干燥器

在制药生产中带式干燥器是一类最常用的连续式干燥设备,简称带干机。湿物料置于连续传动的运送带上,用红外线、热空气、微波辐射对运动的物料加热,使物料温度升高而被干燥。根据结构,可分为单级带式干燥器、多级带式干燥器、多层带式干燥器等。制药行业中主要使用的是单级带式干燥器和多层带式干燥器。

1. 单级带式干燥器 一定粒度的湿物料从进料端由加料装置被连续均匀地分布到传送带上,传送带具有用不锈钢丝网或穿孔不锈钢薄板制成的网目结构,以一定速度传动;空气经过滤、加热后,垂直穿过物料和传送带,完成传热传质过程,物料被干燥后传送至卸料端。循环运行的传送带将干燥料自动卸下,整个干燥过程是连续的,如图6-5所示。

由于干燥有不同阶段,干燥室一般被分隔成几个区间,每个区间可以独立控制温度、风速、风向等运行参数。例如,在进料口湿含量较高区间,可选用温度、气流速度都较高的操作

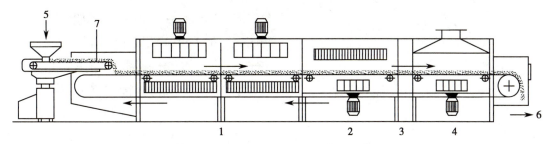

1.上吹；2.下吹；3.隔离段；4.冷却；5.加料端；6.卸料端；7.摆动加料装置

图6-5　单级带式干燥器

参数；中段可适当降低温度、气流速度；末端气流不加热，用于冷却物料。这样不但能使干燥有效均衡地进行，而且还能节约能源，降低设备运行费用。

2. 多层带式干燥器　多层带式干燥器的传送带层数通常为3～5层，多的可达15层。工作状态时，上下两层传送方向相反，热空气以穿流流动进入干燥室，物料从上而下依次传送，传送带的运行速度由物料性质、空气参数和生产要求决定，上下层可以速度相同，也可以不相同，许多情况是最后一层或几层的传送带运行速度适当降低，这样可以调节物料层厚度，达到更合理地利用热能，如图6-6所示。

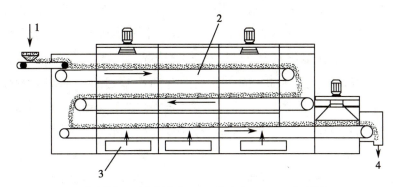

1.加料端；2.链式输送器；3.热空气入口；4.卸料端

图6-6　多层带式干燥器

多层带式干燥器的优点是物料与传送带一起传动，同一层带上的物料相对位置固定，具有相同的干燥时间；物料在传送带上转动时，可以使物料翻动，能更新物料与热空气的接触表面，保证物料干燥质量的均衡，因此特别适合于具有一定粒度的成品药物干燥；可以使用多种能源进行加热干燥（如红外线辐射和微波辐射、电加热器等）。缺点是被干燥物料状态的选择性范围较窄，只适合干燥具有一定粒度、没有黏性的固态物料，且生产效率和热效率较低，占地面积较大，噪声也较大。

（四）转筒干燥器

转筒干燥器是一种间接加热、连续热传导类干燥器，主要用于溶液、悬浮液、胶体溶液等流动性物料的干燥。根据结构分为单筒干燥器、双筒干燥器。双筒干燥器工作时，如图6-7所示，两转筒进行反向旋转且部分表面浸在料槽中，液态物料以膜（厚度为0.3～5mm）的形式黏附在转筒上，加热蒸汽通入转筒内部，通过筒壁的热传导，使物料中的水分汽化，然后转筒壁上的刮刀将干燥后的物料铲下，这一类型的干燥器是以热传导方式传热的，湿物料中的水

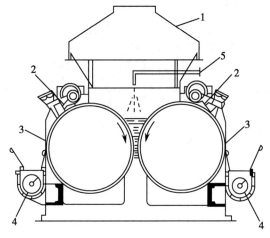

1. 蒸汽罩; 2. 刮刀; 3. 蒸汽加热转筒; 4. 运输器;
5. 原料液入口

图6-7 双筒干燥器示意图

分先被加热到沸点,干物料则被加热到接近于转筒表面的温度。双筒干燥器与单筒干燥器相比,工作原理基本相同,但是热损失相对要小,热效率和生产效率则高很多。

双筒干燥器处理物料的含水量可为10%~80%,一般可干燥到3%~4%,最低为0.5%左右。由于干燥时可直接利用蒸汽潜热,故热效率较高,可达70%~90%。单位加热蒸汽耗量为1.2~1.5kg蒸汽/kg水。总传热系数为180~240W/(m^2·K)。

(五)气流干燥器

气流干燥是将湿物料加入干燥器内,随热气流并流输送进行干燥,在热气流中分散成粉粒状,是一种热空气与湿物料直接接触进行干燥的方法。对于能在气体中自由流动的颗粒物料,可采用气流干燥方法除去其中水分。对于块状物料需要附设粉碎机。

1. 气流干燥装置及其流程 气流干燥器的主体是一根直立的圆筒,湿物料通过螺旋加料器进入干燥器,由于空气经加热器加热,作高速运动,使物料颗粒分散并悬浮在气流中,热空气与湿物料充分接触,将热能传递给湿物料表面,直至湿物料内部。同时,湿物料中的水分从湿物料内部扩散到湿物料表面,并扩散到热空气中,达到干燥目的。干燥后的物料被旋风除尘器和袋式除尘器回收。一级直管式气流干燥器是气流干燥器最常用的一种,如图6-8所示。

2. 气流干燥器的特点 气流干燥器适用于干燥非结合水分及聚集不严重又不怕磨损的颗粒状的物料,尤其适宜于干燥热敏性物料或临界含水量低的细粒或粉末状物料。

(1)干燥效率高:干燥器中气体的流速通常为20~40m/s,被干燥的物料颗粒被吹起呈悬浮状态,气-固间的传热系数和传热面积都很大。同时,由于干燥器中的物料被气流吹散,被

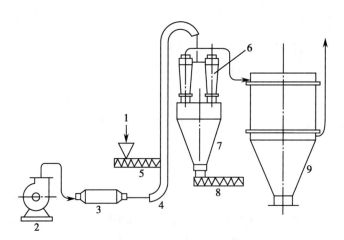

1. 湿料; 2. 风机; 3. 加热器; 4. 干燥管; 5. 螺旋加料器; 6. 旋风除尘器; 7. 储料斗; 8. 螺旋出料器; 9. 袋式除尘器

图6-8 一级直管式气流干燥器

高速气流进一步粉碎,颗粒的直径逐渐较小,物料的临界含水量可以降得很低,从而缩短干燥时间。物料在气流干燥器中的停留时间只需 0.5～2 秒,最长不超过 5 秒。

（2）热损失小:由于气流干燥器的散热面积较小,热损失低,一般热效率较高,干燥非结合水分时,热效率可达 60% 左右。

（3）结构简单:活动部件少,造价低,易于建造和维修,操作稳定,便于控制。

由于气速高以及物料在输送过程中与壁面的碰撞及物料之间的相互摩擦,整个干燥系统的流体阻力很大,因此动力消耗大。干燥器的主体较高,约在 10m 以上。此外,对粉尘回收装置的要求也较高,且不适用于干燥有毒的物质。尽管如此,还是目前制药工业中应用较广泛的一种干燥设备。

（六）流化床干燥器

流化床干燥又称沸腾床干燥,是流化态技术在干燥过程中的应用。利用热空气流使湿颗粒悬浮,呈流化态,似"沸腾状",热空气与湿颗粒间在动态下进行热交换,达到干燥目的的一种方法。各种流化干燥器的基本结构都由原料输入系统、热空气供给系统、干燥室及空气分布板、气-固分离系统、产品回收系统和控制系统等几部分组成。

其基本工作原理是利用加热的空气向上流动,穿过干燥室底部的多孔分布床板,床板上面加有湿物料;当气流速度增加到一定程度时,床板上的湿物料颗粒就会被吹起,处于似沸腾状的悬浮状态,即流化状态,称之为流化床。气流速度区间的下限值称为临界流化速度,上限值称为带出速度。只要气流速度保持在颗粒的临界流化速度与带出速度(颗粒沉降速度)之间,颗粒即能形成流化状态。处于流化状态时,颗粒在热气流中上下翻动互相混合、碰撞,与热气流进行传热和传质,达到干燥的目的。

流化床干燥器的优点:①固体颗粒体积小,单位体积内的表面积却极大,与干燥介质能高度混合;同时固体颗粒在床层中不断地进行激烈运动,表面更新机会多,传热、传质效果好。②物料在设备中停留时间短,适用于某些热敏性物料的干燥。③设备生产能力高,可以实现小设备大生产的要求。④在同一个设备中,可以进行连续操作,也可以进行间歇操作。⑤物料在干燥器内的停留时间,可以按需要进行调整。对产品含水量要求有变化或物料含水量有波动的情况更适用。设备简单,费用较低,操作和维修方便。

流化床干燥器的缺点:①对物料颗粒度有一定的限制,一般要求不小于 30μm,不大于 6mm;②湿含量高而且黏度大、易黏壁和结块的物料,一般不适用;③流化干燥器的物料纵向返混剧烈,对单级连续式流化床干燥器,物料在设备中停留时间不均匀,有可能未经干燥的物料随着产品一起排出。

制药行业使用的流化床干燥装置主要分为:单层流化床干燥器、多层流化床干燥器、卧式多室流化床干燥器、振动流化床干燥器、塞流式流化床干燥器、机械搅拌流化床干燥器等。

1. 单层流化床干燥器 该干燥器的基本结构如图 6-9 所示。干燥器工作时,空气被空气过滤器过滤,由鼓风机送入加热器加热至所需温度,经气体分布板喷入流化干燥室,将由螺旋加料器抛在气体分布板上的物料吹起,形成流化工作状态。物料悬浮在流化干燥室经过一定时间的停留而被干燥,大部分干燥后的物料从干燥室旁侧卸料口排出,部分随尾气从干燥室顶部排出,经旋风分离器和袋滤器回收。

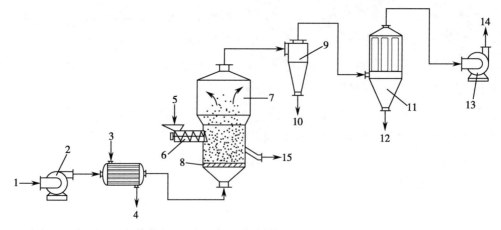

1. 空气; 2. 鼓风机; 3. 加热蒸汽; 4. 冷凝水; 5. 加料斗; 6. 螺旋加料器; 7. 流化干燥室; 8. 气体分布板; 9. 旋风分离器; 10. 粗粉回收; 11. 袋滤器; 12. 细粉回收; 13. 抽风机; 14. 尾气; 15. 干燥产品

图6-9　单层流化床干燥器

该干燥器操作方便,生产能力大。但由于流化床层内粒子接近于完全混合,物料在流化床停留时间不均匀,所以干燥后所得产品湿度也不均匀,干燥器利用率不高。如果限制未干燥颗粒由出料口带出,则须延长颗粒在床内的平均停留时间,解决办法是提高流化层高度,但是压力损失也随之增大。因此,单层圆筒流化床干燥器适用于处理量大、较易干燥或干燥程度要求不高的粒状物料。一般要求干燥粉状物料含水量不超过5%,颗粒状物料不超过15%。

2. 多层流化床干燥器　该干燥器的基本结构如图6-10所示。湿物料从顶部加料口加入,逐渐向下移动,干燥后由底部出料口排出。热气流由底部送入,向上通过各层,从顶部排出。物料与气体逆向流动,层与层之间的颗粒没有接触,但每一层内的颗粒可以互相混合,所以停留时间分布均匀,可实现物料的均匀干燥。气体与物料的多次逆流接触,提高了废气中水蒸气的饱和度,因此热效率高。多层流化床可改善单层流化床的操作状况。

多层圆筒流化床干燥器适合于对产品含水量及湿度均匀有很高要求的情况。其缺点为:结构复杂,操作不易控制,难以保证各层流化稳定及定量地将物料送入下层。此外,由于床层阻力较大所导致的高能耗也是其缺点。

3. 卧式多室流化床干燥器　该干燥器的基本结构如图6-11所示。为了克服多层干燥器的缺点,在制药生产中较多应用负压卧式多室流化床干燥器。其主要结构由流化床、旋风分离器、细粉回收室和引风机组成。在干燥室内,通常用挡板将流化床分隔成多个小室,挡板下端与分布板之间的距离可以调节,使物料能逐室通过。使用时,将观察窗和清洗门关闭,在终端抽风机作用下,空气由于负压被抽进系统,由加热器加热,高速进入干燥器,湿颗粒立即在多孔板上上下翻腾,与空气快速进行热交换。另外,在负压的作用下,导入一定量的冷空气,送入最后一室,用于

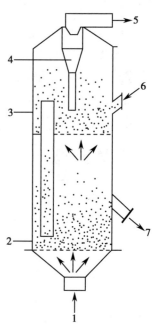

1. 热空气; 2. 第二层; 3. 第一层; 4. 床内分离器; 5. 气体出口; 6. 加料口; 7. 出料口

图6-10　多层流化床干燥器

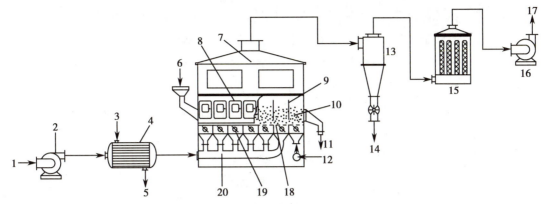

1.空气；2.送风机；3.加热蒸汽；4.空气加热器；5.冷凝水；6.加料器；7.多室流化干燥室；8.观察窗；
9.挡板；10.流化床；11.干燥物料；12.冷空气；13.旋风分离器；14.粗粉回收；15.细粉回收室；16.引风机；
17.尾气；18.气体分布板；19.可调风门；20.热空气分配管

图6-11 卧式多室流化床干燥器

冷却产品。进入各小室的热、冷空气向上穿过气体分布板，物料从干燥室的入料口进入流化干燥室，在穿过分布板的热、冷空气吹动下，形成流化床，以沸腾状向出口方向移动，完成传热、传质的干燥过程，最后由出料口排出。

干燥室的上部有扩大段，空气流速降低，物料不能被吹起，大部分物料将与空气分离，部分细小物料随分离的空气被抽离干燥室，用旋风分离器进行回收，极少量的细小粉尘由细粉回收室回收。

卧式多室流化床干燥器结构简单，操作方便，易于控制，且适应性广。不但可用于各种难以干燥的粒状物料和热敏性物料，也可用于粉状及片状物料的干燥。干燥产品湿度均匀，压力损失也比多层床小。不足的是热效率要比多层床低。

4. 振动流化床干燥器 该干燥器的基本结构如图6-12所示。为避免普通流化床的沟

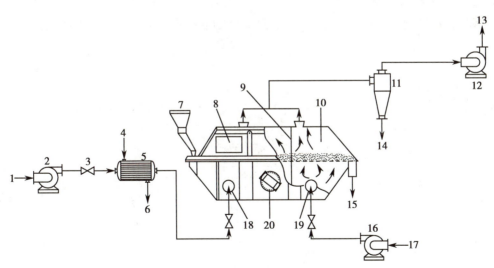

1、17.空气；2、16.送风机；3.阀门；4.加热蒸汽；5.加热器；6.冷凝水；7.加料机；8.观察窗；9.挡板；10.干燥室；11.旋风分离器；12.抽风机；13.尾气；14.粉尘回收；15.干燥物料；18、19.空气进口；20.振动电机

图6-12 振动流化床干燥器

流、死区和团聚等情况发生，人们将机械振动施加于流化床上，形成振动流化床干燥器。振动能使物料流化形成振动流化态，可以降低临界流化气速，使流化床层的压降减小。调整振动参数，可以使普通流化床的返混基本消除，形成较理想的定向塞流。振动流化床干燥器的不足是噪声大，设备磨损较大，对湿含量大、团聚性较大的物料干燥不太理想。

5. 塞流式流化床干燥器 该干燥器的基本结构如图 6-13 所示。给料必须是完全可流化的，从气体分布板中心进料，在分布板边缘出料，进、出料口之间设有一道螺旋形塞流挡板。物料从中心进料导管输入后即被热空气流化，并被强制沿着螺旋形塞流挡板通道移动，一直到达边缘的溢流堰出料口卸出。由于连续的物料流动和窄的通道限制了物料的返混，停留时间得到很好的控制，因此，在多种复杂的操作中能够保持颗粒停留时间基本一致，产品湿含量低，与热空气接近平衡，且无过热现象。

（七）喷雾干燥器

喷雾干燥器是将流化技术应用于液态物料干燥的一种有效的设备。喷雾干燥的物料可以是溶液、乳浊液、混悬液等，干燥产品可根据工艺要求制成粉状、颗粒状，甚至空心球状，因此在制药工业中得到了广泛的应用。

1. 喷雾干燥器的工作原理 该干燥器的基本结构如图 6-14 所示。喷雾干燥器是利用雾化器将液态物料分散成粒径

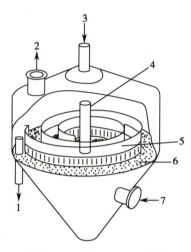

1. 出料口；2. 排气口；3. 进料口；
4. 进料导管；5. 塞流挡板；6. 气体分布板；7. 进气口

图 6-13 塞流式流化干燥器

为 10～60μm 的雾滴，将雾滴抛掷于温度为 121～300℃的热气流中，由于高度分散，这些雾滴具有很大的比表面积和表面自由能，其表面的湿分蒸气压比相同条件下平面液态湿分的蒸气压要大。热气流与物料以逆流、并流或混合流的方式相互接触，通过快速的热量交换和质量交换，使湿物料中的水分迅速汽化而达到干燥，干燥后产品的粒度一般为 30～50μm。喷雾干燥的物料可以是溶液、乳浊液、混悬液或是黏糊状的浓稠液。干燥产品可根据工艺要求制成

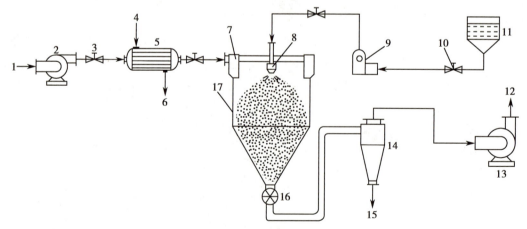

1. 空气；2. 送风机；3、10. 阀门；4. 加热蒸汽；5. 加热器；6. 冷凝水；7. 热空气分布器；8. 压力喷嘴；
9. 高压液泵；11. 贮液罐；12. 尾气；13. 引风机；14. 旋风分离器；15. 粉尘回收；16. 星形卸料器；17. 喷雾干燥室

图 6-14 喷雾干燥装置示意图

粉状、颗粒状、团粒状甚至空心球状。由于喷雾干燥时间短,通常为5～30秒,所以特别适用于热敏性物料的干燥。

喷雾干燥的设备有多种结构和型号,主要由空气过滤器、空气加热系统、雾化系统(喷嘴)、干燥系统(干燥塔)、气-固分离系统(旋风分离器)组成。不同型号的设备,其空气加热系统、气-固分离系统和控制系统区别不大,但雾化系统和干燥系统则有多种配置。

2. 雾化系统的分类 雾化系统是喷雾干燥器的重要部分。料液经雾化系统喷出,粒径极小,表面积很大,从而增加了传热、传质速度,极大地提高了干燥速度。同时,其对生产能力、产品质量、干燥器的尺寸及干燥过程的能量消耗均有重要影响。按液态物料雾化方式不同,可以将雾化系统分为三种,如图6-15所示。

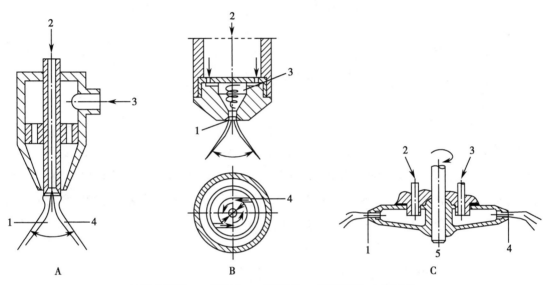

A:气流式喷嘴　1.空气心;2.原料液;3.压缩空气;4.喷雾锥
B:压力式喷嘴　1.喷嘴口;2.高压原料液;3.旋转室;4.切线入口
C:离心式喷嘴　1、4.喷嘴;2、3.原料液;5.旋转轴

图6-15　雾化系统(喷嘴)

(1)气流喷雾法:如图6-15A所示,将压力为150～700kPa的压缩空气或蒸汽以≥300m/s的速度从环形喷嘴喷出,利用高速气流产生的负压力,将液体物料从中心喷嘴以膜状吸出,液膜与气体间的速度差产生较大的摩擦力,使得液膜被分散成为雾滴。气流式喷嘴结构简单,磨损小,对高、低黏度的物料,甚至含少量杂质的物料都可雾化,处理物料量弹性也大,调节气液量之比还可控制雾滴大小,即控制了成品的粒度,但它的动力消耗较大。

(2)压力喷雾法:如图6-15B所示,高压液泵以2～20MPa的压力,将液态物料带入喷嘴,喷嘴内有螺旋室,液体在内高速旋转喷出。压力式喷嘴结构简单,制造成本低,操作、检修和更换方便,动力消耗较气流式喷嘴要低得多;但应用这种喷嘴需要配置高压泵,料液黏度不能太大,而且要严格过滤,否则易产生堵塞,喷嘴的磨损也比较大,往往要用耐磨材料制作。

(3)离心喷雾法:如图6-15C所示,将料液从高速旋转的离心盘中部输入,在离心盘加速作用下,料液形成薄膜、细丝或液滴,由转盘的边缘甩出,立刻受到周围热气流的摩擦、阻碍与撕裂等作用而形成雾滴。离心式喷嘴操作简便,适用范围广,料路不易堵塞,动力消耗小,多用于大型喷雾干燥；但结构较为复杂，制造和安装技术要求高，检修不便，润滑剂会污染物料。

喷雾干燥要求达到的雾滴平均直径一般为 $10\sim60\mu m$，它是喷雾干燥的一个关键参数，对技术经济指标和产品质量均有很大的影响，对热敏性物料的干燥更为重要。在制药生产中，应用较多的是气流喷雾法和压力喷雾法。

3. 喷雾干燥法的特点 喷雾干燥器的最大特点是能将液态物料直接干燥成固态产品，简化了传统所需的蒸发、结晶、分离、粉碎等一系列单元操作，且干燥的时间很短；物料的温度不超过热空气的湿球温度，不会产生过热现象，物料有效成分损失少，故特别适合于热敏性物料的干燥（逆流式除外）；干燥的产品疏松、易溶；操作环境粉尘少，控制方便，生产连续性好，易实现自动化。缺点是单位产品耗能大，热效率和体积传热系数都较低，设备体积大，结构较为复杂，一次性投资较大等。

4. 喷雾干燥的黏壁现象 当喷嘴喷出的雾滴还未完全干燥且带有黏性时，一旦和干燥塔的塔壁接触，就会黏附在塔壁上，积多结成块，这就是黏壁现象。为了避免黏壁现象的发生，可从以下三个方面进行改进。

（1）喷雾干燥塔的结构：干燥塔的结构取决于气 - 固流动方式和雾化器的种类。如并流气流式喷雾干燥塔往往要设计得较为细长，逆流和混合流干燥塔一般设计得较低矮和粗大。

（2）雾化器的调试：雾化器喷出的雾滴应锥形分布，垂线应该是和喷嘴的轴线完全重合，喷出的雾滴大小和方向才能一致；安装雾化器若偏离干燥塔中心，雾滴就会喷射到附近或对面的塔壁上造成黏壁现象；另外，雾化器工作时振动也会引起黏壁现象，应控制好料液和压缩空气的供给，保证供给压力恒定。

（3）热风进入塔内的方式：热空气进入干燥塔时，若采用"旋转风"和"顺壁风"相结合的方法，可防止雾滴接触器壁。

（八）红外线辐射干燥器

红外线辐射干燥是利用红外线辐射器产生的电磁波被物料表面吸收后转变为热量，使物料中的湿分受热汽化而干燥的一种方法。红外线辐射加热器的种类较多，结构上主要由三部分组成：涂层、热源、基体。涂层为加热器的关键部分，其功能是在一定温度下能发射所需波段、频谱宽度和较大辐射功率的红外线辐射线。涂层多用烧结的方式涂布在基体上。热源的功能是向涂层提供足够的能量，以保证辐射涂层正常发射辐射线时具有必需的工作温度。常用的热源有电阻发热体、燃烧气体、蒸汽和烟道气等。基体的作用是安装和固定热源或涂层，多用耐温、绝缘、导热性能良好、具有一定强度的材料制成。

红外线辐射干燥器和对流传热干燥器在结构上有很大的相似之处，区别主要在于热源的不同，制药厂中常用石英红外线辐射加热器和碳化硅红外线辐射加热器。

1. 红外线辐射干燥器分类 常见的有带式红外线干燥器（图 6-16）和振动式远红外干燥器（图 6-17）。

2. 红外线干燥的特点

（1）红外线干燥器结构简单，调控操作灵活，易于自动化，设备投资较少，维修方便。

（2）干燥时间短、速度快，比普通干燥方法要快 $2\sim3$ 倍。

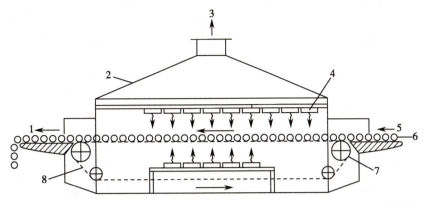

1. 出料端；2. 排风罩；3. 尾气；4. 红外线辐射加热器；5. 进料端；6. 物料；7. 驱动链轮；
8. 网状链带

图 6-16　带式红外线干燥器

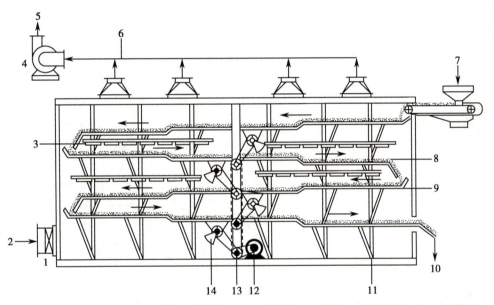

1. 空气过滤器；2. 进气；3. 红外线辐射加热器；4. 引风机；5. 尾气；6. 尾气排出口；7. 加料器；
8. 物料层；9. 振动料槽；10. 卸料；11. 弹簧连杆；12. 电动机；13. 链轮装置；14. 振动偏心轮

图 6-17　振动式远红外干燥器

（3）干燥过程无须干燥加热介质，蒸发水分的热能是物料吸收红外线辐射能后直接转变而来，能量利用率高。

（4）物料内外均能吸收红外线辐射，适合多种形态物料的干燥，产品质量好。

（5）红外线辐射穿透深度有限，干燥物料的厚度受到限制，只限于薄层物料。

（6）电能耗费大。

已经证明，若设计完善，红外线辐射加热干燥的节能效果和干燥环境要优于对流传热干燥，否则，效果不如对流传热干燥。

（九）微波干燥器

微波干燥属于介电加热干燥。物料中的水分子是一种极性很大的小分子物质，属于典型的偶极子，介电常数很大，在微辐射作用下，极易发生取向转动，分子间产生摩擦，辐射能转化成热能,温度升高,水分汽化,物料被干燥。制药生产中常使用微波频率为2 450MHz。

1. 微波干燥设备 微波干燥设备主要是由直流电源、波导装置、微波发生器、微波干燥器、传动系统、安全保护系统及控制系统组成,见图6-18。

（1）直流电源:将普通交流电源经变压、整流成为直流高压电。根据微波发生器的要求不同,对电源的要求也不同,有单相和三相整流电源。

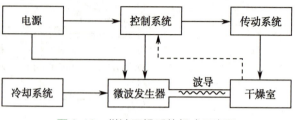

图6-18 微波干燥系统组成示意图

（2）波导装置:用以传送微波的装置,简称波导。一般采用空心的管状导电金属装置作为传送微波的波导,最常用的是矩形波导。

（3）微波发生器:生产中使用的微波发生器主要有速调管和磁控管两种。高频率及大功率的场合常使用速调管,反之则使用磁控管。

（4）微波干燥器:这是对物料进行加热干燥的地方,也就是微波应用装置。现在应用较多的有多模微波干燥器、行波型干燥器和单模谐振腔。图6-19是一种箱式结构的多模微波干燥器,其工作原理和结构有点类似于家用微波炉,为了干燥均匀,干燥室内可配置搅拌装置,或料盘转动装置。

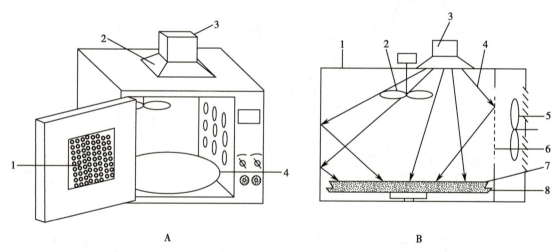

A:结构示意图　1.带屏蔽网视窗;2.波导入口;3.波导管;4.非金属料盘
B:干燥工作原理图　1.金属反射腔体;2.金属模式搅拌器;3.微波输入;4.辐射微波;5.排湿风扇;6.排湿孔;7.干燥物料;8.非金属旋转盘

图6-19 箱式微波干燥器

（5）微波漏能保护装置:生命体对微波能量的吸收,根据微波频率和生命体的不同达20%～100%,对生命体产生生理影响和伤害作用,因此,必须严格控制微波的泄漏。生产中多使用一种金属结构的电抗性微波漏能抑制器。

2. 微波干燥器的特点

（1）干燥温度低:微波干燥与其他普通干燥相比,加热温度低(最高100℃),整个干燥环境的温度也不高,操作过程属于低温干燥。

(2)加热、干燥时间短:微波干燥与其他普通干燥相比,加热速度要快数十倍至上百倍;干燥中传质动力是压差,所以干燥速度非常快,干燥时间大大缩短,生产效率得以提高。

(3)产品质量好:由于是内外同时加热,很少发生结壳现象。适于干燥过程中容易结壳以及内部的水分难以去尽的物料。

(4)具有灭菌功能:微波能抑制或杀死物料中的有害菌体,达到杀菌灭菌的效果。

(5)操控简单:能量的输入可以通过开关电源实现,操作简便,且加热速度和强度可通过功率输入的大小调节实现。

(6)设备体积小:由于生产效率高,能量利用率高,加热系统体积小,因此整个干燥设备体积小,占地面积少。

(7)安全性高:对于易燃易爆及温度控制不好易分解的化厂产品,微波干燥较安全。

(8)费用高:微波干燥的设备投入费用较大,微波发射器容易损坏,技术含量高,使得传热传质控制要求比较苛刻;而且微波对人体具有伤害作用,应用受到一定的限制。

微波干燥的设备具有广阔的发展前景,由于技术上和经济上的局限,目前较为普遍的应用方法是将微波干燥和普通干燥联合使用,如热空气干燥与微波干燥联合,喷雾干燥与微波干燥联合,真空冷冻与微波干燥联合等。

(十)冷冻干燥器

冷冻干燥简称冻干,是将物料预先冻结至冰点以下,使物料中的水分变成冰,然后降低体系压力,冰直接升华为水蒸气,因而又称为升华干燥。冷冻干燥特别适用于热敏性、易氧化的物料,如生物制剂、抗生素等药物的干燥处理,属于热传导式干燥器。

1. 冷冻干燥器的组成　如图 6-20 所示的冷冻干燥机组示意图。设备主要由冷冻干燥箱、真空机组、制冷系统、加热系统、冷凝系统、控制及其他辅助系统组成。冷冻干燥器的设备要求高,干燥装置也比较复杂。

(1)冷冻干燥箱:该部分是密封容器,是冷冻干燥器的核心部分。当干燥进行时,内部被抽成真空,箱内配有冷冻降温装置和升华加热搁板,器壁上有视窗。

(2)真空系统:真空条件下冰升华后的水蒸气体积比常压下大得多,要维持一定的真空度,对真空泵系统要求较高。一般采取的方法有两种:第一种是在干燥箱和真空泵之间加设冷凝器,使抽出的水分冷凝,以降低气体量;第二种是使用两级真空泵抽真空,前级泵先将大量气体抽走,达到预抽真空度的要求后,再使用主泵。前者用于大型冻干机,后则用于小型冻干机。

(3)制冷系统:用于干燥箱和水汽凝华器的制冷。根据制冷的循环方式,制冷分为单级压缩制冷、双级压缩制冷和复叠式制冷。单级压缩制冷只使用一台压缩机,设备结构简单,但动力消耗大,制冷效果不佳。双级压缩制冷和复叠式制冷使用两台压缩机。双级压缩制冷使用低、高压两种压缩机。复叠式制冷则相当于高温和低温两组单级压缩制冷通过蒸发冷凝器互联而成,这种配置能获得较低的制冷温度,应用较广泛,但动力消耗较大。

(4)加热系统:其供热方式可分为热传导和热辐射。传导供热又分为直热式和间热式。直热式以电加热直接给搁板供热为主;间热式用载热流体为搁板供热。热辐射主要采用红外

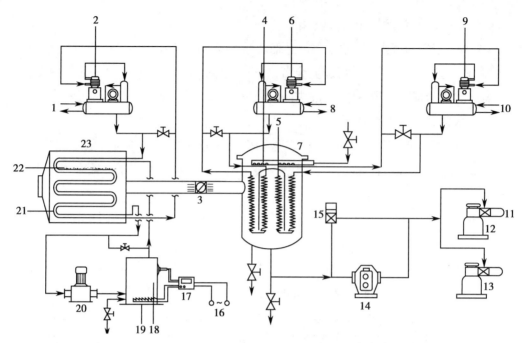

1、8、10. 冷凝水进出管；2、6、9. 冷冻机；3. 蝶阀；4. 化霜喷水管；5. 冷凝管；7. 水汽凝华器；11. 电磁放气截止阀；12、13. 旋转真空泵；14. 罗茨真空泵；15. 电磁阀；16. 加热电源；17. 加热温度控制仪；18. 油箱；19. 加热器；20. 循环油泵；21. 冷冻管；22. 搁板；23. 冻干箱

图6-20　冷冻干燥机组示意图

线加热。

冷冻干燥器一般按冻干面积可分为大型、中型和小型三种。制药生产中使用的大型冻干机搁板面积一般在 $6m^2$ 以上；中型冻干机搁板面积为 $1 \sim 5m^2$；小型或实验用冻干机搁板面积一般在 $1m^2$ 以下。

2. 冷冻干燥的特点

（1）冷冻干燥具有以下优点：①产品理化性质与生物活性稳定。由于冷冻干燥是将水分以冰的状态直接升华成水蒸气而干燥，故物料的物理结构以及组分的分子分布变化小。另外药物于低温、真空环境中干燥，可避免有效成分的热分解和热变性失活，降低有效成分的氧化变质，药品的有效成分损失少，生物活性受影响小。②产品复溶性好。由于冷冻干燥后的物料是被除去水分的原组织不变的多孔性干燥产品，添加水分后，在短时间内即可恢复干燥前的状态。③产品含水量低，质量稳定。真空条件使得产品含水量很低，加上真空包装，产品保存时间长。④适用于热敏性、易氧化及具有生物活性类制品的干燥。

（2）冷冻干燥的缺点：①由于对设备的要求较高，设备投资和操作的费用较大，动力消耗大；②由于低温时冰的升华速度较慢，装卸物料复杂，导致干燥时间比较长，生产能力低。因此，这种方法的应用受到一定的限制。

（十一）组合干燥

组合干燥是运用干燥技术、实验技术、制药工程与设备、系统工程和可行性论证，结合物料的特性进行干燥方法的选择与优化组合。组合干燥器有两种类型结合方式：一种是两种不同的干燥器串联组合，如气流 - 卧式流化组合式干燥器、喷雾 - 带式干燥器、喷雾 - 振动流化

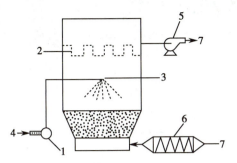

1. 泵；2. 袋滤器；3. 喷嘴；4. 料液；5. 排风机；6. 加热器；7. 空气

图 6-21 喷雾 - 流化造粒干燥器示意图

干燥器，另一种是利用各自技术特长结合在一个干燥器内组成一个干燥系统，如喷雾 - 流化造粒干燥器（图 6-21）。一般来说，前一个干燥器主要进行快速干燥，即除掉非结合水；后一个干燥器除掉降速干燥阶段的水分或冷却产品。优点是提高了设备利用率，同时可以获得优质产品。

1. 气流 - 流化床干燥器 当产品的含水量要求非常低，仅用一个气流干燥器达不到要求时，应该选择气流干燥器与流化床干燥器的二级组合。物料由螺旋加料器定量地加入脉冲气流管，与热空气一起上移，同时进行传热、传质。物料的表面水分脱出，进入旋风分离器，分离出的物料经旋转阀进入流化床干燥器继续干燥，直至达到合格的含水率，从流化床内排出，经旋转筛后进入料仓。尾气从旋风分离器，由引风机排出。

如在气流干燥器的底部装一套搅拌装置，就可组成粉碎气流 - 流化床干燥器。总之，在干燥装置的设计和操作过程中，如果用一种干燥器不能完成生产任务时，可以考虑两级（或多级）组合干燥技术，从而使产品达到质量、产量的要求。

2. 喷雾 - 流化造粒干燥器 喷雾 - 流化造粒干燥器是在喷雾技术与流化技术相结合的基础上发展起来的一种新型干燥器（如图 6-21 所示），可在一个床内完成多种操作。首先，在床内放置一定高度小于产品粒径的细粒子作为晶种。热空气进入流化床后，晶种处于流化状态，料液通过雾化器喷入分散在流化床物料层内，部分雾滴涂布于原有颗粒上，物料表面增湿，热空气和物料本身的显热足以使表面水分迅速蒸发，因此颗粒表面逐层涂布而成为较大的颗粒，称为涂布造粒机制。另一部分雾滴在没碰到颗粒之前就被干燥结晶，形成新的晶种。这样，颗粒不断长大，新的小粒子不断生成，周而复始。同时利用气流分级原理，将符合规格的粗颗粒不断排出，新颗粒继续长大，实现连续操作。如果雾滴没有迅速干燥，则产生多颗粒黏结团聚成为较大的颗粒，称为团聚造粒机制。

组合干燥是一个综合性的课题，目的是在满足产品质量要求的同时，能省时、节能和提高经济效益，其具有巨大的发展空间，前景非常广阔。

ER6-2 第六章 目标测试

（曾　锐）

第七章　蒸发设备

将含有不挥发性溶质的溶液加热至沸腾，使溶液中的部分溶剂汽化为蒸气并被排出，从而使溶液得到浓缩的过程称为蒸发，能够完成蒸发过程的设备称为蒸发设备。蒸发操作在制药过程中应用广泛，其目的主要有：将稀溶液蒸发浓缩到一定浓度直接作为制剂过程的原料或半成品；通过蒸发操作除去溶液中的部分溶剂，使溶液增浓到饱和状态，再经冷却析晶从而获得固体产品；蒸发操作还可以除去杂质，获得纯净的溶剂。

在中药制药过程中，提取液中存在挥发性不同的部位，在提取时可将易挥发性部位分离开。此外，选择中药浓缩设备时，应注意中药有效成分中的热敏性物质，热敏性物质具有易结焦、起泡，浓缩比高、小批量、多品种的特点，尽量采用低沸点、受热时间短、传热性好、易清洗的工艺和设备。

第一节　概述

蒸发过程是一个传热的过程，工业生产中通常是利用饱和水蒸气作为加热介质，通过换热器，将被加热的混合溶液加热至沸腾，利用混合溶液中溶剂的易挥发性和溶质的难挥发性，使溶剂汽化变为蒸气并被移出蒸发器，而溶质仍然留在混合溶液中的浓缩过程。需要蒸发的混合溶液主要为水溶液；中药制药过程中也经常用乙醇作为溶剂提取中药材中某些有效成分，或用醇沉除去水提取液中的某些杂质，故乙醇溶液的蒸发在制药过程中也普遍存在；此外还有其他一些有机溶液的蒸发。

1. **蒸发过程的条件**　蒸发过程能够顺利完成必须有两个条件：一是要有热源参与，使混合溶液达到并保持沸腾状态，常用的加热剂为饱和水蒸气，又称加热蒸汽、生蒸汽或一次蒸汽；二是要及时排除蒸发过程中因溶液不断沸腾而产生的溶剂蒸气，也称二次蒸气，否则蒸发室里会逐渐达到气液相平衡状态，致使蒸发过程无法继续进行。

2. **蒸发过程的分类**　蒸发过程按蒸发室的操作压力不同可以分为常压蒸发和减压蒸发（真空蒸发）；蒸发过程按产生的二次蒸汽是否作为下一级蒸发器的加热热源分为单效蒸发和多效蒸发；根据进料方式不同，也可将蒸发过程分为连续蒸发和间歇蒸发。

蒸发过程排出的二次蒸汽如果直接进入冷凝器被冷凝或作为其他加热过程的加热剂，这种蒸发过程称为单效蒸发；如果前一效蒸发器产生的二次蒸汽直接用于后一效蒸发器的加热热源，同时自身被冷凝，这种蒸发过程称为多效蒸发。

单效蒸发的工艺流程：单效蒸发过程的设备主要有加热室和分离室，其加热室的结构主要有列管式、夹套式、蛇管式及板式等类型。蒸发过程的辅助设备包括冷凝器、冷却器、原料预热器、除沫器、储罐、疏水器、原料输送泵、真空泵、各种仪表、接管及阀门等,如图 7-1 所示。

图 7-1 所示为单效减压蒸发的工艺流程图。饱和水蒸气通入加热室,将管内混合溶液加热至沸腾,从混合溶液中蒸发出来的溶剂蒸气夹带部分液相溶液进入分离室,在分离室中气相和液相由于密度的差异而分离,液相返回加热室或作为完成液采出,而气相从分离室经除沫器进入冷凝器,经与冷却水逆流接触冷凝为液体,与冷却水一起排出,而冷凝器中的不凝气体从冷凝器顶部由真空泵抽出。

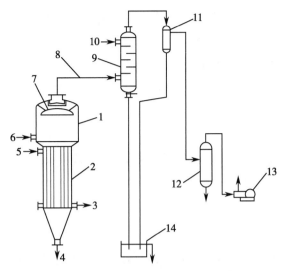

1. 分离室;2. 加热室;3. 冷凝水出口;4. 完成液出口;5. 加热蒸汽入口;6. 原料液进口;7. 除沫器;8. 二次蒸汽;9. 混合冷凝器;10. 冷却水进口;11. 气液分离器;12. 缓冲罐;13. 真空泵;14. 溢流水箱

图 7-1 单效减压蒸发的工艺流程图

3. 蒸发过程的特点 蒸发过程的实质就是热量的传递过程,溶剂汽化的速率取决于传热速率,因此传热过程的原理与计算过程也适用于蒸发过程。但蒸发过程是含有不挥发性溶质的溶液的沸腾传热过程,与普通传热过程相比有如下特点。

(1)属于两侧都有相变化的恒温传热过程:进行蒸发操作时,一侧壁面是饱和水蒸气不断冷凝释放出大量的热,而饱和蒸汽的冷凝液多在饱和温度下排出;另一侧壁面是混合溶液处于沸腾状态,溶剂不断吸收热量,由液态变为二次蒸汽。因此,蒸发过程是属于两侧都有相变化的恒温传热过程。

(2)溶液沸点的变化:被蒸发的混合溶液由易挥发性的溶剂和难挥发性的溶质两部分组成,因此,溶液的沸点受溶质含量的影响,其值比同一操作压力下纯溶剂的沸点高,而溶液的饱和蒸气压比纯溶剂的低。沸点升高指在相同的操作压力下,混合溶液的沸点与纯溶剂沸点的差值,影响沸点升高的因素包括溶液中溶质的浓度、加热管中液柱的静压力及流体在管道中的流动阻力损失等,一般溶液的浓度越高,沸点升高越高。当加热蒸汽的温度一定时,蒸发溶液的传热温度差要小于蒸发纯溶剂的传热温度差,溶液的浓度越高,该影响越大。

(3)溶液性质的变化:蒸发过程中,随着蒸发时间的延长,溶液的浓度越来越高,不仅溶液的沸点逐渐升高,而且溶液的黏度也逐渐增大,在加热壁面形成垢层的概率也增大。溶液性质的变化不仅对蒸发器的结构有一些特殊要求,并且也会影响到传热速率、传热系数及垢阻等。随着蒸发时间的延长,壁面的污垢热阻会增大,传热系数相应变小,传热速率会降低,蒸发速率也会降低。因此,应根据溶液的性质及完成液浓度要求选择合适的蒸发设备。

(4)雾沫夹带问题:蒸发过程中产生的二次蒸汽被排出分离室时会夹带许多细小的液滴和雾沫,冷凝前必须设法除去,否则会损失有效物质,并且也会污染冷凝设备。一般蒸发器的分离室要有足够的分离空间,并加设除沫器除去二次蒸汽夹带的雾沫。

（5）节能降耗问题：蒸发过程一方面需要消耗大量的饱和蒸汽来加热溶液使其处于沸腾状态，而其冷凝液多在饱和温度下排出；另一方面又需要用冷却水将蒸发产生的二次蒸汽不断冷凝；同时完成液也是在沸点温度下排出的；此外还要考虑过程的热损失问题。因此，应充分利用二次蒸汽的潜热，全方位考虑整个蒸发过程的节能降耗问题。

第二节　常用蒸发设备

一、循环型蒸发器

在循环型（非膜式）蒸发器的蒸发操作过程中，溶液在蒸发器的加热室和分离室中作连续的循环运动，从而提高传热效果，减少污垢热阻，但溶液在加热室滞留量大且停留时间长，不适宜热敏性溶液的蒸发。按促使溶液循环的动因，循环型蒸发器分为自然循环型和强制循环型。自然循环型是靠溶液在加热室位置不同，溶液因受热程度不同产生密度差，轻者上浮重者下沉，从而引起溶液的循环流动，循环速度较慢（0.5～1.5m/s）；强制循环型是靠外加动力使溶液沿一定方向作循环运动，循环速度较高（1.5～5m/s），但动力消耗高。

1. 中央循环管型蒸发器　中央循环管型蒸发器属于自然循环型，又称标准式蒸发器，如图 7-2 所示，主要由加热室、分离室及除沫器等组成。中央循环管型蒸发器的加热室与列管换热器的结构类似，在直立的较细的加热管束中有一根直径较大的中央循环管，循环管的横截面积为加热管束总横截面积的 40%～100%。加热室的管束间通入加热蒸汽，将管束内的溶液加热至沸腾汽化，加热蒸汽冷凝液由冷凝水排出口经疏水器排出。由于中央循环管的直径比加热管束的直径大得多，在中央循环管中单位体积溶液占有的传热面积比加热管束中的要小得多，致使循环管中溶液的汽化程度低，溶液的密度比加热管束中的大，密度差异造成了溶液在加热管内上升而在中央循环管内下降的循环流动，从而提高了传热速率，强化了蒸发过程。在蒸发器加热室的上方为分离室，也叫蒸发室，加热管束内溶液沸腾产生的二次蒸汽及夹带的雾沫、液滴在分离室得到初步分离，液体从中央循环管向下流动从而产生循环流动，而二次蒸汽通过蒸发室顶部的除沫器除沫后排出，进入冷凝器冷凝。

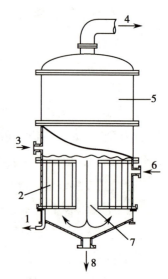

1. 冷凝水出口；2. 加热室；3. 原料液进口；4. 二次蒸汽；5. 分离室；6. 加热蒸汽进口；7. 中央循环管；8. 完成液出口

图 7-2　中央循环管型蒸发器

中央循环管型蒸发器的循环速率与溶液的密度及加热管长度有关，密度差越大，加热管越长，循环速率越大。通常加热管长 1～2m，加热管直径 25～75mm，长径比 20～40。

中央循环管型蒸发器的结构简单、紧凑，制造较方便，操作可靠，有"标准"蒸发器之称。但检修、清洗复杂，溶液的循环速率低（小于 0.5m/s），传热系数小。适宜黏度不高、不易结晶结垢、腐蚀性小且密度随温度变化较大的溶液的蒸发。

2. 外加热式蒸发器 外加热式蒸发器属于自然循环型蒸发器,其结构如图7-3所示,主要由列管式加热室、蒸发室及循环管组成。加热室与蒸发室分开,加热室安装在蒸发室旁边,特点是降低了蒸发器的总高度,有利于设备的清洗和更换,并且避免大量溶液同时长时间受热。外加热式蒸发器的加热管较长,长径比为50~100。溶液在加热管内被管间的加热蒸汽加热至沸腾汽化,加热蒸汽冷凝液经疏水器排出,溶液蒸发产生的二次蒸汽夹带部分溶液上升至蒸发室,在蒸发室实现气液分离,二次蒸汽从蒸发室顶部经除沫器除沫后进入冷凝器冷凝。蒸发室下部的溶液沿循环管下降,循环管内溶液不受蒸汽加热,其密度比加热管内的大,形成循环运动,循环速率可达1.5m/s,完成液最后从蒸发室底部排出。外加热式蒸发器的循环速率较高,传热系数较大[一般1 400~3 500W/(m²·℃)],并可减少结垢。外加热式蒸发器的适应性较广,传热面积受限较小,但设备尺寸较高,结构不紧凑,热损失较大。

3. 强制循环型蒸发器 在蒸发较大黏度的溶液时,为了提高循环速率,常采用强制循环型蒸发器,其结构见图7-4所示。强制循环型蒸发器主要由列管式加热室、分离室、除沫器、循环管、循环泵及疏水器等组成。与自然循环型蒸发器相比,强制循环型蒸发器中溶液的循环运动主要依赖于外力,在蒸发器循环管的管道上安装有循环泵,循环泵迫使溶液沿一定方向以较高速率循环流动,通过调节泵的流量来控制循环速率,循环速率可达1.5~5m/s。溶液被循环泵输送到加热管的管内并被管间的加热蒸汽加热至沸腾汽化,产生的二次蒸汽夹带液滴向上进入分离室,在分离室二次蒸汽向上通过除沫器除沫后排出,溶液沿循环管向下再经泵循环运动。

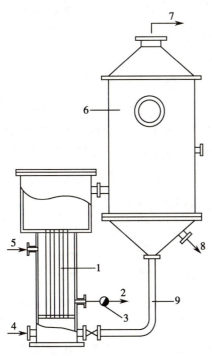

1. 加热室;2. 冷凝水出口;3. 疏水器;4. 原料液进口;5. 加热蒸汽入口;6. 蒸发室;7. 二次蒸汽;8. 完成液出口;9. 循环管

图7-3 外加热式蒸发器

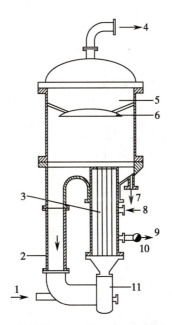

1. 原料液进口;2. 循环管;3. 加热室;4. 二次蒸汽;5. 分离室;6. 除沫器;7. 完成液出口;8. 加热蒸汽进口;9. 冷凝水出口;10. 疏水器;11. 循环泵

图7-4 强制循环型蒸发器

强制循环型蒸发器的传热系数比自然循环的大,蒸发速率高,但其能量消耗较大,每平方米加热面积耗能 0.4～0.8kW。强制循环蒸发器适于处理高黏度、易结垢及易结晶溶液的蒸发。

二、单程型蒸发器

单程型(膜式)蒸发器的基本特点是溶液只通过加热室一次即达到所需要的浓度,溶液在加热室仅停留几秒至几十秒,停留时间短,溶液在加热室滞留量少,蒸发速率高,适宜热敏性溶液的蒸发。在单程型蒸发器的操作中,要求溶液在加热壁面呈膜状流动并被快速蒸发,离开加热室的溶液又得到及时冷却,溶液流速快,传热效果佳,但对蒸发器的设计和操作要求较高。

1. 升膜式蒸发器　在升膜式蒸发器中,溶液形成的液膜与蒸发产生二次蒸汽的气流方向相同,由下而上并流上升,在分离室气液得到分离。升膜式蒸发器的结构如图 7-5 所示。主要由列管式加热室及分离室组成,其加热管由细长的垂直管束组成,管子直径为 25～80mm,加热管长径比为 100～300。原料液经预热器预热至近沸点温度后从蒸发器底部进入,溶液在加热管内受热迅速沸腾汽化,生成的二次蒸汽在加热管中高速上升,溶液则被高速上升的蒸汽带动,从而沿加热管壁面成膜状向上流动,并在此过程中不断蒸发。为了使溶液在加热管壁面有效地成膜,要求上升蒸汽的气速应达到一定的值,在常压下加热室出口速率不应小于 10m/s,一般为 20～50m/s,减压下的气速可达到 100～160m/s 或更高。气液混合物在分离室内分离,浓缩液由分离室底部排出,二次蒸汽在分离室顶部经除沫后导出,加热室中的冷凝水经疏水器排出。

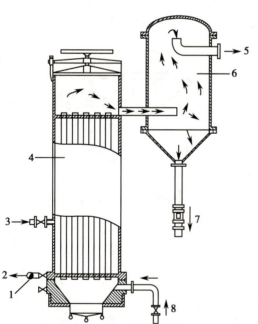

1. 疏水器;2. 冷凝水出口;3. 加热蒸汽进口;4. 加热室;5. 二次蒸汽;6. 分离室;7. 完成液出口;8. 原料液进口

图 7-5　升膜式蒸发器

在升膜式蒸发器的设计时要满足溶液只通过加热管一次即达到要求的浓度。加热管的长径比、进料温度、加热管内外的温度差、进料量等都会影响成膜效果、蒸发速率及溶液的浓度等。加热管过短溶液浓度达不到要求,过长则易在加热管子上端出现干壁现象,加重结垢现象且不易清洗,影响传热效果。加热蒸汽与溶液沸点间的温差也要适当,温差大,蒸发速率较高,蒸汽的速率高,成膜效果好一些,但加热管上部易产生干壁现象且能耗高。原料液最好预热到近沸点温度再进入蒸发室中进行蒸发,如果将常温下的溶液直接引入加热室进行蒸发,在加热室底部需要有一部分传热面用来加热溶液使其达到沸点后才能汽化,溶液在这部分加热壁面上不能呈膜状流动,从而影响蒸发效果。升膜式蒸发器适于蒸发量大、稀溶液、热敏性及易生泡溶液的蒸发;不适于黏度高、易结晶结垢溶液的蒸发。

2. 降膜式蒸发器　降膜式蒸发器的结构如图 7-6 所示,其结构与升膜式蒸发器大致相同,也是由列管式加热室及分离室组成,但分离室处于加热室的下方,在加热管束上管板的上方装有液体分布板或分配头。原料液由加热室顶部进入,通过液体分布板或分配头均匀进入每根换热管,并沿管壁呈膜状流下同时被管外的加热蒸汽加热至沸腾汽化,气液混合物由加热室底部进入分离室分离,完成液由分离室底部排出,二次蒸汽由分离室顶部经除沫后排出。在降膜式蒸发器中,液体的运动是靠本身的重力和二次蒸汽运动的拖带力的作用,溶液下降的速度比较快,因此成膜所需的气速较小,对黏度较高的液体也较易成膜。

降膜式蒸发器的加热管长径比为 100～250,原料液从加热管上部流至下部即可完成浓缩。若蒸发一次达不到浓缩要求,可用泵将料液进行循环蒸发。

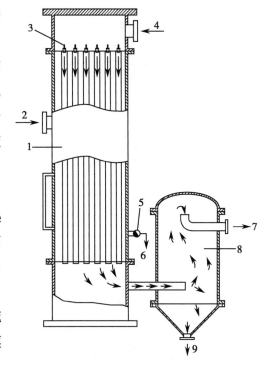

1. 加热室; 2. 加热蒸汽进口; 3. 液体分布装置;
4. 原料液进口; 5. 疏水器; 6. 冷凝水出口; 7. 二次蒸汽; 8. 分离室; 9. 完成液出口

图 7-6　降膜式蒸发器

降膜式蒸发器可用于热敏性、浓度较大和黏度较大的溶液的蒸发,但不适宜易结晶结垢溶液的蒸发。

3. 升 - 降膜式蒸发器　当制药车间厂房高度受限制时,也可采用升 - 降膜式蒸发器,如图 7-7 所示,将升膜蒸发器和降膜蒸发器安装在一个圆筒形壳体内,将加热室管束平均分成两部分,蒸发室的下封头用隔板隔开。原料液由泵经预热器预热至近沸点温度后从加热室底部进入,溶液受热蒸发汽化产生的二次蒸汽夹带溶液在加热室壁面呈膜状上升。在蒸发室顶部,蒸汽夹带溶液进入降膜式加热室,向下呈膜状流动并再次被蒸发,气液混合物从加热室底部进入分离室,完成气液分离,完成液从分离室底部排出。

4. 刮板搅拌式蒸发器　刮板搅拌式蒸发器是通过旋转的刮板使液料形成液膜的蒸发设备,如图 7-8 所示,为可以分段加热的刮板搅拌式蒸发器,主要由分离室、夹套式加热室、刮板、轴承、动力装置等组成。夹套内通入加热蒸汽加热蒸发筒内的溶液,刮板由轴带动旋转,刮板的边缘与夹套内壁之间的缝隙很小,一般 0.5～1.5mm。原料液经预热后沿圆筒壁的切线方向进入,在重力及旋转刮板的作用下在夹套内壁形成下旋液膜,液膜在下降时不断被夹套内蒸汽加热蒸发浓缩,完成液由圆筒底部排出,产生的二次蒸汽夹带雾沫由刮板的空隙向上运动,旋转的带孔刮板也可把二次蒸汽所夹带的液沫甩向加热壁面,在分离室进行气液分离后,二次蒸汽从分离室顶部经除沫后排出。

刮板搅拌式蒸发器的蒸发室是一个圆筒,圆筒高度与工艺要求有关,当浓缩比较大时,加

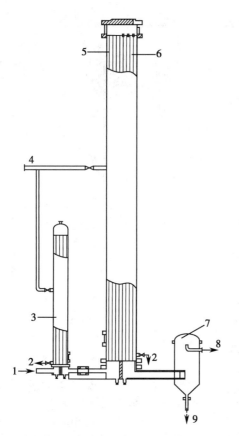

1. 原料液进口; 2. 冷凝水出口; 3. 预热器; 4. 加热
蒸汽进口; 5. 升膜加热室; 6. 降膜加热室; 7. 分离
室; 8. 二次蒸汽出口; 9. 完成液出口

1. 加热蒸汽; 2. 原料液进口; 3. 二次蒸汽出口;
4. 刮板; 5. 夹套加热; 6. 冷凝水出口; 7. 完成液
出口

图 7-7　升 - 降膜式蒸发器　　　　　　图 7-8　刮板搅拌式蒸发器

热蒸发室长度较大,此时可选择分段加热,采用不同的加热温度来蒸发不同的液料,以保证产
品质量。加大圆筒直径可相应地加大传热面积,但也增加了刮板转动轴传递的力矩,增加了
功率消耗,一般圆筒直径在 300～500mm 为宜。

刮板搅拌式蒸发器采用刮板的旋转来成膜、翻膜,液层薄膜不断被搅动,加热表面和蒸发
表面不断被更新,传热系数较高。液料在加热区停留时间较短,一般几秒至几十秒,蒸发器的
高度、刮板导向角、转速等因素会影响蒸发效果。刮板搅拌式蒸发器的结构比较简单,但因具
有转动装置且多真空操作,对设备加工精度要求较高,并且传热面积较小。刮板搅拌式蒸发
器适用于浓缩高黏度液料或含有悬浮颗粒的液料的蒸发。

5. 离心薄膜式蒸发器　　离心薄膜式蒸发器是利用高速旋转的锥形碟片所产生的离心
力对溶液的周边分布作用而形成薄薄的液膜,其结构如图 7-9 所示。杯形的离心转鼓内部叠
放着几组梯形离心碟片,转鼓底部与主轴相连。每组离心碟片都是由上、下两个碟片组成的
中空的梯形结构,两碟片上底在弯角处紧贴密封,下底分别固定在套环的上端和中部,构成
一个三角形的碟片间隙,起到夹套加热的作用。两组离心碟片相隔的空间是蒸发空间,它们
上大下小,并能从套环的孔道垂直相连并作为原液料的通道,各离心碟片组的套环叠合面用
O 形密封圈密封,上面加上压紧环将碟组压紧。压紧环上焊有挡板,它与离心碟片构成环形
液槽。

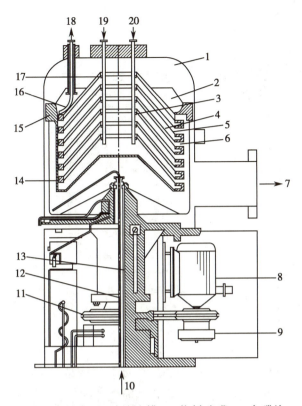

1. 蒸发器外壳；2. 浓缩液槽；3. 物料喷嘴；4. 上碟片；
5. 下碟片；6. 蒸汽通道；7. 二次蒸汽出口；8. 马达；9. 液力联轴器；10. 加热蒸汽进口；11. 皮带轮；12. 排冷凝水管；13. 进蒸汽管；14. 浓液通道；15. 离心转鼓；16. 浓缩液吸管；17. 清洗喷嘴；18. 完成液出口；19. 清洗液进口；20. 原料液进口

图 7-9　离心薄膜式蒸发器结构

蒸发器运转时原料液从进料管进入，由各个喷嘴分别向各碟片组下表面喷出，并均匀分布于碟片锥顶的表面，液体受惯性离心力的作用向周边运动扩散形成液膜，液膜在碟片表面被夹层的加热蒸汽加热蒸发浓缩，浓缩液流到碟片周边就沿套环的垂直通道上升到环形液槽，由吸料管抽出作为完成液。从碟片表面蒸发出的二次蒸汽通过碟片中部的大孔上升，汇集后经除沫再进入冷凝器冷凝。加热蒸汽由旋转的空心轴通入，并由小通道进入碟片组间隙加热室，冷凝水受离心作用迅速离开冷凝表面，从小通道甩出落到转鼓的最低位置，并从固定的中心管排出。

离心薄膜式蒸发器是在离心力场的作用下成膜的，料液在加热面上受离心力的作用，液流湍动剧烈，同时蒸汽气泡能迅速被挤压分离，成膜厚度很薄，一般膜厚0.05～0.1mm，原料液在加热壁面停留时间不超过 1 秒，蒸发迅速，加热面不易结垢，传热系数高，可以真空操作，适宜热敏性、黏度较高的料液的蒸发。

三、板式蒸发器

板式蒸发器的结构如图 7-10 及图 7-11 所示，主要由长方形加热板、机架、固定板及压紧板、螺栓、进出口组成。

在薄的长方形不锈钢板上用压力机压出一定形状的花纹作为加热板，每块加热板上都有一对原料液及加热蒸汽的进出口，将加热板装配在机架上，加热板四周及进出口周边都由密封圈密封，加热板的一侧流动原料液，另一侧流动加热蒸汽从而实现加热蒸发过程。一般四块加热板为一组，在一台板式蒸发器中可设置数组，以实现连续蒸发操作。

板式蒸发器的传热系数高，蒸发速率快，液体在加热室停留时间短、滞留量少，板式蒸发器易于拆卸及清洗，可以减少结垢，并且加热面积可以根据需要而增减。但板式蒸发器加热板的四周都用密封圈密封，密封圈易老化，容易泄漏，热损失较大，应用较少。

各种蒸发器的基本结构不同，蒸发效果不同，选择时应考虑：满足生产工艺的要求并保证产品质量；生产能力大；结构简单，维修操作方便；单位质量二次蒸汽上所需加热蒸汽越少，经济性越好。

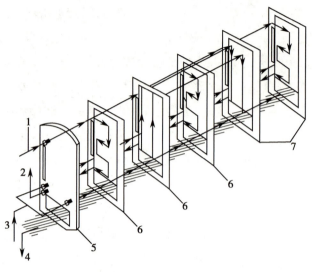
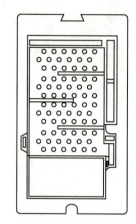

1.加热蒸汽进口；2.冷凝水出口；3.原料液进口；4.二次蒸汽
出口；5.压紧板；6.加热板；7.密封橡胶圈

图 7-10　板式蒸发器

图 7-11　板式蒸发器板片

实际选择蒸发设备时首先要考虑溶液增浓过程中溶液性质的变化，如是否有结晶生成、传热面上是否易结垢、是否易生泡、黏度随浓度的变化情况、溶液的热敏感性问题、溶液是否有腐蚀性等。蒸发过程中有结晶析出及易结垢的溶液，宜采用循环速度高、易除垢的蒸发器；黏度较大、流动性差的，宜采用强制循环或刮板式蒸发器；若为热敏性溶液，应选择蒸发时间短、滞留量少的膜式蒸发器；蒸发量大的不适宜选择刮板搅拌式蒸发器，应选择多效蒸发过程。

第三节　蒸发设备的节能

蒸发过程需要消耗大量的饱和蒸汽作为加热热源，蒸发过程产生的二次蒸汽又需要用冷却水进行冷凝，同时也需要有一定面积的加热室及冷凝器以确保蒸发过程的顺利进行。因此蒸发过程的节能问题直接影响药品的生产成本和经济效益。

蒸发过程的节能主要从如下几方面考虑：①充分利用蒸发过程中产生的二次蒸汽的潜热，如采用多效蒸发；②加热蒸汽的冷凝液多在饱和温度下排出，可以将其加压使其温度升高再返回该蒸发器代替生蒸汽作为加热热源；③将加热蒸汽的冷凝液减压使其产生自蒸过程，将获得的蒸汽作为后一效蒸发器的补充加热热源。

一、多效蒸发的应用

在单效蒸发过程中，每蒸发 1kg 的水都要消耗略多于 1kg 的加热蒸汽，若要蒸发大量的水分必然要消耗更大量的加热蒸汽。为了减少加热蒸汽的消耗量，降低药品的生产成本，对于生产规模较大、蒸发水量较大、需消耗大量加热蒸汽的蒸发过程，生产中多采用多效蒸发操作。

1. **多效蒸发的原理**　多效蒸发指将前一效产生的二次蒸汽引入后一效蒸发器,作为后一效蒸发器的加热热源,而后一效蒸发器则为前一效的冷凝器。多效蒸发过程是多个蒸发器串联操作,第一效蒸发器用生蒸汽作为加热热源,其他各效用前一效的二次蒸汽作为加热热源,末效蒸发器产生的二次蒸汽直接引入冷凝器冷凝。因此,多效蒸发时蒸发 1kg 的水,可以消耗少于 1kg 的生蒸汽,使二次蒸汽的潜热得到充分利用,节约了加热蒸汽,降低了药品成本,节约能源,保护环境。

多效蒸发时,本效产生的二次蒸汽的温度、压力均比本效加热蒸汽的低,所以,只有后一效蒸发器内溶液的沸点及操作压力比前一效产生的二次蒸汽的低,才可以将前一效的二次蒸汽作为后一效的加热热源,此时后一效为前一效的冷凝器。

要使多效蒸发能正常运行,系统中除一效外,其他任一效蒸发器的温度和操作压力均要低于上一效蒸发器的温度和操作压力。多效蒸发器的效数以及每效的温度和操作压力主要取决于生产工艺和生产条件。

2. **多效蒸发的流程**　多效蒸发过程中,常见的加料方式有并流加料、逆流加料、平流加料及错流加料。下面以三效蒸发为例来说明不同加料方式的工艺流程及特点,若多效蒸发的效数增加或减少时,其工艺流程及特点类似。

(1)顺流加料多效蒸发:最常见的多效蒸发流程为顺流加料多效蒸发,三效顺流加料的蒸发流程如图 7-12 所示。三个传热面积及结构相同的蒸发器串联在一起,需要蒸发的溶液和加热蒸汽的流向一致,都是从第一效顺序流至末效,这种流程即为顺流加料法。在三效顺流蒸发流程中,第一效采用生蒸汽作为加热热源,生蒸汽通入第一效的加热室使溶液沸腾,第一效产生的二次蒸汽作为第二效的加热热源,第二效产生的二次蒸汽作为末效的加热热源,末效产生的二次蒸汽则直接引入末效冷凝器冷凝并排出;与此同时,需要蒸发的溶液首先进入第一效进行蒸发,第一效的完成液作为第二效的原料液,第二效的完成液作为末效的原料液,末效的完成液作为产品直接采出。

并流加料多效蒸发具有如下特点:①原料液的流向与加热蒸汽流向相同,顺序由一效至

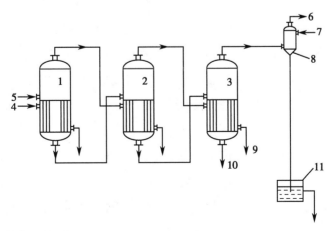

1. 一效蒸发器;2. 二效蒸发器;3. 三效蒸发器;4. 加热蒸汽进口;5. 原料液进口;6. 不凝气体排出口;7. 冷却水进口;8. 末效冷凝器;9. 冷凝水出口;10. 完成液出口;11. 溢流水箱

图 7-12　顺流加料三效蒸发流程

末效;②后一效蒸发室的操作压力比前一效的低,溶液在各效间的流动是利用效间的压力差,而不需要泵的输送,可以节约动力消耗和设备费用;③后一效蒸发器中溶液的沸点比前一效的低,前一效溶液进入后一效可产生自蒸发过程,自蒸发指因前一效完成液在沸点温度下被排出并进入后一效蒸发器,而后一效溶液的沸点比前一效的低,溶液进入后一效即可呈过热状态而自动蒸发的过程,自蒸发可产生更多的二次蒸汽,减少了热量的消耗;④后一效中溶液的浓度比前一效的高,而溶液的沸点温度反而低一些,因此各效溶液的浓度依次增高,而沸点反而依次降低,沿溶液流动的方向黏度则会逐渐增高,导致各效的传热系数逐渐降低,故对于黏度随浓度迅速增加的溶液不宜采用顺流加料工艺,顺流加料蒸发适宜热敏性溶液的蒸发过程。

（2）逆流加料蒸发流程:三效逆流加料的蒸发流程如图7-13所示,加热蒸汽的流向依次由一效至末效,而原料液由末效加入,末效产生的完成液由泵输送到第二效作为原料液,第二效的完成液也由泵输送至第一效作为原料液,而第一效的完成液作为产品采出,这种蒸发过程称为逆流加料多效蒸发。

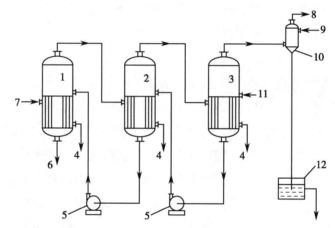

1. 一效蒸发器;2. 二效蒸发器;3. 三效蒸发器;4. 冷凝水出口;5. 泵;6. 完成液出口;7. 加热蒸汽进口;8. 不凝气体排出口;9. 冷却水进口;10. 末效冷凝器;11. 原料液进口;12. 溢流水箱

图 7-13　逆流加料三效蒸发流程

逆流加料多效蒸发特点为:①原料液由末效进入,并由泵输送到前一效,加热蒸汽顺序由一效至末效;②溶液浓度沿流动方向不断提高,溶液的沸点温度也逐渐升高,浓度增加黏度上升与温度升高黏度下降的影响基本上可以抵消,因此各效溶液的黏度变化不大,各效传热系数相差不大;③后一效蒸发室的操作压力比前一效的低,故后一效的完成液需要由泵输送到前一效作为其原料液,能量消耗及设备费用会增加;④各效的进料温度均低于其沸点温度,与顺流加料流程比较,逆流加料过程不会产生自蒸发,产生的二次蒸汽量会减少。

逆流加料多效蒸发适宜处理黏度随温度、浓度变化较大的溶液的蒸发,不适宜热敏性溶液的蒸发。

（3）平流加料多效蒸发:平流加料三效蒸发的流程如图7-14所示,加热蒸汽依次由一效至末效,而每一效都通入新鲜的原料液,每一效的完成液都作为产品采出。平流加料蒸发流程适合于在蒸发过程中易析出结晶的溶液。溶液在蒸发过程中若有结晶析出,不便于各效间输送,同时还易结垢影响传热效果,故采用平流加料蒸发流程。

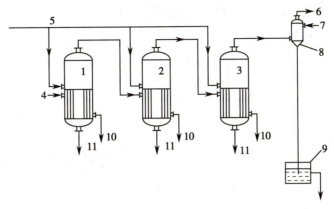

1. 一效蒸发器；2. 二效蒸发器；3. 三效蒸发器；4. 加热蒸汽入口；5. 原料液入口；6. 不凝气体排出口；7. 冷却水进口；8. 末效冷凝器；9. 溢流水箱；10. 冷凝水排出口；11. 完成液排出口

图 7-14　平流加料三效蒸发流程

（4）错流加料多效蒸发：错流加料三效蒸发流程如图 7-15 所示，错流加料的流程中采用部分顺流加料和部分逆流加料，其目的是利用两者的优点，克服或减轻两者的缺点，一般末尾几效采用顺流加料以利用其不需泵输送和自蒸发等优点。

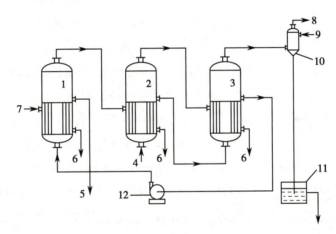

1. 一效蒸发器；2. 二效蒸发器；3. 三效蒸发器；4. 原料液进口；5. 完成液出口；6. 冷凝水出口；7. 加热蒸汽进口；8. 不凝气体排出口；9. 冷却水进口；10. 末效冷凝器；11. 溢流水箱；12. 泵

图 7-15　错流加料三效蒸发流程

3. 多效蒸发设备　三效蒸发设备由三组结构及传热面积相同的蒸发器构成，属于外加热式蒸发设备，可用于中药水提取液及乙醇液的蒸发浓缩过程，可以连续顺流蒸发，也可以间歇蒸发，可以得到较高的浓缩比，浓缩液的相对密度可大于 1.1。三效蒸发设备流程简图见图 7-16。

在实际的蒸发过程中，选择蒸发流程的主要依据是物料的特性及工艺要求等，并且要求操作简便、能耗低、产品质量稳定等。采用多效蒸发流程时，原料液需经适当的预热再进料，同时，为了防止液沫夹带现象，各效间应加装气液分离装置，并且及时排放二次蒸汽中的不凝性气体。

4. 多效蒸发的计算　多效蒸发过程的计算与单效蒸发的计算类似，也是利用物料衡算、热量衡算和总传热速率方程等，但多效蒸发的计算过程更复杂一些，多效蒸发的效数越多，计

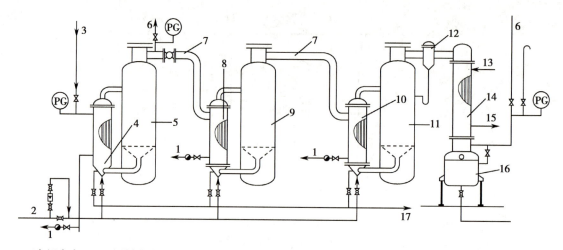

1. 冷凝水出口；2. 原料液进口；3. 加热蒸汽进口；4. 一效加热室；5. 一效分离室；6. 抽真空；7. 二次蒸汽；
8. 二效加热室；9. 二效分离室；10. 三效加热室；11. 三效分离室；12. 气液分离器；13. 冷却水进口；14. 末效
冷凝器；15. 冷凝水出口；16. 冷凝液接收槽；17. 完成液出口

图7-16 三效蒸发设备流程简图

算过程越繁杂。多效蒸发过程需要计算的内容包括各效的蒸发量、各效排出液的浓度、加热蒸汽消耗量及传热面积等。而生产任务会提供原料药的流量、浓度、温度及定压比热容，最终完成液的浓度，末效冷凝器的压力或温度，加热蒸汽的压力或温度等。为了简化多效蒸发的计算过程，工程上多根据实际经验进行适当的假设，并采用试差法来计算，得到的计算结果也多是近似值，需要通过生产实践或实验对计算结果进行适当调整。

5. 多效蒸发与单效蒸发的比较　与单效蒸发相比，多效蒸发具有如下特点。

（1）溶液的温度差损失：在单效蒸发和多效蒸发过程中，溶液的沸点均有升高并使传热温度差损失的现象，若在加热生蒸汽及冷凝器的压力相同的条件下，由于多效蒸发的各效蒸发器中都有因浓度变化、加热管内液柱静压力及流动阻力损失而引起的沸点升高，使蒸发器的每一效都有传热温度差损失，导致多效蒸发的总传热温度差损失比单效蒸发的总传热温度差损失要大一些。效数越多，各效的操作压力越低，溶液的沸点升高越明显，传热温度差损失越大。

（2）经济效益：采用多效蒸发可以降低生蒸汽的用量，提高了生蒸汽的经济性，效数越多，生蒸汽的经济性越高，若蒸发水量较大宜采用多效蒸发。但二次蒸汽的蒸发量随着效数增加而减少，而各效蒸发器的结构及传热面积相同，效数越多，设备投资越多，但后面几效的蒸发量反而变少，所以多效蒸发的效数一般3～5效为宜。

二、冷凝水自蒸发的应用

各效加热蒸汽的冷凝液多在饱和温度下排出，这些高温冷凝液的残余热能可以用来预热原料液或加热其他物料，也可采用如图7-17所示的流程进行自蒸发来利用冷凝水的残热，将加热室排出的高温冷凝水送至自蒸发器中减压，减压后的冷凝水因过热产生自蒸发过程。自蒸发产生的低温蒸汽一般可与本效产生的二次蒸汽一同送入下一效的加热室，作为下一效的加热热源,由此冷凝水的部分显热得以回收再利用,提高了蒸汽的经济性。

　　总之,充分利用各效加热蒸汽冷凝液的残余热量,可以减少加热蒸汽的消耗量,降低能耗,提高产品的经济效益,并且冷凝水自蒸发的设备和流程比较简单,现已被生产广泛采用。

三、低温下热泵蒸发器的应用

　　饱和蒸汽的汽化潜热随蒸汽温度的变化不大,因此溶液蒸发所产生的二次蒸汽的热焓并不比加热蒸汽的低,仅因二次蒸汽的压力和温度都低而不能合理利用。若将蒸发器产生的二次蒸汽通过压缩机压缩,提高其压力及温度,使二次蒸汽的压力达到本效加热蒸汽的压力,然后将其送入本效蒸发器加热室中作为加热蒸汽循环使用,这样无须再加入新鲜的加热蒸汽,即可使蒸发器能正常工作,这种蒸发过程称为热泵蒸发。

　　热泵蒸发的流程如图7-18所示,由蒸发室产生的二次蒸汽被压缩机沿管吸入压缩机中,在压缩机内二次蒸汽被绝热压缩,其压力及温度升高至加热室所需的温度和压力后,二次蒸汽从压缩机沿管进入加热室,在加热室中蒸汽冷凝放出的热量将壁面另一侧的溶液加热蒸发同时自身被冷凝,冷凝水从加热室经疏水器排出,不凝气体用真空泵从蒸发室内抽出。

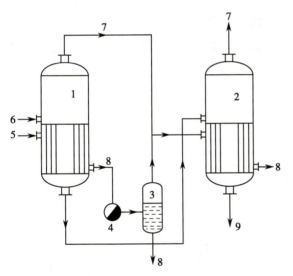

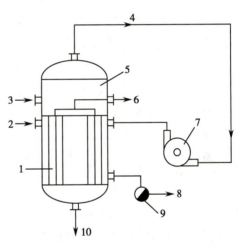

1、2. 蒸发器;3. 自蒸发器;4. 疏水器;5. 加热蒸汽入口;6. 原料液进口;7. 二次蒸汽出口;8. 冷凝水出口;9. 完成液出口

1. 加热室;2. 加热蒸汽进口;3. 原料液进口;4. 二次蒸汽;5. 分离室;6. 空气放空口;7. 压缩机;8. 冷凝水排出口;9. 疏水器;10. 完成液出口

图 7-17　冷凝水自蒸发的流程图　　　　图 7-18　热泵蒸发器操作简图

　　热泵蒸发可以实现二次蒸汽的再利用,可大幅度节约生蒸汽的用量,操作时仅需在蒸发的初始阶段采用生蒸汽进行加热,一旦蒸发操作达到稳定状态,就只采用压缩的二次蒸汽作为加热热源,而无须再补充生蒸汽,从而达到节能降耗的目的。热泵蒸发适用于沸点升高较小、浓度变化不大的溶液的蒸发,若溶液的浓度变化大、沸点升高较高,因压缩机的压缩比不宜太高,即二次蒸汽的温升有限,传热过程的推动力变小,则热泵蒸发的效率降低,经济性差,甚至不能满足蒸发操作的要求。热泵蒸发所使用的压缩机的热力学效率为25%～30%,

同时将高温的二次蒸气压缩对压缩机的要求较高,压缩机的投资费用较大,维护保养复杂,二次蒸汽中应避免雾沫夹带,这些缺点也限制了热泵蒸发过程的应用。热泵蒸发过程适宜在二次蒸汽的压缩比不大的情况下使用,热泵蒸发可提高蒸发器的热利用率,节能效果明显。

第四节　蒸馏水器

制药工艺生产中使用各种水作为不同剂型药品的溶剂或包装容器的洗涤水等,这些水统称为工艺用水。药品生产工艺中使用的水包括饮用水、纯化水及注射用水。饮用水是制备纯化水的原料水;纯化水是制备注射用水的原料水,纯化水可采用蒸馏法、离子交换法、反渗透法、电渗析及超滤等方法制备;注射用水指将蒸馏水或去离子水再经蒸馏而制得的水,再蒸馏的目的是去除热原,注射用水主要采用重蒸馏法制备,反渗透法也可制备注射用水。

把饮用水加热至沸腾使之汽化,再把蒸汽冷凝所得的水,称为蒸馏水。水在蒸发汽化过程中,易挥发性物质汽化逸出,原溶于水中的多数杂质和热原都不挥发,仍留在残液中。因而饮用水经过蒸馏,可除去其中的各种不挥发性物质,包括悬浮体、胶体、细菌、病毒及热原等杂质,从而得到纯净蒸馏水。经过两次蒸馏的水,称为重蒸馏水。重蒸馏水中不含热原,可作为医用注射用水。制备蒸馏水的设备称为蒸馏水器,蒸馏水器主要由蒸发锅、除沫装置和冷凝器三部分构成。蒸馏水器的加热方法主要有水蒸气加热及电加热两种。蒸馏水器分为单蒸馏水器和重蒸馏水器两种。

制药工艺用水的质量直接影响到药品的质量,各类工艺用水应符合《中国药典》的具体要求。注射用水的pH、硫酸盐、氯化物、铵盐、钙盐、二氧化碳、易氧化物、不挥发性物质及重金属等都应符合药典规定。

一、电热式蒸馏水器

电热式蒸馏水器的结构如图7-19所示,主要由蒸发锅、电加热器、冷凝器及除沫器等组成,其蒸发锅内安装有若干个电加热器,电加热器必须没入水中操作,否则可能烧坏。电热式蒸馏水器的工作流程如下:原料饮用水先经过冷凝器被预热,再进入蒸发锅内被电加热器加热,饮用水被加热至沸腾汽化,产生的蒸汽经除沫器除去其夹带的雾状液滴,然后进入冷凝器被冷凝为蒸馏水并作为纯化水使用。电热式蒸馏水器的出水量小于0.02m³/h,属于小型的单蒸馏水器,适宜无汽源的场合。

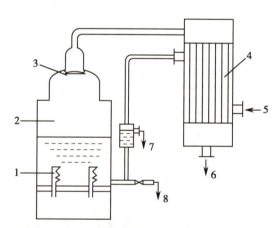

1.电加热器;2.蒸发锅;3.除沫器;4.冷凝器;5.饮用水进口;6.蒸馏水出口;7.液位控制器;8.浓缩水出口

图7-19　电热式蒸馏水器

二、气压式蒸馏水器

气压式蒸馏水器又称热压式蒸馏水器,主要由蒸发室、换热器、蒸发冷凝器、压气机、电加热器、除沫器、液位控制器及泵等组成。其结构流程图如图7-20所示。

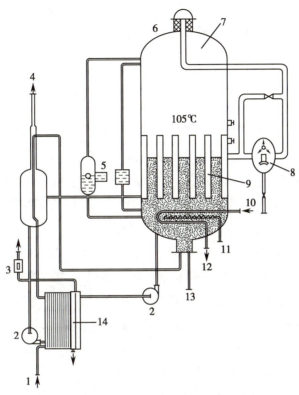

1. 原水进口;2. 泵;3. 蒸馏水出口;4. 不凝气体排出口;5. 液位控制器;6. 除沫器;7. 蒸发器;
8. 压缩机;9. 蒸发冷凝器;10. 加热蒸汽进口;11. 电加热器;12. 冷凝水出口;13. 浓缩液出口;
14. 板式换热器

图 7-20　气压式蒸馏水器结构示意图

气压式蒸馏水器的工作原理如下:将原水加热使其沸腾汽化,产生的二次蒸汽经压缩使其压力及温度同时升高,再将压缩的蒸汽冷凝得蒸馏水,蒸汽冷凝所释放的潜热作为加热原水的热源使用。

气压式蒸馏水器的操作流程如下:用泵将饮用水由进水口压入换热器预热后,再由泵送入蒸发室冷凝器的管内,管内水位由液位控制器进行调节。蒸发冷凝器下部的蒸汽加热蛇管和电加热器作为辅助加热使用(蒸发室温度约105℃),原料水被加热至沸腾,产生的蒸汽由蒸发室上部经除沫器除去其中夹带的雾滴及杂质后,进入压气机,蒸汽在压气机中被压缩,温度升高到约120℃。将高温压缩蒸汽送入蒸发冷凝器的管间冷凝放出潜热,其冷凝水即为蒸馏水,纯净的蒸馏水经泵送入换热器中,用其余热将原水预热,成品水由蒸馏水出口排出。而蒸发冷凝器管内的原水受热沸腾汽化,产生的二次蒸汽从蒸发室经除沫器进入压气机压缩……重复前面过程,过程中产生的不凝气体由放气口排出。

气压式蒸馏水器的优势在于:在制备蒸馏水的生产过程中不需用冷却水;换热器具有回收蒸馏水中余热及对原水预热的作用;二次蒸汽经净化、压缩、冷凝等过程,在高温下停留约

45分钟,从而保证了蒸馏水的无菌、无热原;生产能力大,工业用气压式蒸馏水器的产水量在0.5m³/h以上,有的高达10m³/h;自动化程度高,自动型的气压式蒸馏水器,当设备运行正常后即可实现自动控制。气压式蒸馏水器的缺点是有传动和易磨损的部件,维修工作量大,而且调节系统复杂,启动慢,噪声较高,占地面积大。

气压式蒸馏水器适合于供应蒸气压力较低、工业用水比较紧缺的厂家使用,虽一次性投资较高,但蒸馏水的生产成本较低,经济效益较好。

三、多效蒸馏水器

为了节约加热蒸汽,可利用多效蒸发原理制备蒸馏水。多效蒸馏水器是由多个蒸馏水器串接而成,各蒸馏水器之间可以垂直串接,也可水平串接。多效蒸馏水器按换热器的结构不同可分为列管式、盘管式和板式三种类型。列管式多效蒸馏水器加热室的结构与列管换热器类似,各效蒸馏水器之间多水平串接;盘管式多效蒸馏水器加热室的结构与蛇管换热器类似,各效蒸馏水器之间多垂直串接;板式蒸馏水器应用较少。

1. 列管式多效蒸馏水器 列管式多效蒸馏水器主要由列管室加热室、分离室、圆筒形壳体、除沫装置、冷凝器、机架、水泵、控制柜等构成,采用多效蒸发的原理制备蒸馏水,各效蒸发室按结构不同可分为降膜式、外循环管式及内循环管式等。不同列管蒸馏水器蒸发室的结构如图7-21所示,其蒸发室都是列管式结构,但气液分离装置有所不同,图7-21(a)的气液分离装置为螺旋板式除沫器;(b)(c)及(d)的气液分离装置为丝网式除沫器。螺旋板式除沫器除去雾沫、液滴及热原的效果较好,重蒸馏水的水质更佳。

图7-21(a)的结构是目前我国较常用的列管式降膜多效蒸馏水器,其工作原理如下:经过

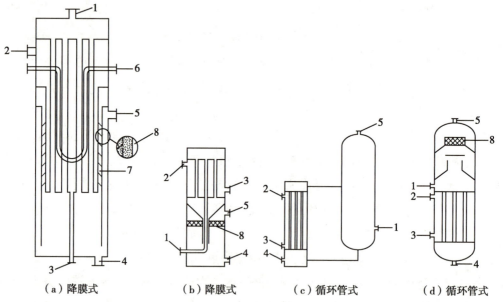

（a）降膜式   （b）降膜式   （c）循环管式   （d）循环管式

1.原水进口;2.加热蒸汽进口;3.冷凝水出口;4.排水口;5.纯蒸汽;6.发夹型换热器;7.分离筒;8.除沫器

图7-21 列管式多效蒸馏水器的蒸发器

预热的原水从 1 进入列管管束的管内,被从 2 进入到管间的加热蒸汽加热沸腾汽化,加热蒸汽冷凝后由 3 排出,产生的二次蒸汽先在蒸发器的下部汇集,再沿内胆与分离筒间的螺旋叶片旋转向上运动,蒸汽中夹带的雾滴被分离,雾滴在分离筒 7 的壁面形成液层,液体从分离筒 7 与外壳形成的疏水通道向下汇集于器底,从排水口 4 排出,干净的蒸汽继续上升至分离筒顶端,从蒸汽出口 5 排出,其蒸发室中还附有发夹式换热器 6 用以预热进料水。

图 7-21(b)也是降膜式蒸馏水器,其丝网除沫器置于蒸发室的下部作为气液分离装置;(c)及(d)分别为外循环长管式蒸发器及内循环短管式蒸发器,其丝网除沫装置都置于蒸发室的上部。

图 7-22 为水平串接式五效列管降膜式蒸馏水器结构示意图,该设备由五座圆柱型蒸馏塔水平串接组成,是常用的多效蒸馏水器,各效蒸馏水器的结构如图 7-21(a)所示,其工作流程如下:

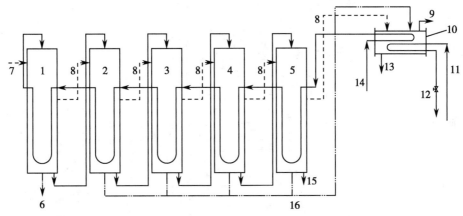

1~5.五效降膜列管式蒸发器;6.冷凝水出口;7.加热蒸汽进口;8.纯蒸汽;9.放空口;10.冷凝器;11.冷却水进口;12.冷却水出口;13.重蒸水出口;14.纯化水进口;15.浓缩水出口;16.纯蒸汽冷凝水

图 7-22　水平串接式五效蒸馏水器工作原理示意图

进料水(去离子水)先进入末效冷凝器(也是预热器),被由蒸发器 5 产生的纯蒸汽预热,然后依次通过各蒸发器的发夹形换热器进行预热,被加热到 142℃后进入蒸发器 1 中,并在列管的管内由上向下呈膜状分布。外来的加热生蒸汽(约 165℃)由蒸发器 1 的蒸汽进口进入列管的管间,生蒸汽与管内的进料水进行间壁式换热,将进料水加热沸腾汽化,其冷凝液由蒸发器 1 底部的冷凝水排放口排出,蒸发器 1 中的进料水约有 30% 被加热汽化,生成的二次蒸汽(约 141℃)由蒸发器 1 的纯蒸汽出口排出,作为加热热源进入蒸发器 2 的列管的管间,蒸发器 1 内其余的进料水(约 130℃)也从其底部排出再从蒸发器 2 顶部进料水口进入其列管的管内。在蒸发器 2 中,进料水再次被蒸发,而来自蒸发器 1 的纯蒸汽被全部冷凝为蒸馏水并从蒸发器 2 底部的排放水口排出,蒸发器 3~5 均以同一原理依此类推。最后蒸发器 5 产生的纯蒸汽与从蒸发器 2~5 底部排出的蒸馏水一同进入末效冷凝器,被冷却水及进料水冷凝冷却后,从蒸馏水出口排出(97~99℃),进料水经五次蒸发后其含有杂质的浓缩水由蒸发器 5 的底部排出,末效冷凝器的顶部也需排出不凝气体。

2. 盘管式多效蒸馏水器　盘管式多效蒸馏水器属于蛇管降膜式蒸发器,各效蒸发器多垂直串接,一般 3~5 效。该设备的外部多为圆筒形,内部的加热室由多组蛇形管组成,蛇管上方设有进料水分布器,辅助设备包括冷凝冷却器、气液分离装置、水泵及储罐等。

图 7-23 所示为垂直串接盘管三效盘管蒸馏水器,其工作流程如下:进料水(去离子水)经泵升压后,进入冷凝冷却器预热后,再经蒸发器 1 的蛇形预热器预热后进入蒸发器 1 的液体分布器,进料水经液体分布器均匀喷淋到蒸发器 1 的蛇形加热管的管外,蛇形加热管的管内通入由锅炉送来的生蒸汽,通过间壁式换热,蛇管内的生蒸汽将管外的进料水加热至沸腾汽化,生蒸汽被冷凝为冷凝水并经疏水器排出,进料水在蛇管外被部分蒸发,产生的二次蒸汽经过气液分离装置后,作为加热热源进入蒸发器 2 的蛇形加热管内,而在蒸发器 1 中未被蒸发的进料水进入蒸发器 2 的液体分布器,喷淋到蒸发器 2 的蛇管的管外并被部分蒸发,蛇管内的蒸汽冷凝液作为蒸馏水排出,依此类推。蒸发器 3 产生的二次蒸汽与蒸发器 2 及蒸发器 3 的蒸馏水一同进入冷凝冷却器中冷凝冷却,并作为蒸馏水采出(95～98℃),未被蒸发的含有杂质的浓缩水由蒸发器 3 的底部排出,部分通过循环泵作为进料水使用,冷凝冷却器上应设有不凝气体的排放口。

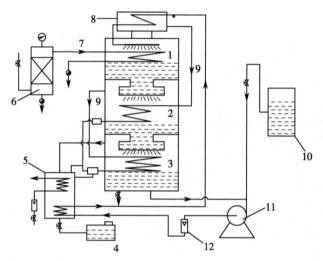

1～3. 三效蒸发器;4. 重蒸水储罐;5. 冷凝冷却器;6. 气液分离器;7. 加热蒸汽;8. 原料水储罐;9. 泵;10. 料水;11. 泵;12. 转子流量计

图 7-23　垂直串接盘管三效蒸馏水器工作示意图

多效蒸馏水器的性能取决于加热生蒸汽的压力及蒸发器的效数,生蒸汽的压力越大,蒸馏水的产量越大;效数越多,热能利用率越高,一般 3～5 效为宜。多效蒸馏水器的制造材料均选择无毒、耐腐蚀的 316L 或 304L 不锈钢,且整台设备为机电一体化结构,采用微机全自动控制,符合 GMP 要求。多效蒸馏水器的操作简便,运行稳定,可大大节约加热蒸汽及冷却水的用量,能耗低,热利用率高,产水量高。用多效蒸馏水器制备的蒸馏水,能有效地去除细菌、热原,水质稳定可靠,各项指标均可达到药典的要求,是制备注射用水的理想设备。

ER7-2　第七章　目标测试

（王　翔）

ER8-1 第八章
输送设备（课件）

第八章 输送设备

制药生产过程中，常常涉及物料的输送问题，如车间与车间、设备与设备以及车间与设备之间，输送设备是不可缺少的、最常见的制药设备之一，它是对物料做功、提高外加机械能的装置。输送设备根据工艺要求可将一定量的物料进行远距离输送，从低处向高处输送，从低压设备向高压设备输送。在制药生产过程中，被输送物料的性质有很大的差异，如相态、黏性、腐蚀性等，操作温度、压力等条件也有所不同，所用的输送设备必须能满足生产上不同的要求。因此，必须熟悉输送设备的主要结构性能与工作原理，以便对其进行合理的选择和使用。

第一节 液体输送设备

输送液体的机械设备通常被称为泵，根据不同的工作原理，可将其分为离心泵、往复泵、齿轮泵等几种，其中以离心泵在生产上的应用最为广泛。

一、离心泵

离心泵由于其结构简单、调节方便、适用范围广、便于实现自动控制而在生产中应用最为普遍。

1. 离心泵的基本结构 离心泵是一种动力作用式（也称叶轮式）液体输送机械，主要由叶轮、泵壳和轴封装置等组成，由若干个弯叶片组成的叶轮安装在蜗壳形的泵壳内，并且叶轮紧固于泵轴上。泵壳中央的吸入口与吸入管相连，侧旁的排出口与排出管连接，如图 8-1 所示。一般在吸入管端部安装滤网、底阀，排出管上装有调节阀。滤网可以阻拦液体中的固体杂质，底阀可防止启动前灌入的液体泄漏，调节阀供开、停车和调节流量时使用。

> **课堂互动**
>
> 在本章离心泵的学习过程中，你能联想到生活中曾见过的哪些离心现象？离心泵是现代常见的输水设备，你知道我国古代有哪些提水器具吗？

（1）叶轮：叶轮是离心泵的主要结构部件，其作用是将原动机的机械能直接传递给液体，以提高液体的静压能和动能，相当于离心泵的心脏。离心泵的叶轮类型有开式、半开式和闭

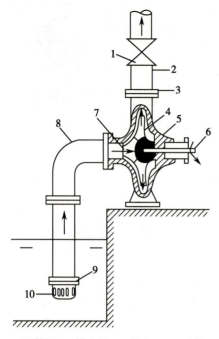

1. 调节阀；2. 排出管；3. 排出口；4. 叶轮；
5. 泵壳；6. 泵轴；7. 吸入口；8. 吸入管；
9. 底阀；10. 滤网

图 8-1　离心泵结构简图

式三种。

开式叶轮：在叶片两侧无盖板，如图 8-2（a）所示，这种叶轮结构简单，清洗方便，不易堵塞，适用于输送含大颗粒的溶液，效率低。

半开式叶轮：没有前盖板而有后盖板，如图 8-2（b）所示，适用于输送含小颗粒的液体，其效率也较低。

闭式叶轮：在叶片两侧有前后盖板，流道是封闭的，液体在通道内无倒流现象，如图 8-2（c）所示，适用于输送清洁液体，效率较高。一般离心泵大多采用闭式叶轮。

闭式或半开式叶轮在工作时，部分离开叶轮的高压液体，可由叶轮与泵壳间的缝隙漏入两侧，使叶轮后盖板受到较高压强作用，而叶轮前盖板的吸入口侧为低压，故液体作用于叶轮前后两侧的压强不等，便产生指向叶轮吸入口侧的轴向推力，导致叶轮与泵壳接触而产生摩擦，严重时会造成泵的损坏。为平衡轴向推力，可在叶轮后盖板上钻一些平衡孔，使漏入后侧的部分高压液体由平衡孔漏向低压区，以减小叶轮两侧的压强差，

（a）开式　　　（b）半开式　　　（c）闭式

图 8-2　离心泵的叶轮类型

但同时也会降低泵的效率。

根据离心泵不同的吸液方式，叶轮还可分为单吸式和双吸式两种。如图 8-3（a）所示，单吸式叶轮结构简单，液体从叶轮一侧被吸入。如图 8-3（b）所示，双吸式叶轮是从叶轮两侧同时吸入液体，显然具有较大的吸液能力，而且可以消除轴向推力。

（2）泵壳：离心泵的泵壳亦称为蜗壳、泵体，构造为蜗牛壳形，其内有一个截面逐渐扩大的蜗形通道，如图 8-4 所示。其作用是将叶轮封闭在一定空间内，汇集引导液体的运动，从而使由叶轮甩出的高速液体的大部分动能有效地转换为静压能，因此泵壳不仅能汇集和导出液体，同时又是一个能量转换装置。为减少高速液体与泵壳碰撞而引起的能量损失，有时还在叶轮与泵壳间安装一个固定不动而带有叶片的导轮，以引导液体的流动方向，如图 8-4 所示。

（3）轴封装置：在泵轴伸出泵壳处，转轴和泵壳间存有间隙，在旋转的泵轴与泵壳之间的密封，称为轴封装置。其作用是为了防止高压液体沿轴向外漏，以及防止外界空气漏入泵内。常用的轴封装置是填料密封和机械密封。

1）填料密封：如图 8-5 所示，填料密封装置主要由填料函壳、软填料和填料压盖构成。

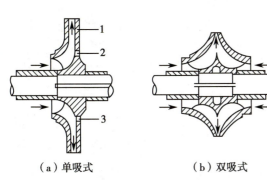

（a）单吸式　　　　　（b）双吸式

1.后盖板；2.平衡孔；3.平衡孔

图8-3　离心泵的吸液方式

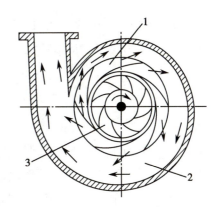

1.导轮；2.泵壳；3.叶轮

图8-4　离心泵的泵壳与导轮

软填料一般选用浸油或涂石墨的石棉绳,缠绕在泵轴上,用压盖将其紧压在填料函壳和转轴之间,迫使其产生变形,以达到密封的目的。

填料密封结构简单,耗功率较大,而且有一定量的泄漏,需要定期更换维修。因此,填料密封不适于输送易燃、易爆和有毒的液体。

2）机械密封:如图8-6所示,机械密封装置主要由装在泵轴上随之转动的动环和固定在泵体上的静环所构成的。动环一般选用硬质金属材料制成,静环选用浸渍石墨或酚醛塑料等材料制成。两个环的端面由弹簧的弹力使之贴紧在一起达到密封目的,因此机械密封又称为端面密封。

机械密封结构紧凑,功率消耗少,密封性能好,性能优良,使用寿命长。但部件的加工精度要求高,安装技术要求比较严格,造价较高。适用于输送酸、碱以及易燃、易爆和有毒液体。

2. 离心泵的工作原理　离心泵启动前应在吸入管路和泵壳内灌满所输送的液体。电机启动之后,泵轴带动叶轮高速旋转。在离心力的作用下,液体向叶轮外缘作径向运动,液体通过叶轮获得了能量,并以很高的速度进入泵壳。由于蜗壳流道逐渐扩大,液体的流速逐渐减慢,大部

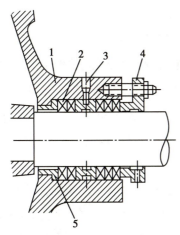

1.填料函壳；2.软填料；3.液封圈；4.填料压盖；
5.内衬套

图8-5　离心泵的填料密封

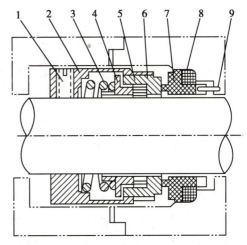

1.螺钉；2.传动座；3.弹簧；4.推环；5.动环密封圈；
6.动环；7.静环；8.静环密封圈；9.防转销

图8-6　离心泵的机械密封

分动能转变为静压强，使压强逐渐提高，最终以较高的压强从泵的排出口进入排出管路，达到输送的目的，此即为排液原理。

图 8-7 示意出了离心泵内液体流动情况。当液体由叶轮中心向外缘作径向运动时，在叶轮中心形成了低压区，在液面压强与泵内压强差的作用下，液体便经吸入管进入泵内，以填补被排出液体的位置，此即为吸液原理。只要叶轮不断地转动，液体就会被连续地吸入和排出。这就是离心泵的工作原理。离心泵之所以能输送液体，主要是依靠高速转动的叶轮所产生的离心力，故称之为离心泵。

图 8-7　离心泵内部流体流动情况示意图

若离心泵在启动前泵壳内不是充满液体而是空气，或者离心泵在使用的过程中漏气，则由于空气的密度远小于液体密度，产生的离心力很小，不足以在叶轮中心区形成使液体吸入所必需的低压，这种现象称为气缚。于是，离心泵只能空转，不能正常地工作。因此，为防止发生气缚现象，启动泵前要灌泵，为便于使泵内充满液体，在吸入管底部安装底阀。

知识链接

离心泵的发展

离心泵的发展已经有几百年的历史，早在 15 世纪意大利艺术大师列奥纳多·达·芬奇所做的草图中就出现了用离心泵输水的想法。1689 年，法国物理学家帕潘发明了四叶片叶轮的蜗壳离心泵，可以称为离心泵的雏形。1750 年，瑞士著名数学家欧拉对离心泵的流动进行了理论分析，为离心泵的发展奠定基础。但更接近于现代离心泵的，则是 1818 年在美国出现的马萨诸塞泵，具有径向直叶片、半开式双吸叶轮和蜗壳。1851—1875 年，带有导轮的多级离心泵相继被发明，使得发展高扬程离心泵成为可能。直到 19 世纪末，高速电动机的发明使离心泵获得理想的动力源之后，离心泵的优越性得以充分发挥。

3. 离心泵的性能参数　为了正确地选择和使用离心泵，就必须熟悉其工作特性和它们之间的相互关系。反映离心泵工作特性的参数称为性能参数，主要有流量、扬程、功率、效率、转速等。

（1）离心泵的流量（又称送液能力）：离心泵的流量是指离心泵在单位时间内所输送的液体体积，用 Q 表示，其单位为 m^3/s、m^3/min 或 m^3/h。离心泵的流量与其结构尺寸、转速、管路情况有关。

（2）离心泵的扬程（又称压头）：离心泵的扬程是指单位重量液体流经离心泵所获得的能量，用 H 表示，其单位为 m（指米液柱）。离心泵的扬程与其结构尺寸、转速、流量等有关。对于一定的离心泵和转速，扬程与流量间有一定的关系。离心泵扬程与流量的关系可用实验测定，图 8-8 为离心泵性能曲线测定实验装置示意图。以单位重量流体为基准，在离心泵入、出口处的两截面 a 和 b 间列伯努利方程，得

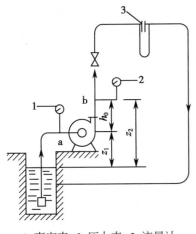

1.真空表；2.压力表；3.流量计

图 8-8　离心泵实验装置图

$$H = (Z_2 - Z_1) + \frac{u_2^2 - u_1^2}{2g} + \frac{P_2 - P_1}{\rho g} + \sum H_f \qquad 式（8-1）$$

式中，$Z_2 - Z_1 = h_0$，为泵出、入口两截面间的垂直距离，单位为 m；u_2 和 u_1 为泵出、入口管中的液体流速，单位为 m/s；P_2 和 P_1 为泵出、入口截面上的绝对压强，单位为 Pa；$\sum H_f$ 为两截面间管路中的压头损失，单位为 m。

$\sum H_f$ 中不包括泵内的各种机械能损失。由于两截面间的管路很短，因此压头损失可以忽略。此外，动能差项也很小，通常也不计，故式（8-1）可简化为

$$H = h_0 + \frac{P_2 - P_1}{\rho g} \qquad 式（8-2）$$

（3）离心泵的功率：离心泵的功率有轴功率和有效功率之分。

1）离心泵的轴功率：离心泵的轴功率是指泵轴转动时所需要的功率，亦即电动机传给离心泵的功率，用 N 表示，其单位为 W 或 kW。由于能量损失，离心泵的轴功率必大于有效功率。

2）离心泵的有效功率：离心泵的有效功率是指液体从离心泵所获得的实际能量，也就是离心泵对液体做的净功率，用 N_e 表示，其单位为 W 或 kW。

$$N_e = Q\rho gH \qquad 式（8-3）$$

（4）离心泵的效率：离心泵的效率是指泵轴对液体提供的有效功率与泵轴转动时所需功率之比，用 η 表示，无量纲单位，其值恒小于 100%。η 值反映了离心泵工作时机械能损失的相对大小。一般小泵 50%～70%，大泵可达 90% 左右。

$$\eta = \frac{N_e}{N} \qquad 式（8-4）$$

离心泵造成功率损失的原因有容积损失、水力损失和机械损失。

1）容积损失（又称流量损失）：泵内有部分高压液体泄漏到低压区，使排出的液体流量小于流经叶轮的流量而造成的。

2）水力损失：即泵内的流体流动摩擦损失，使叶轮给出的能量不能全部被液体获得，仅获得有效扬程。

3）机械损失：即泵轴与轴承之间的摩擦以及泵轴密封处的摩擦等造成的功率损失。

在开启或运转时，离心泵可能会超正常负荷，因此要求所配置的电动机功率要比离心泵的轴功率大，以保证正常生产。

4. 离心泵的特性曲线　由于离心泵的种类很多，前述各种泵内损失难以准确计算，因而离心泵的实际特性曲线 $H\text{-}Q$、$N\text{-}Q$、$\eta\text{-}Q$ 只能靠实验测定，在泵出厂时列于产品样本中，供选泵和操作参考。

（1）在规定条件下由实验测得的离心泵的 H、N、η 与 Q 之间的关系曲线称为离心泵的特性曲线，通常是一定转速下标定状况（1 标准大气压，20℃）下的清水测得的数值。图 8-9 表示某型号离心水泵在转速为 2 900r/min 下，用 20℃清水测得的特性曲线。

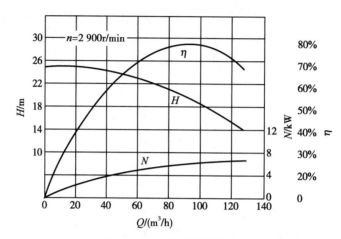

图 8-9　离心泵的特性曲线

1）H-Q 曲线：表示离心泵的扬程 H 与流量 Q 的关系。通常离心泵的扬程随流量的增大而下降，在流量极小时可能有例外。不同型号的离心泵，H-Q 曲线的形状有所不同，较平坦的 H-Q 曲线适用于扬程变化不大而要求流量变动较大的场合；较陡峭的 H-Q 曲线适用于要求扬程变化范围大而流量变化较小的场合。

2）N-Q 曲线：表示离心泵的轴功率 N 与流量 Q 的关系。轴功率随流量的增大而增加。当流量为零时，轴功率最小。所以，在离心泵启动时，应当关闭泵的出口阀，使启动电流减至最小，以保护电机，待电机运转正常后，再开启出口阀调节到所需流量。

3）η-Q 曲线：表示离心泵效率 η 与流量 Q 的关系，开始效率随流量增加而增大，当达到一个最大值以后效率随流量的增大反而下降，曲线上最高效率点，即为泵的设计点，在该点下运行时最为经济。与最高效率点对应的参数称为最佳工况参数，在选用离心泵时，应使其在设计点附近工作，一般将最高效率的 92% 以上区域称为高效区。

（2）影响离心泵性能的主要因素

1）液体物理性质对离心泵特性曲线的影响

①黏度对离心泵特性曲线的影响：当液体黏度增大时，会使泵的扬程、流量减小，效率下降，轴功率增大。于是特性曲线将随之发生变化。通常，当液体的运动黏度 $\upsilon > 2 \times 10^{-5} \mathrm{m}^2/\mathrm{s}$ 时，泵的特性参数需要换算。

②密度对离心泵特性曲线的影响：离心泵的流量与叶轮的几何尺寸及液体在叶轮周边上的径向速度有关，而与密度无关。离心泵的扬程与液体密度也无关。一般地离心泵的 H-Q 曲线和 η-Q 曲线不随液体的密度而变化。只有 N-Q 曲线在液体密度变化时需进行校正，因为轴功率随液体密度增大而增大。

2）转速对离心泵特性曲线的影响：离心泵特性曲线是在一定转速下测定的，当转速 n 变化时，离心泵的流量也相应变化。设泵的效率基本不变，Q 随 n 有以下变化关系：

$$\frac{Q_2}{Q_1} = \frac{n_2}{n_1} \qquad\qquad 式(8\text{-}5)$$

式中，Q_1 为在转速 n_1 下的泵的流量；Q_2 为在转速 n_2 下的泵的流量。

式（8-5）称为比例定律。

3）叶轮直径对特性曲线的影响：当转速一定时，对于某一型号的离心泵，若将其叶轮的外径进行切削，如果外径变化不超过 5%，泵的 Q 与叶轮直径 D 之间有以下变化关系：

$$\frac{Q_2}{Q_1} = \frac{D_2}{D_1} \qquad\qquad 式(8\text{-}6)$$

式中，Q_1 为在直径 D_1 下的泵的流量；Q_2 为在直径 D_2 下的泵的流量。

式（8-6）称为切割定律。

5. 离心泵的流量调节　安装在一定管路系统中的离心泵，以一定转速正常运转时，其输液量应为管路中的液体流量，所提供的扬程 H 应正好等于液体在此管路中流动所需的压头 H_e。因此，离心泵的实际工作情况是由泵的特性和管路的特性共同决定的。

（1）管路特性曲线：在泵输送液体的过程中，泵和管路是互相联系和制约的。因此，在研究泵的工作情况前，应先了解管路的特性。

管路特性曲线表示液体在一定管路系统中流动时所需要的压头和流量的关系。如图 8-10 所示的管路输液系统，若两槽液面维持恒定，输送管路的直径一定，在 1-1′ 和 2-2′ 截面间列伯努利方程，可得到液体流过管路所需的压头（也即要求泵所提供的压头）为

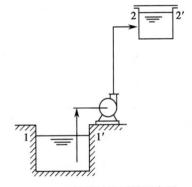

图 8-10　管路输液系统示意图

$$H_e = \Delta z + \frac{\Delta p}{\rho g} + \frac{\Delta u^2}{2g} + \sum H_f \qquad\qquad 式(8\text{-}7)$$

$\sum H_f$ 为该管路系统的总压头损失可表示为

$$\sum H_f = \left(\lambda \frac{l + \sum l_e}{d} + \sum \zeta \right) \frac{u^2}{2g} \quad 将 \ u = \frac{Q}{\frac{\pi}{4}d^2} \ 代入，得$$

$$\sum H_f = \frac{8}{\pi^2 g} \left(\lambda \frac{l + \sum l_e}{d^5} + \frac{\sum \zeta}{d^4} \right) Q^2 \qquad\qquad 式(8\text{-}8)$$

式中，$l + \sum l_e$ 为管路中的直管长度与局部阻力的当量长度之和，单位为 m；d 为管子的内径，单位为 m；Q 为管路中的液体流量，单位为 m³/s；λ 为摩擦系数；ζ 为局部阻力系数。

因为两槽的截面比管路截面大很多，则槽中液体流速很小，可忽略不计，即：

$$\frac{\Delta u^2}{2g} = 0$$

令，$A = \Delta z + \dfrac{\Delta P}{\rho g}$，$B = \dfrac{8}{\pi^2 g}\left(\lambda \dfrac{l + \sum l_e}{d^5} + \dfrac{\sum \zeta}{d^4}\right)$

则式（8-7）可写成 $H_e = A + BQ^2$ 式（8-9）

式（8-9）称为管路特性方程。将式（8-9）绘于 $H\text{-}Q$ 关系坐标图上，得曲线 $H_e\text{-}Q$，此曲线即为管路特性曲线。此曲线的形状由管路布置和操作条件来确定，与离心泵的性能无关。

（2）离心泵的工作点：把离心泵的特性曲线与其所在的管路特性曲线标绘于同一坐标图中，如图 8-11 所示。两曲线的交点即为离心泵在该管路中的工作点。工作点表示离心泵所提供的压头 H 和流量 Q 与管路输送液体所需的压头 H_e 和流量 Q 相等。因此，当输送任务已定时，应当选择工作点处于高效率区的离心泵。

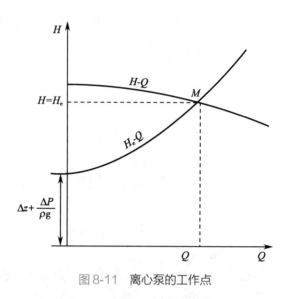

图 8-11　离心泵的工作点

（3）在实际操作过程中，经常需要调节流量。从泵的工作点可知，离心泵的流量调节实际上就是设法改变泵的特性曲线或管路特性曲线，从而改变泵的工作点。

1）改变泵的特性：由式（8-5）、式（8-6）可知，对一个离心泵改变叶轮转速或切削叶轮可使泵的特性曲线发生变化，从而改变泵的工作点。这种方法不会额外增加管路阻力，并在一定范围内仍可保证泵在高效率区工作。切削叶轮显然不如改变转速方便，所以常用改变转速来调节流量，如图 8-12 所示。特别是近年来发展的变频无级调速装置，调速平稳，也保证了较高的效率。

2）改变管路特性：管路特性曲线的改变一般是通过调节管路阀门开度来实现的。如图 8-13 所示，在离心泵的出口管路上通常都装有流量调节阀门，改变阀门的开度调节流量，实质

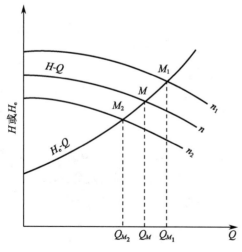

图 8-12　泵转速改变时工作点的变化情况图

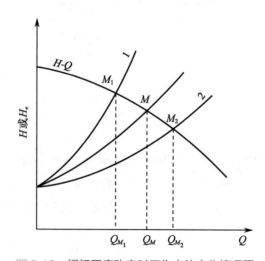

图 8-13　阀门开度改变时工作点的变化情况图

上就是通过关小或开大阀门来增加或减小管路的阻力。阀门关小,管路特性曲线变陡,反之,则变平缓。这种方法是十分简便的,在生产中应用广泛,但机械能损失较大,不太经济,对于调节幅度不大但又要经常调节的场合适用。一般只在流量较小的离心泵管路系统使用。

3)离心泵的并联或串联操作:当实际生产中用一台离心泵不能满足输送任务时,可采用两台或两台以上同型号、同规格的泵并联或串联操作。

离心泵的并联操作是指在同一管路上用两台型号相同的离心泵并联代替原来的单泵,在相同压头条件下,并联的流量为单泵的两倍。

离心泵的串联操作是指两台型号相同的离心泵串联操作时,在流量相同时,两串联泵的压头为单泵的两倍。

多台泵串联操作,相当于一台多级离心泵。多级离心泵结构紧凑,安装和维修也方便,因而可选用多级泵代替多台泵串联使用。

6. 离心泵的安装高度　离心泵在安装时,如图 8-14 中,当叶轮入口处压力下降至被输送液体在工作温度下的饱和蒸气压时,液体将会发生部分汽化,生成蒸汽泡。含有蒸汽泡的液体从低压区进入高压区,在高压区气泡会急剧收缩、凝结,使其周围的液体以极高的速度涌向原气泡所占的空间,产生非常大的冲击力,冲击叶轮和泵壳。日久天长,叶轮的表面会出现斑痕和裂纹,甚至呈海绵状损坏,这种现象,称为汽蚀。离心泵在汽蚀条件下运转时,会导致液体流量、扬程和效率的急剧下降,破坏正常操作。

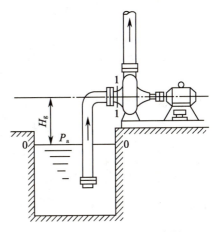

为避免汽蚀现象的发生,叶轮入口处的绝对压强必须高于工作温度下液体的饱和蒸气压,这就要求泵的安装高度不能太高。一般离心泵在出厂前都需通过实验,确定泵在一定条件下发生汽蚀的条件,并规定了允许吸上真空度和汽蚀余量,来表示离心泵的抗汽蚀性能。

（1）允许吸上真空度:离心泵的允许吸上真空度是指离心泵入口处可允许达到的最大真空度,如图 8-14 所示,H_s'（以液柱高表示）可以写成

图 8-14　离心泵吸液示意图

$$H_s' = \frac{P_a - P_1}{\rho g} \qquad 式（8-10）$$

式中,H_s' 为离心泵的允许吸上真空度,单位为 m;P_a 为大气压强,单位为 Pa;P_1 为入口静压力,单位为 Pa。

允许安装高度是指泵的吸入口中心线与吸入贮槽液面间可允许达到的最大垂直距离,一般以 H_g 表示。故:

$$H_g = H_s' - \frac{u_1^2}{2g} - \sum H_{f0-1} \qquad 式（8-11）$$

式中,u_1 为泵入口处液体流速,单位为 m/s;$\sum H_{f0-1}$ 为吸入管路压头损失,单位为 m。

一般铭牌上标注的 H_s' 是在 10m(水柱)的大气压下,以 20℃清水为介质测定的,若操作条件与上述实验条件不符,可按式(8-12)校正,即

$$H_s = \left[H_s' + (H_a - 10) - \left(\frac{P_v}{9.807 \times 10^3} - 0.24 \right) \right] \frac{1\,000}{\rho} \qquad 式(8-12)$$

式中,H_s 为操作条件下输送液体时的允许吸上真空度,单位为 m;H_a 为当地大气压,单位为 m(水柱);P_v 为操作条件下液体饱和蒸气压,单位为 Pa。

(2)汽蚀余量:汽蚀余量为离心泵入口处的静压头与动压头之和超过被输送液体在操作温度下的饱和蒸气压头之值,用 Δh 表示:

$$\Delta h = \left(\frac{P_1}{\rho g} + \frac{u_1^2}{2g} \right) - \frac{p_v}{\rho g} \qquad 式(8-13)$$

离心泵发生汽蚀的临界条件是叶轮入口附近(截面 k-k,图 8-14 中未画出)的最低压强等于液体的饱和蒸气压 P_v,此时,泵入口处(1-1 截面)的压强必等于某确定的最小值 $P_{1,\min}$,故,

$$\frac{P_{1,\min}}{\rho g} + \frac{u_1^2}{2g} = \frac{P_v}{\rho g} + \frac{u_k^2}{2g} + \sum H_{f1-k} \qquad 式(8-14)$$

整理得式 8-14,$\Delta h_c = \dfrac{P_{1,\min} - P_v}{\rho g} + \dfrac{u_1^2}{2g} = \dfrac{u_k^2}{2g} + \sum H_{f1-k}$ 式(8-15)

式中,Δh_c 为临界汽蚀余量,单位为 m。

为确保离心泵正常操作,将测得的 Δh_c 加上一定安全量后称为必需汽蚀余量 Δh_r,其值可由泵的样本中查得。

离心泵的允许安装高度也可由汽蚀余量求得:

$$H_g = \frac{P_a - P_v}{\rho g} - \Delta h_r - \sum H_{f0-1} \qquad 式(8-16)$$

7. 离心泵的类型 离心泵的种类很多,根据实际生产的需要选择不同的类型。按泵输送的液体性质不同可分为清水泵、油泵、耐腐蚀泵、杂质泵等;按叶轮吸入方式不同可分为单吸泵和双吸泵;按叶轮数目不同可分为单级泵和多级泵等。下面介绍几种主要类型的离心泵。

(1)清水泵:俗称水泵,在制药生产过程中,清水泵应用非常广泛,一般用于输送清水及物理、化学性质类似于水的清洁液体,为适应不同流量和压头的要求,水泵又有多种形式,如 IS 型、S 型及 D 型等。

IS 型单级单吸式离心泵系列是我国第一个按国际标准(ISO)设计、制造的,结构可靠,效率高,应用最为广泛,全系有几十个品种。以 IS50-32-200 为例说明型号意义。IS 为国际标准单级单吸清水离心泵;50 为泵吸入口直径,单位为 mm;32 为泵排出口直径,单位为 mm;200 为叶轮的名义直径,单位为 mm。

当输送液体的扬程要求不高而流量较大时,可以选用 S 型单级双吸离心泵。当要求扬程较高时,可采用 D、DG 型多级离心泵,在一根轴上串联多个叶轮,被送液体在串联的叶轮中多次接受能量,最后达到较高的扬程。

（2）耐腐蚀泵（F 型）：用于输送酸、碱等腐蚀性的液体,其系列代号 F。以 150F-35 为例,150 为泵入口直径,单位为 mm；F 为悬臂式耐腐蚀离心泵；35 为设计点扬程,单位为 m。主要特点是与液体接触的部件是用耐腐蚀材料制成。

（3）油泵（Y 型）：用于输送不含固体颗粒、无腐蚀性的油类及石油产品,为防止易燃、易爆物的泄漏,要求油泵具有良好的密封性。当输送 200℃以上的油类物质时,轴封、轴承等部件还需用冷却水冷却。油泵系列代号为 Y,以 80Y100 为例,80 为泵入口直径,单位为 mm；Y 表示单吸离心油泵；100 为设计点扬程,单位为 m。

（4）杂质泵：采用宽流道、少叶片的开式或半开式叶轮,用来输送悬浮液和稠厚浆状液体等。

（5）屏蔽泵：叶轮与电机连为一体,密封在同一壳体内,无轴封装置的泵,用于输送易燃易爆或有剧毒的液体。

（6）液下泵：垂直安装于液体贮槽内浸没在液体中的泵,因为不存在泄漏问题,故常用于腐蚀性液体或油品的输送。

8. 离心泵的选用 离心泵可按下列步骤选用。

（1）确定泵的类型：根据被输送液体的性质和具体操作条件确定。

（2）确定所需流量和扬程：输送系统的流量一般由生产任务决定,扬程可根据管路的具体布置情况,用伯努利方程计算。

（3）确定泵的型号：按任务规定的流量和计算的扬程从泵的样本或产品名录中选出合适的型号。考虑到操作条件的变化,所选泵提供的流量和扬程应稍大于生产任务所规定的流量和管路所需扬程,且离心泵的工作点需位于泵的高效区。

（4）核算泵的轴功率：配备电机等。

9. 离心泵的使用与操作注意事项

（1）启动前准备

1）用手拨转电机风叶,叶轮应转动灵活,无卡磨现象。

2）打开引水阀和排气阀,使泵腔内和吸入管路充满液体,然后关闭排气阀。

3）用手盘动泵,使润滑液进入机械密封端面。

4）启动电机,确定其转向是否正确。

（2）启动与运行

1）关闭出口阀,全开进水阀。

2）接通电源,当离心泵正常运转后,再逐渐打开出口阀,并进行流量调节。

3）注意观察离心泵进出口管段真空表和压力表读数,检查轴封泄漏情况是否正常,通常机械密封泄漏量应小于 3 滴 /min；检查电机,轴承处温升应该小于 70℃。一旦发现任何异常,应当及时处理。

（3）停车

1）先关闭出口阀，再切断电源。

2）若环境温度低于0℃，应将泵内液体排放完，以免泵被冻裂。

3）若离心泵长期不使用，应将泵拆卸清洗，包装保管。

二、往复泵

往复泵是一种典型的容积式输送机械。依靠泵内运动部件的位移，引起泵内容积变化而吸入和排出液体，并且运动部件直接通过位移挤压液体做功，这类泵称为容积式泵（或称正位移泵）。

1. 往复泵的结构 如图8-15所示，往复泵是由泵缸、活塞、活塞杆、吸入阀和排出阀构成的一种正位移式泵。活塞由曲柄连杆机构带动作往复运动。

2. 往复泵的工作原理 当活塞向右移动时，泵缸的容积增大形成低压，排出阀受排出管中液体压强作用而被关闭，吸入阀被打开，液体被吸入泵缸。当活塞向左移动时，由于活塞挤压，泵缸内液体压强增大，吸入阀被关闭，排出阀被打开，泵缸内液体被排出，完成一个工作循环。可见，往复泵是利用活塞的往复运动，直接将外功以提高压强的方式传给液体，完成液体输送作用。活塞在两端间移动的距离称为冲程。图8-15所示为单动泵，即活塞往复运动一次，只吸入和排出液体各一次。它的排液是间歇的、周期性的，而且活塞在两端间的各位置上的运动并非等速，故排液量不均匀。

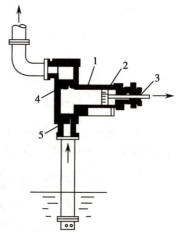

1. 泵缸；2. 活塞；3. 活塞杆；4. 排出阀；5. 吸入阀

图8-15 往复泵工作原理图

为改善单动泵排液量的不均匀性，可采用双动泵。活塞左右两侧都装有阀室，可使吸液和排液同时进行，这样排液可以连续，但单位时间的排液量仍不均匀。往复泵是靠泵缸内容积扩张造成低压吸液的，因此往复泵启动前不需灌泵，能自动吸入液体。

此外，还有三联泵，三联泵实质上是由三台单动泵组合而成，其特点是在同一曲轴上安装有3个互相成120°角的曲柄，当曲轴旋转一周时，3台单动泵将各完成一次吸液和排液的过程，但动作顺序相差三分之一周期，因此使排液量较为均匀。

往复泵有自吸能力，启动前不需要灌泵，能自动吸入液体，但在实际操作中，为确保能立即吸、排液体，及避免活塞在泵缸内干摩擦产生磨损，仍希望在启动泵时缸体内有液体。

3. 往复泵的理论平均流量

单动泵 $$Q_T = ASn$$ 式（8-17）

双动泵 $$Q_T = (2A-a)Sn$$ 式（8-18）

式中，Q_T 为往复泵的理论流量，单位为m/min；A 为活塞截面积，单位为 m^2；S 为活塞的冲程，单位为m；n 为活塞每分钟的往复次数；a 为活塞杆的截面积，单位为 m^2。

在实际操作过程中，由于阀门启闭有滞后，阀门、活塞、填料函等处又存在泄漏，故实际平均输液量为

$$Q = \eta Q_{\mathrm{T}} \qquad\qquad \text{式（8-19）}$$

式中，η 为往复泵的容积效率，一般在 70% 以上，最高可超过 90%。

　　4. 往复泵的流量调节　由于往复泵的流量 Q 与特性曲线无关，其仅取决于泵的几何尺寸和活塞的往复次数，即无论扬程多大，只要活塞往复一次，就能排出一定体积的液体，属于典型的容积式泵。若完全关闭出口阀，缸体内压力就会急剧上升，造成电机或泵缸损坏。故流量调节不能采取调节出口阀门开度的方法，一般可采取以下的调节手段：①旁路调节，如图 8-16 所示，使泵出口的一部分液体经旁路分流，从而改变了主管中的液体流量，改变旁路阀门的开度，调节比较简便，但增加了功率消耗，不经济；②改变原动机转速，从而改变活塞的往复次数；③改变活塞的冲程。

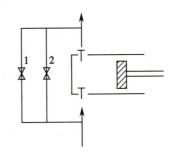

1. 安全阀；2. 旁路阀

图 8-16　往复泵旁路流量调节示意图

　　往复泵的发展

　　往复泵的发展可追溯到公元前 200 年左右，古希腊工匠克特西比乌斯发明的灭火泵已具备典型往复泵的主要元件，是一种最原始的往复泵。但往复泵真正得到迅速发展则是在出现了蒸汽机之后。1840—1850 年，美国沃辛顿发明了泵缸和蒸汽缸对置的、蒸汽直接作用的活塞泵，标志着现代活塞泵的形成。19 世纪是活塞泵发展的高潮时期，当时已用于水压机等多种机械中。然而随着需水量的剧增，从 20 世纪 20 年代起，低速的、流量受到很大限制的活塞泵逐渐被高速的离心泵和回转泵所代替。但是在高压小流量领域，往复泵仍占有主要地位，尤其是隔膜泵、柱塞泵独具优点，应用日益增多。

三、齿轮泵

　　齿轮泵主要由椭圆形泵壳和两个相互啮合的齿轮组成，如图 8-17 所示，其中一个为主动齿轮，由传动机构带动，当两齿轮按图中箭头方向旋转时，上端两齿轮的齿向两侧拨开产生空的容积而形成低压并吸入液体，下端齿轮在啮合时容积减少，于是压出液体并由下端排出。液体的吸入和排出是在齿轮的旋转位移中发生的。齿轮泵是正位移泵的一种。它适合于输送小流量、高黏度的液体，但不能输送含有固体颗粒的悬浮液。

四、旋涡泵

　　旋涡泵是一种特殊类型的离心泵，其结构如图 8-18 所示，它由叶轮和泵体构成。泵壳呈

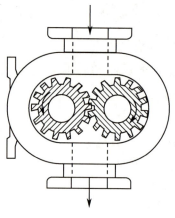

图 8-17　齿轮泵工作原理示意图

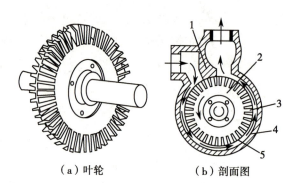

（a）叶轮　　　　（b）剖面图

1.间壁；2.叶轮；3.叶片；4.泵壳；5.流道

图 8-18　旋涡泵工作原理示意图

圆形，叶轮是一个圆盘，四周由凹槽构成的叶片以辐射状排列。泵壳与叶轮间有同心的流道，泵的吸入口与排出口由间壁隔开。

其工作原理也是依靠离心力对液体做功，液体不仅随高速叶轮旋转，而且在叶片与流道间作多次运动。所以液体在旋涡泵内流动与在多级离心泵中流动效果相类似，在液体出口时可达到较高的扬程。它在启动前需灌泵。

它适用于小流量、高扬程和低黏度的液体输送。其结构简单，制造方便，所以效率一般较低，为 20%～50%。

第二节　气体输送设备

在制药生产过程中，不仅涉及大量的液体输送过程，也有很多过程涉及气体输送，如喷雾干燥过程中热风的输送、流化造粒及气力输送过程中空气的输送、真空蒸发系统抽取真空、车间的通风、空气的调节与净化等，都要用到气体输送机械。气体输送机械主要用于克服气体在管路中的流动阻力和管路两端的压强差以输送气体或产生一定的高压或真空以满足各种工艺过程的需要。我们把输送和压缩气体的设备统称为气体输送机械。

气体输送机械与液体输送机械的结构和工作原理大致相同，其作用都是向流体做功以提高流体的静压强。但是由于气体具有可压缩性和密度较小，对输送机械的结构和形状都有一定影响，其特点是：对一定质量的气体，由于气体的密度小，体积流量就大，因而气体输送机械的体积大。气体在管路中的流速要比液体流速大得多，输送同样质量流量的气体时，其产生的流动阻力要多，因而需要提高的压头也大。由于气体具有可压缩性，压强变化时其体积和温度同时发生变化，因而气体输送和压缩设备的结构、形状有一定特殊要求。

气体输送机械一般以其出口表压强（终压）或压缩比（指出口与进口压强之比）的大小分类。

（1）通风机：出口表压强不大于 15kPa，压缩比为 1～1.15。

（2）鼓风机：出口表压强为 15～300kPa，压缩比小于 4。

（3）压缩机：出口表压强大于300kPa，压缩比大于4。

（4）真空泵：用于产生真空，出口压强为大气压或略高于大气压。

一、离心式通风机

工业上常用的通风机有轴流式和离心式两种。轴流式通风机的风量大，但产生的风压小，一般只用于通风换气，而离心式通风机则应用广泛。

离心式通风机的结构和工作原理与离心泵相似。图8-19是离心式通风机的简图，它由蜗形机壳和多叶片的叶轮组成。机壳内的气体流道有矩形和圆形两种，低、中压风机多为矩形，高压风机多为圆形流道。离心式通风机一般为单级，根据叶轮上叶片大小、形状，可分为多翼式风机和涡轮式风机。多翼式离心风机叶轮内、外径之比较大，叶片数目较多，此类型风机尺寸较小，结构上只适用于大风量、低风压及低转速，通常用于通风换气和空调设备上。涡轮式离心风机叶轮上叶片数目较少，与离心泵叶片类似，这种风机风压较高，有风量较小的小型风机，也有风量较大的大型风机，其性能稳定，效率较高，应用较广。

离心式通风机的主要性能参数有风量（单位时间内流过风机进口的气体体积）和风压（单位体积气体所具有的机械能）等。离心式通风机选用时，首先根据气体的种类（清洁空气、易燃气体、腐蚀性气体、含尘气体、高温气体等）与风压范围，确定风机类型；然后根据生产要求的风量和风压值，从产品样本上查得适宜的风机型号规格。

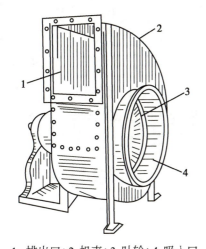

1. 排出口；2. 机壳；3. 叶轮；4. 吸入口

图8-19 离心式通风机工作原理图

二、离心式鼓风机

离心式鼓风机又称涡轮鼓风机，其工作原理与离心式通风机相同，结构与离心泵相似，蜗壳形通道的截面为圆形，但是外壳直径和宽度都较离心泵大，叶轮上的叶片数目较多，转速较高。单级离心式鼓风机的出口表压强一般小于30kPa，所以当要求风压较高时，均采用多级离心式鼓风机。为达到更高的出口压力，要用离心式压缩机。

三、旋转式鼓风机

罗茨鼓风机是最常用的一种旋转式鼓风机，其工作原理和齿轮泵类似，如图8-20所示。机壳中有两个转子，两转子之间、转子与机壳之间的间隙均很小，以保证转子能

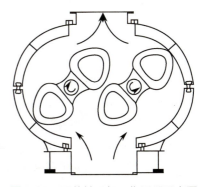

图8-20 罗茨鼓风机工作原理示意图

自由旋转,同时减少气体的泄漏。两转子旋转方向相反,气体由一侧吸入,另一侧排出。

罗茨鼓风机的风量与转速成正比,在一定的转速时,出口压力增大,气体流量大体不变(略有减小)。流量一般用旁路调节。风机出口应安装安全阀或气体稳定罐,以防止转子因热膨胀而卡住。

四、离心式压缩机

离心式压缩机又称透平压缩机,其工作原理及基本结构与离心式鼓风机相同,但叶轮级数多,在 10 级以上,且叶轮转速较高,因此它产生的风压较高。由于压缩比高,气体体积变化很大,温升也高,故压缩机常分成几段,每段由若干级构成,在段间要设置中间冷却器,避免气体温度过高,离心式压缩机具有流量大、供气均匀、机内易损件少、运转可靠、容易调节、方便维修等优点。

五、往复式压缩机

往复式压缩机的结构与工作原理与往复泵相似。如图 8-21 所示,它依靠活塞的往复运动将气体吸入和压出,主要部件为气缸、活塞、吸气阀和排气阀。但由于压缩机的工作流体为气体,其密度比液体小得多,因此在结构上要求吸气和排气阀门更为轻便而易于启闭。为移除压缩放出的热量来降低气体的温度,必须设冷却装置。

六、真空泵

在化工生产中要从设备或管路系统中抽出气体,使其处于绝对压强低于大气压强状态,所需要的机械称为真空泵。下面仅就常见的型式作介绍。

1. 水环真空泵 如图 8-22 所示,其外壳呈圆形,外壳内有一偏心安装的叶轮,上有辐射状叶片。泵的壳内装入一定量 的水,当叶轮旋转时,在离心力的作用下将水甩至壳壁形成均匀厚度的水环。水环使各叶片间的空隙形成大小不同的封闭小室,叶片间的小室体积呈由小而大、又由大而小的变化。当小室增大时,气体由吸入口吸入,当小室从大变小时,小室中的

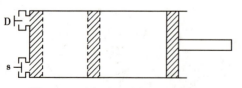

图 8-21　往复式压缩机工作原理图

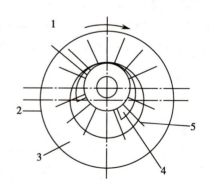

1. 排出口; 2.外壳; 3.水环; 4.吸入口; 5.叶片

图 8-22　水环真空泵简图

气体即由压出口排出。

水环真空泵属湿式真空泵,吸入时可允许少量液体夹带,真空度一般达到 83%。水环真空泵的特点是结构紧凑,易于制造和维修,但效率较低,一般为 30%~50%。泵在运转时要不断充水以维持泵内的水环液封,并起到冷却作用。

2. 喷射真空泵 喷射真空泵属于流体动力作用式的流体输送机械。如图 8-23 所示,它是利用工作流体流动时静压能转换为动能而造成真空将气体吸入泵内的。

这类真空泵当用水作为工作流体时,称为水喷射真空泵;用水蒸气作为工作流体时,称为蒸汽喷射真空泵。单级蒸汽喷射真

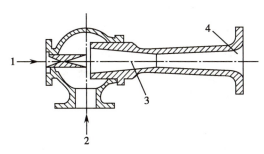

1. 工作蒸汽入口; 2. 气体吸入口; 3. 混合室; 4. 压出口

图 8-23　单级蒸汽喷射真空泵工作原理图

空泵可以达到 90% 的真空度,若要达到更高的真空度,可以采用多级蒸汽喷射真空泵。喷射真空泵的结构简单,无运动部件,但效率低,工作流体消耗大。

第三节　固体输送设备

制药生产中常用到的固体输送机械是指沿给定线路输送散粒物料或成件物品的机械。固体输送设备可分为机械输送设备和气流输送设备,其中机械输送设备又可分为带式输送机、斗式运输机和螺旋运输机三种,气流输送又可分为吸引式输送和压送式输送。

一、带式输送机

带式输送机属于连续式输送机械,适用于块状、颗粒及整件物料进行水平方向或倾斜方向的运送,还可作为清洗和预处理操作台等。

1. 带式输送机的主要结构 带式输送机的主要结构部件有环形输送带、机架和托辊、驱动滚筒、张紧装置等,如图 8-24 所示。

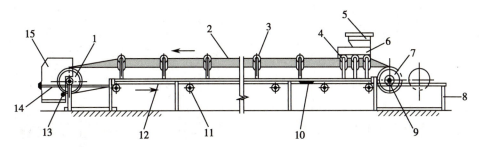

1. 驱动滚筒; 2. 输送带; 3. 上托辊; 4. 缓冲托辊; 5. 漏斗; 6. 导料槽; 7. 改向滚筒; 8. 尾架; 9. 螺旋张紧装置; 10. 空段清扫器; 11. 下托辊; 12. 中间架; 13. 弹簧清扫器; 14. 头架; 15. 头罩

图 8-24　带式输送机结构图

（1）输送带：常用输送带有橡胶带（常用）、各种纤维织带、钢带及网状钢丝带、塑料带。对输送带的要求是强度高，挠性好，本身重量小，延伸率小，吸水性小，对分层现象的抵抗性能好，耐磨性好。①橡胶带：橡胶带由2～10层（由带宽而定）棉织品或麻织品、人造纤维的衬布用橡胶加以胶合而成。上层两面附有优质耐磨的橡胶保护层为覆盖层。衬布的作用是给予皮带以机械强度和用来传递动力。覆盖层的作用是连接衬布，保护其不受损伤及运输材料的磨损，防止潮湿及外部介质的侵蚀。②钢带：钢带机械强度大，不易伸长，耐高温，不易损伤（烘烤设备中），造价高，黏着性很大，用于灼热的物料对胶带有害的时候。③网状钢丝带：网状钢丝带强度高，耐高温，具有网孔（孔大小可选择），故适用于一边输送、一边用水冲洗的场合。④塑料带：塑料带耐磨、耐酸碱、耐油、耐腐蚀，适用于温度变化大的场合，已推广使用。其分为多层芯式（类似橡胶带）和整芯式（制造简单，生产率成本低，质量好，但挠性差）。⑤帆布带：帆布带的抗拉强度大，柔性好，能经受多次反复折叠而不疲劳。

（2）机架和托辊：机架多用槽钢、角钢和钢板焊接而成。托辊作用是支承运输带及其上面的物料，减少输送带下垂度，保证带子平稳运行。

（3）驱动滚筒：驱动滚筒是传递动力的部件，输送带是靠滚筒间的摩擦力而运行的。滚筒的宽度比带宽大100～200mm，驱动滚筒做成鼓形，可自动纠正胶带的跑偏。

（4）张紧装置：张紧装置作用是补偿输送带因工作的松弛，保持输送带有足够的张力，防止输送带与驱动滚筒间的打滑。

2. 带式输送机的主要特点 带式输送机与其他运输设备相比，工作速度快（0.02～4.0m/s），输送距离长，生产效率高，构造简单，而且其使用方便，维护检修容易，无噪声，能够在全机身中任何地方进行装料和卸料。但是，带式输送机不密封，故输送轻质粉状物料时易飞扬。

二、斗式提升机

斗式提升机是利用均匀固接于环形牵引构件上的一系列料斗，将物料由低处提升到高处的连续输送机械。

1. 斗式提升机的主要结构 斗式提升机结构见图8-25，主要由环形牵引带或链、滚筒、料斗、驱动轮（头轮）、改向轮（尾轮）、传动装置、张紧装置、导向装置、加料和卸料装置、机壳等部件构成。

斗式提升机的工作过程包括装料、提升和卸料三个过程。工作时料斗把物料从下面的储槽中舀起，随着输送带或链提升到顶部，绕过顶轮后向下翻转，将物料倾入接受槽内。斗式提升机的提升能力与料斗的容量、运行速度、料斗间距及斗内物料的充满程度有关。

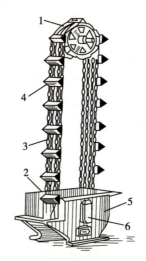
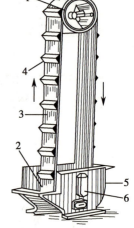

（a）链式牵引圆环式输送机　（b）带式牵引圆环式输送机
（由环形牵引链提供动力）　　（由环形牵引带提供动力）

1. 驱动轮；2. 改向轮；3. 挠性牵引构件；4. 料斗；5. 底座；6. 拉紧装置

图8-25 斗式提升机结构示意图

2. 斗式提升机的主要特点 斗式提升机具有提升高度高(一般输送高度最高可达 40m),运行平稳可靠,占地面积小,密封性能良好可减少灰尘污染等优点;缺点是输送物料的种类受到限制,输送能力低,不能超载,必须均匀给料。故其适用于垂直或大角度倾斜时输送粉状、颗粒状及小块状物料。

三、螺旋输送机

螺旋输送机是利用螺旋叶片的旋转来输送物料的设备,如图 8-26 所示,螺旋输送机主要结构为机槽、螺旋转轴、驱动装置、机壳等。工作时由具有螺旋片的转动轴在一封闭的或敞开口的料槽内旋转,利用螺旋的推进原理使料槽内的物料沿料槽向前输送。螺旋输送机的装载和卸载比较方便,可以是一端进料另一端卸料,或两端进料中间卸料,或中间进料两端卸料。螺旋输送机一般为水平输送,也可以有较大倾斜角度输送,甚至可以直立输送。常用于较短距离内运输散状颗粒或小块物料。由于它能够较准确地控制单位时间内的运输量,因而也常被用于定量供料或出料装置,如气力输送系统中的螺旋式加料器等。螺旋叶片有实体式、带式、桨叶式、齿形等。

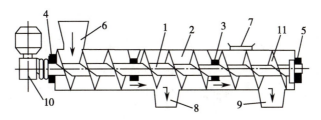

1. 轴;2. 料槽;3. 中间轴承;4. 首端轴承;5. 末端轴承;6. 装载漏斗;7. 中间装载口;8. 中间卸载口;9. 末端卸载口;10. 驱动装置;11. 螺旋片

图 8-26 螺旋输送机示意图

螺旋输送机的优点是结构简单,操作方便,占地面积小,可同时向相反两个方向输送物料,输送过程中可进行搅拌、混合、加热、冷却等操作,可调节流量,密封性好。缺点是单位物料动力消耗高,有强烈磨损,易发生堵塞。故其适用于输送小块状和粉状物料,不适于输送易黏附和缠绕转轴的物料。

四、气力输送装置

气力输送又称为风力输送,是借助一定速度和压力的空气在密闭管道内的高速流动,带动粒状物料或相对密度较小的物料在气流中被悬浮输送到目的地的一种运输方式。气力输送根据输送方式可分为吸送式和压送式,根据颗粒在输送管内密集程度又可分为稀相输送和密相输送。输送介质可以是滤过空气或惰性气体。

1. 气力输送装置的工作原理 气力输送装置由进料装置、输料管道、分离装置、卸料器、除尘器、风机和消声器等部件构成,其工作原理是利用气流的动能使散粒物料呈悬浮状态随气流沿管道输送。

吸送式气力输送在风机启动后，整个系统呈一定的真空度，在压差作用下空气流使物料进入吸嘴，并沿输料管送至卸料处的旋风分离器内，物料从空气流中分离后由分离器底卸出，气流经除尘器净化后再经消声器排入大气（图8-27）。吸送式气力输送特点是供料简单，能同时从几处吸取物料；但输送距离短，生产率低，密封性要求高。

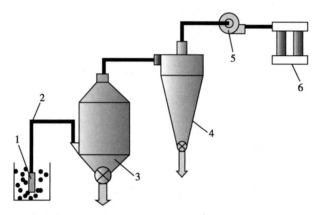

1. 吸嘴；2. 输料管；3. 重力分离器；4. 离心分离器；5. 风机；
6. 除尘器

图8-27 吸送式气力输送系统

压送式气力输送由鼓风机将空气压入输送管，物料从供料器供入，空气和物料的混合物沿输料管被压送至卸料处，物料经旋风分离器分离后卸出，空气经除尘器净化后排入大气（图8-28）。压送式与吸送式相反，可同时将物料输送到几处，输送距离较长，生产率较高，但结构复杂。

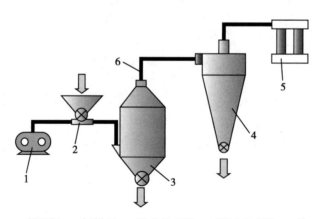

1. 鼓风机；2. 加料器；3. 重力分离器；4. 旋风分离器；5. 袋滤器；6. 输料管

图8-28 压送式气力输送系统

2. 气力输送的主要特点 气力输送的优点是可简化生产流程，对于化学性质不稳定物料可用惰性气体输送，高密封性可避免粉尘和有害气体对环境的污染，较高的生产能力可进行长距离输送，在输送过程中可同时进行对物料的加工操作，可灵活安装布置管路，简单的结构容易实现自动化控制。缺点是不宜输送颗粒大和含水量高的物料，不宜输送磨损性大和易破碎物料，风机噪声大，对管路和物料的磨损较大，能耗高，设备初期投资大。

ER8-2　第八章　目标测试

（慈志敏）

第九章　生物反应设备

ER9-1　第九章
生物反应设备
（课件）

　　反应设备是一种实现反应过程的设备，通常又称为反应器，广泛地应用于化工、炼油、冶金等领域，用于实现液相单相反应过程和液 - 液、气 - 液、液 - 固、气 - 液 - 固等多相反应过程。在制药生产过程中，药物的合成，无论是化学药物，还是生物技术药物，也都是在反应器内实现的。根据发生的反应是纯化学反应还是生物化学反应，反应器可分为化学反应釜和生物反应器。

第一节　概述

　　生物反应器（bioreactor）是利用酶或生物体（如微生物、动植物细胞）所具有的生物功能，通过生化反应或生物的自身代谢获得目标产物的装置系统。广义地说，小到一只斜面或一只培养皿，大到几千立方米的发酵罐都是生物反应器。生物反应器实质就是一个生物功能模拟机，它可为微生物、动植物细胞增殖或生化反应提供可人为控制的、适宜的反应条件和环境，以实现将原料转化为特定产品，是连接原料和产品的桥梁，是实现生物技术产品产业化的关键设备。一个良好的生物反应器应具备严密的结构、良好的流体混合性能与高效的传质和传热性能、可靠的检测与控制系统。

　　生物反应器的类型有很多，不同的生物反应器在结构和操作方式上具有不同的特点，根据化学反应工程的分类方法可从不同角度对其进行分类。

　　1. 根据反应器的结构特征和几何构形（长径比或高径比），可分为罐式（槽式或釜式）、管式、塔式和膜式反应器等。罐式的高径比较小，一般为 1～3；管式的长径比较大，一般大于30；塔式的高径比介于罐式和管式之间，通常竖直安放；而膜式反应器一般是在其他形式的反应器中装有膜组件，起固定生物催化剂或分离的作用。

　　2. 根据操作方式的不同，可分为间歇（分批）式、连续式和半连续式（流加）反应器。其中尽管间歇操作属于非稳定过程，但生产中，由于间歇式反应器培养不容易产生严重的染菌问题，周期相对短，能适应细胞株和产物经常变化的培养要求，又可以经常进行灭菌操作，因此应用最为广泛。

　　3. 根据物料混合方式的不同，可分为机械搅拌式、气体搅拌式和液体环流式反应器。机械搅拌式反应器是利用机械搅拌器的作用实现反应体系内物料的混合，工艺容易放大，产品质量稳定，非常适合工厂化生产，缺点主要是搅拌易产生较大的剪切力而损害细胞。气体搅拌式反应器是以压缩空气作为动力实现反应体系的混合，具有培养环境较为均质、剪切力小、工业生产上容易放大等优点，缺点主要是气泡的破碎对动物细胞的损伤大，泡沫问题较严重。液体环流式反应器则通过外部的液体循环泵实现反应体系的混合。目前，工业规模的以机械搅拌式为多。

4. 根据反应物系相态的不同，可分为均相反应器和非均相反应器。非均相反应器又分为气 - 液两相、液 - 固两相和气 - 液 - 固三相等多相反应器，根据流体与催化剂的接触方式，它们又可分为固定床和流化床等类型。

5. 根据细胞培养方式的不同，可分为悬浮培养生物反应器、贴壁培养生物反应器、包埋生物反应器。悬浮培养生物反应器中，不需使用微载体，细胞不贴壁而是悬浮于细胞培养液中生长，操作简单，规模较易放大；贴壁培养生物反应器中，细胞贴附于固定的表面生长，不因搅拌等而跟随培养液一起流动，故比较容易更换培养液，不需要特殊的分离细胞和培养液的设备，可以采用灌流培养获得高细胞密度，能有效获得一种产品；包埋培养生物反应器使用多孔载体或微囊，细胞被截留在载体中或包埋于微囊中，既可采用悬浮培养，也可采用贴壁培养，优点是能在极大程度上降低搅拌剪切力对细胞的伤害，细胞容易生长，但反应器体积增大后溶氧供给受到限制，工艺放大较难。

6. 根据采用生物催化剂的不同，可分为酶反应器和细胞反应器两大类。酶反应器内通常仅是利用游离或固定化酶进行酶催化反应过程，反应比较简单，条件温和，通常在常温、常压下进行。细胞反应器是反应过程中伴随着活细胞的生长和代谢，根据细胞类型的不同，又可分为微生物细胞反应器、动物细胞反应器和植物细胞反应器。

另外，根据过程中是否需要供氧，还可以分为通风发酵设备和嫌氧发酵设备，啤酒行业使用的发酵罐是典型的嫌氧发酵设备。

随着技术不断进步和装备制造的升级，新型生物反应器必将不断涌现，满足或带动生物医药行业技术水平的整体提升。

第二节　常见生物反应器

生物反应器作为生物技术工艺的中心环节，为生物体代谢提供一个优化的物理及化学环境使其能更好地生长，得到更多所需的生物量或代谢产物，所以生物反应器的选择和设计不仅与传递过程因素有关，还与生物的生化反应机制、生理特性等因素有关。一个良好的生物反应器应满足以下条件：①结构严密，内壁光滑，耐蚀性好，利于灭菌彻底和减少金属离子对生物反应的影响；②良好的气 - 液 - 固接触和混合性能，以及高效的热量、质量、动量传递性能；③很好的生物相容性，能较好地模拟细胞的体内生长环境；④良好的热量交换性能，有能力移除或输入过程的热量，以维持生物反应最适温度；⑤能提供足够的时间，达到反应所需的程度，符合过程反应动力学的要求；⑥能够对培养环境中多项物理、化学参数进行自动检测和控制调节，控制精度高且能保持环境的均一；⑦便于操作和维修。

随着微生物发酵工业和动、植物细胞大量培养技术的不断发展，生物反应器在传统的搅拌式的基础上，又出现了许多类型生物反应器，如气升式生物反应器、固定床生物反应器、流化床生物反应器、膜式生物反应器以及制备载体等的固定化培养生物反应器等，新型生物反应器也正不断出现，这都使得生物制品的生产已由传统的手工作坊式操作逐渐向自动化改变，生产规模由小规模向大规模转化，质量控制手段由传统经验型向现代目标型转化，生产设施和管理实现了由质量管理向质量保证转化，引入了国际标准化组织 ISO 体系认证（International Organization for Standardization）、GMP 体系认证等现代生物制药企业规范管理的理念，使生物制品走向国际市场。本节主要结合微生物、动植物细胞的培养特点介绍几种典型的生物反应器。

一、机械搅拌式生物反应器

机械搅拌式生物反应器是最经典和最早应用的一种生物反应器，医药工业中第一个大规模微生物发酵过程——青霉素生产就是在机械搅拌式反应器中进行的。目前，对新的生物过程，首选的生物反应器也仍然是机械搅拌式反应器。它适用于大多数的生物过程，既可用于微生物的发酵，也广泛用于动植物细胞培养，对不同的生物过程具有较大的灵活性，已形成标准化的通用产品。一般只有在机械搅拌式反应器的气液传递性能或剪切力不能满足生物过程时，才会考虑用其他类型的反应器。

课程思政案例

中国第一支青霉素

20 世纪 40 年代英国人弗莱明发现了青霉素，当时很多无药可治的病，它都可以药到病除，被称为"神药"，那时它在中国叫"盘尼西林"，全部依靠进口，而且价格非常昂贵，这狠狠刺痛了著名微生物学家、病毒学家汤飞凡的心。1938 年春，汤飞凡负责重建中央防疫处——中国最早开始青霉素研究的机构。那时，无论是抗战前方还是后方，许许多多的人都等着青霉素救命，可仅靠进口，价格奇高，数量奇少。"中国人一定要自己生产出青霉素"，汤飞凡下了决心，让朱既明和黄有为两人负责，发动全处寻找青霉素菌种。

虽然当时西方人发表了不少关于青霉素的论文，但从不涉及如何能找到、如何分离，对生产、提纯方法更是守口如瓶，这不仅是科技机密，更是商业机密、军事机密。经过无数次努力尝试，朱既明等人最终从一双皮鞋上的霉菌中成功分离出青霉素菌株，并在连续解决培养温度、方式和培养基等难题后，合格青霉素终于被培育出来，但浓度还不够理想。这是 1942 年的事，比西方才晚了一年多。

1943 年，汤飞凡去印度访问带回 10 株青霉素菌株。1944 年，被誉为"中国的青霉素之父"的微生物学家樊庆笙冲破日军的层层封锁，从美国随身带回刚在美国问世不久的三试管"盘尼西林菌种"。同时他也加入了著名病毒学家朱既明的青霉素研究室工作。经过反复对比这些菌株，最终还是选择他们自己从皮鞋上分离出来的那个菌株用于生产。1944年樊庆笙带领助手朱既明制造出中国第一批5万单位一瓶的盘尼西林制剂,并由他审定了中国学名——青霉素。战乱中的中国成为世界上率先制造出青霉素的七个国家之一,这一令人瞩目的成就得到了世界的公认。抗战胜利后,樊庆笙受聘于上海生化实验处,忙于青霉素生产中最关键的环节——青霉素菌种的筛选和培育。1950年3月,陈毅市长批示成立"上海抗生素实验所",童村任所长,因地制宜,土法上马,制造出中国首台"青霉素发酵罐",第二年成功试制了第一支国产青霉素针剂。1953年5月,上海抗生素实验所更名为上海第三制药厂,开始批量生产青霉素,结束了我国长期不能生产青霉素的局面和全部依靠进口的历史,自此我国抗生素生产走上了工业化的道路。到2001年,中国的青霉素年产量已居世界首位。

机械搅拌式生物反应器是利用机械搅拌器的作用,使空气和培养液充分混合以促进氧的溶解,供给微生物生长、繁殖和代谢的需要。该类反应器的主要特征是有机械搅拌装置和通入压缩空气装置,基本结构见图9-1。

1. **罐体** 罐体由圆筒体和椭圆形或碟形封头焊接而成,材料以不锈钢为好,并能承受一定的压力和温度,罐壁厚度取决于罐径、材料及其所需耐受的压力。此外,罐体适当部位还装有溶氧、pH、温度、压力等检测装置接口,排气、取样、放料接种口以及人孔或视镜等部件。

2. **搅拌器和挡板** 搅拌器作为此类反应器的核心部件,主要作用是混合和传质,也就是使细胞悬浮并均匀分布于培养液中,维持适当的气 - 液 - 固三相的混合与质量传递,同时使通入的空气分散成较小气泡与液体充分混合,增大气液界面以获得所需的氧传递速率,同时也可强化传热过程。搅拌器一般装配在罐体的中心轴向位置,因培养基中的固

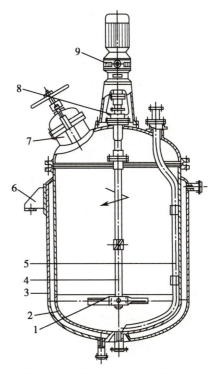

1. 搅拌器;2. 罐体;3. 夹套;4. 搅拌轴;5. 压出管;6. 支座;7. 人孔;8. 轴封;9. 传动装置

图9-1 机械搅拌式生物反应器结构示意图

体颗粒或可溶性成分形成的结晶会损坏轴封,一般多采用上搅拌,即搅拌器的搅拌轴从顶部伸入罐体。搅拌轴上一般有1~4层的搅拌桨,搅拌桨数目由罐内液位高度、培养液的流动特征和搅拌桨的直径等因素而定。

搅拌器可分为径向流搅拌器和轴向流搅拌器。一般径向流的圆周运动对混合和传质所起作用较小,相比之下,轴向流的影响更大。径向流动速度仅与搅拌器的转速成正比,而轴向流动速度与搅拌器转速的平方成正比,因此提高搅拌速度,轴向流动产生的混合和传质效果较好。一般而言,径向流搅拌器多用于对剪切力不敏感的好氧细菌和酵母的培养,而轴向流搅拌器多用于对剪切力敏感的生物反应体系。

生产中大多采用的涡轮式是比较典型的径向流搅拌器,具有结构简单、传递能量高、溶氧速率大等优点,缺点主要是轴向混合差,搅拌强度随着与搅拌轴距离的增大而减弱,当培养液较黏稠时,混合效果就会大大下降。常见的有平叶式、弯叶式、箭叶式三种,如图9-2所示。轴向流搅拌器中最典型的是螺旋桨搅拌器,它可使器内液体向上或向下推进形成轴线螺旋运动,主要特点是产生的循环量大,混合效果好,适合于反应器内流体要求混合均匀、剪切性能温和的细胞培养过程。

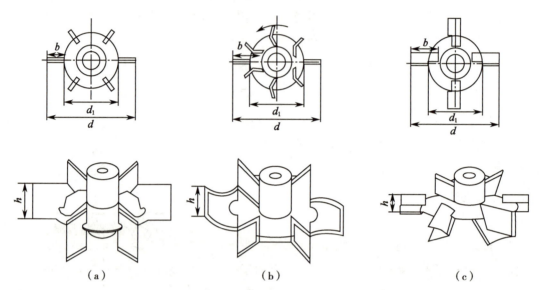

d- 叶轮直径; d₁- 叶轮圆盘直径; b- 叶片长度; h- 叶片宽度
（a）六平叶;（b）六弯叶;（c）六箭叶

图9-2　通用的涡轮式搅拌器示意图

对于大型生物反应器,可采用涡轮式和螺旋桨式搅拌器组合配置的设计,上层用螺旋桨式而下层用涡轮式,既可利用涡轮式搅拌器强化小范围的气液混合,又可利用螺旋桨式搅拌器强化大范围的气液混合,充分发挥各自的优点。当采用固定化酶或固定化细胞为催化剂时,为减少剪切力对催化剂的损伤和有利于黏性物料的混合,常采用框锚式和螺旋螺杆式搅拌桨,如图9-3所示。

搅拌器一般采用传统的机械驱动,目前还有磁力搅拌反应器,其关键部件磁力耦合传动器是一种利用永磁材料进行耦合的传动装置,由电机减速机驱动外磁钢体转动,通过磁力线带动密封罐体的内磁钢体转动,从而带动搅拌轴转动达到搅拌的目的。采用磁力驱动实现了器内介质完全处于密封腔内进行反应,彻底解决了传统填料密封和机械密封因动密封而造成的无法克服的泄漏问题,使反应介质绝无任何泄漏和污染,但它不适合大容积的反应器,生产上还是多采用机械搅拌。

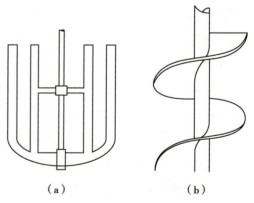

（a）框锚式搅拌桨;（b）螺旋螺杆式搅拌桨

图9-3　轴向流搅拌桨示意图

反应器内设置挡板具有形成次生流的作用,且可以防止液面中央因搅拌形成大的旋涡流动,增强湍动和溶氧、传质过程。挡板高度从罐底到设计液面高度,且挡板和器壁要留有一定的空隙,一般为(1/8~1/5)D(D为反应器直径)。此外,反应器内热交换器、通气管、排料管等也起到一定的挡板作用。所以,若换热装置为列管或排管,且数量足够多时,反应器内可以不另设挡板。

3. 轴封 轴封的作用是防止染菌和泄漏。生产时,反应器是固定静止的而搅拌轴是转动的,两者之间存在相对运动,此时密封为动密封,目前最普遍使用的动密封有填料密封和机械密封。填料密封是通过弹性填料受压后产生形变,堵塞填料和轴之间的间隙而起到密封作用,已经很少使用,现常采用的是机械密封。机械密封是靠弹性元件及密封介质在两个精密的平面(动环和静环)间产生压紧力,并相对旋转运动而达到密封。具有泄漏量极少(约为填料密封的1%)、安装长度较短、工作寿命长等优点,但也存在结构复杂、精度和安装技术要求高、拆装不便等缺点。

4. 换热装置 生物反应器对温度的控制要求比较苛刻,允许的温度波动范围较小,特别是低温培养。反应器对温度的控制主要通过换热装置实现。小型机械搅拌式反应器多采用外部夹套作为换热装置,结构简单,加工容易,器内无冷却装置,死角少,容易清洗和灭菌,但缺点是传热壁厚,夹套内液体流速低,换热效果差。而对于大型反应器则需要在内部另加盘管,优点是管内流体流速大,传热效率高,但是占用反应器空间,且给反应器清洗和灭菌增加了难度。此外,还采用焊接半圆管结构或螺旋角钢结构(图9-4)代替夹套式结构,不但能提高传热介质的流速,取得较好的传热效果,又可简化内部结构,便于清洗。

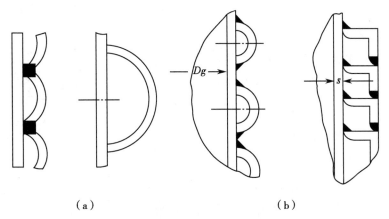

(a)   (b)

(a)半圆管结构;(b)角钢结构

图9-4　半圆管结构和角钢结构示意图

5. 消泡装置 在通气和搅拌下,反应液中含有的大量蛋白质、多肽等发泡物质会产生泡沫,过量的泡沫会堵塞空气出口过滤器,严重时会导致液体随排气而外溢,造成跑料,增加染菌机会,所以要控制泡沫。生产中可直接将消泡剂加入培养基中和机械消泡装置(如耙式消泡器),通常是上述两种方法联合使用。另外,在设计方面反应器装液量一般不超过总体积的70%~80%,一方面由于通气后反应器内的液位会有所升高,另一方面是可预留部分空间,为消除泡沫提供缓冲空间。

6. 通气装置 它是指将无菌空气引入到反应器内的装置,一般主要有单管式和环形管式。单孔管是最简单的一种通气装置,位于搅拌器的下方,管口正对器底中央,以免培养液中固体物质在开口处堆积。环形空气分布器一般要求空气喷孔在搅拌叶轮叶片内之下,孔口向下以尽可能减少培养液在环形分布管上的滞留。

机械搅拌式生物反应器的主要优点是在操作上有较大的适应能力,气体分散良好,特别适合于放热量大和需要较高气含率的生物反应过程,是应用最多的一类反应器。器内可培养悬浮生长细胞,也可利用微载体等培养贴壁生长的细胞,能满足高密度细胞培养的要求,培养工艺放大相对容易,产品质量稳定,非常适合于工业化生产生物制品。目前,超过70%的动物细胞反应器是机械搅拌式生物反应器。但其不足之处在于内部结构复杂,不易清洗,动力消耗较大,搅拌桨的剪切力对细胞有伤害。

对于剪切力敏感的动植物细胞培养,在传统的机械搅拌反应器基础上进行了改造研究。如植物细胞培养中,人们对搅拌形式,叶轮结构和类型,空气分布器等进行改变,力求减少剪切力。研究表明,不同叶轮产生剪切力大小顺序为:涡轮状叶轮>平叶轮>螺旋状叶轮。而动物细胞培养研究中,出现了通气搅拌式动物细胞培养反应器,适用于悬浮培养或贴壁培养。其中比较典型的是笼式通气搅拌反应器,结构如图9-5所示。

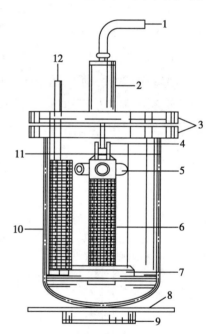

1. 进气; 2. 搅拌悬挂装置; 3. 出气口; 4. 空心管; 5. 吸管搅拌叶; 6. 搅拌笼体; 7. 磁铁转子; 8. 垫板; 9. 电磁搅拌; 10. 出液口滤网; 11. 液面; 12. 出液口

图9-5 笼式通气搅拌生物反应器结构示意图

与一般反应器相比,笼式通气搅拌反应器主要是其搅拌结构与众不同,整个搅拌笼体内部形成两个区域,搅拌内管和吸管搅拌叶的内部空腔构成液体流动区,液体自下而上通过该区域与搅拌内管外部的液体形成循环;搅拌内管和笼壁间形成气液混合区,液体和气体在此混合,因笼壁上的孔直径非常小,混合的气液经笼壁后不形成气泡。反应器的搅拌和通气功能集中在一个装置上,因其外形像一个笼子,故被称为笼式搅拌。优点:①搅拌速度缓慢,剪切力对细胞的破坏降低到比较小的程度,液体在比较柔和的搅拌下达到比较理想的搅拌效果;②搅拌器内单独分出一个区域供气液接触,且由于笼壁的作用,此区域内只允许液体进出而细胞被挡在外面,气体进入时鼓泡产生的剪切力不会伤害到细胞;③反应器的气道也可以用于通入液体营养液,与出液口滤网配合进行营养液置换培养,可增加反应器的功能。但缺点是虽然气体混合效率比不通气仅靠搅拌的气体混合效率提高10倍,但比直接通气搅拌要小,约是其50%。此外,这种反应器只能培养悬浮生长细胞或进行微载体细胞培养。

此外,在笼式通气搅拌器基础上进行改进,还出现了 Cell-Lift 细胞提升式搅拌器,装置中分为笼式通气腔和笼式消泡腔,气液交换在不锈钢制成的通气腔内实现,产生的泡沫在笼式消泡腔内经丝网破碎分成气、液两部分,达到深层通气而不产生泡沫的目的。

二、气升式生物反应器

气升式生物反应器(air-lift bioreactor,ALR)是应用较广泛的一类无机械搅拌的生物反应器,其工作原理是利用空气的喷射功能和流体密度差,通过气液混合物的湍动使空气泡分割细碎,依靠导流装置形成气液混合物的总体有序循环流动,实现气液混合物的搅拌、混合和溶氧传质。

气升式生物反应器内一般分为升液管和降液管,向升液管通入气体,管内含气率升高,密度减小,气液混合物向上升,气体由排气口排出。剩下气液混合物的密度较升液管内的大,由降液管下沉,在密度差的推动下形成了循环流动,使其传递与混合过程得到强化,是一种气流式搅拌反应器。根据升液管和降液管的布置,可分为外循环式和内循环式,如图9-6所示。外循环式通常将降液管置于反应器外部,以便加强传热;内循环式的升液管和降液管都在反应器内,结构较紧凑,多数内置同心轴导流筒,也有内置偏心导流筒或隔板的。导流筒的主要作用:①将反应体系隔离为通气区和非通气区,流体产生上下流动,增强流体的轴向循环;②使流体沿固定方向运动,减少气泡的兼并,有利于提高溶氧传递速率;③使反应器内剪切应力分布更加均匀。

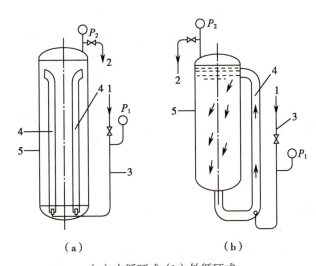

(a)内循环式;(b)外循环式
1.空气;2.排气;3.进气管;4.导流筒;5.罐体

图9-6 气升式生物反应器示意图

气升式生物反应器与流动和传递相关的参数主要包括气含率、体积氧传递速率系数、流体流动速度、循环周期和通气功率等。气含率是一个重要参数,气含率太低,氧传递不够,反之,则反应器的利用率降低。通过对流动速度的分析可了解氧的传递效率、流体的混合、底物浓度的分布等重要性能参数,一般内循环式反应器液体流动速度主要取决于反应器的几何结构。循环周期是指液体微元在反应器内循环一周所需的平均时间,适合的循环周期可保证液体进入上升管时,重新补充所需氧气,通常为 2.5～4 分钟,细胞的需氧量不同,所能耐受的循环周期也不同。

气升式生物反应器内虽无机械搅拌但有定向循环,具有以下优点:①反应溶液分布均匀,能很好地满足反应器对气、液、固三相均匀混合和溶液成分混合分散良好的要求;②具有较高的气含率和比气液接触面积,故传质速率和溶氧速率较高,体积溶氧效率通常比机械搅拌式高,且溶氧功耗相对低;③剪切力小,对细胞的剪切损伤可减至最低;④结构简单,设备投资低,便于放大设计制造大型或超大型反应器;⑤操作和维修方便,不易发生机械搅拌轴封容易出现渗漏、染菌等问题。气升式生物反应器被广泛应用于生物工程领域,在大规模生产单细胞蛋白时备受重视,现已有直径 7～13m、高 60m、容量达 1 500m³ 的大型气升式发酵罐用于生产单细胞蛋白,年产量大于 7 万吨,但它不适用于高黏度或含大量固体的培养液。

三、自吸式生物反应器

自吸式生物反应器(gas self-inducing bioreactor)是一种不需要空气压缩机,而是在机械搅拌过程中自吸入空气的生物反应器,形式多样,如具有叶轮和导轮的自吸式反应器、喷射自吸式反应器、文丘里反应器等,它们的共同特点是利用特殊转子、喷射器或文丘里管所形成的负压将空气从外界吸入。目前,它在抗生素、维生素、酶制剂等行业得到广泛应用。

自吸式生物反应器具有如下优点:①利用机械搅拌的抽吸作用将空气自吸到罐内,达到通气和搅拌的目的,可节省空气压缩机、冷却器、油水分离器、储罐等设备,减少占地,节省费用;②可减少工厂发酵设备投资约 30%;③搅拌转速虽然较高,功率消耗较大,但节约了压缩机动力消耗,总的动力消耗还是比通用式的低。自吸式生物反应器的主要缺点:①吸入压头一般不高,必须采用高效率、低阻力的空气除菌装置,所以多用于无菌要求较低的发酵生产中;②大型自吸式的搅拌吸气叶轮的线速度可达到 30m/s,转子周围形成强烈的剪切区域,不适用于某些对剪切作用敏感的微生物。

四、膜生物反应器

膜生物反应器(membrane bioreactor, MBR)是通过膜的作用使反应和产物的分离同时进行,也称为反应和分离耦合反应器,即在反应器内既可控制微生物的培养,同时又可排出全部或部分培养液,用指定新鲜培养基来代替它。过程中液相是不间断的,固相是周期性的。膜生物反应器将膜分离技术和生物技术有机地结合在一起,主要优点是减少产物抑制,提高反应速率,提高反应的选择性和转化程度,将生物催化剂截留在反应器内可以反复利用,不但降低成本,并可获得细胞高密度培养,简化下游工艺,节约能耗。

根据膜反应器的不同特征,可分类如下。

(1)按膜组件结构形式,可分为平板膜、卷式膜、管状膜及中空纤维膜等膜生物反应器。不同膜组件的性能比较见表 9-1。

表 9-1　不同形式膜组件的性能比较

膜组件形式	膜填充面积 /(m²/m³)	投资费用	操作费用	稳定运行	膜的清洗
管状	20～50	高	高	好	容易
平板膜	400～600	高	低	较好	难
卷式膜	800～1 000	较低	低	不好	难
中空纤维膜	8 000～15 000	低	低	不好	难

（2）根据底物和产物通过膜的传质推动力,可分为压差推动、浓差推动和电势推动的膜生物反应器。

（3）根据膜材料特性,可分为微滤膜反应器、反渗透膜反应器、超滤膜反应器、纳滤膜反应器和透析膜反应器,以及对称膜和非对称膜反应器等。

（4）按反应器内生物催化剂的状态,可分为游离态和固定化膜生物反应器。

（5）按反应和分离的组合方式,可分为分置式和一体式膜反应器。分置式是指膜组件与生物反应器分开设置,而一体式是指膜组件被安置在生物反应器内部,压力驱动依靠水头压差,或用真空泵抽吸,省掉了循环用泵及管道系统。

（6）按反应器内流体与生物催化剂的接触形式,可分为直接接触式、扩散式和多相膜。

（7）按膜组件在膜生物反应器中作用机制,可分为分离膜生物反应器、曝气膜生物反应器和萃取膜生物反应器。

中空纤维膜目前应用较为广泛,主体是由中空纤维管组成,中空纤维是一种细微的管状结构,材质可以是纤维素、醋酸纤维、聚丙烯、聚砜及其他聚合物。纤维孔径的大小对细胞、营养成分和产物的渗透有影响。管壁是半透膜,氧和二氧化碳等小分子可透过膜双向扩散,而大分子有机物不能透过。纤维束由外壳（如圆筒）包裹,形成了隔开的管内空间和壳体空间（管和管间空隙）,如图 9-7 所示。管内空间用以灌流充有氧气的培养液,壳内空间用以培养细胞,既适于贴壁细胞培养,也适于悬浮细胞培养,细胞接种于管外后,可附着于纤维表面,也可渗入纤维壁生长

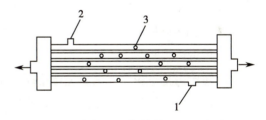

1.培养基出口; 2.培养基入口; 3.细胞

图 9-7　中空纤维反应器示意图

繁殖,细胞密度可高达 108 个 /cm²。它的优点是装填密度高,耐压稳定性好,产品产量、质量高,生产成本低(生产 1g 纯化单克隆抗体的成本约为搅拌式生物反应器的 1/6),由于剪切力小而广泛用于动物细胞培养,但对堵塞敏感。

膜生物反应器是近年来研究开发的一个重要领域,其应用领域由生物法污水处理扩展到有机酸、有机溶剂(乙醇、丙酮、丁醇)、酶制剂、单克隆抗体、抗生素等产品的工业生产,在生物加工过程中已被广泛应用。但它也面临很多问题,例如如何防止膜污染、工艺本身的经济可行性、能耗问题限制了其推广。因此,膜生物反应器在许多领域的应用仍处于研发阶段。

五、固态发酵生物反应器

固态发酵(solid state fermentation,SSF)广义上是指微生物在不溶性湿固体培养基上生长、繁殖、代谢的发酵过程,基本特征是固态底物作为发酵过程的碳源或能源,在无自由水或接近无自由水情况下进行。它具有以下特点:①使用的原料不必经过复杂加工,简化了操作程序;②可使微生物保持自然环境中的生长存在状态,模拟自然中的生长环境,这也是许多丝状真菌适宜采用固体发酵的原因之一;③适用于特殊微生物代谢,能耗低;④后处理简单,许多产品可直接烘干而无须提取,产品易于储藏运输,稳定性好;⑤因存在明显的气、液、固三相界面,可以得到液体发酵难于得到的产物;⑥过程中没有发酵有机废水的产生,因此没有环境污染问题;⑦压缩空气通过固体层的阻力较小,故能量消耗也较小。

用于固态发酵的反应器主要有以下几种形式。

1. 固定床生物反应器 固定床生物反应器(fixed-bed bioreactor)是装填有固体催化剂或固体反应物用以实现多相反应过程的一种反应器。固体物通常呈颗粒状,堆积成一定高度(或厚度)的床层,床层静止不动,流体以一定方向通过床层进行反应。固定床生物反应器可以由连续流动的液体底物和静止不动的固定化酶或细胞组成,也可由连续流动的气体和静止不动的固体底物和微生物组成,前者常用于固定化酶反应或固定化细胞或菌膜,后者在传统的食品发酵中最常见。

固定床生物反应器的罐体有夹套,底部有通风装置,轴向温度梯度的影响比径向温度梯度的影响大,轴向温度梯度促进水的蒸发,大部分的代谢热由蒸发移出,带走热量的同时也带走了水分,从而使基质表面变干,因此需要通过其他途径来改善热的传递或增加湿度。如可将用水饱和湿润后的空气再通入反应器,或在床层中间加间隔冷凝板,还可以采用间歇的缓慢搅拌促进热传递等。

固定床生物反应器的主要优点是操作风险小,结构简单,返混小,催化剂不易磨损,由于停留时间可以严格控制,温度分布可适当调节,特别有利于达到高选择性和转化率。其缺点是传热较差,操作过程中催化剂不能更换,须停产进行更换,催化剂需要频繁再生的反应一般不宜使用,常代之以流化床生物反应器或移动床生物反应器。

2. 流化床生物反应器 流化床生物反应器(fluidized-bed bioreactor)是一种通过流体的上升运动使固体颗粒维持在悬浮状态进行反应的装置。生产操作过程中,液体从设备底部的一个穿孔分布器流入,其流速足以使固体颗粒流态化。流出物从设备的顶部连续地流出。空气(需氧)和氮气(厌氧)可直接从反应器的底部或者通风槽引入。流化床操作的难易主要取决于颗粒的大小和粒径分布。一般来说,粒径分布越窄的细小颗粒越容易保持流化状态。相反,易聚合成团的颗粒由于撞击、碰撞,难以维持流化状态。

流化床中固体颗粒与流体充分接触,床层温度较均匀,传热传质性能好,不存在床层堵塞、高的压降、混合不充分等问题,但是固体颗粒的磨损较大。流化床可用于絮凝微生物、固定化酶、固定化细胞反应过程以及固体基质的发酵。

3. 转鼓式生物反应器 转鼓式生物反应器(rotary-drum bioreactor)的基本形式是一

个圆柱形或鼓形容器支架在一个转动系统上,转动系统主要起支撑和提供动力的作用。它是由包括基质床层、气相流动空间和转鼓壁等组成的多相反应系统,与传统固态发酵生物反应器不同的是基质床层不是铺成平面,而是菌体生长在固体颗粒表面,转鼓以较低的转速转动(通常为 2～3r/min),使固体颗粒处于不断翻滚状态,同时也加速传质和传热过程。

转鼓式生物反应器通常是卧式或略微倾斜,鼓内有带挡板的也有不带挡板的,有通气的也有不通气的,有连续旋转的也有间歇旋转的,但转速通常很低,否则剪切力会使菌体受损。与固定床相比,转鼓式的优点是可以防止菌丝体与反应器粘连,筒内基质达到一定的混合程度,细胞所处的环境比较均一,改善传质和传热状况,这类反应器适合固态发酵特点,可满足充足的通风和温度控制。

4. 搅拌生物反应器　搅拌生物反应器有立式和卧式之分,卧式采用水平单轴,多个搅拌桨叶平均分布于轴上,叶面与轴平行。立式多采用垂直多轴的。为减少剪切力的影响,通常采用间歇搅拌的方式,且搅拌转速较低。

六、其他生物反应器

随着生物产业的不断发展,一些具有新的设计思想和设计理念的生物反应器被开发研制并且有的已投入生产使用,取得了较好的经济效益和社会效益。同时,一些传统的生物反应器在生产中仍发挥着重要的作用。

1. 细胞培养转瓶机　主要由电动机、支架、滚轴和细胞培养转瓶构成。电动机控制滚轴转动速度,支架起到支撑的作用,滚轴是带动转瓶机进行转动的结构,细胞培养转瓶用来盛装培养液培养细胞,细胞附着在瓶壁上生长,到一定时候将细胞收获。当转瓶旋转时,培养液液面不断更新,有利于氧气和营养物质的传递。

培养贴壁依赖性细胞,最初采用的就是细胞转瓶系统。其结构简单、投资少,技术成熟、重现性好,是最早采用且容易操作的动物细胞培养方式,在实验室和工业化生产中都能够使用,生产规模放大时只需要增加转瓶的数量就可以了。但劳动强度大,单位体积提高细胞生长的表面积小,占用空间大,按体积计算细胞产率低。

转瓶系统主要用于生物制药、疫苗、食品、药物发酵等行业和研究机构中,用来对细胞的贴壁培养和悬浮培养进行研究分析、培养生产。实验室进行小量细胞的贴壁和悬浮培养大多选用 3～5 个瓶位的细胞转瓶机,也有用 5～10 瓶位。在工业生产中,选用多瓶位的细胞转瓶机,有些多达 80 个瓶位。目前许多大制药公司仍采用旋转瓶系统培养生产疫苗,一般采用容积为 3～5L 的旋转瓶。

2. 管式生物反应器　管式生物反应器长径比较大,一般大于 30。器中当流体以较小的层流流动时,管内流体呈抛物线分布;当流体以较大的流速湍流流动时,速度分布较为均匀,但边界层中速度缓慢,径向和轴向存在一定程度的混合。流体速度不均或混合,将导致物料浓度分布不同。管式生物反应器可分为垂直管式、倾斜可调管式、水平管式等多种形式。水平管式采用泵循环、气升循环等方式混合。

与传统的搅拌槽式反应器相比,管式生物反应器具有较高的产率,较好的传热、传质性能,容易实现优化控制-程序控温、多点加料等。因此管式生物反应器可用于特殊的生化过程,例如对剪切力敏感的组织培养过程、固定化酶和固定化细胞的反应过程,以及要求严格控制反应时间的生化过程。

3. 空间生物反应器 美国 NASA 公司在 20 世纪 90 年代中期开发了一系列的旋转式细胞培养系统,又称为回转生物反应器。其培养容器主要由内、外两个圆筒组成,外筒固定,内筒可以旋转以悬浮培养物。由于可以模拟空间中的微重力环境,该反应器被誉为空间生物反应器。其模拟空间环境的机制是,它可使培养物的重力向量在旋转过程中产生随机化,导致一定程度的重力降低,使细胞处于一种模拟自由落体状态,模拟微重力环境。

回转生物反应器由于没有搅拌剪切力影响,细胞可以在相对温和的环境中进行三维生长,同时随机的重力向量可能直接影响细胞基因的表达,或者间接促进细胞的自分泌、旁分泌,从而影响细胞的增殖分化和组织形成,因而这种反应器可用于当前十分热门的组织工程研究,也可用于探索微重力环境对细胞生长、分化的影响。

4. 一次性生物反应器 一次性生物反应器(single-use bioreactor)是由预先消毒、FDA 认证的对生物无害的塑料材料(聚乙烯、聚碳酸酯、聚苯乙烯等)制成,是一种即装即用、不可重复利用的培养器。

该反应器用一次性使用的细胞培养容器替代传统的不锈钢发酵罐。首先,反应器预先灭菌,省去了在线消毒(SIP)和在线清洗(CIP),因此可以快速地投入生产使用,缩短生产周期,节约了清洁验证费用。同时,传统不锈钢反应器由于需要 SIP 和 CIP 环节会造成大量水和能源的消耗,相比之下,一次性生物反应器所产生的废弃物对环境的影响小很多。其次,一次性生物反应器的一次性投入资金低,可以较容易进行工艺转换,最大限度地降低资金浪费,特别对于小规模生产高价值产品,一次性生物反应器的生产成本较不锈钢生物反应器更低。另外,一次性生物反应器不仅可以提高生产有毒或传染性的产品时的安全性,还可以降低生产多种产品时的交叉污染。现一次性生物反应器已广泛应用于种子扩大培养,小到中试规模的哺乳动物细胞、植物细胞和昆虫细胞的培养,单克隆抗体、疫苗和重组蛋白等的生产,并逐渐拓展到微生物发酵、藻类培养等领域。另外,一次性生物反应器在大规模的菌株筛选及培养条件优化中也逐渐得到广泛应用。目前,一次性生物反应器已成为生物制药领域发展的一个重要方向。

一次性生物反应器主要有波浪式、搅拌式和轨道振摇式等。

1996 年,Singh 发明了新型波浪式一次性生物反应器,带来了细胞培养行业的革命。1998 年,Wave Biotech 公司推出了第一台用于商业化生产的波浪式一次性生物反应器 WAVE Bioreactor 20。从此,一次性生物反应器开始大规模应用。目前波浪式一次性生物反应器的最大培养规模可达到 500L。

波浪式一次性生物反应器的主要部件为一个已灭菌的一次性塑料细胞培养袋。使用时,袋内一半体积装填培养基,另一半体积充入二氧化碳和氧气的混合气体,培养袋上还配有除菌空气过滤器、无菌取样口等预留接口。培养袋安置在摇动平台上,平台的摇动使培养基产生波浪,这些波浪给培养基提供充分的混合和氧气传递,适合细胞高密度培养。因为波浪式一次性生物反应器是借助波浪使细胞和颗粒物质处于悬浮状态，所以不会对细胞造成剪切伤害，不仅克服了传统搅拌生物反应器桨叶端剪切力高的弊端，而且无须鼓泡，避免了消泡剂的使用。因此，波浪式一次性生物反应器较适合培养对剪切力敏感或在培养过程中容易产生泡沫的细胞。

搅拌式一次性生物反应器（stirred disposable bioreactor）已成为应用最广泛的一次性生物反应器。用于中试和生产规模的搅拌式一次性生物反应器最大工作体积达到了 2 000L。一般用于培养强健且稳定的细胞，主要应用于哺乳动物细胞，也逐步用于植物、昆虫细胞培养及人体干细胞培养。

搅拌式一次性生物反应器的设计基于传统不锈钢材质搅拌生物反应器，使用像传统生物反应器相似的搅拌器，但搅拌器被整合在塑料反应袋中，通常也使用塑料材质。封闭的袋子和搅拌器预先灭菌处理，通常使用 γ 射线，使用时，将一次性袋安装在固定生物反应器支撑中，再将搅拌器机械地或磁性地连接到驱动器即可。

搅拌式一次性生物反应器发展迅速的原因主要有两个：一是与它对应的可重复利用的搅拌生物反应器是生物技术生产过程中使用最普遍、培养条件较容易优化的传统生物反应器类型，并且有利用传统搅拌生物反应器培养细胞经验的公司更倾向选择相对应的搅拌式一次性生物反应器，因此其市场需求也会相对较大；二是传统搅拌生物反应器长期的使用经验和丰富的理论知识对搅拌式一次性生物反应器的放大和发展起到了非常重要的作用。搅拌式一次性生物反应器由于易于放大，且培养条件和传统搅拌生物反应器相似，因此其商业化应用最广。

轨道振摇式一次生物反应器（orbital shaken disposable bioreactor）依靠一次性塑料材质的培养容器围着中央轴心旋转，在液体中心形成漩涡，振荡液体在反应器壁形成薄膜。薄膜被顶部空间的氧气饱和，然后此薄膜迅速与液相主体结合，进而通过表面通气和快速的混合提供较强的氧气输送能力。由于表面通气避免了泡沫的生成，并且与搅拌式一次性生物反应器相比，轨道振摇式一次性生物反应器的培养容器里由于不含有价格昂贵的搅拌和曝气装置，因此其不仅对细胞剪切伤害小，同时具有操作简单和成本效益高等优点。对于小规模的轨道振摇式一次性生物反应器，其培养容器一般为塑料材质的微孔板、微孔培养盒、旋转管等；对于稍大规模的，它的培养容器为一次性塑料袋。

轨道振摇式一次性生物反应器突出的特点是流体运动的确定性良好，使其具有很高的平行使用性，因此它广泛用于大规模的菌株筛选及培养条件优化，并逐步扩大至生产规模。目前商业化的轨道振摇式一次性生物反应器最大工作容积可达到 2 500L。它主要用于氧需求低的动物细胞和植物细胞的培养。

课堂互动

分析总结一次性生物反应器的主要缺点。

第三节 生物反应器的检测与控制

为了使生物反应器的各项物化参数处在细胞培养和产物分泌的最佳状态,使生产稳定高产,降低原材料消耗,节省能源和劳动力,实现安全生产,生物反应器都装配有一系列检测用的传感器和控制系统,从而实现对生化过程进行有效的操作和控制。检测参数的全面性和控制系统的精确性也反映了生物反应器的水平。

生物反应器的检测是利用各种传感器及其他检测手段对反应器系统中的各种参变量进行测量,并通过光电转换等技术用二次仪表显示或通过计算机处理,此外,也有通过人工取样、化验分析获得相关参变量的信息。生物反应系统参数的特征是多样性,不仅随时间的变化而变化,且变化规律也不是一成不变的。随着各类传感器的开发和计算机技术的广泛应用,检测和控制技术越来越智能化和自动化,向快捷、多样性发展。

一、培养过程中需检测的物化参数

无论是培养微生物还是培养动植物细胞,所需检测的各种物化参数都大致相同,包括生化过程的各种物理变量信息、化学变量信息和生物变量信息。其中有些参数可直接在线经传感器检出,如压力、温度、pH、溶氧等;有些则需要取样离线检测,如活细胞数、葡萄糖、乳糖和铵离子的测定等;还有些需要经检测后再进行计算才能获得,如细胞生长速率、比生长速率、生物反应器的生产率等,具体参数见表9-2。

表9-2 生物反应过程的主要参数

物理参数	化学参数	间接参数
温度	酸碱度	氧传递系数 Kla
罐压	氧化还原电位	氧传递速率 OTR
搅拌速度	溶氧浓度	氧消耗速率 OUR
搅拌轴功率	排气 O_2 浓度	比氧消耗率 YO_2
装液量	排气 CO_2 浓度	稀释率 D
液位	溶解 CO_2 浓度	比增值率 μ
进出液流量	氨基酸浓度	倍增时间 t_d
物料密度	糖浓度	细胞生产速率 D_x
物料浊度	乳糖浓度	比消耗率 K
物料黏度	NH_4^+ 等无机离子浓度	单位容积生产率 Q_p

二、主要参数的检测和控制方法

尽管测定参数越多,越有利于全面了解培养过程的优劣和优化培养工艺,但各个参数的重要程度并不是相同的,也不是每个生物反应器都必须具备能测定所有这些参数的能力。各参数中以温度、pH、溶氧(dissolved oxygen, DO)、转速和进出液流量最为重要,控制了这些参数,加以培养基成分和细胞浓度,也就控制了其他各种参数和整个培养过程。

1. 温度 温度对微生物和动植物细胞的生长非常重要。培养物不同,对温度的要求也不同,各种生物细胞均有最佳的生长温度和产物生成速度,且最佳温度的范围是比较狭窄的,如哺乳动物细胞的最佳温度为37℃左右,昆虫细胞则为27℃,所以需把生物反应器过程的温度控制在某一定值或区间内。此外,在整个反应过程还应根据细胞生长和产物生成需要的不同,在不同的生产阶段选用不同的温度。影响生化反应温度的主要因素有发酵热、电极搅拌热、冷却水温度及环境温度等。

目前常用于反应器检测温度有电阻温度计(铜电阻温度计、铂电阻温度计)和热敏电阻半导体温度计等。铂电阻温度计耐热、耐腐蚀,精度高,但价格较贵。铜电阻温度计价格较便宜,但容易氧化。半导体热敏电阻灵敏度高,响应时间短,耐腐蚀性好,但其温度与电阻值的关系非线性。使用时,有的直接将探头插入培养基,有的则通过一套管,在套管内装入传热介质,如甘油。直接插入培养基内的温度传感器需耐高压蒸汽灭菌。一般通过控温仪或微处理机以开关或三联方式控制反应器的水套温度,或加热垫的开关,达到对温度的控制。当要求培养温度低于室温(如昆虫细胞)时,常需配备冷却设备或对局部室温进行控制。

2. pH pH的高低对微生物和动植物细胞的各种酶活性、细胞壁通透性,以及许多蛋白质的功能都有着重要影响。每一种生物细胞均有最佳的生长增殖pH,细胞及酶的生物催化反应也有相应的最佳pH范围,故pH是生物细胞生长及产物或副产品生产的指示,是重要的过程参数之一。为了测定pH,需要一个测量电极和一个参比电极,利用两者在某一溶液中产生电位进行测定。pH电极的重要部位是玻璃微孔膜,若其受到蛋白质等大分子吸附污染,灵敏度会降低,响应时间延长,须用蛋白酶浸泡使蛋白质酶解溶出。目前普遍采用的是玻璃复合式参比电极,玻璃电极被参比电极包裹着,由于其电极内容会随着使用时间尤其是高温灭菌而发生变化,一般需在每批培养灭菌操作前后用标准pH缓冲溶液进行标定。

pH检测后,一般以比例控制或三联控制的方式来控制培养基的pH。在培养初期,培养基通常偏碱性,此时主要靠电磁阀控制进入培养基的CO_2量,增加氢离子浓度使pH下降。随着细胞密度提高,代谢产物乳酸不断积累使pH开始下降,此时主要靠控制蠕动泵的开关,控制加入$NaHCO_3$(0.65mol/L)或NaOH(0.1~0.5mol/L)的量,使pH上升。

为了使培养基的pH得到更好的控制,常在配制培养基时添加某些缓冲系统,以及加入某些缓冲剂等。此外,用果糖代替葡萄糖作为碳源也有利于pH的稳定。

3. 溶氧 除了某些厌氧菌外,所有其他微生物和动植物细胞的生长都需要氧的存在,以满足其呼吸、生长及代谢的需要,所以液体培养基中均需要维持一定水平的溶氧,且需氧量因种类不同而不同,所以对生物反应系统中溶氧浓度必须进行测定和控制。此外,溶氧还可以作为判断发酵反应过程是否有杂菌或噬菌体污染的间接参数,若溶氧浓度变化异常,则提示系统出现杂菌污染或其他问题。

目前用于生物反应器检测溶氧的传感器多数是极谱式或电流式覆膜电极,其原理都是一样的,即给浸入稀盐溶液的两根电极间加上合适电压时氧分子在阴极被还原,使线路中产生电流,所产生的电流和被还原的氧量成正比,测定电流值就可确定溶氧浓度。电极可由纯铅或银组成,也可由铂和银组成。

为了防止裸露的电极表面中毒,降低电流输出,也为了除氧以外的其他可溶成分被还原,以及防止搅拌对电极的干扰,在电极顶端加一透气膜,并用一薄层电解液将其与电极分开,这样就构成了覆膜电极,为提高电极的敏感性应选择薄而透气性高的膜。测定时,要使电极周围的液体适度流动,以加强传质,尽量减少与电极膜接触的液体滞流层的厚度,并减少气泡和生物细胞在膜上的积存,以保证溶氧测定的准确。

在微生物发酵时,对溶氧的控制主要通过溶氧电极的信号,以三联控制或简单的开关控制方式控制进气阀以及改变搅拌速度。对于动物细胞,由于它们对由气泡和搅拌引起的剪切力都很敏感,因此要保持所需的溶氧比较困难,目前常采用的措施有:①改变进气的组分,为适应动物细胞生长的需要,近代的生物反应器都采用 O_2、N_2、CO_2 和空气 4 种气体供应,并可根据需要以三联控制方式调节进气的比例。培养后期细胞密度很高时,可用氧气替代空气。②加大通气流量,为防止产生气泡,可采用无气泡通气装置、透气硅胶管等。③适当提高转速,为避免剪切力的影响,可加入 Pluronic F68(0.01%~0.1%)等试剂提供一定的保护。还可采用微囊和多孔微球等培养技术。④在反应器外通气,先在培养基储液罐内通气,使氧达到所需的饱和度,然后送入反应器,通过控制其循环速度以满足细胞生长对氧的需求,这样就可减小因气泡和搅拌对细胞的损害。

4. 搅拌转速和搅拌功率　搅拌的作用在于使反应器内的物料充分混合,有利于营养物和氧的传递。对一定的发酵反应器,搅拌转速对发酵液的混合状态、溶氧速率、物质传递等有重要影响,同时对生物细胞生长、产物生成、搅拌功率消耗等也有影响。对一确定的反应器,当通气量一定时,搅拌转速升高,溶氧速率增大,消耗的搅拌功率也越大。在完全湍流的条件下,搅拌功率与搅拌速率的 3 次方成正比。此外,某些生物细胞如动物细胞、丝状菌等,对搅拌剪切敏感,所以搅拌转速和搅拌叶尖速度有临界上限范围。因此,测量和控制搅拌转速具有重要意义。而搅拌功率也与上述搅拌转速相关联的因素有密切关系,它也是机械搅拌式反应器比拟放大的基准,所以直接测定或间接计算出搅拌功率也是非常重要的。

常用测定搅拌转速的方法有磁感应式、光感应式测速仪和测速发电机三种。前两者是通过装配的感应片切割磁场或光束产生脉冲信号,利用此脉冲信号与搅拌转速相等进行测定的。测速发电机则是利用装配在搅拌轴或电机轴上的发电机测定,发电机的输出电压与搅拌转速成线性关系。实验室和中试反应器可用直流电机、调速电机及变频器等对搅拌转速进行无级调速,大型的反应器基本上是固定转速。目前搅拌的控制一般靠实践经验加以人为地设定和调节。

目前,对于生产规模的反应器,搅拌功率一般是测定驱动电机的电压和电流,或直接测定电机搅拌功率,但其包括传动减速机的功率损失。需要较准确测定实际搅拌功率时,常用公式 $P=2\pi nM$ 计算,其中 n 为搅拌转速,r/s,M 为搅拌轴转矩,N·m。

5. 进出液流量　在半连续、连续和灌流培养过程中,都需不断补充新鲜培养液,并抽出部分反应物。随着生化反应的进行,微生物的生长和代谢都要求不断补充营养物质,使微生物沿着优化的生长轨迹生长从而获得产物高产。由于微生物的浓度和代谢状况很难实现在线测定,使得补料控制非常困难。为了进行有效的补料,须充分了解发酵过程中微生物的代谢过滤和对环境条件的要求,选择适当的控制参数,了解这些参数与微生物生长、基质利用及产物形成间的关系。补料控制实际上是流量的控制,控制加入量和加入速度,以实现优化的连续发酵或流加操作,获得最大的发酵速率和生产效率。尽管现在已有可以安装在管线内灭菌的转子或电子流量计,但一般通过对泵的控制达到对流量的控制。在控制进出液流量时需注意如下几点:①采用蠕动泵时,要经常检查以防硅胶管磨损破裂和变换与滚柱相接触的硅胶管部位;②可装配检测液面水平的电接触点探头,利用其控制进液泵,维持罐内的物料量和保持进出液量的平衡;③若无液位计控制系统时,可采用抽液量稍大于进液量的方法,并将出料口置于液面下一定高度,使抽液不致过多,又可防止进液量过大溢出罐外;④在灌流培养时除了要控制进出液平衡外,为保持和提高反应器内细胞的密度,需使细胞与排出液分离。

6. 其他 上述 5 个参数是最基本也是最重要的。此外,在微生物发酵中,罐压、液位、黏度、排出气体中 O_2 和 CO_2 浓度、细胞浓度、产物浓度等也常被采用。动物细胞培养过程,必须重点检测的参数有温度、pH、溶氧及氨、乳酸、CO_2 等,往往还需测定培养基渗透压,培养基营养成分如氨基酸、维生素、盐、有机物添加剂等也需分析检测。由于动物细胞培养可分为悬浮培养和贴壁培养两种基本形式,进行细胞浓度测定时,因悬浮培养类似于微生物发酵过程,可采用类似方法,但对于贴壁培养,须用胰蛋白酶等使动物细胞与依附表面分离后,再按常规方法检测。在植物细胞培养过程中,温度、溶氧浓度和 pH 是最重要的参数,均应进行在线检测和控制,有时光照强度也是重要的检测参数,其他如通气量、培养液营养物质浓度、搅拌转速等如常规微生物培养过程的检测。其他相关参数的检测和控制,有关生化过程检测和控制的更系统深入的知识,请参阅其他相专门教材和著作。

随着生物工程技术的不断发展,生物反应器的种类、规模及其检测和控制手段都有了很大发展和提高,但其生产水平仍大大低于细胞在体内的表达水平,所以仍需改进和提高现有生物反应器生产效率,优化各种理化参数和条件,才能满足生物技术产业发展的需要,真正做到优质、高产、低成本地生产出各种生物制品,以满足人民日益增长的需要。

ER9-2 第九章 目标测试

(礼 彤)

第十章 固体制剂成型设备

ER10-1 第十章
固体制剂成型设备
（课件）

固体制剂通常是指药物以固体的形态生产并保存，固体制剂能有助于改善药物的稳定性，提高药物的加工性能，主要包括片剂、硬胶囊及丸剂等多种剂型。本章主要介绍临床上应用广泛的固体制剂的一般制备程序和所涉及的成型机械设备。

第一节 片剂的成型设备

片剂系指原料药物与适宜的辅料制成的圆形或异形的片状固体制剂。由于其具有剂量准确，便于服用，成本低廉，适宜规模化生产，运输、携带方便等特点，在临床上应用最为广泛，世界各国药典收载的制剂中也以片剂最多。片剂始创于 19 世纪 40 年代，最早形态为模印片，随着压片机的发明，由此出现了压制片。近年来片剂的生产技术和机械设备等方面有了更大的发展，例如流化喷雾制粒、全粉末直接压片、薄膜包衣、3D 打印技术、多用途辅料的开发、自动化高速旋转压片机、全自动程序控制包衣设备、智能包装系统和生产工序联动化等。

一、片剂生产的一般过程

片剂的生产一般需要经过以下工艺过程：原辅料→粉碎、过筛→物料配料混合→制粒→干燥→压片→包衣→包装→储存。

1. **粉碎与过筛** 粉碎主要是借机械力将大块固体物料碎成适宜大小的过程，其主要目的是减少粒径，增加比表面积，固体药物粉碎是制备各种剂型的首要工艺。通常把粉碎前粒度与粉碎后粒度之比称为粉碎度。对于药物所需的粉碎度，要综合考虑药物本身性质和使用要求，例如细粉有利于固体药物的溶解和吸收，可以提高难溶性药物的生物利用度，当主药为难溶性药物时，必须有足够的细度以保证混合均匀及溶出度符合要求。常用的粉碎方法有闭塞粉碎与自由粉碎、开路粉碎与循环粉碎、干法粉碎与湿法粉碎、单独粉碎与混合粉碎以及低温粉碎等。根据被粉碎物料的性质、产品粒度的要求以及粉碎设备的形式等不同条件，可采用不同的粉碎方法。

粉碎后的粉末必须经过筛选才能得到粒度比较均匀的粉末，以适应医疗和药剂生产需要。药筛有冲眼筛和编织筛两种，冲眼筛又称模压筛，系在金属板上冲出圆形的筛孔而制成；

编织筛由具有一定机械强度的金属丝(如不锈钢、铜丝、铁丝等)或其他非金属丝(如丝、尼龙丝、绢丝等)编织而成。冲眼筛多用于高速旋转粉碎机的筛板及药丸等粗颗粒的筛分;编织筛单位面积上筛孔较多,筛分效率高,可用于细粉的筛选。与金属易发生反应的药物,需用非金属丝制成的筛,常用尼龙丝,但编织筛的线容易移动,致使筛孔变形,分离效率下降。

2. 配料混合 在片剂生产过程中,主药粉与赋形剂根据处方称取后,必须经过几次混合,以保证充分混匀。混合不均会导致片剂出现斑点,崩解时限、强度不合格,影响药物疗效等。主药粉与赋形剂并不是一次全部混合均匀的,首先加入适量的稀释剂进行干混,而后再加入黏合剂和润湿剂进行湿混,以制成松软适度的软材。在混合时,若主药量与辅料量悬殊,一般不易混匀,应该采用等量递加法进行混合,或者采用溶剂分散法,即将少量的药物先溶于适宜的溶剂中,再均匀地喷洒到大量的辅料或颗粒中,以确保混合均匀。主药与辅料的粒子大小悬殊,容易造成混合不均匀,应将主药和辅料进行粉碎,使各成分的粒子都较小并力求一致,以确保混合均匀。大量生产时采用混合机、混合筒或气流混合机进行混合。物料混合时,粒子的混合状态常以对流混合、剪切混合和扩散混合等运动形式加以混合。

3. 制粒 用于压片的物料必须具备良好的流动性和可塑性,才能保证片剂较小的重量差异和符合要求的硬度,得到合格的片剂。但是,大多数药物粉末的可压性及流动性都很差,需加入适当辅料及黏合剂(胶浆),制成流动性和可压性都较好的颗粒后,再将颗粒压片,这个过程称为制粒。因此,制粒是把熔融液、粉末、水溶液等物料加工成具有一定形状大小的粒状物的操作过程。除某些结晶性药物可直接压片外,一般粉末状药物均需事先制成颗粒才能进行压片,以保证压片过程中无气体滞留,药粉混合均匀,同时避免药粉积聚、黏冲等。制粒的目的在于改善粉末的流动性及片剂生产过程中压力的均匀传递,防止各成分离析及改善溶解性能等。制粒方法主要有湿法制粒、干法制粒、流化床制粒和晶析制粒等。同样,要根据药物的性质选择制粒方法,为压片做好准备。湿法制粒适用于受湿和受热不起化学变化的药物;当片剂中成分对水分敏感,或在干燥时不能经受升温干燥,而片剂组分中具有足够的内在黏合性质时,可采用干法制粒。但采用干法制粒时,应注意由于高压引起的晶型转变及活性降低等问题。

4. 干燥 已制好的湿颗粒应根据主药和辅料的性质,于适宜温度下尽快通风干燥。干燥是利用热能除去含湿的固体物质或膏状物中所含的水分或其他溶剂,获得干燥物品的工艺操作。干燥的温度应根据药物性质而定,一般控制在 $50\sim60℃$。加快空气流速,降低空气湿度或者采用真空干燥方法,均能提高干燥速度。为了缩短干燥时间,个别对热稳定的药物,如磺胺嘧啶等,可适当提高干燥温度。含有结晶水的药物,如硫酸奎宁,要控制干燥温度和时间,防止结晶水的过量丢失,使颗粒松脆而影响压片及崩解。干燥时,温度应逐渐升高,以免颗粒表面快速干燥而影响内部水分挥发。

5. 整粒 干燥后的颗粒往往会粘连结块,应当再进行过筛整粒,以得到适宜压片的均匀颗粒。通常采用过筛的方法进行整粒,未能通过筛网的块状物或粗粒,可以研碎成适宜的颗粒并过筛分级。整粒时筛网孔径应与制粒用筛网孔径相同或略小。选用筛网孔径时应考虑干颗粒的松紧程度。如颗粒较疏松,宜选用较粗的筛网以免破坏颗粒和增加细粉;如果颗粒较粗硬,应选用较细的筛网,以免过筛后的颗粒过于粗硬。过筛时一般选用 10～20 目筛,中药颗粒要求更细些,一般选用 14～20 目筛。

6. 压片　制得的颗粒在压片之前,需要对主药含量进行测定,以主药含量计算片重,进行压片。压片是片剂成型的关键步骤,通常由压片机完成。压片机的基本机械单元是一对钢冲和一个钢冲模,冲模的大小和形状决定了片剂的形状。压片机工作的基本过程为:填充 - 压片 - 推片,这个过程循环往复,从而自动完成片剂的生产。

7. 包衣　片剂包衣是指在素片(或片芯)外层包上适宜厚度的衣膜,使片芯与外界隔离。一般片剂不需包衣。包衣后可达到以下目的:①隔离外界环境,避光防潮,增加对湿、光和空气不稳定药物的稳定性;②改善片剂外观,掩盖药物的不良气味,减少药物对消化道的刺激和不适感,提高患者顺应性;③控制药物释放速度和部位,达到缓释、控释的目的,如肠溶衣可避开胃中的酸和酶,在肠中溶出;④隔离配伍禁忌成分,防止复方成分发生配伍变化。

8. 包装　包装系指选用适当的材料或容器,利用包装技术对药物半成品或成品的批量进行分(灌)、封、装、贴签等操作,给某种药品在应用和管理过程中提供保护、签订商标、介绍说明,并且使其经济实效、使用方便的一种加工过程的总称。包装中有单件包装、内包装、外包装等多种形式。药品包装的首要功能是保护作用,起到阻隔外界环境污染及缓冲外力的作用,并且避免药品在贮存期间可能出现的氧化、潮解、分解、变质;其次要便于药品的携带及临床应用。

二、制粒过程与设备

制粒过程能够去掉药物粉末的黏附性、飞散性、聚集性,改善药粉的流动性,使药粉具备可压性,便于压片,是固体制剂生产过程中的重要环节。依据制粒方法不同,有不同的制粒设备。在制粒过程中,需要根据药物的性质选择合适的制粒方法,才能制得合格颗粒,用于片剂的压制。

1. 湿法制粒设备　湿法制粒是最常用的制粒方法,常用的湿法制粒机主要有挤压制粒机、转动制粒机、高速搅拌制粒机及流化床制粒机等。

(1)挤压制粒机:挤压制粒机的基本原理是利用滚轮、圆筒等将物料强制通过筛网挤出,通过调整筛网孔径,得到需要的颗粒。制粒前,按处方调配的物料需要在混合机内制成适于制粒的软材,挤压制粒要求软材必须黏松适当,太黏则挤出的颗粒成条不易断开,太松则不能成颗粒而变成粉末。目前,基于挤压制粒而设计的制粒机主要有摇摆式制粒机、旋转挤压制粒机和螺旋挤压制粒机。挤压制粒设备的结构比较如图10-1所示。

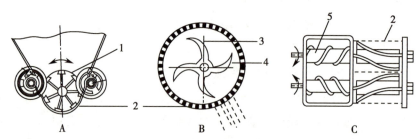

A:摇摆式制粒机;B:旋转挤压制粒机;C:螺旋挤压制粒机
1.七角滚轮;2.筛网;3.挡板;4.刮板;5.螺杆

图 10-1　挤压制粒机示意图

摇摆式制粒机是常用的制粒设备,结构简单,操作方便,生产能力大且安装拆卸方便,所得颗粒的粒径大小分布较为均匀,还可用于整粒。

摇摆式制粒机的主要构造是在一个加料斗的底部用一个七角滚轮,借机械动力作摇摆式往复转动,模仿人工在筛网上用手搓压使软材通过筛孔而成颗粒。筛网具有弹性,可通过控制其与滚轴接触的松紧程度来调节制成颗粒的粗细。摇摆式制粒机工作时,七角滚轮由于受到机械作用而进行正反转的运动,筛网不断紧贴在滚轮的轮缘上往复运动,软材被挤入筛孔,同时将筛孔中的软材挤出,得到湿颗粒。

旋转挤压制粒机适合于黏性较大的物料,可避免人工出料所造成的颗粒破损,具有颗粒成型率高的特点。旋转挤压制粒机主要由底座、加料斗、颗粒制造装置、动力装置、齿条等部分组成。颗粒制造装置为不锈钢圆筒,圆筒两端各备有不同筛号的筛孔,一端孔的孔径比较大,另一端孔的孔径比较小,以适应粗细不同颗粒的制备。圆筒的一端装在固定底盘上,所需大小的筛孔装在下面,底盘中心有一个可以随电动机转动的轴心,轴心上固定有十字形四翼刮板和挡板,两者的旋转方向不同。制粒时,将软材投放在转筒中,通过刮板旋转,将软材混合切碎并落于挡板和圆筒之间,在挡板的转动下被压出筛孔而成为颗粒,落入颗粒接收盘而由出料口收集。

(2)转动制粒机:转动制粒是在物料中加入一定量的黏合剂或润湿剂,通过搅拌、振动和摇动形成颗粒并不断长大,最后得到一定大小的球形颗粒。转动制粒过程分为微核形成阶段、微核长大阶段、微丸形成阶段,最终形成具有一定机械强度的微丸。在微核形成阶段,首先将少量黏合剂喷洒在少量粉末中,在滚动和搓动作用下聚集在一起形成大量的微核,在滚动时进一步压实;然后,将剩余的药粉和辅料在转动过程中向微核表面均匀喷入,使其不断长大,得到一定大小的丸状颗粒;最后,停止加入液体和粉料,使颗粒在继续转动、滚动过程中被压实,形成具有一定机械强度的颗粒。转动制粒特别适用于黏性较高的物料。

转动制粒机也叫离心制粒机(图 10-2),主要构造是带有可旋转圆盘以及喷嘴和通气孔的锅体。物料加入锅体后,在高速旋转的圆盘带动下作离心旋转运动,向容器壁集中。聚集的物料又被从圆盘周边吹出的空气流吹散,使物料向上运动,此时黏合剂从物料层斜面上部的喷嘴喷入,与物料相结合,靠物料的激烈运动使物料表面均匀润湿,并使散布的粉末均匀附着在物料表面,层层包裹,形成颗粒。颗粒最终在重力作用下落入圆盘中心,落下的粒子重新受到圆盘的离心旋转作用,从而使物料不停地作旋转运动,有利于形成球形颗粒。如此反复操作,可以得到所需大小的球形颗粒。颗粒形成后,调整气流的流量和温度可对颗粒进行干燥。

转动制粒机多用于药丸的生产,凭经验控制。转动制粒法的优点是处理量大,设备投资少,运转率高。缺点是颗粒密度不高,难以制备粒径较小的颗粒。在希望颗粒形状为球形、颗粒致密度不高的情况下,大多采用转动制粒。但是由于其同样存在着粉尘及噪声大、清场困难的特点,在使用中受到一定的限制。

(3)高速搅拌制粒机:该机是通过搅拌器混合以及

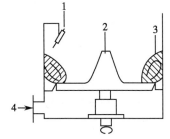

1.喷嘴;2.转盘;3.粒子层;4.通气孔

图 10-2 转动制粒机示意图

高速造粒刀的切割作用而将湿物料制成颗粒的装置,是一种集混合与造粒功能于一体的高效制粒设备,在制药工业中有着广泛应用。高速搅拌制粒机主要由制粒筒、搅拌桨、切割刀和动力系统组成,其结构如图10-3所示。其工作原理是将粉料和黏合剂放入制粒筒内,利用高速旋转的搅拌器迅速完成混合,并在切割刀作用下制成颗粒。搅拌桨主要使物料上下左右翻动并进行均匀混合,切割刀则将物料切割成粒径均匀的颗粒。搅拌桨安装在制粒筒底部,能确保物料碰撞分散成半流动的翻滚状态,并达到充分混合。而位于制粒筒壁部

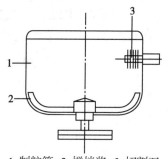

1. 制粒筒; 2. 搅拌桨; 3. 切割刀

图 10-3 高速搅拌制粒机示意图

水平轴的切割刀与搅拌桨的旋转运动产生涡流,使物料被充分混合、翻动及碰撞,此时处于物料翻动必经区域的切割刀可将团状物料充分打碎成颗粒。同时,物料在三维运动中颗粒之间的挤压、碰撞、摩擦、剪切和捏合,使颗粒摩擦更均匀、细致,最终形成稳定球状颗粒,从而形成潮湿均匀的软材。

(4)流化床制粒机:流化床制粒装置如图10-4所示,主要由容器、气体分布装置(如筛板等)、喷嘴、气-固分离装置(如袋滤器)、空气进口和出口、物料排出口组成。盛料容器的底部是一个不锈钢板,布满直径1~2mm的筛孔,开孔率为4%~12%,上面覆盖一层120目不锈钢丝制成的网布,形成分布板。上部是喷雾室,在该室中,物料受气流及容器形态的影响,产生由中心向四周的上下环流运动。胶黏剂由喷枪喷出,粉末物料受胶黏剂液滴的黏合,聚集成颗粒,受热气流的作用,带走水分,逐渐干燥。喷射装置可分为顶喷、底喷和切线喷三种:①顶喷装置喷枪的位置一般置于物料运动的最高点上方,以免物料将喷枪堵塞;②底喷装置的喷液方向与物料方向相同,主要适用于包衣,如颗粒与片剂的薄膜包衣、缓释包衣、肠溶包衣等;③切线喷装置的喷枪装在容器的壁上。流化床制粒装置结构上分成四部分:第一部分是空气过滤加热部分;第二部分是物料沸腾喷雾和加热部分;第三部分是粉末收集、反吹装置及排风结构;第四部分是输液泵、喷枪管路、阀门和控制系统。该设备需要电力、压缩空气、蒸汽三种动力源:电力供给引风机、输液泵、控制柜;压缩空气用于雾化胶黏剂、脉冲反吹装置、阀门和驱动汽缸;蒸汽用于加热流动的空气,使物料得以干燥。

流化床制粒机适用于热敏性或吸湿性较强的物料制粒,且要求所用物料的密度不能有太大差距,否则难以制成颗粒。在符合要求的物料条件下,流化床制粒机所制得的颗粒外形圆整,多为40~80目,因此在压片时的流动性和耐压性较好,易于成片,对于提高片剂的质量相当有利。由于其可直接完成制粒过程中的多道工序,减少了企业的设备投资,并且降低了操作人员的劳动强度,因此,该设备具有生产流程自动化、生产效率高、产量大的特点。但是由于该设备动力消耗大,对厂房环境的建设要求高,在厂房设计及应用时应注意。

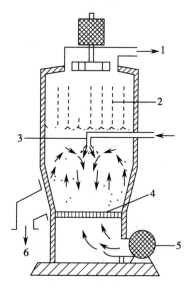

1. 空气出口; 2. 袋滤器; 3. 喷嘴;
4. 筛板; 5. 空气进口; 6. 产品出口

图 10-4 流化床制粒装置示意图

2. 喷雾干燥制粒设备　喷雾干燥制粒是一种将喷雾干燥技术与流化床制粒技术结合为一体的新型制粒技术,其原理是通过机械作用,将原料液用雾化器分散成雾滴,分散成很细的像雾一样的微粒,增大水分蒸发面积,加速干燥过程,并用热空气(或其他气体)与雾滴直接接触,在瞬间将大部分水分除去,使物料中的固体物质干燥成粉末而获得粉粒状产品的一种过程。溶液、乳浊液或悬浮液,以及熔融液或膏状物均可作为喷雾干燥制粒的原料液。根据需要,喷雾干燥制粒设备可得到粉状、颗粒状、空心球或团粒状的颗粒,也可以用于喷雾干燥。

喷雾干燥制粒设备结构如图10-5所示,由原料泵、雾化器、空气加热器、喷雾干燥制粒器等部分构成。制粒时,原料液经过滤器由原料泵输送到雾化器雾化为雾滴,空气由鼓风机经过滤器、空气加热器及空气分布器送入喷雾干燥制粒器的顶部,热空气与雾滴在干燥制粒器内接触、混合,进行传热与传质,得到干燥制粒产品。

喷雾干燥制粒过程分为3个基本阶段:第一阶段,原料液的雾化。雾化后的原料液分散为微细的雾滴,水分蒸发面积变大,能够与热空气充分接触,雾滴中的水分得以迅速汽化而干燥成粉末或颗粒状产品。雾化程度对产品质量起决定性作用,因此,原料液雾化器是喷雾制粒的关键部件。第二阶段,干燥制粒。雾滴和热空气充分接触、混合及流动,进行干燥制粒。干燥过程中,根据干燥室中热风和被干燥颗粒之间的运动

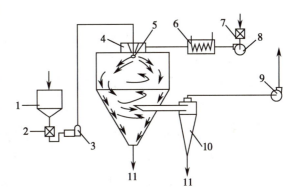

1. 原料罐;2. 过滤器;3. 原料泵;4. 空气分布器;5. 雾化器;6. 空气加热器;7. 空气过滤器;8. 鼓风机;9. 引风机;10. 旋风分离器;11. 产品

图 10-5　喷雾干燥制粒设备示意图

方向,可分为并流型、逆流型和混流型。第三阶段,颗粒产品与空气分离。喷雾制粒的产品采用从塔底出粒,但需要注意废气中夹带部分细粉。因此在废气排放前必须回收细粉,以提高产品收率,防止环境污染。

喷雾干燥制粒的特点是:可由液体直接得到粉状固体颗粒;热风温度高,雾滴比表面积大,干燥速率快(通常需要数秒至数十秒);物料的受热时间极短,干燥物料的温度相对低,适合热敏性物料制粒;制得颗粒的粒度范围在 $30\mu m$ 至数百微米、堆密度在 $200\sim600kg/m^3$ 的中空球状粒子较多,具有良好的溶解性、分散性和流动性。缺点是设备高大,汽化大量液体,因此设备费用高,能量消耗大,操作费用高;黏性较大、料液易黏壁而使使用受到限制,需要用到特殊喷雾干燥设备。近些年来喷雾干燥制粒法在制药工业中的应用也越来越广泛,如抗生素粉针的生产、微型胶囊的制备、固体分散体的研究及中药提取液的干燥都利用了喷雾干燥制粒技术。

3. 整粒设备　采用湿法或干法制粒后,常出现颗粒有大小不均匀或者结块等现象,因此,在生产中需要采用整粒设备使颗粒均匀,以便于进行下一步操作。整粒设备通常由电机、轴承座、回转整粒刀片、筛网、进料斗及机架等组成。其工作过程是将制粒后结团或结块等不符合要求的颗粒加入整粒机的进料斗中,开启阀门,待加工的颗粒落入整粒设备锥形腔室中,

腔室内有回转整粒刀片,由其对物料起旋流作用,物料在回转过程中被撞击、挤压,并以离心力将颗粒甩向筛网面,同时回转整粒刀片的高速旋转与筛网面产生剪切作用,颗粒在回转整粒刀片与筛网间被粉碎成小颗粒并经筛网排出,经过导流筒流向容器中得到合格的颗粒。粉碎的颗粒大小,由筛网的数目、回转整粒刀片与筛网之间的间距以及回转转速的快慢来调节。

三、压片过程与设备

片剂是由一种或多种药物配以适当的辅料均匀混合后压制而成的片状制剂。片剂的生产方法有粉末压片法和颗粒压片法两种。粉末压片法是直接将均匀的原辅料粉末置于压片机中压成片状,此法避开了制粒过程,具有工序少、省时节能、工艺简便等优点,适用于湿热不稳定药物。但是这种方法对药物和辅料的要求较高,只有片剂处方成分中具有适宜的可压性时才能使用粉末压片法。颗粒压片法是先将原辅料制成颗粒,再置于压片机中冲压成片状,这种方法通过制粒过程使药物粉末具备适宜的黏性,大多片剂的制备均采用这种方法。片剂成型是药物和辅料在压片机冲模中受压,当到达一定的压力时,颗粒间接近到一定的程度时,产生足够的范德瓦耳斯力,使疏松的颗粒结合成为整体的片状。

在制备片剂时将物料摆放于模孔中,用冲头进行压制形成片状的机器称为压片机,其基本结构是由冲模、加料机构、填充机构、压片机构、出片机构等组成。压片机按照结构分为偏心轮式(冲撞式)和旋转式;按照冲数不同分为单冲式和多冲式;按照压片时施压的次数不同分为一次和多次压制压片机;按照转台转速可分为中速(≤30r/min)、亚高速(≈40r/min)和高速(>50r/min)压片机。压片机所压的片形,最初多为扁圆形,而后为了满足包衣的需要,发展为上下两面的浅圆弧形和深圆弧形。随着异形压片机的发展,片剂出现了椭圆形、三角形、长圆形、方形、菱形、圆环形等片形。因复方制剂、定时释放制剂的要求,需要制成双层、三层、包芯等特殊的片剂,这些都需在特殊压片机上完成。

目前常见的压片机有电动单冲冲撞式压片机、旋转式压片机和高速旋转式压片机等。此外,还有二步(三步)压片机和多层片压片机等。

1. **电动单冲冲撞式压片机** 电动单冲冲撞式压片机的设备结构如图 10-6 所示,是由冲模(模圈、上冲、下冲)、施料装置(饲粉器、加料斗)及调节器(片重调节器、出片调节器、压力调节器)组成的。其动力装置是转动轮,可以为电动也可以手摇,为上冲单向加压。冲模是直接实施压片的部分,决定了片剂的大小、形状和硬度。调节装置包括压力调节器、片重调节器和出片调节器等。压力调节器是用于调节上冲下降的深度。下冲杆附有上、下两个调节器,上面一个为出片调节器,负责调节下冲抬起的高度,使之恰好与模圈的上缘相平,从而把压成的片剂顺利地顶出模孔;饲粉器负责将颗粒填充到模孔,并把下冲顶出的片剂推至收集器中;片重调节器负责调节下冲下降深度以控制药粉在压片模具中的填充量,从而影响片剂的重量。

工作时,单冲压片机的压片过程是由加料、压片至出片自动连续进行的。这个过程中,下冲杆首先降到最低,上冲离开模孔,饲粉器在模孔内摆动,颗粒填充在模孔内,完成加料。然

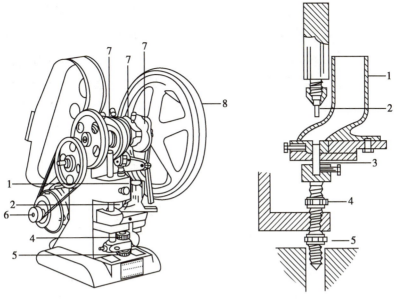

1.加料斗；2.上冲；3.下冲；4.出片调节器；5.片重调节器；6.电动机；7.偏心轮；8.手柄

图 10-6　电动单冲冲撞式压片机

后饲粉器从模孔上面移开，上冲压入模孔，实现压片。最后，上冲和下冲同时上升，将药片顶出冲模。接着饲粉器转移至模圈上面，把片剂推下冲模台而落入接收器中，完成压片的一个循环。同时，下冲下降，使模内又填满了颗粒，开始下一组压片过程；如是反复压片出片。单冲压片机每分钟能压制80～100片。

单冲压片机所制得片剂的质量和硬度（即受压大小）受模孔和冲头间的距离影响，可分别通过片重调节器和压力调节部分调整。片重轻时，将片重调节器向上转，使下冲杆下降，增加模孔的容积，借以填充更多的物料，使片重增加。反之，上升下冲杆，减小模孔的容积可使片重减轻。冲头间的距离决定了压片时压力的大小，上冲下降得愈低，上、下冲头距离愈近，则压力愈大，片剂越硬；反之，片剂越松。

单冲压片机结构简单，操作和维护方便，可方便地调节压片的片重、片厚以及硬度。但是，单冲压片机压片时是一种瞬时压力，这种压力作用于颗粒的时间极短；而且存在空气垫的反抗作用，颗粒间的空气来不及排出，会对片剂的质量产生影响。这种压片的方式，由于上下受力不一致，造成片剂内部的密度不均匀，单冲压片机制得的片剂容易松散，易产生裂片等问题。大规模生产时质量难以保证，而且产量也太小。因此，单冲压片机多作为实验室里做小样的设备，用于了解压片原理和教学，或者用于片剂小批量的生产。

2. 旋转式压片机　单冲压片机的缺点限制了其在大规模片剂生产中的应用，目前的片剂生产多使用旋转式压片机，其对扩大生产有极大的优越性。旋转式压片机是基于单冲压片机的基本原理，又针对瞬时无法排出空气的缺点，在转盘上设置了多组冲模，绕轴不停旋转，变瞬时压力为持续且逐渐增减的压力，从而保证了片剂的质量。

旋转式压片机主要由动力部分、传动部分和工作部分组成，其核心部件是一个可绕轴旋转的三层圆盘，上层装着若干上冲，在中层与上冲对应的位置装着模圈，下层的对应位置装下冲；另有位置固定的上、下压轮，片重调节器，压力调节器，饲粉器，刮粉器，出片调节器，以及附属机构如吸尘器和防护装置等。圆盘位于绕自身轴线旋转的上、下压轮之间。上层的上冲随机台而转动，并沿着固定的上冲轨道有规律地上、下运动；下冲也随机台并沿下冲轨道作上、下运动；在上冲之上及下冲下面的固定位置分别装着上压轮和下压轮，在机台转动时，上、下冲经过上、下压轮时，被压轮推动使上冲向下、下冲向上运动，并对模孔中的颗粒加压；机台中层有一固定位置的刮粉器，颗粒由固定位置的饲粉器中不断地流入刮粉器中并由此流入模孔；压力调节器用于调节下压轮的高度，从而调节压缩时下冲升起的高度，高则两冲间距离近，压力大；片重调节器装于下冲轨道上，用调节下冲经过刮粉器时的高度以调节模孔的容积。图 10-7 左图是常见的旋转式多冲压片机的结构示意图，右图是工作原理示意图。图中将圆柱形机器的一个压片全过程展开为平面形式，以更直观地展示压片过程中各冲头所处的位置。

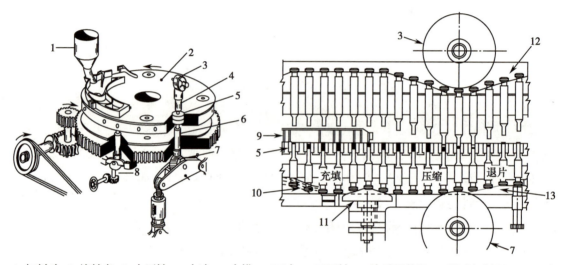

1. 加料斗；2. 旋转盘；3. 上压轮；4. 上冲；5. 中模；6. 下冲；7. 下压轮；8. 片重调节器；9. 栅式加料器；10. 下冲下行轨道；11. 重量控制用凸轮；12. 上冲上行轨道；13. 下冲上行轨道

图 10-7　旋转式压片机示意图

工作时，圆盘绕轴旋转，带动上冲和下冲分别沿上冲圆形凸轮轨道和下冲圆形凸轮轨道运动，同时模圈作同步转动。此时，冲模依次处于不同的工作状态，分别为填充、压片和退片。处于填充状态时，颗粒由加料斗通过饲粉器流入位于其下方置于不停旋转平台之中的模圈中，这种充填轨道的填料方式能够保证较小的片重差异。圆盘继续转动，当下冲运行至片重调节器上方时，调节器的上部凸轮使下冲上升至适当位置而将过量的颗粒推出。通过片重调节器调节下冲的高度，可调节模孔容积，从而达到调节片重的目的。推出的颗粒则被刮粉器刮离模孔，并在下一次填充时被利用。接着，上冲在上压轮的作用下下降并进入模孔，下冲在下压轮的作用下上升，对模圈中的物料产生较缓的挤压效应，将颗粒压成片，物料中空气在此过程中有机会逸出。最后，上、下冲同时上升，压成的片子由下冲顶出模孔，随后被刮粉器刮离圆盘并滑入接收器。此后下冲下降，冲模在转盘的带动下进入下一次填充，开始下一次工作循环。下冲的最大上升高度由出片调节器来控制，使其上部与模圈上部表面相平。

旋转式压片机的多组冲模设计使得出片十分迅速,且能保证压制片剂的质量。目前,多冲压片机的冲模数从 4 到 112 不等,选择范围较大,应根据压片物料的性质、生产任务量来选择冲模的型号和数量。旋转式压片机单机生产能力较大。如 19 冲压片机每小时的生产量最高可达 8 万~10 万片,35 冲压片机每小时的生产量最高可达 15 万~18 万片。多冲压片机的压片过程是逐渐施压,颗粒间容存的空气有充分的时间逸出,故裂片率较低。同时,饲粉器位置固定,运行时的振动较小,粉末不易分层,且采用轨道填充的方法,故片重较为准确均一。

旋转式压片机有多种型号,按照转盘旋转一周填充、压缩、出片等操作的次数,可分为单压式和双压式。单压式是指转盘旋转一周只填充、压缩、出片一次;双压式是指转盘旋转一周填充、压缩、出片各进行两次,所以生产效率是单压的两倍。双压压片机有两套压轮,交替加压可降低设备的动力消耗,减少振动及噪声,因此药品生产中多应用双压压片机。目前使用的旋转式压片机作了许多的改进,如采用密封式操作和防尘设计,与药粉接触部件使用易于清洗的不锈钢结构,增加预压和主压两次压片功能,利用自动或者半自动控控制技术等提高压片质量。半自动压片机可根据压力变化,自动剔除片重不合格的药片。自动压片机,可以由压力变化信号指挥,由自动机构调节片重。

3. 高速旋转式压片机 随着制药工程的进步,通过增加冲模的套数,装设二次压缩点,改进饲料装置等,旋转式压片机已逐渐发展成为能以高速度旋转压片的设备。该设备有压力信号处理装置,可对片重进行自动控制及剔废、打印等各种统计数据,对缺角、松裂片等不良片剂也能自动鉴别并剔除。该设备全封闭,无粉尘,保养自动化,生产率高,符合 GMP 要求。

高速压片机的压片过程包括填充、定量、预压、主压成型、出片等工序。首先,上、下冲头在冲盘带动下分别沿上、下导轨反向运动,当冲头进入填充区,上冲头向上运动绕过强迫加料器,同时,下冲头经下拉凸轮作用向下移动。此时,下冲头上表面与模孔形成一个空腔,药粉颗粒经过强迫加料器叶轮搅拌填入中模孔空腔内,当下冲头经过下拉凸轮的最低点时形成过量填充。压片机冲头随冲盘继续运动,下冲头经过填充凸轮时逐渐向上运动,并将空腔内多余的药粉颗粒推出中模孔,进入定量段。在定量段,填充凸轮上表面为水平,下冲头保持水平运动状态,由定量刮板将中模孔上表面多余的药粉颗粒刮出,保证了每一中模孔内的药粉颗粒填充量一致。为防止中模孔中的药粉被甩出,定量刮板后安装了盖板。下冲保护凸轮将下冲头拉下,上冲头由下压凸轮作用也向下运动,当中模孔移出盖板时,上冲头进入中模孔。当冲头经过预压轮时,完成预压动作再继续经过主压轮,通过主压轮的挤压完成压实工序,最后通过出片凸轮,上冲上移,下冲上推并将压制好的药片推出中模孔,药片进入出片装置,完成整个压片流程。

以 ZPYG500 系列的高速旋转式压片机为例,设备在工作时,压片机的主电机通过交流变频无级调速器,并经蜗轮减速后带动转台旋转。转台的转动使上、下冲头在导轨的作用下产生上、下相对运动。颗粒经充填、预压、主压、出片等工序被压成片剂。并且,设备配备有间隙式微小流量定量自动润滑系统,可自动润滑上下轨道、冲头,降低轨道磨损;同时配备有传感器压力过载保护装置,当压力超压时,能保护冲钉,自动停机;此外,还配备了各种形式的强迫饲料器叶轮,可满足不同物料需求。

四、包衣方法与设备

包衣是指一般药物经压片后，为了保证片剂在储存期间质量稳定或便于服用及调节药效等，在片剂表面包以适宜的物料，该过程称为包衣。包衣是制剂工艺中的一项单元操作，除了片剂的包衣，有时也用于颗粒或微丸的包衣。由于良好的隔离及缓、控释作用，包衣在制药工业中占有越来越重要的地位。包衣操作是一种较复杂的工艺，随着包衣装置的不断改善和发展，包衣操作由人工控制发展到自动化控制，使包衣过程更可靠、重现性更好。

1. 包衣方法　包衣方法有滚转包衣法、空气悬浮包衣法、压制包衣法以及静电包衣法、蘸浸包衣法等。根据使用目的和方法的不同，片剂的包衣通常分糖衣、肠溶衣及薄膜衣等数种。无论包制何种衣膜，都要求片芯具有适当的硬度，既能承受包衣过程的滚动、碰撞和摩擦，同时又对包衣过程中所用溶剂的吸收量最低。片芯还要具有适宜的厚度与弧度，以免片剂互相粘连或衣层在边缘部断裂。

包糖衣的一般工艺为：包隔离层→粉衣层→糖衣层→有色糖衣层→打光。隔离层不透水，可防止在后面的包衣过程中水分浸入片芯，最常用的隔离层材料为玉米朊。包衣时应控制好隔离层厚度，一般为3～5层，以免影响片剂在胃中的崩解。隔离层之外是一层较厚的粉衣层，可消除片剂的棱角。包粉衣层时，使片剂在包衣锅中不断滚动，润湿黏合剂使片剂表面均匀润湿后，再加入适量撒粉，使之黏着于片剂表面，然后热风干燥20～30分钟（40～55℃），不断滚动并吹风干燥。操作时润湿黏合剂和撒粉交替加入，一般包15～18层后，片剂棱角即可消失。常用的润湿黏合剂有糖浆、明胶浆、阿拉伯胶浆或糖浆与其他胶浆的混合浆，其中糖浆浓度常为65%（g/g）或85%（g/mL），明胶的常用浓度为10%～15%。常用撒粉是滑石粉、蔗糖粉、白陶土、糊精、淀粉等，滑石粉一般为过100目筛的细粉。滑石粉和碳酸钙为包粉衣层的主要物料，当与糖浆交替使用时可使粉衣层迅速增厚，芯片棱角也随之消失，因而可增加包衣片的外形美观。因糖浆浓度高，受热后立即在芯片表面析出蔗糖微晶体的糖衣层，包裹药片的粉衣层，使表面比较粗糙、疏松的粉衣层光滑细腻、坚实美观。操作时加入稍稀的糖浆，逐次减少用量（湿润片面即可），在低温（40℃）下缓缓吹风干燥，一般包制10～15层。如需包有色糖衣层，则可用含0.3%左右的食用有色素糖浆。打光一般用川蜡，使用前需精制，然后将片剂与适量蜡粉共置于打光机中旋转滚动，充分混匀，使糖衣外涂上极薄的一层蜡，使药片更光滑、美观，兼有防潮作用。

薄膜衣是指在片芯外包一层比较稳定的高分子材料，因膜层较薄而得名。薄膜包衣的一般工艺为：片芯→喷包衣液→缓慢干燥→固化→缓慢干燥。操作时，先预热包衣锅，再将片芯置入锅内，启动排风及吸尘装置，吸掉吸附于素片上的细粉；同时用热风预热片芯，使片芯受热均匀。然后开启压缩泵，将已配制好的包衣材料溶液均匀地喷雾于片芯表面，同时采用热风干燥，使片芯表面快速形成平整、光滑的表面薄膜。喷包衣液和缓慢干燥过程可循环进行，直到形成满意的薄膜包衣。相对于包糖衣，包薄膜衣具有增重少（包衣材料用量少）、包衣时间短、片面上可以印字、美观、包衣操作可以自动化等优点，目前在生产中应用的较多。

包肠溶衣的设备与操作过程与一般薄膜衣的基本相同。也可以先将片芯用包糖衣的方法包到无棱角时，再加入肠溶衣溶液，包肠溶衣至适宜厚度，最后再包数层粉衣层及糖衣层。

片剂包衣后应达到以下要求：包衣层应均匀、牢固，与片芯不起作用；崩解时限应符合《中国药典》片剂项下的规定；经较长时期贮存，仍能保持光洁、美观、色泽一致，并无裂片现象，且不影响药物的溶出与吸收。

2. 包衣设备　目前常用的包衣设备有荸荠型糖衣机、改良的喷雾包衣的荸荠型糖衣机、高效包衣机和沸腾喷雾包衣机等，用于将素片包制成糖衣片、薄膜衣片或肠溶衣片。

（1）滚转包衣设备：荸荠型糖衣机是滚转式包衣设备，因其锅体为荸荠形而得名。但是，荸荠型糖衣机由于锅内空气交换效率低，干燥速度慢；气路不能密闭，有机溶剂污染环境等不利因素，以及噪声大、劳动强度大、成品率低、对操作工人技术要求较高等诸多缺点，目前已经逐步被具有自动化配置的流化床包衣设备和压制包衣设备所代替。

依据滚转包衣原理，在荸荠型糖衣机基础上改良的设备包括喷雾包衣机和高效包衣机。喷雾包衣机是在荸荠型糖衣机的基础上加载喷雾设备，从而克服产品质量不稳定、粉尘飞扬严重、劳动强度大、个人技术要求高等问题，且投入较小，该设备是目前包制普通糖衣片的常用设备，还常兼用于包衣片加蜡后的抛光。

1）喷雾包衣机：该设备结构如图 10-8 所示，主要由喷雾装置、铜制或不锈钢制的糖衣锅体、动力部分和加热鼓风吸尘部分组成。

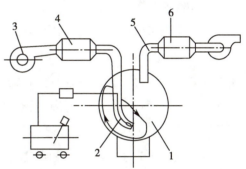

1. 包衣锅；2. 喷雾系统；3. 风机；4. 热交换器；
5. 排风管；6. 集尘过滤器

图 10-8　喷雾包衣机示意图

糖衣锅体的外形也为荸荠形，锅体较浅，开口很大，各部分厚度均匀，内外表面光滑，包衣锅一般倾斜安装于转轴上，倾斜角和转速均可以调节，适宜的倾斜角（一般为 30°～45°）和转速能使药片在锅内达到最大幅度的上下前后翻动。这种锅体设计有利于片剂的快速滚动，相互摩擦机会较多，而且散热及液体挥发效果较好，易于搅拌；锅体可根据需要采用电阻丝、煤气辅助加热器等直接加热或者热空气加热；锅体下部通过带轮与电动机相连，为糖衣锅体提供动力。片剂在锅中不断翻滚、碰撞、摩擦，散热及水分蒸发快，而且容易用手搅拌，利用电加热器边包层边对颗粒进行加热，可以使层与层之间达到更有效的干燥。

在包衣锅的底部还装有输送包衣溶液、压缩空气和热空气的埋管喷雾装置。包衣溶液在压缩空气的带动下，由下向上喷至锅内的片剂表面，并由下部上来的热空气干燥，所以可以大大减轻劳动强度，加速包衣及其干燥过程，提高劳动生产率。喷雾装置分为"有气喷雾"和"无气喷雾"，有气喷雾是包衣溶液随气流一起从喷枪口喷出，适用于溶液包衣。有气喷雾要求溶液中不含或含有极少的固态物质，黏度较小。一般有机溶剂或水溶性的薄膜包衣材料应用有气喷雾的方法。包衣溶液或具有一定黏性的溶液、悬浮液在压力作用下从喷枪口喷出，液体喷出时不带气体，这种喷雾方法称为无气喷雾法。当包衣溶液黏度较大或者以悬浮液的形式存在时，需要较大的压力才能进行喷雾，因此无气喷雾时压力较大。无气喷雾不仅可用于溶液包衣，也可用于有一定黏度或者含有一定比例固态物质的液体包衣，例如用于含有不溶性固体材料的薄膜包衣。

2）高效包衣机：高效包衣机的结构、工作原理与传统的荸荠型包衣机完全不同。荸荠型包衣机干燥时，热交换仅限于表面层，热风仅吹在片芯层表面，部分热量直接由吸风口吸出而没有被利用，从而浪费了热源，包衣表面的厚薄也不一致。因此，封闭式的高效包衣机被开发应用。高效包衣机干燥时，热风表面的水分或有机溶剂进行热交换，并能穿过片芯间隙，使片芯表面的湿液充分挥发，因而保证包衣的厚薄一致，且提高了干燥效率，充分利用了热能。其具有密闭、防爆、防尘、热交换效率高的特点，并且可根据不同类型片剂的不同包衣工艺，将参数一次性地预先输入计算机（也可随时更改），实现包衣过程的程序化、自动化、科学化。

高效包衣机由包衣锅、包衣浆储罐、高压喷浆泵、空气加热器、吸风机、控制台等主辅机组成。包衣锅为短圆柱形并沿水平轴旋转，四周为多孔壁，热风由上方引入，由锅底部的排风装置排出，特别适用于包制薄膜衣。工作时，片芯在包衣锅洁净密闭的旋转转筒内不停地作复杂轨迹运动，翻转流畅，交换频繁。恒温包衣液经高压泵，同时在排风和负压作用下从喷枪喷洒到片芯。由热风柜供给的 D 级洁净热风穿过片芯，从底部筛孔经风门排出，包衣介质在片芯表面快速干燥，形成薄膜。

高效包衣机的锅型结构大致可分成间隔网孔式、网孔式、无孔式三类。网孔式高效包衣机如图 10-9（左）所示。它的整个圆周都带有 1.8～2.5mm 的圆孔。整个锅体被包在一个封闭的金属外壳内，经过预热和净化的气流并通过右上部和左下部的通道进入和排出。当气流从锅的右上部通过网孔进入锅内，热空气穿过运动状态的片芯间隙，由锅底下部的网孔穿过再经排风管排出。这种气流运行方式称为直流式，在其作用下片芯被推往底部而处于紧密状态。热空气流动的途径可以是逆向的，即从锅底左下部网孔穿入，再经右上方风管排出，称为反流式。反流式气流将积聚的片芯重新分散，处于疏松的状态。在两种气流的交替作用下，片芯不断地变换"紧密"和"疏松"状态，从而不停翻转，充分利用热源。

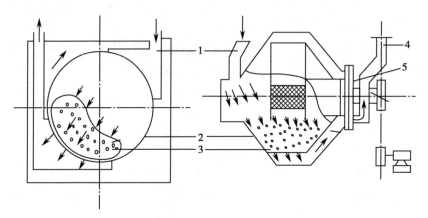

1.进气管；2.锅体；3.片芯；4.排风管；5.风门

图 10-9　高效包衣机示意图

间隔网孔式外壳的开孔部分不是整个圆周，而是按圆周的几个等分部位，如图 10-9（右）所示。在转动过程中，开孔部分间隔地与风管接通，处于通气状态，达到排湿的效果。这种间隙的排湿结构使热量得到更加充分的利用，节约了能源；而且锅体减少了打孔的范围，制作简单，减轻了加工量。

而无孔式锅体结构则是通过特殊的锅体设计使气流呈现特殊的运行轨迹,在充分利用热源的同时,巧妙地排出,锅体上没有开孔,不仅简化了制作工艺,而且锅体内光滑平整,对物料没有任何损伤。

（2）流化床包衣设备：流化床包衣设备与流化制粒、流化干燥设备的工作原理相似,是利用气动雾化喷嘴将包衣液喷到药片表面,经预热的洁净空气以一定的速度经气体分布器进入包衣锅,从而使药片在一定时间内保持悬浮状态,并上下翻动,加热空气使片剂表面溶剂挥发而成膜,调节预热空气及排气的温度和湿度可对操作过程进行控制。不同之处在于干燥和制粒时由于物料粒径较小,比重轻,易于悬浮在空气中,流化干燥与制粒设备只要考虑空气流量及流速的因素;而包衣的片剂、丸剂的粒径大,自重力大,难以达到流化状态,因此流化床包衣设备中加包衣隔板,减缓片剂的沉降,保证片剂处于流化状态的时间,达到流化包衣的目的。

流化式包衣机是一种常用的薄膜包衣设备,具有包衣速度快、效率高、用料少（包薄膜衣时片重一般增加2%～4%）、对崩解影响小、防潮能力强、不受药片形状限制、自动化程度高等优点。缺点是包衣层太薄,且药片悬浮运动时的碰撞使薄膜衣易碎,造成颜色不均,不及糖衣片美观,需要通过在包衣过程中调整包衣物料比例和减小锅速、锅温来解决。

（3）压制包衣设备：压制法包衣也称作干法包衣,是用包衣材料将芯片包裹后在压片机上直接压制成型。该法适用于对湿热敏感药物的包衣。压制法包衣设备是以特制的传动器连接两台压片机配套使用。一台压片机专门用于压制片芯,然后由传动器将压成的片芯输送至另一台压片机的包衣转台模孔中,模孔中预先填入包衣材料作为底层,然后在转台的带动下,片芯的上层又被加入等量的包衣材料,然后加压,使片芯压入包衣材料中而得到包衣片剂。压制包衣生产不需要中断工作运转中的机器,即可抽取片芯样品进行检查。采用自动控制装置,可以抛除检查出来的不含片芯的空白片,以及被黏住不能置于模孔中的片芯,通过分路装置将不符合要求的片剂与大量合格的片剂分开。

压制包衣生产流程将压片和包衣过程结合在一起,自动化程度高,劳动条件好,大大缩短了包衣时间,简化了包衣流程,且能源利用效率高,不浪费资源,因此从环保、时效和能量利用等包衣工艺方面来看,压制包衣代表了包衣技术未来的发展方向。但由于其对压片机械的精度要求较高,目前国内尚未广泛使用。

第二节　硬胶囊剂的成型设备

硬胶囊剂系指药物装于空心硬质胶囊而制成的固体制剂。制成胶囊剂后,可提高药物的稳定性,掩盖药物的不良臭味,服用后可在胃肠道中迅速分散、溶出和吸收,或者将药物按需要制成缓释、控释颗粒装入胶囊中,达到延效作用;也可制成肠溶胶囊,将药物定位释放于小肠。

硬胶囊剂系将固体药物填充于空硬胶囊中制成。硬胶囊呈圆筒形,由上下配套的两节紧密套合而成,其大小用号码表示,可根据药物剂量的大小而选用。硬胶囊剂的制备包括空胶囊的制备和药物的填充、封口等,填充是硬胶囊生产的关键工艺,目前多由自动的硬胶囊填充机完成。

一、硬胶囊剂生产的过程

硬胶囊剂是将粉状、颗粒状、片剂或液体药物直接灌装于胶壳中而成,能达到速释、缓释、控释等多种目的,胶囊壳具有掩味、遮光等作用,利于刺激性、不稳定药物的生产、存储和使用。硬胶囊剂的溶解时限优于丸、片剂,并可通过选用不同特性的囊材以达到定位、定时、定量释放药物的目的,如肠溶胶囊、直肠用胶囊、阴道用胶囊等。硬胶囊剂的生产一般需要经过以下工艺过程:原辅料→粉碎→过筛→混合→填充→封口→包装。

1. **胶囊壳的原料**   明胶为空胶囊的主要成囊材料,是由大型哺乳动物的骨或皮水解制得。以骨骼为原料所制得的骨明胶,质地坚硬,透明度差且性脆;以猪皮为原料所制得的猪皮明胶,透明度好,富有可塑性。因此,为兼顾胶囊壳的强度和可塑性,采用骨、皮的混合胶较为理想。此外,还需要控制明胶的黏度,黏度过大,制得的空胶囊厚薄不均,表面不光滑;黏度过小,干燥时间长,壳薄而易破损。因此,明胶的黏度一般控制在4.3~4.7mPa/s。

同时,为了进一步增加明胶的韧性和可塑性,通常还需加入甘油、山梨醇、羧甲基纤维素钠(CMC-Na)、油酸酰胺磺酸钠等增塑剂;加入增稠剂琼脂可减少流动性,增加胶动力;对光敏感药物,还需加入遮光剂二氧化钛(2%~3%);食用色素等着色剂、防腐剂羟苯甲酯等辅料可起到美观、防腐的作用。但是以上组分并不是任一种空胶囊都必须具备,而应根据具体情况加以选择。

肠溶胶囊即可先制备肠溶性填充物料,即将药物与辅料制成的颗粒以肠溶材料包衣后,填充于胶囊而制成肠溶胶囊剂,也可制备肠溶空胶囊达到肠溶的目的。通过肠溶包衣,即可使胶囊壳具有肠溶性而制成肠溶胶囊剂。

2. **胶囊壳的型号**   空心胶囊按其容量大小分为00#、0#、1#、2#、3#、4#、5#及其他特殊规格型号,常规加长型胶囊以el表示,例如0#el。常用的是0~5号,号数越大,容积越小。生产时根据药物剂量所占容积选择最小的型号。小容积胶囊为儿童用药或充填贵重药品。胶囊分为透明(两节均不含遮光剂)、不透明(两节均含遮光剂)、半透明(仅一节含遮光剂)三种。胶囊的封口有平口与锁口两种,目前多使用锁口式胶囊,密闭性良好,无须封口。使用平口胶囊,待物料填充后,则应使用与制备空胶囊相同浓度的明胶液进行封口,以防止其内容物的泄漏。

3. **空胶囊壳的制备工艺**   空胶囊由囊体和囊帽组成,制作过程可分为溶胶、蘸胶制坯、干燥、拔壳、截割及整理等6道工序,主要由自动化生产线完成。典型胶囊壳的制备机由蘸胶机、隧道式烘箱、脱模机、切断机、套合机、涂油机和成品输出部件等组成,生产胶囊壳每小时达36 000粒,效率高,成品质量好。空心胶囊作为药用辅料,在生产过程中,应对其生产环境进行控制,整个生产过程必须在洁净区内完成,洁净区至少应符合D级洁净度要求。生产环境的温度应为10~25℃,相对湿度为35%~45%。采用灭菌或者添加抑菌剂等生产工艺时,应对工艺进行评估和验证,确保不影响产品质量。空胶囊可用10%环氧乙烷与90%卤烃的混合气体进行灭菌。采用环氧乙烷灭菌工艺时,应对环氧乙烷的有效浓度和残留量进行控制和验证。制得空胶囊囊体应光洁、色泽均匀、切口平整、无变形、无异臭;松紧度、脆碎度、崩解时限应符合《中国药典》规定。

胶囊壳的质量直接影响胶囊的质量。如果贮存和运输不当,胶囊壳会发生变形。变软时,帽体难分开;变脆时,易穿孔、破损。因此,空心胶囊的贮藏、运输、包装应能够保障其安全和质量稳定,防止污染和交叉污染。除另有规定外,空心胶囊应避光,贮藏温度10~25℃,湿度35%~65%,密封保存;直接接触空心胶囊的内包装材料应使用药用级并符合药用包装的相关要求。

4. 硬胶囊剂的填充工艺 若纯药物粉碎至适宜粒度就能满足硬胶囊剂的填充要求,即可直接填充。但多数药物由于流动性差等方面的原因,一般均需加适量的稀释剂、润滑剂等辅料才能满足填充或临床用药的要求。常需加入蔗糖、乳糖、微晶纤维素、改性淀粉、二氧化硅、硬脂酸镁、滑石粉、羟丙基纤维素等改善物料的流动性或避免分层。有时也需加入辅料制成颗粒、小丸等后再进行填充。故而胶囊的填充内容物可以是粉末、颗粒、微粒,甚至连固体药物及液体药物都可进行填充。要保证制得的胶囊剂剂量的一致性,在填充时必须达到定量填充。目前,胶囊填充内容物的方式可分为四种。

(1)冲程法:由螺杆压进物料,依据药物的密度、容积和剂量之间的关系,直接将粉末及颗粒填充到胶囊中定量。可通过变更推进螺杆的导程,调节充填机速度来增减充填时的压力,从而控制分装重量及差异。半自动充填机就是采取这种充填方式,其对药物的适应性较强,一般的粉末及颗粒均适用此法。如图10-10所示。

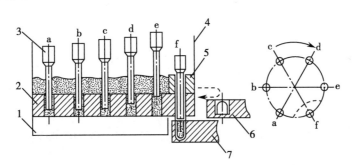

1. 底盘;2. 定量盘;3. 剂量冲头;4. 粉盒圈;5. 刮粉器;6. 上囊板;
7. 下囊板

图10-10 冲塞式间歇定量装置结构与工作原理

(2)插管式定量法:这种方法是将空心计量管插入贮料斗中,使药粉充满计量管,并用计量管中的冲塞将管内药粉压紧,然后计量管旋转到空胶囊上方,通过冲塞下降,将孔里药料压入胶囊体中;每副计量管在计量槽中连续完成插粉、冲塞、提升,然后推出插管内的粉团,进入囊体。填充药量可通过计量管中冲杆的冲程来调节,适于流动性差但混合均匀的物料,如针状结晶药物、易吸湿药物等。插管式定量装置分为间歇式和连续式两种,如图10-11所示。

(3)滑块法:这种方法的原理是容积定量,使物料自由流入体积固定的定量杯中,再经过滑块的孔道流入空胶囊。调节定量活塞的上升位置可控制药物的填充量。这种方式要求物料具有良好的流动性,常需制粒才能达到,多用于颗粒的填充。如图10-12所示。

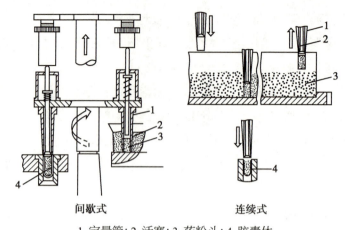

間歇式　　　　　　　連续式

1. 定量管; 2. 活塞; 3. 药粉斗; 4. 胶囊体

图 10-11　插管定量装置结构与工作原理

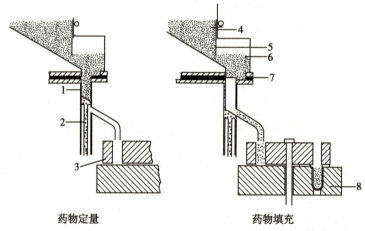

药物定量　　　　　　　药物填充

1. 定量管; 2. 定量活塞; 3. 星形轮; 4. 料斗; 5. 物料高度调节板; 6. 药物
颗粒; 7. 滑块; 8. 胶囊盘

图 10-12　滑块定量装置结构与工作原理

（4）真空吸附法: 采用真空吸附将微粒定量,是一种连续的药物填充方式。在定量管上部加真空,先利用真空将药物吸入定量管,然后再利用压缩空气将药物吹入胶囊体。调节定量活塞的位置可控制药物的填充量。这样的填充方式对药物微丸表面没有伤害,适用于对颗粒表面完整要求较高的物料。

二、硬胶囊剂的填充设备

不同填充方式的填充机适用于不同药物的分装,可按照药物的流动性、吸湿性、物料状态(粉状或颗粒状、固态或液态)选择填充方式和机型。硬胶囊生产中多采用全自动硬胶囊填充机,按照其主轴传动工作台的运动方式分为两大类:一类是连续式,另一类是间歇式。按充填形式又可分为两种:重力自流式和强迫式。按计量及充填装置的结构可分为计量盘式、滑块式和计量管式。

现以间歇回转式全自动胶囊填充机为例,介绍硬胶囊填充机的结构和工作原理。硬胶囊填充的一般工艺过程为：空心胶囊自由落料→空心胶囊的定向排列→胶囊帽和体的分离→剔除未被分离的胶囊→胶囊的帽体进行水平分离→胶囊体中被充填药料→胶囊帽体再次套合及封闭→充填后胶囊成品被排出机外。

胶囊填充机是硬胶囊剂生产的关键设备，由机架、胶囊回转机构、胶囊送进机构、粉剂搅拌机构、粉剂填充机构、真空泵系统、传动装置、电气控制系统、废胶囊剔出机构、合囊机构、成品胶囊排出机构、清洁吸尘机构、颗粒填充机构组成。

硬胶囊填充机工作时，首先由胶囊送进机构（排序与定向装置）将空胶囊自动地按小头（胶囊身）在下、大头（胶囊帽）在上的状态，送入模块内，并逐个落入主工作盘上的囊板孔中，见图10-13。然后，拔囊装置利用真空吸力使胶囊帽留在上囊板孔中，而胶囊体则落入下囊板孔中。接着，上囊板连同胶囊帽一起被移开，胶囊体的上口则置于定量填充装置的下方，药物被定量填充装置填充进胶囊体。未拔开的空胶囊被剔除装置从上囊板孔中剔除出去。最后，上、下囊板孔的轴线对正，并通过外加压力使胶囊帽与胶囊体闭合。出囊装置将闭合胶囊顶出囊板孔，进入清洁区，清洁装置将上、下囊板孔中的胶囊皮屑、药粉等清除，胶囊的填充完成，进入下一个操作循环。由于每一工作区域的操作工序均要占用一定的时间，因此主工作盘是间歇转动的。

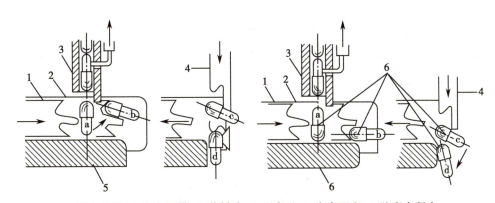

1.顺向推爪；2.定向滑槽；3.落料斗；4.压囊爪；5.定向器座；6.胶囊夹紧点

图 10-13　定向装置结构与工作原理

第三节　丸剂的成型设备

丸剂是将药材细粉或提取物加适宜的黏合剂或其他辅料制成的球形或类球形制剂，目前仍是中成药的主要剂型。根据药材及辅料的性质以及临床应用的要求，丸剂的制备方法包括塑制法、泛制法及滴制法。塑制法是将原辅料混合均匀后，经挤压、切割、滚圆等工序制备丸剂，主要设备有丸条机和制丸机；泛制法是将原辅料在转动的适宜容器中，经交替润湿、撒布而逐渐成丸的方法，可用糖衣锅或连续成丸机生产；滴制法是将药物与适宜的基质混合，熔融后利用分散装置滴入不相混溶的液体冷却剂中冷凝成丸的方法，常用的生产设备有配料设备、滴丸机和离心机等。

生产工艺与生产设备密切相关，生产设备的选择应符合生产工艺的要求。

一、塑制法制丸过程与设备

塑制法是指用药物细粉或提取物配以适当辅料或黏合剂，制成软硬适宜、可塑性较大的丸块，依次经制丸条、分粒、搓圆而成丸粒的一种制丸方法。多用于蜜丸、糊丸、蜡丸、浓缩丸、水蜜丸的制备。

1. 原辅料的准备 按照处方将所需药材挑选清洁、炮制合格、称量配齐、干燥、粉碎、过筛。

2. 制丸块 药物细粉混合均匀后，加入适量胶黏剂，充分混匀，制成湿度适宜、软硬适度的可塑性软材，即丸块，行业术语称"合坨"。丸块取出后应立即搓条；若暂时不搓条，应以保湿盖好，防止干燥。制丸块是塑制法的关键，丸块的软硬程度及黏稠度，直接影响丸粒成型和在贮存中是否变形。优良丸块的标准是能随意塑形而不开裂，手搓捏而不黏手，不黏附器壁。丸块的软硬程度以不影响丸粒的成型以及在储存中不变形为度。一般用混合机进行生产，常用的设备有带搅拌桨的混合器，如槽型混合机、锥形垂直螺旋混合机、流动型混合机等。

如图 10-14 所示，为槽型混合机。该混合机是由一对互相啮合和旋转的桨叶所产生强烈剪切作用而使半干状态的物料紧密接触，从而获得均匀的混合搅拌。该混合机可以根据需求设计成加热和不加热形式，其换热方式通常有：电加热、蒸汽加热、循环热油加热、循环水加热等。该混合机由金属槽及两组强力的 S 形桨叶构成，槽底呈半圆形，两组桨叶转速不同，且沿相对方向旋转，根据不同的工艺可以设定不同的转速，最常见的转速是 28～42r/min。由于桨叶间的挤压、分裂、搓捏及桨叶与槽壁间的研磨等作用，可形成不黏手、不松散、湿度适宜的可塑性丸块。

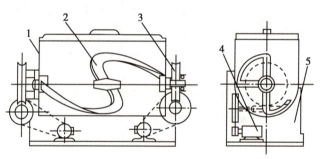

1.混合槽；2.搅拌桨；3.涡轮减速器；4.电机；5.机座

图 10-14　槽型混合机

立式搅拌混合机在生产中应用的也较多，如图 10-15 所示。装料容器为立式圆筒型，可以拆分出来，便于生产。搅拌桨为立式，可分为单桨和双桨。搅拌桨可上下调整，运转时既有自转又有公转，可将容器内的物料全部搅动起来。另一种形式是将容器固定于可转动的机座底盘上，搅拌桨只有自转，操作时容器的器壁与搅拌桨的间隙调到最小，以获得较好的搅拌效果。有的混合机的搅拌桨还可倾斜翘起，操作时再将其置入容器内，搅拌桨与容器逆向旋转，提高混合的效果。

3. 制丸条 丸条是指由丸块制成粗细适宜的条形，以便于分粒。制备小量丸条可用搓条板，将丸块按每次制成丸粒数称取一定质量，置于搓条板上，手持上板，两板对搓，施以适

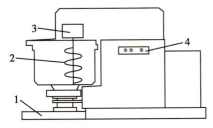

1. 可移动支架；2. 螺旋搅拌桨；3. 电机；
4. 控制面板

图 10-15 可拆分立式搅拌混合机示意图

当压力，使丸块搓成粗细一致且两端齐平的丸条，丸条长度由所预定成丸数决定。大量生产时可用丸条机，分螺旋式和挤压式两种。螺旋式丸条机工作时，丸块从漏斗加入，由轴上叶片的旋转将丸块挤入螺旋输送器中，丸条即由出口处挤出（图 10-16）。出口丸条管的粗细可根据需要进行更换。挤压式丸条机工作时，将丸块放入料筒，利用机械能推进螺旋杆，使挤压活塞在绞料筒中不断前进，筒内丸块受活塞挤压由出口挤出，呈粗细均匀状。可通过更换不同直径的出条管来调节丸粒质量。目前企业生产过程中，一般都在丸条机模口处配备丸条微量调节器，以便于调整丸条直径来控制丸重，从而达到保证丸粒的重量差异在《中国药典》规定范围内的目的。

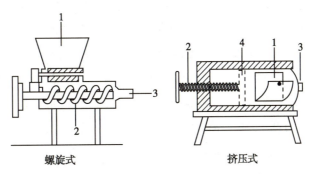

螺旋式   挤压式

1. 加料口；2. 螺旋杆；3. 出条口；4. 挤压活塞

图 10-16 丸条机示意图

4. 制丸粒 丸条制备完成后，将丸条按照一定粒径进行切割即得到丸粒。大量生产丸剂时使用轧丸机，有双滚筒式和三滚筒式（图 10-17）。各滚筒以不同速度同向旋转，滚筒上的半圆形切丸槽将滚筒间的丸条等量切割成小段并搓圆，得到丸剂，可用于完成制丸和搓圆的过程。双滚筒式轧丸机主要由两个半圆形切丸槽的铜制滚筒组成。两滚筒切丸槽的刀口相吻合。两滚筒以不同的速度作同一方向的旋转，转速一快一慢，分别约为 90r/min 和 70r/min。操作时将丸条置于两滚筒切丸槽的刀口上，滚筒转动将丸条切断，并将丸粒搓圆，由滑板落入接收器中。

三滚筒式轧丸机的主要结构是三只槽滚筒，呈三角形排列，底下的一只滚筒直径较小，是

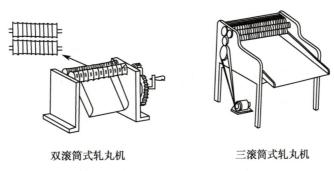

双滚筒式轧丸机   三滚筒式轧丸机

图 10-17 滚筒式轧丸机示意图

固定的，转速约为 150r/min，上面两只滚筒直径较大，式样相同，靠里边的一只也是固定的，转速约为 200r/min，靠外边的一只定时移动，转速 250r/min。工作时将丸条放于上面两滚筒间，滚筒转动即可完成分割与搓圆工序。操作时在上面两只滚筒间宜随时揩拭润滑剂，以免软材黏滚筒。其适用于蜜丸的成型，通过更换不同槽径的滚筒，可以制得丸重不同的蜜丸。所得成型丸粒呈椭圆形，药丸断面光滑，冷却后即可包装。但是此设备不适于生产质地较松的软材丸剂。

随着对丸剂生产能力要求的不断提高，目前常采用制丸连动装置，主要设备有全自动轧丸机（图 10-18）和中药自动制丸机（图 10-19）。现已经研制出全自动五辊轧丸机和六辊轧丸机，特别适合于中药大蜜丸的大批量生产。五辊轧丸机的工作原理是将已混合搅拌均匀的蜜丸药坨间断投入到机器的进料口中，在螺旋推进器的连续推进下，经可调式出条嘴，变成直径均匀的药条，定长送到滚子输送带上，由往复气动推杆在滑轨上滑动，进入由三个轧辊和两个托辊组成的制丸成型机构，制成大小均匀、剂量准确、圆、光的药丸，自动落入输送带上，送到下一工序。同理，六辊轧丸机的工作原理是将混合均匀的药料投入到入药仓内，通过进药腔的压药翻板，在螺旋送料推进器的挤压下，推出一条可微调直径的药条。药条出条速度通过变频器控制，挤出的药条在多个托条小轴的转动下，经推条板推到制丸刀辊内，刀辊经过开合，连续制成大小均匀的大蜜丸。该设备具有拆卸与维修方便、适应性强等特点，只更换成型辊便可生产不同直径大小的药丸。制丸产量高，是一般三辊轧丸机的 1.5～2 倍。

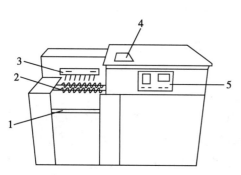

1. 接收板；2. 轧辊；3. 输送带；4. 加料口；
5. 控制台

图 10-18　全自动轧丸机结构图

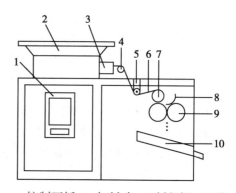

1. 控制面板；2. 加料斗；3. 制条机；4. 测速电机；5. 减速控制器；6. 丸条；7. 导轮；
8. 顺条器；9. 刀轮；10. 斜支板

图 10-19　中药自动制丸机结构图

中药自动制丸机广泛应用于水丸、水蜜丸、浓缩丸和糊丸等制备。它主要由出条、制丸、润滑、自动控制系统和传动机构等组成。工作时，将混合搅拌后的药坨投入到进料斗中，通过制丸机将药物挤压制成条状，再通过测速电机、导轮、顺条器后，由成型刀轮切断高速制成药丸。自动制丸机还可根据需要更换不同规格的刀轮，即可连续搓制出所需直径的药丸。

塑制法制丸的设备自动化程度高，操作简单，制丸大小均匀、表面光滑，而且粉尘少、污染小，设备材质易于清理，更加符合 GMP 要求。因此，药厂多采用塑制法制备中药丸剂。

5. 干燥　一般成丸后应立即分装，以保证丸药的滋润状态。有时为了防止丸剂的霉变，可进行干燥。通常情况下，蜜丸和浓缩蜜丸中所含水分不得过 15.0%；水蜜丸和浓缩水蜜丸不得过12.0%；水丸、糊丸、浓缩水丸不得过9.0%。干燥方法有厢式干燥法、远红外辐射干燥法和微波干燥法，需要根据药物干燥与灭菌的要求选择合适的干燥方式。厢式干燥器结构简单，成本低，但是物料受热不均匀，热效率和生产效率低；带式远红外干燥器干燥较均匀，速度快，但干燥物料的厚度受到限制，仅限薄层物料的干燥；微波干燥具有干燥温度低、干燥速度快和产品质量好等优点，能满足水分和崩解的要求，可同时进行微波灭菌，是丸剂理想的干燥灭菌方法。

二、泛制法制丸过程与设备

泛制法是指在转动的适宜容器或机械中，将药材细粉与赋形剂交替润湿、撒布，不断翻滚，逐渐增大的一种制丸方法。泛制法制丸工艺包括原辅料的准备、起模、成型、盖面、干燥和选丸等过程。泛制法主要用于水丸、水蜜丸、糊丸、浓缩丸、微丸等的制备。

1. **原辅料的准备**　泛制法制丸时，药料的粉碎程度要求比塑制法制丸时更为细些，一般宜用120目以上的细粉。某些纤维性组成较多或黏性过强的药物（如大腹皮、丝瓜络、灯芯草、生姜、葱、荷叶、红枣、桂圆、动物胶、树脂类等），不易粉碎或不适泛丸时，须先制汁作润湿剂泛丸；动物胶类如龟甲胶等，加水加热熔化，稀释后泛丸；树脂类药物如乳香、没药等，用黄酒溶解作润湿剂泛丸。

2. **起模**　起模是泛丸成型的基础，也是制备水丸的关键。泛丸起模是利用水的湿润作用诱导出药粉的黏性，使药粉相互黏着成细小的颗粒，并在此基础上层层增大而制成丸模（丸粒基本母核）的过程。起模应选用方中黏性适中的药物细粉，包括药粉直接起模和湿颗粒起模两种。

3. **成型**　将已筛选均匀的球形模子，逐渐加大至接近成丸的过程。若含有芳香挥发性或特殊气味或刺激性极大的药物，最好分别粉碎后泛于丸粒中层，可避免挥发或掩盖不良气味。

4. **盖面**　盖面是指使表面致密、光洁、色泽一致的过程，可使用干粉、清水或清浆进行盖面。盖面是泛丸成型的最后一个环节，作用是使整批投产成型的丸粒大小均匀、色泽一致，提高其圆整度及光洁度。

5. **干燥**　控制丸剂的含水量在9%以内。一般干燥温度为80℃以下，若丸剂中含有芳香挥发性或遇热易分解变质的成分时，干燥温度不应超过60℃。泛制丸的干燥设备较多，有隧道式烘箱、热回风烘箱、真空烘箱、红外线烘箱、电烘箱等。也可以采用流化床干燥，可降低干燥温度，缩短干燥时间，并提高水丸中的毛细管和孔隙率，有利于水丸的溶解。

6. **选丸**　泛制法制得的丸剂，常出现颗粒大小不均或者畸形的丸粒，必须经过筛选以求所得丸剂均匀一致，保证丸粒圆整、剂量准确。用适宜孔径筛网将粒径不在要求范围内的丸粒去除，并挑除畸形丸粒。常用筛丸机或选丸器等。

泛制法的设备主要是包衣锅，常用于水丸的制备，用手工进行操作，具有周期长、占地面积大、崩解及卫生标准难以控制等缺点。近年则多用机械制丸，常用设备有小丸连续成丸机等。

小丸连续成丸机(图10-20)由输送、喷液、加粉、成丸、筛丸等部件相互衔接构成机组,包括进料、成丸、筛选等工序。工作时,药粉由压缩空气运送到成丸锅旁的加料斗内,经过配制的药液存放在容器中,然后由振动机、喷液泵或刮粉机把粉、液依次分别撒入成丸锅内成型。药粉由底部的振动机或转盘定量均匀连续地进入成丸锅内,使锅内的湿润丸粒均匀受粉,逐步增大。最后,通过圆筛筛选合格丸剂。

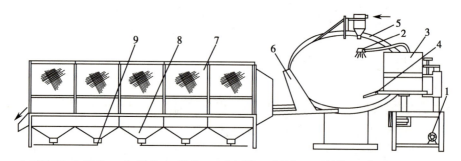

1.喷液泵;2.喷头;3.加料斗;4.粉斗;5.成丸锅;6.滑板;7.圆筒筛;8.料斗;9.吸射器

图10-20 小丸连续成丸机

三、滴制法制丸过程与设备

滴丸系指原料药物与适宜的基质加热熔融混匀,滴入不相混溶、互不作用的冷凝介质中制成的球形或类球形制剂。用固体分散技术制备的滴丸具有吸收迅速、生物利用度高的特点。滴丸剂可用于多种给药途径,除口服外还可制备耳用、眼用滴丸,使药物作用时间更持久,起到延效的作用。滴丸剂的生产过程分为配料、混合、滴制成丸、洗涤、干燥、定剂量分装。生产时要根据滴丸与冷凝液相对密度差异,选用不同的滴制设备。

1. 滴丸剂的基质及冷凝液 滴丸剂中除主药以外的赋形剂均称为基质,包括水溶性基质和非水溶性基质,常用的有聚乙二醇类(如聚乙二醇6000、聚乙二醇4000等)、泊洛沙姆、硬脂酸聚烃氧(40)酯、明胶、硬脂酸、单硬脂酸甘油酯、氢化植物油等。

冷凝液是用来冷却滴出液使之收缩而制成滴丸的液体。冷凝液的选择通常应根据主药和基质的性质来决定。对于冷凝液的要求包括:

(1)冷凝液应不与主药、基质相混溶,也不与主药、基质发生化学反应。

(2)冷凝液的密度应适中,有适当的相对密度,即与液滴的相对密度相近,使滴丸在冷凝液中逐渐下沉或上浮,便于充分凝固,丸形圆整。

(3)有适当的黏度,使液滴与冷凝液间的黏附力小于液滴的内聚力而利于收缩成丸。

(4)安全无害,或虽有毒但易于除去。

常用的冷凝液有两种。水溶性基质可用液体石蜡、植物油、甲基硅油、煤油或它们的混合物为冷凝液;非水溶性基质可用水、不同浓度的乙醇、酸性或碱性水溶液等为冷凝液。但目前可供选用的滴丸基质和冷凝液品种较少。滴丸含药量低(一般丸重不超过100mg),服用粒数多,有待进一步研究和改进。

2. 滴制设备 滴丸的生产多由机械生产,滴丸机的基本结构由自动上料、滴制出丸、循环冷却、离心分离和筛选干燥等五大部分组成。滴丸设备有多种型号,按照滴丸滴出方式分为下沉式(药液依自然重力,在冷凝液中自上而下坠落冷却成型)和上浮式(药液的密度小于冷凝液的密度,滴制时由浮力作用,药液液滴在冷凝液中由下向上漂浮冷却成型);按照冷凝方式分为静态冷凝式和流动冷凝式;按照生产能力可分为小型滴丸生产线(1~12孔滴头)、中型滴丸生产线(24~36孔滴头)、大型滴丸生产线(100孔滴头)、组合式滴丸生产线(由若干100孔滴头大型生产单元组合而成)。滴丸生产时可根据滴丸与冷凝液相对密度差异、生产实际情况进行选择。

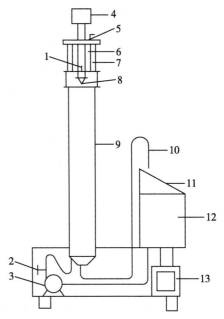

1. 搅拌器;2. 液位调节手柄;3. 冷却油泵;4. 搅拌电机;5. 加料口;6. 药液;7. 导热油;8. 滴制滴头;9. 冷却柱;10. 出料管;11. 出料斗;12. 油箱;13. 制冷系统

图 10-21　滴丸机结构示意图

滴丸机的工作原理如图10-21所示,将药物原料与基质通过加料口放入物料贮槽内,通过加热、搅拌制成滴丸的混合药液,再由保温药液输送管道送到滴制滴头处,由滴嘴小孔流出形成液滴后,滴入冷却柱内的冷凝液中,药滴在表面张力作用下迅速形成球形实心丸。得到的固体颗粒随冷凝液一起进入过滤装置,过滤出的固体颗粒经清洗、筛分、干燥、包装后得的滴丸产品。滤除固体颗粒后的冷凝液再经冷却后由循环泵输送至冷却柱中循环使用。

滴制法制备丸剂的设备简单,自动化程度高,操作方便,工艺周期短,生产效率高;工艺条件易于控制,计量准确,质量差异比较小。目前,滴丸机也不断地进行改良。例如采用螺旋式冷凝液交换器,提高了制冷效果;采用多层过滤设计,降低了一线操作人员的劳动强度,操作更方便,利于劳动保护;采用在线清洗功能,使滴丸设备更加符合GMP的清场标准;滴丸机的主机可与滴丸后处理的设备离心筛选一体机组成一条完整的生产连线,中间无须人工转接。大型双单元滴丸生产线,是在单一单元大型滴丸机的基础上研发的,该生产线由两个单元组成,也可与多个单元相组合。与单条多个生产线相比,占地面积小,节省人力,生产成本大幅下降,并且能够满足企业自动化生产的需要。

第四节　固体制剂成型设备发展动态

固体制剂以它独特的优势,成为患者使用及新药开发的首选剂型,在药物制剂中占有率高达70%以上。2010年版GMP的实施,在人员、硬件、软件和现场管理等方面对制药生产企业提出了更高的要求。在此背景下,制药设备企业通过加大自主科研创新能力、技术引进、消化吸收、再创新等手段,不断开发新的制剂生产设备,在技术水平、产品质量、产品品种规格等方面得到显著的提高和发展。

固体制剂的制备过程实际是粉体的处理过程。因其生产工艺的特点,固体制剂的制备需要解决以下的问题:生产过程粉尘较多,劳动强度大;使用的设备和中小型容器数量多,人工清洗工作量大,容易产生洗不干净现象;生产品种多的时候,多品种共线生产还容易增加发生交叉污染的风险;当产品市场需求量增大时,设备的产能能否满足大批量生产要求。

2016年《医药工业发展规划指南》指出,重点发展连续化固体制剂生产设备、先进粉体工程设备、异物光学检测设备、高速智能包装生产线、适用于特殊岗位的工业机器人等。提高制药设备的集成化、连续化、自动化、信息化、智能化水平。发展系统化成套设备,提供整体解决方案。加强在线检测、在线监控、在位清洗消毒、高密闭和隔离等技术的应用,提高设备的自诊断、自适应和网络通信能力,改进设备的开放性和合规性。指南中的内容为固体制剂机械发展指明了方向。

1. **设备密闭化生产** 药品生产企业对粉尘处理有着严格的要求,尤其是对产尘量较大的口服固体制剂生产。越来越多的高活性化合物被批准为新药上市,为降低操作区域活性药物的泄漏量,保障操作人员的安全,避免生产过程药物的污染及交叉污染,制药企业对药物的密闭生产需求也越来越多。为了做到密闭生产,在制剂设备设计方面,一是设备本体采用密闭式、限制进出屏障系统或隔离操作器;二是物料输送系统的密闭化,例如利用新的高效气体输送技术组成全密闭生产系统;三是设备自带除尘装置;四是设备与物料输送系统的隔离化对接,如用 A/B 阀、RPT 阀、隔离器对接等。

2. **具有在线清洗(CIP)和在线消毒(SIP)技术** 当下制药设备的清洗操作一般是在线完成的,通过线上清洗操作能有效提高制药设备的生产效率,减少设备清洗所占用的时间。制药设备的在线清洗操作能尽可能缩短设备生产辅助时间,提升设备单位时间的生产数量,从而为企业带来更大的经济收益,此外实时监测技术也可以很好地提高生产线的运行效率,能迅速发现和解决问题,减少人为因素对安全生产产生的影响,确保制药设备稳定、长久运行。例如高速压片机可实现不拆除元件的在位清洗工作;高效包衣机其锅体内外都实现了由设计程序控制的在线清洗功能;流化床制粒设备则设计有清洗口,便于与在线清洗站相衔接,实现设备的在线清洗。

3. **良好的在线控制及在线监测性能** GMP 管理要求制药设备必须按照既定的程序,具有针对性地对药品生产与加工过程中的相关工序进行完善。良好的在线控制及远程监测控制是先进制剂设备的重要功能。在线监控与控制功能主要指设备具有分析、处理系统,能知道完成几个步骤或工序的功能,这是设备连线、联动操作和控制的前提。先进的制药设备在设计时,使装备具有随机控制、即时分析、数据显示、记忆打印、程序控制、自动报警、远程控制等功能的。压片机设备运用了先进的过程分析技术,能够精准地追踪药片,并能检测药物活性成分的含量,提升了药片成品的合格率,还能确保活性含量的稳定性。

4. **集成化、模块化设计,联动线生产** 我国的制药设备已经从制造简单的单体时代进入到一个整合工艺操作技术的时代,即把分离或转序等各个工艺集中组合在一起完成一种产品生产的整体装备。其特点是能克服交叉污染,减少操作人员和空间,降低安装技术要求及安装空间的要求。它包括多工序工艺装备的集成、前后联动设备的集成、进出料装置与主机的集成以及主机与检查设备的集成等。

模块化设计是指将原有的连续工艺根据工序性质的不同,分成许多个不同的模块组,比如将片剂分成粉体前处理模块(包括粉碎、筛粉等)、制粒干燥模块(湿法、干法、沸腾干燥等)、整粒及总混模块(包括整粒及总混合等)、压片模块、包衣模块、包装模块等。德国的高速旋转压片机中模板及转台都采用模块化设计,便于安装、维修、更换。所有这些模块既需要单独进行系统配置的考虑,同时又要将所有模块用相应的手段,诸如定量称量、批号打印、密闭转序、中央集中控制等进行合理的连接,最后组成一个完整的系统。

随着GMP法规要求不断提高,槽式混合机、摇摆颗粒机、烘箱已逐渐被湿法混合制粒机、湿法整粒机、沸腾制粒干燥机、干法整粒机组成的密闭制粒联动线所取代。新型的联动生产线通过紧密集成,将湿法混合制粒机与湿法整粒机集成为一体机,沸腾制粒干燥机与干法整粒机通过真空管路或机械提升翻转装置集成为一体机,减少了物料转运环节与连接件;湿法整粒机出料口与沸腾制粒干燥机进料口通过真空管路或高位落差重力实现自动物料传输,使用自控程序,将各单体设备有序集成为密闭化制粒联动生产线。

5. 制剂生产线实现自动化、连续化　自动化是指机器设备、系统或过程(生产、管理过程)在没有人或较少人的直接参与下,按照人的要求,经过自动检测、信息处理、分析判断、操纵控制,实现预期的目标的过程。逐渐提高制药设备的自动化水平,注重自动控制系统及自动控制技术在制药设备上的广泛应用,可以有效地提高制药设备的运行效率,增加运行过程中各个参数的控制,同时也能够减少工人数量,节省公司的人工成本。在包衣设备方面,现阶段各个制药公司使用的包衣设备主要是使用可编程逻辑控制器(programmable logic controller, PLC)控制系统的产品,可以有效地控制设备内部温湿度、主机滚筒转速、排风量等参数,进而完成包衣设备的全自动运行。片剂生产设备中,送料、加料、压片管理皆可实现电脑控制,减少人为污染;药品包装生产线的特点是各单机可独立运行,又可连成为自动生产线,实现自动控制、自动剔除不合格品。

随着带量采购政策的持续推进,固体制剂企业尤其是中标企业面临的很大挑战就是成本控制以及如何保证产能和质量,连续化生产模式已成为一种新的研究发展方向。连续制造(continuous manufacturing, CM)是指通过计算机控制系统将各个单元操作过程进行高集成度的整合,将传统断续的单元操作连贯起来组成连续生产。连续生产是产品制造的各道工序、前后需要紧密相连的生产方式。即从原材料投入生产到成品制成时止,按照工艺要求,各个工序保持连续进行。同时,原辅料、包材储存运输、制剂生产、成品入库等各个环节将实现流程化、连续化、自动化、标准化作业。

连续化生产模式与传统的批量生产模式相比,因为能够助力药品生产向智能化方向发展,实现更高效、更经济、更灵活的生产,正成为业内广泛关注和研究的方向。德国针对连续制粒和连续干燥工艺进行深入研究,注册了相关专利,并尝试投入了生产。某品牌包衣机是一种半连续包衣设备,片剂装入滚筒,滚筒在不同的转速下旋转,同时两个空气挡板驱逐片剂,使其在滚筒内翻转。整个包衣过程经拉曼光谱探针检查包衣层增加的厚度,每批次的包衣完成时间不超过20分钟。以某系列压片机为基础的连续化生产线,结合更先进的混料技术,专为连续化粉末直接压片打造。首先,该生产线可进行多种物料的在线混合,产品灵活。其次,该设备可实现紧凑且高效的直接压片,在连续化生产中更加突出了其简易及可靠的操作优势。该设备强调从上到下整个过程的连续性,减少了批次间的转换,因此无须经过众多的中间过程,停机和待机风险很小,中间的损失降低。另外,该设备不需要多个设备进行连接,一步到位,占地面积较少,为客户节省了成本,增加了效率和收益。新型的连续化生产方式可节约大量生产成本,提升药品质量,加快产品投放市场。

6. 生产装备数字化、智能化　固体制剂生产的数字化系统,将口服固体制剂与数字化技术结合用于药品生产,通过对机器和生产的实时数据进行监测、收集和分析,以及利用数字化工具进行远程操作和维护培训,有效提高药品生产过程的效率。生产设备都拥有满足工业4.0 要求的数据交互接口,可以和客户的设备保持无障碍连接和进行数据交换。压片机通过其直观的人机交互界面,可以与移动设备连接,而且可以远程监控机器的运营状态和产量。

国务院印发的《中国制造 2025》通知中,明确指出要加快推动新一代信息技术与制造技术融合发展,着力发展智能装备和智能产品,推进生产过程智能化,培育新型生产方式。对于制药工业而言,智能制造应该包括制药设备的智能化与生产过程的智能化。例如新型胶囊填充机,采用多产品复合充填设计,可以将粉剂、丸剂、液体或片剂充填到硬胶囊中,满足在同一胶囊中充填 3～5 种产品,设计灵活,可以使得两种充填单元互换,使不同机器配置和充填组合的即插即用转换成为可能。制药企业通过建立 MES 系统(制造执行系统),实现生产过程的电子化,提升生产标准化水平,可以减少因为人员经验造成的产品质量波动。利用 AI 智能监控系统,对生产人员的非标准化行为、物料与设备异常、环境异常等进行实时监控,并将非结构化的视频信息与结构化的批生产记录进行关联,生产全过程可回顾,实现透明化、智能化管理。

7. 3D 打印技术应用于药品生产　2015 年美国 FDA 批准全球首款 3D 打印技术制备的"左乙拉西坦速溶片"上市。应用在药物制剂领域的主要 3D 打印技术包括黏结剂喷射技术、材料挤压技术、立体光固化成型技术(stereo lithography apparatus,SLA)。黏结剂喷射技术的固化机制与湿法制粒机制相同,在颗粒之间形成基于黏结剂的固体桥或通过溶解和重结晶来形成颗粒。材料挤压技术是全球范围内最广泛使用的 3D 打印技术,在打印过程中,材料从机器喷嘴挤出,与需要粉末床的黏结剂喷射技术不同,材料挤压技术可以在任何基板上进行打印。SLA 是最早商业化使用的 3D 打印技术之一,通常称之为立体光固化成型机,它是实现容器内光聚合工艺的一类增材制造装备。SLA 工作原理为使用紫外(UV)激光光束通过数控装置控制的扫描器,按设计的扫描路径照射到液态光敏材料表面,使表面特定区域内的一层材料固化后,升降台下降一定距离,固化层上覆盖另一层液态光敏材料,再进行第二层扫描,第二固化层牢固地黏结在前一固化层上,这样一层层叠加而成三维产品。在药物制剂领域,3D 打印技术在片剂、植入剂、透皮给药制剂中的均得到应用。

3D 打印技术开创了一种可控性的制药新方式,推动了药物发展,缩短了传统制药工艺时间,提高了小剂量药物的生产效率,有助于新药开发和各个阶段的药物发展,对于个性化、精准化制药也具有很大的意义。3D 打印技术在儿童用药方面也具有其独特的优势,其可以根据儿童的不同成长阶段按需设计准确的剂量,提高给药的灵活性,还可以根据儿童的喜好设计卡通图案及颜色鲜艳的异形片,以提高儿童患者依从性。但就目前而言,3D 打印制药依然处于探索阶段,其所需的打印材料、大规模制备工艺、工作效率以及行业标准方面都不太成熟。

除此之外,设备材料无死角、光洁易清洗、占地面积小、稳定性好、工作寿命长、振动噪声小、能耗低等,都是固体制剂设备的发展方向。对于制药设备而言,尤其是制剂设备,首先必须在改进装备本身基本性能的基础上,进一步提高制药设备和制药过程的集成化、连续化、自动化、数字化、网络化和智能化水平。其次,充分采用新一代的信息化技术(主要包括工业互联网技术、物联网技术、工业大数据技术、云计算技术等),建立以这些技术为基础的数据中心和支撑服务平台,从而实现制药行业的"智能工厂"。

课程思政案例

让数据更可靠

　　为贯彻落实《药品管理法》和《疫苗管理法》有关规定,加强药品研制、生产、经营、使用活动的记录和数据管理,确保有关信息真实、准确、完整和可追溯。国家药品监督管理局发布了《药品记录与数据管理要求(试行)》,并于 2020 年 12 月 1 日开始实施。该法规的出台,意味着在国内药品研制、生产、经营和使用活动全部环节中,电子记录得到法律法规的肯定。现有的手工填表方式数据记录容易出错,难以追溯和复核审查,甚至存在数据造假的现象。药品数据管理"电子记录时代"全面到来,更有利于实现药品质量的"信息化"管控。

ER10-2　第十章　目标测试

（王　楠）

第十一章　半固体制剂成型设备

半固体制剂通常是指药物以半固体（流态、半流态）的形态生产并保存的制剂类型，主要是包括软膏剂、软胶囊剂等多种剂型。本章主要介绍临床上应用广泛的半固体制剂的一般制备程序和所涉及的成型机械设备。

第一节　软膏剂生产的一般过程及其成型设备

一、概述

软膏剂系指原料药物与油脂性或水溶性基质混合制成的均匀半固体外用制剂。因原料药物在基质中分散状态不同，分为溶液型软膏剂和混悬型软膏剂。溶液型软膏剂为原料药物溶解（或共熔）于基质或基质组分中制成的软膏剂；混悬型软膏剂为原料药物细粉均匀分散于基质中制成的软膏剂。实际上，广义的软膏剂还包括乳膏剂，即由药物溶解或均匀分散于乳剂型基质中制备而得到的均匀半固体外用制剂。根据基质种类不同，乳膏剂可以分为 O/W 型和 W/O 型。软膏剂临床应用广泛，可涂布于皮肤、黏膜或创面，发挥润滑皮肤、保护创面及疾病局部治疗作用，还可以透过皮肤或黏膜吸收而发挥全身治疗作用。

作为软膏剂的赋形剂，基质占其组成的绝大部分，并对其质量与疗效有很大影响，常用的软膏剂基质包括以下几类。

1. **油脂性基质**　这类基质主要包括油脂类、烃类、类脂类、合成或半合成油脂性基质等。其特点是对皮肤的润滑、保护作用较其他类型基质强，能封闭皮肤表面，减少水分蒸发，促进皮肤的水合作用，且不易滋生细菌。该类基质主要适用于表皮增厚、角化、皲裂等慢性皮损和某些感染性皮肤病的早期。这类基质释药性能较差，且油腻性与疏水性强，因此不宜用于有渗出液的创面，以及脂溢性皮炎、痤疮等病变部位。此类基质主要用于遇水不稳定药物制备软膏剂。

2. **水溶性基质**　目前常用的水溶性基质主要是聚乙二醇类高分子材料，还有甘油明胶、纤维素衍生物等。这类基质能吸收组织渗出液，释药较快，无刺激性且易洗除，可用于湿润或糜烂的创面。但是，这类基质润滑、软化作用较差，且易失水变硬和霉变，常需加入保湿剂与防腐剂。

3. **乳剂型基质**　这类基质是将固体的油相加热熔化后与水相混合，在乳化剂作用下乳化，最后室温冷凝成为半固体基质。常用的固体油相包括硬脂酸、石蜡、蜂蜡、高级醇等，有时为调节稠度还可加入液体石蜡、凡士林或植物油等。基质的类型取决于乳化剂的类型和作用,常用的乳化剂包括皂类、脂肪醇硫酸酯类、高级脂肪醇类、脂肪酸山梨坦类与聚山梨酯类等。这类基质的特点是油腻性小或无油腻性,可与创面渗出物或分泌物混合,对皮肤正常功能影响小。但是,需要注意的是 O/W 型基质用于分泌物较多的皮肤时,容易使分泌物重新透入皮肤而使炎症恶化。通常乳剂型基质适用于亚急性、慢性、无渗出液的皮肤损伤和皮肤瘙痒症,忌用于糜烂、溃疡、水疱及脓疱症。

随着科学技术的发展,新的基质辅料不断涌现,生产的机械化和自动化程度也得到很大程度地提高,这些均推动了软膏剂质量的发展。一般来说,软膏剂的质量应满足以下要求:①安全性好,无刺激性,不引起皮肤过敏及其他不良反应;②基质应均匀、细腻,涂于皮肤或黏膜上应无粗糙感,混悬型软膏剂中的不溶性原料药物应预先用适宜的方法制成细粉,确保粒度符合规定;③具有适当的黏稠度,应易涂布于皮肤或黏膜上,不融化,黏稠度随季节变化应很小;④性质稳定,无酸败、异臭、变色、变硬等变质现象,乳膏剂不得有油水分离及胀气现象;⑤用于烧伤或严重创伤的软膏剂应无菌。

二、软膏剂生产的一般过程

软膏剂的生产工艺由药物与基质的性质、制备量及设备条件确定。其基本的生产流程如图 11-1 所示,一般包括基质与药物的预处理、配制、灌封、包装等工序。

1. 基质的预处理 软膏剂的基质需纯化和灭菌后使用。油脂性基质一般应先加热熔融,然后趁热过滤以除去杂质,再加热至 150℃灭菌 1 小时并除去水分。灭菌时忌用直火加热,可用夹套反应罐加热。

2. 药物的预处理 为了减少软膏剂对用药部位的刺激,要求制剂均匀细腻,且不含有固体粗粒,因此需要对不同类型药物进行适当处理。

（1）不溶性固体药物:需研成细粉过六号筛后使用,一般可将药物先与适量液体组分研匀成糊状,再与其余基质混匀。

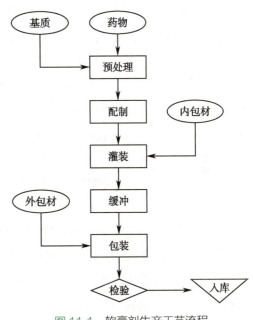

图 11-1 软膏剂生产工艺流程

（2）可溶于基质的药物:一般油溶性药物溶解于液体油中,再与油脂性基质混匀,制成油脂性软膏;水溶性药物可溶解于少量水中,再与水溶性基质混匀,制成水溶性软膏;水溶性药物也可用少量水溶解后,再用羊毛脂等吸水性强的油脂性基质吸收,再与油脂性基质混匀。

（3）半固体黏稠性药物:可直接与基质混匀,必要时先与少量羊毛脂或聚山梨酯类混合,再与凡士林等油脂性基质混合。

（4）挥发性、易升华或受热易结块的药物：应在基质温度降至40℃左右再进行混合。

（5）低共熔组分：可先研磨至共熔后，再与冷却至40℃以下的基质混匀。

（6）中药浸出物：当为液体（如煎剂、流浸膏等）时，可先浓缩至稠膏再加入基质中；固体浸膏可与少量水或稀醇研磨成糊状，再与基质混匀。

3. 配制方法　软膏剂的配制方法可根据药物与基质的性质、制备量以及设备条件等因素进行选择，主要包括研合法、熔合法以及乳化法。

（1）研合法：适用于主药或其他组分不宜加热，且在常温下通过研磨即能均匀混合的软膏剂，小量配制时可采用乳钵，大量生产时可采用电动研磨设备，如三辊研磨机。配制时，先取药物与部分基质或适宜液体研磨成细糊状，再递加其余基质研匀。

（2）熔合法：适用于处方中基质熔点较高且在常温下不能均匀混合的组分制备软膏剂，大量生产时可采用蒸汽加热夹层罐进行制备，若制得的软膏剂不够细腻，还可采用三辊研磨机进一步研磨使软膏更为细腻、均匀。配制时，可先将熔点较高的基质熔化后，然后将其余基质依熔点高低顺序逐一加入，最后加入液体成分，熔合成均匀基质，如有杂质可趁热用纱布或筛网过滤；待全部基质熔化后，再加入可溶于基质的药物，搅拌均匀冷却即可。挥发性药物应待基质温度降低后再加入，以避免挥发损失。不溶于基质的药物，应将其粉碎成细粉后加入熔融或软化的基质中，可通过搅拌机进行混合，使软膏剂细腻、均匀。

采用该法制备软膏剂时需注意：①冷却速度不能过快，以免基质中高熔点组分呈块状析出；②冷却过程中需不断搅拌，以防不溶性药物分散不均匀；③对热不稳定或挥发性组分应待基质冷却至室温时加入；④冷凝成膏状后应停止搅拌，以免带入过多气泡。

（3）乳化法：适用于乳膏剂的制备，大量生产时可采用真空均质乳化机进行。配制时，将处方中的油脂性和油溶性组分一起加热至80℃左右使其熔化，过滤后得到油相；另将水溶性组分溶于水，并加热至80℃（或略高于该温度以防止两相混合时油相中的组分过早析出或凝结），形成水相；将油、水两相混合，不断搅拌直至乳化完全，冷却即得。药物若溶解于基质某组分，可于乳化前加入；水相和油相中均不溶的药物，可待基质形成后均匀分散于其中。

4. 内包材的处理　软膏剂一般采用软膏管包装，常用的有锡管、铝管等金属管或塑料管等。塑料管性质稳定，不与药物和基质发生相互作用，但因其有透湿性，长期贮存可能失水变硬。由于管内壁将长时间与药物接触，金属管一般内涂环氧树脂隔离层，避免软膏成分与金属发生作用。在灌装前需对软膏管进行紫外无菌照射和酒精揩擦杀菌。处理后的软膏管需及时灌装，不能久藏。

5. 灌封　制备合格的软膏剂将直接装入软膏管中并进行密封。对于无菌软膏剂，灌封工序尤为重要，应采用自带A级层流封闭系统的灌封设备，可减少灌封过程中操作人员对核心工作区的干扰。此外，还可结合隧道式过氧化氢灭菌箱实现无菌软膏剂的连续生产，无须人工转存，交叉污染极低。

6. 包装　软膏剂灌封后，按规格要求再进行外包装。用于烧伤治疗如为非无菌制剂的，应在标签上标明"非无菌制剂"，产品说明书中应标明"本品为非无菌制剂"，同时在适应证下应明确"用于程度较轻的烧伤（Ⅰ度或浅Ⅱ度）"，注意事项下规定"应遵医嘱使用"。

三、软膏剂的成型设备

软膏剂的主要成型设备包括配制设备与灌装设备。其中软膏剂的配制设备主要包括加热罐、配料罐、研磨设备、输送泵、制膏机、真空均质乳化机等；常采用的灌装设备是软管自动灌装机。

（一）软膏剂的配制设备

配制设备是软膏剂生产的关键设备，应根据软膏剂类型、药物与基质性质、制备量以及设备条件来进行选择，目前常用的生产设备有以下几种。

1. 加热罐 凡士林、石蜡等油脂性基质在低温时处于半固体状态，与主药混合之前需加热降低其黏稠度，一般采用蛇形加热器。如图 11-2 所示，其加热管由金属制成并弯绕成蛇形，为提高传热系数，在容器中央安装有一个桨式搅拌器；低黏稠基质被加热后，可使用真空管将其从加热罐底部吸出，进入输料管线进行下一步的处理；输料管线及阀门等部位需要考虑安装适宜的加热、保温设备，以避免黏稠性基质凝固后堵塞管道。

2. 配料罐 原料药物可直接加入基质内，也可加入水相或油相后再与基质混匀，为了保证基质熔融以及各组分的充分混合，一般需要加热、保温和搅拌，这一过程可使用配料罐来完成，其结构如图 11-3 所示。由于软膏剂黏度较大，要求配料罐的内壁较为光滑，其罐体一般由玻璃或不

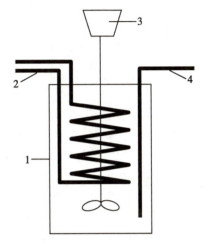

1. 加热罐壳体；2. 蛇形加热管；3. 搅拌器；4. 真空管

图 11-2 蛇形加热器结构

锈钢材料制成。采用蒸汽或热水通过锅体夹套加热，使用热水加热时，根据对流原理，进水阀安装在设备底部，排水阀安装在上部，在夹套的高位置处安装有放气阀，以防止顶部气体降低传热效果。搅拌系统由电机、减速器、搅拌器构成，搅拌器选用框式，其形状要尽量接近内壁，使其间隙尽量小，必要时安装聚四氟乙烯刮板，从而保证将内壁上黏附的物料刮干净。在罐体与罐盖之间有密封圈，搅拌器轴穿过罐盖的部位安装有机械密封，除能保持密封罐内真空或压力外，还可防止传动系统的润滑油污染药物。此外，该装置还可接通真空系统用于配料罐内物料引进和排出。使用真空加料，可防止原料的挥发，用真空排料时，接料时出料管道需伸入设备底部。

3. 研磨设备 为使软膏剂均匀、细腻，涂于皮肤或黏膜上无粗糙感、无刺激性，通常在出配料罐后再用研磨设备加工，通常使用的设备有辊筒研磨机、胶体磨等。

（1）辊筒研磨机：根据辊筒数目不同，辊筒研磨机可分为单辊研磨机、双辊研磨机、三辊研磨机与五辊研磨机等，其中以单辊研磨机和三辊研磨机最为常用。

单辊研磨机的结构如图 11-4 所示，它是由可旋转的辊筒与固定的压条组成，压条有两个研磨面，以倒 U 形与辊筒平行排列，用油压装置控制研磨面与辊筒间隙。操作时，将熔化或软化的软膏基质与药物粉末初步搅拌混合后，加到已启动的辊筒与压条之间，物料黏附于辊筒表面旋转被剪切粉碎，最后经刮刀刮下可得成品。

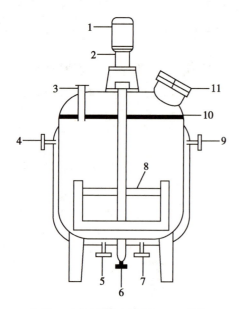

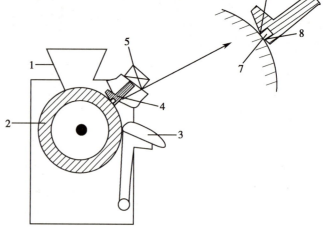

1. 电机；2. 减速器；3. 进料口；4. 蒸汽口；
5. 冷凝水出口；6. 出料阀；7. 冷却水入口；
8. 搅拌装置；9. 冷却水出口；10. 密封圈；
11. 人孔

图 11-3　配料罐结构

1. 加料斗；2. 辊筒；3. 刮刀；4. 压条；5. 油压装置；6. 第一研磨面；7. U 形凹槽；8. 第二研磨面

图 11-4　单辊研磨机结构

三辊研磨机由三个平行的辊筒和转动装置组成，在第一和第二辊筒之间有加料斗，辊筒间的距离可以调节。如图 11-5 所示，三辊研磨机三个辊的转速各不相同，从加料处至出料处辊速依次加快，可使软膏从前面向后传进去，并在辊间被压缩、剪切、研磨而被粉碎混合，同时第三辊筒还可沿轴线方向往返移动，使软膏受到辊辗以更加均匀、细腻。最后一个辊后端与其平行处有一刮板，可将研磨好的膏体刮下，最后转入接收器中。

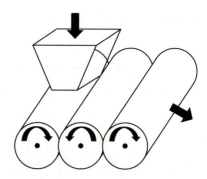

图 11-5　三辊研磨机旋转示意图

（2）胶体磨：胶体磨是利用高速旋转的转子和定子之间的缝隙产生强大剪切力使物料破碎被乳化的设备，其中转子与定子组成磨碎面，两者间的狭缝可根据尺寸精密控制。工作时，由电动机通过皮带传动带动转子高速旋转，膏体通过本身的重量或外部压力（可由泵产生）产生向下的螺旋冲击力，通过转子与定子之间的间隙时，受到强大的剪切、摩擦、高频振动以及高速旋涡等物理作用，被有效地乳化、分散、均质和粉碎。转子与定子间的狭缝越小，通过磨碎面的粒子被研磨分散得更微细。若一次粉碎所得粒子粒度达不到规定要求时，可反复研磨以得到理想粒度的粒子。

常用胶体磨有立式和卧式两种。在卧式胶体磨中，膏体自水平的轴向进入，在叶轮作用下向出口排出，主要适用于均质低黏度的物料。对于黏度较高的物料，一般采用立式胶体磨，膏体自料斗的上口进入胶体磨，研磨后的膏体在离心盘作用下自出口排出，其特点是卸料与清洗都比较方便。

胶体磨与膏体接触部分由不锈钢材料制成，耐腐蚀性好，对药物原料无污染。采用调节圈调节定子和转子间的空隙,可以控制流量和细度。研磨时产生的热可在外夹套通冷却水带走。为避免磨损,其轴封常用聚四氟乙烯、硬质合金或陶瓷环制成。胶体磨运行过程中应尽量避免停车,操作完毕立即清洗,切不可留有余料。

4. 输送泵 黏度较大的基质或固体含量较高的软膏,为提高搅拌质量,需使用循环泵携带物料作罐外循环,从而帮助物料在罐内上、下翻动,达到搅拌均匀的目的。

循环泵多为不锈钢齿轮泵和胶体输送泵。不同于一般齿轮泵,胶体输送泵的传动齿轮与泵叶转子分开,属于少齿转子泵。泵叶转子的齿形和传动齿轮制造质量要求很高,轴封采用机械密封,使用寿命长,功耗低。

5. 制膏机 现阶段应用较为广泛的制膏机是真空制膏机。如图 11-6 所示,其机组设有三组搅拌,分别是主搅拌(20r/min)、溶解搅拌(1 000r/min)、均质搅拌(3 000r/min)。主搅拌是刮板式搅拌器,装有可活动的聚四氟乙烯刮板,可减少搅拌死角,又能刮净罐壁的余料,避免软膏黏附于罐壁而过热、变色,进而降低对传热的影响。主搅拌速度较慢,既能混合软膏剂各种成分,又不影响乳化。溶解搅拌主要依靠桨式搅拌器,其偏置在罐体旁,可使膏体作多种方向流动,快速将各种成分粉碎、搅混,有利于投料时固体粉末的溶解。均质搅拌高速转动,内带转子和定子起到胶体磨作用,在搅拌叶带动下,膏体在罐内上下翻动,把其中的颗粒打得

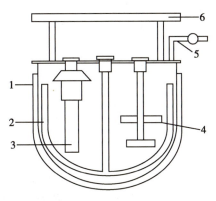

1. 夹套锅体;2. 带刮板框式搅拌器;3. 胶体磨;4. 桨式搅拌器;5. 真空抽气泵;6. 液压提升装置

图 11-6 真空制膏机结构

很细,搅拌得更均匀。带刮板框式搅拌器、桨式搅拌器、胶体磨均固定连接在锅盖上,当使用液压装置抬起罐盖时,各装置也同时升高并离开罐体,罐体可自由翻转,利于出料和清洗。同时,整机附有真空抽气泵,膏体经真空脱气后,可消除微泡,制成的膏体细度在 2～5μm 之间,而老式简单制膏罐所制膏体细度只有 20～30μm。此外,这种制膏机制备的膏体相对不易被氧化,外观光泽度也更亮。

6. 真空均质乳化机 真空均质乳化机是制备乳膏剂的主要设备,如图 11-7 所示,它主要由水相锅、油相锅、乳化搅拌主锅、真空系统等组成。物料分别在水相锅、油相锅通过加热、搅拌与组分混合,然后由真空泵吸入乳化锅,进而通过乳化锅内上部的中心搅拌、带有聚四氟乙烯刮板的外搅拌桨,其中聚四氟乙烯刮板始终迎合搅拌锅形体,可清除挂壁黏料,并使被刮去的物料不断产生新界面,在经过叶片与回转叶片的剪断、压缩、折叠,使其搅拌、混合而向下流往锅体下方的均质器处,物料迅速破碎成 0.2～2μm 微粒。由于乳化罐内处于真空状态,物料在搅拌过程中产生的气泡被及时抽走,从而保证产品附有光泽、细腻。

乳化锅的锅体可翻转倾斜以便于出料,通过电热管对锅夹层内的导热介质进行加热可实现对物料的加温,加热温度可自动控制,根据实际需要来设定。在夹层内通入冷却水即可对物料进行冷却。均质搅拌与桨叶搅拌可分开使用,也可同时使用。真空均质乳化机操作简单、方便,物料微粒化、混合、分散、乳化等操作可于短时间内完成。

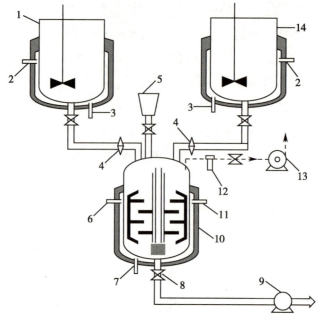

1. 水相锅；2. 蒸汽入口；3. 蒸汽出口；4. 过滤器；5. 添加物入口；6. 冷却水出口；7. 冷却水入口；8. 底阀出料；9. 出料泵；10. 乳化搅拌主锅；11. 蒸汽入口；12. 油水分离过滤装置；13. 真空泵；14. 油相锅

图 11-7　真空均质乳化机结构

ZJR-5 型真空均质乳化机标准操作规程

　1. 开机前准备工作

（1）检查真空均质乳化机进料口上过滤器的过滤网是否完好。

（2）检查所有电机是否运转正常，并关闭所有阀门。

　2. 开机操作

（1）将水相、油相物料经称量后分别投入水相锅和油相锅，然后开始加热，待加热完成时，开动搅拌器使物料混合均匀。

（2）开动真空泵，待乳化锅内真空度达到 –0.05MPa 时，开启水相阀门，待水相吸入一半时，关闭水相阀门。

（3）开启油相阀门，待油相吸进后关闭油相阀门。

（4）开启水相阀门，待水相吸入完毕后关闭水相阀门，停止真空系统。

（5）开动乳化器，运行 10 分钟后停止。再开启刮板搅拌器及真空系统，当锅内真空度达 –0.05MPa 时，关闭真空系统。开启夹套阀门，在夹套内通入冷却水进行冷却。

（6）待乳膏制备完毕后，停止刮板搅拌，开启阀门使锅内压力恢复正常，开启压缩空气排出物料。

（7）将乳化锅夹套内的冷却水排空。

3. 仪器清洁

（1）取下油相罐的盖子以及不锈钢连接管，用热水和洗洁精刷洗干净，再用纯化水清洗两遍直至排水澄清、无异物；油相罐加入 1/3 罐容积热水，浸泡、搅拌、冲洗 5 分钟，排出污水，再加入适量热水和洗洁精，刷洗罐壁及搅拌桨、温度探头等处，直至无可见残留物。

（2）将乳化罐顶部油相过滤器、真空过滤器打开取下，用热水清洗至无可见残留物，再用纯化水淋洗两次；罐内加入足量热水，放下罐顶，开动搅拌并乳化 5 分钟，最后排出污水，重复操作 1 次；罐内加入适量热水和洗洁精，刷洗罐盖、罐壁、搅拌器、乳化头 2～3 遍，排出污水，再用纯化水冲洗约 10 分钟直至无可见异物。

（3）用 75% 乙醇溶液仔细擦拭各罐内表面、罐盖和搅拌装置。

（4）用毛巾将各罐外部、底板及电控柜等部位仔细擦洗干净。

（5）清洁后安装好乳化罐顶部的油相过滤器、真空过滤器等装置。

（二）软膏剂的灌装设备

软膏剂灌装设备可以按自动化程度分为手工灌装机、半自动灌装机和自动灌装机；按定量装置可分为活塞式和旋转泵式容积定量灌装机；按开关装置可分为旋塞式和阀门式灌装机；按膏体操作工位可分为直线式和回转式灌装机；按软管材料可分为金属管、塑料管和通用灌装机；按灌装头数可分为单头、双头或多头灌装机。

工业生产中常用软管自动灌装封尾机，主要有输管、灌注、封底等功能，由输管机构、灌装机构、光电对位装置、封口机构和出管机构等部分组成。其工作原理是利用凸轮传动控制旋转泵阀与料斗接通，引导物料进入泵缸，或与灌药喷头接通，并在活塞的往复作用下，将缸内药物挤出喷头完成灌药工作。

1. 输管机构 　该装置由进管盘和输管盘组成。空管经单向推进管盘内，进管盘与水平面成一定斜角，输送道可根据空管的长度自由调节其宽度。空管在自身重力作用下，沿着输送道的斜面下滑，出口处被挡板挡住，使其不能越过。再利用凸轮间隙抬起下端口，使前面一支空管越过插板，并受翻管板作用以管尾朝上的方向被滑入管座，如图 11-8 所示。

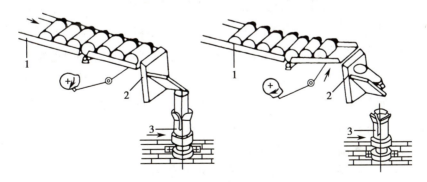

1. 进管盘；2. 插板（带翻管盘）；3. 管座

图 11-8　插板控制器及翻管示意图

支撑软管的管座间隔地安装在管座链上,管座链是一个平面布置的链传动装置,链轮通过槽轮传动作间隙运动,其移动周期与凸轮的旋转周期一致。在管座链拖带管座移开的过程中,进管盘下端口下落到插板以下,进管盘中的空管顺次前移一段距离。通过调整管座在链上位置可保证管座间隙,使管座准确停位于灌装、封口各工序。

滑入管座的空管受摩擦力的影响,管尾高低不一,中心不吻合。此时空管上方有一个受四连杆机构带动的压板开始向下运动,将空管插紧到管座。为保证空管中心准确定位,在管座上装有弹性夹片,压板在做下压动作时,即可保证软管在夹片中插紧。

2. 灌装机构　灌装药物时采用活塞泵计量,为保证计量精度,可微调活塞行程来加以控制。灌装活塞动作如图11-9所示,可通过冲程摇臂下端的螺丝调节活塞的冲程。随着冲程摇臂作往复运动,控制旋转的泵阀间或与料斗接通,使得物料进入泵缸;间或与灌药泵嘴接通,将缸内的药物挤出喷嘴而灌药。活塞泵同时具有回吸功能,当软管接受药物后尚未离开喷嘴时,活塞先略微返回一小段,泵阀尚未转动,喷嘴管中的膏料即缩回一段距离,可避免嘴外余料碰到软管封尾处的内壁而影响封尾质量。在喷嘴内还套装一个吹风管,平时膏料从风管外喷出,灌装结束开始回吸时,泵阀上的转齿接通压缩空气管路,用于吹净喷嘴端部的膏料。

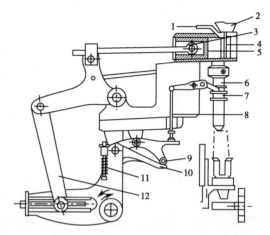

1. 压缩空气管; 2. 料斗; 3. 活塞杆; 4. 回转泵阀; 5. 活塞; 6. 灌药喷嘴; 7. 释放环; 8. 顶杆; 9. 滚轮; 10. 滚轮轨; 11. 拉簧; 12. 冲程摇臂

图11-9　灌装活塞动作示意图

当管座链拖动管座位于灌药喷嘴下方时,利用凸轮将管座抬起,将空管套入喷嘴。管座沿着槽形护板抬起,护板两侧嵌有弹簧支撑的永久磁铁,利用磁铁吸住管座,可保持管座稳定升高。

管座上的软管上升时将碰到套在喷嘴上的释放环,推动其上升,利用杠杆原理,使顶杆下压摆杆,将滚轮压入滚轮轨,从而使冲程摇臂受传动凸轮带动,将活塞杆推向右方,泵缸中的膏料挤出。当管座上无管时,虽然管座仍然上升,但因为没有软管推动释放环,拉簧使滚轮抬起,不会压入滚轮轨,传动凸轮空转,冲程摇臂不动,从而保证无管时不灌药。活塞泵缸上方置有料斗,外臂装有电加热装置,可适当加热以保持膏料的流动性。

3. 光电对位机构　该装置的作用是使软膏管在封尾前,管外壁的商标图案都排列在同一个方向,主要由步进电机和光电管完成。空管放入空管输送道经翻身器插入管座时,每支管子的商标图案无方向性。在扎尾前应使其方向排列一致,使产品的外观质量提高。

4. 封口机构　依据软管材质,有对塑料管的加热压纹封尾和对金属管的折叠式封尾。在封口机架上配有三套平口刀站、两套折叠刀站、一套花纹刀站。封口机架除了支撑刀站外,还可根据软管不同长度调整整套刀架的上下位置。

5. 出管机构　封尾后的软管随管座链运行至出料工位,由凸轮带动出管顶杆,从管座中心顶出,并翻落到斜槽中,滑入输送带,送到包装工序。推出顶杆的中心位置必须与管座的中心基本一致,才能顺利出管。

第二节　软胶囊剂生产的一般过程及其成型设备

一、概述

软胶囊剂俗称胶丸，系指将一定量的液体原料药物直接密封，或将固体原料药物溶解或分散在适宜的辅料中制备成溶液、混悬液、乳状液或半固体，密封于软质囊材中的胶囊剂。软胶囊的制备方法主要有滴制法与压制法两种，其中压制法制成的软胶囊因四周有明显的压痕，又称有缝软胶囊，其外形取决于模具，常见有橄榄形、椭圆形、球形等；滴制法制成的软胶囊呈球形且无缝，所以也称无缝软胶囊。

药物制成软胶囊后整洁美观、容易吞服，可掩盖药物的不适恶臭气味，而且装量均匀准确，溶液装量精度可达 ±1%。软胶囊完全密封，其厚度可防氧进入，提高药物稳定性，延长药物的储存期。因此，低熔点药物、生物利用度差的疏水性药物、具不良苦味及臭味的药物、微量活性药物，以及遇光、湿、热不稳定和易氧化的药物适合制成软胶囊剂。若是油状药物，还可省去吸收、固化等处理技术，并且可有效避免油状药物从吸收辅料中渗出，故软胶囊是油性药物最适宜的剂型之一。

软胶囊的软质囊材一般是由胶囊用明胶、增塑剂与水制成，其质量比例通常是明胶：增塑剂：水 =1：0.4～0.6：1。增塑剂所占比例比硬胶囊剂高，不仅可调节囊壁可塑性与弹性，又可防止囊壁在贮存过程中损失水分，避免软胶囊硬化或崩解时间延长。

软胶囊的内容物一般是油类及不能溶解明胶的液体药物或药物溶液，具体要求是：①含水量不应超过 5%；②避免挥发性、小分子有机化合物如乙醇、酮、酸及酯等，这些物质能软化或溶解囊壁；③药液 pH 以 2.5～7.5 为宜，否则易使明胶水解或变性；④醛类物质可使明胶变性；⑤中药中的鞣质类成分可与蛋白质结合为鞣性蛋白质，使胶囊的崩解度受到影响。常用的软胶囊填充物基质有植物油、PEG400、甘油等；常用的助悬剂有油蜡混合物、1%～15% PEG4000 或 PEG6000 等。此外，根据实际需要还可添加抗氧剂、表面活性剂等。

二、软胶囊剂生产的一般过程

软胶囊剂的基本生产流程如图 11-10 所示，一般包括药液配制、胶液制备、制丸、洗丸、干燥和包装等工序。其生产过程要求在洁净的环境下进行，且产品质量与生产环境密切相关。一般来说，要求其生产环境的相对湿度为 30%～40%，温度为 21～24℃。

1. **药液的配制**　软胶囊的内容物一般是油性药物或油溶液，也可通过各种制备技术填充其他药物形态或分散体系，但一般应满足以下几点要求：保证药物或其分散体系的均匀性、稳定性，且应该有适宜的流动性。若药物本身为液体，只需加入适量防腐剂，或再添加一定量的玉米油，混匀即得；若药物为固态，可将其溶解或均匀分散在适宜的赋形剂中制备成溶液、混悬液、乳状液或半固体。在配制过程要注意保温，以保证内容物的均匀程度。

2. **溶胶**　俗称化胶，是保证软胶囊剂质量的关键步骤。将明胶、甘油和水等按一定比例混合，加入适量防腐剂，如山梨酸钾、羟苯甲酯等，加热使其熔化，即可得胶液。其中，明胶为

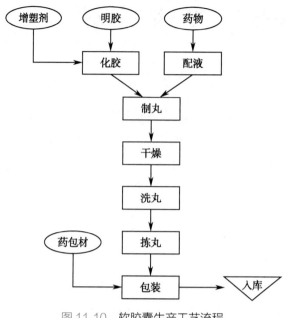

图 11-10 软胶囊生产工艺流程

胶液的主要成分,是由动物的皮、骨、腱与韧带中的胶原蛋白经适度水解纯化而得的制品,或为上述不同明胶制品的混合物。

3. 制丸 制丸工序是软胶囊质量控制的关键,要依据具体的药物原料、胶液以及机器性能等,确定设备的各项参数并合理调控,在合适的生产环境条件下,生产成型性好、装量稳定、适于后续操作的胶丸。

(1)压制法:该法是目前广泛采用的软胶囊生产方法。首先将明胶与甘油、水等溶解制成胶板,再将药物置于两块胶板之间,调节好胶皮的厚度和均匀度,用钢模压制而成。压制法产量大,自动化程度高,成品率也高,剂量准确,适合于工业化规模生产。

(2)滴制法:该法和制备滴丸剂的方法相似,冷却液必须安全无害,且和明胶不相混溶,一般为液体石蜡、植物油、硅油等。制备过程中必须控制药液、明胶和冷却液三者的密度,以保证胶囊有一定的沉降速度,同时有足够的时间冷却。滴制法设备简单,投资少,生产过程中几乎不产生废胶,产品成本低。但目前因胶囊筛选及去除冷却液的过程相对复杂困难,使滴制法制备软胶囊在规模化生产时受到限制。

4. 洗丸 软胶囊的生产中有时需要使用石蜡油,而油会对胶囊的质量产生负面影响,因此需要对成型的软胶囊进行清洗。目前,普遍使用的是用乙醇、乙醚等有机溶剂清洗,将粘在软胶囊表面的石蜡油洗掉。但是,需要注意经过溶剂浸泡清洗的软胶囊会残留有溶剂,可能对软胶囊造成污染。

5. 干燥 干燥也是影响软胶囊质量的重要环节,它是通过控制外界环境的温湿度及空气流动等条件,除去胶皮中多余的水分,使胶丸便于包装和储存,保证药物长期稳定性和有效性。在此工序中,要控制好外界环境的温湿度、干燥时间以及风速、风量等条件,使胶皮保存一定的水分,以保证干燥后胶丸的质量。

6. 检丸 检丸是将外形、合缝等不合格的软胶囊拣选出来,送至中转室进行废丸处理,并将合格的软胶囊送至下一工序。

7. 包装　为了便于储存和运输,需对软胶囊进行适当的包装。包装分为内包装和外包装,根据药物的性质选择包装材料和容器。一般常用铝塑包装或瓶装,外包装常用纸盒包装。

三、软胶囊剂的成型设备

软胶囊的主要生产设备包括明胶溶液配制设备、药液配制设备、软胶囊压(滴)制设备以及其他设备等。

(一)明胶溶液和药液配制设备

1. 明胶溶液配制设备　明胶溶液的配制设备通常包括溶胶罐、真空搅拌系统等装置。

(1)溶胶罐:溶胶罐是软胶囊生产中明胶溶液制备的关键设备。罐体采用不锈钢制成,可以承受一定的正负压力。通常分为三层结构,内层与中层之间为加热介质层,可以加入热水或热蒸汽对罐内的物料进行加热;中层与外层之间充高效保温材料,达到保温效果。

(2)真空搅拌系统:真空搅拌系统是由水(汽)浴式加热真空搅拌罐、缓冲罐和冷凝罐为主体的均质设备。罐体部分同样为三层结构,内层与中层之间为加热介质层,可加入热水或蒸汽对罐内物料进行加热;中层与外层之间充填高效保温材料,不影响环境温度。罐内采用不锈钢制成,结构紧凑,搅拌平稳且均匀、噪声低。罐体带有温度表,可指示罐内温度,罐盖上设有抽空口、补(排)气口、投料口、视镜灯、安全阀及压力表,工作安全可靠。缓冲罐确保物料在抽真空时不进入管道和真空泵内,避免真空系数失效。冷凝罐内部设有冷却列管,用于在抽真空时将热气(汽)冷凝并储存,保护真空泵不受损失。

2. 药液配制设备　配料罐是软胶囊生产中药液配制常用的设备。与软膏剂生产所用配料罐类似,其罐体可由不锈钢和碳素钢精制而成,罐内可承受一定的负压,内部通常配有双叶搅拌桨,具有均质功能。

(二)软胶囊压(滴)制设备

1. 滚模式压丸机　软胶囊的大规模生产多由滚模式压丸机完成,其工作原理如图 11-11 所示,该设备是将胶液制成厚薄均匀的胶片,再将药液置于两个胶片之间,用钢模压制而得软胶囊。滚模式压丸机主要由胶带成型装置、软胶囊成型装置、药液计量装置、剥丸器、拉网轴、干燥设备、废胶网回收设备等组成。在滚模式压丸机运行过程中,有很多因素都会影响软胶囊的形成,若控制不好工艺条件,便会影响软胶囊生产的质量。

(1)胶带成型装置:将由明胶、甘油、水及附加剂配制而成的明胶液置于明胶桶中,明胶桶由不锈钢制成,桶外设有可控温的夹套装置,一般控制明胶桶内的温度在 60℃左右以防止明胶液冷却固化。桶中的明胶液通过保温导管,靠自身重量流入机身两侧的明胶盒中。明胶盒是长方形的,其纵剖面如图 11-12 所示。盒内有电加热元件,保持盒内胶液的温度在 36℃左右。在明胶盒后面及底座各安装了一块可以调节的活动板或设置底阀,控制胶液的流量与胶带的厚度。明胶液依靠自身重量涂布于下方温度为 16～20℃的鼓轮上,鼓轮的宽度与滚模长度相同,在冷风的冷却作用下,明胶液在其表面可定型为具有一定厚度的均匀明胶带。成型后的胶带由上、下两个平行钢辊牵引前行,在两钢辊之间有两个"海绵"辊子,利用其毛细作用吸饱食用油并涂敷在经过其表面的胶带上,使胶带外表面更加光滑。

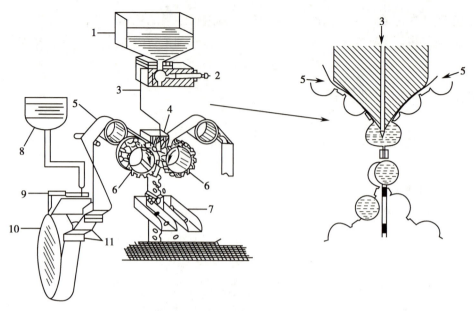

1.贮液槽；2.填充泵；3.导管；4.楔形喷体；5.明胶带；6.滚模；7.斜槽；8.明胶桶；9.明胶盒；10.胶皮轮；11.钢辊

图 11-11　滚模式压丸机工作原理

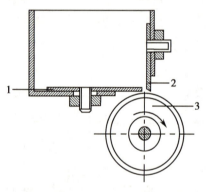

1.流量调节板；2.厚度调节板；3.胶皮轮

图 11-12　明胶盒示意图

（2）软胶囊成型装置：软胶囊成型装置主要包括楔形喷体和左右完全相同的一对滚模，其结构如图 11-13 所示。药液由导管送入楔形喷体，喷体中间有一排药液进口，与下方两侧曲面上的喷药孔相通，内置电加热元件，并与喷体均匀接触，使其表面温度一致并保持在 37～40℃。成型的胶带由油辊系统和导向筒送到两个滚模与楔形喷体之间，由于喷体温度较高，胶带与之接触后受热变软，紧密贴敷在滚模上，这样的密封状态可以防止空气进入。此外，喷体的曲面应与滚模的外径相吻合，否则胶带将不易与喷体曲面良好贴合，会导致药

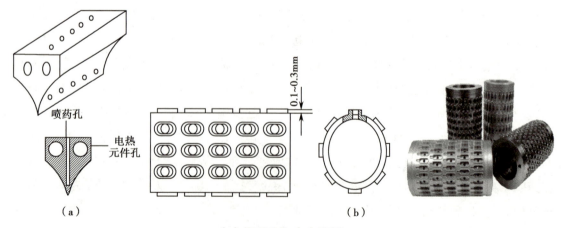

（a）楔形喷体；（b）滚模

图 11-13　楔形喷体与滚模图

液外渗。

两个滚模组成一套模具,分别安装在两根滚模轴上。这两根滚模轴作相对运动,其中左滚模轴既能转动,又能作横向水平移动,而右滚模只能转动。当滚模间装入左右两条胶带后,可旋紧滚模的侧向加压旋钮,将胶带均匀地压紧于两个滚模之间,牵动胶带前行。两根滚模轴的平行度是保证软胶囊生产正常运行的关键,要求平行度全长不大于0.05mm。每个滚模上有许多凹槽(相当于半个胶囊的形状),均匀分布在其圆周表面,其中轴向凹槽的个数与喷体的喷药孔数相等,而周向凹槽的个数和供药泵冲程的次数及自身转数相匹配。凹槽的形状、大小不同,即可生产出形状、大小各异的软胶囊。凹槽的周边突台(高出表面0.1~0.3mm),随着两个滚模的相对转动而对合,其作用是将两张胶皮互相挤压黏合。

软胶囊成型装置在工作时,两根滚模按箭头方向同步转动,喷体相对静止不动,当滚模旋转到凹槽对准楔形喷体上的喷药孔时,在供药泵的作用下,药液由喷药孔喷出。依靠药液的喷射压力使两条变软的胶带贴敷在各自滚模的凹槽内,这样每个凹槽内都形成一个注满药液的半个软胶囊。凹槽周边的突台随着两个滚模的相对转动而对合,形成胶囊周边的压紧力,使胶带被挤压黏合,形成软胶囊。

(3)药液计量装置:软胶囊生产的一个重要技术指标是药液装量差异。为了保证装量差异合格,首先需要保证向胶囊中喷送的药液量可调,其次保证供药系统密封可靠,无漏液现象。使用的药液计量装置通常是柱塞泵,其利用凸轮带动的10个柱塞,在一个往复运动中向楔形喷体中供药两次,调节柱塞行程,即可调节供药量大小。

(4)剥丸器:为了保证软胶囊从胶带上完全剥离下来,在软胶囊机中需要安装剥丸器。剥丸器主要由基板、固定板、调节板和滚轴组成,其中调节板可以移动并控制其与滚轴的缝隙,一般将两者之间的缝隙调至大于胶带厚度、小于胶囊外径,当胶带通过缝隙间时,滚轴将不能脱离胶带的软胶囊剥落下来,并沿着筛网轨道滑落到输送机上。

(5)软胶囊干燥设备:剥离后的软胶囊由于含水量高而比较软弱,需要对其进行干燥。软胶囊干燥设备有用于定型和预干的转笼式干燥机,以及履带式终干燥机。转笼式干燥机由若干个转笼组成,每条转笼内外光亮平滑、无毛刺,可避免胶丸在干燥过程中的损坏或污染。转向可通过控制系统实现单独正反旋转,工作过程可自行设定,可随意拆装其中一节,而不影响其他各节转笼的正常运转。双进风风机单独送风,具有风力强、干燥快等优点,可有效提高胶丸干燥性能。转动变速部位采用摆线减速、无极变速、PLC程序控制等形式控制运转,可任意选择转笼变速旋转,进一步缩短干燥时间,干燥效率显著提高。定型时可以将软胶囊胶皮含水量由45%降至35%左右,在预干时可以将胶皮含水量降至25%左右。干燥方式为沸腾干燥,可以将软胶囊吹成流化状态,减少丸与丸之间、丸与转笼内壁的摩擦,提高干燥速度。

履带式干燥机是软胶囊的终干燥设备,自带除湿系统、制冷系统,可降低对软胶囊干燥车间的环境要求,整个干燥过程完全自动,干燥均匀、低温低湿,无破损、无粘连,快速干燥。该设备利用多层输送带运送物料,输送带为网状材料,软胶囊从上部第一层倒入,干燥好的产品从底部流出,而气流从下部送入,从上部返回动力源,这样既实现了交叉流动,使气流与胶丸充分接触,又使物料的整体移动与空气流动形成逆向运动,有利于胶丸与气流间的传热传质。

(6)废胶网回收装置:在剥离软胶囊时产生的网状废胶带在拉网轴的作用下,收集到剩胶桶内,重新熔化使用。拉网轴一般由支架、滚轴、可调支架、网状胶带、废胶桶等组成,其中基板上有固定支架和可调支架各一个,其上装有滚轴,两滚轴与传动系统相接,并能够相向转动,两滚轴的长度均长于胶带的宽度,调节两滚轴的间隙使其小于胶带的厚度,当剥落了胶囊的网状胶带被夹入两滚轴中间时,被垂直向下拉紧,并送入下面的剩胶桶内回收。

知识链接

滚模式压丸机常见问题

滚模式压丸机在运行过程中可能出现的问题如下:

(1)胶带质量不合格:明胶盒中有异物、杂质及未熔硬胶时,易造成胶带厚度及表面不匀现象;胶带鼓轮表面有油或异物、胶皮轮划伤或磕碰时,易造成胶带表面有凸起点子或波浪条纹;若明胶盒厚度调节板刀口有弯曲现象,易造成胶带出现间断的沟波或皱纹;冷风供量不足、冷风温度或明胶温度过高时,易造成胶带黏鼓现象。

(2)软胶囊成型不良:喷体两侧胶带厚度不等或太薄,易造成胶囊形状不对称或不规则;喷体温度不适宜、内容物温度高或流动性差也易造成胶囊成型不规则;滚模或喷体破损会造成胶囊接缝粗糙不平;两滚模凹槽错位将使接缝重叠。

(3)破囊或封口破裂:胶盒出口有阻碍物或胶皮轮过窄易引起破囊;胶膜太厚、喷体温度太低、胶液不合格、滚模膜腔未对齐时,容易出现胶囊封口破裂现象。

(4)装量不准:供药泵内柱塞密封不良、药液管堵塞、药液喷孔大小与凹槽不配套、内容物中有气体、料管及喷体内有杂物等会造成胶囊装量不准。

(5)软胶囊中有气泡:料液过稠并夹有气泡、供液管路密封破坏、胶膜润滑不良、喷体变形或位置不正时,容易导致胶囊中出现气泡。

2. 滴制式软胶囊机　滴制式软胶囊机是滴制法生产软胶囊的主要设备。其基本工作原理如图 11-14 所示,首先将药液加入料斗中,明胶浆加入胶浆斗中,当温度满足设定值后(一般将明胶液的温度控制在 75～85℃药液的温度控制在 60℃左右为宜),机器打开滴嘴,根据胶丸处方,调节好出料口和出胶口,由剂量泵定量。胶浆、药液应当在严格同心的条件下先后有序地从同心管出口滴出,滴入下面冷却缸内的冷却剂(通常为液体石蜡,温度一般控制在 13～17℃)中,明胶在外层,先滴到冷却剂上面并展开,药液从中心管滴出,立即滴在刚刚展开的明胶表面上,胶皮继续下降,使胶皮完全封口,油料便被包裹在胶皮里面,再加上表面张力作用,使胶皮成为圆球形药滴并在表面张力作用下成型(圆球状)。在冷却磁力泵的作用下,冷却剂从上部向下部流动,明胶液包裹药滴在流动中降温定型,逐渐凝固成软胶囊,将制得的胶丸在室温(20～30℃)冷风干燥,再经石油醚洗涤两次,经过 95% 乙醇洗涤后于 30～35℃烘干,直至水分合格后为止,即得成品软胶囊。

在滴制过程中,设备的滴制部分对于滴丸剂的质量至关重要。滴头大小与滴制速度,以及药液温度与冷却剂温度等均是影响软胶囊质量的关键因素,应通过试验考察筛选适宜的工

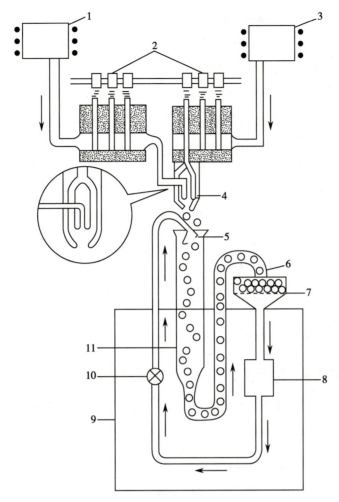

1.药液储罐；2.定量装置；3.明胶储液罐；4.喷嘴；5.液体石蜡出口；6.胶丸出口；7.过滤器；8.液体石蜡贮槽；9.冷却箱；10.循环泵；11.冷却柱

图 11-14　滴制式软胶囊机工作原理

艺条件。

（1）滴丸成型机构：滴丸成型机构由主体、滴头、滴嘴等零件组成，工作时由柱塞泵间歇地、定时地将热熔胶液经胶液进口注入到主体中心孔中。热熔胶液通过主体的通孔，流入到滴头顶部的凹槽里，再通过与凹槽相通的两个较大通孔继续下流，流经滴头底部周圈均布的小孔。其后胶液沿滴头与滴嘴所形成的环隙滴出，此时胶液是个空心的环状滴，由于胶液的表面张力使其自然收缩闭合成球面。在胶液滴出的同时，药液通过连接管注入滴头内孔之中，自滴头滴出的药液就被包裹在胶液里面，一起滴入到冷凝器的液体石蜡之中。由于热胶液遇冷凝固而形成球形滴丸，为保证液体石蜡不因滴丸滴入而升温，在石蜡筒外周通入冷却水加以冷却。

两种液体滴出的顺序从时间上来看，明胶液滴出的时间较长，而药液的滴出位于明胶液滴出过程中的中间时段，依靠明胶的表面张力作用将药滴完整地包裹起来。两种液体应该在严格同心的条件下先后有序地滴出才能形成合格的软胶囊，否则将发生偏心、拖尾、破损等现象。

由于该设备制得的胶丸表面黏附有冷却剂，因此还需使用软胶囊清洗机进行清洗。整个过程没有挤压，清洗过程可分为超声波浸洗、浸泡、丸体与乙醇分离、喷淋四个步骤。清洗后的软胶囊再经烘干，直至水分合格后为止。

（2）滴丸计量泵：对于合格的软胶囊，每次滴出的胶液和药液的质量各自应当恒定，并且两者之间比例应适当。准确的计量装置采用的是柱塞式计量泵。柱塞泵有多种形式，其中三柱塞泵更为常见。它是在泵体上装有 3 个可以调节行程的柱塞，其外表面与泵体的通道配合严密，以保证密封。如图 11-15 所示，柱塞具有自启闭泵体通道的作用，中间的柱塞起吸液与排液的作用，两边的柱塞则具有吸入阀门与排出阀门的功能。3 个柱塞分别由 3 个凸板控制其作往复升降运动，工作时柱塞 1 先行提升，打开入口通道，柱塞 2 再提升，将药液吸入；然后柱塞 1 下行，将入口通道封闭，随后柱塞 2 开始下降；此时柱塞 3 上升，排液通道打开，药液被推挤出泵体；最后柱塞 3 下降，封住排液出口。如此往复运动，通过计量柱塞泵每次挤出定量的药液。同理，浸在热胶箱底部的柱塞泵亦可将胶液按一定比例定量挤出泵体。

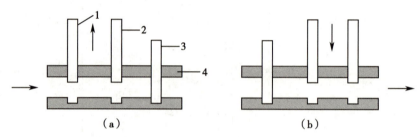

（a）吸液；（b）排液
1～3.柱塞；4.泵体

图 11-15 三柱塞泵工作原理

我国软胶囊生产的发展

任何一个行业的发展都是一个循序渐进的过程，无不是在不断摸索中前进。我国于 20 世纪 60 年代开始生产软胶囊，最初采用滴制法生产鱼肝油及亚油酸球形胶丸，生产设备落后，产品质量差，生产停滞不前。70 年代初，开始采用钢板模压制法生产有固、液混悬的椭圆形脉通胶丸。改革开放以来，我国开始引进国外较先进的转模机及相关设备，生产能力和技术水平有了很大提高，向机械化、自动化方向发展，产品品种也变得更为丰富。特别是一些中药软胶囊的研制，如藿香正气软胶囊、复方丹参软胶囊、麻仁软胶囊等，改变了西药软胶囊主导的局面。同时，经过数十年的积累和发展，我国的软胶囊设备逐步摆脱长期仿制生产的落后局面，在技术上有所提高和创新。尽管如此，我们也要认识到在软胶囊制备理论、制剂技术、制造机械方面还有待深入研究和发展，这对于改善我国软胶囊品种少、产量低的现状，以及提高软胶囊质量标准具有重要意义。

ER11-2　第十一章　目标测试

（陈　阳）

第十二章　液体制剂成型设备

ER12-1　第十二章
液体制剂成型
设备（课件）

液体制剂通常是指是指药物以一定形式分散于液体介质中所制成的液体分散体系,主要是包括合剂(口服液)、注射剂等多种剂型。本章主要介绍临床上应用广泛的液体制剂的一般制备程序和所涉及的成型设备。

第一节　合剂(口服液)的成型设备

一、概述

1. **合剂(口服液)的定义**　合剂系指饮片用水或其他溶剂采用适宜的方法提取制成的口服液体制剂(口服液)。单剂量灌装的也可称为口服液。

合剂(口服液)是在汤剂的基础上改革与发展起来的,是结合了汤剂、糖浆剂、注射剂之特点的液体剂型,保持了汤剂的特点,使得中药材中所含有的活性成分能很容易被提取出来。此外,提取工艺和制剂的质量标准容易固定。患者服药后吸收快,奏效迅速,临床疗效可靠。服用剂量与汤剂相比大大减少,适用于工业大生产,并且患者用时省去了汤剂临床时煎煮的麻烦。口服制剂在制备时,经浓缩工艺服用量小,且加入适合的矫味剂,口感好,患者乐于服用。

合剂(口服液)在贮存过程中容易发生霉变,在制备过程中,应选择适宜的防腐剂加至成品中,并经灭菌处理,密封包装,防止发生霉变。此外包装容器需清洁消毒,在灌装过程中应严格防止污染。在工业生产中所需的生产设备、工艺条件要求高,如配制环境应清洁避菌,灌装容器应无菌、洁净、干燥等。成品在贮存期间可以有微量轻摇易散的沉淀。

2. **传统汤剂的定义**　中药汤剂是中国经几千年发展的传统剂型,它是将药材饮片用煎煮或浸泡、去渣取汁的方法制成液体剂型。它吸收快、疗效好,至今仍然是中医最常用的剂型之一。汤剂常用量为一日剂量,是小量制备。

3. **口服液的特点**
(1)采用单剂量包装,服用方便,易于保存,省去煎药的麻烦。
(2)由于是液体制剂,吸收快,奏效迅速。
(3)每次服用量小,口感好,易为患者,特别是儿童患者所接受。
(4)制备工艺控制严格,产品质量和疗效稳定。
(5)制备工艺复杂,设备要求较高,成本相对较高。

（6）由于是成方批量制备，不能随意加减。

目前，临床用于治疗的口服液的来源主要有以下四种：

（1）单味药材（饮片）制剂，例如，生大黄煎剂、大黄口服液及原料药直接压片治疗胰腺炎有一定疗效，但会使患者产生呕吐、腹泻、腹胀等不良反应，制成口服液后疗效较好，且不良反应较少，柴胡口服液也是如此。

（2）新研制的制剂品种，主要由单味中药材（饮片）在中医药理论指导下组成的复方制剂，例如慢肾宝口服液、冠心舒口服液、明珠饮、冠心安口服液等。

（3）由药典、局颁药品标准等来源的制剂经过剂型改变而成的制剂品种，临床使用多年，证明其疗效确切、可靠的固体制剂可以将其改变剂型，变为口服液体制剂，进一步提高其疗效。例如，蛇胆川贝液是由蛇胆川贝散剂型改进而成的新制剂，临床上具有清肺、止咳、祛痰之功效。使原有固体制剂疗效提高，口感好，现已进入国际市场。通过改变剂型而成的口服液还有复方丹参口服液、儿童清肺口服液、蛇胆陈皮液、牛黄蛇胆川贝液等。

（4）通过古方改剂型的制剂品种，此类占数多，如玉屏风口服液，处方来源于《丹溪心法》。还有六味地黄口服液、枸菊逍遥饮口服液等。此外，还有一些口服液是通过古方加减改进而成，如蟾龙定喘口服液是在小青龙汤的基础上除去白芍，添加地龙、蟾酥而成。此外还有黄芪生脉饮、小儿清热解毒口服液、康宝口服液等。

口服液绝大部分为溶液型制剂。近年来亦出现了口服脂质体液、口服乳剂等。已上市或进入临床研究的有鸦胆子油口服液、月见草油口服液。

口服液近年来发展很快，在制备方法、质量控制等方面均有所提高，品种增加很多，特别是种类繁多的营养补充剂和名优中成药都是以口服液的形式用于临床，很多常见病的中医治疗可采用口服液这种剂型，市场的需要促进了口服液的发展。

4. 口服液常用的溶剂　水是制备口服液最常用的溶剂，来源充足，价廉易得，本身无药理作用。水能与甘油、丙二醇、乙醇等溶剂以任意比例互溶，能溶解绝大多数有机药物、无机盐，以及中药材中的糖类、树胶、黏液质、生物碱、有机酸及色素等物质。水也有不足之处。例如，使易水解药物不稳定；水中溶解的一定量的氧气，使易氧化的药物变质；水的化学活性比有机溶剂强，容易增殖微生物，使得某些蛋白质或碳水化合物发酵分解。

根据《中国药典》2020年版四部制剂通则中的规定，在制备口服液体制剂时常选择纯化水（蒸馏水或去离子水），而饮用水则可作为药材净制时的漂洗、容器具的粗洗以及饮片的提取溶剂使用。

5. 口服液的防腐

（1）防腐的重要性：口服液是以水为溶剂的液体制剂，容易被微生物污染而发霉变质，特别是含有糖类、蛋白质等营养物质的液体制剂，更容易引起微生物的滋长与繁殖。被微生物污染的口服液的理化性质发生变化，制剂质量受到严重影响，微生物产生的细菌内毒素对人体十分有害，严重会引起患者死亡。《中国药典》2020年版四部制剂通则中"非无菌药品微生物限度标准"规定：每1mL含需氧菌总数不得超过100个，霉菌和酵母菌总数不超过10个，并不得检出大肠埃希菌（含药材原粉的中药口服液另有规定）。药品卫生标准的实施，极大地提高了药品的质量,保证了患者的用药安全。

（2）防腐的途径:为使口服液达到卫生学要求,必须采取适宜的防腐途径。

1）防止污染:防止制剂被微生物污染是防止腐败的一项重要措施,尤其是防止青霉菌、酵母菌等微生物的污染,防止附着在空气灰尘上的细菌如产气杆菌、枯草杆菌的污染。为了有效防止微生物污染应当采用以下措施:加强生产环境的管理,清除周围环境的污染源,保持清洁卫生的生产环境;加强操作室的卫生管理,保持操作室空气净化的效果,并要经常检查净化设备,使洁净度符合生产要求;生产用具和设备必须按规定要求进行卫生管理和清洁处理;在制剂生产过程中还必须加强操作人员个人卫生管理;操作人员的健康和个人卫生状况、工作服的标准化、进入操作室的制度等,都必须进行严格规范管理。

2）添加防腐剂:在口服液的工业生产中,微生物的污染是不可避免的,总有少量微生物污染药品,对此可以通过向制剂中加入适量的防腐剂,从而有效地抑制其繁殖生长,达到有效的防腐目的。

①防腐剂须具备的条件:在水中有较大的溶解度,能达到防腐需要的浓度;对大多数微生物有较强的抑制作用,防腐剂自身的理化性质和抗微生物性质应稳定,不易受热和药剂 pH 的影响;防腐剂在抑菌浓度范围内对人体无害、无刺激性,用于内服者应无特殊臭味;优良的防腐剂也不影响制剂的理化性质、药理作用,此外防腐剂也不受制剂中药物的影响。

②防腐剂的分类:A. 季铵化合物类,如度米芬、溴化十六烷胺、氯化苯甲烃胺、氯化十六烷基吡啶等;B. 中性化合物类,如双醋酸盐、三氯甲烷、苯乙醇、三氯叔丁醇、苯甲醇、氯己定、挥发油、聚维酮碘等;C. 汞化合物类,如硝甲酚汞、醋酸苯汞、硫柳汞、硝酸苯汞等;D. 酸碱及其盐类,如氯甲酚、苯酚、甲酚、羟苯酯类、苯甲酸及其盐类、硼酸及其盐类、山梨酸及其盐、丙酸、脱氢醋酸等。

二、口服液的制备工艺概述

口服液的制备工艺较汤剂、合剂复杂。其制备过程主要包括口服液的提取、浸提液的净化、浓缩、配液、分装、灭菌等工艺过程。

1. 口服液的提取　从中药材中提取有效成分,所选流程应当合理,既能除去大部分杂质以缩小体积,又能提取并尽量保留有效成分以确保疗效。目前国内口服液的制备主要采用煎煮法、渗漉法,所得药汁有的需净化处理,如水提醇沉、醇提水沉等处理。煎煮法是汤剂的制备方法,遵循传统的调制理论和方法,并应掌握好药材的处理、煎煮方法、煎煮时间、设备、温度、加水量等诸多因素,才能发挥预期的疗效。渗漉法是将粉碎为粗末的药材,用适当浓度的乙醇浸渍后渗漉,收集漉液,常压或减压浓缩至 1mL 相当于 1~2g 药材,直接或经水转溶后加矫味剂、防腐剂,并调整至规定浓度。

国内大多数药厂采用单罐煎煮静态提取,加水量为药材的 5~10 倍,其中大量的水分在蒸发浓缩工序中再蒸发掉,这种工艺古老,效率和出率都较低,而且耗能量大。一些药厂采用罐组提取或强制循环提取,工艺得到改进。中国引进日本的动态提取流水线,经药厂工艺研究、消化、吸收,形成了先进的提取流水线。

2. 配制要求

（1）配制口服液所用的原辅料应严格按质量标准检查,合格方能采用。

（2）按处方要求称取原料用量及辅料用量。

（3）选加适当的添加剂,采用处理好的配液用具,严格按程序配液。

3. 过滤、精制　药液在提取、配液过程中,由于各种因素带入的各种异物,提取液中所含的树脂、色素等不溶性杂质均需滤除,以使药液澄明,再通过精滤以除去微粒及细菌。

4. 灌封　首先应完成包装物的洗涤、干燥、灭菌,然后按注射剂的制备工艺将药液灌封于小瓶当中。小瓶目前以玻璃瓶为主,也有少量塑料瓶应用于口服液容器。

5. 灭菌　是指对灌封好的瓶装口服液进行百分之百的灭菌,以求杀灭在包装物和药液中的所有微生物,保证药品稳定性。

（1）必要性的判断:不论前工序对包装物是否做了灭菌,只要药液未能严格灭菌则必须进行本工序——瓶装产品的灭菌。

（2）灭菌标准:微生物包括细菌、真菌、病毒等,微生物的芽孢具有极强的生命力和很高的耐热性,因此,灭菌效果应以杀死芽孢为标准。

（3）灭菌方法:有物理灭菌法、微波灭菌法、辐射灭菌法等,具体实施可视药物需要,适当采用一种或几种方法联合灭菌。目前最通用的是物理灭菌法,其中更多应用热力灭菌法。对于口服液型,微波灭菌是一种很有前途的灭菌方式。

6. 检漏、贴签、装盒　封装好的瓶装制品需经真空检漏、异物灯检,合格之后贴上标签,打印上批号和有效期,最后装盒和外包装箱。

7. 口服液包装方法、包装材料及前景　口服液核心包装材料是装药小瓶和封口盖,具有四种型式。

（1）安瓿瓶包装:20世纪60年代初,将液体制剂按照注射剂工艺灌封于安瓿瓶中,成为一种新型口服液,服用方便,可较长期保存,成本低,所以早年使用十分普及。但服用时需用小砂轮割去瓶颈,极易使玻璃碎屑落入口服液中,现已淘汰。

（2）塑料瓶包装:伴随着意大利塑料瓶灌装生产线的引进而采用的一种包装形式。该联动机入口处以塑料薄片卷材为包装材料,通过将两片分别热成型,并将两片热压在一起制成成排的塑料瓶,然后自动灌装、热封封口、切割得成品。这种包装成本较低,服用方便,但由于塑料透气、透湿性较高,产品不易灭菌,对生产环境和包装材料的洁净度要求很高,产品质量不易保证。

（3）直口瓶包装:这本是20世纪80年代初随着进口灌装生产线的引进而发展起来的一类新型玻璃包装。国家制定了药品包装容器(材料)标准《钠钙玻璃管制口服液体瓶》(YBB00032004-2015),提高了合剂(口服液)的包装水平。

（4）螺口瓶:螺口瓶是在直口瓶基础上新发展的一种很有前景的改进包装,它克服了封盖不严的隐患,而且结构上取消了撕拉带这种启封形式,且可制成防盗盖形式,但由于这种新型瓶制造相对复杂,成本较高,而且制瓶生产成品率低,所以现在药厂实际采用得较少。

三、口服液的成型设备

（一）洗瓶、干燥设备概述

1. 必要性和基本要求 口服液瓶的洗瓶、干燥属于灌液前的重要准备工序。

为保证产品达到无菌或基本无菌状态,防止微生物污染和滋长导致药液变质,除应确保药液无菌,还应对包装物清洗和灭菌。药品包装物在生产及运输过程中污染是不可避免的,为防止交叉污染,瓶的内外壁均需清洗,而且每次冲洗后,必须充分除去残水,洗瓶后需对瓶做洁净度检查,合格后进行干燥灭菌,灭菌的温度、时间必须严格按工艺规程要求,并需定期验证灭菌效果,做好详细记录备查。

2. 常用洗瓶设备

（1）喷淋式洗瓶机:一般用泵将水加压,经过滤器压入喷淋盘,由喷淋盘将高压水分成多股激流将瓶内外冲净,这类属于国内低档设备,人工参与较多。在《直接接触药品的包装材料和容器管理办法》实施以前,有些制药厂的瓶子很脏,需以强洗涤剂预先将瓶浸泡数小时,然后喷淋清洗,有的辅以离心机甩水,从而将残水除净。国外有的厂家认为喷淋清洗方式优越,一直生产高压大水量喷淋式洗瓶机。

（2）毛刷式洗瓶机:这种洗瓶机既可单独使用,也可接联动线,以毛刷的机械动作再配以碱水、饮用水、纯化水可获得较好的清洗效果。此法洗瓶的缺点:该法是以毛刷的运动来进行洗刷,难免会有一些毛掉入口服液瓶中,此外瓶壁内黏得很牢的杂质不易被清洗掉,还有一些死角也不易被清洁干净,所以此类洗瓶机效果不好。

（3）超声波式洗瓶机:这种清洗方法是近几年来最为优越的清洗设备,具有简单、省时、省力、清洗成本低等优点,从而被广泛应用于医药、化工、食品等各科研及生产领域。此种清洗设备的工作原理是利用超声波换能器发出的高频机械振荡(20~40Hz)在清洗介质中疏密相间地向前辐射,使液体流动而产生大量非稳态微小气泡,在超声场的作用下气泡进行生长闭合运动,即通常称之为"超声波空化"效应。空化效应可形成超过 1 000MPa 的瞬间高压,其强大的能量连续不断冲撞被洗对象的表面,使污垢迅速剥离,达到清洗目的。

3. 灭菌干燥设备 口服液瓶灭菌干燥设备是对洗净的口服液玻璃瓶进行灭菌干燥的设备。根据生产过程自动化程度的不同,需配备不同的灭菌设备。

（1）最普通的是手工操作的蒸汽灭菌柜,利用高压蒸汽杀灭细菌是一种较可靠的常规湿热灭菌方式,一般需 115.5℃（表压 68.9kPa）、30 分钟。

（2）联动线中的灭菌干燥设备是隧道式灭菌干燥机,已有行业标准,可提供 350℃的灭菌高温,以保证瓶子在热区停留时间不短于 5 分钟确保灭菌。

当前中国生产的灭菌隧道多为石英玻璃管远红外辐射电加热方式,加热效率高,结构简单,但热场不十分均匀。较理想的灭菌隧道是热风循环式,确保热场均匀,而且隧道内洁净度达到 100 级,保证通过隧道的瓶子无微粒和无菌。

（3）口服液成品灭菌设备:受操作和设备等条件限制,较多中小药厂不能确保药液和包装材料无菌,往往采用蒸汽灭菌柜对成品瓶装口服液进行严格高温灭菌。此举的弊端是在一定程度上破坏了盖子的密封,不利于长期保存。采用科技新成就,利用新的灭菌机制完成成品口服液的灭菌是一个方向,现在已采用的有辐射灭菌法、微波灭菌法等。

辐射灭菌法目前主要是应用穿透力较强的 γ 射线,钴 -60 辐射灭菌已用于近百种中成药、中药材的灭菌,其原理主要是利用钴 -60 的 γ 射线能量传递过程,破坏细菌细胞中的 DNA 和 RNA,受辐射后的 DNA 和 RNA 分子受损,发生降解,失去合成蛋白质和遗传的功能,细菌细胞停止增殖而死亡。

微波灭菌法是以高频交流电场(300MHz 以上)的作用使电场中的物质分子产生极化现象,随着电压按高频率交替地转换方向,极化分子也随之不停地转动,结果,有一部分能量转化为分子杂乱热运动的能量,分子运动加剧,温度升高,由于热是在被加热的物质中产生的,所以加热均匀、升温迅速。由于微波可穿透物质较深,水可强烈地吸收微波,所以微波特别适于液体药物的灭菌,目前广泛使用。

(二)口服液瓶超声波清洗机

YQC8000/10-C 口服液瓶超声波清洗机是原 XP-3 型超声波洗机的新标准表示方法,其额定生产率为 8 000 瓶 /h,适用于 10mL 口服液瓶,这种机型在国内外都属于技术上先进的。

如图 12-1 所示,玻璃瓶预先整齐码入储瓶盘中,整盘玻璃瓶放入洗瓶机的料槽 1 中,以推板将整盘的瓶子推出,撤掉贮瓶盘,此时玻璃瓶留在料槽中,全部瓶子口朝上且相互靠紧,料槽 1 与水平面成 30° 夹角,料槽中的瓶子在重力作用下自动下滑,料槽上方置淋水器将玻璃瓶内淋满循环水(循环水由机内泵提供压力,经滤过后循环使用)。注满水的玻璃瓶下滑到水箱中水面以下时,利用超声波在液体中的作用对玻璃瓶进行清洗。超声波换能头 2 紧靠在料槽末端,也与水平面成 30° 夹角,故可确保瓶子顺畅地通过。

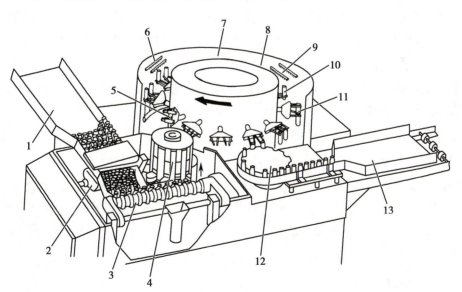

1. 料槽;2. 超声波换能头;3. 送瓶螺杆;4. 提升轮;5. 瓶子翻转工位;6、7、9. 喷水工位;8、10、11. 喷气工位;12. 拨盘;13. 滑道

图 12-1　YQC8000/10-C 型超声波洗瓶机

经过超声波初步洗涤的玻璃瓶,由送瓶螺杆 3 将瓶子理齐逐个序贯送入提升轮 4 的 10 个送瓶器中,送瓶器由旋转滑道带动作匀速回转的同时,受固定的凸轮控制作升降运动,旋转滑道运转一周,送瓶器完成接瓶、上升、交瓶、下降一个完整的运动周期。提升轮将玻璃瓶逐个

交给大转盘上的机械手。

大转盘周向均布 13 个机械手机架,每个机架上左右对称装两对机械手夹子,大转盘带动机械手匀速旋转,夹子在提升轮 4 和拨盘 12 的位置上由固定环上的凸轮控制开夹动作接送瓶子。机械手在位置 5 由翻转凸轮控制翻转 180°,从而使瓶口向下便于接受下面诸工位的水、气冲洗,在位置 6～11,固定在摆环上的射针和喷管完成对瓶子的 3 次水和 3 次气的内外冲洗。射针插入瓶内,从射针顶端的 5 个小孔中喷出的激流冲洗瓶子内壁和瓶底,与此同时固定喷头架上的喷头则喷水冲洗瓶外壁,位置 6、7、9 喷的是压力循环水和压力净化水,位置 8、10、11 均喷压缩空气以便吹净残水。射针和喷头固定在摆环上,摆环由摇摆凸轮和升降凸轮控制完成"上升—跟随大转动—下降—快速返回"这样的运动循环。洗净后的瓶子在机械手夹持下再经翻转 180°,使瓶口恢复向上,然后送入拨盘 12,拨盘拨动玻璃瓶由滑道 13 送入灭菌干燥隧道。

整台洗瓶机由一台直流电机带动,可实现平稳的无级调速,三水三气由外部或机内泵加压并经机器本体上的 3 个滤过器滤过,水气的供和停由行程开关和电磁阀控制,压力可根据需要调节并由压力表显示。

(三)口服液灌封机

口服液灌封机是用于易拉盖口服液玻璃瓶的自动定量灌装和封口的设备。由于灌药量的准确性和轧盖的严密、平整在很大程度上决定了产品的包装质量,所以灌封机是口服液生产设备中的主机。根据口服液玻璃瓶在灌封过程完成送瓶、灌液、加盖、轧封的运动形式,灌封机有直线式和回转式两种。

灌封机结构上一般包括自动送瓶、灌药、送盖、封口、传动等几个部分。由于灌药量的准确性对产品是非常重要的要求,故灌药部分的关键部件是泵组件和药量调整机构,它们主要功能就是定量灌装药液。大型联动生产线上的泵组件由不锈钢件精密加工而成,简单生产线上也有用注射用针管构成泵组件。药量调整机构有粗调和精调两套机构,这样的调整机构一般要求保证 0.1mL 的精确度。

送盖部分主要由电磁振动台、滑道实现瓶盖的翻盖、选盖,实现瓶盖的自动供给。送盖部分的调试是整台机器调试工作中的一项关键因素。

封口部分主要由三爪三刀组成的机械手完成瓶子的封口,为了确保药品质量,产品的密封要得到很好的保证,同时封口的平整美观也是药厂非常关注的,故密封性和平整性是封口部分的主要指标。封口部分的传动较为复杂,其调整装置要求适应包装瓶和盖的不同尺寸要求。国产机适应性较好,对瓶子和盖的尺寸要求不高,但锁盖质量比不上进口机;进口机的封口较为严密、平整,但适应性差。

传动部分可以由一台电机带动的集中传动,也可以由送瓶、灌药、压盖部件几台电机协调传动。自动化程度较高的生产线具有自动检测和安全保护的电控设备,用于产品计数、包装材料检测、机器和人体的安全防护。现代化制药车间还要包括如局部 100 级等的净化装置,在灌药和封口区形成洁净度较高的净化区,以符合 GMP 要求。

以 YGZ 系列灌封机为例,如图 12-2 所示。该机操作方式分为手动、自动两种,由操作台上的钥匙开关控制。手动方式用于设备调试和试运行,自动方式用于机器联线自动生产。有

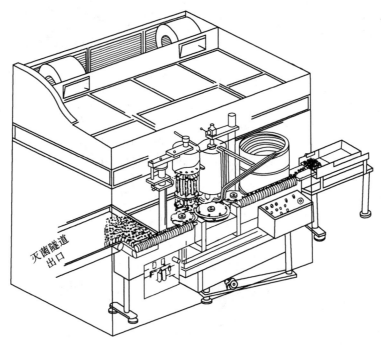

图 12-2 YGZ 系列灌封机外形图

些先进的进口联动线配有包装材料自动检测机构,对尺寸不符合要求的包装瓶和瓶盖能够从生产线上自动剔出,而我国包装材料一致性较差,不适合配备自动检测机构,这样,开机前应对包装瓶和瓶盖进行人工目测检查。启动机器以前还要检查机器润滑情况,确保运转灵活。手动 4~5 个循环后,对灌药量进行定量检查,调整药量调整机构,保证灌药量准确性。这时就可将操作方式改为自动,使机器联线工作。操作人员在联线工作中的主要职责就是随时观察设备,处理一些异常情况,如走瓶不顺畅或碎瓶、下盖不通畅等,并抽检轧盖质量。如有异常情况或出现机械故障,可按动装在机架尾部或设备进口处操作台上的紧急制动开关,进行停机检查、调整。在联动线中,机器运转速度是无级调速,使灌封机与洗瓶机、灭菌干燥机的转速相适应,以实现全线联运。易拉瓶的形状如图 12-3 所示。它由易拉瓶铝盖(含有密封胶垫)和易拉瓶体两部分组成。

如图 12-4 所示为旋转式口服液瓶轧盖机示意图。工作时,下顶杆 10 推动加铝盖后的易拉瓶 9 和中心顶杆 6 向上移动,同时,中心顶杆带动装有轧封轮杆 3 的圆轮 4 上移。当易拉瓶上升了一定的高度,轧封轮 7 接近铝盖 8 的封口处时,在轴向固定的圆台轮 2 的作用下,轧封轮逐渐向中心收缩。工作时,皮带轮 1 始终带动轴 12 转动,圆轮和圆台轮都跟随着轴转动,铝盖在轧封轮转动和向中心施以收缩压力的作用下被轧紧在易拉瓶口上。有的旋转式轧盖机上装有2 个轧封轮,有的装有 3 个轧封轮,即为三爪三刀式口服液封口机。它们的工作原理是相同的。

(四)口服液成品灭菌设备

国内许多中小药厂受操作和设备等条件限制,不能确保药液和包装材料无菌,常采用蒸汽灭菌柜、辐射灭菌、微波灭菌灯方法进行灭菌。但这种方法在一定程度上破坏了盖子的密封,不利于长期保存。随着当今科技的发展,可利用新的灭菌机制完成口服液成品的灭菌,如辐射灭菌和微波灭菌。

1. 易拉盖瓶;
2. 易拉瓶体

图 12-3 易拉瓶

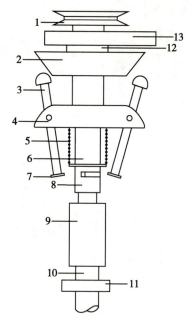

1. 皮带轮; 2. 圆台轮; 3. 轧封轮杆; 4. 圆轮; 5. 复位弹簧; 6. 中心顶杆; 7. 轧封轮; 8. 铝盖; 9. 易拉瓶; 10. 下顶杆; 11. 下顶杆架; 12. 轴; 13. 轴架

图 12-4 旋转式口服液瓶轧盖机

第二节 注射剂的成型设备

一、概述

注射剂(injection)系指药材经提取、纯化后制成的供注入体内的溶液、乳状液以及供临用前配制或稀释成溶液的粉末或浓溶液的无菌制剂。按《中国药典》收载类型分类,分为注射剂、注射用无菌粉末、注射用浓溶液。注射剂必须无菌并符合《中国药典》无菌检查要求,其中水溶性注射剂是各类注射剂中应用最广泛也是最具代表性的一类注射剂。水溶性注射剂生产设备主要有安瓿洗瓶机、干燥灭菌机、溶液配制机、灌封机等。

生产工艺流程为安瓿洗涤→安瓿灭菌→灌封→灭菌→检漏→灯检→印包→装箱→入库。

注射剂的特点:

1. 药效迅速作用可靠。因药剂直接注入人体组织或血管,所以吸收快,作用迅速。特别是静脉注射,不需要经过吸收阶段,适用于抢救危重患者。注射剂由于不经过胃肠道,故不受消化液及食物的影响,作用可靠,易于控制。

2. 适用于不宜口服的药物。如胰岛素可被消化液破坏,链霉素口服不易吸收等,故此类药物只有制成注射剂,才能发挥它的疗效。

3. 适用于不能口服给药的患者。如不能吞咽或昏迷的患者,可以注射给药。

4. 可以产生局部定位作用。

5. 使用不便且注射疼痛。注射剂一般不便自己使用。

6. 制备工艺复杂。对生产环境条件要求高。

注射剂的给药途径主要有静脉注射、脊椎腔注射、肌内注射、皮下注射和皮内注射等五种。

在制剂工程上,根据注射剂制备工艺的特点将其分为:最终灭菌小容量注射剂、最终灭菌大容量注射剂、无菌分装粉针剂、冻干粉针剂等四种类型。

最终灭菌小容量注射剂是指装量小于 50mL,采用湿热灭菌法制备的灭菌注射剂。除一般理化性质外,无菌、热原或细菌内毒素、澄明度、pH 等项目的检查均应符合规定。其生产过程包括原辅料的准备、配制,安瓿的洗涤、烘干、灭菌、灌封、灭菌、质检、包装等步骤。

最终灭菌大容量注射剂简称大输液或输液,是指 50mL 以上的最终灭菌注射剂。输液容量有瓶形与袋形两种,其材质有玻璃、聚乙烯、聚丙烯、聚氯乙烯或复合膜等。其生产过程包括原辅料的准备、浓配、稀配、瓶外洗、粗洗、精洗、灌封、灭菌、灯检、包装等步骤。

无菌分装粉针剂是指无菌条件下将符合要求的药粉通过工艺操作制备的非最终灭菌无菌注射剂。其生产过程包括原辅料的擦洗消毒、瓶粗洗和精洗、灭菌干燥、分装、扎盖、灯检、包装等步骤。

冻干粉针剂是指根据生产工艺条件和药物性质,用冷冻干燥法制得的注射用无菌粉末。冻干粉针剂不仅在制剂工业生产上非常重要,而且在医学上也得到了广泛应用。凡是在常温下不稳定的药物,如干扰素、白介素、生物疫苗等生物工程药品以及一些医用酶制剂(胰蛋白酶、辅酶 A)和血浆等生物制剂,均需制成冻干制剂才能推向市场。注射用无菌粉末的生产必须在无菌室内进行,特别是一些关键工序要求严格,可采用层流洁净装置,保证无菌无尘。

注射剂用溶剂:

1. **注射用水** 为纯化水经蒸馏所得的水。灭菌注射用水为注射用水经灭菌所得的水。纯化水可作为配制普通药物制剂的溶剂或试验用水,不得用于注射剂的配制。注射用水为配制注射剂用的溶剂。灭菌注射用水主要用于注射用灭菌粉末的溶剂或注射剂的稀释剂。注射用水的质量要求在《中国药典》2020 年版中有严格规定。除一般蒸馏水的检查项目如酸碱度、氯化物、硫酸盐、钙盐、二氧化碳、易氧化物、不挥发物及重金属等均符合规定外,还必须通过热原检查。

2. **注射用油** 注射用油应无异臭,无酸败味;色泽不得深于黄色 6 号标准比色液;在 10℃时保持澄明。碘值为 79～128;皂化值为 185～200;酸值不大于 0.56。常用的油有芝麻油、大豆油、茶油等。酸值、碘值、皂化值是评定注射用油的重要指标。酸值说明油中游离脂肪酸的多少,酸值高,质量差,从中也可以看出酸败的程度。碘值说明油中不饱和键的多少,碘值高,则不饱和键多,油易氧化,不适合注射用。皂化值表示油中游离脂肪酸和结合成酯的脂肪酸的总量多少,可看出油的种类和纯度。考虑到油脂氧化过程中,有生成过氧化物的可能性,故最好对注射用油中的过氧化物加以控制。

3. **其他注射用溶剂** 如乙醇,可与水、甘油、挥发油任意混合。可供肌内或静脉注射,但浓度超过 10% 肌内注射有疼痛感。甘油,可与水、乙醇任意混合。利用它对许多药物具有较大的溶解性,常与乙醇、丙二醇、水混合使用。常用浓度一般在 1%～50%。

注射剂生产工艺质量控制:

由于注射剂直接注入人体内部,所以必须确保注射剂的质量,注射剂的质量要求如下:

1. **无菌**　注射剂成品中不应含有任何活的微生物。不管用什么方法制备,都必须达到《中国药典》无菌检查的要求。

2. **无热原**　无热原是注射剂的重要质量指标,特别是大量的、供静脉注射及脊椎腔注射的药物制剂,均需进行热原检查,合格后方能使用。

3. **澄明度**　注射剂要在规定条件下检查,不得有肉眼可见的混浊或异物。鉴于微粒引入人体所造成的危害,目前对澄明度的要求更严。

4. **安全性**　注射剂不能引起对组织刺激或发生毒性反应,特别是非水溶剂及一些附加剂,必须经过必要的动物实验,确保使用安全。

5. **渗透压**　注射剂要有一定的渗透压,其渗透压要求与血浆的渗透压相等或接近。

6. **pH**　注射剂的 pH 要求与血液相等或接近(血液 pH 为 7.4),注射剂一般控制在 4～9 的范围内。

7. **稳定性**　注射剂多系水溶液,而且从制造到使用需要经过一段时间,所以稳定性问题比其他剂型突出,故要求注射剂具有必要的物理稳定性和化学稳定性,确保产品在贮存期内安全有效。

8. **降压物质**　有些注射剂,如复方氨基酸注射剂,其降压物质必须符合规定,以保证用药安全。

二、小容量注射剂的成型设备

(一)安瓿洗瓶机

注射剂安瓿洗涤步骤一般包括以下 3 点。①理瓶操作:将输液瓶除去外包装,传入理瓶室,剔出不合规格的输液瓶,将合格的输液瓶摆放在理瓶机的进瓶旋转转盘上,按理瓶机操作规程进行理瓶操作。②洗涤操作:依次开启纯化水、注射用水的水泵,向水槽内注水达到规定水位,水温 50～55℃,对安瓿进行分别进行粗洗和精洗,最后用净化的压缩空气吹净。③灭菌操作:采用远红外加热杀菌干燥机进行灭菌。

(二)喷淋甩水洗涤机

喷淋甩水洗涤机的组成为喷淋机、甩水机、蒸煮箱、水过滤器、水泵。灌瓶蒸煮一般采用离子交换水,其工作原理为先用喷淋头喷淋,然后再蒸煮,接下来甩水,如此反复多次,每次约 30 分钟,直至清洗干净。喷淋式安瓿洗瓶机组生产中应定期检查循环水水质,及时对过滤器进行再生,安瓿喷淋水机水循环系统的水 80% 为循环水,20% 为新水,发现水质下降应及时疏通或更换滤芯,控制喷淋水均匀,发现堵塞死角应及时清洗,同时定期对机组进行维修保养。喷淋式安瓿洗瓶机组生产效率较高,设备简单。但是不足的是占地面积大,耗水量大,洗涤时会因个别安瓿内部注水不满而影响洗瓶质量,5mL 以下小安瓿使用效果较好。

（三）气水喷射式安瓿洗瓶机组

气水喷射式安瓿洗瓶机组的原理为洗涤用水与高压纯净气体交替喷射于逐支安瓿。其组成为"供水系统＋压缩空气＋过滤系统＋洗瓶机"。气水喷射式安瓿洗瓶机组的优点在于适用于大规格安瓿和曲颈安瓿的洗涤，是目前水针剂生产采用的一般方法。操作时要注意洗涤水必须经过滤处理。压缩空气压力为 0.3MPa，水温≥50℃。气、水的交替分别由偏心轮与电磁阀控制，故应保持喷头与安瓿的动作协调。

（四）超声波清洗机组

超声波清洗机组主要由超声波信号发生器、换能器及清洗槽组成。超声波信号发生器产生高频振荡信号，通过换能器转换成每秒几万次的高频机械振荡，在清洗液中形成超声波，以正压和负压高频交替变化的方式，在清洗液中疏密相间地向前辐射传播。

1. 超声波清洗原理　超声波清洗是最有效的清洗手段，其清洗效果远远优于其他清洗手段所能达到的清洗效果。例如，超声波清洗法达到 100%，化学溶剂刷洗则为 90%，化学溶剂蒸气清洗为 35%，溶剂压力清洗为 30%，溶剂浸洗为 15%。超声波一方面破坏污物与清洗件表面的吸附，另一方面能引起污物层的疲劳破坏而被剥离，气体型气泡的振动对固体表面进行擦洗，污层一旦有缝可钻，气泡立即"钻入"振动使污层脱落。由于空化作用，两种液体在界面迅速分散而乳化，当固体粒子被油污裹着而黏附在清洗件表面时，油被乳化，固体粒子自行脱落。超声在清洗液中传播时会产生正负交变的声压，形成射流，冲击清洗件，同时由于非线性效应会产生声流和微声流，而超声空化在固体和液体界面会产生高速的微射流，所有这些作用，能够破坏污物，除去或削弱边界污层，增加搅拌、扩散作用，加速可溶性污物的溶解，强化化学清洗剂的清洗作用。由此可见，凡是液体能浸到且声场存在的地方都有清洗作用。

2. 超声波洗瓶机特点　其特点为：①洗瓶简单便利，可以调整洗瓶站的数量，以满足不同产量与不同污染程度产品的清洗工艺要求；②安瓿的传送安全精确，通过连续运动的旋转取瓶夹传送系统运送玻璃瓶；③洗瓶区域内部光滑，方便清洁；④噪声低，运行平稳，单个玻璃瓶独立进料；⑤可设置硅油雾化喷头对玻璃瓶内壁进行硅化处理，改善冻干制品的成型状况；⑥通过循环水对玻璃瓶的内部、外部进行预清洗和清洗，运转能耗低；⑦所有与清洗介质接触的部件，均由 316L 不锈钢材料制造；⑧倾斜设计的喷淋区域底部保证完全排净残余积水；⑨超声波的预处理保证了较高的清洗效果；⑩动力系统与清洗工作区域密封分离。

3. 超声波清洗机工艺　安瓿进瓶斗或瓶杯托→喷淋灌水＋外表冲洗→缓慢浸入超声波洗槽→预清洗 1 分钟，使粘于安瓿表面的污垢疏松→分散进栅门通道→分离并逐个定位→针管插入安瓿。见图 12-5。将安瓿正确摆放，进入第 1 工位针管插入安瓿，第 2 个工位，瓶底紧靠圆盘底座，同时由针管注水，从第 2 个工位至第 7 个工位，安瓿在水箱内进行超声波用纯化水洗涤，水温控制在 60～65℃，使玻璃安瓿表面上的污垢溶解，这一阶段称为粗洗。当转到第 10 工位，针管喷出净化压缩空气将安瓿内部污水吹净。在第 11、12 工位，针管冲注循环水（经过过滤的纯化水），再次进行冲洗。13 工位重复 10 工位的送气。14 工位针管用洁净的注射用水再次对安瓿内壁进行冲洗。15、16 再次送气。17 为缓冲工位。18 为出瓶工位。

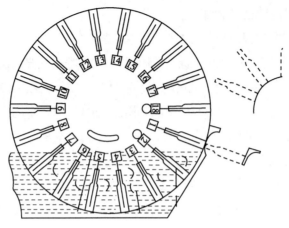

1. 引盘；2、3、4、5、6、7. 超声清洗；8、9. 空水；10. 吹气排水；11、12. 循环水冲洗；13. 吹气排水；14. 注射新鲜注射用水；15、16. 压缩空气吹干；17. 缓冲工位；18. 吹气送瓶

图 12-5　超声波清洗机工位示意图

（五）安瓿灌封设备

安瓿的灌封操作应在安瓿灌封机上完成。灌封机一般有 1～2mL、5～10mL、20mL 三种规格可供选择，以满足不同规格安瓿灌封的要求。三种机型不能通用，但其结构特点差别不大，且灌封过程基本相同。灌封设备均由传送部分、灌注部分和封口部分组成，其中最重要的是封口部分，如图 12-6 所示。

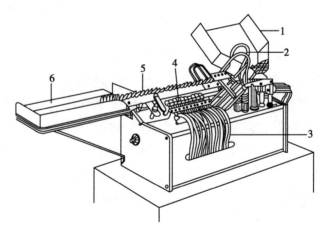

1. 加瓶斗；2. 灌注系统；3. 燃气输送系统；4. 封口部分；5. 安瓿；6. 出瓶斗

图 12-6　安瓿拉丝灌封机结构示意图

1. 传送部分　送瓶机构是在灌封机的一个动作周期内，将固定支数安瓿按一定的距离间隔排放在灌封机的传送装置上。其主要部件是固定齿板与移瓶齿板，各有两条且平行安装；两条固定齿板分别在最上和最下，两条移瓶齿板等距离地安装在中间。固定齿板为三角形齿槽，使安瓿上下两端卡在槽中固定。移瓶齿板的齿形为椭圆形，以防在送瓶过程中将安瓿撞碎，并有托瓶、移瓶及放瓶的作用。

（1）洗净的安瓿由人工放入料斗里，料斗下梅花盘由链条带动，每转 1/3 周，可将两只安瓿推入固定齿板上，安瓿与水平成 45° 角。此时偏心轴作圆周旋转，带动与之相连的移瓶齿板动作。

（2）当随偏心轴作圆周运动的移瓶齿板动作到上半部，先将安瓿从固定齿板上托起，然后越过固定齿板三角形的齿顶，再将安瓿移动两格放入固定齿板上，偏心轴转动 1 周，通过移瓶齿板安瓿向前移两格，这样安瓿不断前移通过灌药和封口区域。

（3）偏心轴带动移瓶齿板运送安瓿的时间，大约为偏心轴 1/3 周，余下的 2/3 周时间供安瓿在固定齿板上停留，这段时间将用来灌药和封口。

2. 灌注部分　灌注部分主要由凸轮杠杆装置、吸液灌液装置和缺瓶止灌装置组成。凸轮上面顶着扇形板，将凸轮的连续转动转换为顶杆的上下往复运动。

（1）当灌装工位有安瓿时，上升的顶杆使压杆一端上升，另一端下压。当顶杆下降时，压簧可使压杆复位。即凸轮的连续转动最终被转换为压杆的摆动。

（2）吸液灌液装置主要由针头、针头托架座、针头托架、单向玻璃阀及压簧、针筒芯等部件组成。

（3）针头固定在托架上，托架可沿托架座的导轨上下滑动，使针头伸入或离开安瓿。

（4）当压杆顺时针摆动时，压簧使针筒芯向上运动，针筒的下部将产生真空，在单向玻璃阀的作用下，药液罐中的药液被吸入针筒。

（5）当压杆逆时针摆动而使针筒芯向下运动时，针头注入安瓿药液。

但是，万一灌液工位出现缺瓶时，拉簧将摆杆下拉，并使摆杆触头与行程开关触头接触。此时，行程开关闭合，电磁阀开始动作，将伸入顶杆座的部分拉出，这样顶杆就不能使压杆动作，不能灌装，这就是缺瓶止灌功能。

3. 封口部分　封口部分主要由压瓶装置、加热装置和拉丝装置组成。见图 12-7。封口是用火焰加热已灌注药液的安瓿颈部，使其熔融后密封。加热时安瓿需自转，使颈部均匀受热熔化。为确保封口不留毛细孔隐患，我国要求安瓿灌封机均必须采用拉丝封口工艺，即用拉丝钳将瓶颈上部多余的玻璃靠机械动作强力拉走，加上安瓿自身的旋转动作，可以保证封

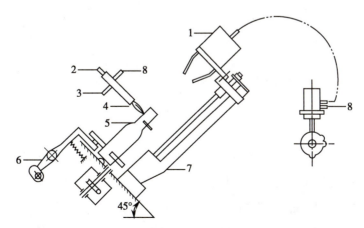

1. 拉丝钳；2. 煤气入口；3. 氧气入口；4. 火焰喷口；5. 安瓿；6. 摆杆；
7. 拉丝钳座；8. 压缩空气入口

图 12-7　拉丝封口设备示意图

口严密不漏,且使封口处玻璃薄厚均匀,而不易出现冷爆现象。

当安瓿被移瓶齿板送至封口工位时,其颈部靠在固定齿板的齿槽上,下部放在蜗轮蜗杆箱的滚轮上,底部则放在呈半球形的支头上,而上部由压瓶滚轮压住;蜗轮转动带动滚轮旋转,从而使安瓿围绕自身轴线缓慢旋转,同时来自喷嘴的高温火焰对瓶颈加热。当瓶颈需加热部位呈熔融状态时,拉丝钳张口向下,当到达最低位置时,拉丝钳收口,将安瓿颈部钳住,随后拉丝钳向上移动将安瓿熔化丝头抽断,从而使安瓿闭合;当拉丝钳运动至最高位置时,钳口启闭两次,将拉出的玻璃丝头甩掉。

三、其他注射剂的成型设备

1. 理瓶机组

(1)圆盘式理瓶机:靠固定的拨杆将运动着的瓶子拨向转盘周边,引导至输送带上,如图12-8所示。

(2)等差式理瓶机:由等速理瓶机和差速理瓶机两台单机联合适配而成。等速理瓶机有7条速度相同、由同一动力带动的等速输送带输送,玻璃瓶随输送带运动的方向移动。差速理瓶机有5条输送带。第Ⅰ、Ⅱ条速度相等;第Ⅲ条速度加快;第Ⅳ条更快。第Ⅴ条较慢且方向相反,目的是将卡在出瓶口的玻璃瓶松动并迅速带走。在第Ⅳ条带上成单列顺序输出。如图12-9所示。

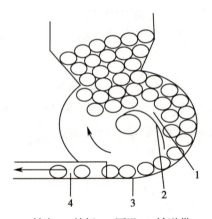

1.转盘;2.拨杆;3.围沿;4.输送带

图12-8 圆盘式理瓶机

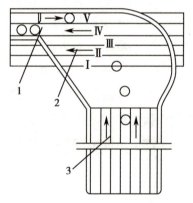

1.玻璃瓶出口;2.差速理瓶机;
3.等速理瓶机

图12-9 等差式理瓶机

2. 洗瓶机组

(1)滚筒式清洗机:滚筒式清洗机是一种带毛刷刷洗玻璃瓶内腔的清洗机,分粗洗段和精洗段,中间用长2m的输送带连接。精洗段要在10 000级下操作,且瓶子出口要100级层流保护。生产能力20~60瓶/min,如图12-10所示。

(2)箱式洗瓶机:有带毛刷和不带毛刷两种清洗形式,由于我国玻璃瓶制造和贮运过程受到污染,达不到药用标准,因此我国的箱式洗瓶机大多配置了毛刷粗洗工序。箱式洗瓶机特点:洗瓶产量大,倒立式装夹进入各洗涤工位,瓶内不挂余水,冲刷准确可靠,密闭条件下

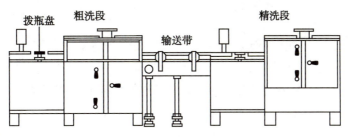

图 12-10　滚筒式清洗机外形

工作符合 GMP 要求。

3. 灌装机组　按运动形式分有直线式间歇运动、旋转式连续运动。按灌装方式分有常压灌装、负压灌装、正压灌装和恒压灌装四种。按计量方式分有流量定时式、量杯容积式、计量泵注射式三种。这几种机型的灌装设备计量误差均在 2% 以内。

（1）量杯式负压灌装机：该机由药液量杯、托瓶装置及无级变速装置三部分组成。盛料桶中装有 10 个计量杯，量杯与灌装套用硅橡胶管连接，玻璃瓶进入托瓶装置由凸轮控制升降，灌装头套住瓶肩形成密封空间，通过真空管道抽真空，药液负压流进瓶内。如图 12-11 所示。

量杯式负压灌装机的优点：量杯计量、负压灌装，药液与其接触的零部件无相对机械摩擦，没有微粒产生，保证了药液在灌装过程中的澄明度。计量块调节计量，调节方便简捷。连续回转式运动，10 个充填头产量约为 60 瓶 /min。设有无瓶不灌装等自动保护装置。缺点：机器回转速度加快时，量杯药液产生偏斜，可能造成计量误差。误差调节是通过计量调节块在计量杯中所占的体积而定的，旋动调节螺母使计量块上升或下降，从而达到装量。

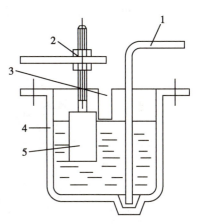

1. 吸液管；2. 调节螺母；3. 量杯缺口；4. 计量杯；5. 计量调节块

图 12-11　量杯式负压灌装机示意图

（2）计量泵注射式灌装机：通过注射泵对药液进行计量并在活塞的压力下将药液充填于容器中。机型有直线式和回转式两种。直线式玻璃瓶为间歇运动，产量不能很高。回转式为连续作业，产量相对较高。计量泵示意图如图 12-12 所示。

八泵直线式灌装机特点：灌装前先预充氮气，灌装时边充氮边灌液。采用容积式计量，计量调节范围较广，从 100～500mL 之间可按需要调整。计量泵控制装量精度高。改变进液阀出口型式可对不同容器进行灌装，如玻璃瓶、塑料瓶、塑料袋及其他容器。活塞式强制充填液体，可适应不同浓度液体的灌装。无瓶时计量泵转阀不打开，可保证无瓶不灌液。灌注完毕，计量泵活塞杆回抽时，灌注头止回阀前管道中形成负压，止回阀能可靠地关闭，加之注射管的毛细管作用，保证灌装完

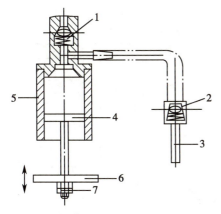

1、2. 单向阀；3. 灌装管；4. 活塞；5. 计量缸；6. 活塞升降板；7. 微调螺母

图 12-12　计量泵示意图

毕不滴液。

4. 封塞设备 封塞机械是与灌装机配套使用的,药液灌装后必须在洁净区内立即封塞,以免药品的污染和氧化。包括塞胶塞机、翻胶塞机、轧盖机。天然橡胶塞:要加涤纶薄膜以防有微粒脱落。合成橡胶"T"型塞:表面包涂有未经硫化的硅橡胶膜,耐高温灭菌。

(1)塞胶塞机:主要用于"T"型塞对 A 型玻璃瓶封口工作过程,包括输瓶、螺杆同步送瓶、理塞、抓塞、扣塞头扣塞、瓶中抽真空、塞(压)塞。

(2)压塞翻塞机:用于翻边型胶塞对 B 型玻璃输液瓶的封口。自动完成输瓶、理塞、送塞、塞(压)塞、翻塞等工序。加塞头既有向瓶口压塞的功能,又有模拟人手旋转胶塞下按的动作。翻边胶塞塞(压)塞原理如图 12-13 所示。

翻塞杆机构普遍设计为五爪式翻塞机,爪子平时靠弹簧收拢。翻塞时,翻塞爪插入橡胶塞,由于下降距离的限制,翻塞芯杆抵住胶塞大头内径平面,而翻塞爪张开并继续向下运动,达到张开塞子翻口的作用。原理如图 12-14 所示。

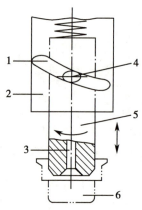

1. 螺旋槽;2. 轴套;3. 真空吸孔;
4. 销子;5. 加塞头;6. 翻边胶塞

图 12-13 翻边胶塞塞(压)塞原理

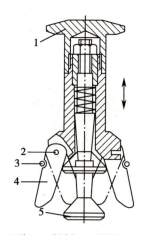

1. 顶杆;2. 铰链;3. 弹簧;4. 爪子;5. 芯杆

图 12-14 翻塞杆图

轧盖时瓶不转动,轧刀机构沿主轴旋转,又作上下运动。凸轮收口座下降,压瓶头抵住铝盖平面,滚轮沿斜面运动,使 3 把轧刀(图中只绘 1 把)向铝盖下沿收紧并滚压,即起到轧紧铝盖作用。原理如图 12-15 所示。

5. 灭菌设备 灭菌是杀灭存在于输液中的所有微生物,包括芽孢和繁殖体。

(1)蒸汽灭菌柜:利用具有一定压力的饱和蒸汽作为加热介质,直接通入柜体内进行加热灭菌,人工启闭蒸汽阀。优点:结构简单,维护容易,价格低廉。缺点:柜内空气不能完全排净,传热慢,冷却慢,温差大,易爆瓶,柜体内温度分布不均匀,易造成灭菌不彻底。

(2)快冷式灭菌柜(双扉式):在蒸汽灭菌柜的基础

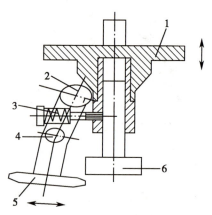

1. 凸轮收口座;2. 滚轮;3. 弹簧;4. 转销;5. 轧刀;6. 压瓶头

图 12-15 轧刀示意图

上加一套冷水喷淋设施。但未解决柜内温度不均匀的问题,易爆瓶。特点是柜门为移动式电动双门,并设有联锁及安全保护装置。喷雾水冷却20分钟,瓶内药液温度冷却到50℃。

（3）水浴式灭菌柜:利用循环去离子水作为对输液瓶加热升温、保温灭菌、降温三阶段的载热介质,对载热介质的加热和冷却都是在柜体外的板式热交换器中进行的。工艺流程见图12-16。

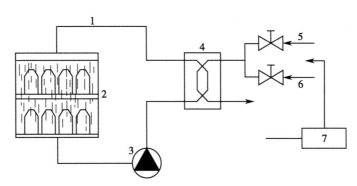

1. 循环水; 2. 灭菌柜; 3. 热水循环泵; 4. 换热器; 5. 蒸汽; 6. 冷水;
7. 控制系统

图 12-16　水浴式灭菌柜工艺流程图

水浴式灭菌柜优点:用循环去离子水作为热载体,保证了灭菌药品外部的卫生符合 GMP 要求。自动化程高度,灭菌结束或有故障均有讯响器发生信号,安全可靠。F_0 值监控仪监控灭菌过程,保证了灭菌质量。

（4）回转式水浴灭菌柜:用于脂肪乳输液和其他混悬输液剂型的灭菌。循环水从上面和两侧向药液瓶喷淋,药液瓶随柜内筒旋转,药液传热快,温度均匀,确保灭菌效果。

回转灭菌柜的独特优点:柜内设有旋转内筒,玻璃瓶固紧在小车上,小车与内筒压紧为一体。小车进出柜内方便。灭菌时瓶内药液不停地旋转翻滚,药液传热快,温度均匀,不能产生沉淀或分层,可满足脂肪乳和其他混悬输液药品的灭菌工艺要求。采用先进的密封装置——磁力驱动器,可以将柜体外的减速机与柜体内筒的转轴无接触隔离,从根本上取消了旋转内筒轴密封结构,使动密封改变为静密封,灭菌柜处于全封闭状态,灭菌过程无泄漏、无污染。

（5）灭菌工序、中间品质量检查

灭菌温度检查:在灭菌柜内选择任意位置的立面或水平面按梅花点格局向5个药液瓶插入留点温度计(留点温度计精度应校准一致),灭菌过程完毕,取出5支留点温度计,其温差不得超过0.5℃。

细菌检查:按《中国药典》规定的方法做细菌培养试验,试验结果达到药典规定的质量标准。

热原试验:热原试验需在灭菌后进行。

6. 澄明度检查(人工灯检)　其方法是采用 20W 日光灯,其下设置一面不反光的黑色背景,并在底部或一侧有不反光的白色背景。产品放在灯光下用肉眼观察内部澄明度情况,也有通过放大镜进行目测的。灯检工序设在生产线上,检验结果应符合药典的规定。

7. 贴签机　一般用真空转鼓式贴签机。优点是贴签速度快,可达 6 000～8 000 瓶 /h;自带打印批号和生产日期装置;贴签位置高低一致。

ER12-2　第十二章　目标测试

（贲永光）

第十三章　药品包装及设备

包装（packaging）为在流通过程中保护产品，方便储运，促进销售，按一定的技术方法所用的容器、材料和辅助物等的总体名称；也指为达到上述目的在采用容器、材料和辅助物的过程中施加一定技术方法等的操作活动。药品包装（medicine packaging）是指用适当的材料或容器，利用包装技术对药物制剂的半成品或成品进行分（灌）、封、装、贴签等操作，为药品提供品质保证、鉴定商标与说明的一种加工过程的总称。药品的包装是药品生产过程中的重要环节。药品作为一种特殊商品，要求其生产出来的产品必须采用适当的材料、容器进行包装，从而在运输、保管、装卸、供应和销售过程中均能保护药品的质量。

药品包装的目的：保护药品；便于贮存、装卸、运输、销售；美化和宣传商品；合理的包装设计，可以降低运输和管理费用；方便消费者携带、使用等。此外，药品包装还要满足防潮、防霉、防冻、防热、避光等要求。

为了加强对药品包装的管理，我国在 2001 年出台了《药品包装、标签规范细则（暂行）》，2003 年出台了《关于加强中药饮片包装监督管理的通知》，2004 年出台了《直接接触药品的包装材料和容器管理办法》和《关于加强药品组合包装管理的通知》，2006 年出台了《药品说明书和标签管理规定》。2010 年修订的《药品生产质量管理规范》的"第六章物料与产品"项下的"第四节包装材料"，对药品包装有着详细的规定。

第一节　药品包装的分类与功能

药品的包装可以概括为两个方面：一是包装药品所用的物料、容器及辅助物；二是指药品包装的操作过程，包括包装方法和包装技术。但有些药品包装属于药品生产环节，而不属于药品包装环节，如无菌灌装操作。

一、药品包装的分类

药品的剂型和种类众多，需要采用不同的包装材料、容器和包装形态。根据不同的目的和要求可划分为不同类型。

1. **按照药品使用对象分类**　医疗用包装、市场销售包装、工业用包装等。
2. **按照使用方法分类**　单位包装（一次用量为单位）、批量包装。
3. **按照包装形态分类**　铝塑泡罩包装、玻璃瓶包装、软管、袋装等。

4. 按照包装层次及次序分类 内包、中包、大包等。

5. 按照包装材料分类 纸质材料包装、塑料包装、玻璃容器包装、金属容器包装等。

6. 按照包装技术分类 防潮包装、避光包装、灭菌包装、真空包装、充惰性气体包装、热收缩包装、热成型包装等。

7. 按照包装方法分类 充填法包装、灌装法包装、裹包法包装、封口包装。

二、药品包装的功能

药品包装是药品生产的延续，是对药品施加的最后一道工序。一个药品，从原料、中间体、成品、包装到使用，要经过生产和流通两个领域，药品包装在中间起到了桥梁的作用。药品包装作用可概括为保护、使用、流通和销售四大功能。

1. 药品包装的保护功能 合适的药品包装对于药品的质量起到了关键性的保护作用，其主要表现在三个方面：稳定性、机械性和防替换性。

（1）稳定性（stability）：药品包装必须保证药品在整个有效期内药效的稳定性，防止有效期内药品变质。

（2）机械性（protection）：防止药品在运输、贮存过程中受到破坏。药品运输和贮存过程中会受到堆压、冲击、振动，可能造成药品的破坏和散失。药品外包装应当具有一定的机械强度，起到防震作用。

（3）防替换性（prevent substitution）：采用具有识别标志或结构的包装，如采用封口、封堵、封条，或使用防盗盖、瓶盖套等，采用一些一旦开启就无法恢复原样的包装设计来达到防止有人故意替换药品的目的。

2. 药品包装的使用功能 包装不仅要做到可供患者方便使用，更要做到让患者安全使用，如避免在包装上使用带有尖刺、锋利的薄边或细环等不恰当设计，尤其是针对儿童使用的包装设计。

3. 药品包装的流通功能 药品的包装要保证药品从生产企业经由贮运、装卸、批发、销售到患者手里的流通全过程，均能符合其出厂标准。例如以方便贮运为目的的集合包装、运输包装，以方便销售为目的的营销包装，以保护药品为目的的防震包装、隔热包装等。

4. 药品包装的销售功能 药品包装是展现药品的商品属性的重要载体，便于患者识别和选购，特别是患者可以自行购买的药品。一些特殊的包装设计，有利于药品的宣传和推广。

此外，药品包装还有标示性功能。药品管理法规对不同的药品标识有专门的规定，比如特殊药品（麻醉药物、精神药物、放射性药物和医疗用毒性药物）、非处方药（甲类和乙类）、外用药品。

第二节 药品包装材料的分类与功能

药品包装材料（简称"药包材"）按使用方式，可分为Ⅰ、Ⅱ、Ⅲ类：Ⅰ类药包材指直接接触药品且直接使用的药包材、容器；Ⅱ类药包材指直接接触药品，经清洗后需要消毒灭菌的药包材、容器；Ⅲ类药包材指Ⅰ、Ⅱ类以外其他可能直接影响药品质量的药品包装用材料、容器。按材料组成，药包材可分为金属、玻璃、塑料、橡胶及上述成分的组合（如药品包装用复合膜）等。按照所使用的形状可分为瓶、片、膜、袋、塞、盖及辅助用途等类型。常用药用包装材料、容器的适用范围如表13-1所示。

表 13-1 常用药用包材、容器适用范围

常见制剂形式	常用药用包材、容器名称	材料
注射剂（≥50mL）	塑料瓶（膜、袋）、玻璃瓶	聚丙烯、聚氯乙烯、共挤膜、玻璃等
注射剂（<50mL）、粉针	安瓿、西林瓶	玻璃
片剂、胶囊、丸剂	铝塑泡罩、复合双铝包装	PVC膜、铝箔
口服液、糖浆剂、混悬剂等	玻璃管制口服液瓶、塑料瓶	玻璃、塑料
滴眼剂、滴鼻剂、滴耳剂	药用滴剂瓶	聚酯树脂、聚氯乙烯、高压聚乙烯等
软膏剂	塑料药用软管、铝塑复合药用软管、药用铝软管	铝、聚乙烯等
原料药	药用铝瓶、纸桶、复合铝箔袋、塑料袋	铝、纸、聚乙烯

药品包装容器按密封性分为密闭容器、气密容器及密封容器三类。其密封性对比如下：

（1）密闭容器：防止液体、气体或其他物质经由裂缝或小孔以及接合处倾泄或进入的过程。常用材料为纸箱、纸袋等。

（2）气密容器：可防止固体异物、液体侵入。常用材料为塑料袋、玻璃瓶等。

（3）密封容器：完全封闭的状态，不允许任何气体流入或流出，保持内部环境稳定。常用材料为玻璃制密封瓶（安瓿、西林瓶等）。

药品包装材料的选择原则应符合对等性、适应性与协调性、美学性、相容性和无污染五大原则。

（1）对等性原则：选择包装材料时除了考虑保证药品质量外，还要考虑药品的性质和相应的价值，既不能出现过度包装，也不能出现高价药低档包装。

（2）适应性与协调性原则：即药品的包装应与该包装所承担的功能相协调。药品包装要保证药品在整个有效期内药效稳定，包装材料要满足药品对其包装的需求。

（3）美学性原则：药品的包装设计符合美学要求。通过不断改进、完善、美化产品，以满足消费者的审美需求，可提高商品交换价值，增强竞争力，促进销售。

（4）相容性原则：药品的包装材料要与药品具有相容性。包括物理相容、化学相容和生物相容。选用的包装材料要经过大量的实验验证，确保对药品无影响、对人体无害。

（5）无污染原则：要求不仅要重视包装保护药品的功能，还要关注材料一经使用后，后续处理的问题。使用可降解的药品包装材料是选择的重要原则之一。

一、药用玻璃容器

药用玻璃容器是直接接触药品的包装容器。根据 2021 年中国医药包装协会发布的《药用玻璃容器分类和应用指南》,各类药用玻璃容器的分类和适用范围如下:

(1)按材质分:石英玻璃、硼硅玻璃、铝硅玻璃和钠钙玻璃。石英玻璃具有耐高温、耐酸碱腐蚀、热稳定好、透光性好等优点,用于包装对金属离子敏感的药品;硼硅玻璃具有较高的化学稳定性和热稳定性,在药品包装中应用广泛;铝硅玻璃制成的玻璃容器经表面强化处理后具有较高的机械强度;钠钙玻璃具有一定的化学稳定性和热稳定性,一般适用于对玻璃侵蚀较弱的药品包装。

(2)按玻璃内表面耐水性分:Ⅰ类玻璃、Ⅱ类玻璃、Ⅲ类玻璃。Ⅰ类玻璃具有高耐水性,适用于大多数的注射类和非注射类药物的包装;Ⅱ类玻璃经过中性化处理达到高耐水性,适用于大多数酸性和中性注射类和非注射类药物产品的包装;Ⅲ类玻璃未经过中性化处理,具有中等耐水性,适用于非注射类药物产品的包装,注射类产品需经合适的稳定性数据证明其适用。

(3)按遮光性能分:有色和无色两种。有色玻璃具有遮光性能,如棕色玻璃,适用于有遮光要求药品的包装。

(4)按成型工艺分:管制瓶和模制瓶。管制药用玻璃容器有管制注射剂瓶(西林瓶)、安瓿、笔式注射器套筒(卡式瓶)、预灌封注射器针管、管制口服液瓶、管制药瓶等,二次成型的生产工艺,壁厚均匀,一般适用于小容量制剂的包装。模制的药用玻璃容器有输液瓶、注射剂瓶(西林瓶)及药瓶等,一次成型的生产工艺,表面性能均一性较好,产品的规格范围较大,可用于小容量制剂包装,也可用于大容量制剂的包装。

(5)按成型后表面处理分:为改善某些性能在成型后进行表面处理的药用玻璃容器,可分为中性化处理、硅化处理、二氧化硅镀膜处理、化学强化处理、冷端涂层和热端涂层等容器。通过中性化处理,降低了玻璃内表面的碱金属离子浓度,改进和提高玻璃容器内表面的耐水性。通过硅化处理,增加了玻璃容器内表面的憎水性能和润滑性,可减少药液的挂壁残留,有利于活塞在玻璃针管中的滑动性。二氧化硅镀膜处理通过离子脉冲化学沉积法在玻璃容器内表面形成致密的二氧化硅镀层,可以增加玻璃成分迁移的阻隔性,减少浸出物。冷端涂层或热端涂层是通过对容器外表面涂层,可减少表面摩擦系数,防止划伤,保护玻璃容器的外表面,提高玻璃容器的强度。通过化学强化处理,可以显著提高玻璃容器的机械强度,减少玻璃容器的破碎。

(6)按形制分:药用玻璃容器按形制分为安瓿、注射剂瓶(西林瓶)、输液瓶、预灌封注射器、笔式注射器用玻璃套筒(卡式瓶)、管制口服液瓶、玻璃药瓶。安瓿采用熔封工艺,密封性良好,单一组件的包装系统,便于开启使用,一般用于水针制剂包装。注射剂瓶需用胶塞及组合盖或铝盖密封,适用于小容量注射液的包装。输液瓶需用胶塞及组合盖或铝盖密封,一般用于大容量的注射液的包装。预灌封注射器与不锈钢针、护帽、活塞和推杆等组成的密闭系统,同时具有储存药物和注射的功能,可减少药液从玻璃包装容器到针筒的转移过程,减少药液残留,降低注射中的二次污染风险,使用便利,属于免洗免灭药包材,常用于价值较高药品的包装,更有利于急救药品的使用。笔式注射器用玻璃套筒(卡式瓶)玻璃珠、活塞、垫片和铝盖组成的密闭系统用于笔式注射器,具有储存药物和便于注射的功能,可减少药液从玻璃包装容器到针筒的转移过程,减少药液残留,降低注射中的二次污染风险,使用便利、携带方便,常用于可分次精准控制注射剂用量的制剂。管制口服液瓶与橡胶垫片、组合盖或错盖密封,透明、易消毒、耐灭菌、耐侵蚀、密封性好,一般用于单剂量口服制剂的包装。玻璃药瓶与橡胶垫片、塑料盖或铝盖密封,一般用于口服制剂、外用制剂的包装,便于灌装,方便开启,形制多样;或与药用喷雾泵密封可用于吸入或喷雾单剂量或多剂量制剂的包装,用药方便,避免使用时药物污染。

二、高分子材料

1. 聚烯类材料 常用的聚烯类材料有聚乙烯(PE)、聚氯乙烯(PVC)、聚偏二氯乙烯(PVDC)和聚丙烯(PP)等。

聚乙烯(PE):阻隔性好,透明,无毒性,加工适应性较好,吸水性小,耐寒性强。

聚氯乙烯(PVC):相容性良好,易于成型和密封,价格低廉,透明度、阻隔性和机械强度基本上可以满足药品包装的要求,但阻隔水蒸气能力和热稳定性较差。

聚丙烯(PP):是常用塑料中唯一能在水中煮沸和在130℃消毒的塑料,拉伸强度好,但耐寒性和透明性较差。

聚偏二氯乙烯(PVDC):对空气中的氧气及水蒸气、二氧化碳等具有优异的阻隔性,防潮性极好,但价格昂贵,在医药包装中主要与PE、PP等制成复合薄膜用作颗粒剂和散剂等的包装袋。

2. 聚对苯二甲酸乙二醇酯(PET) 简称聚酯,在热塑性塑料中硬度最高,热稳定性和耐磨性良好,耐蠕变性和刚性强于多种工程塑料,吸水性很低,线膨胀系数小。PET作为泡罩基材或热封片材各方面性能均优于PVC,且毒性也小于PVC。

3. 新型环状烯烃共聚物包装材料(COC) 透明性高,耐热性高,光学特性和电气特性佳,吸水性和透水性低,生物相容性佳,溶出物少,但自身容易碎裂,需要与PP或聚三氟氯乙烯(PCTFE)复合。COC易成型,是热封合泡罩包装或冷成型铝塑复合的理想替代品。

三、金属材料

包装用金属材料常用的有铁质包装材料、铝质包装材料。容器形式多为桶、罐、管、筒。

铁:分为镀锡薄钢板、镀锌薄钢板等。镀锡板俗称马口铁,为避免金属进入药品中,容器内壁常涂覆保护层,多用于药品包装盒、罐等。镀锌板俗称白铁皮,是将基材浸镀而成,多用于盛装溶剂的大桶等。

铝:铝由于易于压延和冲拔,可制成更多形状的容器,广泛应用于铝管、铝塑泡罩包装与双铝箔包装等,是应用最多的金属材料。

四、纸质材料

纸是使用最广泛的药用包装材质，可用于内、中、外包装。目前用于药品包装盒的纸板，主要有以新鲜木浆为原料的白卡纸、以回收纸浆为原料的白底白板纸和灰底白板纸。

五、复合膜材

复合膜是指由各种塑料与纸、金属或其他材料通过层合挤出贴面、共挤塑料等工艺技术将基材结合在一起形成的多层结构的膜。其具有防尘、防污、隔阻气体、保持香味、防紫外线等功能。

任何一种包装材料均不能达到以上所有功能，而将其复合后，则基本上可以满足药品包装所需的各种要求。但是复合膜同时也有难以回收、易造成污染的缺点。

外层包装主要由纸、玻璃纸、铝箔等组成，要求具有较好耐热性、尺寸稳定性和印刷性能。内层包装用的软包复合薄膜主要由聚丙烯、聚乙烯、软聚氯乙烯等材质组成，要求具有良好的耐热性和卫生性。

双向拉伸聚丙烯（BOPP）膜：透明性良好、耐热性良好、阻断性良好，用于复合膜的外层，常用热封性良好的低密度聚乙烯（LDPE）、乙烯 - 醋酸乙烯共聚物（EVA）、乙烯 - 丙烯酸乙酯树脂（EEA）、乙烯 - 丙烯酸共聚物（EAA）或铝箔复合，提高复合膜的刚度和机械性能。

流延聚丙烯（CPP）膜：热封性良好，多用于复合包装袋的内层，也可先用真空镀铝再与双向拉伸聚丙烯膜（BOPP）、聚对苯二甲酸乙二醇酯（PET）等复合。

聚酯（PETP）膜：刚性和机械强度高，耐热性极高，耐药性良好，气密性和保香性良好，是常用的阻透性复合薄膜基材之一。

聚偏二氯乙烯（PVDC）膜：阻隔性能优于其他材料，可作为聚丙烯薄膜的防潮涂层。

镀铝膜：在高真空状态下铝的蒸气沉淀堆积在各种基膜上形成的光亮金属色彩的薄膜，目前广泛使用的有 PETP、CPP、PE 真空镀铝膜。它既具有塑料薄膜的特性，又具有金属的特性，是一种廉价美观、性能优良、实用性强的包装材料。

聚氯乙烯 / 聚乙烯复合硬片：PVC/PE 复合硬片可用于口服液的包装，用来替代玻璃瓶。

复合膜的表示方法为：表层 / 印刷层 / 黏合层 / 铝箔 / 黏合内层（热封层），常见的包装材料英文符号见表 13-2。典型复合材料的结构和特点见表 13-3。

表 13-2　常用包材材料英文缩写

中文名称	英文缩写	中文名称	英文缩写
聚对苯二甲酸乙二醇酯	PET	胶黏剂	AD
玻璃纸	PT	铝	Al
聚乙烯	PE	双向拉伸聚酰胺	BOPA
聚偏二氯乙烯	PVDC	流延聚丙烯	CPP
聚四氟乙烯	PTFE	环状烯烃共聚物	COC
聚苯乙烯	PS	干式复合	DL
聚酰胺	PA	天然橡胶	NR

表 13-3　典型复合材料结构与特点

产品种类	典型结构	生产工艺	产品特点
普通复合膜	PET/DL/Al/PE、PET/AD/PE/Al/DL/PE	干法复合或先挤后干复合法	良好的印刷适应性,良好的气体、水分隔阻性
条状易撕包装	PT/AD/PE/Al/AD/PE	挤出复合	良好的易撕性,良好的气体、水分阻隔性,良好的降解性
纸铝塑包装	纸/PE/Al/AD/PE	干法复合	良好的印刷适应性,较好的挺度,良好的气体、水分隔阻性,良好的降解性
高温蒸煮	透明结构 BOPA/CPP 或 PET/CPP;不透明结构 PET/Al/CPP 或 PET/Al/NY/CPP	干法复合	基本能杀死包装内所有细菌;可常温放置,无须冷藏;有良好的水分、气体阻隔性,耐高温蒸煮,高温蒸煮膜可以里印,具有良好的印刷性能。

第三节　药品包装设备

药品包装设备在国家标准《制药机械产品分类及编码》(GB/T 28258—2012)中,属于制药机械产品中的 06 类。其中 0601 为药品直接包装机械,包括药片印字机、胶囊印字机、理瓶机等;0602 为药品包装物外包装机械,包括说明书折叠机、多功能折纸机、连续插舌装盒机等;0603 为药包材制造机械,包括立式安瓿制造机、卧式安瓿制造机、管制瓶制造机;0699 其他药品包装机械,包括其他药品包装机械产品。

一、泡罩包装机

热成型包装机是指在加热条件下,对热塑性片状包装材料进行深冲形成包装容器,然后进行充填和封口的机器。以泡罩包装机为代表的热成型包装机是目前应用最广泛的药用包装设备。在热成型包装机上能分别完成包装容器的热成型、包装物料的定量和充填、包装封口、裁切、修整等工序。其中热成型是包装的关键工序,此工序中片材历经加热、拉伸成型、冷却、定型并脱模,成为包装物品的装填容器。热成型包装的形式多样,一般制药业较常用的方式有托盘包装、软膜预成型包装、泡罩包装。目前制药业应用最广泛的包装形式为泡罩包装(press through packaging, PTP)。

1. **泡罩包装的结构形式**　泡罩包装是将一定数量的药品单独封合的包装。底面采用具有足够硬度的某种材质的硬片,如可以加热成型的聚氯乙烯胶片,或可以冷压成型的铝箔等。上面是覆盖一层表面涂敷热熔黏合剂的铝箔,并与下面的硬片封合构成密封的包装。泡罩包装使用时,只需用力压下泡罩,药片便可穿破铝箔而出,故又称其为穿透包装;又因为其外形像水泡,又被俗称为水泡眼包装。

2. **泡罩包装的材料**　目前市场上最常见的为铝塑泡罩包装。其具有的独特泡罩结构,包装后的成品可使药品互相隔离,即使在运输过程中药品之间也不会发生碰撞,同时其包装板块尺寸小,方便携带和服用,且只有在服用前才需打开最后包装,使用更加安全,可避免患者用药过程造成的污染。此外,还可根据需要在板块表面印刷与产品有关的文字,以防止用药混乱,深受患者欢迎。

常见的板块规格有:35mm×10mm、48mm×110mm、64mm×100mm、78mm×56.5mm 等。每个板块上药品的粒数和排列,可根据板块尺寸、药片尺寸和服用量决定,也可取决于药厂的特殊需求。每板块排列的泡罩数大多为:10 粒、12 粒、20 粒,在每个泡罩中的药粒数为 1 粒,也可以根据需要增加数量。

(1)硬片:可作为泡罩包装用的硬质材料有纤维素、聚苯乙烯、乙烯树脂、聚氯乙烯、聚偏二氯乙烯、聚酯等。目前最常用的是硬质聚氯乙烯薄片。药品包装对其原料具有较高要求,透明度和光泽感要好,卫生要求高,所有原料无毒。

聚氯乙烯薄片的厚度一般为 0.25~0.35mm,因为其质地较厚,硬度较高,故常称其为硬膜,对泡罩包装成型后的机械强度起到决定性作用。其厚度是影响包装质量的关键因素。

此外,常用泡罩包装用复合塑料硬片还有 PVC/PVDC/PE、PVDC/PVC,PVC/PE 等。若包装对阻隔性和避光性有特别要求,还可采用塑料薄片与铝箔复合的材料,PET/Al/PP、PET/Al/PE 等复合材料。

(2)铝箔:铝箔通常有四类,分别为可触破式铝箔、剥开式铝箔、剥开 - 触破式铝箔、防伪铝箔。

1)可触破式铝箔:是最广泛应用的覆盖铝箔,其表面带有 0.02mm 厚的涂层,由纯度为 99% 的电解铝压延而制成。

目前铝箔是泡罩包装首选的金属材料,尤其是我国,在药品包装方面使用的泡罩包装铝箔,只有可触破式铝箔这一种形式。其具有三大优点:①压延性好,可制得极薄、密封性又好的包裹材料;②高度致密的金属晶体结构,无毒无味,有优良的遮光性,有极高的防潮性、阻气性和保味性,能最有效地保护被包装物;③铝箔光亮美观,极薄,稍锋利的锐物可轻易撕破。

可触破式铝箔可以是硬质也可以是软质,厚度一般从 15μm 到 3μm,其基本结构为保护层 / 铝箔 / 热封层,可以和聚氯乙烯(PVC)、聚丙烯(PP)、聚对苯二甲酸乙二醇酯(PET)、聚苯乙烯(PS)和聚乙烯(PE)及其他复合材料等封合覆盖泡罩,具有非常好的气密性。

2)剥开式铝箔:剥开式铝箔的气密性与可触破式铝箔基本一样,区别在于其与底材的热封强度不是太高而易于揭开,此外它只能使用软质铝箔制造的复合材料,而不能使用硬质材料。其基本结构为:纸 /PET/Al/ 热封胶层、PET/Al/ 热封胶层、纸 /Al/ 热封胶层等,其热封强度没有最低值要求,适合于儿童安全包装以及一些怕受压力的包装物品。

3)剥开 - 触破式铝箔:这种包装主要用于儿童安全保护,同时也便于老年人的开启。开启的方式是先剥开铝箔上的 PET 或纸 /PET 复合膜,然后触破铝箔取得药品,其基本结构为:纸 /PET/ 特种胶 /Al/ 热封胶层、PET/ 特种胶 /Al/ 热封胶层。美国和德国的泡罩包装大多要求采用这种铝箔,用于儿童安全包装。

4)防伪铝箔:防伪铝箔除了双面套印铝箔外,还在铝箔表面进行了特殊的印刷、涂布和转移了特殊物质,或者其铝箔本身经机械加工而制成特殊形式的泡罩包装铝箔,从而达到防伪目的,故称为防伪铝箔。防伪铝箔总体可分为油墨印刷防伪、激光全息防伪、标贴防伪和版式防伪等,通过防伪铝箔的使用,可使药厂的利益得到一定的保护。但目前我国药厂使用极少,是未来泡罩包装发展方向。

3. 药用铝塑包装机工艺流程　泡罩包装根据其所采用的材料不同,分为铝塑泡罩包装、双铝泡罩包装两类。药用铝塑泡罩包装机又称为热塑成型铝塑泡罩包装机。常用的药用铝塑泡罩包装机共有三类,分别是:辊筒式铝塑泡罩包装机、平板式铝塑泡罩包装机、辊板式铝塑泡罩包装机。三者的工作原理一致,以平板式铝塑泡罩包装机为例:一次完整的包装工艺至少需要完成①PVC 硬片输送;②加热;③泡罩成型;④加料;⑤盖材印刷;⑥压封;⑦批号压痕;⑧冲裁共 8 项工艺过程。作原理如图 13-1 所示。

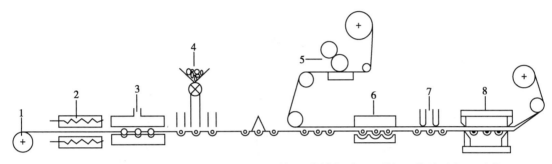

1. PVC 硬片输送;2. 加热;3. 泡罩成型;4. 加料;5. 盖材印刷;6. 压封;7. 批号压痕;8. 冲裁

图 13-1　铝塑泡罩包装机工作原理示意图

工艺流程:首先需在成型模具上加热硬片,使 PVC 硬片变软,再利用真空或正压将其吸塑或吹塑成型,形成与待装药品外形相近的形状和尺寸的凹泡,再将药品充填于泡罩中,检整后以铝箔覆盖,用压辊将无凹泡处的塑料片与贴合面涂有热熔胶的铝箔加热挤压黏结成一体,打印批号,然后根据药物的常用剂量(如按一个疗程所需药量),将若干粒药物切割成一个四边圆角的长方形,剩余边材可进行剪碎或卷成卷,供回收再利用,即完成铝塑包装的全过程。

铝塑泡罩包装机主要有七大机构,结构原理如下:

(1)PVC 硬片步进机构:泡罩包装机多以具有和泡罩一致凹陷的圆辊或平板,作为其带动硬塑料前进的步进机构。现代的泡罩包装机设置若干组 PVC 硬片输送机构,使硬片通过各工位,完成泡罩包装工艺。

(2)加热:凡是以 PVC 为材质的硬片,必须采用加热成型法。其成型的温度范围为 110~130℃,在此温度范围内 PVC 硬片才可能具有足够的热强度和伸长率。过高或过低的温度对热成型加工效果和包装材料的延展性必定会产生影响,要求必须严格控制温度。

按热源的不同,泡罩包装机的加热方式可分为热气流加热和热辐射加热两类。

热气流加热:用高温热气流直接喷射到被加热塑料薄片表面进行加热,这种方式加热效率不高,而且不够均匀。

热辐射加热:是利用远红外线加热器产生的光辐射和高温来加热塑料薄片,加热效率高,而且均匀。

根据加热方式的不同,泡罩包装机的加热方式亦可分成间接加热和传导加热两类。

间接加热：系指利用热辐射将靠近的薄片进行加热。其加热效果透彻而均匀，但速度较慢，对厚薄材料均适用。一般采用可被热塑性包装材料吸收的波长为 3.0～3.5μm 的红外线进行加热，其加热效率高，而且均匀，是目前最理想的加热方式。

传导加热：又称接触加热、直接加热。将 PVC 硬片夹在成型模与加热辊之间，薄片直接与加热器接触。加热速度快，但不均匀，适于加热较薄的材料。

（3）成型机构：成型是泡罩包装过程的重要工序。泡罩成型的方法有四种：吸塑成型、吹塑成型、冷轧成型冲压辅助吹塑成型，其原理如图 13-2 所示。

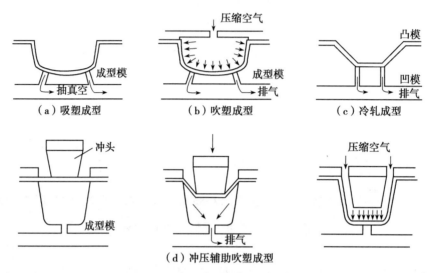

图 13-2　泡罩成型机构原理示意图

1）吸塑成型：又称为真空负压成型，系指利用抽真空将加热软化了的薄膜吸入成型模的泡窝内成一定几何形状，从而完成泡罩成型的一种方法。吸塑成型一般采用辊式模具，模具的凹槽底设有吸气孔，空气经吸气孔迅速抽出。其成型泡罩尺寸较小，形状简单，但是因采用吸塑成型，导致泡罩拉伸不均匀，泡窝顶和圆角处较薄，泡易瘪陷。

2）吹塑成型：又称为压缩空气正压成型，系指利用压缩空气（0.3～0.6MPa）的压力，将加热软化的塑料吹入成型模的泡窝内，形成所需要的几何形状的泡罩。模具的凹槽底设有排气孔，当塑料膜变形时，膜模之间的空气经排气孔迅速排出。其设备关键是加热装置一定要正对着对应模具的位置上，才能使压缩空气的压力有效地施加到因受热而软化的塑料膜上。正压成型的模具多制成平板形，在板状模具上开有行列小矩阵的凹槽作为步进机构，平板的尺寸规格可根据药厂的实际要求而确定。

3）冷轧成型：又称凸凹模冷冲压成型，当采用金属材质作为硬片时（如铝），因包装材料的刚性较大，可采用凸凹模冷冲压成型方法，将凸凹模具合拢，将金属膜片进行成型加工，凸凹模具之间的空气由成型凹模的排气孔排出。

4）冲压辅助吹塑成型：系指借助冲头将加热软化的薄膜压入凹模腔槽内，当冲头完全进入时，通入压缩空气，使薄膜紧贴模腔内壁，完成成型工艺。应注意冲头尺寸大小是重要的参数，一般说来其尺寸应为成型模腔的 60%～90%。恰当的冲头形状尺寸、推压速度和距离，可以获得壁厚均匀、棱角挺实、尺寸较大、形状复杂的泡罩。另外，因为其所成泡罩的尺寸较大、形状较为奇特,所以它的成型机构一般都为平板式而非圆辊式。

（4）充填与检整机构:充填即向成型后的泡罩窝中充填药品。常用的加料器有三种形式:行星轮软毛刷推扫器、旋转隔板式加料器和弹簧软管加料器。检整多利用人工或光电检测装置,在加料器后边及时检查药品充填情况,必要时可以人工补片或拣取多余的丸粒。

1）行星轮软毛刷推扫器:此结构特别适合片剂和胶囊充填。其是利用调频电机带动简单行星轮系的中心轮,再由中心轮驱动 3 个下部安装有等长软毛刷的等径行星轮作既有自转又有公转的回转运动,将制剂推入泡罩中。行星轮软毛刷推扫器是应用最广泛的一种充填机构,其结构简单,成本低廉,充填效果好。此外,落料器的出口有回扫毛刷轮和挡板作为检整机构,防止推扫药品时撒到泡罩带宽以外。

2）旋转隔板式加料器:其又可分为辊式和盘式两种。可间歇地下料于泡窝内,也可以定速均匀铺散式下料,同时向若干排凹窝中加料。旋转隔板的旋转速度与泡窝片移动速度的匹配性是工艺操作的关键,是保证泡窝片上每排凹窝均落入单粒药品的关键机构。

3）弹簧软管加料器:常用于硬胶囊剂一类制剂的铝塑泡罩包装。软管多用不锈钢细丝缠绕而成,其密纹软管的内径略大于胶囊外径,以保证管内只容单列胶囊通过。此设备运行的关键在于要时刻保证软管不发生曲率较大的弯曲或死角折弯,要能保证胶囊类的制剂在管内通畅运动。其物料的运行是依靠设备的振动,使胶囊依次运行到软管下端出口处,再依靠出管的棘轮间歇拨动卡簧的启闭进行充填,并保证每次只放出 1 粒胶囊。

（5）封合机构:首先将铝箔膜覆盖在充填好药品的成型泡罩之上,再将承载药品的硬片和软片封合。其原理为通过内表面加热,然后加压使其紧密接触,利用熔融的胶液形成完全热封。此外为了确保压合表面的密封性,一般都以菱形密点或线状网纹封合。

热封机构共有两种形式:辊压式和板压式。辊压式结构原理如图 13-3 所示,板压式结构原理如图 13-4 所示。

1）辊压式:又称连续封合。系指通过转动的两辊之间的压力,将封合的材料紧密结合的一种封合方式。在伴随加热的同时完成压力封合。封辊的圆周表面布有网纹以使其结合更

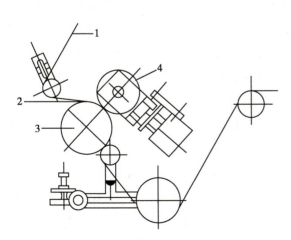

1. 铝箔; 2. PVC 泡窝片; 3. 主动辊; 4. 热压辊

图 13-3 辊压式结构原理示意图

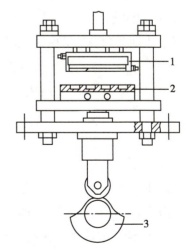

1. 上热封板; 2. 下热封板; 3. 凸轮机构

图 13-4 板压式结构原理示意图

加牢固。封合辊由两种轮组成，一种为无动力驱转的从动热封辊，另一种是有动力驱转的主动辊。从动热封辊可在气动或液压缸的控制下产生一定摆角，从而与主动辊接触或脱开，其与主动辊靠摩擦力作纯滚动。两辊间接触面积很小，属于线性接触，其单位面积受到的压力极大即相同压力下压强高，因此当两材料进入两辊间，边压合边牵引，较小的压力即可得到优良的封合效果。

2）板压式：系指两个板状的热封板与到达封合工位的封合材料表面相接触，将其紧密压在一起进行封合，然后迅速离开完成工艺的一种封合方式。板式模具热封包装成品比辊式模具的成品平整，但由于封合面积比辊式热封面积大得多，造成单位压强较小，故封合所需的压强比辊压式大得多。

此外，现代化高速包装机的工艺条件，不可能提供很长的时间进行热封，如果热封时间太短，则黏合层与 PVC 胶片之间就会热封不充分。为此一般推荐的热封时间不少于1秒。再者要达到理想的热封强度，就要设置一定的热封压力。如果压力不足，不仅不能使产品的黏合层与 PVC 胶片充分贴合热封，甚至会使气泡留在两者之间，达不到良好的热封效果。

（6）压痕与冲裁机构：压痕包括打批号和压易折痕。我国行业标准中明确规定"药品泡罩包装机必须有打批号装置"。打批号可在单独工位进行，也可以与热封同工位进行。

为了多次服用时分割方便，单元板上常冲裁出易折裂的断痕，用手即可掰断。将封合后的带状包装成品冲裁成规定的尺寸，则为冲裁工序。无论是纵裁还是横裁，都要尽可能地节省包装材料，尽量减少冲裁余边或者无边冲裁，并且要求成品的四角裁成圆角，以便安全使用和方便装盒。冲裁下成品板块后的边角余料如果仍为网格带状，可利用废料辊的旋转将其收拢，或剪碎处理。

（7）其他机构

1）铝箔印刷：铝箔印刷是在专用的铝箔印刷涂布机械上进行，因为它是通过印刷辊表面的下凹表而来完成印刷文字或图案，所以又称为凹版印刷。它是将印版辊筒通过外加工制成印版图文，图文部分在辊筒铜层表面上被腐蚀成墨孔或凹坑，非图文部分则是辊筒铜质表面本身。印版辊筒在墨槽内转动，在每一个墨孔内填充以稀薄的油墨，当辊筒转动从表面墨槽中旋出时，上面多余的油墨由安装在印版辊筒表面的刮墨刀刮去。印版辊筒旋转与铝箔接触时，表面具有弹性的压印辊筒将铝箔压向印版辊筒，使墨孔的油墨转移到铝箔表面，便完成了铝箔的印刷工作。在印刷中所使用的主要原材料是药用铝箔专用油墨及溶剂材料和铝箔涂布用黏合剂材料。

2）冷却定型装置：为了使热封合后铝箔与塑料平整，往往采用具有冷却水循环的冷压装置将两者压平整。

4. 铝塑泡罩包装机结构与工作原理 泡罩式包装机根据自动化程度、成型方法、封接方法和驱动方式等不同可分为多种机型。按照结构形式将其分成三类：辊筒式、平板式和辊板式。三种铝塑泡罩包装机的结构特点如图 13-5、图 13-6、图 13-7 所示，三者结构对比见表 13-4。

5. 双铝泡罩包装机 有些药物对避光要求严格，可采用两层铝箔包封（称为双铝包装），

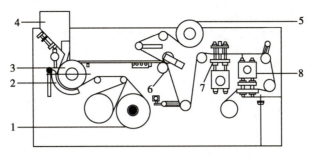

1. PVC 硬片输送；2. 加热；3. 泡罩成型；4. 加料；5. 铝箔；
6. 压封；7. 批号压痕；8. 冲裁

图 13-5　辊筒式铝塑泡罩包装机结构示意图

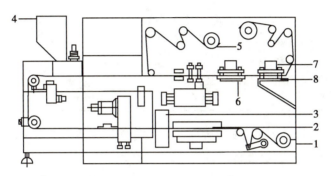

1. PVC 硬片输送；2. 加热；3. 泡罩成型；4. 加料；5. 铝箔；6. 压封；7. 批号压痕；8. 冲裁

图 13-6　平板式铝塑泡罩包装机结构示意图

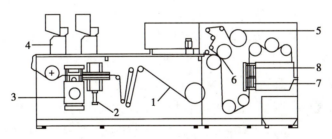

1. PVC 硬片输送；2. 加热；3. 泡罩成型；4. 加料；5. 铝箔；6. 压封；7. 批号压痕；8. 冲裁

图 13-7　辊板式铝塑泡罩包装机结构示意图

即利用一种厚度为 0.17mm 左右的稍厚的铝箔代替塑料（PVC）硬膜，使药物完全被铝箔包裹起来。

利用这种稍厚的铝箔时，由于铝箔较厚，具有一定的塑性变形能力，可以在压力作用下，利用模具形成泡罩。此机的成型材料为冷成型铝复合膜，泡罩是利用模具通过机械方法冷压成型而获得的，又称为延展成型或深度拉伸。

6. 热成型包装机常见问题与分析

（1）热封不良：热封后板面上产生网纹不清晰，局部点状网纹过浅甚至几近消失等现象。引起的原因是有热封网纹板、下模粘上油墨或其他废物，或热封网纹板、下模局部浅表凹陷样损伤所致。热封网纹板、下模被污染时要及时清洗，清洗时先用丙酮或者有机溶剂湿润，然后

表 13-4　三种铝塑泡罩包装机的特点对比

结构特点	辊筒式	平板式	辊板式
成型方式	辊式模具,吸塑(负压)成型	板式模具,吹塑(正压)成型	板式模具,吹塑(正压)成型
加热方式	热辐射间接加热	热传导板直接加热	热板直接加热
成型压力	<1MPa	>4MPa	>4MPa
热封	辊式热封,线接触,封合总压力较小	板式热封,面接触,封合总压力较大	辊式热封,线接触,封合总压力较小
生产能力	生产能力一般,冲裁频率45次/min	生产能力一般,冲裁频率40次/min	生产能力高,冲裁频率120次/min
泡罩特点	泡窝壁厚不均,顶部易变薄,精度不高,深度较小	泡窝成型精度高,壁厚均匀,泡窝拉伸大,深度可达35mm	泡窝成型精度高,壁厚均匀,泡窝拉伸大,深度可达35mm
结构	结构简单,同步调整容易,操作、维修方便	结构较复杂	结构复杂

用铜刷蘸以丙酮反复刷洗,不能以硬物戳剥,以免损伤平面。如热封网纹板上有毛刺,可将热封网纹板在厚平板玻璃上洒水推磨以消除毛刺,如热封网纹板、下模局部有浅表凹陷,则需要在平面磨床上磨平,一般情况热封网纹板需磨0.05mm,下模需磨0.1mm。

（2）热封后铝箔起皱:这是因为铝箔与塑片黏合不整齐而产生的现象。引起的原因通常是宽度过宽而导致不能很好结合。可采用不改变硬片的宽度,而将软片的宽边从中间裁开的方法,可有效改变这一状况。

（3）适宜压力的掌握:包装机上对吹泡成型、热封、压痕钢字部位合模处的压力要求很严格,因此在调整立柱螺母、压力、拉力螺杆的扭力时,不得随意改变扳手的力臂,以保证其扭力的一致性。或者用扭力扳手对以上螺母或螺杆给予适宜的扭力。

（4）压力与温度设定调整:关于热封合模处的压力与热封的温度设定之间的关系,是包装材料不变形的情况下,设定的温度越高越好,封合压力越低越好,这样可以减少磨损,延长机器运转寿命。

二、自动制袋包装机

制袋成型充填封口包装指将卷筒状的挠性包装材料制成袋,充填物料后,进行封口切断。常用于包装颗粒剂、片剂、粉状以及流体和半流体物料。工艺流程为直接用卷筒状的热封包装材料,自动完成制袋、计量和充填、排气或充气、封口和切断。

1. **自动制袋包装机的分类**　按包装机的外形不同,可分为立式和卧式两大类;按制袋的运动形式不同,可分为间歇和连续式两大类。立式自动制袋装填包装机又包括立式间歇制袋中缝包装机、立式连续制袋三边制袋包装机、立式双卷膜制袋包装机、立式单卷膜制袋包装机、立式分切对合成型制袋包装机等。

2. **立式连续制袋装填包装机的结构和原理**　立式连续制袋装填包装机整机包括七大部

分：传送系统、膜供送系统、袋成型系统、纵封装置、横封及切断装置、物料供给装置、电控检测系统。立式连续制袋装填包装机的结构如图13-8所示。

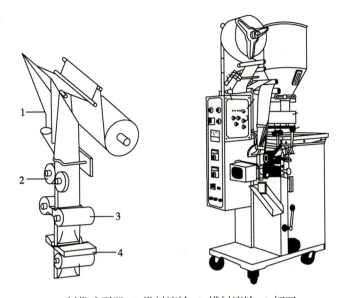

1.制袋成型器；2.纵封滚轮；3.横封滚轮；4.切刀

图 13-8　立式连续制袋装填包装机结构示意图

立式连续制袋装填包装机的机箱内安装有动力装置及传动系统，驱动纵封滚轮和横封滚轮转动，同时传送动力给定量供料器使其工作供料。卷筒薄膜在牵引力作用下，薄膜展开经导向辊（用于薄膜张紧平整以及纠偏）平展输送至制袋成型器。

（1）制袋成型器：使薄膜平展逐渐形成袋型，其设计形式多样，如三角形成型器、U 形成型器、缺口平板式成型器、翻领式成型器、象鼻式成型器。见图13-9所示。

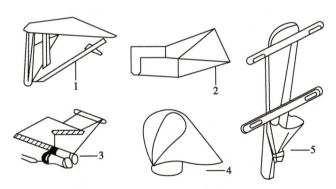

1. 三角形成型器；2.U 形成型器；3.缺口平板式成型器；4.翻领式成型器；5.象鼻式成型器

图 13-9　制袋成型器结构示意图

（2）纵封装置：依靠一对相对旋转的、带有圆周滚花的、内装加热元件的纵封滚轮的作用，相互压紧封合。后利用横封滚轮进行横封，再经切断等工序完成整个操作。

1）纵封滚轮作用：①对薄膜进行牵引输送；②对薄膜成型后的对接纵边进行热封合。这两个作用是同时进行的。

2）横封滚轮作用：①对薄膜进行横向热封合，横封辊旋转一周进行1～2次的封合动作（即当封辊上对称加工有两个封合面时，旋转一周，两辊相互压合2次）。②切断包装袋，这是在热封合的同时完成的。在两个横封辊的封合面中间，分别装嵌有刀刃及刀板，在两辊压合热封时能轻易切断薄膜。在一些机型中，横封和切断是分开的，即在横封辊下另外配置切断刀，包装袋先横封再进入切断刀进行分割。

（3）物料供料器：均为定量供料器。粉状及颗粒物料，采用量杯式定容计量；片剂、胶囊可用计数器进行计数。量杯容积可调，多为转盘式结构，内有多个圆周分布的量杯计量，并自动定位漏底，靠物料自重下落，充填到袋型的薄膜管内。

（4）其他：①电控检测系统，可以按需要设置纵封温度、横封温度以及对印刷薄膜设定色标检测数据等；②印刷、色标检测、打批号、加温、纵封和横封切断；③防空转机构（在无充填物料时薄膜不供给）。

3. 立式连续制袋装填包装机封口不牢原因排查

（1）检查热封加热器的力度大小。热封温度偏低或封口时间偏短，此时应检查和调整相应加热器的热封温度或封口时间。

（2）检查封口器的表面是否出现凹凸不平，此时应仔细修整封口器表面，或及时更换封口器。

（3）考虑是否是颗粒中粉末含量高，使袋子的表面因静电黏附粉尘而不能封合。可筛除颗粒中粉末或采用静电消除装置消除静电。

三、自动装瓶机

自动装瓶机是装瓶生产线的一部分。生产线一般包括输瓶机构、计数装置、转盘转速控制器、拧盖机构、空瓶止灌机构、封口机构、贴标机构等部分。

1. 输瓶机构 在装瓶生产线上的输瓶机构由理瓶机和输瓶轨道组成，多采用带速可调的直线匀速输送带，或采用梅花轮间歇旋转输送机构输瓶。由理瓶机送至输送带上的瓶相互具有间隔，在落料口前不会堆积。在落料口处设有挡瓶定位装置，间歇地挡住空瓶或满瓶。

2. 计数装置 目前广泛使用的数粒（片、丸）计数装置主要有两类：模板式计数和光电计数。

1）模板式计数：如图13-10所示，其外形为与水平呈30°倾角的带孔转盘，盘上以间隔扇形面相间组成，开有3～4组计数模孔（小孔的形状与待装药粒形状相同，且尺寸略大，转盘的厚度要满足小孔内只能容纳1粒药的要求），

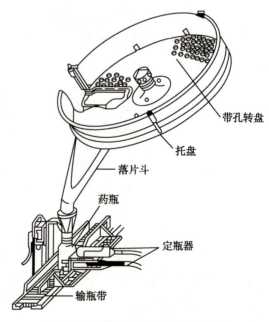

带孔转盘

托盘

落片斗

药瓶

定瓶器

输瓶带

图13-10 模板式计数器结构示意图

每组孔数即为每瓶所需的装填片剂等制剂的数量。在转盘下面装有一个固定不动、带有扇形缺口的托板,其扇形面积恰好可容纳转盘上的一组小孔。缺口下连接落片斗,落片斗下抵药瓶口。

2）光电计粒(片)装置如图 13-11 所示。是利用一个旋转平盘,将药粒抛向转盘周边,通过周边围墙开缺口处进入药粒溜道,溜道上设有光电传感器,对经过的药粒进行计数,达到设定数目时,驱动磁铁打开通道上的翻板,将药粒导入瓶中。

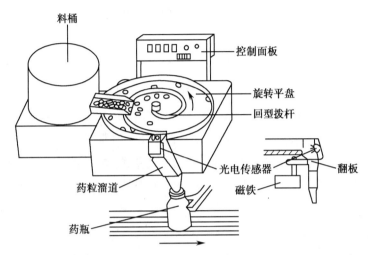

图 13-11　光电计粒(片)装置结构示意图

3. 转盘转速控制器　一般转速为 0.5～2r/min,注意检查:①输瓶带上瓶子的移动频率是否匹配;②是否因转速过快产生过大离心力,导致药粒在转盘转动时,无法靠自身重力而滚动;③为了保证每个小孔均落满药粒和使多余的药粒自动滚落,应使转盘保持非匀速旋转,在缺口处的速度要小于其他处。

4. 拧盖机构　拧盖机构在输瓶轨道旁,设置机械手将到位的药瓶抓紧,由上部自动落下扭力扳手,先衔住对面机械手送来的瓶盖,再快速将瓶盖拧在瓶口上,当旋拧至一定松紧时,扭力扳手自动松开,并回升到上停位。

5. 空瓶止灌机构　当轨道上无药瓶时,抓瓶定位机械手抓不到瓶子,扭力扳手不下落,送盖机械手也不送盖。直到机械手有瓶可抓时,旋盖头又下落旋盖。

6. 封口机构　药瓶封口分为压塞封口和电磁感应封口两种类型。①压塞封口装置:压塞封口是将具有弹性的瓶内塞在机械力作用下压入瓶口,依靠瓶塞与瓶口间的挤压变形而达到瓶口的密封。瓶塞常用的材质有橡胶和塑料等。②电磁感应封口机:电磁感应是一种非接触式加热方法,位于药瓶封口区上方的电磁感应头,内置通以 20～100kHz 频率的交变电流线圈,线圈产生交变磁力线并穿透瓶盖作用铝箔受热后,黏合铝箔与纸板的蜡层融化,蜡被纸板吸收,铝箔与纸板分离,纸板起垫片作用,同时铝箔上的聚合胶层也受热融化,将铝箔与瓶口黏合在一起。

7. 贴标机构　目前较广泛使用的标签有压敏(不干)胶标签、热黏性标签、收缩筒形标签等。剥标刀将剥离纸剥开,标签由于较坚挺不易变形而与剥离纸分离,径直前行与容器接触,经滚压后贴到容器表面。

四、辅助包装设备

辅助包装设备包括开盒机、印字机、喷码机、捆扎机等，主要应用于注射剂、口服液、糖浆剂等瓶装药品的包装工序。

1. 开盒机　开盒机的作用是将堆放整齐的标准纸盒盒盖翻开，以供安瓿、药瓶等进行贮放的设备。

其工作原理为，当纸箱到达"推盒板"位置时，光电管进行检查纸盒的个数并指挥"输送带"和"抵盒板"的动作。当光电管前有纸盒时，光电管即发出信号，指挥"推盒板"将输送带上的纸盒推送至"往复送进板"前的盒轨中。"往复送进板"作往复运动，"翻盒爪"则绕自身轴线不停地旋转。"往复推盒板"与"翻盒爪"的动作是协调同步的，"翻盒爪"每旋转一周，"往复推盒板"即将盒轨中最下面的一只纸盒推移一只纸盒长度的距离。当纸盒被推送至"翻盒爪"位置，已旋转的"翻盒爪"与其底部接触时，即对盒底下部施加了一定的压力，迫使盒底打开；当盒底上部越过弹簧片的高度时，"翻盒爪"也已转过盒底，并与盒底脱离，盒底随即下落，但其盒盖已被弹簧片卡住。随后，"往复推盒板"将此种状态的盒子推送至"翻盒杆"区域。"翻盒杆"为曲线形结构，能与纸盒底的边接触并使已张开的盒口越张越大，直至盒盖完成翻开。

2. 印字机　印字机多用于小容量注射剂的生产，一般于安瓿外表面印上药品名称、规格、生产批号、有效期和生产厂家等标记，以确保使用安全。甚至还能将印好字的安瓿摆放于已翻盖的纸盒中。安瓿印字机主要由输送带、安瓿斗、托瓶板、推瓶板和印字轮系统组成。安瓿斗与机架呈 25° 倾斜，底部出口外侧装有一对转向相反的拨瓶轮，其作用是防止安瓿在出口窄颈处被卡住，使其能顺利进入出瓶轨道。印字轮系统由 5 只不同功用的轮子组成。油墨轮上的油墨，经能转动的、具有少量轴向窜动的"匀墨轮"和"着墨轮"均匀地加到"字版轮"上，转动的"字版轮"又将其上的正字模印，反印到"印字轮"上，"印字轮"与安瓿相对滚动，字便会转印到安瓿上成为正字。

已印好字的安瓿从"托瓶板"的末端落入输送带上已经翻开盖的纸盒内，人工完成后续工作，送入下一道工序。

3. 热收缩包装设备　热收缩包装，就是利用具有热收缩性能的塑料薄膜对物料进行包裹、热封，然后让包装物品通过一个加热室，使薄膜在一定温度下受热收缩，紧贴物品，形成一个整齐美观的包装品。热收缩包装方法既可用于内包装，也可用于外包装。

在生产上应用较多的收缩薄膜有聚氯乙烯（PVC）、聚乙烯（PE）和聚丙烯（PP），其次还有聚酯（PET）、聚苯乙烯（PS）、乙烯 - 醋酸乙烯共聚物（EVA）等。各种材料的性能及应用范围可参见相关资料。

热收缩包装设备主要由两部分组成：即包装封口机及热收缩装置。包装过程的工作程序为：物品首先在包装封口机上被薄膜裹包封口，形成一个整体包装，然后再通过加热通道使薄膜收缩套紧物品，从而实现收缩包装。

4. 装箱设备　装箱与装盒的方法相似，但装箱的产品较重，体积也大，还有一些防震、加固和隔离等附件，箱坯尺寸大，堆叠起来也较重，因此装箱的工序比装盒多，所用的设备也复杂。

（1）按操作方式分类：①手工操作，把箱坯撑开成筒状，然后把一个开口处的翼片和盖片依次折叠并封合作为箱底；产品从另一开口处装入，必要时先后放入防震、加固等材料；最后用黏胶带封箱。②半自动与全自动操作，半自动操作采用间歇运动方式，取箱坯、开箱、封底均为手工操作；全自动装箱机采用连续运动方式，所有操作均由机械完成。

（2）按产品装入方式分类：①装入式装箱法，产品可以沿铅垂方向装入直立的箱内，所用的机器称为立式装箱机；产品也可以沿水平方向装入横卧的箱内或侧面开口的箱内，所用的机器称为卧式装箱机。②裹包式装箱法，将箱片进行压痕，送到裹包工位；被裹包的物料到待裹包的箱片上进行裹包。③套入式装箱法，将待包裹物品放在托盘上，将封好上口的纸箱（无下口翼片和盖片）从上套入，和托盘封闭，捆扎。本法适用质量大、体积大的贵重物品包装，在药品包装中很少用到。

5. **封条敷贴设备**　该设备主要用来将有胶质的封条贴到箱子折页接缝上来完成封箱。根据封箱时的不同要求可分为上贴、下贴和上下同贴三种。封条是单面胶质带或黏胶带，胶带不同，装置结构也不同。用胶质带时，要有浸润胶质带胶层的装置，用黏胶带时则不要浸润和加热装置，它只要将黏胶带引导粘贴到箱子最前端，随后纸箱送进时受到牵拉松展，粘贴，切断，完成箱子的封口。

6. **捆扎机械**　捆扎机械是指使用捆扎带缠绕产品和包装件，然后收紧并将两端通过热效应熔融或使用包扣等材料连接的机器。按自动化程度分，可分为全自动捆扎机、半自动捆扎机和手提式捆扎机。按设备使用的捆扎带材料分，可分为绳捆扎机、钢带捆扎机、塑料带捆扎机等。按设备使用的传动形式分，可分为机械式捆扎机、液压式捆扎机、气动式捆扎机、穿带式捆扎机、捆结机、压缩打包机等。

ER13-2　第十三章　目标测试

（杨俊杰）

第十四章　制药企业厂址选择与布局

ER14-1　第十四章
制药企业厂址选择
与布局（课件）

　　药品作为一种直接关系国计民生，与人民身体健康和生命安全息息相关的特殊商品，国家为强化对药品生产的监督管理，确保药品安全有效，要求开办药品生产企业除必须按照国家关于开办生产企业的法律法规规定，履行报批程序外，还必须具备开办药品生产企业的条件。

　　药品生产企业应有与生产品种和规模相适应的足够面积和空间的生产建筑、辅助建筑和设施。厂房与设施是药品生产企业实施 GMP 的基础，也是开办药品生产企业的一个先决条件，可以说是硬件中的关键部分。

第一节　厂址选择

　　厂址选择是指在拟建地区具体地点范围内，根据制药工业的特点及拟建制药项目所必须具备的条件，进行详细的调查和勘测，并进行多方案比较，提出推荐方案，编制厂址选择报告，经上级主管部门批准后，确定厂址的具体位置。厂区选择的概念包含两个层次，即厂区选址的区位选择和厂区位置确定。

一、概述

　　厂址选择是制药企业筹建的前提，是基本建设前期工作的重要环节。厂址选择涉及许多部门，是一项政策性和科学性很强的综合性工作。在厂址选择时，必须采取科学、慎重的态度，认真调查研究，确定适宜的厂址。厂址选择是否合理，不仅关系到该项制药企业筹建项目的建设速度、建设投资和建设质量，而且关系到项目建成后的经济效益、社会效益和环境效益，并对国家和地区的工业布局与城市规划有着深远的影响。

　　（一）**厂址选择的基本原则**

　　厂址选择是一项政策性、技术性、经济性很强的综合性工作。对于不同类型的药厂，进行厂址选择时都应考虑全面，需综合考虑地理位置、地质状况、水源及清洁污染情况、周围的大气环境、常年的主导风向、电能的输送、通讯方便与否、交通运输等多方面因素，最终选择理想的厂址。一般选择药厂厂址时应遵循以下原则。

　　1. 遵守国家法律、法规的原则　选择厂址时，要贯彻执行国家的方针、政策，遵守国家的法律、法规，要符合国家的长远规划、国土开发整治规划和城镇发展规划等。

2. 对环境因素的特殊性要求的原则 药品是一种特殊的商品，其质量好坏直接关系到人体健康、药效及安全。为保证药品质量，药品生产必须符合 GMP 的要求，在严格控制的洁净环境中进行生产。生产环境包括内生产环境和外生产环境，药品内生产环境应根据产品质量要求控制净化级别，同时内生产环境与外生产环境有着密切的联系。如室外环境的污染严重，虽然可以依靠洁净室的空调净化系统来处理从室外吸入的空气，但势必会加重过滤装置的负担，并为此而付出额外的设备投资、长期维护管理费用和能源消耗；而如果室外环境好，就能相应地减少净化设施的费用。因此，对药品外生产环境中污染的因素应有了解，并从厂址选择、建筑布局和厂房设施等方面进行有效控制，以防止污染药品。

（1）对大气质量的要求：制药企业宜选址在周围环境较洁净且绿化较好，厂址周围应有良好的卫生环境，大气中含尘、含菌浓度低，无有害气体、粉尘等污染源，自然环境好的区域，不宜选在多风沙的地区和严重灰尘、烟气、腐蚀性气体污染的工业区。

根据《环境空气质量标准》（GB 3095—2012）规定，将环境空气功能区分为两类：一类区为自然保护区、风景名胜区和其他需要特殊保护的区域；二类区为居住区、商业交通居民混合区、文化区、工业区和农村地区。一、二类环境空气功能区质量要求，如表 14-1 所示。制药厂厂址选在二级大气质量区较为合理。同时注意周围几公里以内无污染排放源，大气降尘量少，特别要避开大气中的二氧化硫、飘尘和降尘浓度大的化工区。

表 14-1 环境空气污染物基本项目浓度限值

污染物项目	平均时间	浓度限值		单位
		一级	二级	
二氧化硫	年平均	20	60	μg/m³
	24 小时平均	50	150	
	1 小时平均	150	500	
二氧化氮	年平均	40	40	
	24 小时平均	80	80	
	1 小时平均	200	200	
一氧化碳	24 小时平均	4	4	mg/m³
	1 小时平均	10	10	
臭氧	日最大 8 小时平均	100	160	μg/m³
	1 小时平均	160	200	
颗粒物（粒径小于等于 10μm）	年平均	40	70	
	24 小时平均	50	150	
颗粒物（粒径小于等于 2.5μm）	年平均	15	35	
	24 小时平均	35	75	

（2）对自然条件的要求：应充分考虑拟建项目所在地的气候特征，如四季气候特点、日照情况、气温、降水量、汛期、风向、雷雨、灾害天气等，是否有利于减少基建投资和日常操作费用。掌握全年主导风向和夏季主导风向的资料，对夏季可以开窗的生产车间，常以夏季主导

风向来考虑车间厂房的相互位置。但对质量要求高的注射剂、无菌制剂车间应以全年主导风向来考虑。对全年主导风向来说，尽管工业区应设在城镇常年主导风向的下风向，但考虑到药品生产对环境的特殊要求，药厂厂址应设在工业区的上风位置，同时还应考虑目前和可预见的市政规划，是否会使工厂四周环境发生不利变化。

地质地貌应无地震断层和基本烈度为 9 度以上的地震；土壤的土质及植被好，无泥石流、滑坡等隐患。排水良好，地势利于防洪、防涝或厂址周围有蓄积调节供水和防洪等设施。当厂址靠近江、河、湖泊或水库地段时，厂区场地的最低设计标高应高于最高洪水位 0.5m。

（3）对人口密度的要求：应选择人口密度较小的区域，这样可以避免人为产生的严重空气污染、水质污染、振动或噪声干扰。应尽量远离铁路、公路、机场、码头等人流、物流比较密集的区域和烟囱，对于有洁净度要求的厂房新风口距离市政交通主干道距离不得小于 50m。

（4）考虑建筑物的方位、形状的要求：保证车间有良好的天然采光和自然通风，避免西晒，同时要考虑将空调设施布置于朝北车间内；由于厂址对药厂环境的影响具有先天性，因此，选择厂址时必须充分考虑药厂对环境因素的特殊要求。

3. 考虑环境保护和综合利用的原则　保护生态环境是我国的一项基本国策，对药品生产企业来讲，应注意当地的自然环境条件，对投产后给环境可能造成的影响作出预评价，并得到当地环保部门认可。另一方面，药厂生产过程中产生的"三废"要进行综合治理，不得造成环境污染。从排放的废弃物中回收有价值的资源，开展综合利用，是保护环境的一个积极措施。

4. 具备基本的生产条件的原则　药厂也是一类特殊工厂，它的运行与其他工厂是相同的，需要有厂房设备、生产工作人员、原料的运进和成品的运出等，应当符合工厂建设的基本要求。

（1）地质条件方面，应符合建筑施工的要求。地耐力宜在 $150kN/m^2$ 以上。厂址的自然地形应整齐、平坦，这样既有利于工厂的总平面布置，又有利于场地排水和厂内的交通运输。

（2）厂址的交通运输方面，应方便、畅通、快捷。制药企业与外部社会拥有密切的交往，要有畅通的交通，以保证制药原料、辅料、包装材料能够及时运输，确保企业的正常运转。厂址周围应该有已建成或即将建成的市政道路设施，能提供快捷方便的公路、铁路或水路等运输条件；消防车进入厂区的道路不得少于两条。故而通常宜选择在交通便利的城市近郊为宜，降低企业的运行成本，提高市场竞争力。

（3）公用设施方面，水、电、气、原材料和燃料的供应要方便。水、电、动力（蒸汽）、燃料、排污及废水处理在目前及今后发展时容易妥善解决。

1）水源：制药生产需要消耗大量的水，制药工业用水一般分为工艺用水和非工艺用水两大类。工艺用水是指饮用水（自来水）、纯化水（蒸馏水、去离子水等）和注射用水。非工艺用水主要为自来水或水质较好的井水，主要用于产生蒸汽、冷却、加热、消防、洗涤等。

制药工业用水对水质有一定的要求，水在药品生产中是保证药品质量的关键因素之一。因此，药厂厂址选择的水源（可以是地下水、水库水、自来水），既要有充沛的水量保证生产需求，同时也要通过当地水质部门的水质分析，达到饮用水标准方可采用。厂址的地下水位不能过高，给排水设施和管网设施距供水主干线距离等均应考虑其能否满足工业化大生产的需要。

2）能源：制药企业生产需要大量的动力和蒸汽，其来源主要由电力提供或由燃料产生。因此，在选择厂址时，应考虑建在电力供应充足和邻近燃料供应的地点，有利于满足生产负荷，降低产品生产成本和提高经济效益。

3）其他工程设施：通讯设施（电线、电缆等通讯设备）是否与现代高科技技术接轨；锅炉排污、排渣，工业"三废"处理设施等，能否与制药企业的生产规模相适应。

5. 节约用地、长远发展的原则　我国是一个人口众多的国家，人均可耕地面积远远低于世界平均水平。因此，选择厂址时要尽量利用荒地、坡地及低产地，少占或不占良田、林地。制药企业的品种相对较多而且更新换代也比较频繁。随着市场经济的发展，每个药企必须要考虑长远的规划发展，决不能只看眼前利益。所以在选择厂址时，厂区的面积、形状和其他条件既要满足生产工艺合理布局的要求，又要留有一定的发展余地。

6. 协调处理各种平衡关系的原则　选择厂址时，要着眼全局，统筹兼顾，协调处理好生产与生态的平衡、工业与农业的平衡、生产与生活的平衡、近期与远期的平衡等关系。

新建药厂的选址是一个十分复杂的过程，要找到一个满足各方面要求的厂址是十分困难的，应根据厂址的具体特点和要求，抓住主要矛盾。首先满足对药厂的生存和发展有重要影响的要求，然后再尽可能满足其他要求，选择适宜的厂址，完成新厂建设。

（二）厂址选择的基本方法

厂址选择可采用的技术分析方法较多，下面介绍几种常用的方法。

1. 方案比较法　此方法是一种偏重于经济效益方面的厂址优选方法，通过对比项目不同选址方案的投资费用和经营费用，而得出选址决定。其基本步骤为：①在建厂地区内选择几个厂址，列出可比较因素。②进行初步分析比较，从中选出 2～3 个较为合适的厂址方案。③对选出方案进行详细的调查、勘察。④分别计算出各方案的建设投资和经营费用，进行比较。最终，建设投资和经营费用均为最低的方案，为可取方案。

如果建设投资和经营费用不一致时，可用追加投资回收期的方法来计算，计算公式为

$$T = \frac{K_2 - K_1}{C_1 - C_2} \qquad 式（14-1）$$

式中，T 为追加投资回收期；K_1、K_2 为甲、乙两方案的投资额；C_1、C_2 为甲、乙两方案的经营费用。

式（14-1）的实质是用节省的经营费用（$C_1 - C_2$）来补偿多花费的投资费用（$K_2 - K_1$），需要多少时间能够抵消完，即增加的投资要多少时间才能通过经营费用的节约而收回。计算出追加投资回收期后，应与行业的标准投资回收期相比，如果小于标准投资回收期，说明增加投资的方案可取，否则不可取。

2. 评分优选法　此方法是对项目投资方案中的相关因素，满足程度及权重等进行打分，并进行汇总，以总分最高者为最优方案。评分优选法是一种定性问题定量化的实用优选方法，其分析过程可分为三步：①在厂址方案比较表中列出主要的影响因素，按照各因素的重要程度分别赋予不同权重；②对每个可选方案进行考察，按评价标准分别给各指标打分，然后将

各项指标所得分数乘以相对应的权重,计算出各因素的具体得分;③把各方案的每个因素得分全部加总,总分最高者为最佳的厂址方案。

采用这种方法的关键是确定权重和评价值。例如,某制药厂址选择有两个可供比较选择的方案。厂址选择时,首先确定方案比较的判断因素。接着,根据各方案的实际条件确定权重和指标评价值。指标评价值的确定,有的可根据经验判断,有的可根据已知数据计算出其中一个方案的指标值在总评价值中的比重。最后,再根据比重因子求出各方案每项指标的评价分和不同方案的评价分总和。

评分优选法的计算公式为:

$$某方案的总分 = \sum(该方案在某评价指标的评分值 \times 该评价指标的权重) \quad 式(14\text{-}2)$$

3. 最小运输费用法 如果决定项目几个选址方案中的其他因素都基本相同,运输费用成为关键性因素的情况下,则可用最小运输费用法来确定项目厂址。

最小运输费用法的基本做法是分别计算不同选址方案的运输费用,包括原材料、燃料、其他投入物的运进费用和药品销售的运出费用,选择其中运输费用最小的方案作为选址方案。在计算时,要全面考虑运输距离、运输方式、运输价格等因素。

(三)厂址选择报告

厂址选择报告一般由工程项目的主管部门会同建设单位和设计单位共同编制。其主要内容包括:

1. 概述 扼要地说明选址的目的与依据、选址工作组成员及其工作过程。实地勘察各预选厂址的概况、优缺点,对推荐厂址各方案进行总评价。

2. 主要技术经济指标 根据工程项目的类型、工艺技术特点和要求等情况,列出选择厂址应具有的主要技术经济指标,如项目总投资、占地面积、建筑面积、职工总数、原材料和能源消耗、协作关系、环保设施和施工条件等。

3. 厂址条件 根据准备阶段和现场调查阶段收集的资料,按照厂址选择指标,确定若干个具备建厂条件的厂址,分别说明其地理位置、地形、地势、地质、水文、气象、面积等自然条件,以及土地征用及拆迁、原材料供应、动力资源、交通运输、给排水、环保工程和公用设施等技术经济条件。

4. 厂址方案比较 根据厂址选择的基本原则,对拟定的若干个厂址选择方案进行综合分析和比较,提出厂址的推荐方案,并对存在的问题提出建议。

厂址方案比较侧重于厂址的自然条件、建设费用和经营费用三个主要方面的综合分析和比较。其中自然条件的比较应包括对厂址的位置、面积、地形、地势、地质、水文、气象、交通运输、公用工程、协作关系、移民和拆迁等因素的比较;建设费用的比较应包括土地补偿和拆迁费用、土石方工程量,以及给排水、动力工程等设施建设费用的比较;经营费用的比较应包括原料、燃料和产品的运输费用、污染物的治理费用,以及给排水、动力等费用的比较。

5. 厂址方案推荐 对各厂址方案的优劣进行综合论证,并结合当地政府及有关部门对厂址选择的意见,提出选址工作组对厂址选择的推荐方案。

6. 结论和建议 论述推荐方案的优缺点,并对存在的问题提出建议。最后,对厂址选择作出初步的结论意见。

7. 主要附件 包括各备选厂址的区域位置图和地形图,各备选厂址的地质、水文、气象、地震等调查资料,各备选厂址的总平面布置示意图,各备选厂址的环境资料及工程项目对环境的影响评价报告,各备选厂址的有关协议文件、证明材料和厂址讨论会议纪要等。

(四)厂址选择报告的审批

大、中型工程项目,如编制设计任务书时已经选定了厂址,则有关厂址选择报告的内容可与设计任务书一起上报审批。在设计任务书批准后,选址的大型工程项目厂址选择报告需经国家城乡建设环境保护部门审批;中、小型工程项目,应按项目的隶属关系,由国家主管部门或省、直辖市、自治区审批。

二、程序

目前,我国药厂的选址工作大多采取由建设业主提出、设计部门参加、主管部门及政府审批的组织形式。厂址选择程序一般包括准备工作阶段、实地勘察工作阶段和编制厂址选择报告阶段三步。

(一)准备工作阶段

准备工作阶段包括组织准备和技术准备两个阶段。

1. 组织准备阶段 一般由建设项目的主管部门或投资单位支持和组织。首先组成选址工作组,通常由勘察、设计、城市建设、环境保护、交通运输、水文地质等单位的人员以及当地有关部门的人员共同组成。选址工作组成员的专业配备应视工程项目的性质和内容不同而有所侧重。

2. 技术准备阶段 选址工作人员根据拟建项目的设计任务书以及审批机关对拟建项目选址的指标和要求,制订选址工作计划,编制厂址选择指标和收集资料提纲。厂址选择指标包括总投资、占地面积、建筑面积、职工总数、原材料和能源消耗、协作关系、环保设施及施工条件等。收集资料提纲包括地形、地势、地质、水文、气象、地震、资源、动力、交通运输、给排水、公用设施和施工条件等。在此基础上,对拟建项目进行初步的分析研究,确定工厂组成,估算厂区外形和占地面积,绘制出总平面布置示意图,并在图中注明各部分的特点和要求,作为选择厂址的初步指标。

(二)实地勘察阶段

实地勘察是厂址选择的关键环节,其目的是按照厂址选择指标,深入现场调查研究,收集相关资料,确定若干个具备建厂条件的厂址方案,以供比较。

实地勘察前,选址工作组应首先向当地有关部门说明选址工作计划,汇报拟建厂的性质、规模和厂址选择指标,并根据地方有关部门的推荐,初步选择若干个需要进行现场调查的可能的厂址。

实地勘察的重点是按照准备阶段编制的收集资料提纲收集相关资料,并按照厂址的选择指标分析建厂的可行性和现实性。在现场调查中,不仅要收集厂址的地形、地势、地质、水文、气象、面积等自然条件,而且要收集厂址周围的环境状况、动力资源、交通运输、给排水、公用设施等技术经济条件。收集资料是否齐全、准确，直接关系到厂址方案的比较结果。

（三）编制厂址选择报告阶段

编制厂址选择报告是厂址选择工作的最后阶段。根据准备阶段和实地勘察阶段所取得的资料，对可选的几个厂址方案进行综合分析和比较，权衡利弊，提出选址工作组对厂址的推荐方案，编制出厂址选择报告，报上级机关审批。

第二节　厂区布局

厂区布局设计是在主管部门批准的既定厂址和工业企业总体规划的基础上，按照生产工艺流程及安全、运输等要求，经济合理地确定厂区内所有建筑物、构筑物（如水塔、乙醇回收蒸馏塔等）、运输道路、工程管网及绿化设施等设施的平面及立面布置关系。

一、概述

（一）厂区布局设计的意义

制药企业实施 GMP 是一项系统工程，涉及设计、施工、管理、监督等方方面面，对其中的每一个环节都有国家法律、法规的约束，必须按律而行。而工程设计作为实施 GMP 的第一步，其重要地位和作用更不容忽视。设计是一门涉及科学、技术、经济和国家方针政策等多方面因素的综合性的应用技术。制药企业厂区平面布局设计要综合工艺、通风、土建、水、电、动力、自动控制、设备等专业的要求，是各专业之间的有机结合，是整个工程的灵魂。设计是药品生产形成的前期工作，因此，需要进行论证确认。设计时应主要围绕药品生产工艺流程，遵守 GMP 中有关对硬件要求的规定。

"药品质量是设计和生产出来的"原则是科学原理，也是人们在进行药品生产的实践中总结出来的并深刻认识的客观规律。制药企业应该像对主要物料供应商质量体系评估一样，对医药工程设计单位进行市场调研，选择好医药工程设计单位，并在设计过程中集思广益，把重点放在设计方案的优化、技术先进性的确定、主要设备的选择上。

厂区平面布局设计是工程设计的一个重要组成部分，其方案是否合理直接关系到工程设计的质量和建设投资的效果。总平面布置的科学性、规范性、经济合理性，对于工程施工会有很大的影响。科学合理的总平面布置可以大大减少建筑工程量，节省建筑投资，加快建设速度，为企业创造良好的生产环境，提供良好的生产组织经营条件。总平面设计不协调、不完善，不仅会使工程项目的总体布局紊乱、不合理，建设投资增加，而且项目建成后还会带来生产、生活和管理上的问题，甚至影响产品质量和企业的经营效益。

因此，在厂区平面布局设计方面，应该把握住"合理、先进、经济"三原则，也就是设计方案要科学合理，能有效地防止污染和交叉污染；采用的药品生产技术要先进；而投资费用要经济节约，降低生产成本。

（二）厂区划分

厂区划分就是根据生产、管理和生活的需要，结合安全、卫生、管线、运输和绿化的特点，将全厂的建（构）筑物划分为若干个联系紧密而性质相近的单元。各个单元的识别、划分、间隔、衔接、组合是厂区总体布局设计首先要考虑的，要做到划分明确、易于识别、间隔清晰、衔接合理。

厂区可按不同的方式划分，可按照区域功能分为生产区、行政办公区、辅助区、动力区、仓储区、绿化区等，也可按所属关系分为生产区、辅助生产区、公用系统区、行政管理区及生活区。为了便于厂区及整体布置设计，多数企业布置时采用第二种分类方式。

1. **生产区**　厂区的中心和主体区域，是指厂内生产成品或半成品的生产车间。主要有原料药生产车间、制剂生产车间等。生产车间可以是多品种共用，也可以为单一产品专用车间。生产车间通常由若干建（构）筑物（厂房）组成。根据工厂的生产情况可将其中的 $1\sim2$ 个主体车间作为厂区布置的中心。

2. **辅助生产及公用系统区**　协助生产车间完成正常生产任务及维持全厂各部门的正常运转的部门所占据的区域，一般围绕生产车间布置，主要包括仓库、机修、电工、供水、仪表、供电、锅炉、冷冻、空气压缩等车间或设施。其作用是保证生产车间的顺利生产和全厂各部门的正常运转。

3. **行政管理区**　由办公楼、中央化验室、研究所、车库、食堂和传达室等建（构）筑物组成。

4. **生活区**　由职工宿舍、绿化美化等建（构）筑物和设施组成，是体现企业文化的重要部分。

（三）厂区布局设计的技术经济指标

根据厂区总体设计的依据和原则，有时可以得到几种不同的布置方案。为保证厂区总体设计的质量，必须对各种方案进行全面的分析和比较，其中的一项重要内容就是对各种方案的技术经济指标进行分析和比较。总设计的技术经济指标包括全厂占地面积、堆场及作业场占地面积、建（构）筑物占地面积、建筑系数、道路长度及占地面积、绿地面积及绿地率、围墙长度、厂区利用系数和土方工程量等。其中比较重要的指标有建筑系数、厂区利用系数、土方工程量等。

1. **建筑系数**　建筑系数可按式（14-3）计算。

$$建筑系数 = \frac{建（构）筑物占地面积 + 堆场、作业场占地面积}{全厂占地面积} \times 100\% \qquad 式（14-3）$$

建筑系数反映了厂址范围内的建筑密度。建筑系数过小，不仅占地多，而且会增加道路、管线等的费用；但建筑系数也不能过大，否则会影响安全、卫生及改造等。制药企业的建筑系数一般可取 $25\%\sim30\%$。

2. **厂区利用系数**　建筑系数尚不能完全反映厂区土地的利用情况，而厂区利用系数则能全面反映厂区的场地利用是否合理。厂区利用系数可按式（14-4）计算。

$$厂区利用系数 = \frac{建（构）筑物、堆场、作业场、管道、管线的总占地面积}{全厂占地面积} \times 100\%$$

$$式（14-4）$$

厂区利用系数是反映厂区场地有效利用率高低的指标。制药企业的厂区利用系数一般为60%～70%。

3. 土方工程量 如果厂址的地形凹凸不平或自然坡度太大,则需要对场地进行平整。平整场地所需的土方工程量越大,则施工费用就越高。因此,要现场测量挖土填石所需的土方工程量,尽址少挖少填,并保持挖填土石方量的平衡,以减少土石方的运出量和运入量,从而加快施工进度,减少施工费用。

4. 绿地率 由于药品生产对环境的特殊要求,保证一定的绿地率是药厂总平面设计中不可缺少的重要技术经济指标。厂区绿地率可按式(14-5)计算。

$$绿地率 = \frac{厂区集中绿地面积 + 建(构)物与道路网与围墙之间的绿地面积}{全厂占地面积} \times 100\%$$

式(14-5)

二、设计原则

GMP指出行政、生产和辅助区的总体布局应合理,不得相互妨碍。根据这个规定,应结合厂区的地形、地质、气象、卫生、安全防火、施工等要求,再进行厂区布局设计。制药厂区的总图布局要满足生产、安全和卫生、发展规划三个方面的要求。

(一)生产要求

1. 生产车间符合生产种类、工艺流程合理布局原则 一般在厂区中心布置主要生产区,将辅助区围绕其进行布置。

(1)生产产品性质相类似或工艺流程相联系车间要靠近或集中布置。生产厂房包括一般厂房和有空气洁净度级别要求的洁净厂房,一般厂房按一般工业生产条件和工艺要求,洁净厂房按GMP的要求。按照所生产的原料药性质、生产工艺流程、制剂种类的异同确定生产车间生产品种,设计各车间布局位置。例如,要让产品工艺流程按顺时针、逆时针或直线等方式顺向布置,厂房等设施也必须按此方式布置。

(2)生产厂房布置时应考虑品种类型、工艺特点和生产时的交叉污染,合理布置。交叉污染是指通过人流、工具传送、物料传输和空气流动等途径,将不同品种药品的成分互相干扰、污染,或是因人工、器具、物料、空气等不恰当的流向,让洁净级别低的生产区的污染物传入洁净级别高的生产区,造成交叉污染。

预防污染是厂房规划设计的重点。制药企业的洁净厂房必须以微粒和微生物两者为主要控制对象,在总平面设计时应注意:①生产β-内酰胺结构类药品的厂房与其他厂房严格分开;②生产青霉素类药品的厂房不得与生产其他药品的厂房安排在同一建筑物内;③生产用菌毒种与非生产用菌毒种,生产用细胞与非生产用细胞,强毒与弱毒、死毒与活毒、脱毒前与脱毒后的制品和活疫苗,人血液制品,预防制品等的加工或灌装不得同时在同一厂房内进行,其贮存要严格分开;④药材的前处理、提取、浓缩(蒸发),以及动物脏器、组织的洗涤或处理等生产操作,不得与其制剂生产使用同一厂房;⑤动物房的设置应符合《实验动物 环境及设施》（GB 14925—2023）等有关规定，布置在僻静处。

（3）生产区应有足够的平面和空间，并且要考虑与邻近操作的适合程度与通讯联络。有足够的地方合理安放设备和材料，使能有条理地进行工作，从而防止不同药品的中间体之间发生混杂，防止由其他药品或其他物质带来的交叉污染，并防止遗漏任何生产或控制事故的发生。除了生产工艺所需房间外，还要合理考虑以下房间的面积，以免出现错误：存放待检原料、半成品室的面积；中间体化验室的面积；设备清洗室的面积；清洁工具间的面积；原辅料的加工、处理面积；存放待处理的不合格的原材料、半成品的面积。

2. **布局遵循"三协调"原则**　即人流物流协调、工艺流程协调、洁净级别协调。洁净厂房宜布置在厂区内环境清洁、人流物流不穿越或少穿越的地段，与市政交通干道的间距宜大于100m。车库、仓库、堆场等建（构）筑物应尽可能按照生产工艺流程的顺序进行布置，将人流和物流通道分开，并尽量缩短物料的传送路线，避免与人流路线的交叉。同时，应合理设计厂内的运输系统，努力创造优良的运输条件和效益。

3. **厂区道路、交通布置原则**　道路既是振动源和噪声源，又是主要的污染源。道路尘埃的水平扩散，是总体设计中研究洁净厂房与道路相互位置关系时必须考虑的一个重要方面。道路不仅与风速、路面结构、路旁绿化和自然条件有关，而且与车型、车速和车流量有关。

（1）在进行厂区总体平面设计时，企业的正面应面向城镇交通干道方向布置，正面的建（构）筑物应与城镇的规划建筑群整体保持协调。厂区内占地面积较大的主厂房一般应布置在中心地带，其他建（构）筑物可合理配置在其周围。

（2）运输量大的车间、仓库、堆场等布置在货运出入口及主干道附近，避免人流、物流交叉污染。

（3）对有洁净度要求的厂房的药厂进行总平面设计时，设计人员应对全厂的人流和物流分布情况进行全面的分析和预测，合理规划和布置人流和物流通道，并尽可能避免不同物流之间以及物流与人流之间的交叉往返，无关人员或物料不得穿越洁净区，以免影响洁净区的洁净环境。洁净厂房不宜布置在主干道两侧，要合理设计洁净厂房周围道路的宽度和转弯半径，限制重型车辆驶入，路面要采用沥青、混凝土等不易起尘的材料构筑，露土地面要用耐寒草皮覆盖或种植不产生花絮、花粉的树木。

（4）厂区与外部环境之间以及厂内不同区域之间，可以设置若干个大门，至少应设两个以上，如正门、侧门和后门等，工厂大门及生活区应与主厂房相适应，以方便职工上下班。人流大门的设置，主要用于生产和管理人员出入厂区或厂内的不同区域。物流大门的设置，主要用于厂区与外部环境之间以及厂内不同区域之间的物流输送。

4. **充分利用厂址的自然条件**　总平面设计应充分利用厂址的地形、地势、地质等自然条件，因地制宜，紧凑布置，提高土地的利用率。若厂址位置的地形坡度较大，可采用阶梯式布置，这样既能减少平整场地的土石方量，又能缩短车间之间的距离。当地形、地质受到限制时，应采取相应的施工措施，既不能降低总平面设计的质量，也不能留下隐患，否则长期会影响生产经营。

5. **考虑企业所在地的主导风向**　总平面设计应充分考虑厂址所在地区的主导风向对药厂环境质量的影响。有洁净厂房的药厂，洁净厂房必须布置在全年主导风向的上风处，原料药生产区应布置在全年主导风向的下风侧，以减少有害气体和粉尘的影响。办公室、质检室、食堂、仓库等行政、生活辅助区应布置在厂前区,并处于全年主导风向的上风侧或全年最小风向频率的下风侧。厂址地区的主导风向是指风吹向厂址最多的方向,可由当地气象部门提供的风向频率玫瑰图确定。

风向频率玫瑰图表示一个地区的风向和风向频率。风向频率是在一定时间内,各种风向出现的次数占所有观察次数的百分比,用式(14-6)表示:

$$风向频率 = \frac{该风出现次数}{风向的出现次数} \times 100\% \qquad 式(14-6)$$

风向频率玫瑰图是在直角坐标系中绘制,坐标原点表示厂址位置,风向可按 8 个、12 个或 16 个方位指向厂址,如图 14-1 所示。当地气象部门根据多年的风向观测资料,将各个方向的风向频率按比例和方位标绘在直角坐标系中,并用直线将各相邻方向的端点连接起来,构成一个形似玫瑰花的闭合折线,即为风向频率玫瑰图。

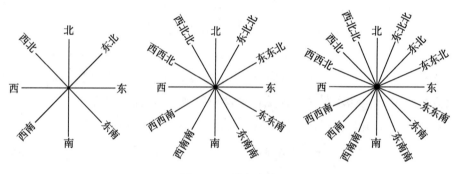

图 14-1　风向方位

图 14-2 为某地全年风向的风向频率玫瑰图,图中虚线表示夏季的风向频率玫瑰图,由图可见,该地的全年主导风向为东南风。我国部分地区的全年风向频率玫瑰图,如图 14-3 所示。

在夏季,药厂部分车间开窗生产,故需以夏季主导风来考虑车间的相互位置关系。当全年主导风向比夏季主导风向的频率大得多,差别又十分明显时,则按全年主导风向进行设计。当全年主导风向和夏季主导风向相反,频率又接近时,总平面布局时可将有影响的厂房适当错开布置,同时注意建筑物的方位、类型与主导风向、日照的关系,以保证厂房有良好的天然采光和自然通风。

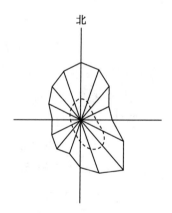

图 14-2　某地风向频率玫瑰图

6. 动力设施、三废处理、锅炉房布置原则　动力设施应靠近负荷量大的生产区,对于变电所的位置还应考虑电力线引入厂区的便利;锅炉房、污水处理站等可能产生空气污染的单体布置在厂区主导风向的下风侧(全年最小风频的上风侧)。

锅炉房烟囱是典型的灰尘污染源。按照污染程度的不同,烟囱烟尘的污染范围可分为“严重污染区”“较重污染区”和“轻污染区”。如图 14-4 所示,Ⅰ区所代表的六边形区域为严重污染区,Ⅱ区所代表的六边形区域(不含Ⅰ区)为较重污染区,其余区域为轻污染区。因此,对

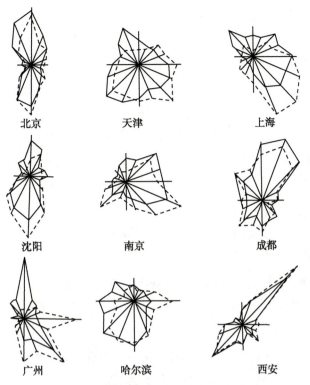

图 14-3 部分地区全年风向的风玫瑰图

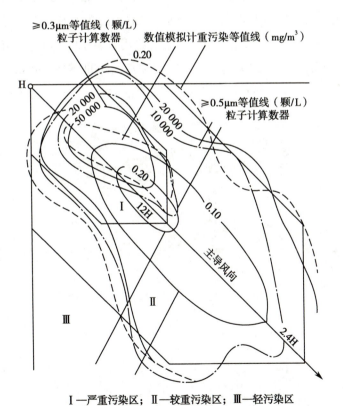

Ⅰ—严重污染区；Ⅱ—较重污染区；Ⅲ—轻污染区

图 14-4 烟囱烟尘污染分区模式图

有洁净厂房的工厂进行总平面设计时,不仅要处理好洁净厂房与烟囱之间的风向位置关系,而且要与烟囱保持足够的距离。

严重污染区(Ⅰ区):以烟囱为顶点,以主导风向为轴,两边张角90°,长轴为烟囱高度的12倍,短轴与长轴相垂直为烟囱高度的6倍,所构成的六边形为严重污染区。

较重污染区(Ⅱ区):与Ⅰ区有同样的原点和主轴,该区长轴相当于烟囱的24倍,短轴相当于烟囱的12倍,所构成的六边形中扣除Ⅰ区即为较重污染区。

轻污染区(Ⅲ区):烟囱顶点下风向直角范围内除去Ⅰ区、Ⅱ区之外的区域。

工业设施排放到大气中的污染物,一般多为粉尘、烟雾和有害气体,其中煤烟在大气中的扩散有时甚至可以影响自地表面起300m高度和水平距离1~10km。有洁净室的工厂在总体设计时除了处理好厂房与烟囱之间的风向位置关系外,其间距不宜小于烟囱高度的12倍。

必须指出,以上研究只是对烟囱污染状况作了相对区域划分,每个烟囱会依其源强、风力及周围情况等因素而影响不同。

7. 动物房的设置 应符合《实验动物 环境及设施》(GB 14925—2023)等有关规定,布置在僻静处,并有专用的排污和空调设施。

(二)安全、卫生要求

药厂生产过程中,常使用有机溶剂、液化石油气等易燃易爆危险品,厂区布置应充分考虑安全布局,严格遵守防火、卫生等规范和标准的有关规定。

1. 防火、防爆要求 根据生产使用物质的火灾危险性、建筑物的耐火等级、建筑面积、建筑层数等因素确定建筑物的防火间距。生产的火灾危险性按生产的类别可分为五类,即由甲类至戊类,如乙醇、汽油等为甲类,溶剂油为乙类,中药材、纸张等为丙类,自熄性塑料等为丁类,玻璃等为戊类,见附表2。建筑物的耐火等级按其构件的燃烧性能和耐火极限分为四级,其中一级耐火等级最高,四级最差。相邻建(构)筑物的防火间距规定,如表14-2所示。

表 14-2 单、多层厂房的防火间距(单位:m)

名称		甲类厂房	乙类厂房		丙、丁、戊类厂房		
		一、二级	一、二级	三级	一、二级	三级	四级
甲类厂房	一、二级	12	12	14	12	14	16
乙类厂房	一、二级	12	10	12	10	12	14
	三级	14	12	14	12	14	16
丙类厂房	一、二级	12	10	12	10	12	14
	三级	14	12	14	12	14	16
	四级	16	14	16	14	16	18
丁、戊类厂房	一、二级	12	10	12	10	12	14
	三级	14	12	14	12	14	16
	四级	16	14	16	14	16	18

药品生产企业厂房周围宜设环形消防车道(可利用交通道路),如有困难时,可沿厂房的两个长边设置消防通道。产生或使用易燃易爆物质的厂房,应尽量集中在一个区域;有安全

隐患或有毒有害区域应集中单独布置,并采取有效的防护措施,以达到安全和卫生的要求。对性质不同的危险物质的生产或使用,尤其是两者混合会产生爆炸物质的生产区域应分开设置。

储罐区、危险品库应布置在厂区的安全地带,并有防冻、降温、消防等措施。生产车间使用液化气、氮、氧气和回收有机溶剂时,则将它们布置在邻近生产区域的单层防火、防爆厂房内。

2. 卫生要求 应将卫生要求相近的车间集中布置,将产生粉尘、有害气体的车间布置在厂区下风的边缘地带。注意建筑物的方位、形状,应保证室内有良好的自然采光、自然通风,并应防止过度日晒。

(三)发展规划要求

通常每个城镇或区域都有一个对其内部的工业、农业、交通运输、服务业等进行合理布局和安排的总体发展规划。城镇或区域的总体发展规划,尤其是工业区规划和交通运输规划,是所建企业的重要外部条件。因此,在进行厂区总体平面设计时,设计人员一定要了解项目所在城镇或区域的总体发展规划,使厂区总体平面设计与该城镇或区域的总体规划相适应。

药厂的总平面布局要能较好地适应近期和远期规划,留有一定的发展余地,应在设计过程中考虑企业的发展远景和标准提高的可能,又要注意今后扩建时不影响生产及扩大生产规模时的灵活性。分期建设的工程,总平面设计应一次完成。且要考虑前期工程与后续工程的衔接,然后分期建设。

三、设计内容

厂区布局设计的内容繁杂,涉及的知识面很广,影响因素众多,矛盾也错综复杂,因此在进行厂区总体设计时,设计人员要善于听取和集中各方面的意见,充分掌握厂址的自然条件、生产工艺特点、运输要求、安全和卫生指标、施工条件以及城镇规划等相关资料,按照厂区总体设计的基本原则和要求,对各种方案进行认真的分析和比较,力求获得最佳设计效果。

(一)厂区布局的范围

工程项目的厂区总体布局设计一般包括以下内容。

1. 平面布置设计 平面布置设计是总平面设计的核心内容,其任务是根据生产工艺流程要求、工程内容的构成以及建设用地的自然条件,合理确定厂址范围内的建(构)筑物、道路、管线、绿化等设施的平面位置。

2. 立面布置设计 立面布置设计是总平面设计的一个重要组成部分,其任务是根据厂区的地形特点和厂区外道路高度确定目标物的标高,并计算项目的土石方工程量,合理确定厂址范围内的建(构)筑物、道路、管线、绿化等设施的立面位置。

3. 交通运输设计 根据生产要求、运输特点和厂内的人流、物流分布情况,合理规划和布置厂址范围内的交通运输路线和设施,并进行运输量统计。

厂内道路按其用途可分为主干道、次干道、辅助道、车间引道和人行道。以上各类道路各厂可根据生产规模和需要,部分或全部设置。厂内道路的行车速度一般按 15km/h 计算。其主要技术指标,如表 14-3 所示。厂内道路至建(构)筑物的最小距离,如表 14-4 所示。

表 14-3　Ⅲ类企业厂内道路主要技术指标

项目名称	主干道宽度			次干道宽度			辅助道宽度	路肩宽度
	大型厂	中型厂	小型厂	大型厂	中型厂	小型厂		
指标 /m	6～7	6～7	3.5～6	6～7	3.5～6	3.5～6	3.5～4.5	1～1.5

表 14-4　厂内道路至相邻建筑物、构筑物的最小距离

相邻建筑物、构筑物名称			最小距离 /m
一般建筑物外墙	当建筑物面向道路的一侧无出入口时		1.5
	当建筑物面向道路的一侧有出入口而无汽车引道时		3.0
	当建筑物面向道路的一侧有出入口且有汽车引道时	连接引道的道路为单车道时	8.0
		连接引道的道路为双车道时	6.0
		出入口为蓄电池搬运车引道时	4.5
防爆建(构)筑物	散发可燃气体、可燃蒸气的甲类厂房;甲类库房;可燃液体储罐;可燃、助燃气体储罐	主要道路	10
		次要道路	5.0
	易燃液体储罐;液化石油气储罐	主要道路	15
		次要道路	10
消防车道至建筑物外墙			5～25
围墙	当围墙有汽车出入口时,出入口附近		6.0
	当围墙无汽车出入口而路边有照明电杆时		2.0
	当围墙无汽车出入口而路边无照明电杆时		1.5

4. 管线布置设计　药厂中,需敷设各种工程技术管道和线路,以形成全厂的热力、动力、给水、污水等的输送和排放系统。合理地进行管线综合布置,对减少能量消耗、减少占地、节约投资等具有重要意义。药厂中常用的主要管线种类有给水管、排水管、污水管、蒸汽管、煤气管、电力线路、弱电线路等。

企业在进行管线敷设时,有多种方式可供选择,常采用的主要有直埋地下敷设、地沟敷设和架空敷设三种方式。

(1)直埋地下敷设:此方式施工较简便,但占地较多,可能成为影响建筑物间距的主要因素,检修不便,尤其冬季冻土层较厚地区,不易检修。故对热力管道宜采用其他敷设方式。适宜于有压力或自流管,特别对有防冻的管线多采用这种方式。埋设顺序一般从建筑物基础外缘向道路由浅至深埋设,如电讯电缆、电力电缆、热力管道、压缩空气管道、煤气管道、上水管道、污水管道、雨水管道等。管线埋设深度与防冻、防压有关。水平间距根据施工、检修及管线间的影响、腐蚀、安全等来决定。

(2)地沟敷设:地沟敷设管路隐蔽,对管线具有保护作用,管线检修方便,不占用空间位置,在厂区内进行管线设计时,只要投资成本许可,应以地沟敷设为宜。但地沟的修建费用

高、投资较大;空间密闭,不适用于敷设有腐蚀性和有爆炸性介质的管路,水位高的地区不宜采用。地沟一般分为三种,即通行地沟、不通行地沟和半通行地沟。通行地沟即人可站立在其中进行管路安装、检修的地沟,内高最小不应低于 1.8m,宽度不小于 0.6m。不通行地沟即人不能站在其中进行管路安装、检修的地构,沟内一般净高为 0.7~1.2m,绝大部分设有可开启式的盖板。半通行地沟即内高介于可通行和不通行之间的地沟,内高一般小于 1.6m。在进行地沟敷设时应满足:沟底纵向坡度应不小于 2%,必要时需设置排水沟和排水管,接入公用排水系统,用于因管路泄漏介质或地面渗水等液体的排出。穿越道路时,对于通行地沟和半通行地沟,穿越道路部分可采用不用开启式盖板,但不宜直接用盖板充当路面;对于不通行地沟,穿越道路部分必须采用可开启盖板,盖板应具有道路最大荷载能力。地沟主干线设计时应尽量沿道路走向单边敷设,转向角以 90° 为宜,并尽量做到以最短距离实现最佳功能。管沟内不宜同沟敷设的管线如表 14-5 所示。

表 14-5　不宜同沟敷设的管线

管线名称	不宜同沟敷设管线的名称
热力管	冷却水管、给水管、电缆、煤气管
给水管	电缆、排水管、易燃及可燃液体管
电力、通讯电缆	易燃及可燃液体管、煤气管
煤气管	电缆、液体燃料管
通行管沟	煤气管、污水管、雨水管、管子损坏后发生干扰的管线

（3）架空敷设:是指将管线支承于管线支架上或管廊上。管架有低支架(净高 2~2.5m)、高支架(4.5~6m)与中支架(2.5~3m)。管线架空敷设节约投资及用地,维修方便,除消防上水、生产污水及雨水下水管外均能架空敷设,但安排不好时,影响交通及厂容。

5. 绿化设计　由于药品生产对环境的特殊要求,药厂的绿化设计就显得更为重要。随着制药工业的发展和 GMP 在制药工业中的普遍实施,绿化设计在药厂总平面设计中的重要性越来越显著。

绿化有滞尘、吸收有害气体与抑菌、美化环境等作用,符合 GMP 要求的制药厂都有比较高的绿化率。绿化设计是总平面设计的一个重要组成部分,应在总平面设计时统一考虑。绿化设计的主要内容包括绿化方式选择、绿化区平面布置设计等。

要保持厂区清洁卫生,首要的一条要求就是生产区内及周围应无露土地面。这可通过草坪绿化及其他一些手段来实现。一般来说,洁净厂房周围均有大片的草坪和常绿树木。有的药厂一进厂门就是绿化区,几十米后才有建筑物。在绿化方面,应以种植草皮为主;选用的树种宜常绿,不产生花絮、绒毛及粉尘,也不要种植观赏花木、高大乔木,以免花粉对大气造成污染,个别过敏体质的人很可能导致过敏。

水面也有吸尘作用。水面的存在既能美化环境,还可以起到提供消防水源的作用。有些制药厂选址在湖边或河流边,或者建造人工喷水池,就是这个道理。

没有绿化,或者暂时不能绿化又无水面的地表,一定要采取适当措施来避免地面露土。例如,覆盖人工树皮或鹅卵石等。而道路应尽量采用不易起尘的柏油路面或者混凝土路面。

目的都是减少尘土的污染。

6. 土建设计　土建设计的通则：车间底层的室内标高，不论是多层或单层，应高出室外地坪 0.5～1.5m。如有地下室，可充分利用，将冷热管、动力设备、冷库等优先布置在地下室内。新建厂房的层高一般为 2.8～3.5m，技术夹层净高 1.2～2.2m，仓库层高 4.5～6.0m，一般办公室、值班室高度为 2.6～3.2m。

厂房层数的考虑应根据投资较省、工期较快、能耗较少、工艺路线紧凑等要求，以建造单层大框架、大面积的厂房为好。优点：①大跨度的厂房，柱子减少，分隔房间灵活、紧凑，节省面积；②外墙面积较少，能耗少，受外界污染也少；③车间布局可按工艺流程布置得合理紧凑，生产过程中交叉污染的机会也少；④投资省、上马快，尤其对地质条件较差的地方，可使基础投资减少；⑤设备安装方便；⑥物料、半成品及成品的输送，有利于采用机械化运输。

多层厂房虽然存在一些不足，例如有效面积少（因楼梯、电梯、人员净化设施占去不少面积）、技术夹层复杂、建筑载荷高、造价相对高，但是这种设计安排也不是绝对的，常常有片剂车间设计成二至三层的例子，这主要考虑利用位差解决物料的输送问题，从而可节省运输能耗，并减少粉尘。

土建设计应注意的问题：地面构造重点要解决一个基层防潮的性能问题。地面防潮，对在地下水位较高的地段建造厂房特别重要。地下水的渗透能破坏地面面层材料的黏结。解决隔潮的措施有两种：①在地面混凝土基层下设置膜式隔气层；②采用架空地面，这种地面形式对今后车间局部改造时改动下水管道时较方便。

7. 特殊房间的设计要求　特殊房间的设计主要包括：实验动物房的设计、称量室的设计、取样间的设计。

8. 厂房防虫等设施的设计　我国《药品生产质量管理规范》规定："厂房应有防止昆虫和其他动物进入的设施。"昆虫及其他动物的侵扰是造成药品生产中污染和交叉污染的一个重要因素。具体的防范措施包括：纱门纱窗（与外界大气直接接触的门窗），门口及草坪周围设置灭虫灯，厂房建筑外设置隔离带，入门处外侧设置空气幕等。

（1）灭虫灯：主要为黑光灯，诱虫入网，达到灭虫目的。

（2）隔离带：在建筑物外墙之外约 3m 宽内可铺成水泥路面，并设置几十厘米深与宽的水泥排水沟，内置砂层和卵石层，适时可喷洒药液。

（3）空气幕：在车间入门处外侧安装空气幕，并投入运转。做到"先开空气幕、后开门"和"先关门、后关空气幕"。也可在空气幕下安挂轻柔的条状膜片，随风飘动，防虫效果较好。也可以建立一个规程，使用经过批准的药物，以达到防止昆虫和其他动物干扰的目的，达到防止污染和交叉污染的目的。

在制药企业所在地区的生态环境中，有哪些可能干扰药厂环境的昆虫及其他动物，可以请教生物学专家及防疫专家；在实践中黑光灯诱杀昆虫的标本，应予记录，并可供研究。仓库等建筑物内可设置"电猫"及其他防鼠措施。

（二）厂区总体平面布置图

在总体布局上应注意各部门的比例适当，如占地面积、建筑面积、生产用房面积、辅助用房面积、仓储用房面积、露土和不露土面积等。还应合理地确定建筑物之间的距离。建筑物之间的防火间距与生产类别及建筑物的耐火等级有关,不同的生产类别及建筑物的不同耐火等级,其防火间距不同。危险品仓库应置偏僻地带。实验动物房应与其他区域严格分开,其设计建造应符合国家有关规定。

对厂区进行区域划分后,即可根据各区域的建(构)筑物组成和性质特点进行总平面布置。图 14-5 为某药厂的总平面布置示意图。图 14-6 和图 14-7 为药厂厂区布局图。厂址所在位置的全年主导风向为东南风,因此,多种制剂车间布置在上风处,而原料药生产区则布置在

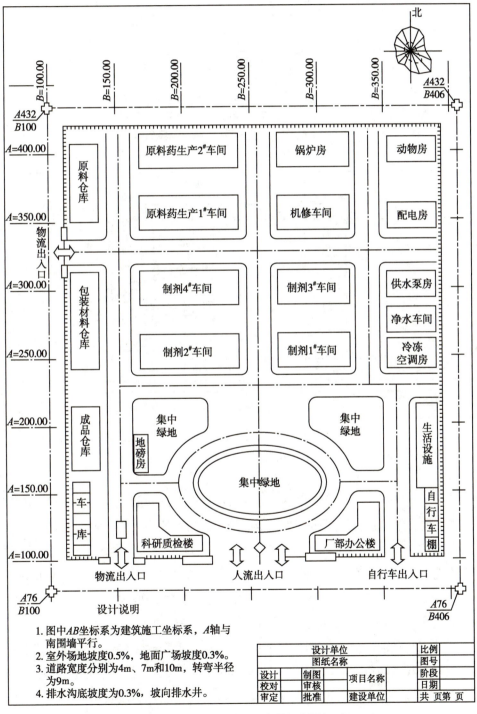

图 14-5 药厂的总平面布置示意图(一)

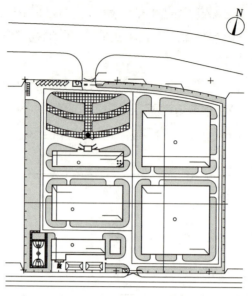

图 14-6　药厂的总平面布置示意图（二）

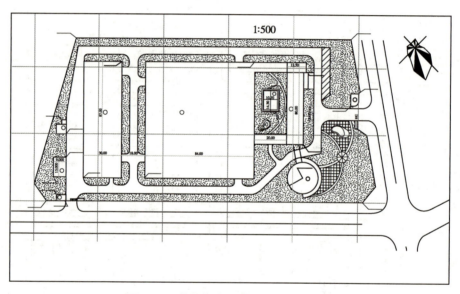

图 14-7　药厂的总平面布置示意图（三）

下风处。库区布置在厂区西侧，且原料仓库靠近原料药生产车间，包装材料仓库和成品仓库靠近制剂车间，以缩短物料的运输路线。全厂分别设有物流出入口、人流出入口和自行车出入口，人流、物流路线互不交叉。在办公区和正门之间规划了三片集中绿地，出入厂区的人流可在此处集散，并使人有置身于园林之感。厂区主要道路的宽度为10m，次要道路的宽度为4m 或 7m，采用发尘量较少的水泥路面。绿化设计按 GMP 的要求，以不产生花絮的树木为主，并布置大面积的耐寒草皮，起到减尘、减噪、防火和美化的作用。

　　生产性项目和辅助性公用设施已按设计要求完成，能满足生产使用；主要工艺设备、配套设施经单机试车和联动负荷试车合格；空调净化系统完成风量平衡，洁净室完成粒子测定，并有书面报告；生产准备工作能适应投产的需要；环境保护设施、劳动安全卫生设施、消防设施已按设计要求与主体工程同时建成使用。

建设项目工程验收合格后，制药企业才能提出《药品生产许可证》的申请，并需试生产一段时间后才能申请药品 GMP 认证。

四、设计依据

厂址选择与布局必须执行一定的规范和标准，才能保证设计质量。标准主要指企业的产品，规范侧重于设计所要遵守的规程。标准与规范是不可分割的，由于它们会不断地更新，设计人员要将最新的内容用于设计中。

标准和规范按指令性质可分为强制性与推荐性两类。强制性标准是法律、行政法规规定强制执行的标准，是保障人体健康、安全的标准。而推荐性标准则不具强制性，任何单位均有权决定是否采用，如违反这些标准并不负经济或法律方面的责任。按发布单位又可将规范和标准分为国家标准、行业标准、地方标准和企业标准。以下为制药企业设计中常用的有关国家的规范和标准。

1.《药品生产质量管理规范》(2010 年修订)。

2.《医药工业洁净厂房设计标准》GB50457—2019。

3.《洁净厂房设计规范》GB 50073—2013。

4.《建筑设计防火规范》GB 50016—2014。

5.《爆炸和火灾危险环境电力装置设计规范》GB 50058—2014。

6.《工业企业设计卫生标准》GBZ 1—2010。

7.《污水综合排放标准》GB 8978—1996。

8.《工业企业厂界环境噪声排放标准》GB 12348—2008。

9.《压力容器》GB/T 150—2011。

10.《建筑采光设计标准》GB 50033—2013。

11.《建筑照明设计标准》GB 50034—2013。

12.《工业建筑采暖通风与空气调节设计规范》GB 50019—2015。

13.《工业建筑防腐蚀设计规范》GB 50046—2008。

14.《化工企业安全卫生设计规定》HG 20571—2014。

15.《化工自控设计规定》HG/T 20505～20516—2000。

16.《化工装置设备布置设计规范》HC/T 20546—2009。

17.《化工装置管道布置设计规定》HC/T 20546—1998。

18.《建设项目环境保护管理条例》(中华人民共和国国务院〔1998〕年第 253 号令)。

19.《工业企业噪声控制设计规范》GB/T 50087—2013。

20.《环境空气质量标准》GB 3095—2012。

21.《锅炉大气污染物排放标准》GB 13271—2014。

22.《建筑灭火器配置设计规范》GB 50140—2005。

23.《建筑物防雷设计规范》GB 50057—2010。

24.《火灾自动报警系统设计规范》GB 50116—2013。

25.《建筑内部装修设计防火规范》GB 50222—2017。

26.《自动喷水灭火系统设计规范》CB 50084—2017。

27.《建筑结构荷载规范》GB 50009—2012。

28.《民用建筑设计通则》GB 50352—2005。

29.《建筑结构可靠度设计统一标准》GB 50068—2001。

30.《建筑给排水设计规范》GB 50015—2020。

31.《建筑结构制图标准》GB/T50105—2010。

32.《建筑地面设计规范》GB 50352—2013。

33.《化工企业总图运输设计规范》GB 50489—2009。

34.《通风与空调工程施工质量验收规范》GB 50243—2016。

ER14-2　第十四章　目标测试

（孟繁钦）

第十五章 洁净空调与净化车间设计

ER15-1 第十五章
洁净空调与净化
车间设计（课件）

实施 GMP 的目的是在药品制造过程中，防止药品的混批、混杂、污染及交叉污染。医药工业洁净厂房的主要任务是要控制室内悬浮微粒及微生物对生产的污染，以及防止交叉污染，而空气净化系统是控制的重要环节。

第一节 洁净空调技术

洁净空调技术主要通过高效的过滤系统、合理的气流组织、严格的环境监控等手段，有效去除空气中的尘埃粒子、微生物等污染物，从而创造出一个洁净的生产环境。洁净空调系统是实施 GMP 工程不可缺少的非常重要的部分，通过送入洁净室的空气，不但有洁净度要求，还要有温度和湿度的要求，所以除了对空气过滤净化外，还需要加热或冷却、加湿或除湿等各种处理。这套用于净化区的空气处理系统称之为洁净空调系统。

一、概述

洁净室内的污染源按来源分为内部污染源和外部污染源。洁净空调系统就是要通过各种技术手段消除污染源或降低其水平，而过滤技术是最主要的技术手段。常用的空调净化过滤器，按空气过滤器 GB/T 14295—2019 分为初效（粗效）过滤器、中效过滤器、高中效过滤器、亚高效过滤器等类型，见表 15-1。

表 15-1 空气过滤器的分类（GB/T 14295—2019）

类别	迎面风速（m/s）	额定风量下的效率 E（%）		额定风量下的初阻力（Pa）
粗效 1	2.5	标准试验尘计重效率	$50 > E \geqslant 20$	$\leqslant 50$
粗效 2			$E \geqslant 50$	
粗效 3		计数效率（粒径 $\geqslant 2.0\mu m$）	$50 > E \geqslant 10$	
粗效 4			$E \geqslant 50$	
中效 1	2.0	计数效率（粒径 $\geqslant 0.5\mu m$）	$40 > E \geqslant 20$	$\leqslant 80$
中效 2			$60 > E \geqslant 40$	
中效 3			$70 > E \geqslant 60$	
高中效	1.5		$95 > E \geqslant 70$	$\leqslant 100$
亚高效	1.0		$99.9 > E \geqslant 95$	$\leqslant 120$

目前，业内比较通行的过滤器分类方法是根据欧洲标准进行分类的，分 G1、G2、G3、G4、F5、F6、F7、F8、F9、H10、H11、H12、H13、H14、U15、U16、U17 等规格，见表 15-2。

表 15-2 空气过滤器的分类（欧洲标准）

规格	EN 779-1993		EN 1882-1998
	计重法效率 /%	计径计数法效率（0.4μm 平均)/%	最易穿透粒径法效率 /%
G1	$\eta < 65$	—	—
G2	$65 \leq E < 80$	—	—
G3	$80 \leq E < 90$	—	—
G4	$E \geq 90$	—	—
F5	—	$40 \leq E < 60$	—
F6	—	$60 \leq E < 80$	—
F7	—	$80 \leq E < 90$	—
F8	—	$90 \leq E < 95$	—
F9	—	$E \geq 95$	—
H10	—	—	$85 \leq E < 95$
H11	—	—	$95 \leq E < 99.5$
H12	—	—	$99.5 \leq E < 99.95$
H13	—	—	$99.95 \leq E < 99.995$
H14	—	—	$99.995 \leq E < 99.999\,5$
U15	—	—	$99.999\,5 \leq E < 99.999\,95$
U16	—	—	$99.999\,95 \leq E < 99.999\,995$
U17	—	—	$E \geq 99.999\,995$

在空气洁净技术中，通常是将几种效率不同的过滤器串联使用。配置原则是：相邻二级过滤器的效率不能太接近，否则后级负荷太小；但也不能相差太大，这样会失去前级对后级的保护。

空气净化处理，一般采用初效、中效、高效空气三级过滤，例如常用的过滤器组合方式有 G4+F8+H13。初效过滤器布置在新风入口处或空调机组入口处，主要过滤 ≥5μm 的大颗粒。中效过滤器集中布置在空气处理机组的正压段，主要提供对末端高效过滤器的保护。高效过滤器设置在洁净空调系统的末端送风口内。对于 A/B 级区域，采用 H14 级别的高效过滤器，C/D 级区域，采用 H13 级别的高效过滤器，表 15-3 是空气滤器的分类。

洁净空调系统内过滤器的选用，既要考虑服务区域的洁净度级别，又要考虑生产工艺的节能运行，需要合理的选用过滤器。此外，根据过滤器是否可以清洗回收，分为可清洗型、不可清洗型以及耐清洗型。一般初效、中效过滤器可选用可清洗型或耐清洗型，包括板式或袋式；末端高效过滤器选用不可清洗型，包括有隔板或无隔板式。现应用较多的是无隔板式高效过滤器。

表 15-3　空气滤过器的分类

类别	材料	型式	作用粒径	适用浓度	效率	容尘量/（g/m²）
粗效滤过器	金属丝网、玻璃丝、粗孔聚氨酯泡沫、塑料、化学纤维等	板式、袋式	>5μm	中-大	计数，≥5μm 20%～80%	500～2 000
中效滤过器	中细孔泡沫塑料、无纺布、玻璃纤维	袋式	>1μm	中	计数，≥1μm 中效 20%～70% 高中效 70%～90%	300～800
亚高效滤过器	超细聚丙烯纤维、超细玻璃纤维	隔板式 无隔板	<1μm	小	计数，≥0.5μm 95%～99.9%	70～250
高效滤过器	超细聚丙烯纤维、超细玻璃纤维	折叠式	<1μm	小	钠盐法 ≥99.9%	50～70

（1）初效过滤器：初效过滤器（或称粗效过滤器）主要用于对 5μm 以上大颗粒尘埃的控制，依靠惯性和碰撞作用，滤速可达 0.4～1.2m/s。其结构由箱体、滤材和固定滤材部分、传动部分、控制部分组成。滤材采用易于清洗更换的粗中孔泡沫塑料或涤纶无纺布等化纤材料，可水洗再生，重复使用。形状有平板式、抽屉式、自动卷绕人字式、袋式。近年来逐渐用无纺布代替泡沫塑料作为滤材，其优点是：无味道，容量大，阻力小，滤材均匀，便于清洗，不易老化，成本低。

（2）中效过滤器：中效及高中效过滤器主要用作对末级高效过滤器的预过滤保护，延长高效过滤器使用寿命，主要对象是 1～10μm 尘粒。初阻力≤10mm 水柱，滤速可取 0.2～0.4m/s。放在高效过滤器之前，风机之后。滤材采用中细孔泡沫塑料、涤纶无纺布、玻璃纤维等，常做成袋式及平板式、抽屉式。

（3）亚高效过滤器：亚高效过滤器用作终端过滤器或作为高效过滤器的预过滤，主要对象是 5μm 以下尘粒，初阻力≤15mm 水柱，计数效率（90%～99.9%，0.3μm）。滤材一般为玻璃纤维滤纸、棉短绒纤维滤纸等制品。

（4）高效过滤器：高效过滤器作为送风及排风处理的终端过滤，主要过滤小于 1μm 尘粒，初阻力≤25mm 水柱。一般装在通风系统的末端，即室内送风口上，滤材用超细玻璃纤维纸或超细石棉纤维滤纸，其特点是效率高，阻力大，不能再生。一般能用 1～5 年。

高效过滤器对细菌等微生物的过滤效率基本上是 100%，通过高效过滤器的空气可视为无菌。为提高对微小尘粒的捕集效果，需采用较低的滤速，以 cm/s 计，故滤材需多层折叠，使过滤面积为过滤器截面积的 50～60 倍。

二、洁净空调系统的气流组织形式

为了特定目的在室内造成一定的空气流动状态与分布，称为气流组织。一般来说空气自送风口进入房间后首先形成射入气流，流向房间回风口的是回流气流，在房间内局部空间回旋的则是涡流气流。为了使工作区获得低而均匀的含尘浓度，洁净室内组织气流的基本原则是：要最大限度地减少涡流；使射入气流经过最短流程尽快覆盖工作区，气流方向与尘埃的重力沉降方向一致；使回流气流有效地将室内灰尘排出室外。

（一）单向流洁净室

单向流洁净室以前称为层流洁净室，但室内气流并非严格的层流，故现改称为单向流洁净室。单向流是指沿单一方向呈平行流并且横断面上风速一致的气流。单向流洁净室按气流方向又分为垂直单向流、水平单向流两大类。

1. 垂直单向流 指气流由上向下，可获得均匀的向下单向平行气流，与尘埃重力沉降的方向一致，因而自净能力强，能够达到较高的洁净度级别。垂直单向流多用于灌封点的局部保护和单向流工作台。

垂直单向流洁净室高效过滤器满布布置在天棚上，由侧墙下部或整个格栅地板回风，空气经过工作区时带走污染物。气流要形成垂直平行流，必须有足够气速，以克服空气对流，垂直断面风速需在 0.25m/s，气流速度的作用时控制多方位污染、同向污染、逆向污染，并满足适当的自净时间。垂直单向流可实现工作区洁净度达到 A/ISO 5 级或更高的洁净度。典型垂直单向流洁净室见图 15-1。

2. 水平单向流 指气流为均匀的水平单向平行气流。水平单向流高效过滤器满布布置在一面墙上，作为送风墙，对面墙上满布回风格栅作为回风墙。洁净空气沿水平方向均匀地从送风墙流向回风墙。离高效过滤器越近，空气越洁净，可达 A/ISO 5 级洁净度。操作人员等在气流的下游，以避免影响上游的工艺生产。典型水平单向流洁净室见图 15-2。

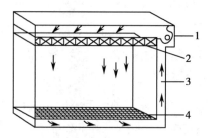

1. 风机；2. 高效过滤器；3. 风道；4. 多孔板床

图 15-1　垂直单向流

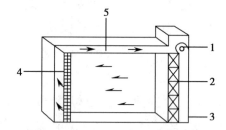

1. 风机；2. 高效过滤器；3. 外壁；4. 预过滤器；5. 风道

图 15-2　水平单向流

（二）非单向流洁净室

凡不符合单向流定义的气流为非单向流。非单向流洁净室又称乱流洁净室，其作用原理是：将含尘浓度水平较低的洁净空气从送风口排走，用洁净空气稀释室内含尘浓度水平较高的空气，直至达到平衡。简单地说，乱流洁净室的原理是稀释作用，如图 15-3。

乱流洁净室在吊顶或侧墙上装送风口，在侧墙下部装回风口，即采用上送下侧回的气流组织形式。也有部分洁净度要求比较低的洁净室采用上送上回的气流组织形式，但这种气流组织形式不推荐。乱流洁净室送风有高效过滤器顶送（有扩散板和无扩散板）、流线型散流器顶送、局部孔板顶送、侧送等形式，见图 15-4，图 15-5。

非单向流洁净室的洁净度最高只能达到 B/ISO 6 级。其作用原理为稀释作用，室内换气次数愈多，所得洁净度愈高。表 15-4 为医药工业洁净厂房设计规范要求的不同等级洁净室的换气次数要求。

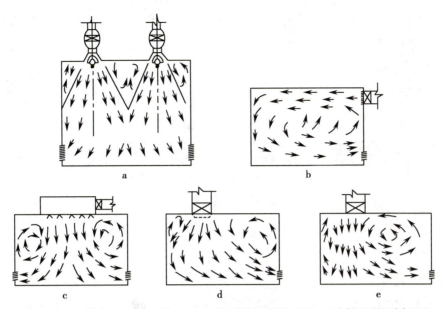

a. 密集流线形散发器顶送双侧下回；b. 上侧送风同侧下回；c. 孔板顶送双侧下回；
d. 带扩散板高效过滤器风口顶送单侧下回；e. 无扩散板高效过滤器风口顶送单侧下回

图 15-3　非单向流（乱流）洁净室送、回风布置形式

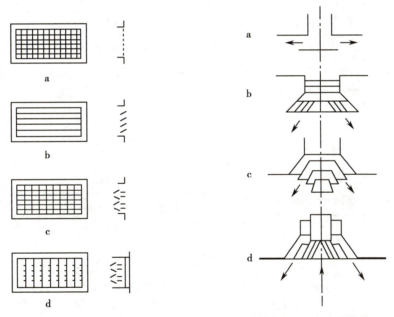

a. 格栅送风口；b. 单层百叶送风口；c. 双
层百叶送风口；d. 三层百叶送风口

图 15-4　侧送风口形式

a. 盘式散流器；b. 直片式散流器；c. 流
线型散流器；d. 送吸式散流器

图 15-5　散流器形式

表 15-4　洁净室换气次数

空气洁净度等级	气流流向	平均风速 /（m/s）	换气次数 /（次 /h）
A 级	单向流	0.2～0.5	—
B 级	非单向流	—	15～25
C 级	非单向流	—	10～15
D 级	非单向流	—	8～12

在气流组织中,送风口应靠近洁净度高的工序;回风口应布置在洁净室下部,易产生污染的设备附近应有回风口;非单向流洁净室内设置洁净工作台应远离回风口;洁净室内局部排风装置应设在工作区气流的下风侧。表 15-5 为医药工业洁净厂房设计规范要求的不同等级洁净室的气流组织要求。

表 15-5　气流组织形式

医药洁净室(区)空气洁净度等级	气流流型	送、回风方式
A 级	单向流	水平、垂直
B 级	非单向流	顶送下侧回,侧送下侧回
C 级 D 级	非单向流	顶送下侧回,侧送下侧回,顶送顶回

(三) 局部净化

为降低造价和运转费,在满足工艺条件下,应尽量采用局部净化。局部净化是指室内工作区域特定局部空间的空气含尘浓度达到所要求的洁净度级别的净化方式。局部净化比较经济,可采用全室空气净化与局部空气净化相结合的方法。最常见的是在 B 级或 C 级背景环境中实现 A 级。将送风口布置在局部工作区的顶部或侧部,以垂直或水平层流达到局部区域的高洁净度。其单向流和非单向流组合的气流,也称为混合流。

此外,以两条单向流工艺区和中间乱流操作区组成的隧道式洁净环境叫洁净隧道。这是目前推广采用的全室净化与局部净化相结合的典型净化方式,被称为第三代净化方式。

(四) 无菌药品的洁净室

无菌药品分为最终灭菌药品和非最终灭菌药品。无菌药品生产可采用的洁净室有:传统洁净室、限制进出隔离系统和隔离器等三种。表 15-6 简单比较了三种形式的洁净室的区别。

表 15-6　三种形式的洁净室的区别

洁净室类型	传统洁净室	限制进出隔离系统	隔离器
操作者进入要求	背景房间 B 级,该环境允许操作人员进入	背景房间 B 级,该环境允许操作人员进入	小的封闭空间,操作者不进入
关键区域及背景区域的洁净等级,操作者干预方式	关键区域为 A 级,无菌核心区域,操作人员需根据已定义的 SOP 从 B 级背景环境打开设备进行工艺操作和干预,这些动作高度依赖操作人员洁净服	关键区域为 A 级,无菌核心区域,操作者通过手套箱进行操作,密封的部件在背景为 B 级的环境下处理	关键工艺核心区 A 级位于 D 级背景环境下。操作者只在停产期间打开设备。人通过手套箱进行操作
生物去污染方法	生物去污染方法为表面局部消毒或者某些情况下进行房间熏蒸,此方法较少采用	生物去污染方法与开放房间相同,表面局部消毒,某些情况下进行房间熏蒸,此方法较少采用	生物去污染方式为隔离器内部表面局部消毒,或者更经常地在隔离器内部进行喷雾或蒸汽消毒
操作者与核心无菌工艺隔离方式	操作者与无菌工艺核心需避免接触,例如通过聚碳酸酯门、屏风或垂帘等	操作者与 A 级无菌核心工艺相隔离,具体方式如聚碳酸酯门,屏风带有手套箱和部件传递口	操作者与无菌工艺核心相互隔离,隔离方式为通过隔离罩、隔离窗、隔离手套箱或者部件传递口

一般洁净室依靠正压、气流组织、门、窗等维持洁净的生产环境,优点是设备设置方便、生产过程中易于介入操作、手工取样等,缺点是存在受污染的风险,尤其在实施介入操作过程中以及上料和卸料过程中未与环境完全隔离,风险更大。

GMP 将新的隔离器应用到制药工业中,又被称为隔离式屏障系统,配备 B 级或更高洁净度级别的空气净化装置,并能使其内部环境始终与外界完全隔离。

高污染风险操作宜在隔离器内完成。物品进出隔离器特别注意防止污染。隔离器及其所处环境取决于其设计及应用,应能够保证相应区域空气质量达到设计标准,无菌生产的隔离器所处环境至少应为 D 级洁净区。传输装置可设计成单门或双门,也可是同灭菌设备相连的全密封系统。

隔离器只有经过确认后方可投入使用。确认时应考虑隔离技术的所有关键因素,如隔离系统内外环境的空气质量、隔离器的消毒、传递操作以及隔离系统的完整性。

隔离器和隔离用袖管或手套系统应进行常规检测和必要的检漏试验。

1. 隔离器的起源　隔离技术源于第二次世界大战时使用的手套箱,但是主要是用于放射性物质的处理。隔离器在 20 世纪 90 年代才真正应用于制药工业,主要用于药品的无菌生产过程控制以及生物学实验。隔离器采用物理屏障的手段将受控空间与外部环境相互隔绝,在内部提供一个高度洁净、持续有效的操作空间,这种隔离器能够最大限度降低微生物、各种微粒和热原的污染,实现无菌制剂生产全过程以及无菌原料药的灭菌和无菌生产过程的无菌控制。在制药工业中的应用,不仅满足了产品质量改进的需求,同时也能用于保护操作者免受生产过程中有毒有害物质带来的伤害,降低了制药工业的运行成本,但隔离器的采购成本较高。

2. 隔离器的结构特征　隔离器可以用任何合适的材料制造,既要满足使用的功能需求,又要足够结实以抵抗刺穿,确保系统完整性。一般而言,隔离器的外部结构被称为"柔性墙"或"刚性墙"。用于生物安全用途的隔离器通常是刚性墙结构,因为这些系统要考虑到较强的表面清洁。聚氯乙烯常用于柔性墙,不锈钢用于刚性墙。

在结构上,隔离器多选用透明 PVC 膜组成的软舱体结构,整机机构及操作平台选用316L 不锈钢,顶端整体封闭式结构设计,集成有灭菌系统、控制单元、进出风系统、空气过滤单元等,易于清洁维护;配有物料无菌传递通道和无菌废弃物传递通道;操作与传递设计采用手套标准操作,材质要求有高度密封性、化学兼容性及抗机械磨损性;隔离器设计要能支持药典规定的无菌测试;带有多功能组合接口,如公用介质电、气及检测口等;隔离器操作间内进、出风端口设置高效过滤器及高性能离心风机,室内气流模式要持续维持正压,并装有高效过滤器压差监测功能,实时显示 HEPA 通风量状态,带有失压报警功能;同时预留连接过氧化氢灭菌接口;具备远程控制功能的控制系统,满足保存实验、生产数据和追溯需要。

3. 隔离器的原理　相对于传统洁净室的洁净环境,隔离器提供的是"无菌"环境。隔离器的高度密闭性可降低周边环境的洁净度要求,隔离器外部洁净室环境为 C 级,最低可至 D 级。工艺操作人员通过手套进行介入操作,与产品完全隔离。隔离器的使用需要高度自动化的操作,同时要配备自动化的辅助系统,如能与可蒸汽灭菌的传递袋、带有 RTP 系统的传递间等对接,实现物品的无菌传递。隔离器的污染风险很低,可能的风险包括手套破口,上料／下料系统连接或已受到污染的产品可能对系统的污染。为排除这些风险,在设备确认时需要进行泄漏测试、手套完整性测试、气流模型测试、照度测试、高效过滤器完整性测试等环境测试,以及核黄素、生物指示剂、化学指示剂测试,气化过氧化氢灭菌循环等清洗灭菌测试。隔离器在机器停止或非生产状态时才能打开,打开后必须经过重新验证才能使用。

4. **隔离器的类型**　隔离器有敞开式和封闭式。封闭式隔离器的门是用螺栓固定死的,可称之为视窗,封闭式隔离器内部不含工艺生产线。敞开式隔离器与环境有接口,包括鼠洞、可开的门,用压差维持隔离器内外的隔离。

（1）封闭式隔离器:封闭式隔离器有两种类型:无菌用途和生物安全式。其运行时,必须通过高效过滤器与周围环境换气。无菌用途隔离器是将污染排除在隔离器外;生物安全式隔离器是防止隔离器内有毒物料释放到隔离器外。

1）无菌用途的隔离器:无菌用途的隔离器通常正压运行,使用前需按照规程有效地进行去污染。用于处理无菌物料的隔离器需遵循以下原则:进入隔离器内所有物料必须被去污染或灭菌,或经过快速转移舱进入;操作必须远程控制完成,在运行时不能有人员身体部位直接进入隔离器操作,去污染方式必须是可重复和可量化的。

2）生物安全式隔离器:生物安全式隔离器通常负压运行,在敞开前需清除所有潜在的有害物料。生物安全式隔离器应用需遵循以下原则:在隔离器内所有物料必须被清洁或按相关流程保证有害物不被释放到周围环境中去;操作必须远程控制完成,在运行时不能有人员身体部分直接进入隔离器操作;清洁方式必须是可重复和可量化的。

3）兼有无菌用途和生物安全功能的封闭式隔离器:通常正压运行,有额外的安全措施,例如负压锁。在人员操作附近,需考虑附加人员保护设备。

（2）敞开式隔离器:敞开式隔离器不同于封闭式隔离器,在设备运行时,由于物料的进出是连续或半连续式,因此需维持高于内部环境一个级别的保护。敞开式隔离器不与周围环境交换未过滤的空气,敞开式隔离器在封闭时去污染,在生产时开启。

（3）无菌用途的敞开式隔离器:除在生产过程中存在开口外,敞开式隔离器和封闭式隔离器满足同样的原则,即通过设计控制物料进出容器,防止来自周围环境的污染。

（4）兼有无菌用途和生物安全功能的敞开隔离器:这些隔离器和普通敞开式隔离器以及生物安全式隔离器相似,需设计清洁程序,确保有毒污染在离开隔离器之前被去除。为保持内部环境的无菌性,应预防空气的进入。

（5）隔离器的清洗灭菌:隔离器的清洗灭菌一般有:自动清洗,通过固定喷头清洗回风管道等部位;手动清洗,使用清洗喷枪对隔离装置内部清洗;气化过氧化氢灭菌,指在隔离器上预留相应的接口或隔离器上集成气化过氧化氢灭菌器。

（6）隔离器和工艺的对接:隔离器的使用必须和工艺相关联。在冻干粉针生产核心区灌装和冻干工序加上了隔离器,从而实现了生产线上下游设备的对接和无菌自动化转运。

（五）限制进出隔离系统
限制进出隔离系统是一种介于传统洁净室和隔离器之间的技术。制药行业中使用的无菌隔离系统为限制进出隔离系统(restricted access barrier system,RABS),与传统各隔离装置不同的是,RABS不是完全密闭的,而是一道有操作间正压作用的空气力学屏障,它对无菌容器起到保护作用。灌装的流动方向为垂直单向流,流动速度可以控制,使空气可连续地循环和更新,清除操作间存在的颗粒物,预防来自外部的污染。在避免完全密闭的同时,连续的空气循环延长了无菌条件的时间,中间可在线进行清污作业。无菌区的四周屏障区处在单向流动控制之下,而屏障区在操作间和其他房间之间是辅助保护屏障。无菌生产操作时只能通过关键部位设的手套箱进入。可见,RABS的特点是单向流、有屏障、可干预。它提供的是几乎无菌环境,通过手套进行介入操作,如设备的最终设置、手工取样等生产过程只能通过手套箱进行介入。由于未与环境完全隔离,也存在受污染的风险。但与隔离器相比,要求较低,成本低,形式也更多,是目前先进的无菌隔离装置。

RABS可分为开放式(ORABS)和封闭式(CRABS),开放式又被分为被动型、主动型等。

开放式限制进出隔离系统特点为洁净室环境为B级,核心生产区域为A级,整体为B+A级,操作者在B级区域,通过手套进行A级区域的操作,操作者和A级区域是完全分隔的。通常灭菌是和B级区域一起进行。其门、手套和无菌传递设备采用聚碳酸酯或钢化玻璃。

开放式限制进出隔离系统,该系统由无人搬运车(automated guided vehicle,AGV)对应两台冻干机,在上下游对接的轨道段和AGV上都装有ORABS。

封闭式限制进出隔离系统其特点为洁净室环境为B级,核心生产区域为A级,整体为B+A级,与工艺操作者完全隔离。操作人员只能通过手套对内部进行干预,通过无菌传递接口传送物品。系统运行时内部维持一定压差,只有在非生产状态才能打开。消毒方式为内部进行整体VHP消毒。

(六)特殊设置要求

1. **烘房**　烘房是产湿、产热、产尘之处,烘房排气应直排室外。为避免烘箱操作对洁净室气流组织的影响,洁净室排风系统排风口不与烘房相连,其阀门开关与烘房排湿阀联锁,即排湿阀开启,排风口关闭。此种设计烘房的湿热排风不会影响烘房和洁净室的温度和气流组织。

2. **铝塑包装机**　铝塑包装机工作时产生PVC焦臭味,应设置排风。铝塑包装机(采用远红外加热)工作时产生大量热,房间换气次数应满足热平衡要求。因此,设计需考虑:①排风系统采用顶排,排风口位于铝塑包装机加热封合位置的上方,排风至室外;②房间换气次数充分考虑设备发热量。

3. **包衣室**　包衣采用大量的有机溶剂,根据安全要求包衣及其有关洁净室应设计为防爆区。防爆区采用全部排风,不回风,防爆区相对洁净区公共走廊为负压。

三、洁净空调系统的设计

为了达到净化的目的,除洁净空调措施之外,还应有必要的综合性措施相配合。

1. **总图设计的合理性**　要综合考虑建筑物周围环境的污染程度,如风向、绿化、防震等因素。

2. 工艺布置合理性 应使工艺流程紧凑，人流、物流组织合理，以利于保持洁净操作。

3. 人身净化 其目的是最大限度地防止人体将灰尘带入车间，故建筑物内应考虑盥洗设备、空气吹淋室或气闸等。

4. 建筑设计构造 合理设计车间高度及技术走廊、技术夹层的空间大小，选用耐磨、光滑、不起尘的建筑材料等。

5. 局部净化设备 是在一定的室内洁净环境下，采用净化工作台，使操作空间获得更高的洁净度。

只有在设计中合理地考虑了以上措施，才能使洁净空调系统充分发挥作用。

（一）设计条件及设计基础

1. 工艺条件 制药工艺设计人员必须向空调专业设计人员提供洁净空调系统设计的如下条件：

（1）工艺设备布置图；

（2）洁净区域的面积及洁净度要求；

（3）工艺生产所需湿度条件；

（4）工艺设备的散热与散湿图；

（5）室内人员数量；

（6）特殊工艺除尘要求等。

2. 建筑条件

（1）建筑图；

（2）房间吊顶形式及吊顶高度；

（3）外墙、内墙等的形式；

（4）风、水管井的定位等。

3. 结构条件

（1）建筑结构条件；

（2）梁底、板底的高度，梁柱位置等。

4. 其他条件

（1）业主要求；

（2）法律法规、规范、指南等要求。

（二）系统设计及设计计算

1. 系统划分 制药工业洁净厂房可能由多个车间组成，而每个车间又可能由多个工艺工序组成，因而区域面积大，室内设计条件要求各不一致。因此，可能有多个系统服务同一区域（车间或单体）。空调系统的划分需综合考虑如下条件：

（1）生产需求：不同生产时间要求的区域应采用分开的系统，不同的产品区域是不在同一系统中的，同一车间有可能有多个工序不同进行，也应分开。

（2）洁净度要求：不同洁净度级别的区域不宜采用同一系统。

（3）温湿度要求：不同温湿度控制要求的区域不应采用同一系统。温湿度控制要求包括控制基准值和精度,对于控制精度不同的区域,一般也不应采用同一系统。如果采用末端空调设备,也可将温湿度控制要求不同的区域采用同一系统。

（4）热、湿负荷特性:同一系统的房间热、湿负荷不宜相差太大。

（5）空调系统:同一空调系统服务区域不宜太大,区域过大会导致机组对于庞大,不利于安装,太大的系统也会导致调试和运行维护的困难。

2. 系统方案 系统方案是指为达到室内控制要求而采用的空调系统形式。不同的洁净度要求、不同的室内温湿度控制要求、不同的气候条件等都会对系统方案产生影响。医药工业洁净厂房的空调系统大多采用全空气式空调系统,此系统由空气处理机组、风管系统、风口等组成。系统方案要确定采用何种形式的空气处理机组、何种风系统、何种风口等。

（1）室内设计参数:室内设计参数包括温湿度控制基准、控制精度、房间洁净度、房间对外压差等,根据工艺条件确定。

（2）空气过滤的选用:根据系统服务区域的洁净度要求、室外气象条件确定采用何种过滤器组合。在洁净空调系统中,通常把不同类型的过滤器串联使用,以满足不同的洁净要求,总过滤效率用下式表示:

$$\eta = 1 - (1 - \eta_1)(1 - \eta_2)(1 - \eta_3) \cdots (1 - \eta_n) \qquad \text{式(15-1)}$$

式中,η 为总过滤效率;η_n 为第 n 级过滤器的过滤效率。

目前,粗效 + 中效 + 高效的三级过滤系统已被广泛采用,对于 A、B 级区域,末端高效过滤器采用 H14 级别,对于 C、D 级区域,末端高效过滤器采用 H13 级别;而粗效和中效过滤器的选择则要根据室外气象条件、室内产尘量等综合考虑。

（3）空气处理形式:一次回风系统选用较多。当节能要求较高时,可采用二次回风系统,并选用热回收装置。

（4）气流组织形式:对于 A 级区域,一般采用单向流。可采用风机和高效过滤器（HEPA）组合（FFU）,或循环风机箱 + 高效静压箱的形式等。对于 B、C、D 级区域,一般采用非单向流,房间内上送下侧回的气流组织形式。

（5）排风方案:确定哪些房间需要设置排风、排风的比例等。局部排风系统在下列情况应单独设置:①非同一洁净空调系统;②排风介质混合后能产生或加剧腐蚀性、毒性、燃烧爆炸危险性;③排出有毒性的气体,毒性相差很大。

（6）设备选择:组合式空气处理机组由若干个功能段组合在一起,不同的组合方式可以实现不同的控制目标。一般组合式空气处理机组功能段有:进风段、过滤器段（粗效、中效等）、表冷段、加热段、加湿段、风机段、均流段、消声段、出风段等。

过滤器段取决于过滤器的级别和形式要求等,还需设置压差显示装置,一般有压差表、压差开关、压差传感器等。

表冷段采用铜管铝翅片,因而具有较高的换热效率;加热段如用热水加热,也采用铜管铝翅片,当用蒸汽加热时,可采用钢管形式。

加湿段采用干蒸汽形式,无菌区域宜采用纯蒸汽加湿。

机组内的接水盘、挡水盘等宜采用不锈钢等不易腐蚀、不易生菌的材质。

空气处理机组内的风机选用高效低噪的离心式风机,采用变频运行,既可以满足系统内过滤器堵塞引起的阻力增加,还可以满足各种不同工况运行的要求。组合式空气处理机组的框架需要放冷桥措施,要求有很好的保温性能和隔声效果,还要确定排风机组的形式、排风过滤器的选用、除尘机组的选择、臭氧发生器的形式等。

3. 设计计算

(1)负荷计算:空调房间冷(热)、湿负荷是确定空调系统送风量和空调设备容量的基本依据。在室内外热量、湿扰量作用下,某一时刻进入控制区域内的总热量和湿量称为该时刻的得热量和得湿量。当得热量为负值时称为耗(失)热量。对应得热量需要供应的冷量即为冷负荷;对应耗热量需要提供的热量即为热负荷;为维持室内相对湿度所需除去或增加的湿量称为湿负荷。

房间内夏季得热量为正值,需要向房间提供冷量,即需要确定冷负荷;冬季得热量为负值,需要向房间提供热量,即需要确定热负荷。多数工艺房间内有人体散湿量、工艺过程散湿量、工艺设备散湿量等,需要进行除湿。

夏季车间的余热较冬季耗热大,而夏季容许的送风温差和空调处理设备可能达到的送风温差又都较冬季更受限制。因此,一般以夏季工况计算所需送风量。根据室内负荷确定送风量的公式为:

$$G = \frac{Q}{(i_N - i_0)} = \frac{W}{(d_N - d_0)} \times 10^3 \qquad \text{式(15-2)}$$

式中,G 为送风量,kg/s;Q 为室内余热量,kW;W 为室内余湿量,kg/s;i_N 为室内设计工况下空气的熵值,kJ/kg 干空气;d_N 为室内设计工况下空气的含湿量,kg/kg 干空气。

得热量通常包括:太阳辐射进入房间的热量和通过维护结构传入的热量;人体、照明设备、各种工艺设备和电气设备进入房间的热量。

(2)风量计算:一般洁净室的送风量由热湿负荷计算和洁净度要求来确定,二者取最大值。表 15-1 给出了国内规范对于不同级别洁净度洁净室的换气次数要求。现在多数设计采用的换气次数均高于规范要求。对此,国际制药工程协会(ISPE)推荐的换气次数为:B 级区40~60 次/h;C 级区 20~40 次/h。经验表明:要达到 B 级区静态 ISO 5 级要求,需要更高的换气次数,建议不小于 60 次/h。确定了换气次数,就可以计算房间的送风量了。

$$SA = 房间面积 \times n \qquad \text{式(15-3)}$$

式中,SA 表示房间的送风量;n 表示换气次数,次/h。

根据质量守恒,得出:

$$SA = RA + EA + LA \qquad \text{式(15-4)}$$

式中,RA 表示房间的送风量;EA 为房间的排风量;LA 为房间的漏风量。当房间对外漏风时,漏风量为正,反之则为负值。

漏风量,即渗透风量,是指通过门缝、窗缝、围护结构缝隙等向外(或向内)渗透的风量。漏风量的计算方法有换气次数法和缝隙法两种。根据房间对外和对相邻房间的压差,计算房间的漏风量。由于安装水平及计算模型所限,无法做到准确计算漏风量,其计算结果仅限用于回、排风量的指导计算。

根据计算的漏风量和之前确定的排风方案,就可以计算出房间的回、排风量。

（3）新风量计算:医药工业洁净室(区)的新风量应取补偿室内排风和保持正压所需的新鲜空气量,以及保证室内卫生条件所需新鲜空气量的最大值。根据工程经验,A 级区系统新风比不宜低于1%;B、C、D 级区域新风比不宜低于10%。

（4）系统风量计算:系统送风量为系统内各房间送风量之和,系统回风量为系统内各个房间回风量之和,系统新风量为系统内各房间新风量之和。系统风量之间的关系如下:

$$SA_S = RA_S + FA_S \qquad\qquad 式（15\text{-}5）$$

式中,SA_S 表示系统送风量;RA_S 表示系统回风量;FA_S 表示系统新风量。

4. 设备计算与选型

空气处理机组计算

1）风量及机外余压:在系统方案阶段,设计者已将系统内空气处理设备基本功能段确定。当系统内房间的设计计算完成后,就可进行系统空气处理设备的计算,从而确定所需设备具体要求。

空气处理机组的处理风量,是在系统送风量的基础上,增加10%~15% 余量(一般指导值)确定的。即:

$$SA_E = (1.1 \sim 1.15) \times SA_S \qquad\qquad 式（15\text{-}6）$$

式中,SA_E 表示空气处理机组的处理风量。

根据处理风量,可以选择空气处理机组的基本型号。型号确定其截面尺寸,但最基本选型要求是设计风量下的截面风速不大于2.5m/s。

除了确定处理风量外,还需要确定机组的新风比,即新风量占总处理风量的比例。新风比(FAR)是在系统新风量与送风量之比的基础上增加了 1%~2%,增加部分主要考虑系统风管正压部分的漏风量:

$$FAR = FA_S / SA_S + 1\% \sim 2\% \qquad\qquad 式（15\text{-}7）$$

确定了空气处理机组的处理风量,还需确定机组的机外余压,以便于选择风机。机组的机外余压是指空气处理机组进风口和出风口之间的静压差,用于克服系统阻力。

系统阻力主要包括风管、风口、风阀和房间内的阻力,需要根据计算确定。需要注意的是,系统内高效风口的阻力是随其使用过程中堵塞情况逐渐变化的,设计的机外余压需按照其终阻力进行计算。另外,机外余压应满足机组内过滤器在终阻力时可提供的机外余压。

2）冷、热、湿调控计算:空气处理机组的冷、热、湿计算基于空气处理过程的选择和熵湿图,下面介绍一次回风系统的计算过程。

根据焓湿图,为把处理风量从 C 点降温减湿(减焓)到 L 点,所需配备制冷设备的冷却能力,就是此设备处理空气所需的冷量,即:

$$Q_0 = G(i_C - i_L) \qquad 式(15-8)$$

式中,Q_0 为空气处理机组的制冷量,kW; G 为处理风量,kg/s; i_C 和 i_L 分别为 C 点和 L 点焓值,kJ/kg。C 点焓值根据室内点 N、室外点 W 的焓值和新风比确定。

$$i_C = FAR \times i_W + (1-FAR) \times i_N \qquad 式(15-9)$$

式中,i_W 和 i_N 分别为 W 点和 N 点的焓值,kJ/kg。

把处理风量从 L 点升温至 O 点所需的热量,即:

$$Q_1 = G(i_O - i_L) \qquad 式(15-10)$$

式中,Q_1 为空气处理机组的再热量,kW; i_O 为 O 点的焓值,kJ/kg。

第二节　净化车间设计

车间设计是在产品方案确定以后,综合考虑产品方案的合理性、可行性,从中选择一个工艺流程最长、化学反应或单元操作种类最多的产品作为设计和选择工艺设备的基础,同时考虑各产品的生产量和生产周期,确定适应各产品生产的设备,以能互用或通用的设备为优先考虑设计。在 GMP 中,对制药企业净化车间作出了明确规定,即把需要对尘埃粒子和微生物含量进行控制的房间或区域定义为洁净车间或洁净区。

一、概述

GMP 根据对尘埃粒子和微生物的控制情况,把洁净室或洁净区划分为 4 个级别,见表15-7、表15-8。

表15-7　洁净室(区)空气洁净度级别

洁净级别	悬浮粒子最大允许数 /m³			
	静态		动态	
	≥0.5μm	≥5.0μm	≥0.5μm	≥5.0μm
A 级	3 520	20	3 520	20
B 级	3 520	29	352 000	2 900
C 级	352 000	2 900	3 520 000	29 000
D 级	3 520 000	29 000	不作规定	不作规定

表 15-8　洁净室（区）微生物监测的动态标准

洁净级别	浮游菌 CFU/m³	沉降菌 CFU/4h	表面微生物	
			接触碟（直径 55mm）CFU/碟	5 指手套 CFU/手套
A 级	<1	<1	<1	<1
B 级	10	5	5	5
C 级	100	50	25	—
D 级	200	100	50	—

二、净化区域与洁净室的设计

1. 净化区域　制药企业净化区域是指各种制剂、原料药、药用辅料和药用包装材料生产中有空气洁净度要求的区域，主要是指药液配制、灌装、粉碎过筛、称量、分装等药品生产过程中的暴露区域和清洗直接接触药品的包装材料的区域。

2. 洁净室的设计　洁净室系指对空气洁净度、温度、湿度、压力、噪声等参数根据需要都进行控制的密闭性较好的空间。洁净室中人员和物料的出入通道必须分别设置，原辅料和成品的出入口分开。极易造成污染的物料和废弃物，必要时可设置专用出入口，洁净车间内的物料传递路线应尽量短；人员和物料进入洁净室车间要有各自的净化用室和设施。净化用室的设置要求与生产区的洁净级别相适应；生产区域的布局要顺应工艺流程，减少生产流程的迂回、往返；操作区内只允许放置操作有关的物料，设置必要的工艺设备。用于制造、储存的区域不得用作非区域内工作人员的通道；人员和物料使用的电梯要分开。电梯不宜设在洁净区内，必须设置时，电梯前应设气闸室。

在满足工艺条件的前提下，为提高净化效果，有洁净级别要求的房间宜按下列要求布局：洁净级别高的房间或区域宜布置在人员最少到达的地方，并宜靠近空调机房；不同洁净级别的房间或区域宜按洁净级别高低由里及外布置；洁净级别相同的房间宜相对集中；不同洁净级别房间之间的相互联系要有防止污染措施，如气闸室或传递窗、传递洞、风幕。

（1）空气调节净化设计条件：制药工艺设计人员必须向空调专业设计人员提供的洁净空调系统设计条件，包括工艺设备布置图，并标明洁净区域；洁净区域的面积和体积；净化的形式；洁净度要求和级别；生产工房内温度、湿度、内外压差；室内换气次数；生产品种。

（2）洁净空调系统的空气处理流程：送入洁净室的空气，不但有洁净度的要求，还要有温度和湿度的要求，所以除了对空气滤尘净化外，还需加热或冷却，加湿或去湿等各种处理。这套空气处理系统称之为洁净空调系统。

洁净室用洁净空调系统与一般空调系统相比有以下特征。

1）在性能方面：一般空调系统只能根据设置参数，调节温度及湿度；洁净空调系统所控制的参数除一般空调系统的室内温、湿度之外，还要控制房间的洁净度和压力等参数，并且温度、湿度的控制精度较高。无特殊要求时，洁净区的温度应控制在 18～26℃，相对湿度控制在 45%～65%（温湿度表应每年校验一次）。

2）在空气过滤方面：一般空调系统采用一级（最多两级）过滤，没有亚高效以上的过滤器且过滤器不设在末端；而洁净空调系统必须设三级甚至四级过滤器，对空气进行预过滤、中间过滤、末端过滤，而且必须进行温度及湿度处理。因此，室内含尘浓度至少差几十倍。

3）洁净室的气流分布、气流组织方面：一般空调乱流度较大，以较少的通风量尽可能实现室内温湿度场均匀的目的；而洁净空调系统尽量限制和减少尘粒的扩散，减少二次气流和涡流，使洁净的气流不受污染，以最短的距离直接送到工作区。至于单向流气流形式更是一般空调所没有的。

4）室内压力控制方面：一般空调对室内压力没有明显要求；而洁净空调系统为确保洁净室不受室外污染或邻室的污染，洁净室与室外或邻室必须维持一定的压差（正压或负压），最小压差在5Pa以上，这就要求供给一定的正压风量或给予一定的排风。

5）风量能耗方面：一般空调系统只有10次/h以下换气次数；而洁净空调系统则要在15次/h以上，甚至十几倍于一般空调换气次数。洁净空调系统比一般空调每平方米耗能多至10～20倍。

6）材质要求方面：一般空调系统对材质没有洁净度的要求；而洁净空调系统的空气处理设备、风管材质和密封材料根据空气洁净度等级的不同都有一定的要求。风管制作和安装后都必须严格按规定进行清洗、擦拭和密封处理等。

7）调试及检测：洁净空调系统安装完毕后应按规定进行调试，对各个洁净区域综合性能指标进行检测，达到所要求的空气洁净度等级，并且对系统中的高级过滤器及其安装质量均应按规定进行检测等，而一般空调系统没有相应的要求。

（3）洁净空调系统的构成：洁净空调系统的空气处理基本流程，可以分为三个步骤：空气过滤、空气净化和空气循环，见图15-6。洁净空调系统的空气处理设备除空气过滤器外，还包括冷却器、加热器、加湿器等热湿处理设备和风机，通常按所需功能段组合在空调箱内。

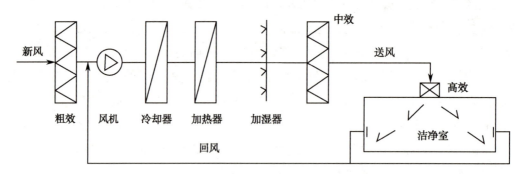

图 15-6　洁净空调系统空气处理基本流程

超净工作台是最常用的局部净化装置，见图15-7，其工作原理是使通过高效滤过器的洁净空气在操作台内形成低速层流气流，直接覆盖整个操作台面，以获得局部A级洁净环境。超净工作台的送风方式有水平层流和垂直层流两种。超净工作台设备费用少、可移动、对操作人员的要求条件相对较少，是提高空气洁净级别的一种重要方法。

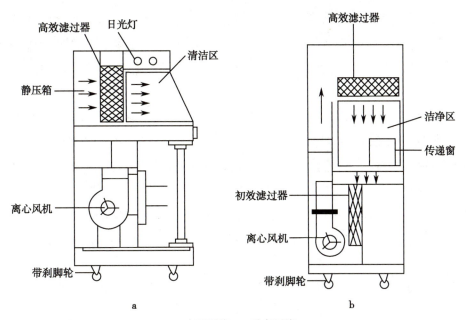

a.水平层流；b.垂直层流

图 15-7　超净工作台

三、非无菌制剂车间设计

非无菌制剂车间空调系统除满足厂房的净化和温湿度要求外，重要的一条是要对生产区粉尘进行有效控制，防止粉尘通过空气系统发生混药或交叉污染。本节以片剂生产为例。片剂产品属于非无菌制剂，洁净度级别为 D 级。对空气净化系统要做到：在产尘点和产尘区设隔离罩和除尘设备；控制室内压力，产生粉尘的房间应保持相对负压；合理的气流组织；对多种换批生产的片剂车间、产生粉尘的房间，不采用循环风。最重要的一条是要对生产区的粉尘进行有效控制。

在称量、混合、过筛、制粒、压片等各工序中，最易发生粉尘飞扬扩散。粉尘控制和清除采用的措施有四种：物理隔离、就地排除、压差隔离和全新风全排。

（1）物理隔离：为防止粉尘飞扬扩散，应把尘源用物理屏障加以隔离。物理隔离也适用于对尘源无法实现局部排尘的场合，如尘源设备形状特殊，排尘吸气罩无法安装，只能在较大范围内进行物理隔离。采用物理隔离措施以后，空气净化方案可以有以下三种：

1）被隔离的生产工序对空气洁净度有相当要求时：给隔离区内送洁净风，达到一定洁净度级别。在隔离区门口设缓冲室，缓冲室与隔离区内保持同一洁净度级别而使其压力高于隔离区和外面的车间。也可以把缓冲室设计成"负压陷阱"，即其压力低于两边房间。但此时由于人员进出可能将压入缓冲室的内室空气裹带了一些出来，因此不仅需考虑尘的浓度，还要考虑尘的性质影响。

2）被隔离的生产工序对空气洁净度要求不高时：在隔离区内设独立排风，使隔离区外车间内的空气经过物理屏障上的风口进入隔离区。如发尘量不大，则不必开风口，通过缝隙或百叶进风就可以。

3）隔离区需要很大的排风量：部分排风如完全来自外面车间，将增大系统的冷、热负荷和净化负荷。在这种情况下，可以把隔离区内的排风经过除尘过滤后再送回隔离区，形成自循环。为使隔离区略呈负压，在经过除尘过滤后的回风管段上开一旁通支管排到室外或车间内。

要特别指出的是除尘过滤装置的位置，单机除尘器和工艺设备放在同一房间是一种最常见的方式，但这种除尘器效率较低，排入生产车间的空气含有较高尘粒浓度，所以其出口如不设亚高效或高效过滤器是不宜适用的。将除尘器设置在靠近生产车间的机械室内，此种方式可减小噪声影响，避免除尘过程中因清除灰尘不当对车间造成二次污染。

（2）就地排除：物理隔离需要排出含尘空气，由于有些工序如隔离起来对操作带来不便，或者尘源本身容易在局部位置沉积，因此采取就地排除措施。就地排除措施，即安装外部吸气罩。

为了避免横向气流影响，罩口离尘源不要太高，其高度 H 应尽可能≤0.3X（罩口长边尺寸）。

（3）压差隔离：对于不便于设置物理隔离或局部设置吸气罩的情况，或虽可在局部设置吸气罩，但要求较高，还需进一步确保扩散到车间内的污染不会再向车间外面扩散，这时就要靠车间内外的压力差来控制区域气流的流动。它又分以下两种情况

1）粉尘量少或没有特别强调药性的药品：前室为缓冲室，而通道边门和操作室边门不同时开启，使操作室 A 的空气不会流向通道的操作室 B（或相反）。操作室 A、B 的粉尘向通道流出，互相无影响。通道污染空气不会流入操作室，但容易污染通道。

2）粉尘量多或有特别强的药性的药品操作室和通道中出来的粉尘，在前室中排除，不进入通道。

通道作为洁净通道，应使通道压力增大，操作室粉尘不能流向通道。由于通道空气有时会进入操作室，因此，有必要将通道的洁净度级别与操作室设计成一致甚至更高。

（4）全新风全排：对多品种换批生产的固体制剂车间，为防止交叉污染，应采用全新风而不能用循环风，目的是尽可能减少新风用量。

ER15-2　第十五章　目标测试

（周　瑞）

第十六章 制药用水设计

第一节 概述

制药用水主要指制剂配制、使用时的溶剂、稀释剂及药品容器、制药器具的洗涤清洁用水，在制药过程中应用广泛且具有非常重要的作用。如，在大容量注射液中，90% 左右的成分是注射用水，粉针剂在使用时也需要无菌注射用水溶解；制药用水具有极强的溶解能力和极少的杂质，是良好的溶剂；制药设备的在线清洗也离不开制药用水。

制药用水按照用途可分为原料用水和制剂用水。制剂用水又可分为口服药用水、注射用水。制药用水按使用范围不同可分为饮用水、纯化水、注射用水和灭菌注射用水。

制药用水的质量直接影响药品质量，为了确保产品质量和用药安全，制药用水必须有严格的质量标准和生产工艺。制药用水系统应符合《中国药典》和《药品生产质量管理规范》（GMP）的有关技术要求。

> **知识链接**
>
> **《中国药典》关于"制药用水"的有关规定**
>
> 《中国药典》2020 年版四部通则 0261"制药用水"部分，简明地提出了制药用水质量管理的技术要求：
>
> 制药用水的原水通常为饮用水。
>
> 制药用水的制备从系统设计、材质选择、制备过程、贮存、分配和使用均应符合《药品生产质量管理规范》的要求。
>
> 制水系统应经过验证，并建立日常监控、检测和报告制度，有完善的原始记录备查。
>
> 制药用水系统应定期进行清洗与消毒，消毒可以采用热处理或化学处理等方法。采用的消毒方法以及化学处理后消毒剂的去除应经过验证。
>
> 饮用水为天然水经净化处理所得的水，其质量必须符合现行中华人民共和国国家标准《生活饮用水卫生标准》。饮用水可作为药材净制时的漂洗、制药用具的粗洗用水。除另有规定外，也可作为饮片的提取溶剂。
>
> 纯化水为饮用水经蒸馏法、离子交换法、反渗透法或其他适宜的方法制备的制药用水。不含任何附加剂，其质量应符合纯化水项下的规定。
>
> 纯化水可作为配制普通药物制剂用的溶剂或试验用水；可作为中药注射剂、滴

眼剂等灭菌制剂所用饮片的提取溶剂；口服、外用制剂配制用溶剂或稀释剂；非灭菌制剂用器具的精洗用水。也用作非灭菌制剂所用饮片的提取溶剂。纯化水不得用于注射剂的配制与稀释。

纯化水有多种制备方法，应严格监测各生产环节，防止微生物污染。

注射用水为纯化水经蒸馏所得的水，应符合细菌内毒素试验要求。注射用水必须在防止细菌内毒素产生的设计条件下生产、贮藏及分装。其质量应符合注射用水项下的规定。

注射用水可作为配制注射剂、滴眼剂等的溶剂或稀释剂及容器的精洗。

为保证注射用水的质量，应减少原水中的细菌内毒素，监控蒸馏法制备注射用水的各生产环节，并防止微生物的污染。应定期清洗与消毒注射用水系统。注射用水的储存方式和静态储存期限应经过验证确保水质符合质量要求，例如可以在80℃以上保温或70℃以上保温循环或4℃以下的状态下存放。

灭菌注射用水为注射用水按照注射剂生产工艺制备所得。不含任何添加剂。主要用于注射用灭菌粉末的溶剂或注射剂的稀释剂。其质量应符合灭菌注射用水项下的规定。

灭菌注射用水灌装规格应与临床需要相适应，避免大规格、多次使用造成的污染。

知识链接

《药品生产质量管理规范》（GMP）关于"制药用水"的有关规定

新版GMP第五章"设备"第六节"制药用水"规定如下：

第九十六条　制药用水应当适合其用途，并符合《中华人民共和国药典》的质量标准及相关要求。制药用水至少应当选用饮用水。

第九十七条　水处理设备及其输送系统的设计、安装、运行和维护应当确保制药用水达到设定的质量标准。水处理设备的运行不得超出其设计能力。

第九十八条　纯化水、注射用水储罐和输送管道所用材料应当无毒、耐腐蚀；储罐的通气口应当安装不脱落纤维的疏水性除菌滤器；管道的设计和安装应当避免死角、盲管。

第九十九条　纯化水、注射用水的制备、贮存和分配应当能够防止微生物的滋生。纯化水可采用循环，注射用水可采用70℃以上保温循环。

第一百条　应当对制药用水及原水的水质进行定期监测，并有相应的记录。

第一百零一条　应当按照操作规程对纯化水、注射用水管道进行清洗消毒，并有相关记录。发现制药用水微生物污染达到警戒限度、纠偏限度时应当按照操作规程处理。

第二节　制药用水设计的硬件要求

一、制药用水系统设计原理

　　按《中国药典》2020 年版规定,因其使用的范围不同,制药用水主要指的是饮用水、纯化水、注射用水和灭菌注射用水。制药用水系统包含制备单元、存储和分配单元两部分。制备单元利用水中所含杂质的粒度、极性、热运动三种特性,通过一系列的净化处理(通常包括滤过吸附、电渗析、树脂离子交换、蒸馏、去离子等)除去水中各种杂质,制备得到纯化水。生产出来的纯化水进入到纯化水储罐,再通过泵和处理单元(如换热器、灭菌器等)分配到使用点。

　　制药用水的制备过程可简要划分为三个阶段:预处理、水中溶解物的处理、后处理。

　　水质预处理的目的是去除原水中的杂质、悬浮物、胶体、微生物、有机物、游离性余氯和重金属等,使水质参数达到后续水处理装置所允许的进水水质要求,从而保证后续水处理装置的安全、稳定运行。主要方法有:混凝、沉淀和澄清;过滤;消毒和氧化;吸附;除铁和除锰等。

　　水中溶解物的处理主要是除盐和软化。除盐的目的是去除水中溶解的盐类;软化的目的是去除水中的钙离子、镁离子或这些离子的化合物。除盐是水处理的重要环节,主要方法有离子交换、电渗析、反渗透、纳滤、连续电除盐、蒸馏等。软化通常采取两种方法:一种是加入试剂使钙离子、镁离子转换成溶解度小的盐类而除去;另一种是用离子交换树脂将钙离子、镁离子交换上去而使水中钙盐、镁盐类变为钠盐,达到软化的目的。

　　后处理又称终端处理,指在预处理、软化除盐之后,再根据用水的水质指标进行进一步处理。例如,对生活饮用水的后处理有消毒、灭菌、调节 pH、臭氧氧化、紫外线照射等。又如,二级反渗透后用臭氧杀菌和消毒,然后用微滤或超滤除去微粒及有机物。医药工业、饮料食品工业等对水质要求很高或有特殊要求,通常在预处理、除盐软化之后,尚需一些后处理工序,用以深度除盐(用终端混合床离子交换法)、杀菌(如紫外线)、精密过滤(如超滤膜或微孔滤膜)等。

　　制药用水系统的基本工艺如图 16-1 所示。

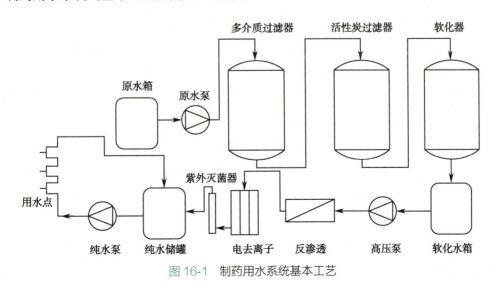

图 16-1　制药用水系统基本工艺

（一）饮用水的制备

饮用水通常为自来水、井水、江水、池水、河水、湖水、深井水，这些原水中不同程度地带有一定的杂质，包括不溶性杂质、可溶性杂质、有机物、细菌、热原等，必须对其进行预处理，使其达到饮用水标准。饮用水可采用混凝、沉淀、澄清、过滤、软化、消毒、去离子、减少特定的无机物或有机物等物理、化学和物理化学的方法制备。

1. 饮用水的制备方法

（1）混凝沉淀法：原水中常含有各种悬浮物和胶体物质，由于重力作用某些悬浮物可以下沉，使水浑浊度降低，称为自然沉淀。但原水中的细小悬浮物，特别是胶体颗粒，难以用自然沉淀的方法加以去除，需加入适当的混凝剂和助凝剂才能将细微颗粒凝聚成大颗粒沉降，称为混凝沉淀。

混凝剂又称絮凝剂，是能使水中微粒凝集成絮状沉淀的物质，常用的混凝剂主要有金属盐混凝剂和高分子混凝剂两大类。

金属盐混凝剂主要有硫酸铝、三氯化铁等。硫酸铝腐蚀性小，使用方便，效果好，且对水质无不良影响，操作液常用 10%～20% 的浓度。最常用的明矾的混凝成分就是硫酸铝。三氯化铁适用的 pH 范围较广，絮状体大而紧密，对低温和低浊水的效果较铝盐好，操作液浓度可达 45%。

高分子混凝剂也称高分子絮凝剂，是具有絮凝作用的天然或人工合成的有机高分子物质，分子量自数千至数千万不等，可用于上水、下水、工业废水处理。阳离子絮凝剂可单独使用，如聚甲基丙烯酸氨基乙酯、虾壳和蟹壳等食品废弃物来源的壳聚糖。阴离子絮凝剂常配合铝盐或铁盐的混凝剂使用，如聚丙烯酸钠。非离子型聚合物可与助凝剂一起使用，如聚丙烯酰胺。聚丙烯酰胺混凝剂的混凝效果主要取决于它的水解程度，水解程度适合时各链节的同性电荷相斥，能使聚合物的分子链保持伸展状态，较未水解前更有利于吸附架桥作用的发挥。

助凝剂是指具有提高混凝剂效果的物质。助凝剂本身无混凝作用，但与混凝剂共用时，能加快凝集过程，减少混凝剂的用量。为改善混凝条件，有时需加一定量的助凝剂。例如，当水的碱度不足时，可加石灰等碱剂。聚合氯化铝和碱式氯化铝也归为高分子混凝剂，其腐蚀性小，适应的 pH 范围广，絮状体形成快而紧密，对低温、低浊及高浊的效果均较好，成本较低。但是，当铝盐所产生的絮凝体小而松散时，可使用活化硅胶、骨胶等高分子助凝剂，使絮状体变粗而紧密，以改善絮状体结构，促进混凝沉淀作用。

混凝沉淀的原理主要有以下两点。

1）电荷中和作用：混凝剂投入水中后，水解形成带正电荷的胶粒，能和水中带负电荷的胶粒相互吸引，使彼此的电荷中和而凝聚。凝聚的颗粒称为绒体或矾花，具有强大的吸附能力，能吸附悬浮物质以及部分细菌和溶解性物质。绒体通过吸附作用使体积逐渐增大而易于下沉。下沉过程中还可进一步吸附上述物质。

2）吸附架桥作用：混凝剂经水解和缩聚形成绒型结构的高聚物，其对胺体微粒有强烈的吸附作用。随着吸附微粒的增多，高聚物弯曲变形，或成网状，从而起到架桥作用。微粒间因距离缩短而相互黏接，逐渐形成粗大的絮凝体，絮凝体也能吸附部分细菌和溶解性物质，最终因重力而下沉。

（2）机械过滤法：机械过滤法是指利用滤料层将水中的悬浮物、有机物、胶质颗粒、微生物、重金属离子等截流的净水过程。

机械过滤的原理涉及筛除作用、接触凝聚作用、沉淀作用等机制。筛除作用是指水通过滤料时，比滤层孔隙大的颗粒被阻留，随着阻留颗粒的增多，滤层孔隙越来越小，较小的颗粒也会被阻留。接触凝聚作用是指未被沉淀去除的细小絮凝体等，与滤料接触而被吸附。沉淀作用是指比重较大的颗粒随水流移动时，可因惯性作用直接碰撞到滤料表面而降落。

根据过滤介质的不同，过滤器可分为天然石英砂过滤器、多介质过滤器、活性炭过滤器及锰砂过滤器等。根据进水方式可分为单流式过滤器、双流式过滤器。根据实际情况，可联合使用也可单独使用。

常用的过滤装置有多介质过滤装置、活性炭过滤装置、滤芯过滤装置等。

1）多介质过滤装置：多介质过滤装置的过滤层大多填充石英砂、无烟煤、锰砂等。其特点是去除大颗粒悬浮物，满足深层净化的水质要求。多介质过滤器运行成本低，日常维护简便，应用广泛；使用寿命长，滤料经过反洗可多次使用，只需在自控程序上设置定期反洗即可恢复多介质过滤器的处理效果，将截留在滤料孔隙中的杂质排出。过滤器的反洗程序可以通过浊度仪或进出口压差来判定是否反洗，也可以在系统中设定反洗的间隔时间，一般为24h/次。由于进水水质的波动对多介质过滤器的运行状态会有比较大的影响，通常会设置一个手动装置启动反洗的功能。在原水缓冲罐中定量投加次氯酸钠能有效控制多介质过滤器的微生物繁殖。为保证系统有良好的运行效果，需对机械过滤装置内的填料介质进行定期更换，更换周期一般为2~3年。

2）活性炭过滤装置：活性炭过滤装置可吸附、去除水中的色素、有机物、余氯、胶体、微生物等，使水达到符合后续处理设备要求的质量水平。活性炭以煤、木炭或果核为原料，以焦油为黏合剂制成颗粒状吸附过滤材料。活性炭过滤装置主要是通过炭表面毛细孔的吸附能力，来吸附水中的余氯、浊度、气味和部分总有机碳，以减轻后端过滤单元的压力。同时水中 ClO^- 在碳为催化剂的条件下能生成氧自由基，氧自由基能氧化小分子量的有机物并将大分子量的有机物氧化成小分子量的有机物。活性炭过滤器易成为细菌滋生场所，要采取蒸汽灭菌等方式对其进行消毒。当活性炭过滤吸附趋于饱和时，需对活性炭过滤器进行及时反冲洗，活性炭过滤器反冲洗的设计值一般为24小时。

3）滤芯过滤装置：滤芯过滤装置由滤器和滤芯两部分组成。筒体外壳一般采用不锈钢材质制造，内部采用 PP 熔喷滤芯、线绕滤芯、折叠式滤芯、多孔树脂滤芯、钛棒滤芯、活性炭滤芯、RO 逆渗透滤芯等管状滤芯作为过滤元件。根据不同的过滤介质及设计工艺选择不同的过滤元件，以达到出水水质的要求。机体也可选用快装式，以方便快捷地更换滤芯及清洗。

2. 饮用水常见制备工艺

（1）当原水（河水、自来水等）浊度小于 30 时，在原水中加入混凝剂，通过机械过滤装置和滤芯过滤装置得到饮用水。若原水经过滤吸附后，细菌及大肠埃希菌群仍不符合水质要求时，可在过滤装置后增设紫外线消毒。

$$原水 \xrightarrow{\text{混凝剂}} 机械过滤装置 \rightarrow 滤芯过滤装置 \rightarrow 饮用水$$

（2）当原水同时需要降低浊度、有机物和余氯时，在原水中加入混凝剂，通过机械过滤装置、活性炭过滤装置，并加入亚硫酸氢钠，再通过滤芯过滤装置得到饮用水。若有机物含量少，只除余氯时，可用还原剂亚硫酸氢钠替代活性炭。

$$原水 \xrightarrow{\text{混凝剂}} 机械过滤装置 \rightarrow 活性炭过滤装置 \xrightarrow{\text{亚硫酸氢钠}} 滤芯过滤装置 \rightarrow 饮用水$$

（3）当进料水含盐量大于 500mg/L 时，建议在上述基础上增加电渗析或反渗透装置来降低水中含盐量，工艺如下所示。

$$原水 \xrightarrow{\text{混凝剂}} 机械过滤装置 \rightarrow 活性炭过滤装置 \rightarrow 滤芯过滤装置 \rightarrow 电渗析或反渗透装置 \rightarrow 饮用水$$

（二）纯化水的制备

纯化水制备的原水应采用饮用水，并应采用合适的单元操作或组合的方法逐级纯化，使之符合《中国药典》对药品生产过程中使用的纯化水的要求。

纯化水的制备系统没有固定的模式，需要综合考虑多种影响因素，根据各种水制备方法的特点，灵活组合应用。既要受原水性质、用水标准与用水量的制约，又要考虑制水效率的高低、能耗的大小、设备的繁简、管理维护的难易和产品的成本。

纯化水典型的制备方法有蒸馏法、离子交换法、电渗析法、反渗透法、超滤法和微滤法等。按照是否热处理，可将纯化水分为去离子水和蒸馏水。采用离子交换法、反渗透法、超滤法等非热处理纯化水，称为去离子水；采用特殊设计的蒸馏器，用蒸馏方法制备的纯化水称为蒸馏水。

纯化水应严格控制离子含量，去离子水的含盐量应低于 1mg/L。目前制药工业的主要指标是电阻率或电导率（电导率是电阻率的倒数）、细菌和热原。纯化水具有很高的溶解性及不稳定性，极易受到其他物质的污染（特别是微生物污染、微粒污染）而降低纯度。为了保证纯化水的水质稳定，制成后应在纯化水系统内不断循环流动，即使暂时不用也仍要返回储槽重新纯化和净化，再进行循环，不得停滞。

制取纯化水的设备应采用优质低碳不锈钢或其他经验证不污染水质的材料，并应定期检测纯化水的水质，定期清洗设备管道，更换膜材或再生离子活性。

对制药企业来讲，纯化水系统可以单独建造（如用于口服溶液制剂的生产厂），也可以作为注射用水的前工序来处理。纯化水系统的设计建造可以有多种选择，选择的根本原则就是要符合药品 GMP 和《中国药典》的要求，同时还需考虑原水的水质、产品的工艺要求以及制药企业的具体情况。

1. 蒸馏法　蒸馏法是制备纯化水（蒸馏水）和注射用水的最经典的方法，是各种液体物质最主要的分离净化方法。蒸馏法是将液体加热至沸腾变为蒸汽，经冷却、凝缩，再度获得的即是净化的液体。

用蒸馏法制备纯化水时，饮用水经蒸馏后，其中不挥发性的有机物质、无机物质，包括悬浮体、胶体、细菌、病毒、热原等均能除去,但不能完全除去挥发性杂质(如氨等)。蒸馏法最大的优点是去除热原。蒸馏法制取的蒸馏水必须符合《中国药典》标准,并定期做全项检查。考虑到水质在高温时易于结垢,采用蒸馏法制备纯化水时,必须对饮用水先进行软化处理,然后再经蒸馏水机蒸馏。

用蒸馏法制备注射用水将在本节注射用水的制备部分讨论。

2. 离子交换法　离子交换法(ion exchange, IX)是除去水中离子态物质的水处理方法之一,可用于软化、除碱、复床除盐、混合床除盐等,可制取软水(相对硬水而言)、纯化水及超纯水。它的主要优点是所得水化学纯度高,设备简单,节约燃料与冷却水,成本低,因而在水处理领域被广泛应用。离子交换法除盐一般用于电渗析或反渗透等除盐设备之后,将盐类去除至纯化水要求,出水电阻率可控制在 $1\sim18M\Omega\cdot cm$ 之间。

离子交换法是以离子交换作用为基础的一种化学方法。离子交换作用是用一种称为离子交换剂的物质来进行的,这种物质在溶液中能以所含的可交换离子与溶液中的同种符号(正或负、阳或阴)的离子进行交换。离子交换剂的种类很多,目前最普遍使用的离子交换材料是离子交换树脂。离子交换树脂是一种圆球形高分子聚合物,它与其他离子交换剂相比具有以下优点:交换容量高;外形大多为球状颗粒,水流阻力小;机械强度高;化学稳定性好。

离子交换法制备纯化水以阴阳离子交换树脂作为固定相,以饮用水作为流动相。当流动相流过交换柱时,饮用水中的中性分子及具有与离子交换树脂交换基团相反电荷的离子将通过柱子从柱底流出;饮用水中的电解质离解出的阴离子与交换树脂中含有的氢氧根离子交换并被吸附到柱上,饮用水中的电解质离解出的阳离子与交换树脂中含有的氢离子交换并被吸附到柱上,而从树脂上交换下来的氢氧根离子和氢离子则结合成水,达到了去除水中盐的作用。随后改变条件,并用适当溶剂将吸附物从柱上洗脱下来即可实现物质分离、水的纯化。

应用离子交换法对水处理,一般可采取阳离子交换床、阴离子交换床、混合床串联的组合形式。阴阳离子交换树脂可被分别包装在不同的离子交换床中,形成阳离子交换床和阴离子交换床。混合床为阳离子、阴离子交换树脂以一定比例混合置于同一个离子交换床中而成。树脂使用一段时间后,会逐步失去交换能力,因此需定期对树脂进行活化再生。阳离子树脂可用 5% 盐酸溶液再生,阴离子树脂用 5% 氢氧化钠溶液再生。由于阴离子、阳离子树脂所用的再生试剂不同,因此混合柱再生前需于柱底逆流注水,利用阴离子、阳离子树脂的密度差而使其分层,将上层的阳离子树脂引入再生柱,两种树脂分别于两个容器中再生,再生后将阳离子树脂抽入混合柱中混合,使其恢复交换能力。一般饮用水通过上述离子交换系统,可以除去绝大部分阴、阳离子;对于热原和细菌也有一定的清除作用。

离子交换法生产纯化水的设备主要由酸液罐、碱液罐、阳离子交换柱、阴离子交换柱、混合交换柱、再生柱和过滤器等组成。根据填料可分为阴床、阳床、混床;按罐体材质可分为有机玻璃柱、玻璃钢柱、不锈钢柱。

离子交换法制备纯化水(去离子水)常见工艺如下:

(1)当进料水含盐量小于 300mg/L 时,工艺流程为:原水→预处理→阳离子交换柱→阴离子交换柱→阴阳离子交换柱→混床→0.45μm 微滤→纯化水(去离子水)。

(2)当进料水含盐量为 500～600mg/L 时,工艺流程为:原水→预处理→电渗析→阳离子交换柱→阴离子交换柱→阴离子交换柱→混床→0.45μm微滤→纯化水（去离子水）。

（3）当二氧化碳含量高于50mg/L时，工艺流程为：原水→预处理→阳离子交换柱→脱气塔→阴离子交换柱→阴离子交换柱→混床→0.45μm微滤→纯化水（去离子水）。

上述三种制备方法都有使用，目前以第二种方法应用最为广泛，设置电渗析器主要是为了使原水中的大部分盐分先行除去，减轻树脂床运行负荷，保证出水的质量和数量。

3. 电渗析法 电渗析（electric dialysis, ED）是一种利用电能来进行的膜分离技术，依靠电场驱动离子迁移，利用半透膜的选择透过性来分离不同的溶质粒子。采用电渗析法制备纯化水较离子交换法经济，节约酸碱。电渗析法是发展较早并获得工业规模推广的膜分离技术，常用于水的预处理。

电渗析器主要由阴、阳离子交换膜，浓、淡水隔板，正、负电极，电极框，导水板和夹紧装置组成。用夹紧装置把上述各部件压紧，即形成一多膜对紧固形的装置。在这种装置中水流分三路进、出。当先通水，再通入直流电流后，在直流电场作用下，阴离子和阳离子作定向迁移。阴膜只允许阴离子通过而把阳离子截留下来，阳膜只允许阳离子通过而把阴离子截留下来，因此，阴离子向阳极方向移动，阳离子向阴极方向移动，如图16-2所示。

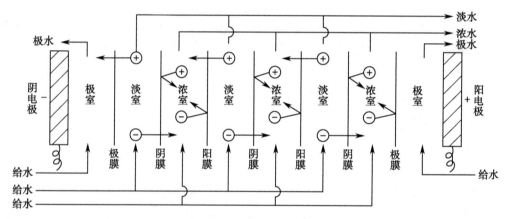

图 16-2　电渗析作用原理示意图

凡是阳极侧是阴膜、阴极侧是阳膜的隔室中，水中的正、负离子即向室外迁移，水中电解质的离子减少了，所以这种隔室称为淡水室（简称淡室）。同理，在阳极侧是阳膜、阴极侧是阴膜的隔室，室中的正、负离子由于膜的选择透过性迁移不出来，而相邻隔室的离子会迁入，使这种隔室电解质的离子浓度增加，所以这种隔室称为浓水室（简称浓室）。直接与电极相接触的隔室称为极水室（简称极室）。在极水室发生电化学反应，阳极上产生初生态氧和初生态氯，变为氧气和氯气逸出，水溶液呈酸性；阴极上产生氢气，水溶液呈碱性，有硬度离子时，此室易生成水垢。邻近极室的第一张膜一般用阳膜或特制的耐氧化较强的膜（常称为极膜）。浓室、淡室中的水随着水流的方向浓度不断地发生着变化，即淡室越来越淡，浓室越来越浓，从而达到淡化或浓缩的目的。

电渗析的主要特点为：能量消耗小；药剂耗量少，环境污染小；操作简便，易于实现自动化；设备紧凑，占地面积不大；设备经久耐用，预处理简便；水的利用率高，排水处理容易；除盐浓度范围的适应性大。

除上述特点外，电渗析还存在一些问题：

（1）电渗析是利用电能来迁移离子进行膜分离的，当水中含盐量较低时，水的电阻率就较高，此时电渗析器的极限电流值也较小，电渗析运行易产生极化。因此，一般认为水中含盐量小于 10～15mg/L 时，不宜用电渗析除盐。换言之，电渗析器出口淡水的含盐量不宜低于 10～15mg/L。不像离子交换法可以深度除盐而获得超纯水。

（2）电渗析对解离度小的盐类和不解离的物质难以去除。如，对水中的硅酸（H_2SiO_3）就不能去掉（实际上 H_2SiO_3 可写成 $SiO_2 \cdot H_2O$ 形式）；对碳酸根的迁移率就小些；对不解离的有机物就去除不掉。不像离子交换法可以去除硅酸盐，也不像反渗透法去除物质的范围要广泛得多。

（3）某些高价金属离子和有机物会污染离子交换膜，降低除盐效率。

（4）电渗析器是由几十到几百张极薄的隔板和膜组成，部件多，组装较复杂，一个部件局部出问题就会影响到整体。

（5）电渗析是使水流在电场中流过，当施加到一定电压后，靠近膜面的水的滞流层中，电解质的含量变得极小，从而水的解离度增大，易产生极化、结垢和中性扰乱现象。这是电渗析运行中较难掌握而又必须予以重视的一些问题。

电渗析与离子交换相比，有以下异同点：分离离子的工作介质虽均为离子交换树脂，但电渗析是呈片状的薄膜，而离子交换则为圆球形的颗粒；从作用机制来说，离子交换属于离子转移置换，而电渗析属于离子截留置换，离子交换膜在过程中起离子选择透过和截阻作用，所以应该把离子交换膜称为离子选择性透过膜；电渗析的工作介质不需要再生，但消耗电能，离子交换的工作介质必须再生，但不消耗电能。

4. 反渗透法　反渗透法（reverse osmosis，RO）是一种膜分离技术，运用自然渗透的逆过程原理，在半透膜的原水一侧施加比溶液渗透压高的外界压力 P（一般在 3.5MPa 以上），原水透过半透膜时只允许水透过，原水中的盐类、糖类、细菌、热原及不溶性物质等不能透过而被截留在膜表面。反渗透基本原理如图 16-3 所示。

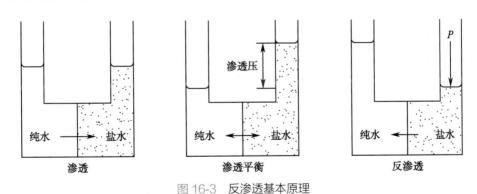

图 16-3　反渗透基本原理

反渗透装置由高压泵、反渗透膜组件和废水控制三部分组成，主要有板框式、管式、螺旋卷式及中空纤维膜式四种类型。对装置的共同要求是：反渗透膜机械强度好，能够提供合适的机械支撑；能将高压盐水和纯化水良好地分隔开；单位膜面积上透水量要大、脱盐率要高；化学稳定性好，耐酸、碱和耐微生物的侵蚀；在最小能耗的情况下，维持高压盐水在膜面上均匀分布和良好流动状态以减少浓度差极化;装置要便于膜的装拆,装置牢固、安全可靠,价格低廉,制造维修方便。

反渗透膜大多是用有机高分子材料制成的,也有少数是用无机材料制成的。早期工业上应用广泛的膜材料主要是醋酸纤维素和芳香聚酰胺。近年来应用较多的是复合膜,可以分别使材料和制作工艺达到最优化,从而实现最好的脱盐率、最高的透水速率,以及制成超薄脱盐层,降低膜阻力,降低工作压力及满足其他特定需要,如低压复合膜或超薄复合膜(TFC)。由于复合膜具有这些良好的性能,所以得到越来越广泛的应用,有取代醋酸纤维素膜和芳香聚酰胺膜的趋势。

反渗透膜的孔径为 0.4~1nm,故反渗透法排除微生物、有机物微粒及胶体物质的机制一般认为是机械的过筛作用,能除去水中大于 1nm 的物质,包括直径 1~50nm 的热原物质。反渗透的脱盐率,一般一级反渗透装置能除去一价离子 90%~95%,二价离子 98%~99%,同时还能除去细菌和病毒,但其除去氯离子的能力达不到《中国药典》的要求。只有二级反渗透装置才能较彻底地除去氯离子。

反渗透法制备纯化水的工艺流程如下:

(1)原水→预处理→反渗透→混床→0.45μm 微滤→纯化水,该工艺制备的纯化水电导率可达 0.2~0.1μS/cm(25℃)。

(2)原水→预处理→二级反渗透→0.45μm 微滤→纯化水,该工艺制备的纯化水电导率可达 2μS/cm(25℃)。

(3)原水→预处理→反渗透→电去离子法(electro deionization,EDI)处理→纯化水,该工艺制备的纯化水电导率可达 0.067μS/cm(25℃)。

(4)原水→预处理→弱酸床→反渗透→阳离子交换柱→阴离子交换柱→阴离子交换柱→混床→0.45μm 微滤→纯化水,该工艺制备的纯化水电导率可达 0.125μS/cm(25℃)。

(5)原水→预处理→弱酸床→反渗透→脱气塔→混床→0.45μm 微滤→纯化水,该工艺制备的纯化水电导率可达 0.125μS/cm(25℃)。

为了使水的污染降低到最低极限,对上述流程整个处理系统进行消毒或杀菌是必不可少的。通常是在反渗透膜的出水侧、混床前以及储罐和分配系统设置紫外线杀菌器或采用其他方法灭菌。当水的硬度较高时,常在机械过滤器之后设置软化床或弱酸床以去除钙镁离子。有时为尽量减少混床再生时碱液用量,常设置脱气塔以脱去水中的 CO_2。第 4、5 两种工艺流程耗水量大,设备投资和运转费用高,操作维修困难。

5. 超滤法　超滤(ultra-filtration,UF)又称超过滤,是一种能将溶液进行净化和分离的膜分离技术。超滤膜系统是以各向异性结构的高分子膜为过滤介质、膜两侧的压力差为驱动力的溶液分离装置。超滤膜只允许溶液中的溶剂(如水分子)、无机盐及小分子有机物通过,而将溶液中的悬浮物、胶体、蛋白质和微生物等大分子物质截留,以此达到净化和分离的目的。超滤具有设备简单、操作方便、无相变、无化学变化、处理效率高和节能等优点,其应用日益受到人们的重视。

超滤膜的过滤孔径为 0.001~0.1μm,截留分子量为 1 000~1 000 000,因而选择适当孔径的膜能制得无菌、无热原的超滤水,但不能获得《中国药典》规定要求的注射用水。当与离子交换树脂组合时，可制得纯化水或超纯水。

（1）基本原理：超滤本质上是切向流过滤，如图16-4所示，这是防止浓度极化造成滤速下降的有效的方法。因为超滤主要进行分子量级1 000～1 000 000的分离，若采用正压或负压，会很快在超滤膜的表面形成高浓度的凝胶层，造成过滤速度的急剧下降；而采用切向流的过滤方法正好克服了普通正压过滤或负压过滤法的致命缺点，即当液体以一定的速度连续地流过超滤膜表面时，在过滤的同时也对超滤膜的表面进行着冲刷，从而使超滤膜的表面不会形成阻碍液体流动的凝胶层，保证稳定的过滤速度。

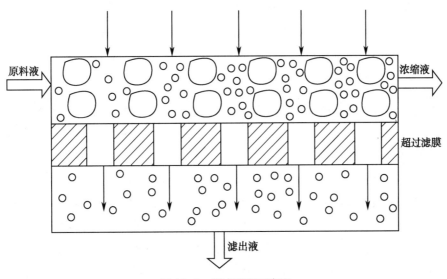

图 16-4　超滤原理示意图

在膜分离技术中，超滤膜的过滤孔径为0.001～0.1μm，截留分子量为1 000～1 000 000；孔径≥0.1μm，则称为微滤（micro filtration，MF）；孔径≤0.01μm的则称为纳滤（nano filtration，NF）。

微滤的分离原理是机械截留，是一个物理分离过程。这是因为微滤膜的孔径较大，大分子或颗粒物与膜材料的相互作用不是决定分离的主要因素，决定膜的分离效果的是膜的物理结构、孔的大小与形状。常用微孔滤膜材料有醋酸纤维素、聚酰胺、聚四氟乙烯、聚偏氟乙烯、聚氯乙烯等。微滤技术及设备用来截留微粒的细菌，在水针、输液方面应用广泛。

纳滤、超滤和微滤之间，并不存在明显的界限。只是超滤在大孔径的一端与微滤相重叠，而在小孔径的一端则与纳滤相重叠。因此，对于超滤膜大孔径一端可理解为筛分原理；而对小孔径一端又不能单纯理解为筛分原理，这是因为超滤膜的孔径很小，受到粒子荷电性及其与荷电膜相互作用或亲、疏水性的影响。由于超滤膜孔径很小，难以用常规方法（例如光学显微镜、扫描电子显微镜）来直接观察测定，通常是用具有分子量分布很窄的特定水溶性聚合物或蛋白质来确定的。当对某一分子量聚合物或蛋白质的截留率达到90%时，则确定该分子量为此膜截留分子量。因此，一般用截留分子量来表征超滤膜的性能，而不用孔径来表征。

在超滤过程中实际上存在着以下三种情况：溶质在膜表面及微孔孔壁上产生吸附；溶质的粒径大小与膜孔径相仿，溶质在孔中停留，引起阻塞；溶质的粒径大于膜孔径，溶质在膜表面被机械截留，实现筛分。因此，在使用超滤技术时，应尽力避免溶质在膜表面和膜孔壁上的吸附与阻塞现象的发生，除了选择适当的膜材料和膜孔径之外，还必须对料液物化特性、操作条件进行慎重选择。

（2）超滤膜：超滤膜是超滤技术的关键，大多数超滤膜是非对称性的多孔膜，与料液接触的一面有一层极薄的亚微孔结构的表面，称为有效层，起着分离作用，其厚度仅为总厚度的几百分之一，其余部分则是孔径较大的多孔支撑层。超滤膜从膜材料类别分，可分为有机膜和无机膜；按膜的荷电性分，可分为中性膜、荷电膜（又分为荷正电膜与荷负电膜）；从膜材料亲疏水性分，可分为亲水膜和疏水膜；从形态结构分，可分为平板膜、管状膜、中空纤维膜和毛细管膜。

（3）超滤组件：超滤组件也与反渗透组件一样，主要有板框式、管式、螺旋卷式和中空纤维四种。但是，由于超滤所用压力较低以及浓差极化和膜污染问题严重，所以针对上述问题也产生了不少新型结构组件与设备，如旋转膜片、振动组件等。因各类组件的形状不同、结构不同，所以在超滤性能上也有较大的差异。

板框式组件起源于普通的压滤器，但设计形式多样，主要区别在于料液的通道不同。与管式相比，它的优点是单位体积内具有较大的膜面积；但对浓差极化的控制比管式困难，特别是处理悬浮颗粒含量较高的料液时，料液的通道往往被堵塞。膜污染时虽可将组件拆开清洗，但比管式组件麻烦。板框式的主要优点是投资费用和操作费用一般均较管式组件略低。

管式组件根据料液流动方式的不同，分为内压式、外压式和内外压式三种。内压式料液在管内流动，外压式料液在管外流动，内外压式料液在内外管间夹道中流动，生产上多采用内压式管膜。其优点是可在很大范围内改变料液的流速，被处理溶液的流动状态好，有利于控制浓差极化和膜污染，可以处理含高浓度悬浮颗粒的料液。膜污染严重时，可用泡沫塑料刷子或海绵球进行强制性清洗。其缺点是投资和操作费用较高，膜的比表面积低。

螺旋卷式组件其实是一种卷起来的平板式组件，它把膜及其支撑材料、料液通道材料卷成圆筒装入耐压容器之中。这种膜组件的优点是单位体积内膜面积较大，投资和操作费用较低；但是浓差极化难以控制，处理含中等程度的悬浮颗粒的料液就会造成膜的严重污染，所以在超滤应用中受到较大限制。

中空纤维膜组件是由直径 0.5～3.0mm 的许多根中空纤维膜或毛细管膜集束封头后组成的，这种膜由纺丝技术制造，不需要外加支撑材料，所以不仅具有结构紧凑、单位体积内膜的填装密度高、比表面积大的特点，而且具有料液流动状态好、浓差极化倾向易于控制、能耗省、投资费用低等特点。

（4）超滤膜的清洗：在任何膜分离技术应用中，尽管选择较合适的膜和适宜的操作条件，在长期运行中，膜的透水量随运行时间增长也会出现下降现象，即膜污染问题必然发生，因此必须采取一定的清洗方法，将膜面或膜孔内污染物去除，达到恢复透水量、延长膜寿命的目的。膜清洗方法通常可分为物理方法和化学方法。

物理清洗法中用得最多最普遍的就是水力冲洗法。水力冲洗法又分为等压冲洗法（即膜两侧无压力差）和压差冲洗法（或称反冲洗法，即膜两侧存在压力差）。实践证明反冲洗法由于能把膜表面被微粒堵塞的微孔冲开，并能有效地破坏凝胶层的结构，所以对恢复膜的透水通量往往比等压冲洗法有效。冲洗的水可以利用超滤本身的产品水，这样既可避免污染膜表面，又比较经济。

在选择清洗方法前,首先应弄清楚污染物的组成及污染性质,采取有效的清洗方法;其次,如能用清水冲洗,应尽量用清水冲洗。只有当清水冲洗达不到理想效果时,才考虑用化学清洗方法。

化学清洗法所采用的化学清洗剂,按其作用性质的不同,可分为酸性清洗剂、碱性清洗剂、氧化还原清洗剂和生物酶清洗剂四类。在化学清洗程序设计中,通常要考虑以下两点:①膜的化学特性,指耐酸性、耐碱性、耐温性、耐氧化性和耐化学试剂特性,它们对选择化学清洗剂类型、浓度、清洗液温度等极为重要。一般来说,各生产厂家对其产品化学特性都会给出说明,当要使用超出说明书的化学清洗剂时,一定要慎重,可先做小型实验检测是否可能给膜带来危害。②污染物特性,这里主要指它在不同 pH、不同种类和浓度的盐溶液中,在不同温度下的溶解性、荷电性和它的可氧化性及可酶解性等。选择合适的化学清洗剂,才能达到最佳清洗效果。

(5)超滤技术在制药用水制备中的应用:超滤主要用于配制药液的精制无菌脱盐水和精制无菌、无热原的注射用水,由于这两种水都严格地要求无菌、无热原存在,因此传统上都采用蒸馏法来制备。但由于蒸馏法耗能大、效率低,尤其大量制取很不经济。随着反渗透技术的发展,发现它在去除水中可溶性金属盐分之外,同时能有效地去除有机物、细菌、热原、病毒和胶体微粒等物质,可用于注射容器的清洗。1975 年在《美国药典》中首次确认由反渗透法精制的纯化水可用作注射用水。但是,反渗透装置投资大,高压泵、高压管道等设备配置要求高,管理费用大,又鉴于制药用水对除盐的要求不像电子工业超纯水那样高,除了采用四级截留(原水预处理→电渗析→离子交换→多效蒸馏)制备注射用水外,还可采用电渗析→离子交换→超滤系统来制备无菌、无热原的制药用水。

6. EDI 法　电去离子法(electro deionization, EDI),也称连续电除盐法,是离子交换混床和电渗析相结合的一种技术,它具有两者的优点并克服了两者各自的缺点。EDI 装置由淡水室和浓水室组成,有的产品还设有极水室。EDI 是在电渗析器的淡水室中填入混床树脂,其结构如图 16-5 所示。EDI 装置将离子交换树脂充夹在阴、阳离子交换膜之间形成 EDI 单元。EDI 单元中阴离子交换膜只允许阴离子透过不允许阳离子透过;而阳离子交换膜只允许阳离

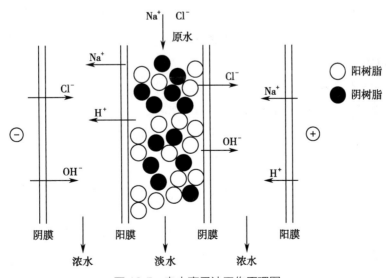

图 16-5　电去离子法工作原理图

子透过,不允许阴离子透过。

EDI 的特性如下:①电源须是直流电。直流电是使水中阴、阳离子从淡水室迁移到浓水室的推动力。电压梯度一方面是迫使离子迁移的动力,另一方面又是电解水分子的动力,部分水分子被电解为氢离子(H^-)和氢氧根离子(OH^-),由此实现对组件充填树脂的再生,进一步对水中残存离子进行交换提纯。②产品水的质量与电流有关系。高质量纯化水的制备,对应着一个最佳电流量。若实际运行电流低于此电流,则产品水中离子不能被完全清除,部分离子被树脂吸附,短时间内产水水质较好,当树脂失效后,产水水质大幅下降;若实际运行电流过多地高于此电流,多余的电流引起离子极化现象使产品水的电阻率降低。③水中一些污染物对 EDI 的除盐效果有较大影响,如钙、镁、有机物、固体悬浮物、变价金属离子(铁、锰)、氧化剂(氯、臭氧)等。设计 RO/EDI 系统时应在 EDI 的预处理过程中除去这些污染物。在预处理中降低这些污染物的浓度可以提高 EDI 的工作性能和保障 EDI 装置的安全。

在 EDI 中既有离子交换的工作过程又有电渗析的工作过程,还有树脂的再生过程,这三个过程同时发生使得 EDI 能够连续稳定地实现水的深度脱盐,提供高纯水或者超纯水。与单纯的离子交换或电渗析相比,EDI 的优势显而易见:制备出的高纯水达到并高于离子交换混合床的水平,却又不用酸碱再生;同样利用电能脱盐却又是电渗析远达不到的纯化水水质。

EDI 技术与传统的高纯水制备方法相比,具有以下几点优势:①连续制水,可 24 小时不间断供水,便于实现自动化和数字化管理;②利用电能迫使阴、阳离子定向迁移,利用电能对充填树脂进行连续再生,再生周期趋于零,工作周期延至“无穷”,因而工作效率高;③单位制水量的耗材在诸多的水处理技术中是最低的,因而它具有单位工程造价降低的极大空间;④产水品质好,不仅具有强电解质离子的去除能力,同时对弱电解质如 SiO_2、CO_2 等也有较好的去除效果,这是单纯用反渗透技术难以达到的;⑤运行费用低,电能消耗每吨水约为 0.4kW·h;⑥无须酸碱处理,更无酸碱废水处理问题,对环境无危害;⑦结构紧凑,占地面积小,节省空间,模块式组合可扩充。

EDI 主要是用在反渗透之后,代替混床进行深度除盐。一般说来,如进水仅通过一级反渗透,EDI 产品水的电阻率在 15MΩ·cm 以上;如通过两级反渗透,则 EDI 产品水可达 16~18MΩ·cm。常见的有二级反渗透 +EDI 制水系统工艺:原水→多介质过滤器→活性炭过滤器→软化器→保安过滤器→一级反渗透→二级反渗透→EDI→紫外线杀菌器→纯化水。

(三)注射用水的制备

注射用水为纯化水经蒸馏所得的水,即蒸馏水或去离子水经蒸馏所得的水,故又称重蒸馏水。注射用水是生产水针、大输液等剂型的主要原料,注射用水是否合格直接影响产品的质量。因此,对于注射用水生产的各个环节行业内有严格的规定。注射用水需符合《中国药典》注射用水项下的规定,包括化学纯度的要求、细菌内毒素和微生物限度检查的要求等。注射用水是质量级别最高的制药用水。《中国药典》规定对细菌内毒素与热原检查,前者用鲎试剂,后者用家兔法。

1. 注射用水的制备方法　工业化生产注射用水,国内外主要采用蒸馏法,通常认为蒸馏法是以相变为基础的更稳健的水纯化方法,同时在有些情况下,蒸馏法也是对水处理设备的高温处理。世界卫生组织(WHO)《制药用水 GMP 指南》“注射用水的生产”中规定或限定了注射用水最终生产步骤的纯化技术，首选的纯化技术是蒸馏法；中国、英国、法国、日本药典规定必须以纯化水为水源采用蒸馏法制备注射用水；《美国药典》除规定蒸馏法制备注射用水外，还允许采用反渗透法制备注射用水。在此，我们重点介绍蒸馏法。

蒸馏设备有单效蒸馏水器、多效蒸馏水器和气压式蒸馏水器，常用的为多效蒸馏水器和气压式蒸馏水器，其中多效蒸馏水器又有列管式、盘管式和板式三种类型。

（1）单效蒸馏水器：单效蒸馏水器的结构简单，主要由蒸发锅、除沫装置、废气排出器及冷凝器构成。单效蒸馏水器可除去不挥发性有机、无机杂质，如悬浮体胶体、细菌病毒及热原等。特点是一次蒸馏，出水只能作为纯化水使用，产量小，电加热，适用于无气源的场合。

单效降膜式列管蒸发器结构如图 16-6 所示。进料水从进水口 1 进入蒸发器内。外来的加热蒸汽（165℃）从加热蒸汽入口 2 进入列管管间，将进料水蒸发。加热蒸汽冷凝后形成冷凝水从冷凝水出口 3 排出。生成的蒸汽（又称二次蒸汽）自下部排出，再沿内胆与分离筒 5 之间的螺旋叶片旋转向上运动，蒸汽中夹带的液滴被分离，在分离筒内壁形成水层，经疏水环流至分离筒 5 与外壳构成的疏水通道，下流汇集于蒸发器底部。蒸汽继续上升至分离筒顶端，从蒸汽出口 6 排出。蒸发器内还有发夹形换热器 7，用以预热进料水。

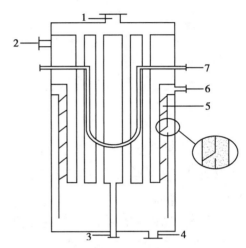

1. 进料水；2. 加热蒸汽；3. 冷凝水；4. 排放水；
5. 分离筒；6. 纯蒸汽；7. 发夹形换热器

图 16-6　单效降膜式列管蒸发器示意图

（2）多效蒸馏水器：多效蒸馏水器是由多个单效蒸馏水器组合而成，让经充分预热的纯化水通过多效蒸发和冷凝，排除不凝性气体和杂质，从而获得高纯度的蒸馏水。多效蒸馏水器具有能耗低、产量高、质量优、可自动控制等优点。理论上，效数越多，能量的利用率就越高，但随着效数的增加，设备投资和操作费用亦随之增大，且超过五效后，节能效果的提高并不明显。实际生产中，多效蒸馏水机一般采用 3～5 效。

多效蒸馏水器由蒸馏塔、冷凝器、高压水泵、电气控制元器件及有关管道、阀门、计量显示仪器仪表、机架、电控制箱等主要部件组成。基本工艺流程为：进料水预热→料液蒸发→汽液分离→蒸汽冷凝→得到蒸馏水。

多效蒸馏水器根据组装方式可分为垂直串接式和水平串接式多效蒸馏水器。

1）垂直串接式多效蒸馏水器：在制药工业中常见的垂直串接式多效蒸馏水器是三效蒸馏水器。其加料方式为三效并流加料，每一效中都设置有除沫器，以除去二次蒸汽中夹带的液沫。在三效蒸馏流程中，充分利用热源将水蒸气的冷凝和去离子水的预热有机结合起来，使热量得到综合利用，节约能源，降低成本。

在制药工业中常见的垂直串接式多效蒸馏水器是三效蒸馏水器。它是由 3 个单效蒸馏水器组合而成，如图 16-7 所示。其加料方式为三效并流加料，每一效中都设置有除沫器，以除去二次蒸汽中夹带的液沫。在三效蒸馏流程中，充分利用热源将水蒸气的冷凝和去离子水的预热有机结合起来，使热量得到综合利用，节约能源，降低成本。

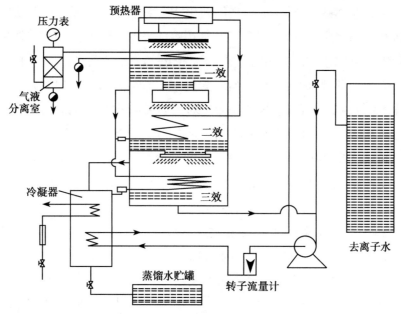

图 16-7　三效蒸馏水器示意图

2）水平串接式多效蒸馏水器：水平串接式多效蒸馏水器是由若干个单效膜式蒸馏水器串接而成。单效膜式蒸馏水器的内部由列管式蒸发器、发夹形管式换热器和螺旋形气液分离器等部件构成。

制药工业中常用的是水平串接式四效蒸馏水器。它由 4 个膜式蒸馏水器水平串接而成。在该蒸馏水器中，二次蒸汽被引入下一效作加热蒸汽使用，在加热室列管之间的发夹式换热器用于加热进料水。

图 16-8 是水平串接式四效蒸馏水器的工艺流程，其中最后一效即第四效也称为末效。工作时，进料水先经过冷凝器（也是预热器），被由蒸发器 4 进来的蒸汽预热，依次经蒸发器 4、蒸发器 3、蒸发器 2 内的发夹形换热器被加热至 142℃后进入蒸发器 1。外来的高压加热蒸汽（165℃）从蒸发器 1 的蒸汽进口进入管间，加热进料水后，被冷凝，从冷凝水排除口排出。进料水在蒸发器 1 内约有 30% 被蒸发，其余的进入蒸发器 2（130℃）内，生成的纯蒸汽（141℃）作为热源进入蒸发器 2。在蒸发器 2 内，进料水被再次蒸发，所产生的纯蒸汽（130℃）作为热源进入蒸发器 3，而由蒸发器 1 引入的纯蒸汽则全部被冷凝为蒸馏水。蒸发器 3 和 4 的工作原理与蒸发器 2 的相同。最后从蒸发器 4 排出的蒸馏水及二次蒸汽全部引入冷凝器，被进料水和冷却水冷凝。进料水经蒸发后所剩余的含有杂质的浓缩水由末效蒸发器的底部排出，而

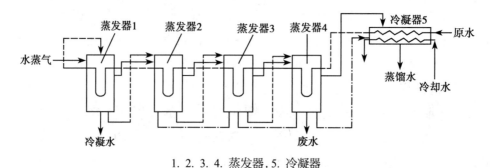

1. 2. 3. 4. 蒸发器，5. 冷凝器

图 16-8　水平串接式四效蒸馏水器工艺流程图

不凝性气体由冷凝器 5 的顶部排出。通常情况下，蒸馏水的出口温度约为 97~99℃。

（3）气压式蒸馏水器：又称蒸汽压缩式或热压式蒸馏水器，主要由蒸发冷凝器及压气机所构成，另外还有换热器、泵等附属设备。其工作原理是将原水加热使其沸腾汽化产生二次蒸汽，利用动力对二次蒸汽进行压缩，其压力、温度同时升高；再使压缩的蒸汽冷凝，其冷凝液就是所制备的蒸馏水。蒸汽冷凝所放出的潜热作为加热原水的热源使用。气压式蒸馏水器也具有多效蒸馏水器的一些优点，但电能消耗较大。

2. 注射用水常见制备工艺

（1）离子交换树脂法：自来水→多介质过滤器→阳离子交换柱→阴离子交换柱→混合树脂柱→膜过滤→多效蒸馏水器或气压式蒸馏水器→热贮水器→注射用水。

（2）电渗析 - 离子交换树脂法：自来水→砂过滤器→活性炭过滤器→膜过滤→电渗析→阳离子交换柱→脱气塔→阴离子交换柱→混合树脂柱→膜过滤→多效蒸馏水器或气压式蒸馏水器→热贮水器→注射用水。

（3）反渗透 - 离子交换树脂法：自来水→多介质过滤器→膜过滤→反渗透→阳离子交换柱→阴离子交换柱→混合树脂柱→膜过滤→紫外线杀菌→贮水器→多效蒸馏水器或气压式蒸馏水器→热贮水器→注射用水。

二、制药用水的存储与分配

制药用水的存储与分配系统是整个制药用水生产系统中的关键部分，在设计时，应将其与水纯化部分整体考虑。当采用合适的方法将水纯化以后，生产的纯化水可以直接使用，但是通常会被注入到一个贮水罐中，然后再被分配到各个用户端。应合理配置制药用水的存储与分配系统，以防止纯化后的水再被污染，同时水的存储与分配系统配置应采用在线和离线的联合监测，以保证水质符合相关标准。

药品 GMP 和《医药工艺用水系统设计规范》（GB 50913—2013）中对制药用水存储与分配系统设计有以下基本要求。

（1）纯化水、注射用水的制备、存储与分配系统应能防止微生物的滋生，水质始终符合规定的质量要求（包括原水、中间水及成品水）。

（2）饮用水系统应设计成单向的保持持续正压的分配系统。

（3）输送到各使用点的水，其流速与温度符合生产工艺要求。

（4）纯化水及注射用水系统储罐、输送管道、管件、阀门、输送泵等应采用卫生级设计，所使用的材料应无毒、耐腐蚀，能经受灭菌消毒的温度。

（5）储罐和系统管道的设计和安装应避免死角、盲管，应尽量减少支管、阀门。

（6）储罐、管路以及元件能够完全排尽所用的水。

（7）储罐的容量应与用水量及系统制备的产水能力相匹配，尽量缩短制药用水从制备到使用的储存时间。

（8）储罐的通气口应安装不易脱落纤维的疏水性除菌滤器，回水设置喷淋球。

（9）储罐和配水管道应定期清洗和灭菌消毒。

（10）输送管道应有一定的倾斜度（坡度）。

（11）纯化水宜采用循环输送。循环输送管路应符合下列要求：循环供水流速宜大于1.5m/s；循环回水流速不宜小于1.0m/s，循环回水流量宜大于泵出口流量的50%；支管长度不宜大于支管管径的3倍。

（12）注射用水应采用循环输送。循环输送管路应符合下列要求：宜采用70℃以上保温循环；循环供水流速宜大于1.5m/s；循环回水流速不应小于1.0m/s；循环回水流量宜大于泵出口流量的50%；支管长度不宜大于支管管径的3倍。

（13）纯化水、注射用水可根据需要采用不同的循环方式确保纯化水、注射用水水质和使用要求。纯化水、注射用水宜采用单管循环输送，并应符合下列要求：不含管道弯曲、弯头等的总长度应小于400m；循环供水管路的直径不宜大于65mm；当不能满足前两条要求时，纯化水、注射用水的分配输送管路应采用双管循环输送或二次分配系统循环输送。

（14）纯蒸汽分配系统应避免死角和冷凝水的积聚，安全阀、疏水器设置应合理。用于纯蒸汽的疏水器应为卫生设计、自行排水。纯蒸汽输送应采用优质不锈钢或优质低碳不锈钢管道。纯蒸汽流速宜小于25m/s，最大不得超过37m/s。纯蒸汽的冷凝水应排至单独的排水系统中。

（15）设置卫生级的在线监测仪表对水质和系统工作状态进行在线监测和控制。

（16）设计应考虑到取样及验证的要求。

（17）系统应便于操作、清洁、消毒灭菌和维护。

（18）制造成本和操作费用与质量、安全性能价格比良好。

制药用水的存储与分配系统包括储存单元、分配单元和用水点管网单元。对于存储与分配系统，储罐容积与输送泵的流量之比称为储罐周转或循环周转，如注射用水储罐为5m³，注射用水泵体为10m³/h，则储罐周转时间为30分钟。对于生产、储存与分配系统，储罐容积与蒸馏水机产能之比称为系统周转或置换周转，如注射用水储罐为5m³，蒸馏水机产能为0.5m³/h，则系统周转时间为10小时。

（一）储存单元

储存单元用来储存符合药典要求的制药用水并满足系统的最大峰值用量要求。储存系统必须保持供水质量，以便保证产品终端使用的质量合格。储存系统允许使用产量较小、成本较低并满足最大生产要求的制备系统。从细菌角度看，储罐越小越好，因为这样系统循环率会较高，降低了细菌快速繁殖的可能性。较小的制备系统运行比较接近连续的动态湍流状态，一般而言，储存系统的腾空次数需满足1~5次/h，推荐为2~3次/h，相当于储罐周转时间为20~30分钟为宜。对于臭氧消毒的储存与分配系统，罐体容量降低有利于缩减罐体内表面积，这样更有利于臭氧在水中的快速溶解。

储存单元主要由储罐、储罐附件组成。

1. 储罐 储罐大小的选择一般依据预处理量和经济方面考虑。同一个生产车间，采用稍小的制备单元配备稍大的储罐与采用稍大的制备单元配备稍小的储罐均能满足生产需求。一般而言，系统周转时间控制在1~2小时为宜。选择的水机产量过大，则投资增加显著；选择的储罐容积过大，则罐体腾空次数受限，微生物污染的风险升高。例如，虽然6 000L纯化水储罐较 8 000L 纯化水储罐有更好的腾空次数,但出于投资的考虑,采用 5 000L/h 水机、8 000L 储罐的组合方式更合适,能有效降低投资并满足生产需求。

有效容积比是指罐体的有效容积与实际总容积的占比。制药用水系统的储罐可按照有效容积比 0.8~0.85 来考虑。例如,当企业需要纯化水罐体储存 8 000L 纯化水时,可考虑罐体总体积为 10 000L。

储罐有立式和卧式两种形式,其选择原则需结合罐体容积、安装要求、罐体刚性要求、投资要求和设计要求综合考虑。通常情况下,立式罐体可优先考虑,因为立式罐体的最低排放点是一个"点",很容易满足"全系统可排尽",而卧式罐体的"罐体最低排放点"不如立式罐体好,但出现如下几个状况时选择卧式更好:罐体体积过大时,如超过 10 000L;制水间对罐体高度有限制时;蒸馏水机出水口需高于罐体入水口时;相同体积时,卧式罐体的投资较立式罐体节省较多时间。

当储存与分配系统采用巴氏消毒进行消毒时,罐体一般采用 316L 材质的常压或压力设计,罐体外壁带保温层以维持温度并防止人员烫伤,罐体附件包含 360° 旋转喷淋球、压力传感器、温度传感器、带电加热夹套的呼吸器、液位传感器、罐底排放阀。

当储存与分配系统采用臭氧消毒进行杀菌时,罐体一般采用材质 316L 的常压或压力设计,罐体外壁的保温层可以取消,罐体附件包含压力传感器、温度传感器、呼吸器、液位传感器和罐底排放阀等,同时,呼吸器出口建议安装臭氧破除器以保护环境和人员安全。

当工艺用水储罐采用大于 0.1MPa 蒸汽灭菌时,储罐应按压力容器设计。罐体外壁带保温层以维持温度并防止人员烫伤,罐体附件包含旋转喷淋球、爆破片、压力传感器、温度传感器、带电加热夹套的呼吸器、液位传感器、罐底排放阀。呼吸器能实现在线灭菌和在线完整性检测。对于需采用罐体自身加热来维持水温的储存单元,其罐体还需设计工业蒸汽夹套。

因储罐中的制药用水处于相对静止状态,罐体是整个储存与分配系统中微生物滋生风险最大的地方,因此,除周期性对储存系统进行消毒或杀菌外,罐体内壁还需有足够的表面光洁度,以有效阻断微生物附着在罐壁上形成难以去除的生物膜。一般推荐罐体表面粗糙度 Ra 不高于 0.6μm,以粗糙度 Ra 为 0.4μm 且电解抛光为好。

2. 储罐附件

(1)喷淋球:用于保证罐体始终处于自清洗和全润湿状态,并保证巴氏消毒状态下全系统温度均一,如图 16-9 所示。如果仪器从罐体上封头垂直到罐体内部(如电容式液位传感器),那么就需要采取多个喷淋球来避免在喷淋方式上造成"阴影"。

制药用水系统的罐体喷淋球可采用旋转式喷淋球和固定式喷淋球。与旋转式喷淋球相比,固定式喷淋球在清洗时所需回水流量较大。旋转式喷淋球能有效节约清洗用水,但其需要有一定的开启压力,采用水润滑的原理,旋转式喷淋球在高压回水的冲击下能自动旋转而起到 360° 喷淋的效果。

(2)罐体压力传感器:用于检测罐内实时压力,同时为罐

图 16-9　喷淋球

体杀菌时呼吸器开启或关闭的指令提供依据,罐内的压力将通过可编程逻辑控制器(PLC)控制和监控。当系统采用纯蒸汽或过热水杀菌时,一定要选择耐受负压的压力罐体设计,以避免不必要的安全隐患。因为对常压罐体的纯化水系统或不耐负压的注射用水罐体采用纯蒸汽消毒,会存在非常大的"瘪罐"风险。

(3)罐体温度传感器:用于实时监控罐体水温,罐内的温度将通过可编程逻辑控制器(PLC)控制和监控。推荐纯化水罐体水温维持在18~20℃,注射用水水温维持在70~85℃为宜。纯化水水温超过25℃,系统微生物滋生的风险较大;注射用水水温高于85℃,系统发生红锈的风险较大。

(4)爆破片:又称防爆膜、防爆板,是一种断裂型的安全泄压装置,主要用在需要承压的压力罐体上,一般为反拱形设计,如图16-10所示。防爆片密封性能好,反应动作快,不易受介质中黏污物的影响,有效解决了老式安全阀存在的死角风险。但它是通过膜片的断裂来泄压的,所以泄后不能继续使用,容器也被迫停止运行,爆破片需带报警装置,以便系统发生爆破时能及时发现。

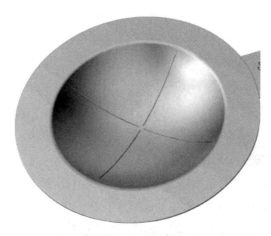

图 16-10　爆破片

(5)罐体呼吸器:是 GMP 明确提及的基本要求之一,其主要用于有效阻断外界颗粒物和微生物对罐体水质的影响,滤芯孔径为 0.2μm,材质为聚四氟乙烯(PTFE),套筒形式有 T 型和 L 型两种,见图16-11。当系统处于高温状态时(如巴氏消毒的纯化水、纯蒸汽或过热水消毒的注射用水),冷凝水容易聚集在滤膜上并导致呼吸器堵塞,采用带电加热夹套的呼吸器,它能有效防止"瘪罐"发生,并能有效降低呼吸器的染菌概率。而对于臭氧消毒的纯化水系统,因没有任何呼吸器堵塞的风险,且呼吸器长时间处于臭氧保护下,故无须安装电加热夹套。结合风险分析考虑,纯化水呼吸器可采用定期更换滤芯的方式来防止微生物的滋生;而注射用

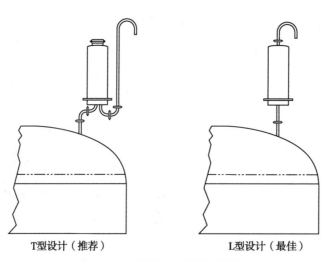

T型设计(推荐)　　　　　L型设计(最佳)

图 16-11　T 型和 L 型罐体呼吸器

水系统推荐采用在线灭菌的方式来防止微生物的滋生。呼吸器的微生物控制方法主要是定期更换滤芯或定期进行灭菌。当呼吸器采用在线灭菌时，需重点关注正向或反向灭菌时，膜内外实际压差不能高于膜本身的最大耐受压差。

（6）液位传感器：使罐内的液位通过可编程逻辑控制器（PLC）控制和监控，为水机提供启停信号，并防止后端离心泵发生空转。传统设计中，液位传感器将信号分为高高液位、高液位、低液位、低低液位和停泵液位5个档次，水机的启停主要通过高液位和低液位两个信号进行，而停泵液位（一般为10%~15%）主要是为了保护后端的水系统输送用离心泵，防止其发生空转。适用于水系统的液位传感器主要有静压式液位传感器、电容式液位传感器和差压式液位传感器。三种液位传感器均为卫生型卡箍连接，耐受高温消毒。

（二）分配系统

制药用水系统根据使用温度可分为热水系统、常温水系统、冷水系统。设计方案的选择不受法规约束，企业可结合用水点的温度要求、消毒方式以及系统规模等因素选择符合自身实际需求的设计方案。同时，企业还需考虑产品剂型、投资成本、用水效率、能耗、操作维护、运行风险等其他因素。国际制药工程师协会（ISPE）列举了八种常用的制药用水分配形式：批处理循环系统；多分支/单通道系统；单罐、平行循环系统；热储存、热循环系统；热储存、冷却再加热系统；常温储存、常温循环系统；热储存、独立循环系统；使用点热交换系统。

1. 批处理循环系统　批处理循环系统中包含两个热储罐，当其中一个罐体在使用时，另外一个罐体将进行补水并进行质量部门水质检测（以预防制药用水净化工艺不可靠的可能性），该系统示意图如图16-12所示。该系统常用于系统小、微生物质量关注程度低的情况，管道可经常冲洗或消毒的情况下也可使用。

该系统在用水量较小时优势较小，因为在不使用水时，生产线上的水是停滞的，微生物控制很难维持，因此必须建立冲洗和消毒环路计划来维持微生物在可接受的污染限度之内，但频繁地消毒会增加操作成本，操作不便。在非再循环系统中，用在线监控作为系统水质量指示也非常困难。当水是连续使用时，有很好的应用。

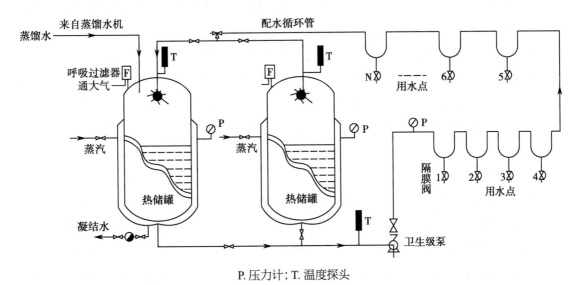

P.压力计；T.温度探头

图 16-12　批处理循环系统

2. 多分支/单通道系统　多分支/单通道系统的抗微生物污染能力较差,一般多适用于对微生物特性要求不严格的小用水系统,该系统示意图如图16-13所示。当用水点数量少且连续用水时,该系统有一定的参考价值。因为持续不断的稳定的用水需要,客观上也起到了类似循环的作用,系统使用比较稳定。对于用水点分散且无规律使用时,该系统没有优势。虽然该系统的初期投资成本相对较低,但由于不使用水时这类系统的管道内水处于停滞状态,有利于微生物生长,很难对微生物进行有效控制,所以必须建立回路的冲洗和消毒计划,以将微生物污染控制在合格限度内,如规定系统进行每天冲洗和更高要求的消毒频率,致使运行成本增加。另外,在非循环系统中也很难使用连续的在线监测来指示整个系统中水的质量。

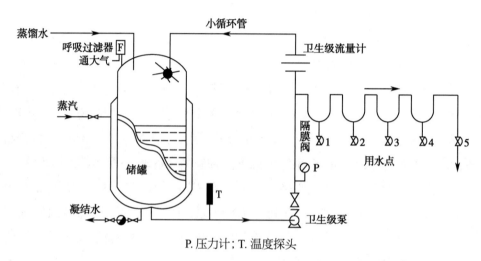

P.压力计; T.温度探头

图 16-13　多分支/单通道系统

随着制药行业的发展,人们对制药用水系统的重视程度和风险管理意识越来越高,多分支/单通道系统已无法满足现行GMP对于纯化水和注射用水的验证需求,该设计思路已很少能被设计者和使用者所接受。

3. 单罐、平行循环系统　该系统由单个热储罐和多个平行循环回路组成。图16-14是由两个并联的配水平行循环回路组成的单储罐系统,一个回路为热循环管路,另一个回路为瞬时冷却再加热系统管路。该系统占地面积小,便于多个分配回路的集中管理和模块化设计。当系统用水点温度要求不同,有较多热水使用点和冷水使用点并存,或整个系统的用水点非常多且不宜采用加大流速、单循环管网无法实现时,该系统设计具有明显优势。但因输送泵只能与一个管路的流量或压力信号进行变频联动,如何平衡好两个温度回路以适当的水压和流速运行是这种系统设计中需重点考虑的问题。通常较好的解决办法是使用压力控制阀门或给每个回路配置独立的输送泵。

4. 热储存、热循环系统　该系统适用于所有用水点都需要热水(大于70℃)供应的情况,主要用于注射用水系统的储存与分配。该系统通过罐体的夹套工业蒸汽加热或回路主管网上热交换器加热的方式来实现系统的热储存与热循环,如图16-15所示。一般采用纯蒸汽消毒和过热水消毒的方式对该系统进行周期性杀菌,循环回水到达储罐的顶部时通过喷淋球进罐,以确保整个顶部表面湿润和系统温度的均一性。该系统操作简单,使用安全可靠,储罐和

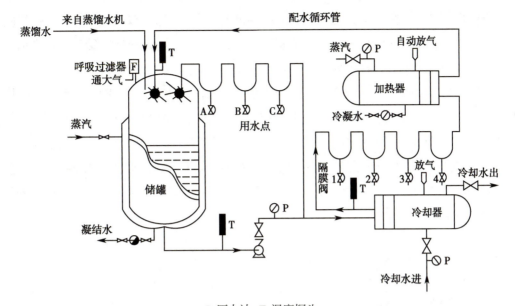

P. 压力计；T. 温度探头

图 16-14 单罐、平行循环系统

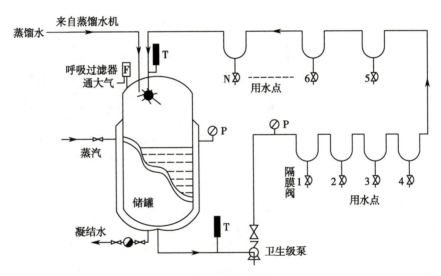

P. 压力计；T. 温度探头

图 16-15 热储存、热循环系统

环路需要的消毒频率较低，因为热储存、热循环系统本身处于连续巴氏消毒状态，能很好地控制微生物。该构造系统已被各国 GMP 推荐为注射用水系统的首选方法，并得到法规机构的广泛认同。而且，当整个系统温度能维持在 80℃以上时基本上不需要再进行单独的消毒灭菌处理。

对于热储存、热循环系统，需要重点关注的问题包括防止循环泵发生"气蚀现象"，防止因湿气在过滤器上冷凝而造成的微生物滋生和滤芯堵塞，防止红锈的快速形成，防止工人烫伤等。可借助自动控制系统统计热水的高蒸气压，以避免因注射用水系统中产生过大"气蚀"影响循环泵的正常运转进而导致系统的流体力学特性恶化；在储罐上安装疏水性的除菌级呼吸过滤器，对过滤器进行良好的排水，在过滤器上安装电加热或蒸汽加热夹套能有效防止滤芯发生堵塞,但需注意避免温度过热以免高温损坏滤芯;对系统进行有效钝化并在稍低温度下操作可有效降低红锈快速形成的风险;可通过在较低温度(65℃)下操作,给工人配备适当的防护工具,加强对工人的培训来将烫伤的可能性降低到最小。

5. 热储存、冷却再加热系统　当水是由加热产生,而用水点需低温水,并且在生产周期中用来清洗消毒处理的时间很短时,选择热储存、冷却再加热系统配水最为合适,该系统示意图如图 16-16 所示。储罐内的热水经第一个热交换器瞬时冷却至用水温度并流至用水点,再经第二个热交换器再度加热至热储存所需温度后回到储罐。其主要原理是采用高温储存方式来抑制储存系统的微生物繁殖,采用低温湍流循环的方式来抑制管网系统的微生物繁殖并实现用水点水温的要求。

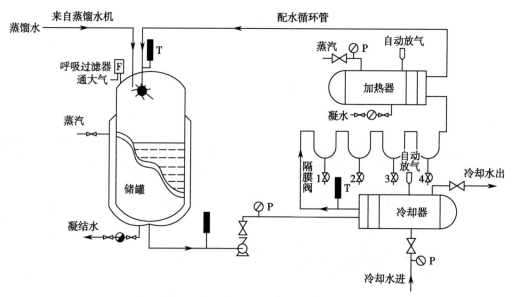

P. 压力计; T. 温度探头

图 16-16　热储存、冷却再加热系统

对系统进行消毒时,可通过关闭冷却介质和打开返回到储罐上的阀门使热水通过环路来对环路进行周期性的巴氏消毒,或者通过排放较低温度的水直到回路变热,然后返回到储罐。该系统能提供很好的微生物控制水平,并且较容易对系统作卫生处理。由于清洗消毒时不需要冲洗,因此水的消耗少。该系统最主要的缺点是能耗高,这是因为不管是否从用水点管网中取水,循环水都会被瞬时冷却至用水温度,返回储罐前还需要瞬时再加热。

6. 常温储存、常温循环系统　制药用水在常温(室温)条件下制备(如采用 RO、EDI、超滤等膜过滤法制备的纯化水系统)及使用,并且有足够的时间对系统进行清洗和灭菌消毒时,可采用常温储存、常温循环系统,如图 16-17 所示。为防止因供水泵自身运转产生的热量而使水温增高,系统内的水需要冷却,而且在清洗和灭菌消毒后水也需要冷却。

常温储存、常温循环系统在微生物控制方面不如热储存、热循环系统优秀,但只要系统的消毒达到一定的频率并保持足够的时间,良好的微生物控制目标是完全可以实现的。另外,通过大量用水使储罐的水位下降,加热剩余的水,并通过环状管道进行内循环流动,也可以达到有效控制微生物污染的要求,还可以降低所需能耗和时间,水的消耗也较少。如果不是通

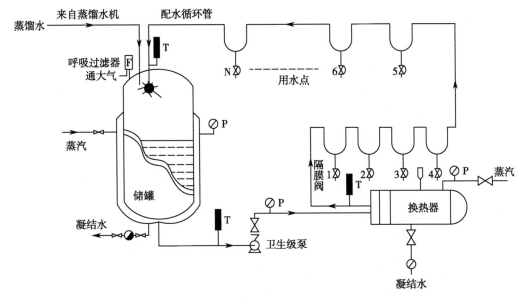

P. 压力计；T. 温度探头

图 16-17　常温储存、常温循环系统

过生产用水使储罐内的水位下降,而是采取排水,水的消耗就较多。

常温储存、常温循环系统已被各国 GMP 作为常温纯化水系统的首选方法。该系统的优点是能耗低,操作简单安全,投资和运行成本都较低;能以较高的流速提供环境温度下的制药用水,而不需要在复杂的用水点配置换热器。其主要缺点是清洗和灭菌消毒所需的时间比其他系统的更长,因为该系统需要有时间加热和冷却储罐里的水。

常温储存、常温循环系统的消毒方式主要有巴氏消毒、臭氧消毒和纯蒸汽消毒。臭氧含量为 0.02~0.2mg/L 时能有效抑制水中微生物的污染。采用臭氧消毒时,必须在制药工艺使用该系统水之前测试系统出水中的臭氧含量,并将臭氧除去至足够低的水平,而不会影响最终产品的质量,可用紫外线辐射来实现。建议系统中使用在线臭氧探头进行在线监测,以证明臭氧被完全去除。

7. 热储存、独立循环系统　当水是由高温法制备、有较多的低温用水点而且极需降低能耗时(如疫苗和血液制品生产所需的注射用水系统),热储存、独立循环系统是最好的选择。该系统示意图如图 16-18 所示。该系统最大的优点是在冷却和再加热循环时不需要大量的能耗。储罐内的热水通过热交换器冷却后循环到用水点,然后经过旁路返回到泵的入口端。

当工艺使用点不用水时,热交换器上冷却水关闭,经比例调节阀控制下的大量回水经喷淋球进入储罐,少量回水经旁路管网直接进输送泵,从而保证热水流经全系统并处于巴氏消毒状态。

当工艺使用点需要用水时,热交换器上冷却水开启,主循环系统处于低温循环状态,经比例调节阀控制下的大量回水经旁路管网直接进输送泵,少量回水经喷淋球进入储罐。与热储存、冷却再加热系统一样,其主要原理是采用高温储存方式来抑制储存系统的微生物繁殖,采用低温湍流循环的方式来抑制管网系统的微生物繁殖并实现用水点水温的要求。需要注意的是:为保证系统有较好的微生物抑制作用,系统需定期关闭热交换器(如夜间),以保证循环

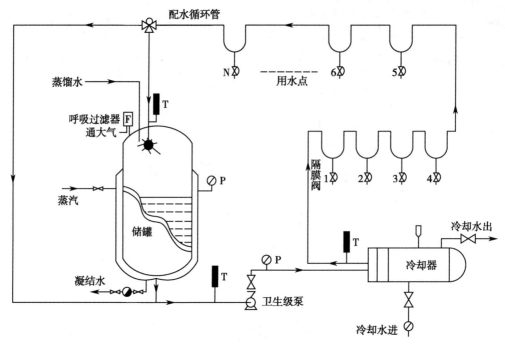

P. 压力计；T. 温度探头

图 16-18 热储存、独立循环系统

管网的周期性热消毒状态。

8. 使用点热交换系统 当同一个循环回路中既有热水使用点也有低温水使用点，且低温使用点数量较少时，可选择在系统支管上设置使用点热交换系统。因工艺生产的需求，有些注射用水使用点需要进行降温处理。如无菌制剂的配液用水、器具清洗间水池用水、疫苗和血制品生产时的工艺用水等。

使用点热交换系统的支管上有 3 种不同的设置热交换器的形式，详见图 16-19、图 16-20、图 16-21。这 3 种设计都能通过排出冲洗水使微生物减少，同时满足多个分支用水点的用水要求。这种结构除了要求低温的使用点配有使用点热交换器之外，还要求在打开使用点的阀门之前调节温度。这 3 种设计都能在不需要水的时候对热交换器和流出管道进行消毒。这 3 种设计方案在系统的投资成本、清洗消毒方法、所用冲洗水量等方面有所不同。图 16-19 中的纯蒸汽可以实现湿热灭菌；在图 16-20 中，清洗消毒是用来自配水管道的热水，通过使用点的热交换器返回到主配水循环管中实现的；图 16-21 中是通过从主配水系统中取出水，采用壳管式换热器(或蛇形管式冷却器、板式换热器)进行降温处理。

当热水使用点和较低温度使用点都离开同一环路，而且低温使用点数目很少时，采用在使用点设置热交换器的方式最有利。因为这种方式能够

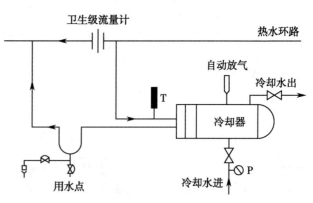

P. 压力计；T. 温度探头

图 16-19 系统中只有一个用水点

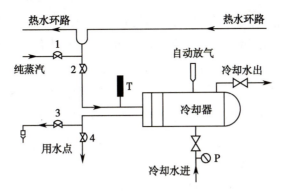

P. 压力计；T. 温度探头

图 16-20　位于支管环路上的用水点

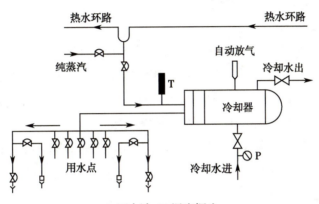

P. 压力计；T. 温度探头

图 16-21　用水点采用换热器的多个使用点

保持水的温度直到水从主配水环路中流出，为主环路提供较好的微生物控制水平，只要系统在不使用时方能适当地进行排水和定期对配水循环系统做消毒处理。

随着低温使用点数目的增多，投资成本和要求的空间也随之增大，则应考虑采用其他类型的结构。由于清洗消毒处理操作的冲洗，耗水量很大，尽管只有流出环路的水被冷却，仍必须消耗额外的能量以形成冲洗和排出水。由于添加了热交换器和阀，因此对维修的要求很高；再则每个热交换器都必须进行适当的冲洗及做消毒处理，所以操作也较复杂。通过限定热交换器的大小，可用来限制每个流出口的容量。

第三节　制药用水设计的软件要求

一、制药用水的消毒与灭菌

制药用水系统生产质量管理的核心在于控制污染，污染类型主要是杂质和微生物两大类。杂质是指微粒、铁锈、无机盐、气体及有机物等；微生物是指各种细菌、热原等。

制药用水系统中，水经过净化处理以后尚不能保证完全去除全部病原微生物，为了使水质符合各项细菌学指标的要求，必须进行水的消毒与灭菌。消毒是指用物理的或者化学的方法杀灭物体上的病原微生物,通常只杀死细菌的繁殖体。灭菌是指用于使一个产品不含所有类型存活微生物的工艺,即用物理方法或化学方法杀灭物体上的一切微生物(包括病原菌和非病原菌、芽孢和繁殖体,使其处于无菌状态)。

微生物生长繁殖离不开水分、温度及营养三个基本条件。危及水系统的污染菌主要是革兰氏阴性杆菌,它是导致水系统中热原污染的主要来源。通常在水系统中常见的革兰氏阴性杆菌对热比较敏感,一般不能在高于60℃的条件下繁殖。各国GMP规定注射用水的储存可采用70℃以上保温循环,就是基于这个道理。

消毒与灭菌方法可分为物理法和化学法,前者如蒸汽灭菌、巴氏消毒灭菌、紫外线、超声波等,后者如用氯、二氧化氯、臭氧、碘和高锰酸钾等进行消毒。化学消毒的方法适用于饮用水消毒,也适用于纯化水系统一些装置的消毒。

(一)纯蒸汽灭菌

纯蒸汽灭菌是指运用高温蒸汽使微生物菌体中的蛋白质、核酸发生变性而杀灭微生物的方法。由于纯蒸汽的穿透性强,蛋白质、原生质胶体在湿热条件下变性凝固,酶系容易破坏,蒸汽进入细胞内凝结成水,能够放出潜在热量提高温度,增强了杀菌力。纯蒸汽灭菌主要适用于注射用水系统,属于湿热灭菌的范畴。该法灭菌能力强,效果可靠,但管道系统及储罐需耐压。除制药用水外,药品、容器、培养基、无菌衣、胶塞以及其他遇高温和潮湿性能稳定的物品,均可采用纯蒸汽灭菌。

(二)巴氏消毒灭菌

巴氏消毒灭菌常指低温灭菌,主要用于纯化水管路系统,在管路循环回路上安装加温保温装置(换热器或储罐带夹套),将纯化水加热到80℃以上,维持1~2小时,即可将微生物污染水平有效地控制在低于50CFU/mL的水平。采用该方法灭菌的制药用水系统管路上的其他部件,如输送泵、传感器等,也应耐受80℃以上温度。

(三)过热水灭菌

过热水灭菌与巴氏消毒灭菌类似,区别在于加热开始前,系统内用过滤的氮气或压缩空气充压至约0.25MPa,然后将系统水温加热到125℃,持续一段时间,再冷却排放,系统用过滤的氮气或压缩空气充压保护。

(四)臭氧消毒

臭氧消毒是利用臭氧具有的强氧化能力来实现对制药用水系统的消毒,包括对水的消毒和对空管道、水箱、过滤器等制药用水设备及配件的消毒。

臭氧是强氧化剂,在水中的溶解度大约比氧大13倍,但其半衰期仅为30~60分钟,在水中不稳定、易分解,因此无法作为一般的产品贮存,使用时需在现场制备,立即投入水中。用空气制成臭氧的浓度一般为10~20mg/L,用氧气制成臭氧的浓度为20~40mg/L。含有1%~4%(质量比)臭氧的空气可用于水的消毒处理。当接触时间为15分钟、剩余臭氧为0.4mg/L时,可达到良好的消毒效果。去除或降低臭氧残留的方法有活性炭滤过、催化转换、热破坏、紫外线辐射等,在制药工艺应用最广的方法是以催化分解为基础的紫外线法。目前,使用臭氧消毒并在管道系统中的第一个用水点前安装紫外光灯以减少臭氧残留,是制药用水系统尤其是纯化水系统消毒的常用方法之一。当开始用水或生产前,先打开紫外灯。晚上或周末不生产时,则可将紫外灯关闭。

臭氧的杀菌消毒效果可因微生物的种类不同而有显著差异。臭氧对大肠埃希菌、铜绿假单胞菌、荧光假单胞菌、乳杆菌等的杀菌效果显著,在臭氧浓度 0.3～0.7mg/L 时,接触 10～30 秒就可达到杀菌目的。金黄色葡萄球菌在臭氧浓度 0.8～1.0mg/L 时,酒精酵母菌在臭氧浓度 0.5～0.8mg/L 时,仅需 20～30 秒即致死,而枯草杆菌在臭氧浓度 3.0～5.0mg/L 下需要 5～10 分钟才能致死。除耐热芽孢杆菌外,几乎所有微生物在与浓度 0.3～1.0mg/L 的臭氧水接触 20～30 秒就可达到杀菌目的。

臭氧消毒的优点在于其具有快速杀菌和灭活病毒的作用,用量少,接触时间短,pH 适应范围宽(在 pH 6～8.5 范围均有效),有除臭、色、铁、酚等多种作用。臭氧消毒的缺点是技术要求高,投资费用大,当水质及用水量发生变化时需及时调整臭氧的用量,其投加量不易调节;当水中有机物含量很高时,臭氧将首先消耗在有机物上,其消耗量升高,消毒灭菌能力下降;臭氧在水中不稳定,不易维持剩余消毒剂,因而需用第二消毒剂,否则会引起细菌繁殖。

(五)氯化消毒

氯化消毒是指用氯或氯制剂进行饮用水消毒的一种方法,其中氯制剂主要有液氯、漂白粉、漂白粉精、有机氯制剂等。凡含氯化合物中的氯的化合价数大于 −1 者称为有效氯,其具有杀菌作用。在公共给水中,氯化消毒主要是指用液氯或漂白粉对饮用水进行消毒。氯化消毒具有持久、灵活、可控制的杀菌作用,在管网系统中可连续使用,所以臭氧消毒和氯化消毒结合起来使用,是水系统消毒较为理想的方式。

(六)紫外线消毒

紫外线有一定的杀菌能力,通常安装在纯化水系统中用于控制微生物的滋生,延长运行周期,另在臭氧灭菌系统中可用于残余臭氧的分解。

紫外线的杀菌效果与其波长,照射的时间、强度,被照射的水深及水的透明度等因素有关。波长 200～295nm 的紫外线具有杀菌能力,但灭菌效果因波长而异,其中在 254～257nm 之间杀菌能力最强,这是因为细菌中的脱氧核糖核酸(DNA)核蛋白的紫外吸收峰值为 254～257nm。在紫外线作用下,核酸的功能团发生变化,出现紫外线损伤,当核酸吸收的能量达到细菌致死量而紫外线的照射又能保持一定时间时,细菌等微生物便大量死亡。

二、制药用水的系统验证

验证是指证明任何程序、生产过程、设备、物料、活动或系统确实能达到预期结果的有文件证明的一系列活动。验证是 GMP 的重要组成部分,它面向药品生产的全过程,能有效地降低成本、优化工艺,使生产达到预期的目的,为药品提供可靠的质量保证,使企业获得更好的经济效益。

《国家食品药品监督管理总局关于〈药品生产质量管理规范(2010 年修订)〉计算机化系统和确认与验证两个附录的公告(2015 年第 54 号)》中,规定了确认与验证的内容。

企业应当确定需要进行的确认或验证工作,以证明有关操作的关键要素能够得到有效控制。确认和验证的范围和程度应根据风险评估的结果确认。确认与验证应当贯穿于产品生命周期的全过程。

药品的生产工艺及关键设施、设备应按验证方案进行验证,其验证主要包括安装确认、运行确认、性能确认。工艺验证前至少应当对厂房、设施、设备经过确认并符合要求,分析方法经过验证或确认。当影响产品质量的主要因素,如工艺、质量控制方法,主要原辅料、主要生产设备或主要生产介质等发生改变时,以及生产一定周期后,应进行再验证。

(一)工艺用水系统的安装确认

1. 安装确认需要的文件 制药用水系统安装确认需要的文件包括:

(1)由质量部门批准的安装确认方案。

(2)竣工文件,包括工艺流程图、管道仪表图、部件清单及参数手册、电路图、材质证书、焊接资料、压力测试及清洗钝化记录等。

(3)关键仪表的技术参数及校验记录。

(4)安装确认中用到的仪表的校验报告。

(5)系统操作维护手册。

(6)系统调试记录。

2. 安装确认的测试项目

(1)工艺流程图、管道仪表图或其他图纸的确认:应该检查图纸上的部件是否正确安装,如标识、安装方向、取样阀位置、在线仪表位置、排水空断位置等。

(2)系统关键部件的确认:风险分析已经界定系统的关键部件,安装确认中只检查关键部件的型号、安装位置、安装方法是否按照设计图纸和安装说明进行安装,如预处理的多介质过滤器的安装方法,反渗透膜的型号、安装方法等。

(3)仪器仪表校验:系统关键仪表和安装确认所用仪表是否经过校验并在有效期内,非关键仪表校验如没有在调试记录中检查,就应在安装确认中进行检查。

(4)部件和管路材质和抛光度:检查系统关键部件的材质和粗糙度是否符合设计要求。如制备系统可对反渗透单元、EDI 单元进行检查,机械过滤器、活性炭过滤器及软化器只需在调试中检查。

(5)焊接及其他管路连接方法的文件:包括标准操作规程、焊接资质证书、焊接检查方案和报告、焊点图、焊接记录等。其中焊接检查最好由系统使用者或第三方进行,如施工方检查应有系统使用者的监督和签字确认。

(6)管路压力测试、清洗钝化的确认:压力测试、清洗钝化需要在调试过程中进行,安装确认需对其是否按照操作规程完成并且是否有文件记录进行检查。

(7)系统管网的坡度应保证能在最低点排空,死角应该满足 3D 或更高标准,保证清洗无死角(纯蒸汽系统没有死角要求)。

(8)公用工程的确认:检查公用系统包括电力连接、压缩空气、氮气、工业蒸汽、冷却水系统、供水系统等已经正确连接,且其参数符合设计要求。

(9)自控系统的确认:自控系统的安装确认包括硬件部件、电路图、输入输出等的检查。

(二)工艺用水系统运行确认

1. 运行确认需要的文件 包括:由质量部门批准的运行确认方案;供应商提供的功能设

计说明、系统操作维护手册;系统操作维护标准规程;系统安装确认记录及偏差报告。

2. 运行确认的测试项目

（1）系统标准操作规程的确认：系统标准操作规程（使用、维护、消毒）在运行确认前应具备草稿,在运行确认过程中审核其准确性、适用性,可在性能确认（performance qualification,PQ）第一阶段结束后对其进行审批。

（2）检测仪器的校准：在运行确认（operational qualification,OQ）测试中需要对水质进行检测,需要对这些仪器是否在校验期内进行检查。

（3）储罐呼吸器确认：纯化水和注射用水储罐的呼吸器在系统运行时,需检查其电加热功能（如有）是否有效,冷凝水是否能顺利排放等。

（4）自控系统的确认：系统访问权限、检查不同等级用户密码可靠性和相应等级的操作权限是否符合设计要求。

紧急停机测试：检查系统在各种运行状态中紧急停机是否有效,系统停机后系统是否处于安全状态,存储的数据是否丢失。

报警测试：系统的关键报警是否能够正确触发,其产生的行动及结果和设计文件一致。尤其注意公用系统失效的报警和行动。

数据存储：数据的存储和备份是否和设计文件一致。

（5）制备系统单元操作的确认：各功能单元的操作是否和设计流程一致,包括：纯化水预处理和制备时的原水装置的液位控制、机械过滤器、活性炭过滤器、反渗透单元、EDI单元的正常工作、冲洗流程是否和设计一致,消毒是否能够顺利完成,产水和储罐液位的联锁运行是否可靠;注射用水制备蒸馏水机的预热、冲洗、正常运行、排水流程是否和设计一致,停止、启动和储罐液位的联锁运行是否可靠;纯蒸汽发生器其预热、冲洗、正常运行、排水的流程是否和设计一致。

（6）制备系统的正常运行：将制备系统进入正常生产状态,检查整个系统是否存在异常,在线生产参数是否满足制药工艺用水系统用户需求标准（user requirement specification,URS）要求,是否存在泄漏等。

（7）储存分配系统的确认：包括循环泵和储罐液位、回路流量的联锁运行是否能够保证回路流速满足设计要求。

1）循环能力的确认：分配系统处于正常循环状态,检查分配系统是否存在异常,在线循环参数如流速、电导率等是否满足URS要求,管网是否存在泄漏等。

2）峰值量确认：分配系统的用水量处于最大用量时,检查制备系统供水是否足够,泵的运转状态是否正常,回路压力是否保持正压,管路是否泄漏等。

3）消毒的确认：分配系统的消毒是否能够成功完成,是否存在消毒死角,温度是否能够达到要求等。

4）纯蒸汽分配系统：其需要确认各疏水装置在正常运行状态下排水是否能及时排出冷凝水。

（8）水质离线检测：在进入性能确认之前,对制备系统产水、储存和分配的总进总回取样口进行离线检测,以确认水质。

（三）工艺用水系统性能确认

1. 纯化水和注射用水系统的性能确认　纯化水或注射用水的性能确认一般采用三阶段法，在性能确认过程中制备和储存分配系统不能出现故障和性能偏差。

第一阶段：连续取样2～4周，按照药典检测项目进行全检。目的是证明系统能够持续产生和分配符合要求的纯化水或注射用水，同时为系统操作、消毒、维护的 SOP 更新和批准提供支持。

第二阶段：连续取样2～4周，目的是证明系统在按照相应的 SOP 操作后能持续生产和分配符合要求的纯化水或注射用水。对熟知的系统设计，可适当减少取样次数和检测项目。纯化水制备系统产水、储罐、分配总进／总出水口每天取样全检，各使用点每周最少取样2次。注射用水制备系统产水、储罐、分配总进／总出水口每天取样全检，各使用点每天取样，微生物和内毒素每天检测，其余检测项目每周最少检测2次。

第三阶段：根据已批准的 SOP 对纯化水或注射用水系统进行日常监控。测试从第一阶段开始持续1年，证明系统长期的可靠性能，以评估季节变化对水质的影响。

2. 工艺用水系统性能确认报告　性能确认结束后对水质检测结果进行趋势分析，评估系统的性能，并制定出报警限和行动限来指导日常和监测维护。每年还需要对日常检测的结果进行回顾。

（四）工艺用水系统再验证

制药用水遇到以下问题需进行再验证，可以是部分测试项目的局部验证。

1. 系统关键设备、部件、使用点更换、变更等。

2. 大性能偏差，维护后重新启用。

三、制药用水的使用

《中国药典》将制药用水依使用的范围不同而分为饮用水、纯化水、注射用水和灭菌注射用水。一般应根据各生产工序或使用目的与要求选用适宜的制药用水。详见本章第一节概述。

ER16-2　第十六章　目标测试

（刘　扬）

第十七章 公共设施设计

ER17-1 第十七章
公共设施设计
（课件）

第一节 概述

制药企业除了生产车间设计外，还有大量的非工艺设计项目，也就是一些辅助的公共设施，例如以满足全企业生产正常开工的机修车间；以满足各监控部门、岗位对企业产品质量定性定量监控的仪器/仪表车间；锅炉房、变电室、给排水站、动力站等动力设施；厂部办公室、食堂、卫生所、托儿所、活动室等行政生活建筑设施；厂区人流、物流通道运输设施；绿植、花坛、围墙等美化厂区环境的绿化设施及建筑小区；控制生产场所中空气的微粒浓度、细菌污染以及适当的温湿度，防止对产品质量有影响的空气净化系统以及仓库等。

非工艺设计项目的辅助设施，设计原则是以满足主导产品生产能力为基础，既要综合考虑全厂建筑群落布局，又要注重实际与发展相结合。从设计工作开始，就应向非工艺设计人员提出设计要求、设计条件，在设计工作中应经常协商以满足设计要求和解决出现的问题。

非工艺设计项目主要包括厂区内建筑物设计，使其既符合药厂生产的要求和 GMP 标准，同时又要很好地满足工业建筑的防火、安全等要求；给排水设计；电气设计（包括动力电、照明等）；防雷、防静电设计等。

本章主要介绍辅助设计中的工艺管道设计、仓库设计和其他公共设施的设计，并简要介绍非工艺设计项目的基本知识。

第二节 工艺管道设计

在药品生产中，各种流体物料以及水、蒸汽等载能介质通常采用管道来输送，管道是制药生产中必不可少的重要部分。药厂管道规格多，数量大，在整个工程投资中占有重要的比例。管道布置是否合理，不仅影响工厂的基本建设投资，而且与装置建成后的生产、管理、安全和操作费用密切相关。因此，管道设计在制药工程设计中占有重要的地位。

管道设计是在车间布置设计完成之后进行的。在初步设计阶段，设计带控制点的工艺流程图时，首先要选择和确定管道、管件及阀件的规格和材料，并估算管道设计的投资；在施工图设计阶段，还需确定管沟的断面尺寸和位置，管道的支承间距和方式，管道的热补偿与保温，管道的平、立面位置及施工、安装、验收的基本要求。

管道设计的成果是管道平、立面布置图，管架图，楼板和墙的穿孔图，管架预埋件位置图，管道施工说明，管道综合材料表及管道设计概算。

一、管道设计内容

在进行管道设计时,应具有如下基础资料:施工阶段带控制点的工艺流程图;设备一览表;设备的平、立面布置图;设备安装图;物料衡算和能量衡算资料;水、蒸汽等总管路的走向、压力等情况;建(构)筑物的平、立面布置图;与管道设计有关的其他资料,如厂址所在地区的地质、气候条件等。管道设计一般包括以下内容。

1. 选择管材 管材可根据被输送物料的性质和操作条件来选取。适宜的管材应具有良好的耐腐蚀性能,且价格低廉。

2. 管路计算 根据物料衡算结果以及物料在管内的流动要求,通过计算,合理、经济地确定管径是管道设计的一个重要内容。对于给定的生产任务,流体流量是已知的,选择适宜的流速后即可计算出管径。

管道的壁厚对管路投资有较大的影响。一般情况下,低压管道的壁厚可根据经验选取,压力较高的管道壁厚应通过强度计算来确定。

3. 管道布置设计 根据施工阶段带控制点的工艺流程图以及车间设备布置图,对管道进行合理布置,并绘出相应的管道布置图,是管道设计的又一重要内容。

4. 管道绝热设计 多数情况下,常温以上的管道需要保温,常温以下的管道需要保冷。保温和保冷的热流传递方向不同,但习惯上均称为保温。

管道绝热设计就是为了确定保温层或保冷层的结构、材料和厚度,以减少装置运行时的热量或冷量损失。

5. 管道支架设计 为了保证工艺装置的安全运行,应根据管道的自重、承重等情况,确定适宜的管架位置和类型,并编制管架数据表、材料表和设计说明书。

6. 编写设计说明书 在设计说明书中应列出各种管道、管件及阀门的材料、规格和数量,并说明各种管道的安装要求和注意事项。

学习工艺管道设计,必须熟悉管道材料的相关基础知识。

(一)公称压力和公称直径

医药化工产品的种类繁多,即使是同一种产品,由于工艺方法的差异,对温度、压力和材料的要求就不相同。在不同温度下,同一种材料的管道所能承受的压力也不一样。为了使安装管道工程标准化,首先要有压力标准。压力标准是以公称压力为基准的。

公称压力是管道、阀门或管件在规定温度下的最大允许工作压力(表压)。公称压力常用符号 PN 表示,可分为 12 级,如表 17-1 所示。它的温度范围是 0～120℃,此时工作压力等于公称压力,如高于这温度范围,工作压力就应低于公称压力。

表 17-1　公称压力等级

序号		1	2	3	4	5	6	7	8	9	10	11	12
公称压力	kgf/cm²	2.5	6	10	16	25	40	64	100	160	200	250	320
	MPa	0.25	0.59	0.98	1.57	2.45	3.92	6.28	9.8	15.7	19.6	24.5	31.4

公称直径是管道、阀门或管件的名义直径,常用符号 DN 表示,如公称直径为 100mm 可表示为 DN100。公称直径并不一定就是实际内径。一般情况下,公称直径既非外径,亦非内径,而是小于管道外径并与它相近的整数。管道的公称直径一定,其外径也就确定了,但内径随壁厚而变。无缝钢管的公称直径和外径如表 17-2 所示。某些情况下,如铸铁管的内径等于公称直径。

表 17-2　无缝钢管的公称直径和外径(单位:mm)

公称直径	10	15	20	25	32	40	50	65	80	100	125
外径	14	18	25	32	38	45	57	76	89	108	133
壁厚	3	3	3	3.5	3.5	3.5	3.5	4	4	4	4
公称直径	150	175	200	225	250	300	350	400	450	500	
外径	159	194	219	245	273	325	377	426	480	530	
壁厚	4.5	6	6	7	8	8	9	9	9	9	

对法兰或阀门而言,公称直径是指与其相配的管道的公称直径。如 DN100 的法兰或阀门,指的是连接公称直径为 100mm 的管道用的法兰或阀门。各种管路附件的公称直径一般都等于其实际内径。

（二）管道

在管道设计时,要根据介质选择不同材质的管道,并由生产任务确定管道的最经济直径,根据工作压力选择计算壁厚。

1. 选材　制药工业生产用管道、阀门和管件材料的选择主要是依据输送介质的浓度、温度、压力、腐蚀情况、供应来源和价格等因素综合考虑决定。

应用最广泛的选材方法是查找《腐蚀数据手册》。由于介质数量庞大,使用时的温度、浓度情况各不相同,手册中不可能标出每一种介质在所有温度和浓度下的腐蚀性情况。当手册中查不到所需要的介质在某浓度或温度下的数据时,可按下列原则来确定。

（1）浓度:如果缺乏某一特定浓度的数据,可参阅邻近浓度,如果相邻上下两个浓度的腐蚀性相同,则中间浓度的腐蚀性一般也相同。如果上下两个浓度的腐蚀性不同,则中间浓度的腐蚀性常常介于两者之间。一般情况下,腐蚀性随介质浓度的增加而增强。

（2）温度:一般情况下,温度越高,材料的耐蚀性越大,在较低温度标明不耐蚀时,较高温度也不耐蚀。当两个相邻温度的耐蚀性相同时,中间温度的耐蚀性也相同。但若上下两个温度耐蚀性不同,低温耐蚀,高温不耐蚀,温度越高,腐蚀速度越快;凡是处在温度或浓度的边缘条件下,即处于由耐蚀接近或转入不耐蚀的边缘条件时,则不使用这类材料,而选择更优良的材料。因为在实际使用过程中,很可能由于生产条件的波动引起局部浓度、温度的变化,达到不耐蚀的浓度或温度极限。

（3）腐蚀介质:当手册中缺乏要查找的介质时,可参阅同类介质的数据。有机化合物中各类物质的腐蚀性更为接近。只要对各类物质的成分、结构、性能具备一定的知识,对选材有一些经验,即使表内缺乏某些数据,也能够大致判断它的腐蚀性。

两种以上物质组成的混合物,如没有起化学反应,其腐蚀性一般为各组成物腐蚀性的和,只要查对应各组成物的腐蚀性即可(基准为混合物中稀释后的浓度)。但是有些混合物改变了性质,如硫酸与含有氯离子(如食盐)的化合物混合,产生了盐酸,这就不仅有硫酸的腐蚀性,还有盐酸的腐蚀性。所以查阅混合物时,应先了解各组成物是否已起了变化。

2. 管径的计算与确定　管径的选择与计算是管道设计中的一项重要内容,因为管径的选择和确定与管道的初始投资费用和动力消耗费用有着直接联系。管径越大,原始投资费用越大,但动力消耗费用可降低;相反,管径减小,投资费用减少,但动力消耗费用就增加。对于用量大的(如石油输送)管线,它的管道直径必须严格计算。至于制药工业,虽然对每个车间来讲,管道并不太多,但就整个工厂来讲,使用的管道种类繁多,数量也大,就不能不认真考虑了。

(1)最佳经济管径的求取:管道的初始投资费用、折旧费、维修费与管道的直径及长度成比例,而动力消耗费用也是管道直径的函数。因此,我们可通过数学计算,求出最经济的管径。对于制药厂来讲,输送物料种类较多,但一般输送量不大,没有必要每根管道都用数学计算的办法来求取,可以查看算图求取最佳经济管径,由此求得的管径能使流体处于最佳经济的流速下运行。

图 17-1 所示算图可直接求得管道的直径。本算图没有考虑管路管件和阀门的阻力,一般可按管道全长附加 20%~50% 来计算,即当管路总长为 10m 时,可按 12~15m 计算。

根据流体的密度、黏度、流量、压降及管长可按图 17-1 中提示求得 R_e 值。从公式 $R_e = \dfrac{\rho d u}{\mu} = \dfrac{4\rho V_s}{\pi d \mu}$,变换求得管道直径 $d = \dfrac{4\rho V_s}{\pi \mu R_e}$;式中的 V_s 为流体流量,单位为 m^3/s;ρ 为流体密度,单位为 kg/m^3;μ 为流体黏度,单位为 $Pa \cdot s$;R_e 为雷诺准数,无因次(没有任何物理单位);d 为管道直径,单位为 m。

利用流体速度计算管径:管道直径与流量之间存在 $d = \sqrt{\dfrac{4V_s}{\pi u}}$ 的关系,式中的 V_s 为流体流量,单位为 m^3/s;u 为流体流速,单位为 m/s;d 为管道直径,单位为 m。

(2)查阅有关工程手册:不同场合下流速的范围,若不需要非常精确的值,可查阅有关工程手册。表 17-3 列出部分流体适宜经济流速的大致范围,供选择流速时参考。

表 17-3　流体适宜经济流速

流体	流速/(m/s)	流体	流速/(m/s)
自来水(0.3MPa 左右)	1~1.5	过热蒸汽	30~50
水及低黏度液体(0.1~1MPa)	1.5~3.0	过热水	2
高黏度液体(盐类溶液等)	0.5~1.0	蛇管、螺旋管内流动的冷却水	<1.0
工业用水(0.8MPa 以下)	1.5~3.0	低压空气	12~15
锅炉供水(0.8MPa 以下)	>3.0	高压空气	15~25
饱和蒸汽(0.8MPa 以下)	20~40	一般气体(常压)	10~20

流体	流速/(m/s)	流体	流速/(m/s)
鼓风机吸入管内流动的空气	10～15	往复泵排出管内流动的水一类液体	1.0～2.0
鼓风机排出管内流动的空气	15～20	蒸汽冷凝水	0.5
离心泵吸入管内流动的水一类液体	1.5～2.0	真空操作下气体流速	＜10
离心泵排出管内流动的水一类液体	2.5～3.0	车间通风换气（主管）	4～15
往复泵吸入管内流动的水一类液体	0.75～1.0	车间通风换气（支管）	2～8

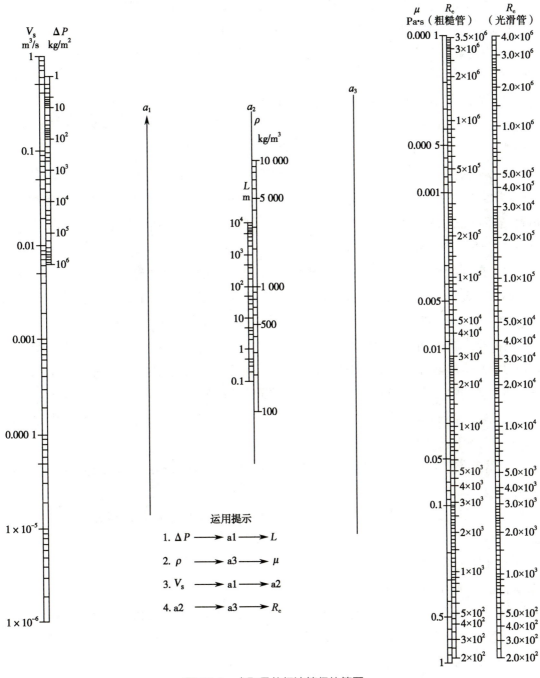

图 17-1　求取最佳经济管径的算图

一般说来，对于密度大的流体，流速值应取得小些，如液体的流速就比气体小得多；对于黏度较小的液体，可选用较大的流速；而对于黏度大的液体，所取流速就应小些；对含有固体杂质的流体，流速不宜太低，否则固体杂质容易沉积在管内。

（3）蒸汽管管径的求取：蒸汽是一种压缩性气体，其管径计算十分复杂，为了便于使用，通常将计算结果做成表格或算图。在制作表格及算图时，一般从两方面着手：一是选用适宜的压降；二是取用一定的流速。如过热蒸汽的流速，主管取 $40 \sim 60m/s$，支管取 $35 \sim 40m/s$；饱和蒸汽的流速，主管取 $30 \sim 40m/s$，支管取 $20 \sim 30m/s$。或按蒸气压力来选择，如 4×10^5Pa 以下取 $20 \sim 40m/s$，8.8×10^5Pa 以下取 $40 \sim 60m/s$，3×10^6Pa 以下取 $80m/s$。

3. 管壁厚度　根据管径和各种公称压力范围，查阅有关手册（如化工工艺设计手册等）可得管壁厚度。常用公称压力下管道壁厚选用表，见附表3～附表5。

4. 常用管　制药工业生产中常用的管道按材质分有钢管、有色金属管和有机、无机非金属管等。

（1）钢管：钢管包括焊接（有缝）钢管和无缝钢管两大类。

1）焊接（有缝）钢管：通常由碳钢板卷焊而成，以镀锌管较为常见。焊接钢管的强度低，可靠性差，常用作水、压缩空气、蒸汽、冷凝水等流体的输送管道。

2）无缝钢管：可由普通碳素钢、优质碳素钢、普通低合金钢、合金钢等的管坯热轧或冷轧（也称为冷拔：是以拉力使钢管或棒料穿过各种形状的锥形模孔，改变它的截面，以获得尺寸精确、表面光洁制品的加工方法）而成。无缝钢管品质均匀、强度较高，常用于高温、高压以及易燃、易爆和有毒介质的输送。

（2）有色金属管：在药品生产中，铜管和黄铜管、铅管和铅合金管、铝管和铝合金管都是常用的有色金属管。例如，铜管和黄铜管可用作换热管或真空设备的管道，铅管和铅合金管可用于输送 15%～65% 的硫酸，铝管和铝合金管可用于输送浓硝酸等物料。

（3）非金属管：非金属管包括无机非金属管和有机非金属管两大类。玻璃管、搪玻璃管、陶瓷管等都是常见的无机非金属管，橡胶管、聚丙烯管、硬聚氯乙烯管、聚四氟乙烯管、耐酸酚醛塑料管、玻璃钢管、不透性石墨管等都是常见的有机非金属管。

非金属管通常具有良好的耐腐蚀性能，在药品生产中有着广泛的应用。但在使用中应注意其机械性能和热稳定性。

5. 管道连接　管道连接的基本方法有法兰连接、螺纹连接、承插连接、焊接、卡套连接和卡箍连接。

（1）法兰连接：法兰连接常用于大直径、密封性要求高的管道连接。其优点是连接强度高，密封性能好，拆装比较方便；缺点是成本较高。

（2）螺纹连接：螺纹连接也是一种常用的管道连接方式，具有连接简单、拆装方便、成本较低等优点，常用于小直径（≤50mm）低压钢管或硬聚氯乙烯管道、管件、阀门之间的连接；缺点是连接的可靠性较差，螺纹连接处易发生渗漏，因而不宜用作易燃、易爆和有毒介质输送管道之间的连接。

（3）承插连接：承插连接常用于埋地或沿墙敷设的给排水管，如铸铁管、陶瓷管、石棉水泥管等与管或管件、阀门之间的连接。连接处可用石棉水泥、水泥砂浆等封口，用于工作压力不高于0.3MPa、介质温度不高于60℃的场合。

（4）焊接：焊接是药品生产中最常用的一种管道连接方法，具有施工方便、连接可靠、成本较低的优点。凡是不需要拆装的地方，应尽可能采用焊接。所有的压力管道，如煤气、蒸汽、空气、真空等管道应尽量采用焊接。

（5）卡套连接：卡套连接是小直径（≤40mm）管道、阀门及管件之间的一种常用连接方式，具有连接简单、拆装方便等优点，常用于仪表、控制系统等管道的连接。

（6）卡箍连接：该法是将金属管插入非金属软管，并在插入口外用金属箍箍紧，以防介质外漏。卡箍连接具有拆装灵活、经济耐用等优点，常用于临时装置或洁净物料管道的连接。

6. 管道油漆及颜色　彻底除锈后的管道表层应涂红丹底漆两遍，油漆一遍；需保温的管道应在保温前涂红丹底漆两遍，保温后再在外表面上油漆一遍；敷设于地下的管道应先涂冷底子油一遍，再涂沥青一遍，然后填土；不锈钢或塑料管道不需涂漆。常见管道的油漆颜色如表17-4所示。

表 17-4　常见管道的油漆颜色

介质	颜色	介质	颜色	介质	颜色
一次用水	深绿色	冷凝水	白色	真空	黄色
二次用水	浅绿色	软水	翠绿色	物料	深灰色
清下水	淡蓝色	污下水	黑色	排气	黄色
酸性下水	黑色	冷冻盐水	银灰色	油管	橙黄色
蒸汽	白点红圈色	压缩空气	深蓝色	生活污水	黑色

7. 管道验收　安装完成后的管道需进行强度及气密性试验。对小于68.7kPa表压下操作的气体管道进行气压试验时，先将空气升到工作压力，用肥皂水试验气漏，然后升到试验压力维持一定时间而下降值在规定值以下。

在真空下操作的液体和气体管道及68.7kPa以下的液体管道，水压试验的压力各为98.1kPa和196.2kPa表压，要求保持0.5小时压力不变。

高于196.2kPa表压的管道，水压试验的压力为工作压力的1.5倍。

（三）阀门

阀门是管路系统的重要组成部件，流体的流量、压力等参数均可用阀门来调节或控制。阀门品种繁多，根据阀体的类别、结构形式、驱动方式、连接方式、密封面或衬里、标准公称压力等，有不同品种和规格的阀门，应结合工艺过程、操作与控制方式选用。

1. 常用阀门　按结构形式和用途的不同，有多种品种的阀门，常用的阀门有旋塞阀、球阀、闸阀、截止阀、止回阀、疏水阀、减压阀、安全阀等。

（1）旋塞阀：旋塞阀的结构如图17-2所示。旋塞阀具有结构简单、启闭方便快捷、流动阻力较小等优点，常用于温度较低、

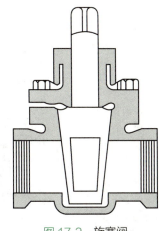

图 17-2　旋塞阀

黏度较大的介质以及需要迅速启闭的场合,但一般不适用于
蒸汽和温度较高的介质。由于旋塞很容易铸上或焊上保温夹
套,因此可用于需要保温的场合。此外,旋塞阀配上电动、气
动或液压传动机构后,可实现遥控或自控。

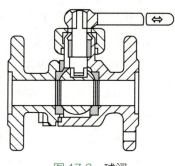

图 17-3　球阀

（2）球阀:球阀的结构如图 17-3 所示。球阀体内有一可
绕自身轴线作 90° 旋转的球形阀瓣,阀瓣内设有通道。球阀
结构简单,操作方便,旋转 90° 即可启闭。球阀的使用压力比
旋塞阀高,密封效果较好,且密封面不易擦伤,可用于浆料或
黏稠介质。

（3）闸阀:闸阀的结构如图 17-4 所示。闸阀体内有一与介质的流动方向相垂直的平板阀
心,利用阀心的升起或落下可实现阀门的启闭。闸阀不改变流体的流动方向,因而流动阻力
较小。闸阀主要用作切断阀,常用作放空阀或低真空系统阀门,一般不用于流量调节,也不适
用于含固体杂质的介质。其缺点是密封面易磨损,且不易修理。

（4）截止阀:截止阀的结构如图 17-5 所示。截止阀的阀座与流体的流动方向垂直,流体向
上流经阀座时要改变流动方向,因而流动阻力较大。截止阀结构简单,调节性能好,常用于流
体的流量调节,但不宜用于高黏度或含固体颗粒的介质,也不宜用作放空阀或低真空系统阀门。

（5）止回阀:止回阀的结构如图 17-6 所示。止回阀体内有一圆盘或摇板,当介质顺流时,
阀盘或摇板升起打开;当介质倒流时,阀盘或摇板自动关闭。因此,止回阀是一种自动启闭的
单向阀门,用于防止流体逆向流动的场合,如在离心泵吸入管路的入口处常装有止回阀。止
回阀一般不宜用于高黏度或含固体颗粒的介质。

（6）疏水阀:疏水阀的作用是自动排出设备或管道中的冷凝水、空气及其他不凝性气
体,同时又能阻止蒸汽的大量逸出。因此,凡需蒸汽加热的设备以及蒸汽管道等都应安装
疏水阀。

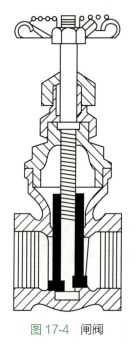

图 17-4　闸阀

图 17-5　截止阀

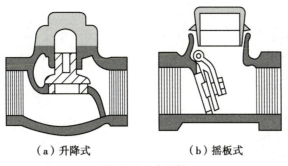

（a）升降式 （b）摇板式

图 17-6 止回阀

生产中常用的圆盘式疏水阀,如图 17-7 所示。当蒸汽从阀片下方通过时,因流速高、静压低,阀门关闭;反之,当冷凝水通过时,因流速低、静压降甚微,阀片重力不足以关闭阀片,冷凝水便连续排出。

除冷凝水直接排入环境外,疏水阀前后都应设置切断阀。切断阀首先应选用闸阀,其次是选用截止阀。疏水阀与前切断阀之间应设过滤器,以防水垢等脏物堵塞疏水阀。疏水阀常成组布置,如图 17-8 所示。

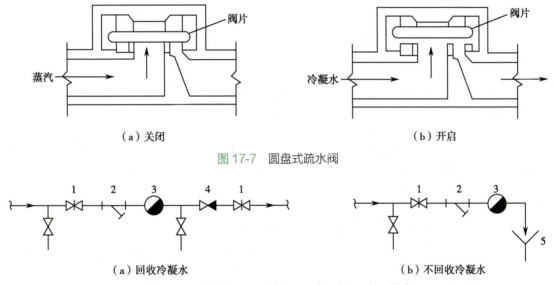

（a）关闭 （b）开启

图 17-7 圆盘式疏水阀

（a）回收冷凝水 （b）不回收冷凝水

1. 闸阀;2.Y 形过滤器;3. 疏水阀;4. 止回阀;5. 敞口排水口

图 17-8 疏水阀的成组布置

（7）减压阀:减压阀体内设有膜片、弹簧、活塞等敏感元件,利用敏感元件的动作可改变阀瓣与阀座的间隙,从而达到自动减压的目的。

减压阀仅适用于蒸汽、空气、氮气、氧气等清净介质的减压,但不能用于液体的减压。此外,在选用减压阀时还应注意其减压范围,不能超范围使用。

（8）安全阀:安全阀内设有自动启闭装置。当设备或管道内的压力超过规定值时阀即自动开启以泄出流体,待压力回复后阀又自动关闭,从而达到保护设备或管道的目的。

安全阀的种类很多,以弹簧式安全阀最为常用,其结构如图 17-9 所示。当流体可直接排放到大气中时,可选用全启式安全阀;若流体不允许直接排放,则应选用封闭式安全阀,将流体排放到总管中。

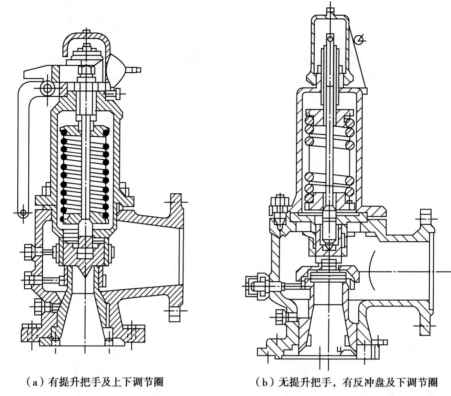

（a）有提升把手及上下调节圈　　　　　（b）无提升把手，有反冲盘及下调节圈

图 17-9　弹簧式安全阀

2. 阀门选择　阀门的种类很多，结构和特点各异。根据操作工况的不同，可选用不同结构和材质的阀门。一般情况下，阀门可按以下步骤进行选择。

（1）根据被输送流体的性质以及工作温度和工作压力选择阀门材质。阀门的阀体、阀杆、阀座、压盖、阀瓣等部位既可用同一材质制成，也可用不同材质分别制成，以达到经济、耐用的目的。

（2）根据阀门材质、工作温度及工作压力，确定阀门的公称压力。

（3）根据被输送流体的性质以及阀门的公称压力和工作温度，选择密封面材质。密封面材质的最高使用温度应高于工作温度。

（4）确定阀门的公称直径。一般情况下，阀门的公称直径可采用管子的公称直径，但应校核阀门的阻力对管路是否合适。

（5）根据阀门的功能、公称直径及生产工艺要求，选择阀门的连接形式。

（6）根据被输送流体的性质以及阀门的公称直径、公称压力和工作温度等，确定阀门的类别、结构形式和型号。

（四）管件

管件是管与管之间的连接部件，延长管路、连接支管、堵塞管道、改变管道直径或方向等均可通过相应的管件来实现，如利用法兰、活接头、内牙管等管件可延长管路，利用各种弯头可改变管路方向，利用三通或四通可连接支管，利用异径管（大小头）或内外牙（管衬）可改变管径，利用管帽或管堵可堵塞管道等。

二、管道布置设计

管路的布置设计首先应保证安全、正常生产和便于操作、检修,其次应尽量节约材料及投资,并尽可能做到整齐和美观,以创造美好的生产环境。

由于制药厂的产品品种繁多,操作条件不一(如高温、高压、真空及低温等)和输送的介质性质复杂(如易燃、易爆、有毒、有腐蚀性等),因此对管路的布置难以作出统一的规定,须根据具体的生产特点结合设备布置、建筑物和构筑物的情况以及非工艺专业的安排,进行综合考虑。

(一)管路布置的一般原则

1. 两点间非直线连结原则 两点之间直线距离最短,然而在配置管路时并不适用。原则应是贴墙、贴顶、贴地,沿 x、y、z 三个坐标配置管线,虽然这样做所用管线材料将大大增加,但是能够使车间内变得有序,且有利于操作和维修。注意沿地面走的管路只能靠墙,不得成为操作者的事故隐患,实在需要时可在低于地平的管道沟内穿行。

2. 操作点集中原则 一台设备通常有许多接管口,连接有许多不同的管线,而且它们分布于上下、左右、前后不同层次的空间之中。由于每根管线几乎不可避免地设有控制(开关或调节流量大小)阀门,要对它们进行操作可能令操作者围绕设备上下、左右、前后不断地奔忙,高位的要爬梯子,低位的要弯腰在所难免。合理的配管可以通过管路走向的变化将所有的阀门集中到一两处,并且高度统一适中(约高 1.5m),如图 17-10 所示。如果将一排位于同一轴线的设备的各种管路的操作点统一布置在一个操作平面上,不仅布置美观,而且方便操作,避免出错。

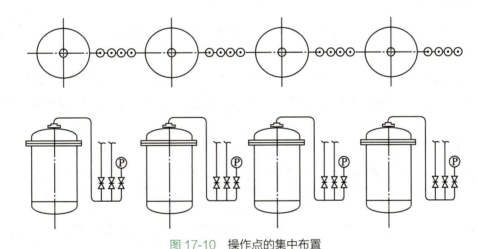

图 17-10 操作点的集中布置

3. 总管集中布置原则 总管路尽可能集中布置,并靠近输送负荷较大的一边。

4. 方便生产原则 除将操作点集中外,管路配置还需考虑正常生产、开停车、维修等因素。例如从总管引出的支管应当有双阀门,以便于维修更换;再如流量计、汽水分离器都应配置侧线以利更换,压力表则设有开关,也是利于更换;U 形管的底部应当配置放料阀门,以便停工维修时使用等。有时候还应配置应急管线,以备紧急情况下使用。

(二)管道设计的技术问题

在进行管路的布置设计时,一些常见的布置技术问题,如管道敷设、管道排列、坡度、高度、管道支撑、保温及热补偿等须按一定原则来设计，保证安全、正常生产，便于操作、检修。

1. 管道敷设　管道的敷设方式有明线和暗线两种，一般车间管道多采用明线敷设，以便于安装、操作和检修，且造价也较为便宜。有洁净要求的车间，管道应尽可能采用暗敷。另外，管道在敷设时还必须符合下列技术要求。

（1）管道既可以明敷，也可以暗敷。一般原料药车间内的管道多采用明敷，以减少投资，并有利于安装、操作和检修。有洁净要求的车间、动力室、空调室内的管道可采用明敷，而洁净室内的管道应尽可能采用暗敷。

（2）应尽量缩短管路的长度，并注意减少拐弯和交叉。多条管路宜集中布置，并平行敷设。

（3）明敷的管道可沿墙、柱、设备、操作台、地面或楼面敷设，也可架空敷设。暗敷管道常敷设于地下或技术夹层内。

（4）架空敷设的管道在靠近墙的转弯处应设置管架。靠墙敷设的管道，其支架可直接固定于墙上。

（5）陶瓷管的脆性较大，敷设于地下时，距地面的距离不能小于0.5m。

（6）塑料管等热膨胀系数较大的管道不能固定于支架上。输送蒸汽或高温介质的管道，其支架宜采用滑动式。

2. 管道排列　管道的排列方式应根据生产工艺要求及被输送介质的性质等情况进行综合考虑。

（1）小直径管道可支承在大直径管道的上方或吊在大直径管道的下方。

（2）输送热介质的管道或保温管道应布置在上层；反之，输送冷介质的管道或不保温管道应布置在下层。

（3）输送无腐蚀性介质、气体介质、高压介质的管道以及不需经常检修的管道应布置在上层；反之，输送腐蚀性介质、液体介质、低压介质的管道以及需经常检修的管道应布置在下层。

（4）大直径管道、常温管道、支管少的管道、高压管道以及不需经常检修的管道应靠墙布置在内侧；反之，小直径管道、高温管道、支管多的管道、低压管道以及需经常检修的管道应布置在外侧。

3. 管路坡度　管路敷设应有一定的坡度，坡度方向大多与介质的流动方向一致，但也有个别例外。管路坡度与被输送介质的性质有关，常见管路的坡度可参照表17-5中的数据选取。

表17-5　常见管路的坡度

介质名称	蒸汽	压缩空气	冷冻盐水	清净下水	生产废水
管路坡度	0.002～0.005	0.004	0.005	0.005	0.001
介质名称	蒸汽冷凝水	真空	低黏度流体	含固体颗粒液体	高黏度液体
管路坡度	0.003	0.003	0.005	0.01～0.05	0.01～0.05

4. 管路高度　管路距地面或楼面的高度应在100mm以上，并满足安装、操作和检修的要求。当管路下面有人行通道时，其最低点距地面或楼面的高度不得小于2m。当管路下布置机泵时，应不小于4m；穿越公路时不得小于4.5m；穿越铁路时不得小于6m。上下两层管路间的高度差可取1m、1.2m、1.4m。

5. 安装、操作和检修 管道的布置应不挡门窗、不妨碍操作,并尽量减少埋地或埋墙长度,以降低检修难度;当管道穿过墙壁或楼层时,在墙或楼板的相应位置应预留管道孔,且穿过墙壁或楼板的一段管道不得有焊缝;管路的间距不宜过大,但要考虑保温层的厚度,并满足施工要求。一般可取 200mm、250mm 或 300mm,也可参照管路间距表中的数据选取。管外壁、法兰外壁、保温层外壁等突出部分距墙、柱、管架横梁端部或支柱的距离均不应小于 100mm;在管路的适当位置应配置法兰或活接头。小直径水管可采用丝扣连接,并在适当位置配置活接头;大直径水管可采用焊接并适当配置法兰,法兰之间可采用橡胶垫片;为操作方便,一般阀门的安装高度可取 1.2m,安全阀可取 2.2m,温度计可取 1.5m,压力计可取 1.6m;输送蒸汽的管道,应在管路的适当位置设分水器以及时排出冷凝水。

6. 管路安全 管路应避免从电动机、配电盘、仪表盘的上方或附近通过;若被输送介质的温度与环境温度相差较大,则应考虑热应力的影响,必要时可在管路的适当位置设补偿器,以消除或减弱热应力的影响;输送易燃、易爆、有毒及腐蚀性介质的管路不应从生活间、楼梯和通道等处通过;凡属易燃、易爆介质,其储罐的排空管应设阻火器;室内易燃、易爆、有毒介质的排空管应接至室外,弯头向下。

7. 管道的热补偿 管道的安装都是在常温下进行的,而在实际生产中被输送介质的温度通常不是常温,此时,管道会因温度变化而产生热胀冷缩。当管道不能自由伸缩时,其内部将产生很大的热应力。管道的热应力与管子的材质及温度变化有关。为减弱或消除热应力对管道的破坏作用,在管道布置时应考虑相应的热补偿措施。一般情况下,管道布置应尽可能利用管道自然弯曲时的弹性来实现热补偿,即采用自然补偿。有热补偿作用的自然弯曲管段又称为自然补偿器,如图 17-11 所示。

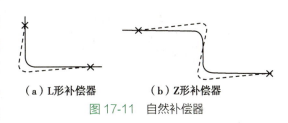

（a）L形补偿器　　　（b）Z形补偿器

图 17-11　自然补偿器

实践表明,使用温度低于 100℃或公称直径不超过 50mm 的管道一般可不考虑热补偿。表 17-6 给出了可不装补偿器的最大直管长度。

表 17-6　可不装补偿器的最大直管长度

热水 /℃	60	70	80	90	95	100	110	120	130
蒸汽 /kPa							49	98	176.4
管长 /m	65	57	50	45	42	40	37	32	30
热水 /℃	140	143	151	158	164	170	175	179	183
蒸汽 /kPa	264.6	294	392	490	588	686	784	882	980
管长 /m	27	27	27	25	25	24	24	24	24

当自然补偿不能满足要求时,应考虑采用补偿器补偿。补偿器的种类很多,常用的有 U 形和波形补偿器;U 形补偿器通常由管弯制而成,在药品生产中有着广泛的应用。U 形补偿器具有耐压可靠、补偿能力大、制造方便等优点;缺点是尺寸和流动阻力较大。此外,U 形补偿器在安装时要预拉伸(补偿热膨胀)或预压缩(补偿冷收缩)。波形补偿器常用 0.5～3mm 的不锈钢薄板制成,其优点是体积小,安装方便;缺点是不耐高压。波形补偿器主要用于大直径

低压管道的热补偿。当单波补偿器的补偿量不能满足要求时,可采用多波补偿器。

8. 管道的支承 在进行管道设计时,为使管系具有足够的柔性,除了应注意管系走向和形状外,支架位置和型式的选择和设计也是相当重要的。管道支吊架选型得当,位置布置合理,不仅可使管道整齐美观,而且能改善管系中的应力分布和端点受力(力矩)状况,达到经济合理和运行安全的目的。

(1)管道支吊架的类型:按管道支吊架的功能和用途,支吊架可分为 3 大类 10 小类(表 17-7)。从对管道应力的作用考虑,又可分为支架或支吊架、限位架、导向架、固定支架和减振或隔振支架;按支吊架的力学性能又可分为刚性支架、弹性支架和恒力支架。

表 17-7 管道支吊架的类型

大类		小类	
名称	用途	名称	用途
承重支架	承受管道重量(包括管道自重、保温层重量和介质重量等)	刚性支架	无垂直位移的场合
		可调刚性支架	无垂直位移,但要求安装误差严格的场合
限制性支架	用于限制、控制和拘束管道在任一方向的变形	可变弹簧架	有少量垂直位移的场合
		圆力弹簧支架	垂直位移较大或要求支吊架的荷载变化不能太大的场合
减振支架	用于限制或缓和往复式机泵进出口管道和由地震、风吹、水击、安全阀排出反力等引起的管道振动	固定架	固定点处不允许有线位移和角位移的场合
		限位架	限制管道任一方向线位移的场合
		轴向限位架	限制点处需要限制管道轴向线位移的场合
		导向架	允许管道有轴向位移,不允许有横向位移的场合
		一般减振架	需要减振的场合
		弹簧减振架	需要弹簧减振的场合

(2)管道支吊架选用原则

1)选用管道支吊架时,应按照支承点所承受的荷载大小和方向、管道的位移情况、工作温度、是否保温或保冷以及管道材质等条件选用合适的支吊架。

2)设计时应尽可能选用标准管卡、管托和管吊,以加快建设进度。

3)符合下列特殊情况者可采取其他特殊形式的管托和管吊:①管内介质温度≥400℃的碳素钢材质的管道;②输送冷冻介质的管道;③生产中需要经常拆卸检修的管道;④合金钢材质的管道;⑤架空敷设且不易焊接施工的管道。

4)应防止管道过大的横向位移和可能承受的冲击荷载,以保证管道只沿着轴向位移。一般在下列条件的管道上设置导向管托:①安全阀出口的高速放空管道和可能产生振动的两相流管道;②横向位移过大可能影响邻近管道,以及固定支架的距离过长而可能产生横向不稳定的管道;③为防止法兰和活接头泄漏而要求不发生过大横向位移的管道;④为防止振动而出现过大横向位移的管道。

5）热胀量超过 100mm 的架空敷设管道应选用加长管托,以免管托落到管架梁下。

6）支架生根焊在钢制设备上时,所用垫板应按设备外形成型。

7）下述工况应选可变弹簧:①当管道在支承点处有向上垂直位移,使支架失去其承载功能,该荷载的转移将造成邻近支架超过其承载能力或造成管道跨距超过其最大允许值的情况;②当管道在支承点处有向下的垂直位移,而选用一般刚性支架将阻挡管道位移的情况;③垂直位移产生的荷载变化率应不大于 25%。

8）当管道在支承点有垂直位移且要求支承力的变化范围在 8% 以内时,管系应采用衡力弹簧支架。

（3）管道支吊架位置:确定管道支吊架位置应遵循以下原则。

1）严格控制支吊架间距:支架间距尤其是水平管道的承重支架间距不得超过管道的允许跨距(即管架的最大间距),以控制其挠度不超限。

2）满足管系对柔性的要求:尽量利用管道的自支承作用,少设置或不设置支架。要利用管系的自然补偿能力合理分配支架点和选择支架类型。

3）控制管道纵向和横向位移:有管托的管道纵向位移不宜超过管托长度;并排敷设的管道横向位移不得影响相邻管道。

4）满足支吊架生根条件:必须具备生根条件的支吊架一般可生根在地面、设备或建(构)筑物上。

9. **管道的保温** 管道保温设计就是为了确定保温层的结构、材料和厚度,以减少装置运行时的热量或冷量损失。

（1）保温结构:按照不同的施工方法及使用不同的保温材料,保温结构可分为以下几种,即胶泥结构、预制品结构、填充结构、包扎结构、缠绕结构和浇灌结构等。

1）胶泥结构:胶泥结构就是利用涂抹式保温施工方法制作的保温结构,是最原始的保温结构。随着新型保温材料的不断出现,近年来这种结构的使用范围越来越小。常用的胶泥材料包括硅藻土石棉粉、碳酸镁石棉粉、碳酸钙石棉粉、重质石棉粉。

2）预制品结构:预制品保温结构是国内外使用最广泛的一种结构。预制品可根据管径大小在预制加工厂中预制成半圆形管壳、弧形瓦或梯形瓦等。

使用各种预制成型的保温制品,一般管径在 DN≤80mm 以下时,则采用半圆形管壳,若管径 DN≥100mm 时,则采用弧形瓦或梯形瓦。预制品保温结构所用的保温材料主要有泡沫混凝土、石棉、硅藻土、矿渣棉、玻璃棉、膨胀珍珠岩、膨胀蛭石、硅酸钙等。

3）填充结构:填充结构是用钢筋或扁钢做个支承环,套在管道上,在支承环外面包上镀锌铁丝网,在中间填充散状保温材料。

4）包扎结构:包扎结构是利用各种制品毡或布等保温材料,一层或几层包扎在管道上。用于这种保温结构的保温材料有矿渣棉毡、玻璃棉毡、超细玻璃棉毡、牛羊毛毡以及石棉布等。

5）缠绕结构:缠绕结构就是将保温材料制成绳状或带状,直接缠绕在管道上。作为缠绕结构的保温材料主要有稻草绳、石棉绳或石棉带等。

6）浇灌结构:浇灌式保温结构主要用于地下无沟敷设。地下无沟敷设是一种很经济的敷设方式。浇灌式保温结构主要是浇灌泡沫混凝土。泡沫混凝土既是保温材料,又是支承结构。因是整体结构,上面的土壤压力为泡沫混凝土所承受。管道和泡沫混凝土之间存在一定间隙,这间隙是在管道安装后,在外表面上涂抹一层重油或沥青,受热之后,重油或沥青挥发所造成的。这样可使管道在泡沫混凝土中自由膨胀与收缩。

（2）保温层厚度:保温层厚度的计算方法有经济厚度法、直埋管道保温热力法、多层绝热层法和允许降温法等几种。保温层厚度的计算方法可参见相关手册。

（三）管道布置技术

常见设备进出管道的布置,常见的管路如上下水管路、蒸汽管路等的布置,以及洁净厂房内管道的布置都要考虑到便于操作、维修,方便生产,洁净厂房内的管道布置还要符合 GMP 的要求。

1. 常见设备的管道布置　在制药生产中对常见的设备如容器、泵、塔、换热器的管道布置都有一定的明确要求。

（1）容器:釜式反应器等立式容器周围原则上可分成配管区和操作区,其中操作区主要用来布置需经常操作或观察的加料口、视镜、压力表和温度计等,配管区主要用来布置各种管道和阀门等;立式容器底部的排出管路若沿墙敷设,距墙的距离可适当减少,以节省占地面积。但设备的间距应适当增大,以满足操作人员进入和切换阀门所需的面积和空间;若排出管从立式容器前部引出,则容器与设备或墙的距离均可适当减小。一般情况下,阀门后的排出管路应立即敷设于地面或楼面以下;若立式容器底部距地面或楼面的距离能够满足安装和操作阀门的需要,则可将排出管从容器底部中心引出。从设备底部中心直接引出排出管既可减少敷设高度,又可节约占地面积,但设备的直径不宜过大,否则会影响阀门的操作;需设置操作平台的立式容器,其进入管道宜对称布置;对可站在地面或楼面上操作阀门的立式容器,其进入管道宜敷设在设备前部;若容器较高,且需站在地面或楼面上操作阀门,则其进入管路可采取 U 形布置,将操作阀门下降到合适位置;卧式容器的进出料口宜分别设置在两端,一般可将进料口设在顶部,出料口设在底部。

（2）泵:泵的进、出口管路均应设置支架,以避免进、出口管路及阀门的重量直接支承于泵体上;应尽量缩短吸入管路长度,并避免不必要的管件和阀门,以减少吸入管路阻力;吸入管路的内径不应小于泵吸入口的内径。若泵的吸入口为水平方向,则可在吸入管路上配置偏心异径管,管顶取平;若吸入口为垂直方向,则可配置同心异径管。为防止停泵时发生物料"倒冲"现象,在泵的出口管路上应设止回阀;止回阀应布置在泵与切断阀之间,停泵后应关闭切断阀,以免止回阀板因长期受压而损坏。在布置悬臂式离心泵的吸入管路时,应考虑拆修叶轮的方便。往复泵、齿轮泵、螺杆泵、旋涡泵等容积式泵的出口不能堵死,其排出管路上一般应设安全阀,以防泵体、管路和电机因超压而损坏。在布置蒸汽往复泵的进汽管路时,应在进汽阀前设置冷凝水排放管,以防发生"水击汽缸"现象;在布置排汽管路时,应尽可能减少流动阻力,并不设阀门;在可能积聚冷凝水的部位还应设置排放管,放空量较大的还应设置消声器。计量泵、蒸汽往复泵以及非金属泵的吸入口处均应设置过滤器,以免杂物进入泵体。

（3）塔:塔周围原则上可分成配管区和操作区,其中配管区专门布置各种管道、阀门和仪表,一般不设平台。而操作区一般设有平台,用于操作阀门、液位计和人孔等。塔的配管区和操作区的布置如图 17-12 所示。塔的配管比较复杂,各接管的管口方位取决于工艺要求、塔内结构以及相关设备的布置位置;塔顶气相出料管的管径较大,宜从塔顶引出,然后在配管区沿塔向下敷设;沿塔敷设的管道,其支架应布置在热应力较小的位置。直径较小且较高的塔,常置于钢架结构中,此时管道可沿钢架敷设;塔底管路上的阀门和法兰接口,不应布置在狭小的裙座内,以免操作人员在物料泄漏时因躲闪不及而造成事故;为避免塔侧面接管在阀门关闭后产生积液,阀门宜直接与塔体接管相连,如图 17-13 所示。人孔或手孔一般布置在塔的操作区,多个人孔或手孔宜在一条垂线上。人孔或手孔的数量和位置取决于安装及检修要求,人孔中心距平台的高度宜为 0.5～1.5m;压力表、液位计、温度计等仪表应布置在操作区平台的上方,以便观察。

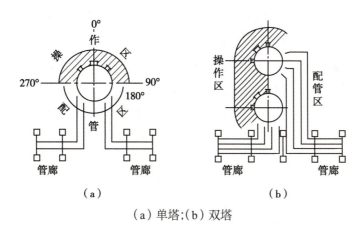

（a）单塔;（b）双塔

图 17-12　塔的配管区和操作区的布置

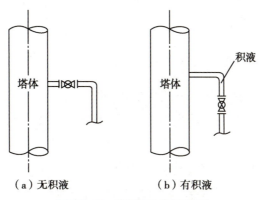

图 17-13　塔侧面阀门的布置

（4）换热器:换热器的种类很多,其管道布置原则和方法基本相似。现以常见的管壳式换热器为例,介绍换热器的管道布置。

　　管壳式换热器已实现标准化,其基本结构已经确定。但接管直径、管口方位和安装结构应根据管路计算和布置要求确定;换热器的管道布置应考虑冷热流体的流向。一般热流体应自上而下流动,冷流体应自下而上流动;换热器左侧的管道应尽可能拐向左侧,右侧的管道应尽可能拐向右侧;换热器的管道布置不应妨碍换热管（束）的抽取以及阀门、法兰等的安装、操作、检修或拆卸;阀门、压力表、温度计等都要安装在管道上,而不能安装在换热器上;进、出口管道的低点处应设排液阀,出口管道靠近换热器处应设排气阀;换热器的进、出口管路应设置必要的支吊架,以免进、出口管路及阀门的重量全部支承在换热器上。

2. 常见管路的布置 在生产中对常见的管路,如上下水管路、蒸汽管路、排放管、取样管、吹洗管等管路的布置都有一定的明确的要求,具体如下。

(1)上下水管路的布置:上下水管路不能布置在遇水燃烧、分解、爆炸等物料的存放处。不能断水的供水管路至少应设两个系统,从室外环形管网的不同侧引入。水管进入车间后,应先装一个止回阀,然后再装水表,以防停水或压力不足时设备内的水倒流至全厂的管网中。

冷却器和冷凝器的上下水管路及阀门的常见布置方式如图 17-14 所示。图 17-14(a)用于开放式回水系统,其排水漏斗应布置在操作阀门时可观察到的位置。图 17-14(b)和图 17-14(c)均用于密闭式回水系统,后者的上下水管间设有连通管,当冬天设备停止运行时,水能继续循环而不致冻结。反应器冷却盘管的接管及阀门的布置不能妨碍反应器盖子的开启,上下水管路与反应器外壁(含保温层)的间距应不小于 100mm。

操作通道附近可考虑设置几只吹扫接头(D_g 15～25),以便清洗设备及地面。排污地漏的直径可取 50～100mm。若污水具有腐蚀性(如酸性下水等),则应选用耐腐蚀地漏,地漏以后再接至规定的下水系统。

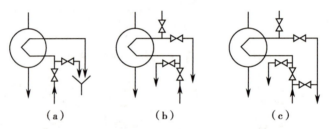

(a)　　　　　　　(b)　　　　　　　(c)

图 17-14　冷却器和冷凝器的上下水管路及阀门的布置

(2)蒸汽管路的布置:蒸汽管路一般从车间外部架空引进,经过减压或不经过减压计量后分送至各使用设备;蒸汽管路应采取相应的热补偿措施。当自然补偿不能满足要求时,应根据管路的热伸长量和具体位置选择适宜的热补偿器;从蒸汽总管引出支管时,应选择总管热伸长量较小的位置如固定点附近,且支管应从总管的上方或侧面引出;将高压蒸汽引入低压系统时,应安装减压阀,且低压系统中应设安全阀,以免低压系统因超压而产生危险;蒸汽喷射器等减压用蒸汽应从总管单独引出,以使蒸气压力稳定,进而使减压设备的真空度保持稳定;灭火、吹洗及伴热用蒸汽管路应从总管单独引出各自的分总管,以便在停车检修时这些管路仍能继续工作;蒸汽管路的适当位置应设置疏水装置。管路末端的疏水装置如图 17-15所示,管路中途的疏水装置如图 17-16 所示。蒸汽加热设备的冷凝水,应尽可能回收利用;但冷凝水均应经疏水器排出,以免带出蒸汽而损失能量;蒸汽冷凝水的支管应从主管的上侧或旁侧倾斜接入,如图 17-17 所示,不能将不同压力的冷凝水接入同一主管中。

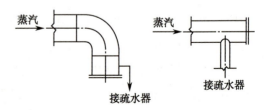

图 17-15　蒸汽管路末端的疏水装置的布置

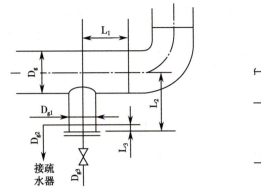

图 17-16 蒸汽管路中途的疏水装置的布置

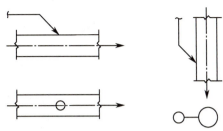

图 17-17 蒸汽冷凝水的支管与主管的连接

（3）排放管的布置：管道或设备的最高点处应设放气阀，最低点处应设排液阀。此外，在停车后可能产生积液的部位也应设排液阀。管道的排放阀门（排气阀或排液阀）应尽可能靠近主管，其布置方式如图 17-18 所示。管道排放管的直径可根据主管的直径确定。一般情况下，若主管的公称直径小于 150mm，则排放管的公称直径可取 20mm；若主管的公称直径为 150~200mm，则排放管的公称直径可取 25mm；若主管的公称直径超过 200mm，则排放管的公称直径可取 40mm。

设备的排放阀门最好与设备本体直接相连。若无可能，可装在与设备相连的管道上，但以靠近设备为宜。设备上排放阀门的布置方式如图 17-19 所示。设备排放管的公称直径一般采用 20mm，容积大于 50m² 时，可采用 40~50mm。

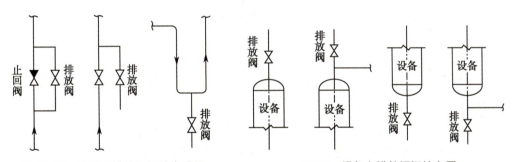

图 17-18 管道上排放阀门的布置图   17-19 设备上排放阀门的布置

除常温下的空气和惰性气体外，蒸汽以及易燃、易爆、有毒气体不能直接排入大气，而应根据排放量的大小确定向火炬系统排放，或高空排放，或采取其他措施。

易燃、易爆气体管道或设备上的排放管应设阻火器。室外设备排放管上的阻火器宜设置在距排放管接口（与设备相接的口）500mm 处；室内设备排放管应引至室外，阻火器可布置在屋面上或邻近屋面布置，距排放管出口距离以不超过 1m 为宜，以便安装和检修。

（4）取样管的布置：设备或管道上的取样点应设在操作方便且样品具有代表性的位置上；连续操作且容积较大的塔器或容器，其取样点应设在物料经常流动的位置上；若设备内的物料为非均相体系，则应在确定相间位置后方能设置取样点。在水平敷设的气体管路上设置取样点时，取样管应从管顶引出；在垂直敷设的气体管路上设置取样点时，取样管应与管路成 45° 倾斜向上引出。液体物料在垂直敷设的管道内自下而上流动时，取样点可设在管路的任意侧；反之，若液体自上而下流动，则除非液体能充满管路，否则不宜设取样点。若液体物料在水平敷设的管道内自流,则取样点应设在管道的下侧;若在压力下流动,则取样点可设在管道的任意侧。取样阀启闭频繁,容易损坏,因此常在取样管上装两只阀门,其中靠近设备的阀作为切断阀,正常工作时处于开启状态,维修或更换取样阀时将其关闭;另一只阀为取样阀,仅在取样时开启,平时处于关闭状态。不经常取样的点也可只装一只阀。取样阀则由取样要求决定,液体取样常选用 D_{g15} 或 D_{g6} 的针形阀或球阀,气体取样一般选用 D_{g6} 的针形阀。

(5)吹洗管的布置:实际生产中,常需采用某种特定的吹洗介质在开车前对管道和设备进行清洗排渣,在停车时将设备或管道中的余料排出。吹洗介质一般为低压蒸汽、压缩空气、水或其他惰性气体。$D_g \leqslant 25$ 的吹洗管,常采用半固定式吹洗方式。半固定式吹洗接头为一短管,在吹扫时可临时接上软管并通入吹洗介质,如图 17-20(a)所示。吹洗频繁或 $D_g > 25$ 的吹洗管,应采用固定式吹洗方式。固定式吹洗设有固定管路,吹洗时仅需开启阀门即可通入吹洗介质,如图 17-20(b)所示。

开车前需水洗的管道或设备可在泵的入口管上设置固定或半固定式接头,如图 17-21所示。

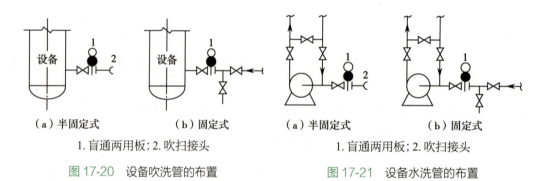

(a)半固定式　　(b)固定式　　　　(a)半固定式　　(b)固定式
1.盲通两用板;2.吹扫接头　　　　1.盲通两用板;2.吹扫接头
图 17-20　设备吹洗管的布置　　　　图 17-21　设备水洗管的布置

(6)双阀的设置:在需要严格切断设备或管道时可设置双阀,但应尽量少用,特别是采用合金钢阀或 $D_g > 150$ 的钢阀时,更应慎重考虑。

例如,某些间歇反应过程,若反应进行时再漏进某种介质,有可能引起燃烧、爆炸或严重的质量事故,则应在该介质的管路上设置双阀,并在两阀之间设一放空阀,如图 17-22 所示。工作时阀 2 开启,阀 1 均关闭。当一批操作完成,准备下一批投料时,关闭阀 2,打开阀 1。

图 17-22　双阀的设置

3.洁净厂房内的管道布置　洁净厂房内的管道布置除应遵守一般车间管道布置的有关规定外,还应遵守如下布置原则。

(1)洁净厂房的管道应布置整齐,引入非无菌室的支管可明敷,引入无菌室的支管不能明敷。应尽量缩短室内的管道长度,并减少阀门、管件及支架数量。

(2)洁净室内公用系统主管应敷设在技术夹层、技术夹道或技术竖井中,但主管上的阀门、法兰和螺纹接头以及吹扫口、放净口和取样口则应设置在技术夹层、技术夹道或技术竖井外。

(3)从洁净室的墙、楼板或硬吊顶穿过的管道,应敷设在预埋的金属套管中,套管内的管道不得有焊缝、螺纹或法兰。管道与套管之间的密封应可靠。

(4)穿过软吊顶的管道,不应穿过龙骨,以免影响吊顶的强度。

（5）排水主管不应穿过有洁净要求的房间，洁净区的排水总管顶部应设排气罩，设备排水口应设水封装置，以防室外空间井污气倒灌至洁净区。

（6）有洁净要求的房间应尽量少设地漏，B 级洁净室内不宜设地漏。有洁净要求的房间所设置的地漏，应采用带水封、格栅和塞子的全不锈钢内抛光的洁净室地漏。

（7）管道、阀门及管件的材质既要满足生产工艺要求，又要便于施工和检修。管道的连接方式常采用安装、检修和拆卸均较为方便的卡箍连接。

（8）法兰或螺纹连接所用密封垫片或垫圈的材料以聚四氟乙烯为宜，也可采用聚四氟乙烯包覆垫或食品橡胶密封圈。

（9）纯化水、注射用水及各种药液的输送常采用不锈钢管或无毒聚乙烯管。引入洁净室的各支管宜用不锈钢管。输送低压液体物料常用无毒聚乙烯管，这样既可观察内部料液的情况，又有利于拆装和灭菌。

（10）输送无菌介质的管道应有可靠的灭菌措施，不能出现无法灭菌的"盲区"。输送纯化水、注射用水的主管宜布置成环形，避免出现"盲管"等死角。

（11）洁净室内的管道应根据其表面温度及环境状态（温度、湿度）确定适宜的保温形式。热管道保温后的外壁温度不应超过 40℃，冷管道保冷后的外壁温度不能低于环境的露点温度。洁净室内管道的保温层应加金属保护外壳。

三、管道布置图

管道布置图包括管道的平面布置图、立面布置图以及必要的轴测图和管架图等，它们都是管道布置设计的成果。

管道的平面和立面布置图是根据带控制点的工艺流程图、设备布置图、管口方位图，以及土建、电气、仪表等方面的图纸和资料，按正投影原理绘制的管道布置图，它是管道施工的主要依据。

管道轴测图是按正等轴测投影原理绘制的管道布置图，能反映长、宽、高三个尺寸，是表示管道、阀门、管件、仪表等布置情况的立体图样，具有很强的立体感，比较容易看懂。管道轴测图不必按比例绘制，但各种管件、阀门之间的比例及在管线中的相对位置比例要协调。

管架图是表达管架的零部件图样，按机械图样要求绘制。

（一）管道布置图的基本构成

管道布置图一般包括设备轮廓、管线、尺寸标注、方位标、管口表、标题栏等内容。

1. **设备轮廓**　在管道布置图中，设备均以相应的主、侧、俯视、轴测时的轮廓线表示，并标注出设备的位号和名称。

2. **管线**　管道是管道布置图的主要表达内容，为突出管道，主要物料管道均采用粗实线表示，其他管道可采用中粗实线表示。直径较大或某些重要管道，可用双中粗实线表示。管道布置图中的阀门及管件一般不用投影表示，而用简单的图形和符号表示。

3. **尺寸标注**　管道布置图中主要标注管道、管件、管架、仪表及阀门的定位尺寸，此外，还应标注出厂房建筑的长、宽、高、柱间距等基本尺寸，以及操作平台的位置和标高，但一般不标注设备的定位尺寸。

4. **方位标**　表示管道安装的方位基准。

5. **管口表**　表示设备上各管口的有关数据。

6. **标题栏**　管道布置图通常包括多组平面、立面布置图以及必要的轴测图、管架图等，因此每张图纸均应在标题栏中注明是 ×× 车间、工段或工序在 ×× 层或平面上的管道平、立面布置图或轴测图。

（二）管道布置图的视图表示方法

管道布置图中需表达的内容一般由较多组视图来表达，各组视图的表示方法、位置以及图幅、比例等内容要在管道布置图绘制时综合考虑。

1. **图幅与比例**　管道布置图图幅一般采用 A0，比较简单的也可采用 A1 或 A2，图幅不宜加长或加宽。同区的图应采用同一种图幅；常用比例为 1∶30，也可采用 1∶25 或 1∶50，但同区的或各分层的平面图应采用同一比例。

2. **视图的配置**　管道布置图中需表达的内容较多，通常采用平面图、剖视图、向视图、局部放大图等一组视图来表达。平面图的配置一般应与设备布置图相同，对多层建（构）筑物按层次绘制。各层管道布置平面图是将楼板（或层顶）以下的建（构）筑物、设备、管道等全部画出。当某层的管道上、下重叠过多，布置较复杂时，可再分上、下两层分别绘制。

管道布置在平面图上不能清楚表达的部分，可采用立面剖视图或向视图补充表示。为了表达得既简单又清楚，常采用局部剖视图和局部视图。剖切平面位置线的标注和向视图的标注方法均与机械图标注方法相同。

3. **视图的表示方法**　建（构）筑物其表达要求和画法与设备布置图相同，以细实线绘制；设备用细实线按比例画出设备的简略外形和基础、支架等。对于泵、鼓风机等定型设备可以只画出设备基础和电机位置，但对设备上有接管的管口和备用管口，必须全部画出。

4. **管道布置图的主要内容**　在图中采用粗实线绘制。当公称直径 DN≥400mm 时，管道画成双线，如图中大口径管道不多时，则公称直径 DN≥250mm 的管道用双线表示。绘成双线时，用中实线绘制。

（1）单根管道：单根管道的表示方法如图 17-23 所示。

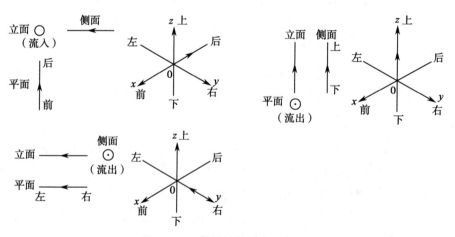

图 17-23　单根管道的表示方法

（2）多根管道：当两根管道平行布置，其投影发生重叠时，则将可见管道的投影断裂表示，不可见管道的投影画至重影处稍留间隙并断开，如图17-24（a）所示。当多根管道的投影重叠时，可采用图17-24（b）的表示方法，图中单线绘制的最上一条管道画以双重断裂符号，也可如图17-24（c）所示，在管道投影断开处分别注上 a、b 和 b、a 等小写字母，以便辨认。当管道转折后投影发生重叠时，则下面的管道画至重影处稍留间隙断开表示，如图17-24（d）。

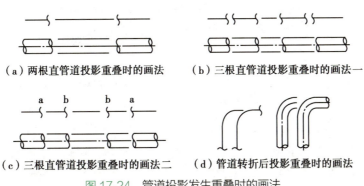

（a）两根直管道投影重叠时的画法　　　（b）三根直管道投影重叠时的画法一

（c）三根直管道投影重叠时的画法二　　　（d）管道转折后投影重叠时的画法

图 17-24　管道投影发生重叠时的画法

（3）交叉管道：管道交叉画法如图 17-25 所示。当管道交叉投影重合时，其画法可以把下面被遮盖部分的投影断开，如图 17-25（a）所示，也可以将上面管道的投影断裂表示，如图 17-25（b）所示。

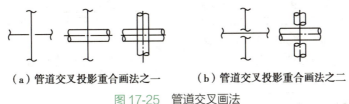

（a）管道交叉投影重合画法之一　　　（b）管道交叉投影重合画法之二

图 17-25　管道交叉画法

（4）弯管：管道转折的表示方法如图 17-26 所示。管道向下转折 90° 角的画法如图 17-26（a）所示，单线绘制的管道，在投影有重影处画一细线圆，在另一视图上画出转折的小圆角，如公称直径 DN≤50mm 的管道，则一律画成直角。管道向上转折 90° 的画法如图 17-26（b）、图 17-26（c）所示。双线绘制的管道，在重影处可画一"新月形"剖面符号，大于 90° 角转折的管道画法如图 17-26（d）所示。

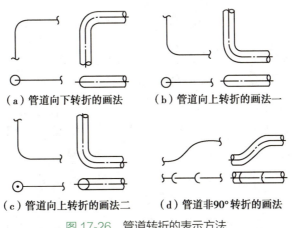

（a）管道向下转折的画法　　　（b）管道向上转折的画法一

（c）管道向上转折的画法二　　　（d）管道非90°转折的画法

图 17-26　管道转折的表示方法

（5）三通：在管道布置中，当管道有三通等引出分叉管时画法如图 17-27 所示。

（6）异径管：不同管径的管子连接时，一般采用同心或偏心异径管接头，画法如图 17-28 所示。

此外，管道内物料的流向必须在图中画上箭头予以表示。对用双线表示的管道，其箭头画在中心线上；单线表示的管道，箭头直接画在管道上。

（7）管件、阀门、仪表控制点：管道上的管件（如弯头、三通异径管、法兰、盲板等）和阀门通常在管道布置图中用简单的图形和符号以细实线画出，其规定符号如附表 6 所示。附表 6 以外的阀门与管件须另绘结构图。

管道上的仪表控制点用细实线按规定符号画出，一般画在能清晰表达其安装位置的视图上，其规定符号与工艺流程图中的画法相同。

（8）管道支架：管道支架是用来支承和固定管道的，其位置一般在管道布置图的平面图中用符号表示，如图 17-29 所示。对非标准管道支架应另行提供管道支架图；管道支架配置比较复杂时，也可单独绘制管道支架布置图。

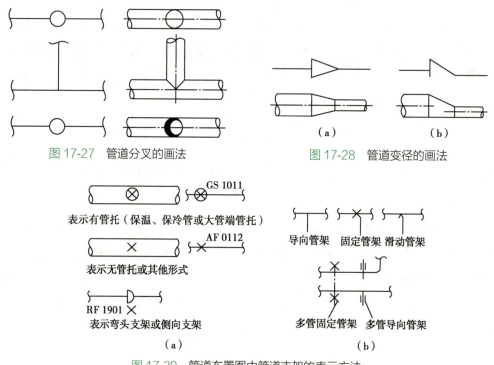

图 17-27　管道分叉的画法

图 17-28　管道变径的画法

图 17-29　管道布置图中管道支架的表示方法

5. 管道布置图的标注　在建（构）筑物施工图中应标注出建筑物定位轴线的编号和各定位轴线的间距尺寸，以及地面、楼面、平台面、梁顶面及吊车等的标高，标注方式均与设备布置图相同。在设备布置图上，要标注位号，其位号应与工艺管道仪表流程图和设备布置图上的一致；也可标注在设备中心线上方，而在设备中心线下方标注主轴中心线的标高或支承点的标高。在管道布置图上应标注管道的尺寸、位号、代号、编号等内容。

按国家工业和信息化部化工行业标准《化工工艺设计施工图内容和深度统一规定》（HG/T 20519—2009）规定，在图中还应标注出设备的定位尺寸，并用 5mm×5mm 的方块标注与设备图一致的管口符号，以及由设备中心至管口端面距离的管口定位尺寸（如若填写在管口表上，则图中可不标注）。管口表在管道布置图的右上角，表中填写该管道布置图中的设备管口。

（1）管道定位尺寸：在管道布置图中应标出所有管道的定位尺寸、标高及管段编号，在标注管道定位尺寸时通常以设备中心线、设备管口中心线、建筑定位轴线、墙面等为基准进行标注。与设备管口相连直接管段，因可用设备管口确定该段管道的位置，故不需要再标注定位尺寸。

（2）安装标高：管道安装标高以室内地面标高 0.000m 或 EL100.000m 为基准。管道按管底外表面标注安装高度，其标注形式为"BOPELXX.XX"，如按管中心线标注安装高度则为"ELXX.XX"。标高通常注在平面图管线的下方或右方，如图 17-30（a）所示。管线的上方或左方则标注与工艺管道仪表流程图一致的管段编号，写不下时可用指引线引至图纸空白处标注，也可将几条管线一起引出标注，此时管道与相应标注都要用数字分别进行编号，如图 17-30（b）所示。对于有坡度的管道，应标注坡度（代号）和坡向，如图 17-31 所示。

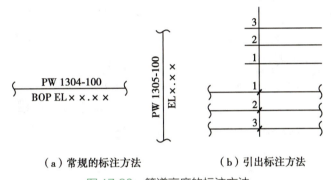

（a）常规的标注方法　　　（b）引出标注方法

图 17-30　管道高度的标注方法

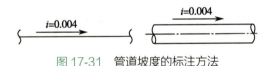

图 17-31　管道坡度的标注方法

（3）管段编号：管段编号为四部分，如图 17-32 所示，即管道号/管段号（由 3 个单元组成）、管径、管道等级和隔热或隔声，总称为管道组合号。管道号和管径为一组，用一短横线隔开；管道等级和隔热为另一级，用一短横线隔开，两组间留有适当的空隙。一般标注在管道的上方，也可分别标注在管道的上下方，如图 17-33 所示。

第 1 单元为物料代号，主要物料代号见表 17-8。

PG	13	10	300	A1A	H
第	第	第	第	第	第
1	2	3	4	5	6
单	单	单	单	单	单
元	元	元	元	元	元

图 17-32　管段编号

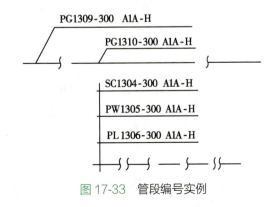

图 17-33　管段编号实例

表 17-8　物料代号表示方法

物料	代号	物料	代号	物料	代号
工艺空气	PA	原水、新鲜水	RW	循环冷却水回水	CWR
工艺气体	PG	软水	SW	循环冷却水上水	CWS
气-液两相流工艺物料	PGL	生产废水	WW	脱盐水	DNW
气-固两相流工艺物料	PGS	冷冻盐水回水	RWR	饮用水、生活用水	DW
工艺液体	PL	冷冻盐水上水	RWS	消防水	FW
液-固两相流工艺物料	PLS	排液、导淋	DR	燃料气	FG
工艺固体	PS	惰性气体	IG	气氨	AG
工艺水	PW	低压蒸汽	LS	液氨	AL
空气	AR	低压过热蒸汽	LUS	氟利昂气体	FRG
压缩空气	CA	中压蒸汽	MS	氟利昂液体	FRL
仪表空气	IA	中压过热蒸汽	MUS	蒸馏水	DI
高压蒸汽	HS	蒸汽冷凝水	SC	蒸馏水回水	DIR
高压过热蒸汽	HUS	伴热蒸汽	TS	真空排放气	VF
热水回水	HWR	锅炉给水	BW	真空	VAC
热水上水	HWS	化学污水	CSW	空气	VT

第 2 单元为主项编号,按工程规定的主项编号填写,采用两位数字从 01 开始至 99 为止。

第 3 单元为管道顺序号,管道顺序号的编制,以从前一主要设备来而进入本设备的管子为第 1 号管段,其次按流程图进入本设备的前后顺序编制。编制原则是先进后出,先物料管线后公用管线,本设备上的最后一根工艺出料管线应作为下一设备的第 1 号管线,以上组成管道号(管段号)。

第 4 单元为管道尺寸,管道尺寸一般标注公称直径,以"mm"为单位,只注数字,不注单位。黑管、镀锌钢管、焊接钢管用英寸表示时如 2'、1',前面不加 Φ;其他管材亦可用 Φ 外径 × 壁厚表示,如 Φ57×3.5。

第 5 单元为管道等级,管道等级号由下列 3 个单元组成,第一单元表示管道材质,第二单元表示管道压力等级,第三单元表示管道的主要密封面形式或连接尺寸。

压力等级代号和管道材质代号见表 17-9、表 17-10。

表 17-9　压力等级代号

压力等级(MPa)	代号	压力等级(MPa)	代号	压力等级(MPa)	代号
1.0	L	6.1	Q	22.0	U
1.6	M	10.0	R	25.0	V
2.5	N	16.0	S	32.0	W
4.0	P	20.0	T		

表 17-10　管材代号

管材	代号	管材	代号	管材	代号
普通不锈钢管	SS	聚乙烯管	PE	铸铁管	G
普通无缝钢管	AS	玻璃管	GP	ABS 塑料管	ABS
焊接钢管	CS	316L 不锈钢管	316L	聚丙烯管	PP
硬聚氯乙烯管	PVC	镀锌焊接钢管	SI	铝管	AP

第 6 单元为隔热或隔声代号。

对工艺流程简单、管道品种规格不多时,则管道组合号中的第 5、6 两单元可省略。

(4)管件、阀门、仪表控制点:图中管件、阀门、仪表控制点按规定符号画出后,一般不再标注。对某些有特殊要求的管件、阀门、法兰,应标注某些尺寸、型号或说明,如异径管的下方应标注其两端的公称直径,如图 17-34 中的 DN50/25;对非 90° 的弯头和非 90° 的支管连接应标出其角度,如图 17-34 所示的 135° 角;对补偿器有时也注出中心线位置尺寸及预拉量。

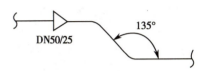

图 17-34　异径管及非 90° 的弯头的标注方法

(5)管架:所有管架在平面图中应标注管架编号。管架编号由图 17-35 所示的五部分组成。

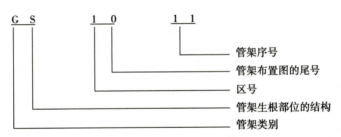

图 17-35　管架编号示意图

1)管架类别:字母分别表示如下内容。

A——固定架(ANCHOR)

G——导向架(GUIDE)

R——滑动架(RESTING)

H——吊架(RIGID HANGER)

S——弹吊(SPRING HANGER)

P——弹簧支座(SPRING PEDESTAL)

E——特殊架(ESPECIAL-SUPPORT)

T——轴向限位架(AXIAL LIMIT BRACKET)

2)管架生根部位的结构:字母分别表示如下内容。

C——混凝土结构(CONCRETE)

F——地面基础(FOUNDATION)

S——钢结构（STEEL）

V——设备（VESSEL）

W——墙（WALL）

3）区号：以1位数字表示。

4）管道布置图的尾号：以1位数字表示。

5）管架序号：以两位数字表示，从01开始（应按管架类别及生根部位结构分别编写）。

如图17-35中的GS1011表示区号为1，管道布置图尾号为0的有管托的导向架在钢结构上的管架。对于非标准管架，应另绘管架图予以表示。

第三节　仓库设计

为满足生产需要，药厂必须设立不同类型的仓库以储存原料、成品以及其他所需物资。仓库设计是一项非常重要的工作，因为仓储运作中产生的物流成本绝大部分在仓库设计阶段就已经决定了。仓库设计要考虑的因素较多，要设计出比较合理的仓库，必须将这些因素归类划分，并在此基础上优化决策。

一、仓库设计中的层次划分

仓库设计是一个决策过程，需要考虑很多问题，这些问题之间有的相关性很高，有的相关性较小，有的问题出错可能会影响整个仓储运作的效率，严重时可能会使仓库不能投入使用。所以，可以借鉴管理学上广泛运用的层次结构，对仓库设计中所遇到的问题进行分层考察后再进行决策。

（一）战略层设计

在战略层次上，仓库设计主要考虑的是对仓库具有长远影响的决策。战略层次上的决策决定着仓库设计的整体方向，并且这种决策目标应与公司整体竞争战略一致。比如企业期望将快速顾客反应和高水平的顾客服务作为其竞争优势，那么在仓库战略层的设计中，就要将提高顾客订单反应速度作为仓库设计的主要目标，调动公司的所有资源去实现这个目标。仓库设计时的战略层面主要有3个决策（图17-36）。这3个决策互相影响，互为条件，形成了一个紧密的环状结构。

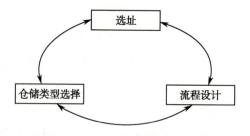

图 17-36　仓库设计战略层决策

1. 仓库选址决策

仓库地址的选择影响深远。首先，仓库地址决定仓库运作成本，比如仓库建立在郊区，其土地和建设成本可能会降低，但其顾客服务成本将大幅上升。其次，仓库地址会影响企业的发展，如果仓库地址没有可供扩充的土地，将会因不能满足企业扩张而使其失去使用价值。再次，仓库地址会决定仓库设施的选择，如果仓库选择建在铁路旁，那么在仓库设计中就要有接收火车货物的站台。

仓库选址决策不仅会影响仓库设计的各方面,而且会对企业整体发展战略产生影响。所以,仓库选址决策必须得到企业高层和仓库设计者的高度重视,其主要考虑因素包括服务可得性、服务成本和选址对作业成本的影响,同时还要考虑所选地址是否提供了可扩张空间和一些必要的公共设施。

2. 流程设计相关决策 流程设计对企业来说至关重要。一方面,仓库作业流程决定了仓库运作的各项成本和效率。对于新建立的仓库,优化的流程可以在达到既定仓库运作效率的基础上,减少仓库各项人力和设备投资。对于旧的仓库,优化其作业流程可以在不断增加投资的基础上,提高仓库的运作效率。不同企业其产品种类、仓库设计目标和订单特点等方面的差异,致使各仓库运作流程不尽一致。另一方面,仓库作业流程设计会严重影响到仓储方式和设备的选择。例如企业要增加仓库加工活动,首当其冲的就是增加加工设备的投资以及改变仓库作业区域的布置,诸如仓库各个活动衔接的顺序和规则、人员的配置和培训、仓储系统等都要作出相应的改变。因此,必须将仓库作业流程的设计放在战略层面,只有实现作业流程的合理高效,其他的设计工作才能顺利展开。

3. 仓储类型决策 仓储系统是指产品分拣、储存或接收中使用的设备和运作策略的组合。根据自动化程度的不同,仓储系统可以分为手工仓储系统(分拣员到产品系统)、自动化仓储系统(产品到分拣员系统)和自动仓储系统(使用分拣机器人)三类。在手工订单拣选中存在两个基本策略:单一订单拣选和批量订单拣选。批量订单拣选中,订单既可在分拣中进行分类,也可以集中一起再事后分类。旋转式仓储系统是一种定型的自动化仓储系统,人站在固定的位置,产品围绕着分拣人员转动。自动仓储系统是由分拣机器人代替人的劳动,实现仓储作业的全面自动化。

仓库类型的选择可以分解为两个决策问题:一是以技术能力考虑仓储类型;二是从经济角度考虑仓储类型。技术能力考虑的是储存单位、储存系统以及设备必须适应产品的特点、订单和仓储期望达到的目标,并且相互之间不能出现冲突。比如,一定大小的仓库要达到既定的容量和吞吐量,在仓储系统的选择上就有一定限制,储存产品的类型和尺寸也会对储存系统有一定的要求。通过对技术能力的考察可以选择出一组适合的仓储系统,然后通过对其经济性的考虑选择最合适的仓储类型。经济角度衡量仓储类型时,需要注意在仓库投资成本和仓库运作成本之间达到均衡。

(二)战术层设计

战术层面上的决策一般考虑的是仓库布局、仓库资源规模和一系列组织问题,具体见图 17-37。

1. 仓库布局 仓库布局主要由仓储物品的类型、搬运系统、存储量、库存周转期、可用

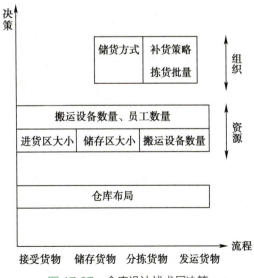

图 17-37 仓库设计战术层决策

空间和仓库周边设施等因素决定。其中，搬运系统对仓库布局有很大的影响，因为搬运系统决定了仓库作业的流程通道。仓库布局应最有效地利用仓库的容量，实现接收、储存、挑选、装运的高效率，同时应考虑到改进的可能性。

2. 仓库资源规模 仓库规模大小主要由存储物品数量、存储空间和货架的规格决定；仓库各作业区域大小主要由仓库作业流程、储存货物种类和仓库种类决定；物料搬运设备和工人的数量由仓库的自动化程度和处理进出货物的数量决定。仓库资源规模必须在仓库整体投资的限制下进行考虑。

3. 组织问题 组织问题是考虑仓库在接收、存储、分拣和发运各个过程中的规则。补货策略是考虑在什么情况下由货物存储区向分拣存货区进行补货，较佳的补货策略可以更好地发挥分拣存货区的作用。批量拣取是把多张订单集合成一批，依商品类别将数量加总后再进行拣取，然后根据客户订单作分类处理。拣货批量是在采取批量拣取的方式下每次拣货数量的大小，它的决定是在衡量分拣经济性和订单满足时效性的基础上进行的。储存方式是对货物入库分配货位规则的规定，一般有五种，包括随机存储原则、分类存储原则、COI（cube-per-order index）原则、分级储存原则和混合存储原则。存储原则的选择会影响商品出库、入库的效率和仓库的利用率。需要指出的是，COI原则是商品接收发出的数量总和与其储存空间的比值，比值大的商品应靠近出、入库的地方。

（三）运作层设计

运作层面上的设计，主要考虑人和设备的配置与控制问题，主要决策见图17-38。接货阶段的运作层设计期望在一定设备和人员投资下，物品接收达到更高的效率。通过对仓库的试运行或对仓库接收系统的模拟，可以确定最佳的送货车辆卸货站台分配原则以及搬运设备和人员的分配原则。发运阶段考虑的内容与接货阶段相似，但又增加对货物组合发运的考虑。通过合理的组合，可以最大限度地利用每一辆车的运载能力。储存阶段的运作层设计是确定仓库补货人员的分配，即由专门人员完成补货任务还是由拣货人员完成补货任务，同时储存阶段还要有具体实现仓库储存的原则，即按战

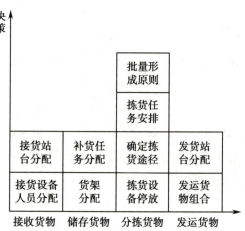

图17-38 仓库设计运作层决策

术层选择的储存方式完成货架和商品的对应关系。

订单选择阶段运作层的设计内容比较多。首先要确定订单集合的原则或订单拣选的顺序，前一层次确定的只是最佳的拣货批量，怎样将订单进行集合以形成最佳批量是运作层需要考虑的问题。订单集合或订单拣选顺序决策主要是考虑对不同顾客订单应有不同的重视程度。

其次是拣货方式和拣货途径的确定，是采取一个人负责一个拣货批量还是将一个拣货批量分解由不同的人员进行拣选。在拣货方式确定的情况下才可以决定最佳的拣货行走路径。有研究表明，分解订单的方式可以减少分拣所需移动的平均距离和时间。最后是对整个分拣

系统的优化。实际的仓库运作中,可以从很多方面提高分拣效率,例如对空闲设备停靠点的优化就可以在不增加投资的基础上提高整个拣取速度。

(四)各个层次间的关系

前面介绍了仓库设计所需考虑的各项决策内容。通过把仓库设计的各项决策用三层结构进行划分,可以看出每个层次自身的特点和各个层次之间的关系(图17-39)。

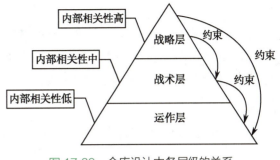

图17-39 仓库设计中各层级的关系

各个层次之间是一种约束关系:战术层决策是在战略层所作决策的限制下进行;运作层决策是在战略层和战术层所作决策的限制下进行。从各层的关系上可以看出,仓库设计中应该将主要精力放在仓库设计的战略层决策。没有好的战略层设计,就没有在低成本下高效运作的仓库。

战略层上各个决策相关性特别大,一种决策会严重影响到其他决策,因此在进行战略层决策时不能将各方面割裂开来进行优化。战术层决策相关性变弱,但仍然存在,所以战术层决策时应按照决策的相关性进行分组,每个决策组的优化要特别注意组内相关性。运作层决策的相关性降到最低,基本上可以忽略,每种决策都可以使用最优化的方法进行单独优化。

二、仓库设计的一般原则

仓储运作中产生的物流成本绝大部分在仓库设计阶段就已经决定,这说明仓库设计是一项非常重要的工作。因此,仓库设计时应尽可能地考虑各方面的因素,以使设计的仓库在节省资本的同时,尽可能充分发挥其在实际工作中的作用。对于仓库的设计,应遵循以下一些原则。

1. 合理安排,符合产品结构需要,仓库区的面积应与生产规模相匹配。仓库面积的基本需求必须保证两个基本条件:一是物流的顺畅,二是各功能区的基本需求。在布局上,为减少仓库和车间之间的运输距离,方便与生产部门的联系,一般仓库设置将沿物流主通道,紧邻生产车间来布置相应的功能区。同时要考虑管理调度。在流量上,要尽量做到一致,以免"瓶颈"现象发生。具体的布置可以根据企业具体情况决定。标签库等小库房及原料库等大库房布置在管理室的周围。若为多层楼房,常将小库置于楼上。

2. 中药材的库房与其他库房应严格分开,并分别设置原料库与净料库、毒性药材库与贵细药材库应分别设置专库或专柜。

3. 仓库要保持清洁和干燥。照明、通风等设施以及温度、湿度的控制应符合储存要求。

4. 仓库内应设取样室,取样环境的空气洁净度等级应与生产车间要求一致。根据GMP要求,仓库内一般需设立取样间,在室内局部设置一个与生产等级相适应的净化区域或设置一台可移动式带层流的设备。

5. 仓库应包括标签库、使用说明书库（或专柜保管）。

6. 对于库区内产品的摆放，应使总搬运量最小。总体需求和布局上一定要结合企业的长远规划，避免因考虑不周造成重复投资、事后修补以及多点操作（multipoint operation）造成浪费。

7. 注意交通运输、地理环境条件以及管线等因素。

8. 整个平面布局还应符合现行版《建筑设计防火规范》的要求，尤其是高架库在设计中应留出消防通道、安全门，设置预警系统、消防设施如自动喷淋装置等。

三、仓库设计的自动化设计

自动化立体仓库（automated storage and retrieval system，AS/RS），诞生不到半个世纪，但已发展到相当高的水平，特别是现代化的物流管理思想与电子信息技术的结合，促使立体仓库逐渐成为企业成功的标志之一。许多企业纷纷兴建大规模的立体仓库，有的企业还建造了多座立体仓库。随着药品生产 GMP 要求的深入，制药厂传统、老式的仓库逐步被正规化、现代化仓库所取代。

自动化立体仓库是当代货架储存系统发展的最高阶段。所谓自动化高层货架仓库是指用高层货架储存货物，以巷道堆垛起重机配合周围其他装卸搬运系统进行存取、出入库作业，并由计算机全面管理和控制的一种自动化仓库。广义而言，自动化仓库是在不直接进行人工处理的情况下，能自动地存储和取出物料的系统，是物流系统的重要组成部分。

自动化高层货架仓库主要由货架、巷道堆垛起重机、周围出入库配套机械设施和管理控制系统等部分组成。历史和实践已经充分证明，使用自动化立体仓库能够产生巨大的社会效益和经济效益。效益主要来自以下几方面：①采用高层货架存储，提高了空间利用率及货物管理质量。由于使用高层货架存储货物，存储区可以大幅度地向高空发展，充分利用仓库地面和空间，因此可大幅度提高单位面积的利用率。采用高层货架存储，并结合计算机管理，可以容易地实现先入先出，防止货物的自然老化、变质或发霉。同时，立体仓库也便于防止货物的丢失及损坏。②自动存取，提高了劳动生产率，降低了劳动强度。使用机械和自动化设备，运行和处理速度快，提高了劳动生产率，降低操作人员的劳动强度。同时，能方便地进入企业的物流系统，使企业物流更趋合理化。③科学储备，提高物料调节水平，加快储备资金周转。由于自动化仓库采用计算机控制，对各种信息进行存储和管理，能减少处理过程中的差错，而利用人工管理不能做到这一点。同时，借助计算机管理还能有效地利用仓库储存能力，便于清点和盘库，合理减少库存量，从而减少库存费用，降低占用资金，从整体上保障了资金流、物流、信息流与业务流的一致、畅通。

（一）立体仓库设计时需要考虑的因素

立体仓库设计时需要考虑的因素很多，也很重要，如果选择不当，往往会走入误区。一般包含以下几方面。

1. **企业近期的发展**　立体仓库设计一般要考虑企业3～5年的发展情况,但也不必考虑太久远的发展。如果投资巨大的立体仓库不能使用一段时间,甚至刚建成就满足不了需求,那么这座立体仓库是不成功的。同时,盲目上马是许多物流项目的最大失误。有的公司并不具备建造立体仓库的必要,但为了提高自身形象或其他原因,连立体仓库的功能定位都没有考虑清楚,就仓促决定建造一座立体仓库,而且还要自动化程度较高的,设备要全进口的,结果导致投入与产出相距甚远,使公司大伤筋骨,一蹶不振。

2. **选址**　立体仓库设计要考虑城市规划、企业布局以及物流整体运作。立体仓库地址最好靠近港口、货运站等交通枢纽,或者靠近生产线或原料产地,或者靠近主要消费市场,这样会大大降低物流费用。同时,要考虑环境保护、城市规划等。立体仓库选址不合理也是很容易犯的错误。假如在商业区建造一座立体仓库,一方面会大煞风景,与繁华的商业区不协调,而且要花高价来购买地皮;另一方面就是受交通的限制,只能每天半夜来进行货物的出入,这样的选址肯定是失败的。

3. **库房面积与其他面积的分配**　平面面积太小,立体仓库的高度就需要尽可能地高。立体仓库设计时往往会受到面积的限制,造成本身的物流路线迂回。许多企业建造立体仓库时,往往只重视办公、实验、生产的面积,没有充分考虑库房面积,但总面积是一定的,"蛋糕"切到最后,只剩下"一丁点"给立体仓库。为了满足库容量的需求,最后只好通过向空间发展来达到要求。而货架越高,设备采购成本与运行成本就越高。此外,立体仓库内最优的物流路线是直线型,但因受面积的限制,结果往往是S形的,甚至是网状的,迂回和交叉太多,增加了许多不必要的投入与麻烦。

4. **机械设备的吞吐能力**　立体仓库内的机械设备就像人的心脏,机械设备吞吐能力不满足需要,就像人患了先天性心脏病。在兴建立体仓库时,通常的情况是吞吐能力过小或各环节的设备能力不匹配。理论的吞吐能力与实际存在差距,所以设计时无法全面考虑到。一般立体仓库的机械设备有巷道堆垛起重机、连续输送机、高层货架。自动化程度高一点的还有自动导引车(automated guided vehicles,AGV)、无人搬运车、激光导航车等。这几种设备要匹配,而且要满足出入库的需要。一座立体仓库到底需要多少台堆垛机、输送机和AGV等,可以通过物流仿真系统来实现。

5. **人员与设备的匹配**　人员素质跟不上,仓库的吞吐能力同样会降低。一些由传统仓储或运输企业向现代物流企业过渡的公司,立体仓库建成后往往人力资源跟不上。立体仓库的运作需要一定的人工劳动力和专业人才。一方面,人员的数量要合适。自动化程度再高的立体仓库也需要一部分人工劳动,人员不足会导致立体仓库效率的降低,但人员太多又会造成浪费。因此,立体仓库的人员数量一定要适宜。另一方面,人员的素质要跟上,专业人才的招聘与培训是必不可少的。大多数企业新建了立体仓库之后,把原来普通仓库或运输的原班人马不经技术培训就搬到立体仓库,其结果可想而知。

6. **库容量(包括缓存区)**　库容量是立体仓库最重要的一个参数,由于库存周期受许多预料之外因素的影响,库存量的波峰值有时会大大超出立体仓库的实际容量。此外,有的立体仓库单纯地考虑了货架区的容量,但忽视了缓存区的面积,结果造成缓存区严重不足,货架区的货物出不来,库房外的货物进不去。

7. 系统数据的传输　立体仓库的设计要考虑立体仓库内部以及与上下级管理系统之间的信息传递。由于数据的传输路径或数据的冗余等原因，会造成系统数据传输速度慢，有的甚至会出现数据无法传输的现象。所以大多数企业都根据实际情况采用对应的立体仓库管理系统，以克服传输速度慢的不足。

8. 整体运作能力　立体仓库的上游、下游以及其内部各子系统的协调，有一个木桶效应，最短的那一块木板决定了木桶的容量。虽然有的立体仓库采用了许多高科技产品，各种设施设备也十分齐全，但各种系统间协调性、兼容性不好，整体的运作会比预期差很远。

（二）立体仓库设计的设计技巧

立体仓库的需求越来越普及，其设计也逐步走上正轨，同时也要求不断提高设计水平和总结设计技巧，以设计出更合理的立体仓库。

1. 多采用背靠背的托盘货架存放方式。高架库内的设计是仓库设计的重点，受药品性质及采购特点的限制，各种物料的储存量和储存周期有大有小，有长有短，故一般很少采用集中堆垛的方式，多采用背靠背的托盘货架存放方式。

2. 大型立体仓库采用有轨仓库，小型高架仓库采用无轨仓库。对于一个已知大小的库房，有多种布置方式，如何最大限度地利用空间，如何合理运用投资，则有一定技巧。大型立体仓库一般采用有轨巷道式的布置方式，自动化集中管理。其主要设备为有轨叉车，即巷道堆垛机。巷道可以很窄，为 1.5m 左右，堆垛高度也可以很高，可达 20m 左右，故库内利用率比较高，适用于大型立体库，但其设备投资高，除了自动化运输设备外，还需一套专门的库内装卸货物的水平运输设备。小型高架仓库一般采用无轨方式布置，其主要设备就是高架叉车，它既起高处堆垛作用，又起水平运输作用。所以这种方式的设备投资较低，而且由于没有轨道，操作比较灵活。但受叉车本身转弯半径的限制，其通道不能太窄，国产叉车一般在 3.2m 以上，堆垛高度也不能太高，一般以不超过 10m 为宜，故仓库的空间利用率不及有轨方式。总之，两种方式各有优点，不能简单地说哪种更好。但若在投资允许，空间又高的条件下，采用有轨立体库比无轨高架库更为经济，但目前大部分制药行业的库房都不太大，空间高度也在 10m 左右，所以采用无轨方式的更为多见。

3. 合理的货架布置和仓库利用。在一些仓库里常有许多立柱，占用了一定空间，摆放货架时，最简单的方法就是把两排货架背靠背地置于立柱的两侧，这种方法安装比较方便，但碰到比较大的立柱就不是很经济。若采用立柱占一格货位的方式，紧凑布置，效果要好得多，不仅空间利用率增大，而且库房越大，效果越好。图 17-40 为货架置于立柱两侧的布置方式，图 17-41 为立柱占一格货位的紧凑方式，可以看出，同样大小的库房，后者比前者多两排货架，而且这种方式整齐美观。若取消第 27、28 两排，还可以作为理货区。

4. 综合考虑，确定实际使用的适宜高度。采用高架叉车装卸货物是由人来操作的，从用户实际使用的反馈意见来看，不能太高，因为太高，驾驶员操作非常吃力，他需仰首操作并寻找货位，若时间一长，许多人受不了。所以，选用叉车时不能单纯地只考虑叉车能达到的高度，还要考虑工人的劳动强度，以使其操作较轻松自如。一般认为，5m 左右最为轻松，大于 10m 就不宜则选用。

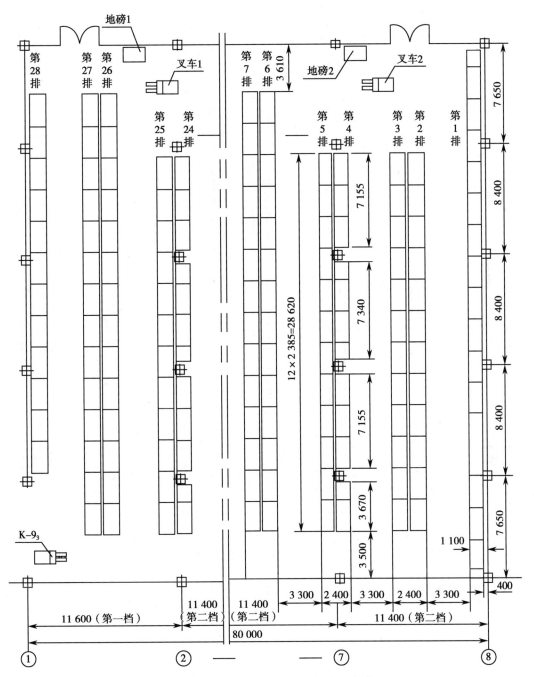

图 17-40　货架置于立柱两侧的布置方式

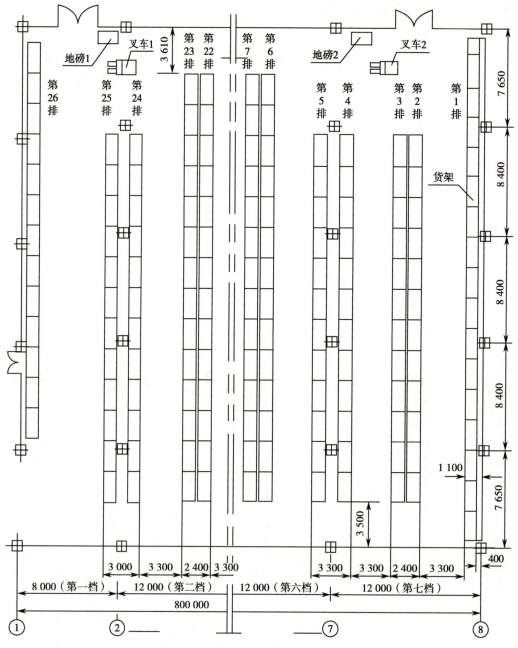

图 17-41 立柱占一格货位的布置方式

第四节 其他设计

一、仪表车间设计

在制药生产过程中,仪表是操作者的耳目,现代科技的进步使仪表由单一的检测功能进化为检测、自动控制一体化。

(一)自动控制简介

控制是指为实现目的而施加的作用,一切控制都是有目的的行为。在工业生产过程中,如果采用自动化装置来显示、记录和控制过程中的主要工艺变量,使整个生产过程能自动地维持在正常状态,就称为实现了生产过程的自动控制,简称过程控制。过程控制的工艺变量一般是指压力、物位、流量、温度和物质成分。实现过程控制的自动化装置称为过程控制仪表。

1. 过程控制系统的组成　自动控制系统在人们的日常生活中随处可见,如各种温度调节、湿度调节、自动洗衣机、自动售货机、自动电梯等。

比如,自动液位控制装置一般至少包括以下三部分:

(1)液位测量元件与变送器:它的功能是测量液位并将液位的高低转化为一种特定的、统一的输出信号(如气压信号或电压、电流信号等)。

(2)液位控制器:它接受变送器送来的信号,与工艺需要保持的液位高度相比较得出偏差,并按某种运算规律算出结果,然后将此结果用特定信号(气压或电流)发送出去。

(3)液位执行器:通常指液位控制阀,它与普通阀门的功能一样,只不过它能自动根据控制器送来的信号值改变阀门的开启度。

显然,液位测量元件与变送器、液位控制器、液位执行器分别具有人工控制中操作人员的眼、脑、手的部分功能。

在自动控制系统的组成中,除了自动化装置的 3 个组成部分外,还必须具有控制装置所控制的生产设备。在自动控制系统中,将需要控制其工艺参数的生产设备或机器叫作被控对象,简称对象。制药生产中的各种反应釜、换热器、泵、容器等都是常见的被控对象,甚至一段输气管道也可以是一个被控对象。在复杂的生产设备中,一个设备上可能有好几个控制系统,这是在确定被控对象时,就不一定是生产设备的整个装置,只有与某一控制相关的相应部分才是某一个控制系统的被控对象。

2. 过程控制系统的主要内容　过程控制系统一般包括生产过程的自动检测系统、自动控制系统、自动报警与联锁保护系统、自动操纵系统等。

(1)自动检测系统:利用各种检测仪表对工艺变量进行自动检测、指示或记录的系统,称为自动检测系统。它包括被测对象、检测变送、信号转换处理以及显示等环节。

(2)自动控制系统:用过程控制仪表对生产过程中的某些重要变量进行自动控制,能将因受到外界干扰影响而偏离正常状态的工艺变量,自动地调回到规定数值范围内的系统称为自动控制系统。它至少要包括被控对象、测量变送器、控制器、执行器等基本环节。

(3)自动报警与联锁保护系统:在工业生产过程中,有时由于一些偶然因素的影响,导致工艺变量越出允许的变化范围时,就有引发事故的可能。所以,对一些关键的工艺变量,要设有自动信号报警与联锁保护系统。当变量接近临界数值时,系统会发出声、光报警,提醒操作人员注意。如果变量进一步接近临界值、工况接近危险状态时,联锁系统立即采取紧急措施,自动打开安全阀或切断某些通路,必要时紧急停车,以防止事故的发生和扩大。

(4)自动操纵系统:按预先规定的步骤自动地对生产设备进行某种周期性操作的系统。

3. 自动控制系统分类　自动控制系统从不同角度有不同的分类方法。

(1)按被控变量划分:可划分为温度、压力、液位、流量和成分等控制系统。这是一种常见的分类。

(2)按被控制系统中控制仪表及装置所用的动力和传递信号的介质划分:可划分为气动、

电动、液动、机械式等控制系统。

（3）按被控制对象划分：可划分为流体输送设备、传热设备、精馏塔和化学反应器控制系统等。

（4）按控制调节器的控制规律划分：可划分为比例控制、积分控制、微分控制、比例积分控制、比例微分控制等。

（5）按系统功能与结构划分：可划分为单回路简单控制系统；串级、比值、选择性、分程、前馈和均匀等常规复杂控制系统；解耦、预测、推断和自适应等先进控制系统和程序控制系统等。

（6）按控制方式划分：可划分为开环控制系统和闭环控制系统。①开环控制是指没有反馈的简单控制。如通常照明中的调光控制，电风扇的多级速度调节等。②闭环控制是指具有负反馈的控制。因为负反馈可以使控制系统稳定，多数控制系统都是闭环负反馈控制系统。

（7）按给定值的变化情况划分：可划分为定值控制系统、随动控制系统和程序控制系统。

（二）仪表分类

过程控制仪表是实现过程控制的工具，其种类繁多，功能不同，结构各异。从不同的角度有不同的分类方法。通常是按下述方法进行分类的。

1. 按功能不同可分为检测仪表、显示仪表、控制仪表和执行器。①检测仪表：包括各种变量的检测元件、传感器等；②显示仪表：有刻度、曲线和数字等显示形式；③控制仪表：包括气动、电动等控制仪表及计算机控制装置；④执行器：有气动、电动、液动等类型。

2. 按使用的能源不同可分为气动仪表和电动仪表。

（1）气动仪表：以压缩空气为能源，性能稳定，可靠性高，防爆性能好且结构简单。但气信号传输速度慢，传送距离短且仪表精度低，不能满足现代化生产的要求，所以很少使用。但由于其天然的防爆性能，使气动控制阀得到了广泛的应用。

（2）电动仪表：以电为能源，信息传递快，传送距离远，是实现远距离集中显示和控制的理想仪表。

3. 按结构形式分可分为基地式仪表、单元组合仪表、组件组装式仪表等。

（1）基地式仪表：这类仪表集检测、显示、记录和控制等功能于一体。功能集中，价格低廉，比较适合于单变量的就地控制系统。

（2）单元组合仪表：是根据自动检测系统和控制系统中各组成环节的不同功能和使用要求，将整套仪表划分成能独立实现一定功能的若干单元（有变送、调节、显示、执行、给定、计算、辅助、转换等八大单元），各单元之间采用统一信号进行联系。使用时可根据需要，对各单元进行选择和组合，从而构成多种多样的、复杂程度各异的自动检测系统和自动控制系统。所以单元组合仪表被形象地称作积木式仪表。

（3）组件组装式仪表：是一种功能分离、结构组件化的成套仪表（或装置）。

4. 按信号形式分可分为模拟仪表和数字仪表。

（1）模拟仪表：模拟仪表的外部传输信号和内部处理信号均为连续变化的模拟量。

（2）数字仪表：数字仪表的外部传输信号有模拟信号和数字信号两种，但内部处理信号都是数字量（0，1），如可编程调节器等。

（三）仪表的选型

生产过程自动化的实现，不仅要有正确的测量和控制方案，而且还需要正确、合理地选择和使用自动化仪表及自动控制装置。现代工业规模化生产控制应该首选计算机控制系统，借助计算机的资源可以实时显示测量参数的瞬时值、累积值、实时曲线、历史参数、历史曲线及打印等；实现联锁报警保护；不仅能实现比例 - 积分 - 微分控制器（proportion integration differentiation，PID）控制，还能实现优化和复杂控制及管理功能等。通常的选型原则有如下几种。

1. 根据工艺对变量的要求进行选择 对工艺影响不大，但需要经常监视的变量宜选显示仪表；对要求计量或经济核算的变量宜选具有计算功能的仪表；对需要经常了解其变化趋势的变量宜选记录仪表；对变化范围大且必须操作的变量宜选手动遥控仪表；对工艺过程影响较大，需随时进行监控的变量宜选控制型仪表；对可能影响生产或安全的变量宜选报警型仪表。

2. 仪表的精确度 应按工艺过程的要求和变量的重要程度合理选择，一般指示仪表的精确度不应低于 1.5 级，记录仪表的精确度不应低于 1.0 级，就地安装的仪表精确度可略低些。构成控制回路的各种仪表的精确度要相配。仪表的量程应按正常生产条件选取，有时还要考虑到开停车、发生生产事故时变量变动的范围。

3. 仪表系列的选择 通常分为单元仪表的选择、可编程控制器和微型计算机控制。单元仪表的选择包括：①电动单元组合仪表的选用原则。变送器至显示控制单元间的距离超过 150m 以上时；大型企业要求高度集中管理控制时；要求响应速度快、信息处理及运算复杂的场合；设置由计算机进行控制及管理的对象，可采用电动仪表。②气动单元组合仪表的选用原则。变送器、控制器、显示器及执行器之间，信号传递距离在 150m 以内时；工艺物料易燃、易爆及相对湿度很大的场合；一般中小型企业要求投资少，维修技术工人水平不高时；大型企业中，有些现场就地控制回路，可采用气动仪表。

可编程控制器以微处理器为核心，具有多功能、自诊断功能的特色。它能实现相当于模拟仪表的各种运算器的功能及 PID 功能，同时配备与计算机通信联系的标准接口。它还能适应复杂控制系统，尤其是同一系统要求功能较多的场合。

微型计算机控制是指在计算机上配有 D/A（digital to analog）、A/D（analog to digital）转换器及操作台就构成了计算机控制系统。它可以实现实时数据采集、实时决策和实时控制，具有计算精度高、存储信息容量大、逻辑判断能力强及通用、灵活等特点，广泛应用于各种过程控制领域。

4. 根据自动化水平选用 仪表自动化水平和投资规模决定着仪表的选型，而自动化水平是根据工程规模、生产过程特点、操作要求等因素来确定的。根据自动化水平，可分为就地检测与控制、机组集中控制、中央控制室集中控制等类型。针对不同类型的控制方式，应选用不同系列的仪表。

对于就地显示仪表一般选用模拟仪表，如双金属片温度计、弹簧管压力计等。对于集中显示和控制仪表宜选单元组合仪表，二次仪表首先考虑以计算机取代，当不采用计算机时，再考虑数字式仪表（如数显表、无笔无纸显示记录仪表和数字控制器等）。尽量不选或者少选二次模拟仪表。

5. 仪表选型中应注意的事项

（1）根据被测对象的特点及周围环境对仪表的影响,决定仪表是否需要考虑防冻、防凝、防震、防火、防爆和防腐蚀等因素。

（2）对有腐蚀的工艺介质,应尽量选用专用的防腐蚀仪表,避免用隔离液。

（3）在同一个工程中,应力求仪表品种和规格统一。

（4）在选用各种仪表时,还应考虑经济合理性,本单位仪表维修工人的技术水平、使用和维修仪表的经验以及仪表供货情况等因素。

（四）过程控制系统工程设计

过程控制系统工程设计是指把实现生产过程自动化的方案用设计文件表达出来的全部工作过程。设计文件包括图纸和文字资料,它除了提供给上级主管部门对工程建设项目进行审批外,也是施工、建设单位进行施工安装和生产的依据。

过程控制系统工程设计的基本任务是依据工艺生产的要求,对生产过程中各种参数(如温度、压力、流量、物位、成分等)的检测、自动控制、遥控、顺序控制和安全保护等进行设计。同时,也对全厂或车间的水、电、气、蒸汽、原料及成品的计量进行设计。

根据我国现行基本建设程序规定,一般工程项目设计可分两个阶段进行,即初步设计和施工图设计。

1. 控制方案的制订　控制方案的制订是过程控制系统工程设计中的首要和关键问题,控制方案是否正确、合理,将直接关系到设计水平和成败,因此在工程设计中必须十分重视控制方案的制订。

控制方案制订的主要内容包括以下几方面。

（1）正确选择所需的测量点及其安装位置。

（2）合理设计各控制系统,选择必要的被控变量和恰当的操纵变量。

（3）建立生产安全保护系统,包括设计声、光信号报警与联锁及其他保护性系统。

为了使控制方案制订得合理,应做到:重视生产过程内在机制的分析研究;熟悉工艺流程、操作条件、工艺数据、设备性能和产品质量指标;研究工艺对象的静态特性和动态特性。控制系统的设计涉及整个流程、众多的被控变量和操纵变量,因此制订控制方案必须综合各个工序、设备、环节之间的联系和相互影响,合理确定各个控制系统。

自动化系统工程设计是整个工程设计的一个组成部分,因此设计人员应重视与设备、电气、建筑结构、采暖通风、水道等专业技术人员的配合,尤其应与工艺人员共同研究确定设计内容。工艺人员必须提供自控条件表,提供详细的参数。

2. 初步设计的内容与深度要求　初步设计的主要任务和目的是根据批准的设计任务书(或可行性研究报告),确定设计原则、标准、方案和重大技术问题,并编制出初步设计文件与概算。

初步设计的内容和深度要求,因行业性质、建设项目规模及设计任务类型不同会有差异。一般大、中型建设项目过程自动化系统初步设计的内容和深度要求如下。

（1）初步设计说明书:初步设计说明书应包括①设计依据,即该设计采用的标准、规模。

②设计范围,概述该项目生产过程检测、控制系统和辅助生产装置自动控制设计的内容,与制造厂成套供应自动控制装置的设计分工,与外单位协作的设计项目的内容和分工等。③全厂自动化水平,概述总体控制方案的范围和内容,全厂各车间或工段的自动化水平和集中程度。说明全厂各车间或工段需设置的控制室,控制的对象和要求,控制室设计的主要规定,全厂控制室布局的合理性等。④信号及联锁,概述生产过程及重要设备的事故联锁与报警内容,信号及联锁系统的方案选择的原则,论述系统方案的可靠性。对于复杂的联锁系统应绘制原理图。⑤环境特性及仪表选型,说明工段(或装置)的环境特征、自然条件等对仪表选型的要求,选择防火、防爆、防高温、防冻等防护措施。⑥复杂控制系统,用原理图或文字说明其具体内容以及在生产中的作用及重要性。⑦动力供应,说明仪表用压缩空气、电等动力的来源和质量要求。⑧存在问题及解决意见,说明特殊仪表订货中的问题和解决意见,新技术、新仪表的采用和注意事项,以及其他需要说明的重大问题和解决意见。

（2）初步设计表格:包括自控设备表、按仪表盘成套仪表和非仪表盘成套仪表两部分绘制自控设备汇总表、材料表。

（3）初步设计图纸:包括仪表盘正面布置框图、控制室平面布置图、复杂控制系统图和管道及仪表流程图。

（4）自控设计概算:自控设计人员与概算人员配合编制自控设计概算。自控设计人员应提供仪表设备汇总表、材料表及相应的单价。有关设备费用的汇总、设备的运杂费、安装费、工资、间接费、定额依据、技术经济指标等均由概算人员编制。

3. 施工图设计 施工图设计的依据是已批准的初步设计。它是在初步设计文件审批之后进一步编制的技术文件,是现场施工、制造和仪表设备、材料订货的主要依据。

（1）施工图设计步骤:在做施工图设计时,可按照下述的方法和步骤完成所要求的内容:①确定控制方案,绘制管道及仪表流程图;②仪表选型,编制自控设备表;③控制室设计,绘制仪表盘正面布置图等;④仪表盘背面配线设计,绘制仪表回路接线图等;⑤调节阀等设计计算,编制相应的数据表;⑥仪表供电系统及供气系统设计;⑦控制室与现场间的配管、配线设计,绘制和编制有关的图纸与表格;⑧编制其他表格;⑨编制说明书和自控图纸目录。

（2）施工图设计内容:施工图设计内容分为采用常规仪表、数字仪表和采用计算机控制系统施工图设计内容两部分。

（3）施工图设计深度要求:包括自控图纸目录、说明书、自控设备表、节流装置、调节阀、差压式液位计数据表、综合材料表、电气设备材料表、电缆表及管缆表、测量管路表、绝热伴热表、铭牌注字表、信号及联锁原理图。

二、非工艺设计项目的基本知识

非工艺设计项目主要包括建筑设计(即对厂区内建筑物进行设计,使其既符合 GMP 标准,同时又要很好地满足工业建筑的防火、安全等要求);给排水设计;电气设计(包括动力电、照明等);防雷、防静电设计等。

（一）制药建筑设计的基本知识

药厂厂房作为工业建筑物的其中一类，除其必须符合药品生产的条件和 GMP 要求外，还必须遵循工业建筑物的标准，其选用的建筑材料、装饰材料、施工手段均应符合它们相关的标准。对于制药企业，厂房建设能否符合 GMP 要求和其他相关规范的要求，直接影响所生产药品的质量，其建设质量优劣又取决于设计和施工，因此，了解这方面的知识就显得非常重要。《医药工业洁净厂房设计标准》（GB 50457—2019），对药厂生产厂房、设施及设备的设计等进行了明确规定。

1. 工业建筑物的分类　随着我国工业的飞速发展，特别是随着我国建筑材料业的发展和许多新型建筑材料的使用，工业建筑物基本能适应各种工业生产的要求，建筑物种类繁多，形态各异。目前工业建筑物分类方法很多，主要有以下几种。

（1）按建筑物主要承重结构材料分类：可分为砖木结构、混合结构、钢筋混凝土结构、钢结构等。

1）砖木结构建筑：建筑物的墙、柱用砖砌筑，楼板、屋架采用木料制作。

2）混合结构建筑：建筑物的墙、柱为砖墙砌筑，楼板、楼梯为钢筋混凝土，屋顶为钢木或钢筋混凝土制作。小型制药车间多采用。

3）钢筋混凝土结构建筑：这种建筑的梁、柱、楼板、屋面板均以钢筋混凝土制作，墙用砖或其他材料制成。大型制药车间多采用。

4）钢结构建筑：建筑物的梁、柱、屋架等承重构件用钢材制作，墙用砖或其他材料制作，楼板用钢筋混凝土。此种建筑目前应用广泛。

（2）按建筑物的结构形式分类：建筑物的结构形式多种多样，按结构形式可以分为以下三类。

1）叠砌式：以砖石等为建筑物的主要承重构件，楼板搁于墙上。常用于中小型药厂。

2）框架式：以梁、柱组成框架为建筑物的主要承重构件，楼板搁于墙上或现浇，适用于荷载较大、楼层较多的建筑。

3）内框架式：外部以墙承重、内部采用梁柱承重的建筑，或底层用框架、上部用墙承重的建筑。它的刚度和整体性较差，适用于荷载较小、层数不太多的厂房。在地震区其层高和总高都受到限制，一般层高不宜超过 4m，对于 7 级地震区总高度不能超过 15～18m。

2. 建筑物的等级　建筑物按其在国民经济中所起的作用不同，划分成不同的建筑等级，对于不同等级的建筑物应采取不同的标准及定额，选择相应的材料及结构，这样既有利于节约资源、降低成本，又能符合相关的要求。

（1）按耐久性规定的建筑物等级：建筑物使用年限即耐久性是建筑设计时考虑的重要方面，目前建筑物的使用年限等级一般分为五级，即：100 年以上、50 年以上、40～50 年、15～40 年、15 年以下。

（2）按建筑物的耐火程度规定的等级：根据我国现行有关规定，建筑物的耐火等级分为四级，其耐火性能为一级＞二级＞三级＞四级。耐火等级标准主要根据房屋主要构件（如墙、柱、梁、楼板、屋顶等）的燃烧性能及其耐火极限来确定。

《医药工业洁净厂房设计标准》（GB 50457—2019）对医药工业厂房的防火和疏散作了明

文规定。

3. 建筑物的组成 建筑物是由基础、墙和柱、楼地层、楼梯、屋顶、门窗等主要构件所组成。药厂建筑物特别是制剂车间的建筑物,它除了具有一般工业厂房的建筑特点和要求外,还必须满足制药洁净车间的要求,因此所有的建筑选材、施工必须围绕洁净的目的,符合制剂卫生要求。

(1)基础:基础是建筑物的地下部分,它的作用是承受建筑物的自重及其荷载,并将其传递到地基上。当土层的承载力较差,对土层必须进行加固才能在上面建造厂房。常用的人工加固地基的方法有压实法、换土法和桩基。当建筑物荷载很大,多采用桩基。将桩穿过软弱土层直接支承在坚硬的岩层上,称为柱桩或端承桩。当软弱土层很厚,桩基利用土与桩的表面摩擦力来支持建筑荷载的,称摩擦桩。

基础与墙、柱等垂直承重构件相连,一般它由墙、柱延伸扩大形成。如承重墙下往往用连续的条形基础。柱下用块状的单独基础。当建筑物荷载很大,可使整个建筑物的墙或柱下的基础连接在一起,形成满堂基础。

基础的埋设深度主要由以下条件决定:基础的形式和构造;荷载的大小、地基的承载力;基础一般应放在地下水位以上;基础一般应埋在冰冻线以下,以免因土壤冻胀而破坏基础,但对岩石类、砾砂类等可不必考虑冰冻线问题。

(2)墙和柱:墙是建筑物的围护及承重构件。按其所在位置及作用,可分为外墙及内墙;按其本身结构,可分为承重墙及非承重墙。承重墙是垂直方向的承重构件,承受着屋顶、楼层等传来的荷载。有时为了扩大空间或结构要求,采用柱作为承重结构,此时的墙为非承重墙,它只承受自重和起着围护与分割的作用。

在建筑中,为了保证结构合理性,要求上下承重墙必须对齐,各层承重墙上的门窗洞孔也尽可能做到上下对齐,故在多层建筑中,空间较大的房间宜布置在顶层,防止因结构布置的不合理而造成浪费。

外墙应能起到保温、隔热等作用。外墙可分为勒脚、墙身和檐口等三部分。勒脚是外墙与室外地面接近的部分,现行 GMP 规定车间底层应高于室外地坪 0.5～1.5m。檐口为外墙与屋顶连接的部位。墙身设有门、窗洞、过梁等构件。

内墙用于分隔建筑物每层的内部空间。除承重墙外,还能增加建筑物的坚固、稳定和刚性。其非承重的内墙称为隔墙。

承重墙多用实砖墙,少数采用石墙、多孔砖墙。近年来发展的装配式建筑如砌块建筑、大型墙板建筑、钢架建筑等,为提高厂房建筑的高度、降低造价等创造了条件。

砌墙用的砖种类很多,最普通的是黏土砖,此外尚有炉渣砖、粉煤灰砖等。黏土砖由黏土烧制而成,有青、红砖之分。开窑后自行冷却者为红砖,出窑前浇水闷干者,使红色的三氧化二铁还原成青色的四氧化三铁,即为青砖。

炉渣砖和粉煤灰砖是以高炉硬矿渣或粉煤灰类与石灰为主要原料,用蒸汽养护而成,在耐水、耐久性方面不如黏土砖,不宜在勒脚以下等潮湿或烟道等高温部位使用。砖的标号是由抗压强度(kg/cm^2)来确定,分为 50 号、75 号、100 号、150 号等,以 100 号及 75 号的砖使用得最多。我国黏土砖的规格为 240mm×115mm×53mm,重量约为每块 2.65kg。

墙体材料的选择,决定于荷载、层高、横墙的间距、门窗洞的大小、隔声、隔热、防火等要求。砖墙为常用的基层材料,但自重大是其显著缺点,加气砌块墙体虽可减轻重量,但施工时要求较严,如墙粉饰层易开裂,易吸潮长菌,不宜用于空气湿度大的房间。轻质隔断材料轻,对结构布置影响小,但板面接缝如处理不好则引起层面开裂。按照 GMP 要求,洁净室(区)采用框架结构,轻质墙体填充材料成为发展趋势,砖瓦结构已不再适用,取而代之的是轻质、环保、节能的新型墙体材料,如舒乐舍板、彩钢板、硬质 PVC 发泡复合板、刨花石膏板等。

房间内部的隔墙本身不承受荷载,故自重应该越轻越好。制剂车间因生产对卫生的要求,采用了大量的隔墙,隔墙应具有一定的隔声、防潮、耐火性能,并应表面光滑,不积灰尘,耐冲刷,不生霉菌。常用的隔墙有砖隔墙、彩钢板、人造板隔墙(如石膏板等)、板衬隔墙(如炭化石灰板、加气混凝土板等)、玻璃隔断等,目前应用最多的是彩钢板,能很好地满足制药要求。

(3)楼地层:楼地层目前多采用混凝土层,以水砂浆抹面,但常起尘,故可根据不同的需要,面层采用水磨石地面或采用耐酸、耐碱、耐磨、防霉、防静电的涂层材料。目前洁净室(区)主要采用的地面材料有塑胶贴面地坪、耐酸瓷板地坪、水磨石地坪、环氧树脂水磨石地坪、合成树脂涂面地坪等。塑胶贴面地坪的特点是光滑、耐磨、不起尘,缺点是弹性较小,易产生静电,易老化。水磨石地坪材料光滑,不起尘,整体性好,耐冲洗,防静电,但无弹性。环氧树脂水磨石地坪耐磨、密封、有弹性,但施工复杂。合成树脂涂面地坪透气性较好、价格高、弹性差。国内水磨石地坪仍然普遍使用,并辅以水磨环氧树脂罩面,效果较好。

厂房高度或层高依地区而异,生产区的高度依工艺、安全性、检修方便性、通水和采光等而定,车间底层应高于室外地坪通常为 0.5～1.5m,生产车间的层高为 2.8～3.5m,技术夹层净空高度不得低于 0.8m,一般应留出 1.2～2.2m。目前标准厂房的层高为 4.8m,库房层高 4.5～6m。

楼层主要包括面层、承重构件、顶棚三部分。楼层的面层和地面相似,承重构件目前多用现浇钢筋混凝土楼板,一般来说,楼地面的承重,生产车间楼板地面承重应大于 1 000kg/m²,库房楼板应大于 1 500kg/m²,实验室楼板应大于 600kg/m²。

(4)屋顶:屋顶由屋面与支承结构等组成。屋面用于防御风、雨、雪的侵袭和太阳的辐射。由于支承结构形式及建筑平面的不同,屋顶的外形也有不同,药厂建筑以平屋顶及斜屋顶为多。

屋顶坡度小于 10% 者为平屋顶。平屋顶结构与一般楼板相似,采用钢筋混凝土梁、板。药厂建筑多使用预制空心板或槽形板,一般将预制板直接搁在墙上;当承重墙的间距较大时,可增设梁,将预制板搁在梁上。框架结构的厂房,一般将预制板搁在梁上。承重结构也有采用配筋加气混凝土板的,这种板重量轻,保温隔热性强,可以省去保温层。平屋顶的构造,一般是在承重层上铺设隔气层、保温层、找平层、防水层和保护层等,为集中排除屋面雨水,在屋顶的四周设挑檐(或称檐口、檐头),挑檐一般用预制挑檐板,置于保温层下部。对上人的平屋顶,考虑安全的作用,在房顶四周设女儿墙,高度一般在 1m 左右,它又是房屋外形处理的一种措施。坡形屋顶的坡度一般大于 10%,容易排除雨水。

(5)门窗:药厂建筑的门多用平开门,依前后方向开关,有单扇门和双扇门,建筑物外门可用弹簧门,有弹簧铰链能自动关闭。常用的门的材料有木门和钢门、铝合金门、塑钢门、不锈钢门等。国内药厂现使用铝合金和塑钢门为主,也有使用不锈钢材料的厂家。

门的宽度,单扇门为 0.8~1.0m,双扇门为 1.2~1.8m,高度 2.0~2.3m,浴室、厕所等辅助用房门的尺寸为 0.65~2.0m。门的尺寸、位置、开启方向等应考虑人流疏散、安全防火、设备及原料的出入等。门的开启方向,外门一般向外开,内门一般向内开,但室内人数较多(如大型包装车间、会议室等)也应向外开。洁净室的门应向洁净级别高的方向开启。疏散用的门应向疏散方向开启,且不应采用吊门、侧拉门,严禁采用转门。

厂房安全出口的数目不应少于两个。但符合下列要求的可设一个:甲、乙类生产厂房,每层面积不超过 50m²,且同一时间的生产人数不超过 5 人;丙类生产厂房,每层面积不超过 150m²,且同一时间的生产人数不超过 15 人;丁、戊类生产厂房,每层面积不超过 300m²,且同一时间的生产人数不超过 25 人。

药厂的窗多用平开窗,其他类型的窗较少使用。窗的作用主要是采光和通风,同时,窗在外墙上占有很大的面积,因此也起着围护结构的作用。窗的采光作用决定于窗的面积。根据不同房间对采光的不同要求,窗的洞口面积与房间地面面积的比例叫作"窗地面积比"。制剂车间的窗地面积比为 1/2.5,中药车间、抗生素车间及合成药车间为 1/3.5,原料间、配料间及动力间等为 1/10(单侧窗)或 1/7(双侧窗)。

常用的窗因材料不同而有木窗和钢窗、铝合金窗、塑钢窗、不锈钢窗等之分。国内药厂现使用铝合金和塑钢窗为主,有洁净、美观和不需油漆等优点。

洁净区要做到窗户密闭。凡空调区与非空调区间之隔墙上的窗要设双层窗,至少其中一层为固定窗。空调区外墙上的窗也需要设双层窗,其中一层为固定窗。

疏散用的楼间的内墙上除必要的门以外,不宜开窗开洞。

药厂建筑采用了很多传递窗和传递柜。传递窗多用平开窗,密闭性较好,易于清洁,但开启时占一部分空间。无菌区内的传递窗内可设置紫外线灯。传递柜可由不锈钢或内衬白瓷板、水磨石板等制作。

（二）土建设计条件

制剂车间和其他工业厂房一样,除了要符合建筑的一般要求外,另外的显著区别在于制剂车间是有洁净度要求的车间,土建设计就应该根据制药工艺洁净要求进行制作。因此在土建设计以前,工艺人员要对土建提出设计条件要求。

制剂工艺与土建的关系比其他工艺与土建的关系更为密切,因而土建设计就应该始终围绕工艺的核心,在布置时要与制药工艺、通风等专业进行密切配合和综合考虑。

工艺流程和工艺设备选定后,既要满足工艺流程的条件,又要照顾到土建上平立面的安排,如大门、安全门、楼梯间、卫生间以及制剂厂房独特的管井位置。

由于洁净厂房要求各房间能不暴露的尽量不暴露布置,而需暴露的物体要做到外表光滑、便于清洗,因此管道(包括工艺通风和电缆桥架等)尽量敷设在吊顶或技术夹层内。

工艺与暖风专业布置前要先相互协商,否则吊顶内的管道就可能相碰,容易造成施工时的困难和修改施工,在管线协调和施工过程中应该以风管为主。

目前制剂厂洁净室空调送回风形式有顶送顶回、顶送下回、顶送侧回等。送回风形式也同样牵涉到工艺布局和土建平面布置。如送风形式为顶送侧回时,则洁净室需设置回风墙。例如,设置粉针分装线一条或两条时,则可以两面设置回风墙,如三条分装线平行设置时,则在布置和处理上显得比较复杂。另外回风墙的设置也有几种安排,若回风墙设在洁净间内则增加了洁净面积,从而增加了空调分量。反之,若回风墙设在洁净间外侧则又加大了走廊,这些都需要根据具体情况布置,应从生产和管理方便的角度进行布置。因此,工艺、土建、暖风三专业关系特别密切,这三个专业渗透得越好、越深,则项目设计越好、越顺利;反之,会对今后施工和管理带来不少弊病。

1. 土建设计一次条件内容 一次条件应在工艺施工流程图和设备布置图已经确定,以及工艺与各专业的管路分区布置方案基本落实后立即提交,并向土建人员介绍工艺生产流程,物料特性,防火、防爆、防腐、防毒情况和设备布置情况,以及对厂房的要求等。

(1)土建设计一次主要内容:土建设计一次内容较多,主要涉及车间区域的划分,门及楼梯的位置,各种梁、操作台的位置,安装荷重及设备安装和使用方面的要求。

1)车间各工段的区域划分,如生产车间、生活间、辅助间及其他专业要求的房间(通风室、配电室、控制室、维修间等)。

2)绘出门及楼梯的位置,并根据室内安装的设备大小提出安装门的大小(宽和高),以及需要在设备安装后再进行砌封的墙上的安装预留孔位置和说明。

3)安装孔、防爆孔的位置、大小尺寸及其孔边栏杆或盖板等要求。

4)吊装梁、吊车梁、吊钩的位置,梁底标高及起重能力。

5)各层楼板上各个区域的安装荷重,堆料位置及荷重,主要设备的安装方法及安装路线,楼板安装荷重:一般生活用室大于 $250kg/m^2$,生产厂房大于 $1\,000kg/m^2$,库房用室大于 $1\,500kg/m^2$,辅助用室应大于 $600kg/m^2$。

6)设备的位号、位置及其与建筑物的关系尺寸和设备的支承方式,有毒、有腐蚀性等物料放空管路与建筑物的关系尺寸、标高等。

7)楼板上的所有设备基础的位置、尺寸和支承点。

8)操作台的位置、大小尺寸及其上面的设备位号、位置,并提出安装荷重和安装孔尺寸,以及对操作台材料和栏杆扶梯等的要求。

9)楼板上的移动荷重,如小车、铁轨等(质量超过 1t 者),以及移动设备停放的位置和移动路线等。

10)塔平台、标高、操作和检修的位置及标高,对扶梯和平台栏杆等方面的要求。

11)地坑的位置、大小、标高、爬梯的位置和对盖板的要求。

12)悬挂在楼板上或穿过楼板的设备,其楼板开孔尺寸。

13)在楼板上的孔径≥500mm 的穿孔位置及大小尺寸。

14)悬挂在梁上的支点,每个支点负荷超过 1t 和管道及阀门的质量和位置。

15)悬挂或放在楼板上超过 1t 和管道及阀门的质量和位置。

16)要求建筑专业设计的设备(原料药的反应罐、发酵罐、贮槽等)条件,对建筑物在结构方面有影响的振动设备如离心机、振动筛、大功率的搅拌设备等提出必要的设计条件。

(2)土建设计一次要求:土建设计一次要求与工艺设计应该同时进行,以保证及时提交,便于协调设计。在提交土建设计一次要求时要注意以下几点。

1）提交时间：土建一次条件内容提交应在工艺施工流程图和设备布置图已经确定，以及工艺与各专业的管路分区布置方案基本落实后立即提交。

2）工艺与土建的协调性：土建设计应该始终围绕工艺的核心，在布置时要充分考虑到工艺的洁净协调性要求、人流物流协调性要求、工艺流程协调性要求。

3）土建与其他工程：土建与公用工程如给排水、供热、电气、采暖通风等应相互协调，在布置中不断加强联系。

2. 土建设计二次条件内容　土建设计二次内容一般在工艺管路安装图基本完成后提交。主要是在一次条件的基础上对个别内容进行细化、补充。主要内容如下。

（1）提出所有设备（包括室外设备）的基础位置、尺寸，基础螺栓等位置、大小，预埋螺栓、预埋钢板等的规格、位置，及露天地面长度等要求。

（2）在梁、柱、墙上的管架支承方式、荷重及所有预埋件的规格和位置。

（3）所有的管沟位置、大小、深度、坡度，预埋支架及对沟盖材料、下水篦子等的要求。

（4）室外管架、管沟及基础条件。

（5）各层楼板及地坪上下水篦子的位置、大小、尺寸。

（6）在楼板上管径＜500mm的穿孔位置及大小尺寸。

（7）在墙上管径＞200mm和长方形＞200mm×100mm的穿管预留位置及大小尺寸。

（三）给排水

给排水一般规定给水、排水管道的布置和铺设、设计流量、管道设计、管材、附件的选择，均应按现行的《建筑给水排水设计标准》的规定执行。给排水管道不得布置在遇水迅速分解、燃烧或损坏的物品房，以及贵重仪器设备的上方。

1. 给水　目前药厂水源多取自地下水（深井水）或城市自来水，个别靠近江河的药厂取自地面水（江、河、湖水等）。给水包括生产用水、生活用水和消防用水。生产用水包括冷却（凝）、发生蒸汽、饮用水、纯化水、注射用水等。因生产用水量较大，为节约用水，应设法采用循环水。生活用水、消防用水主要来自城市供水公司。

（1）生活用水：生活用水目前主要来源于城市供水公司，即自来水，企业自行开采地下用水需要进行审批。

（2）工艺用水：工艺用水是指药品生产工艺中使用的水，包括饮用水、纯化水和注射用水。药品的生产过程中用水量很大，其中工艺用水占相当的比例。

医药工业洁净厂房内的给水系统设计，应根据生产、生活和消防等各项用水对水质、水温、水压和水量的要求，分别设置直流、循环或重复利用的给水系统。管材的选择应符合下列要求：生活用水管应采用镀锌钢管；冷却循环给水和回水管道宜采用镀锌钢管；管道的配件应采用与管道相应的材料。

人员净化盥洗室内宜供应热水；医药工业洁净厂房周围宜设置洒水设施。

给水系统的选择应根据科研、生产、生活、消防各项用水对水质、水温、水压和水量的要求，并结合室外给水系统因素，经技术经济比较后确定；用水定额、水压、水质、水温及用水条件，应按工艺要求确定；下行上给式的给水横干管宜敷设在底层走道上方或地下室顶板下，上行下给式的给水横干管宜敷设在顶屋管道技术夹层内。

由于制药厂用水量较大,特别是纯化水的使用,可以设立纯水站。其规模取决于水源水质、生产用水量及工艺对水质的要求。其中水源水质和工艺要求决定制水流程的繁简和设备的多少,用水量的大小决定设备的大小。

近几年来,制水工艺发展迅速,电渗析和离子交换树脂技术、膜分离技术(微孔膜、超滤膜、反渗透膜)的研究与应用,以及制水设备结构的革新,为制备工艺用水提供了更多的选择,特别是净化水技术的联合应用,使各种工艺用水更符合工业化的生产要求。

2. 排水 排水主要解决生产中的废水、生活下水和污水处理及雨水排放问题。应充分利用和保护现有的排水系统,当必须改变现有排水系统时,应保证新的排水系统水流顺畅。厂区应有完整、有效的排水系统,完整的排水系统是指无论采用何种排水方式,场地所有部位的雨水均有去向。

(1)排水设计要求:医药工业的排水设计需考虑的因素很多,一方面是医药工业的废水成分复杂,有害物质多,特别是有机溶媒和重金属,危害极大;另一方面是医药工业废水量大、种类繁多;再者医药工业有特殊的卫生洁净要求,因此处理后的废水排放要进行认真设计。

1)医药工业洁净厂房的排水系统设计,应根据生产排出的废水性质、浓度、水量等特点确定排水系统。

2)洁净室内的排水设备以及与重力回水管道相连的设备,必须在其排出口以下部位设水封装置。

3)排水竖管不宜穿过洁净室,如必须穿过时,竖管上不得设置检查口。

4)空气洁净度 B 级的洁净室内不应设置地漏,C 级、D 级的洁净室内也应少设地漏;如必须设置时,要求地漏材料耐腐蚀,内表面光滑,不易结垢,有密封盖,开启方便,能防止废水、废气倒灌,必要时还应根据生产工艺要求消毒灭菌。

(2)决定排水方式的因素:由于医药工业的废水种类多、数量大,排水方式的选择要综合考虑各方面因素。排水系统的选择,应根据污水的性质、流量和排放规律,并结合室外排水条件确定;排出有毒和有害物质的污水,应与生活污水及其他废水、废液分开;对于较纯的溶剂废液或贵重试剂,宜在技术经济比较后回收利用;当地降雨量小,土壤渗透性强时,可采用自然渗透式;场地平坦,建筑和管线密集地区,埋管施工及排水出口均无困难时,应采用暗管。美化、卫生、使用方便是暗管的优点,但费用略高,目前药厂均采用暗管式排水。

对于工业废水,由于生产工艺的多样化,工业污水更是千变万化,常用方法是将污水排入污水池中均化,使出池的污水水质在卫生特性方面(pH、色度、浊度、碱度、生化需氧量等)较为均匀,均化池的大小和方式视水量及排放方式而异,多数均化池是矩形或方形,其大小按操作周期而定。从均化池出来的废水还需要进行处理,经测定符合排放标准才可排入河道。

工业废水的排放应符合《工业"三废"排放试行标准》中的有关规定。工业"废水"中有害物质最高容许排放浓度分为两类:①能在环境或动物体内蓄积,对人体健康产生长远影响的有害物质。含此类有害物质的"三废",在车间或车间设备的排出口应控制一定的排放标准,但不能简单地用排放的方法代替必要的处理。②其长远影响小于第一类的有害物质,在工厂排出口的水质应符合一定的排放标准。

3. 工艺向给排水提供的条件 主要是保证给排水符合工艺生产的要求,保证工艺生产的正常进行。在进行给排水设计时,建筑工艺人员要与制药工艺人员密切配合,协调好进度,保证废水的顺畅排放而又不影响卫生洁净度的要求。工艺向给排水提供的条件主要有工艺生产经常最大、最小水量;所需水温;所需水压;所需的水质(硬度、含盐量、酸碱度、金属离子等);供水状况是连续还是间断;劳动定员及最大班人数;排污量、污水化学组分、含量等;车间上下水管与管网接口直径、方位与标高;提供工艺流程图,设备平、剖面图。

(四)电气设计

制药企业的电气设计主要包括供热,强电、弱电和自动控制三方面的平时运行和火灾期间所使用的内容。

1. 供热 药厂的供热多用蒸汽供热系统。热压蒸汽的使用十分广泛,在加热、灭菌中使用量大,保证蒸汽的压力和温度十分必要,蒸汽管道的选材、保温及连接、布置更应仔细研究。蒸气压力分为高压、中压及低压系统,$80kg/cm^2$(kPa)以上称为高压,$40\sim80kg/cm^2$(kPa)称为中压,$13kg/cm^2$(kPa)以下称为低压,一般药厂内低压蒸汽即已够用。

工艺人员对供热系统提出的条件包括生产工艺的经常最大用汽量、用汽压力及温度;用汽质量;供热系统与用户的接口、管径、方位与标高;废热利用的方案等;车间上、下蒸汽管与管网接口直径、方位与标高。

2. 车间供电系统 车间供电系统是指车间所需电能供应和分配的电路系统,强电部分包括供电、电力和照明;弱电部分包括广播、电话、闭路电视、报警和消防;自动控制包括温、湿度与微正压的控制,冷冻站、空压站、纯化水与气体的净化站以及自动灭火设施等控制。

(1)车间供电系统的设计与施工:工厂用电由国家电网供给,一般送至工厂的电压为10kV,高压电须经变电所变压后,经过车间的配电室再送至用电设备。当厂区外输入的高压电源为35kV时,一般须在厂区内单独设置变配电所,然后将10kV分送给各终端。根据全厂的供电方案、洁净厂房规模大小及用电负荷多少,确定洁净厂房内是否需要设置单独使用的终端变电站和低压配电室。终端变电站位置应在厂房的总体布置时统一考虑,使其尽量靠近负荷中心,并设在洁净厂房的外围,以方便进线、出线和变压器的运输。变电站的朝向宜北向或东向,以避免日晒,同时宜朝向高压电源。终端变电站的功能是将高压(10kV)变为低压(380V/220V)并进行电源分配。主要设备包括变压器、低压配电盘及操作开关等。建筑设计时通常划分为变压器室和低压配电室。估计每台1 000kV的终端变电站需6m×7m房间,其中变压器室部分层高应在5m以上,配电室部分应在4.5m以上。

(2)车间配电室:车间动力配电箱的布置应结合厂房情况决定,当洁净厂房设有钢筋混凝土板吊顶的技术夹层时,动力配电箱应设在技术夹层内;当洁净厂房设有不能上人的轻质吊顶或由于其他原因不能利用顶部夹层时,可将动力配电箱设在车间同层的夹墙或技术夹层内。

车间配电室应考虑以下基本原则:①动力配电箱是将来自低压配电室的电源分送给车间用电设备的枢纽,宽度一般不超过1m,高度一般不超过2m,厚度一般不超过0.5m,但如设备较重,应落地放置;②车间配电室要尽量靠近负荷中心;③车间配电室要考虑进出线的方便;

④车间配电室可设在车间内部、旁侧或与车间毗连；⑤车间配电室要满足通风、防腐和运输等要求。

（3）供电线路的敷设：从室外高压电源到厂房终端变电站再到车间动力配电箱，最终到达用电设备，要通过不同的电线电缆来连接，如何来敷设这些电线电缆，要根据具体情况因地制宜地设计敷设方案。一般来说，供电线路的敷设有以下方式：供电线路宜暗设，如埋地、埋墙或穿越天棚等；在散发腐蚀性气体的车间，应采取防腐措施；防爆车间的供电线应采取防爆措施；电缆敷设有三种方式，即架空敷设、沟渠敷设和直埋地下。所有供配电缆均应设置在技术夹层内，符合GMP的要求。

（4）负荷等级：制药企业用电负荷可分为三级，并应据此确定供电方式。

1）一级负荷：设备要求连续运转，停电时将造成着火、爆炸、设备毁坏、人身伤亡或造成巨大经济损失；停电后，不仅本企业受到损失，而且造成很多其他企业停产、生产紊乱，长期不能投产。

2）二级负荷：供电中断时，将造成产量减少、人员停工、设备停止运行的事故。

3）三级负荷：不属于第一、第二级的其他用电负荷（如辅助车间、辅助设备等）。

当城市电网电线满足不了要求时，应根据负荷特点及要求并结合当地技术经济条件，有针对性地采取一种或几种电源质量改善措施，如采用备用电源自动投入（BZT）或柴油发电机组应急自动起动等方式。

对于一级负荷，应保证有两个独立电源供电；对于二级负荷，允许用一条架空线供电，特殊情况下，也可考虑由两个独立电源供电；对于三级负荷，允许供电部门为检修或更换供电系统故障元件而停电。

（5）其他电气：主要是弱电部分，包括广播、电话、闭路电视、监控系统、报警和消防。医药工业洁净厂房内应设置与厂房内外联系的通讯装置。由于制剂车间内有不同级别的洁净区，而不同洁净区之间需要相互联系工作，因此一般需设置电话，并根据具体情况决定数量。

洁净厂房造价较高，洁净室内人员较少，一旦发生火灾时会造成较大损失。医药工业洁净厂房内应设置火灾报警系统，火灾报警系统应符合现行版《火灾自动报警系统设计规范》的要求，报警器应设在有人值班的地方。

发生火灾危险时，应有能向有关部门发出报警信号及切断电气开关的装置。洁净室内使用易燃、易爆介质时，宜在室内设报警器。

3. 照明 照明包括光源、灯型及布置、安全措施等，这些均需根据工艺对照明的要求等因素决定。由于洁净厂房大多采用高单层、大跨度和无窗、少窗的设计，应而要求全面照明，室内照明度根据不同工作室的要求而定。照明灯具在吊顶上布置时要同风口、工艺安装相协调，满足工艺布局和操作需要以及需让开风口等。因此在施工图进行过程中，需专门对风口布置图、专门布置图以及工艺布置图和土建吊顶图作一总体的协调。

《医药工业洁净厂房设计标准》（GB 50457—2019）中对照明有明确要求。

照明包括工作照明和事故照明。工作照明应在照明装置正常运行的情况下，保证应有的视觉条件。事故照明指在工作照明熄灭的情况下，保证继续工作或疏散所需的视觉条件，又称应急照明。由于洁净厂房是密闭厂房，室内人员流动线路复杂，出入道路迂回，为便于人员的迅速疏散及火灾时能救灾灭火，洁净厂房应设置供人员疏散用的事故照明。在房间的应急安全出口和疏散通道转角处应设置标志灯，疏散用通道的标志灯还须按照要求用穿管暗埋敷设在地面以上0.8m处，在专用消防口应设置红色的应急照明灯。

事故照明可采用以下几种处理方式：场所内的所有照明器均设置备用电源、单独配电装置或单独回路装置，与工作用电配电箱分区或分层设置。当正常电源断电时，备用电源自动投入运行。在场所内选定部分照明器作为事故照明灯具，并由专用的事故照明电源供电，正常时，工作照明和事故照明均投入运行。

（五）防雷防静电

雷电是指一部分带电的云层与另一部分带异种电荷的云层之间，或是带电的云层和大地之间迅猛的放电现象。由于雷电的电流、电压以及瞬时感应磁场强度极高，破坏力极大，给人民的财产和生命安全带来重大隐患，因此我们要防止雷电事故的发生。此外，车间内工人生产操作时也会产生有害的静电，影响效率和成品率，甚至可能引起火灾、爆炸等事故。

1. 防雷 厂区内最有效的避雷措施是严格按照现行国家标准《建筑物防雷设计规范》，安装有效的避雷装置。为防止雷击、瞬间高电压对生产系统设备产生反应，要求防雷装置与其他接地物之间保持足够的安全距离。当满足这个距离时，可单独设置防雷接地装置，无法满足这个距离时，可采用共用一组接地体，降低雷击时相互间的电位差，防止反击，可起到防雷击作用。无特殊要求时，接地电阻值不宜大于1Ω。

2. 防静电 静电现象是指物体中正（+）或负（-）的电荷过剩，主要是两个物体接触和分离所引起的。静电的主要危害表现为在生产上影响效率和成品率，在卫生上涉及个人劳动保护，在安全上可能引起火灾、爆炸等事故。

静电消除应从以下几方面入手，即消除起电的原因，降低起电的程度等方面综合解决。

（1）消除起电的原因：最有效的方法之一是采用高电导率的材料来制作洁净室的地坪、各种面层和操作人员的衣鞋。电阻率小于$105\Omega\cdot m$的材料实际上是不会起电的。

为了使人体服装的静电尽快通过鞋及工作地面泄漏于大地，工作地面的导电性起着很重要的作用，因此对地面抗静电性能提出一定要求。抗静电地板对静电来说是良导体，而对220V、380V交流工频电压则是绝缘体。这样既可以让静电泄漏，又可在人体不慎误触220V、380V电源时保证人身安全。

洁净室的饰面材料应采用低带电性材料，即要求导电性能较好的饰面材料，并设置可靠的接地措施。防静电接地装置的电阻值以100Ω为合适，采用导电橡胶或导电涂料时，与接地装置接触面积不小于$10cm^2$。静电接地必须连接牢固，有足够的机械强度。

洁净室的非金属地面材料中掺入乙炔炭黑粉或者铜、铝等粉屑或针状物，以增大地面的电导率。此外，为提高非金属固体材料面层的导电性，可将表面活性剂涂覆在树脂材料的表面，也可掺入树脂中，构成掺表面活性剂的地面。

（2）减小起电程度：加速电荷的漏泄以减小起电程度可通过各种物理和化学方法来实现。

1）物理方法：接地是消除静电的一种有效方法，接地必须符合安全技术规程的要求。接地既可以将物体直接与地相接，也可以通过一定的电阻与地相接。直接接地法用于设备、插座板、夹具等导电部分的接地，对此需用金属导体以保证与地可靠接触。当不能直接接地时，就采用物体的静电接地，即物体内外表面上任意一点对接地回路之间的电阻不超过 $10^7\Omega$，则这一物体可以认为是静电接地。

2）调节湿度法：控制生产车间的相对湿度在 40%～60% 之间，可以有效降低起电程度，减少静电发生。然而过高的相对湿度将对产品质量产生不良的影响。此外，将工艺设备、材料、工具、容器等改用导体以及从消除人体带电着手，改善工作服和工作鞋的导电性等方法，都可作为减小起电程度的措施。

3）化学方法：化学处理是减少电气材料上产生静电的有效方法之一。它是在材料的表面涂覆特殊的表面膜层和采用抗静电物质。为了保证电荷可靠地从介质膜上漏泄掉，必须保证导电膜与接地金属导线之间具有可靠的电接触。

静电的存在会使设备或精密仪器受到干扰，当基本工作间需除静电时，可铺设导静电地面，导静电地面可采用导电胶与建筑地面粘牢，其导电性能应长期稳定，且不易发尘。

静电接地的连接线应有足够的机械强度和化学稳定性，导静电地面和台面采用导电胶与接地导体粘接时，其接触面积不宜小于 $10cm^2$。

静电接地可以经限流电阻及自己的连接线与接地装置相连，为保证工作人员的安全，接地系统要串联一个 $1.0M\Omega$ 的限流电阻。

ER17-2　第十七章　目标测试

（胡元发　赖先荣）

参考文献

[1] 中华人民共和国卫生部. 药品生产质量管理规范(2010年修订).[2023-12-14]. https://www.gov.cn/gongbao/content/2011/content_1907093.htm?eqid=a5c36e4d000627a100000004648fad91.

[2] 国家食品药品监督管理局药品认证管理中心.药品GMP实施指南.北京:中国医药科技出版社.2011.

[3] 张功臣.制药用水.北京:化学工业出版社.2024.

[4] 张勇.制药过程自动化与仪表.北京:人民卫生出版社.2023.

[5] 李正.中药制药设备与车间设计.北京:中国中医药出版社.2022.

[6] 闫凤美.制药设备与车间设计.北京:化学工业出版社.2022.

[7] 郭永学.制药设备与车间设计.北京:中国医药科技出版社.2022.

[8] 陈宇洲.制药设备与工艺设计.北京:化学工业出版社.2022.

[9] 张洪运.制药设备电气控制技术.北京:化学工业出版社.2022.

[10] 吴正红,周建平.药物制剂工程学.北京:化学工业出版社.2022.

[11] 赵肃清.制药工程专业导论.北京:化学工业出版社.2021.

[12] 朱宏吉,张明贤.制药设备与工程设计.第2版.北京:化学工业出版社.2011.

[13] 周丽莉.制药设备与车间设计.北京:中国医药科技出版社.2011.

附表

附表 1 制药设备国家和行业标准分类目录示例

原料药设备（L）

分类号	标准号	标准名称	实施日期
L-01	JB/T 9098—2005	管式分离机	2005-09-01
L-02	JB/T 20107—2007	药用卧式流化床干燥机	2008-05-01
L-03	JB/T 20118—2009	三效逆流降膜蒸发器	2010-04-01
L-04	JB/T 20033—2011	热风循环烘箱	2011-11-01
L-05	JB/T 20068—2015	结晶器	2016-01-01
L-06	JB/T 20036—2016	提取浓缩罐	2016-04-05
L-07	GB/T 32237—2015	中药浸膏喷雾干燥器	2016-07-01
L-08	JB/T 20037—2016	真空浓缩罐	2016-09-01
L-09	JB/T 20034—2017	药用旋涡式振动筛	2017-07-01
L-10	HG/T 5221—2017	薄膜蒸发器	2018-04-01

制剂机械（Z）

分类号	标准号	标准名称	实施日期
Z-01	JB 20007.1—2004	口服液瓶灌装联动线	2004-06-01
Z-02	JB/T 20063—2005	软膏剂灌装封口机	2005-08-01
Z-03	GB/T 14466—2005	胶体磨通用技术条件	2005-12-01
Z-04	JB/T 20027—2009	滚模式软胶囊压制机	2010-04-01
Z-05	JB/T 20002.1—2011	安瓿洗烘灌封联动线	2011-11-01
Z-06	JB/T 20025—2013	全自动硬胶囊充填机	2013-09-01
Z-07	GB/T 30748—2014	旋转式压片机	2015-01-01
Z-08	JB/T 20018—2015	药用摇摆式颗粒机	2016-01-01
Z-09	GB/T 32239—2015	中药制丸机	2016-07-01
Z-10	JB/T 20007.3—2021	口服液玻璃瓶隧道式灭菌干燥机	2021-10-01

纯水设备（S）

分类号	标准号	标准名称	实施日期
S-01	JB/T 20140—2011	电加热多效蒸馏水机	2011-11-01
S-02	JB/T 20030—2012	多效蒸馏水机	2012-11-01

粉碎机械（F）

分类号	标准号	标准名称	实施日期
F-01	JB/T 20120—2009	涡轮式粉碎机	2010-04-01
F-02	JB/T 20039—2011	锤式粉碎机	2011-08-01
F-03	JB/T 20165—2014	药用齿式粉碎机	2014-11-01
F-04	JB/T 12838—2016	流化床气流粉碎机	2016-09-01
F-05	JB/T 20040—2020	分粒型刀式粉碎机	2021-01-01

饮片机械（Y）

分类号	标准号	标准名称	实施日期
Y-01	GB/T 26895—2011	重力分级去石机	2011-07-19
Y-02	JB/T 9790—2011	风筛式种子清选机	2012-04-01
Y-03	JB/T 20041—2015	切药机	2016-01-01
Y-04	JB/T 20042—2015	滚筒式洗药机	2016-01-01
Y-05	JB/T 20051—2018	炒药机	2019-01-01
Y-06	JB/T 20052—2021	变频式风选机	2021-07-01

包装机械（B）

分类号	标准号	标准名称	实施日期
B-01	GB/T 24570—2009	无菌袋成型灌装封口机	2010-03-01
B-02	JB/T 20019—2014	药品电子计数装瓶机	2014-11-01
B-03	JB/T 20023—2016	药品泡罩包装机	2016-09-01
B-04	JB/T 20057—2019	小丸装瓶机	2020-01-01

药检设备（J）

分类号	标准号	标准名称	实施日期
J-01	JJD 1002—1991	紫外/可见分光光度计	1992-07-01
J-02	JJD 1001—1991	原子吸收分光光度计	1992-07-01
J-03	JB/T 20077—2013	崩解仪	2013-12-01
J-04	JB/T 20076—2013	溶出试验仪	2013-12-01
J-05	GB/T 26792—2019	高效液相色谱仪	2020-05-01

主要标准部分（A）

分类号	标准号	标准名称	实施日期
A-01	YY/T 0216—1995	制药机械产品型号编制方法	1996-05-01
A-02	YY 0260—1997	制药机械产品分类与代码	1998-04-01

续表

分类号	标准号	标准名称	实施日期
A-03	GB/T 7635.1—2002	全国主要产品分类与代码 第1部分：可运输产品	2002-08-09
A-04	GB/T 15692—2008	制药机械术语	2009-05-01
A-05	GB/T 28258—2012	制药机械产品分类及编码	2012-07-01
A-06	JB/T 20188—2017	制药机械产品型号编制办法	2018-04-01

附表2 生产的火灾危险性分类举例

类别	举例
甲类	1. 闪点<28℃的油品和有机溶剂的提炼、回收或洗涤部位及其泵房，橡胶制品的涂胶和胶浆部位，二硫化碳的粗馏、精馏工段及其应用部位，青霉素提炼部位，原料药厂的非那西丁车间的烃化、回收及电感精馏部位，皂素车间的抽提、结晶及过滤部位，冰片精制部位，农药厂乐果厂房敌敌畏的合成厂房，磺化法糖精厂房，氯乙醇厂房，环氧乙烷、环氧丙烷工段，苯酚厂房的磺化、蒸馏部位，焦化厂吡啶工段，胶片厂片基厂房，汽油加铅室，甲醇、己醇、丙酮、丁酮异丙醇、乙酸乙酯、苯等的合成或精制厂房，集成电路工厂的化学清洗间（使用闪点<28℃的液体），植物油加工厂的浸出厂房。 2. 乙炔站，氢气站，石油气体分馏（或分离）厂房，氯乙烯厂房，乙烯聚合厂房，天然气、石油伴生气、矿井气、水煤气或焦炉煤气的净化（如脱硫）厂房压缩机室及鼓风机室，液化石油气罐瓶间，丁二烯及其聚合厂房，乙酸乙烯厂房，电解水或电解食盐厂房，环己酮厂房，乙基苯和苯乙烯厂房，化肥厂的氢氮气压缩厂房，半导体材料厂使用氢气的拉晶间，硅烷热分解室。 3. 硝化棉厂房及其应用部位，赛璐珞厂房，黄磷制备厂房及其应用部位，三乙基铝厂房，染化厂某些能自行分解的重氮化合物生产，甲胺厂房，丙烯腈厂房。 4. 金属钠、钾加工厂房及其应用部位，聚乙烯厂房的一氯二乙基铝部位，三氯化磷厂房，多晶硅车间三氯氢硅部位，五氧化二磷厂房。 5. 氯酸钠、氯酸钾厂房及其应用部位，过氧化氢厂房，过氧化钠、过氧化钾厂房，次氯酸钙厂房。 6. 赤磷制备厂房及其应用部位，五硫化二磷厂房及其应用部位。 7. 洗涤剂厂房石蜡裂解部位，冰醋酸裂解厂房
乙类	1. 闪点≥28℃至<60℃的油品和有机溶剂的提炼、回收、洗涤部位及其泵房，松节油或松香蒸馏厂房及其应用部位，乙酸酐精馏厂房，己内酰胺厂房，甲酚厂房，氯丙醇厂房，樟脑油提取部位，环氧氯丙烷厂房，松针油精制部位，煤油罐桶间。 2. 一氧化碳压缩机室及净化部位，发生炉煤气或鼓风炉煤气净化部位，氨压缩机房。 3. 发烟硫酸或发烟硝酸浓缩部位，高锰酸钾厂房，重铬酸钠（红矾钠）厂房。 4. 樟脑或松香提炼厂房，硫磺回收厂房，焦化厂精萘厂房。 5. 氧气站，空分厂房。 6. 铝粉或镁粉厂房，金属制品抛光部位，煤粉厂房、面粉厂的碾磨部位，活性炭制造及再生厂房，谷物筒仓工作塔，亚麻厂的除尘器和过滤器室
丙类	1. 闪点≥60℃的油品和有机液体的提炼、回收工段及其抽送泵房，香料厂的松油醇部位和乙酸松油脂部位，苯甲酸厂房，苯乙酮厂房，焦化厂焦油厂房，甘油、桐油的制备厂房，油浸变压器室，机器油或变压器油罐桶间，柴油罐桶间，润滑油再生部位，配电室（每台装油量>60kg的设备），沥青加工厂房，植物油加工厂的精炼部位。 2. 煤、焦炭、油母页岩的筛分、转运工段和栈桥或储仓，木工厂房，竹、藤加工厂房，橡胶制品的压延、成型和硫化厂房，针织品厂房，纺织、印染、化纤生产的干燥部位，服装加工厂房，棉花加工和打包厂房，造纸厂备料、干燥厂房，印染厂成品厂房，麻纺厂粗加工厂房，谷物加工厂房，卷烟厂的切丝、卷制、包装厂房，印刷厂的印刷厂房，毛涤厂选毛厂房，电视机、收音机装配厂房，显像管厂装配工段烧枪间，磁带装配厂房，集成电路工厂的氧化扩散间、光刻间，泡沫塑料厂的发泡、成型、印片压花部位，饲料加工厂房

类别	举例
丁类	1. 金属冶炼、锻造、铆焊、热轧、铸造、热处理厂房。 2. 锅炉房,玻璃原料熔化厂房,灯丝烧拉部位,保温瓶胆厂房,陶瓷制品的烘干、烧成厂房,蒸汽机车库,石灰焙烧厂房,电石炉部位,耐火材料烧成部位,转炉厂房,硫酸车间焙烧部位,电极锻烧工段配电室(每台装油量≤60kg的设备)。 3. 铝塑材料的加工厂房,酚醛泡沫塑料的加工厂房,印染厂的漂炼部位,化纤厂后加工润湿部位
戊类	制砖车间,石棉加工车间,卷扬机室,不燃液体的泵房和阀门室,不燃液体的净化处理工段,金属(镁合金除外)冷加工车间,电动车库,钙镁磷肥车间(焙烧炉除外),造纸厂或化学纤维厂的浆粕蒸煮工段,仪表、器械或车辆装配车间,氟利昂厂房,水泥厂的轮窑厂房,加气混凝土厂的材料准备、构件制作厂房

注:(1)在生产过程中,如使用或生产易燃、可燃物质的量较少,不足以构成爆炸或火灾危险时,可以按实际情况确定其火灾危险性的类别。

(2)一座厂房内或防火分区内有不同性质的生产时,其分类应按火灾危险性较大的部分确定,但火灾危险性大的部分占本层或本防火分区面积的比例小于5%(丁、戊类生产厂房的油漆工段小于10%),且发生事故时不足以蔓延到其他部位,或采取防火措施能防止火灾蔓延时,可按火灾危险性较小的部分确定。

(3)丁、戊类生产厂房的油漆工段,当采用封闭喷漆工艺时,封闭喷漆空间内保持负压且油漆工段设置可燃气体浓度报警系统或自动抑爆系统时,油漆工段占其所在防火分区面积的比例不应超过20%。

附表3　无缝碳钢管壁厚(单位:mm)

材料	PN/MPa	DN																		
		10	15	20	25	32	40	50	65	80	100	125	150	200	250	300	350	400	450	500	600
20 12CrMo 15CrMo 12Cr1MoV	≤1.6	2.5	3	3	3	3.5	3.5	4	4		4		4.5	5	6	7	7	8	8	9
	2.5	2.5	3	3	3	3.5	3.5	4	4		4		4.5	5	6	7	7	8	8	9	10
	4.0	2.5	3	3	3	3.5	3.5	4	4		4.5		5	5.5	7	8	9	10	11	12	13	15
	6.4	3	3	3	3.5	3.5	3.5	4	4.5	5		6	7	8	9	11	12	14	16	17	19	22
	10.0	3	3.5	3.5	4	4.5	4.5	5	6	7		8	9	10	13	15	18	20	22
	16.0	4	4.5	5	5	6	6	7	8	9		11	13	15	19	24	26	30	34
	20.0	4	4.5	5	5	6	7	8	9	11		13	15	18	22	28	32	36
	4.0T	3.5	4	4	4.5	5	5	5.5												
10Cr5Mo	≤1.6	2.5	3	3	3	3	3.5	3.5	4	4.5		4	4.5	5.5	7	7	8	8	8	9
	2.5	2.5	3	3	3	3	3.5	3.5	4	4.5		4	4.5	5.5	7	7	8	9	9	10	12
	4.0	2.5	3	3	3	3	3.5	3.5	4	4.5		5.5	6	8	9	10	11	12	14	15	18
	6.4	3	3	3	3.5	4	4	4.5	5	6		7	8	9	11	13	14	16	17	20	22	26
	10.0	3	3.5	4	4	4.5	5	5.5	6	7		9	10	12	15	18	22	24	26
	16.0	4	4.5	5	5	6	7	8	9	10		12	15	18	22	28	32	36	40
	20.0	4	4.5	5	6	7	8	9	11	12		15	18	22	26	34	38
	4.0T	3.5	4	4	4.5	5	5	5.5												
16Mn 15MnV	≤1.6	2.5	2.5	2.5	3	3	3	3	3.5	3.5		3.5	4	4.5	5	5.5	6	6	6	6	7
	2.5	2.5	2.5	2.5	3	3	3	3	3.5	3.5		3.5	4	4.5	5.5	6	7	7	7	8	9

材料	PN/MPa	10	15	20	25	32	40	50	65	80	100	125	150	200	250	300	350	400	450	500	600
	4.0	2.5	2.5	2.5	3	3	3	3	3.5	3.5	4	4	5	6	7	8	8	9	10	11	12
	6.4	2.5	3	3	3	3.5	3.5	3.5	4	4.5	5	6	7	8	9	11	12	13	14	16	18
	10.0	3	3	3.5	3.5	4	4	4.5	5	6	7	8	9	11	13	15	17	19			
	16.0	3.5	3.5	4	4.5	5	5	6	7	8	9	11	12	16	19	22	25	28			
	20.0	3.5	4	4.5	5	5.5	6	7	8	9	11	13	15	19	24	26	30				

附表4　无缝不锈钢管壁厚（单位：mm）

材料	PN/MPa	10	15	20	25	32	40	50	65	80	100	125	150	200	250	300	350	400	450	500	600
1Cr18Ni9Ti 含Mo 不锈钢	≤1.0	2	2	2	2.5	2.5	2.5	2.5	2.5	2.5	3	3	3.5	3.5	3.5	4	4	4.5			
	1.6	2	2.5	2.5	2.5	2.5	2.5	3	3	3	3	3.5	3.5	4	4.5	5	5				
	2.5	2	2.5	2.5	2.5	2.5	2.5	3	3	3	3.5	3.5	4	4.5	5	6	6	7			
	4.0	2	2.5	2.5	2.5	2.5	2.5	3	3	3.5	4	4.5	5	6	7	8	9	10			
	6.4	2.5	2.5	2.5	3	3	3	3.5	4	4.5	5	6	7	8	10	11	13	14			
	4.0T	3	3.5	3.5	4	4	4	4.5													

附表5　焊接钢管壁厚（单位：mm）

材料	PN/MPa	200	250	300	350	400	450	500	600	700	800	900	1000	1100	1200	1400	1600
焊接碳钢管（Q235A20）	0.25	5	5	5	5	5	5	5	6	6	6	6	6	6	7	7	7
	0.6	5	5	6	6	6	6	7	7	7	7	8	8	8	9	10	
	1.0	5	6	6	6	7	7	8	8	9	9	10	11	11	12		
	1.6	6	6	7	7	8	9	10	11	12	13	14	15	16			
	2.5	7	8	9	9	10	11	12	13	15	16						
焊接不锈钢管	0.25	3	3	3	3	3.5	3.5	3.5	4	4	4	4.5	4.5				
	0.6	3	3	3.5	3.5	3.5	4	4	4.5	5	5	6	6				
	1.0	3.5	3.5	4	4.5	4.5	5	5.5	6	7	7	8					
	1.6	4	4.5	5	6	6	7	7	8	9	10						
	2.5	5	6	7	8	9	9	10	10	13	15						

注：（1）表中"4.0T"表示外径加工螺纹的管道，适用于 PN≤4.0 的阀件连接。

（2）DN≥25 的"大腐蚀余量"的碳钢管的壁厚应按表中数值再增加 3mm。

（3）本表数据按承受内压计算。

（4）计算中采用以下许用应力值。

　　20、12CrMo、15CrMo、12CrlMoV 无缝钢管取 120.0MPa；

　　10、Cr5Mo 无缝钢管取 100.0MPa；

　　16Mn、15MnV 无缝碳钢管取 150.0MPa；

　　无缝不锈钢管及焊接钢管取 120.0MPa。

（5）焊接钢管采用螺旋缝电焊钢管时，最小厚度为 6mm，系列应按产品标准。

（6）本表摘自化工工艺配管设计技术中心站编制的设计规定中的《管道等级及材料选用表》。

附表6 管道附件的规定图形符号

名称	主视	俯视	侧视	轴侧视	备注
截止阀					
闸阀					
球阀					
蝶阀					
旋塞阀					
三通旋塞阀					
四通旋塞阀					
直流截止阀					
角式截止阀					
节流阀					
隔膜阀					
减压阀					
止回阀					
弹簧式安全阀					
底阀			同主视		

名称		主视	俯视	侧视	轴侧视	备注
管形过滤器			同主视			
Y形过滤器						
T形过滤器						
疏水器						
阻火器						
墨斗						
视镜						
伸缩节	波纹管式					
	流函式					
隐蔽壁						
限流孔板						限流孔板XRO的"X"为孔板孔径（mm）